研究生高水平课程体系建设丛书

计算机控制系统

（第2版）

主　编　闫建国
副主编　李中健
编　者　闫建国　李中健
　　　　屈耀红　邢小军

西北工业大学出版社
西　安

【内容简介】 本书分为10章，系统地阐述了计算机系统的理论基础，包括计算机控制系统概论、计算机系统的信号转换与处理、计算机控制系统的数学描述与分析、计算机控制系统设计方法(连续域-离散化设计，离散域设计)、数字PID控制器设计、计算机控制系统的状态空间设计、复杂系统的计算机控制方法设计、多采样频率系统的分析与设计、计算机网络控制系统分析与设计、自适应与智能控制分析与设计等。第2～10章末附有一定数量的习题，供读者学习时参考。

本书可作为计算机应用、自动控制类专业的研究生教材，也可作为同类专业高年级本科生的教材，以及有关工程技术人员的参考书。

图书在版编目(CIP)数据

计算机控制系统 / 闫建国主编．—2版．—西安：西北工业大学出版社，2019.3

ISBN 978-7-5612-6350-1

Ⅰ．①计…　Ⅱ．①闫…　Ⅲ．①计算机控制系统　Ⅳ．①TP273

中国版本图书馆CIP数据核字(2019)第017747号

JISUANJI KONGZHI XITONG

计算机控制系统

责任编辑：张　友　　**策划编辑：**何格夫

责任校对：王　尧　　**装帧设计：**李　飞

出版发行：西北工业大学出版社

通信地址：西安市友谊西路127号　　邮编：710072

电　　话：(029)88491757，88493844

网　　址：www.nwpup.com

印 刷 者：陕西向阳印务有限公司

开　　本：787 mm×1 092 mm　1/16

印　　张：23.125

字　　数：607千字

版　　次：1996年3月第1版　2019年3月第2版　2019年3月第1次印刷

定　　价：72.00元

第 2 版前言

本书是笔者长期在西北工业大学从事研究生、本科生教学以及科学研究工作的基础上总结编写的教材，同时也继承了周雪琴主编的《计算机控制系统》(西北工业大学出版社，1996 年 11 月出版)的主要章节与内容，并增补了新的教学内容。

本书主要分三个部分。第一部分(1～3 章)是计算机系统的理论基础，包括计算机控制系统概念，计算机控制系统的信号转换与处理，计算机控制系统的数学描述与分析；第二部分(4～6 章)是计算机控制系统的基本控制方法设计，包括连续域-离散化设计，离散域设计，数字 PID 控制器设计，状态空间设计；第三部分(7～10 章)是控制系统设计，包括复杂控制系统设计、多采样频率控制系统设计、计算机网络控制系统设计、计算机自适应控制系统设计等。全书共 10 个章节，第 2～10 章末附有一定数量的习题，同时根据教学大纲要求在附录中提供了拉普拉斯变换和 z 变换表。

本书采用连续域控制理论与计算机离散控制相结合，形成一个完整的体系——计算机控制系统，书中从计算机基础控制理论，到经典的计算机控制系统设计，再到复杂的计算机控制系统设计，进行深入浅出的介绍，尤其针对当前网络控制和人工智能控制，专列出第 9 章和第 10 章进行详细介绍。

本书可作为自动控制类专业和计算机应用类专业的研究生教材。各章内容既独立，又具有连贯性，可以针对不同专业要求选择不同章节或根据不同的学习深度要求选择不同的内容分段教学。

本书第 1，6，7，9 章由闫建国编写，第 3，4，8 章由李中健编写，第 5 章由邢小军编写，第 2，10 章由屈耀红编写。全书由闫建国统稿并任主编，李中健任副主编。

本书由周雪琴教授审阅，并提出了许多修改意见，在此表示深切感谢。在编写本书的过程中，得到了吴慈航、董霁锋、高逸的协助，同时参考了大量相关文献，在此谨向以上三位同志及参考文献的作者深表谢意。

由于水平有限，书中定存在疏漏及不妥之处，肯请广大读者批评指正。

编　者

2018 年 12 月

第1版前言

《计算机控制系统》一书是作者在西北工业大学自动控制系多年从事研究生、本科生教学工作以及科学研究工作的基础上总结编写而成的。在撰写过程中也参考吸收了国内外有关教材和文献资料的内容。

本书可分为四部分。一是计算机控制系统的理论基础:包括系统概念,信号转换及处理,数学模型;二是计算机控制系统的分析与设计方法:连续域-离散化设计,离散域设计方法,状态空间设计方法,多采样频率系统的分析与设计;三是集散型计算机控制系统:系统特点,人-机接口,通信系统的构成等;四是计算机控制系统的实现:采样频率的选择,语言转换,计算机与传感器、执行机构的连接,等等。最后用一个典型随动系统作为实例,来具体阐明系统的设计与实现问题。全书共11章,各章(除第一、十章外)后均附有一定数量的习题,以供读者参考。

本书把采样控制理论与计算机应用相结合,两者相互渗透,形成一个完整的整体——计算机控制系统。书中既介绍了经典控制理论和方法,也介绍了现代控制理论和方法,同时对新型计算机控制系统——集散控制系统,专列一章作较详细的介绍。

本书可作为自动控制类专业和计算机应用类专业的研究生教材。各章内容互相联系形成一个整体,同时也注意到它们之间的相对独立性,以便于不同教学要求的选用。

本书第一、二、八章由周雪琴编写,第三、四、六章由卢京潮编写,第五章(§5-1～§5-3)由张友民编写,第七、九章和第五章中§5-4、§5-5由安锦文编写,第十、十一章由闫建国编写。全书由周雪琴统稿任主编,安锦文为副主编。

该书由西安交通大学自动控制系刘文江教授、博士导师审阅。刘文江教授认真审阅了全部书稿,提出了许多宝贵意见,给本书增色不少,在此深表谢意。在本书撰写过程中得到了西北工业大学研究生院、自动控制系和自动控制理论及应用教研室有关领导和同志们的大力支持和帮助,在此谨向他们表示诚挚的谢意。

由于水平所限,书中难免有疏漏和不妥之处,敬请读者指正。

编　者

1996年11月

目 录

第1章 绪　　论

计算机控制系统是以自动控制理论与计算机技术为基础，以计算机为载体的数字控制系统。计算机不仅在科学计算、数据处理等方面获得了广泛的应用，而且在自动控制领域也得到了越来越广泛的应用。

早在1946年美国就生产出第一台电子计算机，用于科学计算，在经历了70多年的不断改进发展后，计算机已应用在人类活动中的各个领域，从人们日常使用的电器设备、手机、汽车到航空航天的飞行器、机载设备，航海的轮船、舰艇、潜水器，无不渗透着计算机控制的应用。计算机在各个控制领域和设备中参与数据检测、数据计算、人工智能决策、控制运算、质量参数控制等诸多工作，它能模拟人的大脑、感觉器官，收集周围各种信息，以超过人的大脑的运算速度，快速规划行动策略，通过不同方式的信号输出控制它所能及的设备运动，这就是计算机带来的高智能控制的魅力所在。

计算机控制是人工智能、信息网络等现代科技的一门基础科学技术，本书将从最基础的计算机数字控制技术介绍控制系统的组成、工作原理及它的特点，研究计算机参与控制后给控制理论及控制系统设计所带来的新的处理方法。

1.1　计算机控制系统的组成及工作原理

计算机在控制系统中主要承担智能计算的任务，亦即控制系统中控制规律的执行是由计算机来实现的。所以，由于计算机的出现，控制策略的种类也就不断增多，如非线性系统的控制与计算、大系统复杂逻辑的判断和云数据的处理及计算等。

例1-1　如图1-1所示的雷达自动跟踪目标遥控火炮系统。雷达系统实时测出运动目标的高低角、方位角和斜距，通过通信网线传输给自动火炮控制系统。火炮模拟器对测回的运动目标数据进行实时处理，计算出火炮应该采用的对攻击目标的攻击角、方位角(图中未示出)和提前角，然后驱动火炮的运动。

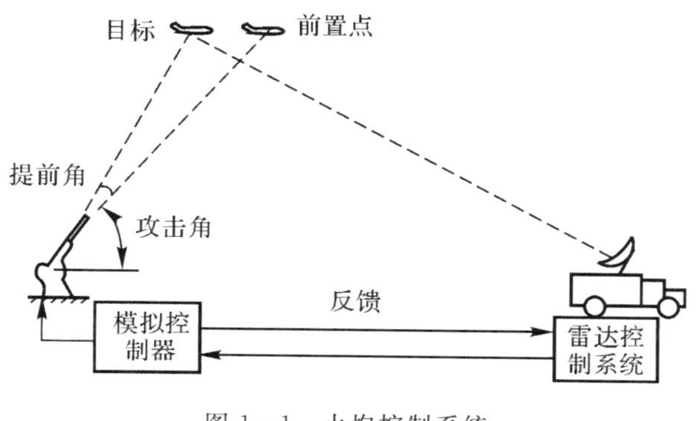

图1-1　火炮控制系统

在火炮控制系统中，被控对象炮塔的实际移动位置由测量位移传感器测出，并把所测得的信号作为位置反馈信号与给定值进行比较，计算出两者的偏差参与控制修正。为了改善系统性能，火炮控制系统采取了三个措施：①位置精度控制引入了由有源网络组成的串联校正；②内环速度控制利用了测速发电机提供的并联校正信号参与速度控制量修正；③快速运动采用了电子开关实现系统工作状态转换的逻辑控制，如图 1-2 所示，当偏差大于某限定值时，断开位置反馈，使电机以最大速度向减小偏差方向运动，当偏差小于某限定值时再接通主反馈，以提高系统的跟踪精度。在连续系统中各传递的信号都采用模拟电路，实现的是连续模拟信号的控制，控制器采用的是模拟信号。

图 1-1 中的模拟控制器可由计算机控制器代替，把给定值的计算、修正量的计算以及电子开关等功能用计算机来完成，例如，图 1-2 所示的模拟控制器采用位置反馈环并入到计算机控制系统，形成如图 1-3 所示的系统。若把图 1-3 中的速度环也并入计算机控制系统，由软件构成串级控制构架，则形成如图 1-4 所示的系统，其控制智能化程度将更优于图 1-3 的结构。

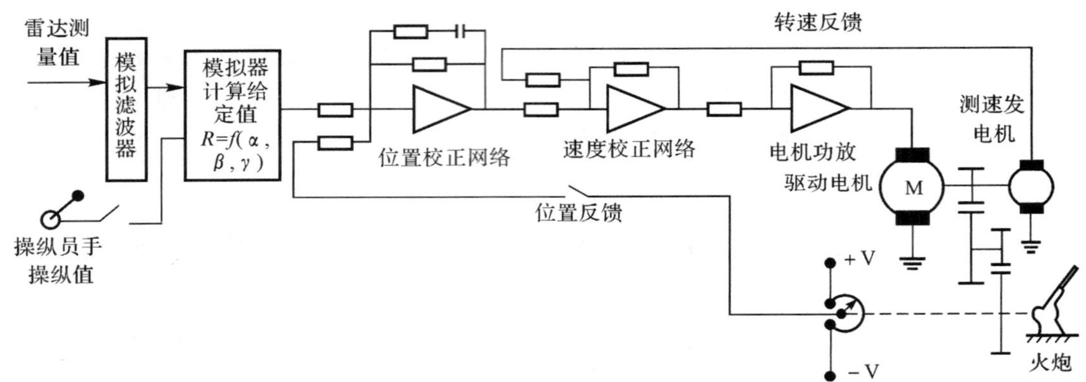

图 1-2　自动火炮控制系统

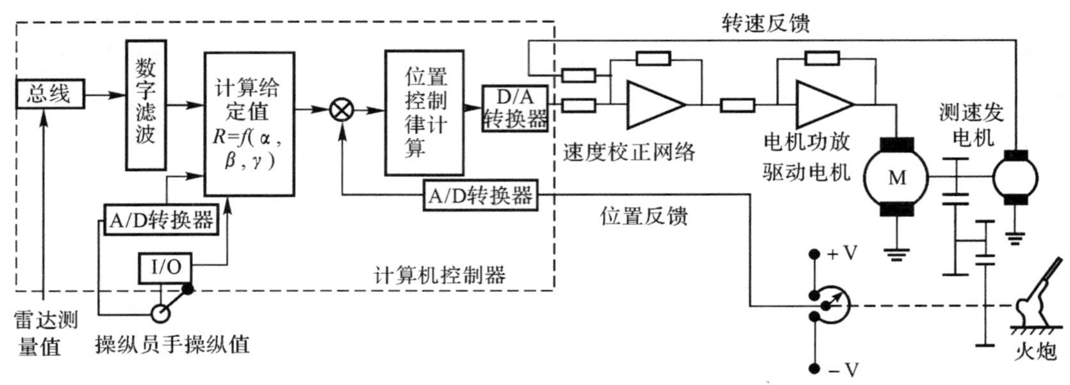

图 1-3　自动火炮计算机位置控制系统

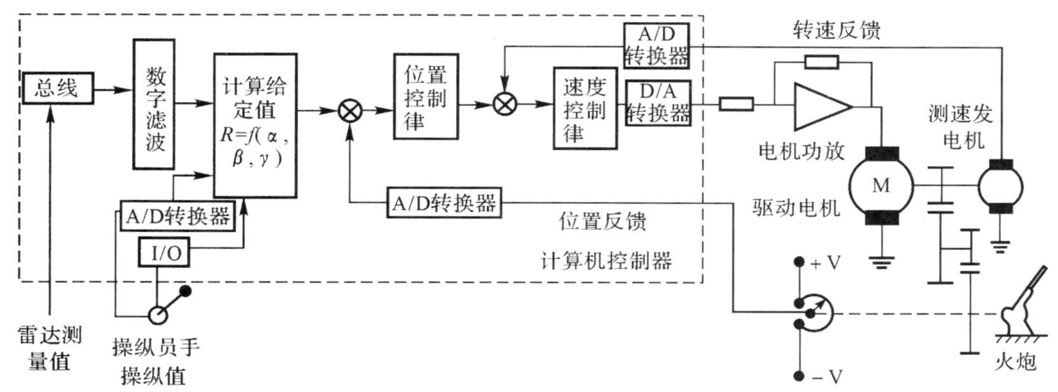

图 1-4　自动火炮计算串级控制系统

由上述实例可见，计算机控制系统可以由下述各部件组成。

(1)被控对象：如火炮系统的火炮炮塔。

(2)执行机构：如火炮系统中的驱动电机回路。

(3)测量装置：如火炮系统中采用的测量电位计和测速发电机。

(4)计算机接口部件：主要有以下几个接口部件。

1)模/数(A/D)转换器：主要是把直流模拟信号(直流电压量或电流量)转换为数字的二进制信号，送入计算机。

2)数/模(D/A)转换器：将计算机数字信号转换为模拟信号(直流电压或电流)并送给外放大驱动器。

3)脉冲测试接口：主要对脉冲信号的测试、计数或脉宽计时，将其转换成数字信号输入到计算机。

4)输出输入接口：对输入的开关量(或输出的状态量)检测，表示有或无；或对外状态量进行检测。如图 1-2 所示的操纵员手柄的检测，除了检测手柄状态还需要以开关量描述输出输入，即通过数字信号“0”“1”表示开关状态。

5)通信总线：主要完成数据的交互和外通信协议的转换。

(5) 数字计算机(包括计算机硬件和软件)：首先它在计算机控制系统中起着控制器的作用，对信号进行加工，形成系统所要求的主控信号，其次还能承担数据处理、监督、管理等任务。计算机硬件除主机以外，还有输入、输出通道，人机通信设备和存储器等外部设备，计算机软件包括系统软件和应用软件等。

例 1-1 中计算机的作用，是对采集的原始信号进行数字滤波，计算给定量和偏差量，对偏差信号进行控制律计算，形成并输出控制信号，利用软件对系统进行逻辑控制，等等。

像连续控制系统一样，计算机控制系统亦可分为闭环控制、开环控制以及复合控制等不同的控制类型。如例 1-1 中对于火炮控制、雷达目标跟踪系统，可以用图 1-5 所示的计算机控制结构描述。而对于火炮群系统的自主控制，按计算机结构描述可描述为计算机网络控制结构，如图 1-6 所示。

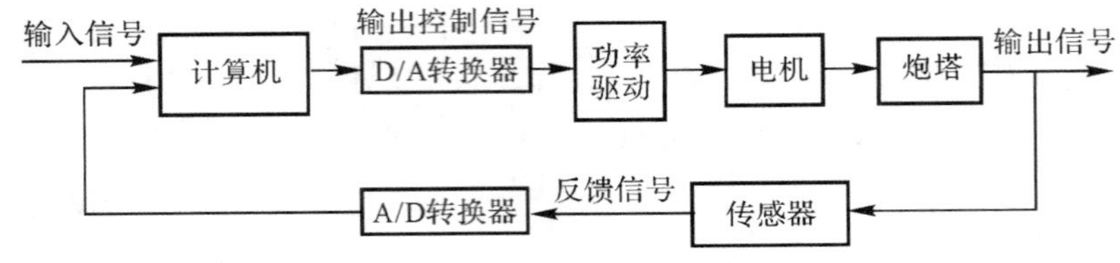

图 1-5 火炮位置计算机控制系统框图

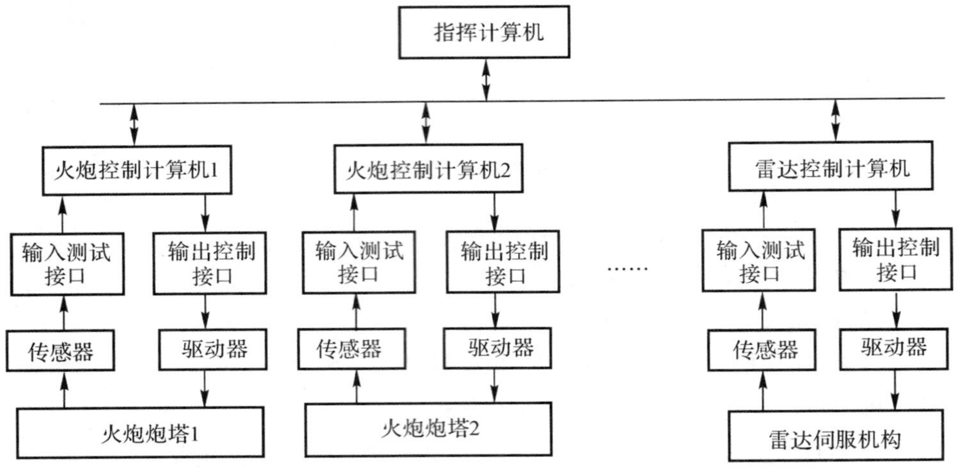

图 1-6 火炮群计算机网络控制系统框图

火炮群自主控制系统将由一部移动雷达对运动目标进行扫描跟踪，把测试结果信号通过网络总线分发到各个火炮基站，总指挥计算机可以根据目标的运动规律指挥某火炮单元或火炮群多单元进行攻击，这样每个火炮基站和雷达站是一个基础控制单元，同时整个火炮群、雷达站与指挥计算机系统构成了计算机网络控制系统。

1.2 计算机控制系统主要特点与典型应用分类

1.2.1 计算机控制系统的主要特点

计算机控制系统相对连续控制系统而言，其主要特点如下：

(1)结构上的特点。在连续系统中，主要装置均为模拟部件，而在计算机控制系统中必须包含数字部件即数字计算机。计算机控制系统通常是模拟与数字部件的混合系统，但若系统中被控部件也为数字部件，则计算机控制系统将全部由数字部件组成，称为全数字计算机控制系统。

(2)信号形式上的特点。在连续系统中各点信号均为连续模拟信号，而在计算机控制系统中除有连续模拟信号外，还有离散模拟、离散数字等多种信号形式共存。如图 1-7 所示的计算机控制系统中，从计算机的输入信号、控制律计算到输出信号的传递过程，其信号变换形式

从 $r(t)$ 连续模拟信号输入（a 点波形），经采样保持器输出采样点上模拟电压 $r^*(t)$ 保持不变（b 点波形），经 A/D 转换为离散数字信号 $r(kT)$（c 点波形）；在计算机内进行控制律计算，输出控制计算数字信号 $u(kT)$（d 点波形）；经 D/A 转换输出离散模拟信号 $u^*(t)$（e 点波形）；为保证对外控制的连续性，通过硬件保持使离散模拟信号零阶保持为连续阶梯形的模拟信号 $u_t(t)$（f 点波形）。图 1－7 中 Δt_1，Δt_2 和 Δt_3 分别表示计算机输入、运算和输出所花费的时间，把输入到输出所花费的时间（即 $\Delta t_1 + \Delta t_2 + \Delta t_3$）称为计算时延。

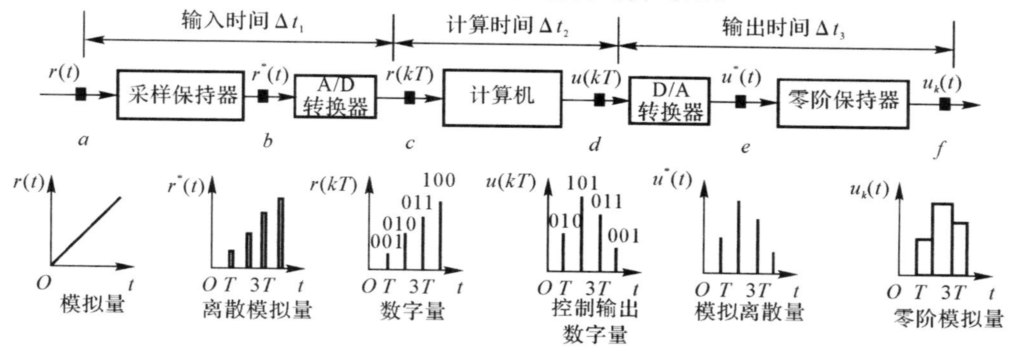

图 1－7　计算机输入输出信号变换和传递

（3）信号传递时间上的特点。连续系统（除纯延迟环节外）的模拟计算和信号传递都认为是瞬时完成的，在任何时间段内系统输入输出是该时刻的模拟信号，而在计算机控制系统中信号的输入输出与计算始终存在“时延”，计算机控制系统的输入与输出都不是在同一时刻的相应值。从图 1－7 中的 a 点与 f 点可看出，经过计算机一个周期运行后最少有 1 拍（一个 T 时间）的延迟。

（4）工作方式上的特点。在连续系统中，一个控制回路配有一个控制器，而计算机控制系统中，计算机控制器通常可以同时为多个控制回路服务。表 1－1 所示为串行分时控制，也称串级计算构型，每一条指令从输入时间 Δt_1、控制计算时间 Δt_2、输出时间 Δt_3，到下条指令的执行，严格按任务运行周期工作，n 个相同回路巡回一次所需时间为 $n(\Delta t_1 + \Delta t_2 + \Delta t_3)$。表 1－2 所示为并行分时控制，同样 n 个相同回路巡回一次所需时间为 $(n+2)\Delta t$，这需要计算机硬件系统输入输出接口都具有独立工作能力，而不依赖于计算机的 CPU 计算控制器。

表 1－1　串行分时控制

$k-1$ 路	输入、运算、输出	执行			
k 路		输入、运算、输出	执行		
$k+1$ 路				输入、运算、输出	执行

表 1－2　并行分时控制

$k-1$ 路	输入	运算	输出	执行		
k 路		输入	运算	输出	执行	
$k+1$ 路			输入	运算	输出	执行

1.2.2　计算机控制系统的分类

根据计算机工作特点和数字控制的目的，计算机控制系统在航天、航空、航海、飞行器、舰艇中的典型应用大致可分为以下几类。

1. 数据采集处理系统

尽管单独数据处理不属于计算机控制的范畴，然而，一个计算机控制系统离不开数据的采集和处理。如预警飞机的计算机数据采集和数据处理系统，飞机所有侦察任务设备获得的数据都需通过数据任务计算机采集汇总，或发送给指挥员操作显示系统，供指挥人员实时使用，或存储在数据记录设备中，用于事后分析。计算机在数据采集处理系统中起到主体作用。

例 1-2 飞机的黑匣子——数据记录仪。

如图 1-8 所示的飞机数据记录仪系统，具有 1553B 总线、以太网(100 Mb/s)总线、模拟量输入采集口、SCSI 异步通信串口(20 Mb/s 或 120 Mb/s)，可将图像、语音等采集数据存储在硬盘或电子盘中。

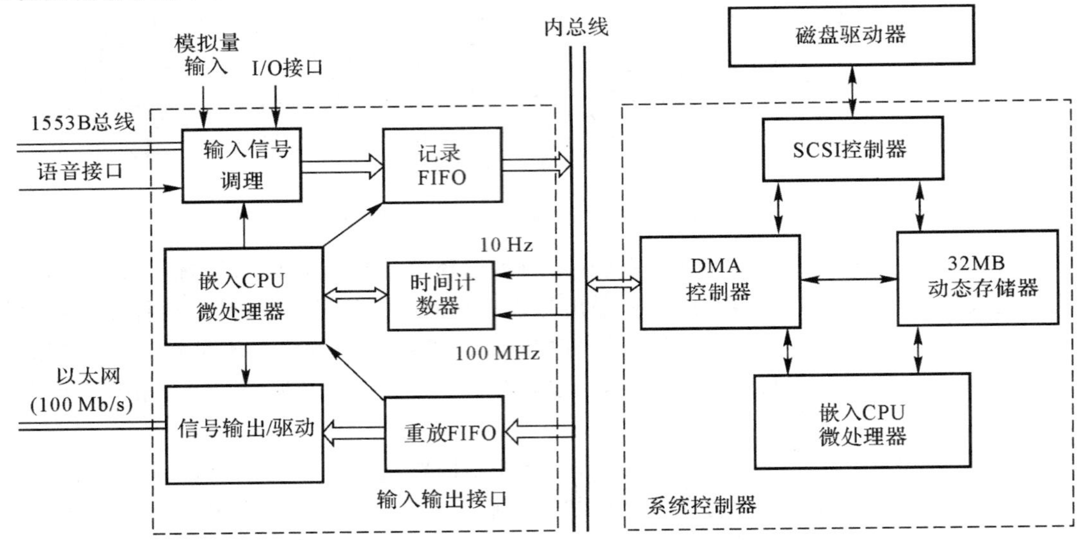

图 1-8 飞机数据记录仪系统

计算机数据采集系统如图 1-9 所示，采集计算机主要对实际控制系统输入输出参数进行巡回检测、处理、分析、记录，对越限参数及时报警，并可实时分析过程控制系统参数变化趋势。

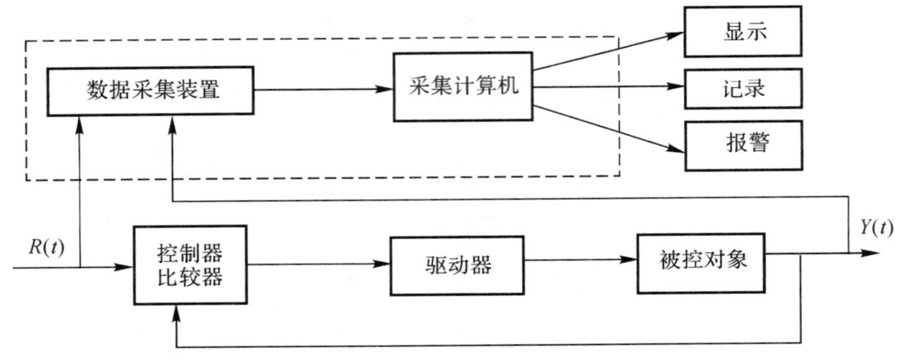

图 1-9 计算机数据采集系统

2. 直接数字控制系统

直接用计算机参与过程变量控制回路的控制，这种控制系统叫直接数字控制(Direct Digital Control,DDC)系统,如图 1-10 所示。由于计算机的特点与优势,直接数字控制系统除了能够实现 PID 控制外,还能进行多回路控制、前馈控制、纯滞后补偿控制、多变量解耦控制以及最优、自适应等复杂规律的控制。这种系统,计算机直接参与了控制,所以具有实时性好、可靠性高、环境适应性强等优点。

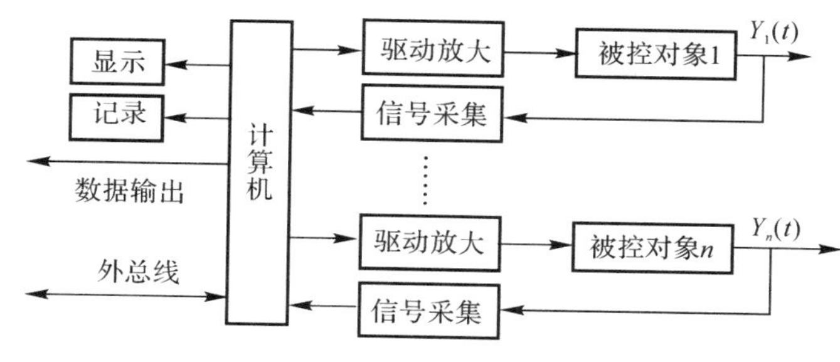

图 1-10　直接数字控制系统

例 1-3　数字飞行控制系统。

图 1-11 是飞机飞行纵向通道俯仰角模拟控制简图。传感器分别测量俯仰角 θ、俯仰角速度 $\dot{\theta}$ 等。滤波器是一种低通滤波器,它将抑制传感器输出信号中夹杂的高频噪声。

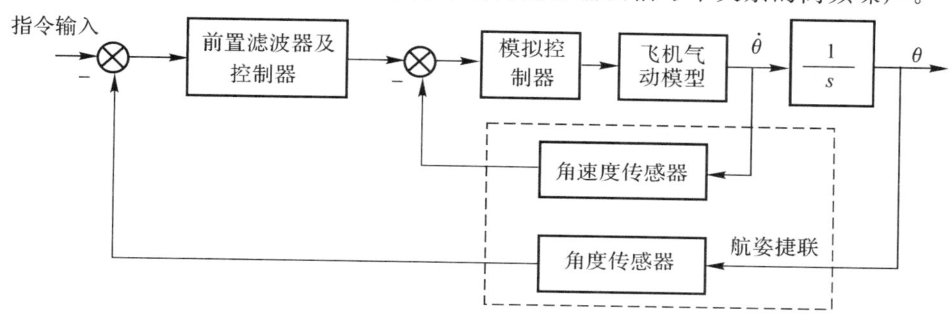

图 1-11　飞机飞行纵向通道俯仰角模拟控制简图

图 1-12 所示为飞机飞行纵向通道俯仰角数字控制简图。图中,飞机纵向自动驾驶仪改置为多采样周期的计算机控制系统,系统中速度和位置反馈采用不同的采样周期 T_1, T_2, T_3。这种在同一个系统中存在几个不同采样周期的采样器的系统也称为多采样频率系统。通常,如果一个回路中信号变化的速率远低于另一个回路中信号变化的速率,则较低速率回路的采样周期可以选得比较大。

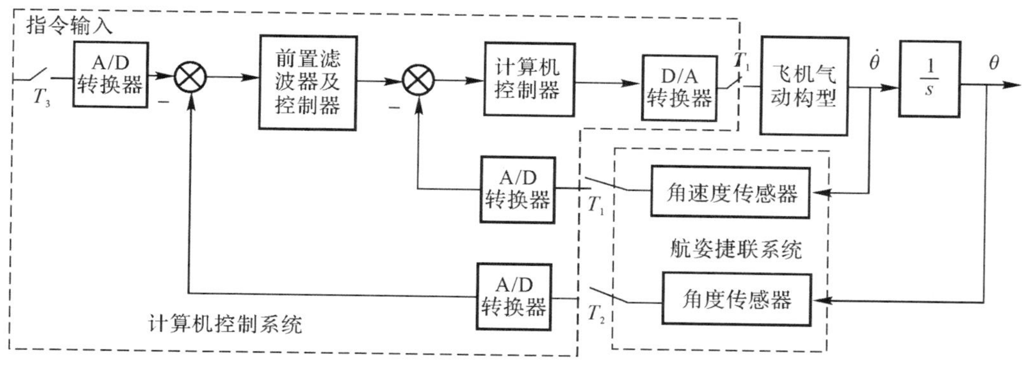

图 1-12　飞机飞行纵向通道俯仰角数字控制简图

当驾驶员操纵驾驶杆时,控制指令通过力传感器、前置滤波器、分时采样、A/D 转换,以数字量进入计算机,在计算机内,与当时的飞机姿态信息比对,按预定的算法进行计算,得到输出控制量，然后通过 D/A 转换、零阶保持形成近似连续的控制量，驱动执行机构（即舵机），操纵飞机舵面偏转，形成飞机飞行气动特性的变化，使得飞机按驾驶指令规定的姿态进行飞行。

3. 监督控制系统

所谓监督控制系统（SCC），是指用计算机的输出来直接改变模拟控制器或 DDC 的设定值，所以又叫作计算机设定值控制系统。它有两种类型：一种是 SCC 加模拟控制器的系统，在这种系统中，计算机的输出并不直接对被控对象施加影响，而是根据现场测得的各种变量的情况，经过分析后计算改变控制器的设定值，由操作员修正其设定值，计算机只监视模拟控制器的工作情况，因而称为监控系统，如图 1－13 所示。另一种是 SCC 加数字控制器的系统，如图 1－14 所示，系统中计算机的输出直接改变数字控制器的设定值，往往在系统中，计算机在执行监督控制的同时，兼并完成直接数字控制任务。

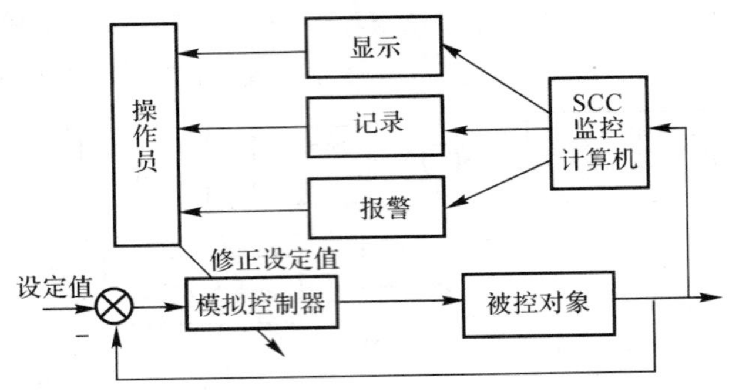

图 1－13　修正模拟控制器的监控系统

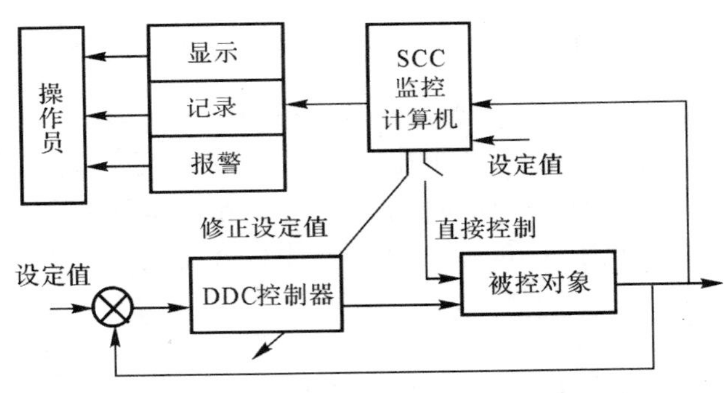

图 1－14　修正数字控制器的监控系统

监督控制可以提高系统的可靠性：当 DDC 控制器发生故障时，监督控制计算机可以代替前者完成操作任务；当监督控制计算机发生故障时，DDC 控制器又能独立执行任务。

4. 网络控制系统

随着现代工业生产的快速发展，急需提高生产过程的自动化和管理水平。为此不仅要求计算机参与控制，而且也需要计算机完成系统过程管理控制任务。在网络控制系统中，除了底层的直接数字控制和监督控制外，还包含远程的监督计算机和远程指挥系统计算机等多个计算机，构成了相互联系的层次，又称为级，各级都有自己的控测目标，各级各类计算机之间使用高速信号网络互相连接，快速进行信息交互，达到上下、左右各个系统可协同一致地进行工作。

按照控制方法分，网络控制系统可分为三种：集散控制系统、分级控制系统和远程网络控制系统。

(1)集散控制系统。如图1-15所示为一般集散控制系统,可由PLC控制器、嵌入计算机、工控机、PC等组成,每个基本控制单位是一套控制器,完成对一个量的控制。若一条流水线有n个控制单元,则由n个基本控制单位完成现场的DDC控制。所有控制单元的控制器和顶层工程师站、操作员站和管理计算机连接在现场网络上,完成各点数据交互。

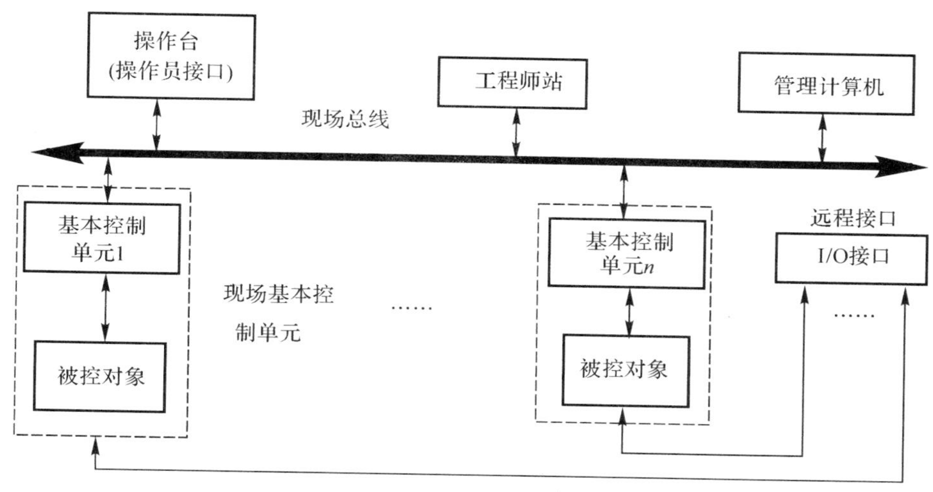

图1-15 一般集散系统构型

(2)分级控制系统。分级控制系统的结构如图1-16所示。图中描述了目前中大型无人机平台控制系统所采用的分级计算机网络控制构型。最底层为各个关键参数或设备直接参与计算机控制,该层称为现场级或一级计算机控制层;再上一层的计算机控制具有系统级管理和监控功能,如图1-16中的导航计算机是在一级计算机控制中的飞控外环控制,构成二级计算机;顶层控制由一台计算机负责,该计算机管理飞机各个子系统、二级计算机和飞机任务设备等子系统,称为三级计算机,在本例中为最高级。一级计算机到二级计算机的连接可采用内总线或直接操控;二级计算机与三级计算机则采用航电总线或高速网络总线连接。

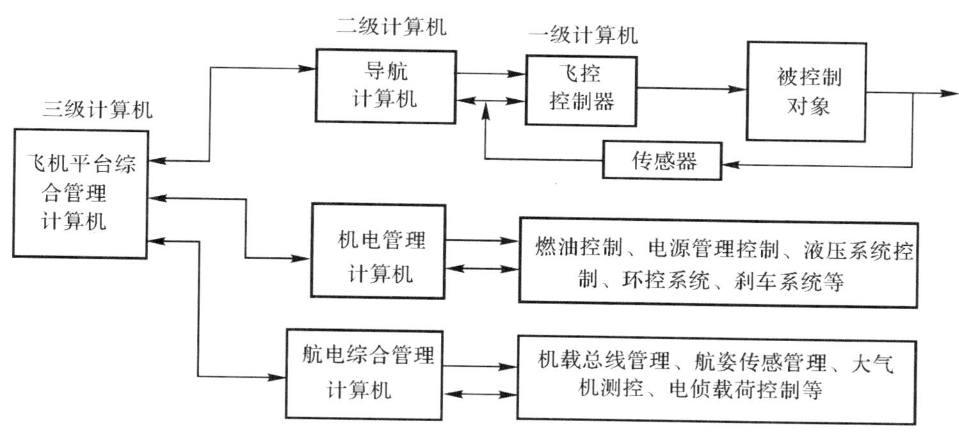

图1-16 中大型无人机分级计算机网络控制

(3)远程网络控制系统。由一台中央计算机(CC)和若干台卫星计算机(SC)构成计算机网络,中央计算机配置了齐全的各类外部设备,各个卫星计算机可以共享其资源,通过卫星中转可对上千千米外的设备进行遥控遥测，如图 1－17 所示。该类系统实现了远程的计算机控制。

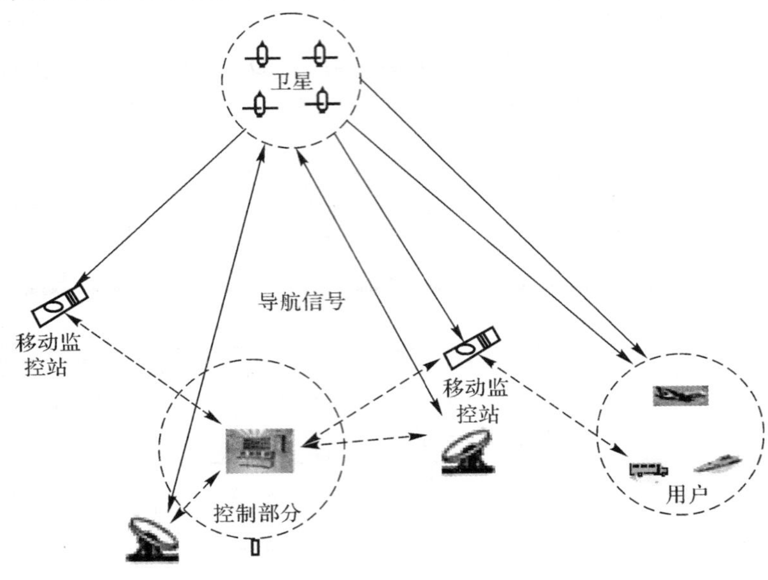

图 1－17　远程网络控制系统

1.3　计算机控制系统的理论与设计

1.3.1　关于计算机控制系统的理论问题

计算机控制系统一般被控对象是模拟系统，是连续变化的系统，需要连续变化的输入输出控制量。而控制器采用计算机，是离散系统，是在采样点上取值，非采样点上是无值的。整个系统属于数模混合系统，若计算机对模拟量的采样间隔时间取值非常小，甚至趋于零，则该系统趋于连续系统。随着计算机的发展，输入输出速率越来越快，微处理器数据处理能力越来越强。计算机控制设计理论多可借鉴连续系统理论，并引入离散域求解，或在离散域内研究类似连续域的相关控制理论。它们之间有类似的相关性，但计算机控制理论还有其特殊性，某些理论应用也会收到不同的效果。

1. 与线性时不变系统的区别

一个连续系统可以是时不变线性系统，即通常所形成的控制过程可以是不随时间而变的系统。但将其改造成计算机控制系统后，由于它的时间响应与外作用的作用时刻和采样时刻是否同步有关，所以严格说，计算机控制系统不是时不变系统。

系统对同样外作用的响应，在不同时刻研究、观察时可能是不同的，所以，它的特性与时间相关。

2. 频谱分析的不同

连续系统在正弦输入信号激励作用下，稳态输出为同频率的正弦信号；但对计算机控制系统来讲，其稳态正弦响应则与输入信号频率和采样周期有关。在同一正弦输入信号激励作用下，计算机控制系统在不同的采样频率下会得到不同的输出结果，有可能会使系统发散。本书将在第 2 章讨论该问题，解决采样频率的选取问题(即采样定理的推导)。

3. 数学模型的描述问题

连续系统的数学描述在任一时刻都将有对应的瞬间变化量，控制系统的零极点分布可以准确无误位于稳定域 s 的左半平面，但转换到计算机控制系统，连续域的零极点对应到离散域一个近似值，在对应不同的离散方法时，其转换精度不同，有可能在转换过程中使原来连续系统稳定极点转换到离散域处于发散的边缘。本书将在第 3 章讨论两个域的转换问题。

4. 可控可观性

通常一个连续系统是可控可观的，将其变成计算机控制系统时，若采样周期选取得不合适，则可能会变得不可控。例如，围绕地球运动的同步卫星，其运动周期为 T_d。为了保持它的高度和同步特性，地面站需要不时地对其姿态进行控制，如对其进行连续控制和修正，卫星是可控的；若对其进行断续、按一定周期控制，且控制周期为 T_d，则会发现，对这样的控制作用，卫星是不可控的。导致这种结果和采样系统的特性有关。本书将在第 6 章对离散系统的可控、可观性问题进行分析。

5. 多采样频率与非等间隔采样

在复杂控制系统中，实际计算机控制系统采样频率将选择不同量值，在连续域中是对一个域进行控制律设计和系统性能分析，如时域 t 分析法，频域 s 分析法，而在计算机控制系统的离散域中有时域 (kT)、z 域($z = e^{sT}$)分析法，都定义了与采样时间关联，不同的采样时间 (T_1，T_2，T_3) 将会对应不同的 z 域(z_1，z_2，z_3)，如何达到类似连续域的问题将在第 8 章进行分析和讨论。

1.3.2 计算机控制系统设计域选择

在实际工程设计中，计算机控制系统设计是利用计算机硬件平台的通用性，加入针对不同控制对象控制要求的控制软件，而构成具有针对性的计算机控制系统。控制软件的设计包括输入输出采集程序的设计和控制律软件的设计。若被测信号源一定、被控驱动设备一定，则采集程序设计就一定。

如图 1-18 所示，把计算机看成黑盒子，被控对象是连续系统，则将在连续域内设计控制律，再离散化。这样把计算机控制系统看成是连续系统，在连续域上设计得到连续控制器，再离散化，并在数字计算机上实现控制律。这种方法是目前常用的一种设计方法，但离散化将会产生误差，并与采样周期大小有关，所以是一种近似实现方法。该方法将在第 4 章进行讨论。

同样，如图 1-19 所示，把被控对象离散化，变为全数字离散被控对象，那么计算机控制系统就变成了全数字控制系统，控制律将在离散域内设计，得到数字控制器，并在计算机里实现。这种方法是一种准确的设计方法，无须将控制器近似离散化，并日益受到人们的重视。该方法同样将在第 4 章进行讨论。

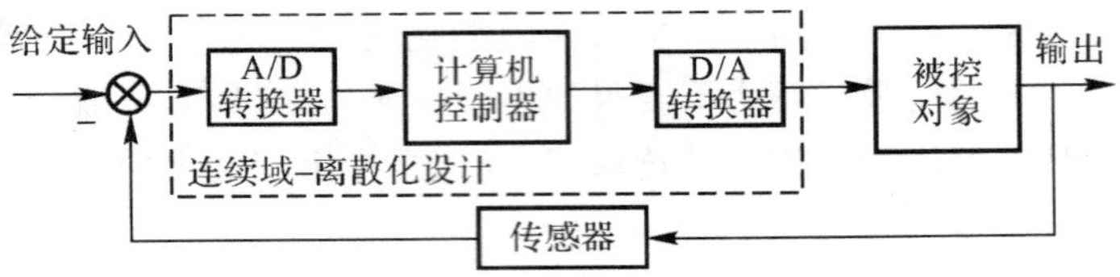

图 1-18 计算机控制系统连续域设计

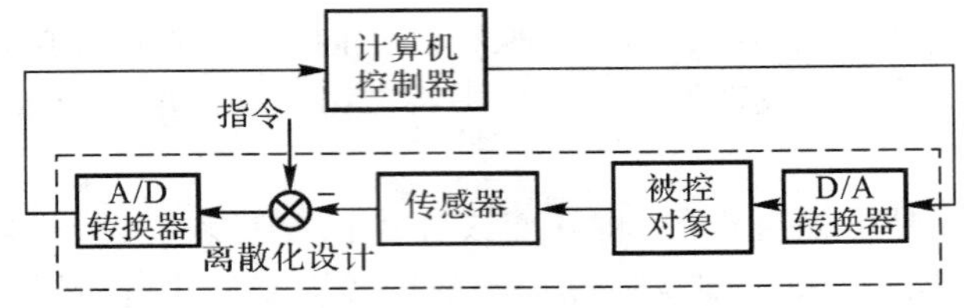

图 1-19 计算机控制系统离散域设计

1.3.3 计算机控制律设计方法

计算机控制系统由于采用了软件，其灵活性远远超过模拟控制器硬件所构成的控制律设计。数字化的控制律设计使得过去的常规比例-积分-微分(PID)控制律延伸到现在的现代控制理论中应用成为可能。按照控制规律设计简易程度，本书将在计算机控制系统控制方法设计中分以下几类进行讨论。

1. 通用基本型计算机控制律设计

(1)离散域 PID 控制律设计。主要对比连续域的 PID 控制延伸到离散域的 PID 控制，以及 PID 改进型的控制器设计和先进 PID 控制算法研究。该方法将在第 5 章进行讨论。

(2)最少拍控制。最少拍控制是使系统的调节时间最短的一种控制规律。要求设计的系统在尽可能少的采样周期内完成控制过程。通常在数字随动系统中使用，这也是离散域设计有别连续域设计的方法之一。

(3)离散域设计。借鉴在连续域中频域分析，采用校正网线法设计控制器来改善连续控制系统响应品质，延伸到离散域设计。这种方法是在连续域内设计离散到离散域，当采样间隔非常小，近似趋于零时，该域近似于连续特性，采取类似连续域的频域分析，获取校正网线法设计控制器。该方法将在第 4 章进行讨论。

2. 现代控制理论在计算机控制系统中的应用

对于多输入多输出系统，将采用现代控制理论解决控制问题。随着计算机的运算速度、运算能力和输入输出接口的多样化，按照现代控制理论设计的控制器在计算机控制系统中得到快速发展。控制律设计包括状态空间最小拍设计，状态反馈极点配置，状态观测器设计，调节器、伺服器设计等。该设计方法将在第 6 章进行讨论。

3. 复杂规律的控制

复杂规律的控制包括串级控制、前馈控制、多变量解耦控制，以及最优自适应、自学习控制等。特别要指出的是，最优控制、自适应控制以及自学习控制都需用复杂的数学计算，因此，往往需要寻找高效的控制算法和高性能的计算机才能实现这些复杂规律的控制。该设计方法将在第 7,10 章进行讨论。

4. 计算机网络控制

计算机网络控制是 21 世纪计算机系统应用发展最快的领域，尤其涉及人们的日常生活，如手机网络对家庭各个电器的远程监控、网络采购与物流信息网络监管等。可以预测，未来人人都将是物流网络中的一个棋子，计算机控制系统就是构成这张大网的主线。本书将在第 9 章讨论计算机网络控制问题。

第2章 计算机控制系统中信号转换与处理

2.1 计算机控制系统中的信号描述

2.1.1 计算机控制系统结构描述

大多数计算机控制系统属于数模混合系统，即系统中既有数字器件又有模拟器件或控制器件是计算机，被控对象是连续的模拟量。如图2-1所示为计算机控制系统的混合构型，虚框表示控制计算机，包括采样保持器、模/数(A/D)转换器、计算机控制器、数/模(D/A)转换器、数/模(D/A)锁存保持器、后置滤波器等。

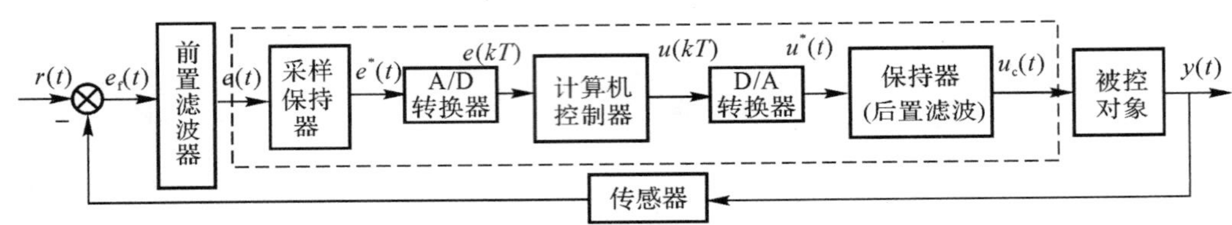

图2-1 计算机控制系统混合构型

为使数字和模拟部件能在同一系统中连接，信号转换和处理是必不可少的。在图2-1中，模拟装置的输出信号在能够被数字控制器处理之前，必须转换为数字信号。这里需要传感器把被控对象物理量通过传感器转化为模拟电量，并作为反馈量加入，与给定指令信息产生比较误差信号。计算机系统输入端口的A/D转换器对采集信号具有指标性要求，首先所采信号噪声要小，在A/D转换时间内需保持入口模拟量尽可能是常量，方可保障A/D转换的准确性。故在A/D转换前端口加入前置滤波器和采样保持器，满足A/D转换所需的技术条件。与此类似，数字计算机输出的数字信号需转换为模拟信号加载在被控模拟装置的输入端，但被控对象对输入的控制信号也有具体技术指标要求：为保障连续系统平稳运行，输入控制信息要求无高阶频谱，尽可能是连续的模拟量。而计算机的D/A转换器在进行解码(或称译码)前，CPU运行输出指令语句是“分时操作”，是瞬间输出量，周期刷新量，为保障D/A转换器输出模拟量始终存在，通常D/A转换器芯片数字输入端口加有数据锁存器，如图2-2所示。可保障D/A转换器对数据锁存器内的数据始终处于解码输出状态，这样D/A转换器端口始终有电压存在。但输出状态相当于

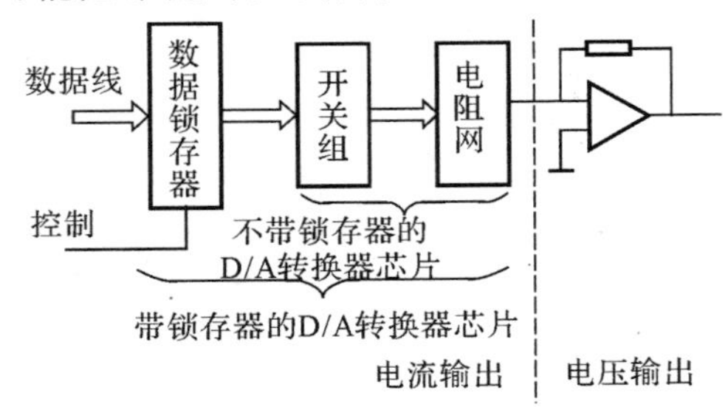

图2-2 D/A转换器结构图

加入零阶保持器,并非平滑曲线,为获得具有更高阶导数的输出控制量,须再加后置滤波器,提供对被控对象更高阶的修正控制量。

下面为建立各个环节的数学模拟,分别就图 2-1 输入输出接口信号进行分析,建立起各自的数学模型。

2.1.2 采样保持器

采样保持器(S/H)完成采样和保持任务。将一个连续的模拟信号转换成一个阶梯形的模拟信号,如图 2-3 所示。图中采样开关是把时间连续信号转换为时间离散信号或把时间离散信号转变为一个序列的采样信号;保持器则是在给定的时间间隔内保持或"冻结"一个脉冲值或数字信号。实际上如图 2-3 所示采样和保持常常在一个器件内完成。它们通常与 A/D 及 D/A 转换器结合在一起使用。

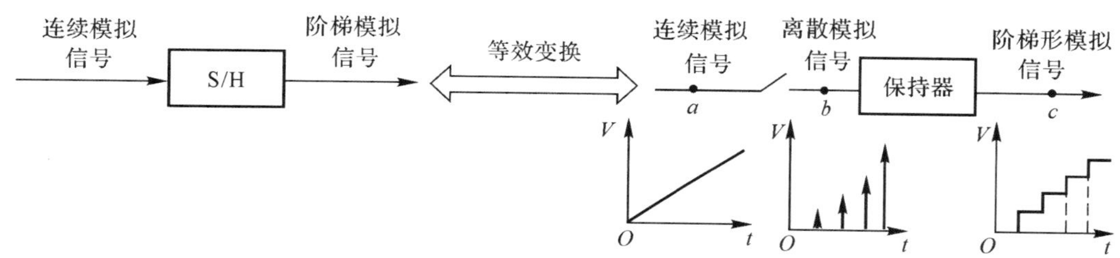

图 2-3 采样保持器信号描述

2.1.3 A/D 转换器

A/D 转换器是将一个模拟信号转换为一个数字编码信号,从分解角度来看,需完成 3 个过程,即采样保持、量化、编码,如图 2-4 所示。图 2-4(a)表示 a 点处的输入连续曲线(模拟量),图 2-4(b)表示 b 点处的离散后的模拟量,并需保持时间间隔 τ 以满足 A/D 量化编码的时间(即 A/D 转换时间)。在采集精度要求不高的情况下,输入曲线变化率不大时,b 点 A/D 转换时间 τ 相对采样间隔 T 非常小,采样曲线变化率变化不大时引起的转换时间可忽略不计,这样在 A/D 转换器前可以不加真正意义上的采样保持器。

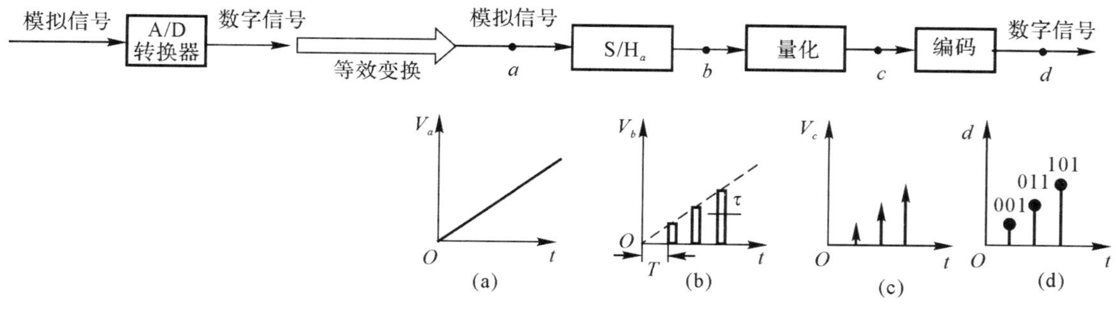

图 2-4 A/D 转换器框图

但在实际系统中,A/D 转换器芯片前都加入了真实的采样保持器,如图 2-1 所示。按照图 2-4 分解要求可以把真实 S/H 并入 A/D 转换器的描述中。此时图 2-5(b)中 b 点时域波形同图 2－3 中 c 点处的波形图，c 点输出时域离散模拟量保持不变。

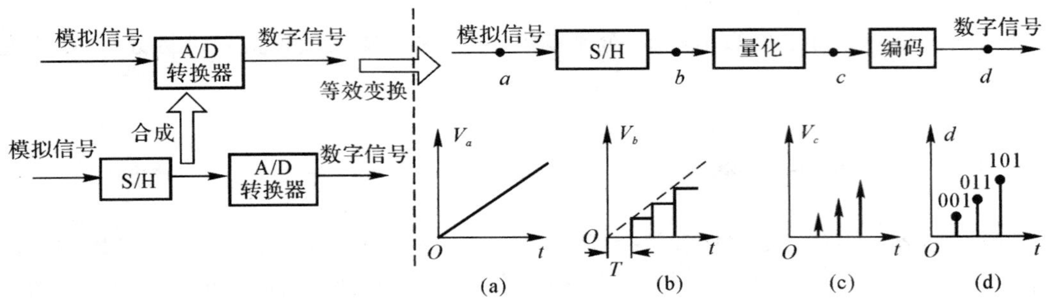

图 2－5　内含采样器的 A/D 转换器框图

2.1.4　D/A 转换器

D/A 转换器是将一个数字编码信号转换成模拟信号，如图2－2所示，通常是电流或电压输出形式，这里统称 D/A 转换输出。可以把它看成解码与采样保持的过程，分解如图2－6所示。解码器是把一个数字信号转换为模拟幅值调制脉冲信号，而保持器只是把解码后的模拟信号保持到下一个信号到来时刻，使模拟离散脉冲信号变成阶梯连续信号。这样在图2－6中从 D/A 转换器到零阶保持器后的输出，实际上，D/A 转换器芯片内含有零阶保持器，D/A 转换器的输出在图 2－6 中给予了时域的描述。

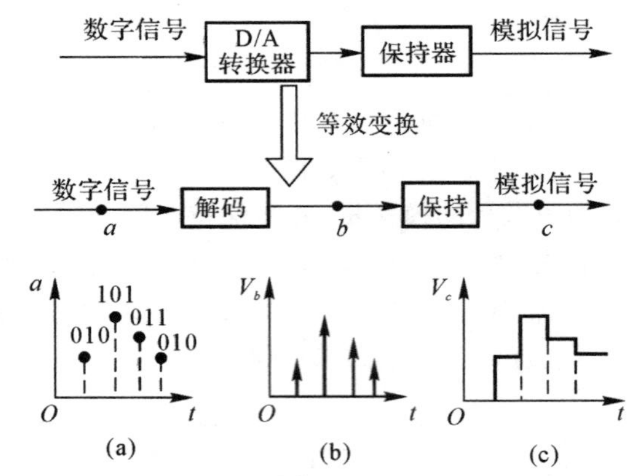

图 2－6　D/A 转换器框图

(a)数字信号；(b)模拟脉冲信号；(c)经零阶保持后的模拟信号

2.1.5　滤波器

在图 2－1 中，前置滤波器是对输入连续信号滤波，主要滤去高频信号，保留低频信号，称低通滤波器。在时域图中曲线描述体现在连续信号加有噪声，经低通滤波器输出后保留了低频量的连续曲线，如图 2－7 所示。

后置滤波器是对 D/A 转换器输出量进行滤波，使零阶保持器输出更加平滑，当采样时间

$T \to 0$ 时，可以忽略其作用，或当采样时间 $T \ll 1\text{s}$ 时，满足被控对象对输入信号的技术指标要求，同样可忽略后置滤波器的作用。

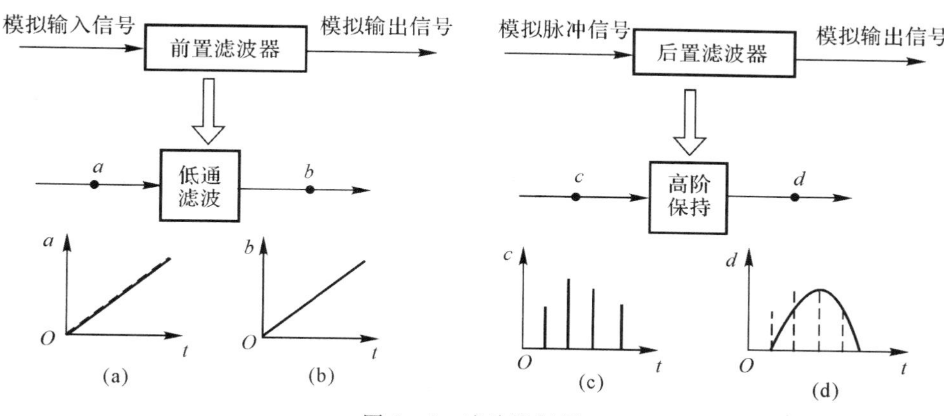

图 2－7　滤波器框图

(a)数字信号；(b)模拟脉冲信号；(c)模拟脉冲信号；(d)模拟输出信号

2.1.6　计算机控制系统的简化结构图

根据以上分析，计算机控制系统中，信号转换共有 5 个过程：采样、量化、编码、解码和保持。其中编码和解码过程只改变信号的表示形式，量化过程只影响信号的大小，而采样和保持过程不仅影响信号的信息量，还影响信号的特性。前置滤波也只影响连续信号的幅值大小，D/A转换器相当于零阶保持器。因此，可把图 2－1 所示系统简化成图 2－8 所示的典型结构形式。

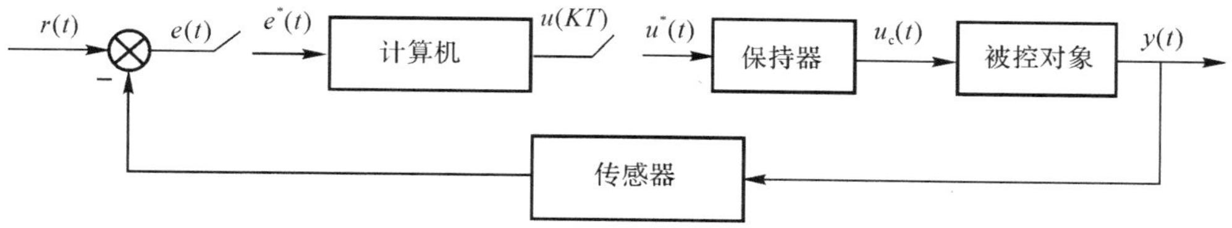

图 2－8　计算机控制系统简化结构图

2.2　采样过程及数学描述

2.2.1　采样过程描述

一般来说，采样器的时延极短，惯性也极小，可以忽略不计，因此，采样器可以看成是按一定要求而工作的“开关”，故称它为采样开关。它使输入信号 $f(t)$ 以一定时间间隔而离散，从而在该采样点处构成幅值相等的脉冲序列。

连续信号通过一个定时采样开关形成一组脉冲序列的过程称为采样过程，如图 2－9 所示。脉冲宽度 τ 表示采样持续一段信号所需要的时间(即采样开关闭合的时间)。相邻两次采样之间的间隔时间称为采样周期 T，通常采样周期 T 比采样持续时间 τ 大得多。因此有限宽度的脉冲序列可近似看成理想脉冲序列，这时采样过程称为理想采样过程，如图 2－10 所示。理想采样器是瞬时采样，采样瞬时称采样时刻。

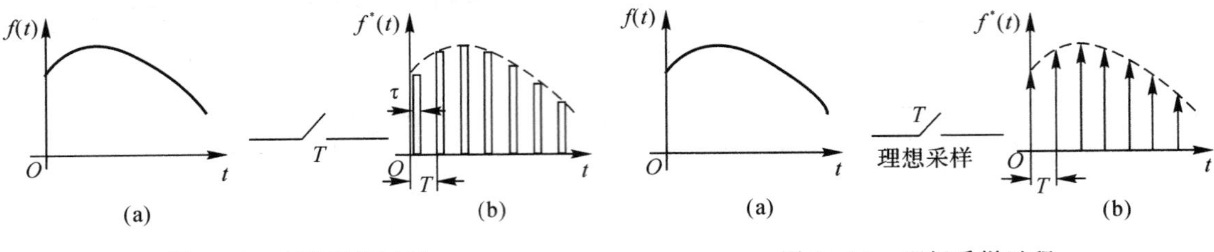

图 2－9　实验采样过程　　　　图 2－10　理想采样过程

采样间隔时间可以是随机的，也可以按给定的规律变化。若在采样过程中采样周期不变，则这种采样称为均匀采样；若采样周期是变化的，则称为非均匀采样。某些非均匀采样，可以视为几种均匀采样叠加而成，如图 2－11 所示。若计算机控制系统中各个采样开关的采样周期都相同，则称为等速率采样系统；若一个系统中有几种采样周期，则称为多速率采样系统。本书讨论的采样信号都是指均匀的采样信号，控制系统均为同步的均匀采样系统，除非特别指出非均匀采样的周期。

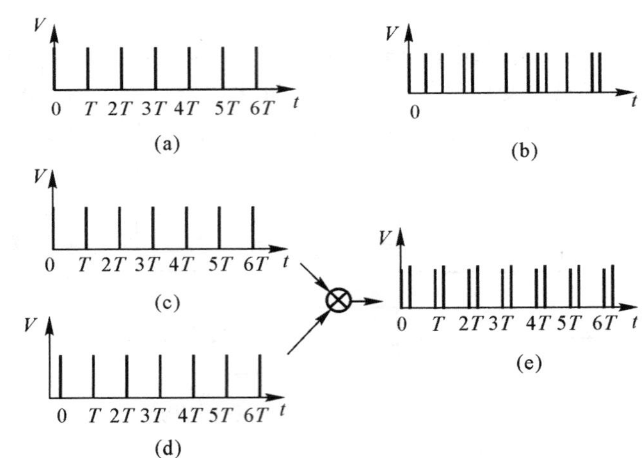

图 2－11　采样形式

(a)均匀采样；(b)随机采样；(c)均匀采样；(d)延迟均匀采样；(e)非均匀采样

2.2.2　理想采样信号的特性

1. 理想采样信号的时域数学描述

图 2－12 所示的理想采样过程，可以看成是连续信号 $f(t)$ 经一组单位脉冲序列 $\delta_T(t)$ 幅值调制的过程。其中

$$\delta_T(t)=\delta(t)+\delta(t-T)+\delta(t-2T)+\cdots=\sum_{n=0}^{\infty}\delta(t-nT) \tag{2-1}$$

幅值调制脉冲信号(理想采样信号)为

$$f^*(t)=f(t)\delta_T(t)=f(0)\delta_T(t)+f(T)\delta_T(t-T)+f(2T)\delta_T(t-2T)+\cdots$$
$$=\sum_{n=0}^{\infty}f(nT)\delta(t-nT) \tag{2-2}$$

式中，$\delta(t-nT)$ 表示 $t=nT$ 时刻的信号采样，而 $f(nT)$ 表示在 nT 时刻采样信号的采样值，其大小等于被采样函数 $f(t)$ 在该时刻的值。

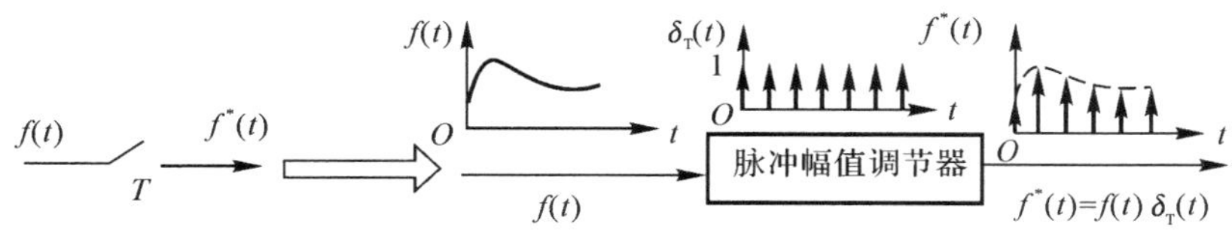

图 2 - 12　脉冲幅值调制器

2. 理想采样信号的频域特性

设被采样连续信号 $f(t)$ 的傅氏变换为 $F(\mathrm{j}\omega)$，理想采样信号 $f^*(t)$ 傅氏变换用 $F^*(\mathrm{j}\omega)$ 表示为

$$F^*(\mathrm{j}\omega)=\mathscr{F}[f^*(t)]=\mathscr{F}[f(t)\delta_T(t)] \tag{2-3}$$

其中 $\delta_T(t)$ 是周期为 T 的周期函数，对应角频率为 $\omega_s=2\pi/T$，它可以用傅氏级数的形式来表示，即

$$\delta_T(t)=\sum_{k=-\infty}^{\infty}\delta(t-kT)=\sum_{k=-\infty}^{\infty}C_k\mathrm{e}^{\mathrm{j}k\frac{2\pi}{T}t}=\sum_{k=-\infty}^{\infty}C_k\mathrm{e}^{\mathrm{j}k\omega_s t} \tag{2-4}$$

其中 C_k 为傅氏系数，由下式给出：

$$C_k=\frac{1}{T}\int_{-T/2}^{T/2}\delta_T(t)\mathrm{e}^{-\mathrm{j}k\omega_s t}\mathrm{d}t=\frac{1}{T}\int_{0-}^{0+}\delta_T(t)[\mathrm{e}^{-\mathrm{j}k\omega_s t}]\mathrm{d}t\Big|_{t=0}$$

由于 $\delta_T(t)$ 在积分域内仅在 $t=0$ 处有意义，所以

$$C_k=\frac{1}{T}\int_{0-}^{0+}\delta_T(t)[\mathrm{e}^{-\mathrm{j}k\omega_s t}]\mathrm{d}t\Big|_{t=0}=\frac{1}{T} \tag{2-5}$$

将式(2-5)代入式(2-4)后，再代入式(2-3)得

$$F^*(\mathrm{j}\omega)=\mathscr{F}[f^*(t)]=\mathscr{F}[f(t)\delta_T(t)]$$
$$=\mathscr{F}\Big[f(t)\frac{1}{T}\sum_{k=-\infty}^{\infty}\mathrm{e}^{\mathrm{j}k\omega_s t}\Big]=\frac{1}{T}\sum_{k=-\infty}^{\infty}\mathscr{F}[f(t)\mathrm{e}^{\mathrm{j}k\omega_s t}] \tag{2-6}$$

根据傅氏变换中的复位移定理，式(2-6)可写成

$$F^*(\mathrm{j}\omega)=\frac{1}{T}\sum_{k=-\infty}^{\infty}F(\mathrm{j}\omega-\mathrm{j}k\omega_s) \tag{2-7}$$

顺便指出，式(2-7)也可直接用傅氏变换的定义式：

$$F^*(\mathrm{j}\omega)=\frac{1}{T}\sum_{k=-\infty}^{\infty}\int_{-\infty}^{\infty}f(t)\mathrm{e}^{\mathrm{j}k\omega_s t}\mathrm{e}^{\mathrm{j}\omega t}\mathrm{d}t$$

求得同一结果。若令 $n=-k$，则式(2-7)可写成习惯表示形式：

$$F^*(\mathrm{j}\omega)=\frac{1}{T}\sum_{k=-\infty}^{\infty}F(\mathrm{j}\omega-\mathrm{j}k\omega_s)\xlongequal{n=-k}\frac{1}{T}\sum_{k=-\infty}^{\infty}F(\mathrm{j}\omega+\mathrm{j}n\omega_s)$$
$$=\cdots+\frac{1}{T}F(\mathrm{j}\omega-\mathrm{j}2\omega_s)+\frac{1}{T}F(\mathrm{j}\omega-\mathrm{j}\omega_s)+\frac{1}{T}F(\mathrm{j}\omega)+\frac{1}{T}F(\mathrm{j}\omega+\mathrm{j}\omega_s)+\cdots \tag{2-8}$$

由式(2-8)可见,若连续的频谱为复数(通常如此),则采样信号的频谱等于连续信号频谱与由于采样而产生的高颁频谱的复数和,并具有以下特性:

(1) $n=0$ 时,$F^*(\mathrm{j}\omega)\big|_{n=0}=\dfrac{1}{T}F(\mathrm{j}\omega)$,它正比于连续信号 $f(t)$ 的频谱,该项称为 $F^*(\mathrm{j}\omega)$ 的基本频谱。

连续信号 $f(t)$ 通常是极慢变化的非周期函数,因此它的频谱函数 $F(\mathrm{j}\omega)$ 是窄频带的连续频谱,并以低频成分为主,假设如图 2-13(a)所示。

(2) $n\neq 0$ 时,由于采样而产生的以 ω_s 为周期的高频频谱分量,每隔一个 ω_s 就重复连续信号频谱 $\dfrac{1}{T}F(\mathrm{j}\omega)$ 一次,如图 2-13(b)所示。其周期恰好等于采样角频率 ω_s,所以采样器可以认为是谐波发生器。

(3) 采样定理(也称 Shannon 定理):若连续信号频谱是有限带宽,其最高频率为 ω_s,如图 2-13(c)所示。连续信号采样后产生的高频频谱与基本频谱不发生重叠的条件是采样频率 ω_s 必须满足下列不等式:

$$\omega_s>2\omega_c$$

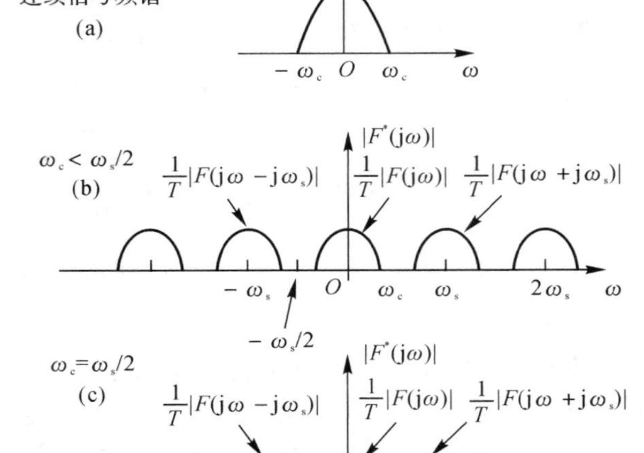

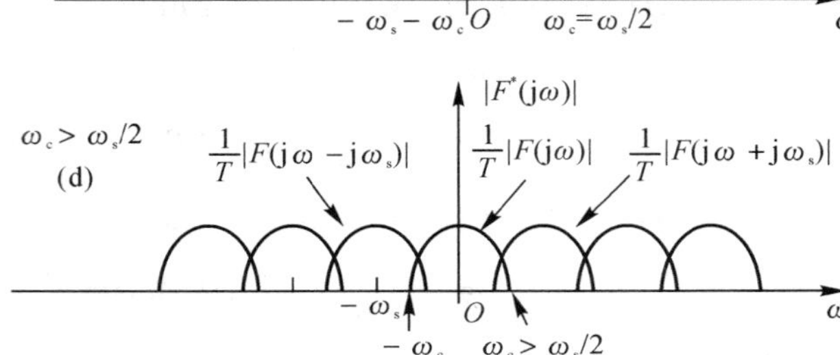

图 2-13 输入输出信号频谱

(4) 若不满足采样定理,就会发生频谱重叠现象,或称折叠、混叠现象,如图 2-13(d)所示。由此可见,在采样信号的基本频谱与连续信号频谱之间产生了畸变。

由式(2-8)可看出,采样信号的幅频谱表达式为

$$|F^*(\mathrm{j}\omega)|=\frac{1}{T}\left|\sum_{k=-\infty}^{\infty}F(\mathrm{j}\omega+\mathrm{j}k\omega_s)\right|$$

可见,采样信号频谱在 ω 处的幅值是连续信号频谱在频率 $(\omega+n\omega_s)$ 处的所有复数和的模。因此,信号经过采样就不可能区分出这些频率点 $(\omega,\omega_s\pm\omega,2\omega_s\pm\omega,\cdots,n\omega_s\pm\omega)$(这里习惯取正频率)上幅值的大小。

由于复数和的模总小于模的代数和,因而下列不等式总成立:

$$|F^*(\mathrm{j}\omega)|=\frac{1}{T}\left|\sum_{k=-\infty}^{\infty}F(\mathrm{j}\omega+\mathrm{j}k\omega_s)\right|\leqslant\frac{1}{T}\sum_{k=-\infty}^{\infty}|F(\mathrm{j}\omega+\mathrm{j}k\omega_s)| \tag{2-9}$$

利用式(2-9),可方便地估算出采样信号频谱重叠情况及信号采样后的频谱。

例 2-1 已知连续信号幅值频谱,如图 2-14(a)所示,试求采样信号的幅频谱。

解 首先根据连续幅频谱作出以 ω_s 为周期重复出现的幅频谱,如图 2-14(b)中虚线所示。然后在频率范围 $\left(0\leqslant\omega<\dfrac{\omega_s}{2}\right)$ 内任取一点,如取 $\omega=\dfrac{\omega_s}{4}$,根据图 2-14(b)和式(2-9)可得

$$\left|F^*\left(\mathrm{j}\frac{\omega_s}{4}\right)\right| \leqslant \frac{1}{T}\sum_{k=-\infty}^{\infty}\left|F(\mathrm{j}\omega+\mathrm{j}k\omega_s)\right|$$
$$=\frac{1}{T}\left|F\left(\mathrm{j}\frac{\omega_s}{4}\right)\right|+\frac{1}{T}\left|F\left(\mathrm{j}\omega_s-\mathrm{j}\frac{\omega_s}{4}\right)\right|+\frac{1}{T}\left|F\left(\mathrm{j}\omega_s+\mathrm{j}\frac{\omega_s}{4}\right)\right|\cdots$$
$$=\frac{1}{T}\left|F\left(\mathrm{j}\frac{\omega_s}{4}\right)\right|+\frac{1}{T}\left|F\left(\mathrm{j}\frac{3\omega_s}{4}\right)\right|+\frac{1}{T}\left|F\left(\mathrm{j}\frac{5\omega_s}{4}\right)\right|\cdots$$

同时在图 2-14(b)中取不同的 ω 值，获得不同叠加后的点，把这些点依照 ω 增大方向逐点连接，即求得采样信号的幅频谱，如图 2-14(b)中实线所示。

通过上例可见，采样信号幅频谱实质上是连续信号幅频谱在那些奇数倍 $\omega_s/2$ 频率处折叠，类似于一张纸，将所有纸片上各自重叠点幅值相加，就获得采样后的频谱，故称折叠现象。

必须指出，当连续信号频谱是 ω 的无限曲线时(即 $\omega\to\infty$ 时，幅值趋于零)，无论采样频率 ω_s 选择得多么高，总存在混叠现象，而只是 ω_s 越高，混叠现象越弱。

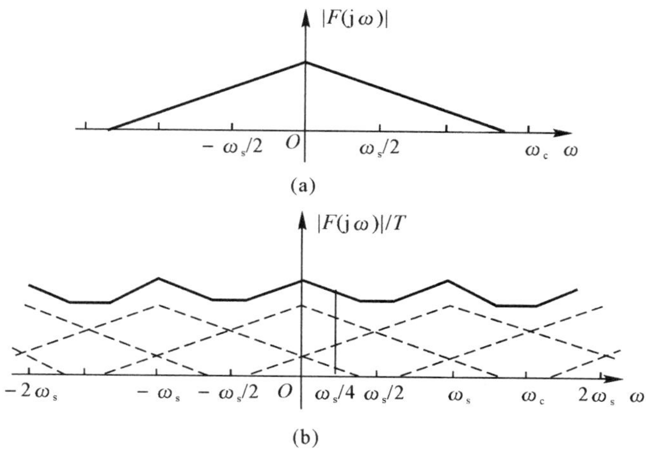

图 2-14　$f(kT)$ 对应的幅频特性

(5)若函数 $F(s)$ 有一个 $s=s_1$ 的极点，则 $F^*(s)$ 就有无限多个周期性极点，即 $s=s_1+\mathrm{j}m\omega_s$，其中 m 为 $-\infty\sim+\infty$ 之间的所有整数。说明如下：

在式(2-8)中，令 $\mathrm{j}\omega=s$，则有

$$F^*(s)=\frac{1}{T}\sum_{k=-\infty}^{\infty}F(s+\mathrm{j}k\omega_s)$$

或

$$\begin{aligned}F^*(s)&=\frac{1}{T}\sum_{k=-\infty}^{\infty}F(s+\mathrm{j}k\omega_s)\\&=\cdots+F(s-\mathrm{j}2\omega_s)+F(s-\mathrm{j}\omega_s)+F(s)+\\&\quad F(s+\mathrm{j}\omega_s)+F(s+\mathrm{j}2\omega_s)+\cdots\end{aligned}\tag{2-10}$$

由式(2-10)可见，上述结论正确。

例 2-2　对 $f(t)=\mathrm{e}^{-t}$ 进行[s]域极点分析和频域分析(注：[]表示计算域)。

解　1)对 $f(t)=\mathrm{e}^{-t}$ 的极点分析。

连续函数的拉氏变换式 $F(s)=1/(s+1)$，其根 $s_1=-1$。

对应的离散后拉氏变换式为

$$f^*(t) = e^{-t}\delta_T(t) \rightarrow F^*(s) = \frac{1}{1-e^{-T}e^{-sT}} = \frac{1}{1-e^{-(1+s)T}}$$

$$s_1 = -1 + jm\omega_s$$

其连续函数极点分布如图 2-15(a)所示。离散后 $F^*(s)$ 的极点为 $(-1+jm\omega)(m=0,\pm1,\pm2,\cdots)$，如图 2-15(b)所示，有 $2m$ 个极点。

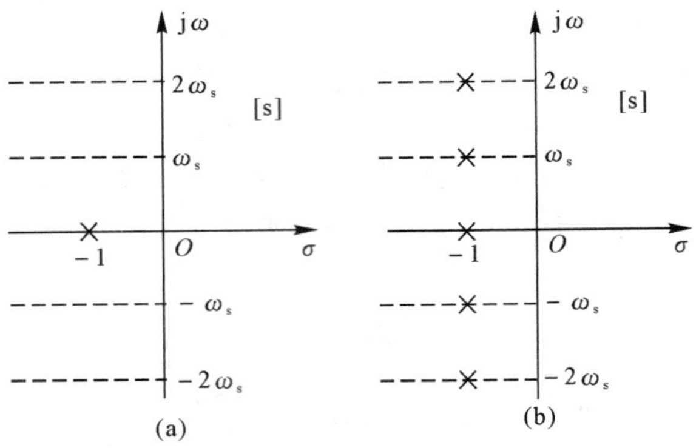

图 2-15　极点分布图

(a) $F^*(s)=1/(1+s)$；(b) $F^*(s)=1/(1-e^{-T}e^{sT})$

2)对 $f(t)e^{-t}$ 的频域分析。

连续函数的幅频式为

$$F(j\omega) = \frac{1}{j\omega+1} = \frac{1-j\omega}{1+\omega^2} = \frac{1}{\sqrt{1+\omega^2}}e^{-j\omega}$$

$$F^*(j\omega) = \frac{1}{T}\sum_{k=-\infty}^{\infty}F(j\omega+jk\omega_s) = \frac{1}{T}\sum_{k=-\infty}^{\infty}\frac{1}{\sqrt{1+(j\omega+jk\omega_s)^2}}e^{-j(\omega+k\omega_s)}$$

取 $\omega_s=2\pi/T$，绘制幅频特性图如图 2-16 所示，可知原函数没有截止频率，离散后的 $F^*(j\omega)$ 在取采样时间 $T=2$ s，1 s，0.5 s，0.25 s 时与原连续域函数幅频有差，只有当采样时间 $T\rightarrow0$ s 时离散函数频谱才趋近连续域频谱。

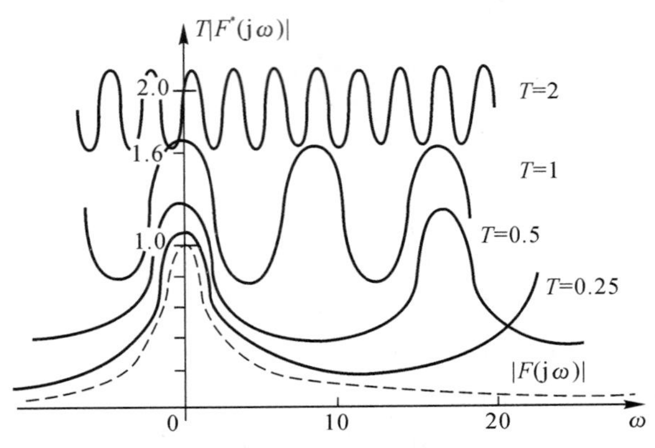

图 2-16　例 2-2 幅频特性图

(6)理想采样器的静态增益为

$$s_k = \left.\frac{F^*(\mathrm{j}\omega)}{F(\mathrm{j}\omega)}\right|_{\omega=0} = \left.\frac{\frac{1}{T}\sum_{k=-\infty}^{\infty}F(\mathrm{j}\omega+\mathrm{j}k\omega_s)}{F(\mathrm{j}\omega)}\right|_{\omega=0} \tag{2-11}$$

若采样信号频谱无混叠现象，则 $s_k = 1/T$；若有混叠现象，则可能 $s_k \geqslant 1/T$，其值取决于混叠程度，随着 ω_s 的增加，s_k 趋于 $1/T$。

3. 前置滤波器

在例 2-2 中

$$F^*(\mathrm{j}\omega) = \frac{1}{T}\sum_{k=-\infty}^{\infty}F(\mathrm{j}\omega+\mathrm{j}k\omega_s)$$

则

$$TF^*(\mathrm{j}\omega) = \sum_{k=-\infty}^{\infty}F(\mathrm{j}\omega+\mathrm{j}k\omega_s) = F(\mathrm{j}\omega)+F(\mathrm{j}\omega\pm\mathrm{j}\omega_s)+ F(\mathrm{j}\omega\pm\mathrm{j}2\omega_s)+F(\mathrm{j}\omega\pm\mathrm{j}3\omega_s)+\cdots$$

例 2-2 说明，原函数 e^{-t} 不满足采样定理，高频信号采样后变成了低频信号。这种现象不利于系统再次滤除高频干扰信号。也就是说，在计算机控制系统中，在有用信号中混杂有高频干扰信号，而干扰信号经过采样后将变成低频信号夹杂在有用信号中进入系统，由于系统的低通特性，这些干扰信号会影响系统的正常输出。

计算机要分辨出高频信号，按照采样定理需选取采样频率 ω_s 高出高频干扰的频率的 2 倍以上，方可通过数字滤波剔除高频噪声，但这显然会使 ω_s 过高，难以实现，因此，只能在信号采集前加入模拟式的低通滤波器，如图 2-1 所示的前置滤波器，滤除连续信号中高于 $\omega_s/2$ 的频谱分量，从而避免采样后出现频谱混叠现象，如图 2-17 所示。

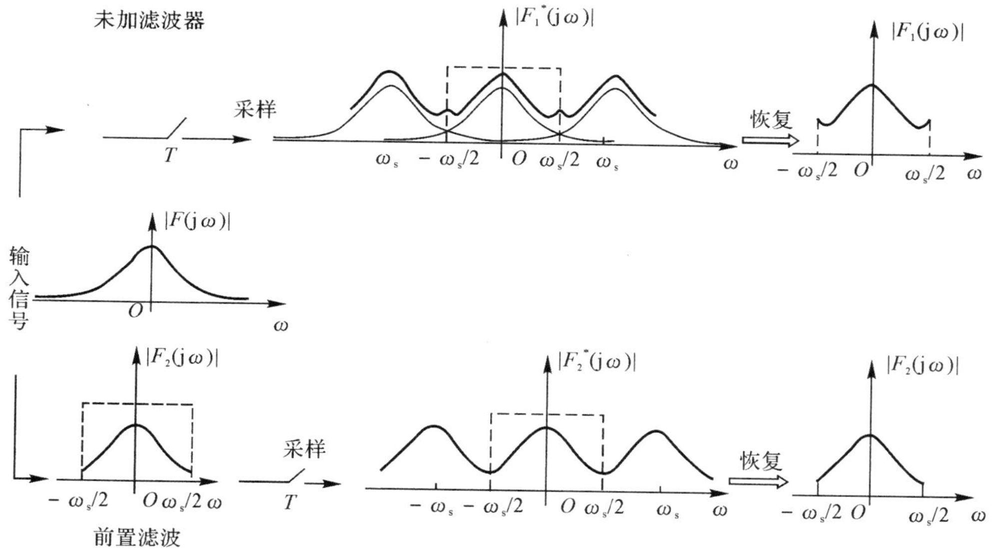

图 2-17　前置滤波器的作用

图 2-17 上侧是未加前置滤波器的幅频特性，原连续函数无截止频率，无法满足采样定理，采样后出现混频，再恢复原幅频基频信号后，高频信号夹杂在低频段，已无法恢复到原函数的低频特性了。

在图 2－17 下侧加入了前置滤波器的幅频特性，采样频率满足滤波后基频的截止频率的采样定理，无混频现象，再恢复低频信号频谱后，可再现原函数特性。

串在采样器前面的低通滤波器，它的任务有两个：其一是滤除连续信号中高于 $\omega_s/2$ 的频谱分量，使采样信号基本频谱的低频段中尽可能不混有原连续信号的高频分量，保证采样信号的基本频谱和原连续信号频谱之间最大限度地接近。其二是滤除混入连续信号中的高频干扰。

图 2－17 所示滤波器是理想滤波器，但它在物理上无法实现。

2.2.3 用理想采样信号代替有限脉冲宽度采样信号的条件

计算机控制系统中各点采样信号都认为是理想采样信号，这对分析、设计系统带来很大的方便，但实际系统中，采样信号均为有一定宽度 τ 的脉冲信号，上述替代是否合理，这是需要讨论的。下面将证明在满足下述条件时，这种替代是合理的。

假设：

(1)脉冲宽度远小于采样周期，即 $\tau \ll T$；

(2)在系统中，采样器后必须串有保持器。

这两个条件，在计算机控制系统中通常都能满足，假设是否有必要呢？

有限脉冲宽度调幅过程如图 2－18 所示。其输出信号 $f_p^*(t)$ 对输入信号 $f(t)$ 的响应，可看作 $f(t)$ 与载波 $p(t)$ 相乘，即

$$f_p^*(t) = f(t)p(t)$$

式中，$p(t)$ 为具有脉宽 τ 的脉冲序列，亦即具有周期 T 的周期函数。

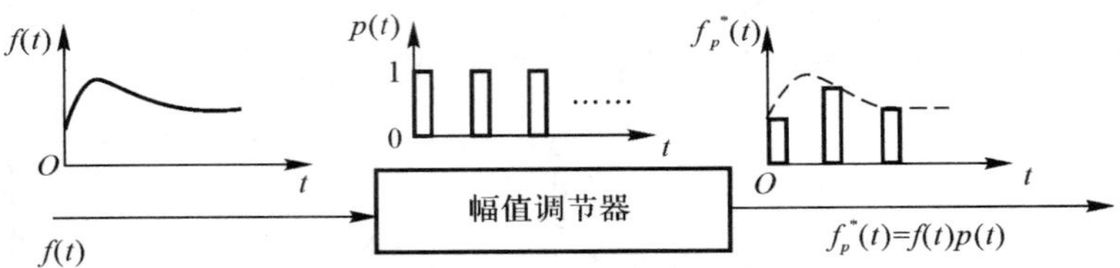

图 2－18 脉冲幅值调制器

同样，其频谱为采样函数 $f_p^*(t)$ 的傅氏变换：

$$F_p^*(\mathrm{j}\omega) = \mathscr{F}[f_p^*(t)] = \mathscr{F}[f(t)p(t)] = \mathscr{F}[f(t)\sum_{k=-\infty}^{\infty} C_p \mathrm{e}^{\mathrm{j}k\omega_s t}] \tag{2-12}$$

其中 C_p 为傅氏系数：

$$C_p = \frac{1}{T}\int_0^T p(t)\mathrm{e}^{-\mathrm{j}k\omega_s t}\mathrm{d}t \tag{2-13}$$

这里 $0 \leqslant t \leqslant \tau$ 时 $p(t)=1$，故

$$\begin{aligned} C_p &= \frac{\tau}{T}\int_0^\tau \mathrm{e}^{-\mathrm{j}k\omega_s t}\mathrm{d}t = \frac{\tau}{T}\,\frac{1-\mathrm{e}^{-\mathrm{j}k\omega_s\tau}}{\mathrm{j}k\omega_s\tau} \\ &= \frac{\tau}{T}\,\frac{\sin(k\omega_s\tau/2)}{k\omega_s\tau/2}\mathrm{e}^{-\mathrm{j}k\omega_s\tau/2} \end{aligned} \tag{2-14}$$

或由式(2－12)得

$$F_p^*(\mathrm{j}\omega) = \mathscr{F}[f(t)\sum_{k=-\infty}^{\infty} C_p \mathrm{e}^{\mathrm{j}k\omega_s t}] = \sum_{k=-\infty}^{\infty} C_p F[f(t)\mathrm{e}^{\mathrm{j}k\omega_s t}]$$

利用复位移定理，上式可写为

$$F_p^*(\mathrm{j}\omega) = \sum_{k=-\infty}^{\infty} C_p F(\mathrm{j}\omega - \mathrm{j}k\omega_s) \tag{2-15}$$

或

$$F_p^*(\mathrm{j}\omega) = \sum_{k=-\infty}^{\infty} C_p F(\mathrm{j}\omega + \mathrm{j}k\omega_s)$$

结论：

(1)对傅氏系数式(2－14)取极限 $(k \to 0)$，则有

$$C_{p_0} = \lim_{k\to 0} C_p = \frac{\tau}{T} \tag{2-16}$$

仅取式(2－15)中 $k = 0$ 的项，可得

$$F_p^*(\mathrm{j}\omega) = C_{p_0} F(\mathrm{j}\omega) = \frac{\tau}{T} F(\mathrm{j}\omega) \tag{2-17}$$

上式证明了一个重要事实，即包含在原连续信号 $f(t)$ 中的频率分量仍然出现在采样器输出 $f_p^*(t)$ 中，只是其幅值乘以因子 τ/T。

(2) $n \neq 0$ 时，C_p 是一个复数量，其幅值为

$$|C_p| = \frac{\tau}{T}\left|\frac{\sin(k\omega_s\tau/2)}{k\omega_s\tau/2}\right| \xlongequal{\omega_s = \frac{2\pi}{T}} \frac{\tau}{T}\left|\frac{\sin(k\pi\tau/T)}{k\pi\tau/T}\right| \tag{2-18}$$

$|C_p|$ 的幅频特性如图 2－19(a)所示，在 $\omega = \pm\dfrac{2\pi}{\tau}, \pm\dfrac{4\pi}{\tau}, \cdots$ 处为零。

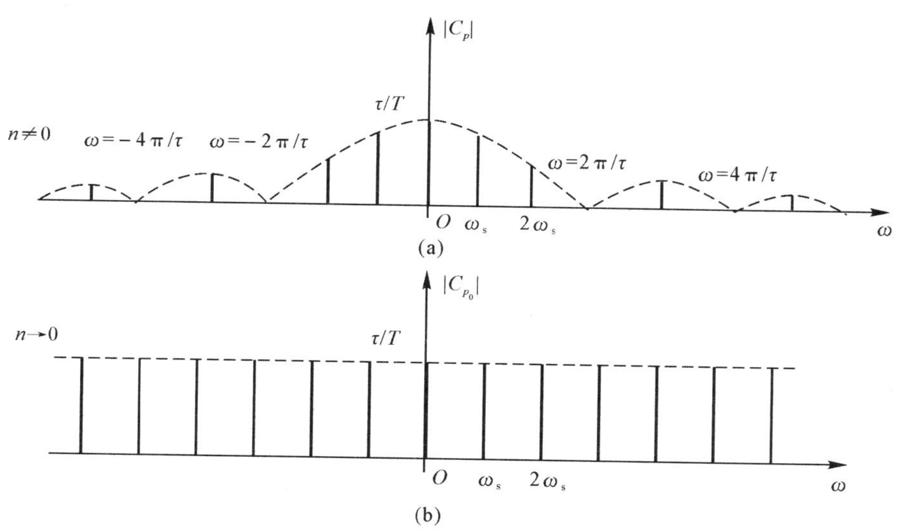

图 2－19　C_p 系数幅频特性

假设连续信号 $f(t)$ 的幅频谱如图 2－20(a)所示，可见，$f_p^*(t)$ 的频谱不仅含有基本频谱分量 $F(\mathrm{j}\omega)$，而且包含由于采样而产生的高频频谱 $F(\mathrm{j}\omega + \mathrm{j}n\omega_s)$。

当 $\omega_s \geqslant 2\omega_c$ 时，如图 2－20 (b)所示，其所有相邻频谱分量均独立，不重叠；而当 $\omega_s < 2\omega_c$ 时，如图 2－20 (c)所示，$|F_p^*(\mathrm{j}\omega)|$ 频谱发生重叠现象。

$F_p^*(\mathrm{j}\omega)$ 的幅值为

$$|F_p^*(\mathrm{j}\omega)| = \left|\sum_{k=-\infty}^{\infty} C_p F(\mathrm{j}\omega + \mathrm{j}k\omega_s)\right| \leqslant \sum_{k=-\infty}^{\infty} |C_p|\,|F(\mathrm{j}\omega + \mathrm{j}k\omega_s)| \tag{2-19}$$

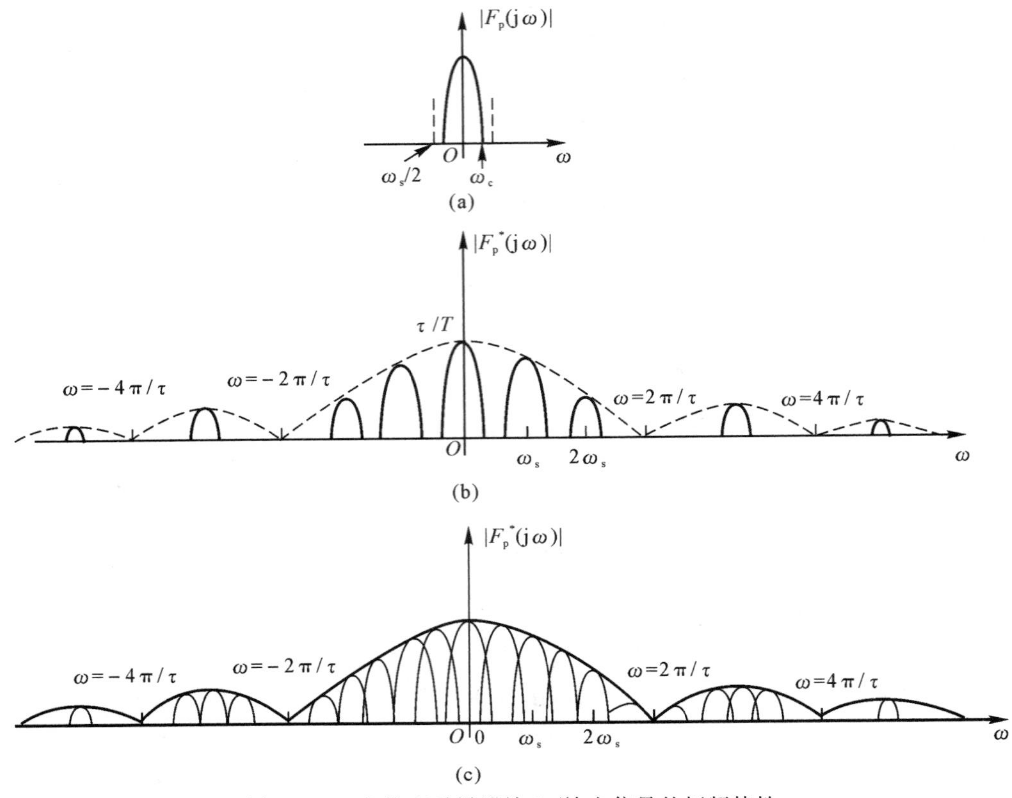

图 2-20 定脉宽采样器输入/输出信号的幅频特性

(3)当有限脉宽 $\tau \ll T$ 时，$|C_p| \approx \tau/T$，将其值代入式(2-19)得

$$|F_p^*(\mathrm{j}\omega)| = \left|\frac{\tau}{T}\sum_{k=-\infty}^{\infty} F(\mathrm{j}\omega + \mathrm{j}k\omega_s)\right| = |\tau F^*(\mathrm{j}\omega)|$$

如图 2-21 所示，当 $\tau \ll T$ 时，有限脉宽采样器可由理想采样器与衰减器（衰减系数为 τ）串联来替代。如果采样器后串有保持器，那么衰减器就不需要了，此时理想采样器加保持器与有限脉宽采样器加保持器是一样的效果，完全可以用理想采样器加保持器替代有限脉宽采样器加保持器，数字模型运算将大大简化。

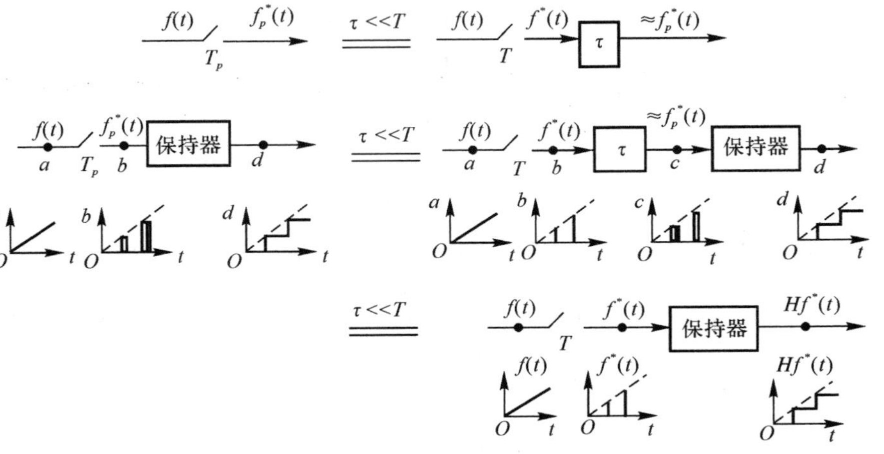

图 2-21 理想采样与有限脉宽采样加保持器

2.3　采样信号重构

在计算机控制系统或采样系统中，由数字计算机输出信号或采样信号输入到系统中之前信号必须进行平滑，即连续化，否则这些模拟部件很容易被磨损。下面从数学角度讨论采样信号复现的描述。

2.3.1　信号复现的条件

采样信号和连续信号频谱间的关系如图 2-17 所示，如果采样信号通过某种理想低通滤波器后，能把采样信号频谱中与原连续信号频谱完全一样的基本频谱分量保留下来，其余高频频谱分量彻底滤掉，这就达到了理想复现的目的。要达到这一目的，必须具备两个条件：一是要满足采样定理 $\omega_s \geqslant 2\omega_c$，二是要采用理想滤波器。第一个条件提供了理想复现的可能性，否则采样频谱呈现重叠现象，那么采用最理想的滤波器也无法将基本频谱分离出来。

1. 理想滤波器的频率特性

所谓理想低通滤波器，是指它对某个频率（如 ω_c）以下的所有频率分量都给予不失真的传输，而对 ω_c 以上的所有频率分量全部衰减为零（即滤掉）。

关于信号不失真的传输，在时间域，是指系统（或部件）的输入、输出信号波形完全相同，而只允许有幅值的衰减或增大，且时间上允许有延迟。若从频率域来看，是指系统（或部件）的幅频特性为常值（与 ω 无关），而相频特性为零或与 ω 呈线性关系。这类系统（或部件）称为理想系统（或理想部件），其频率特性为

$$H(\mathrm{j}\omega) = K\mathrm{e}^{-\mathrm{j}\omega t_0}$$

幅频：

$$|H(\mathrm{j}\omega)| = K$$

相频：

$$\angle H(\mathrm{j}\omega) = \theta(\omega) = -\omega t_0$$

其中 t_0 为常量。可见，理想低通滤波器的频率特性为

$$H(\mathrm{j}\omega) = \begin{cases} K\mathrm{e}^{-\mathrm{j}\omega t_0} & |\omega| \leqslant \omega_c \\ 0 & |\omega| > \omega_c \end{cases} \tag{2-20}$$

其频率特性曲线如图 2-22 所示。由此可见，如果某信号采样后频谱不相重叠，通过理想滤波器以后，可以毫不失真地复现原连续信号，如图 2-23 所示。换言之，若一个连续信号不包含有高于 ω_c 的频谱分量，那么它完全可以用周期为 $T \leqslant \pi/\omega_c$ 的均匀采样值描述。

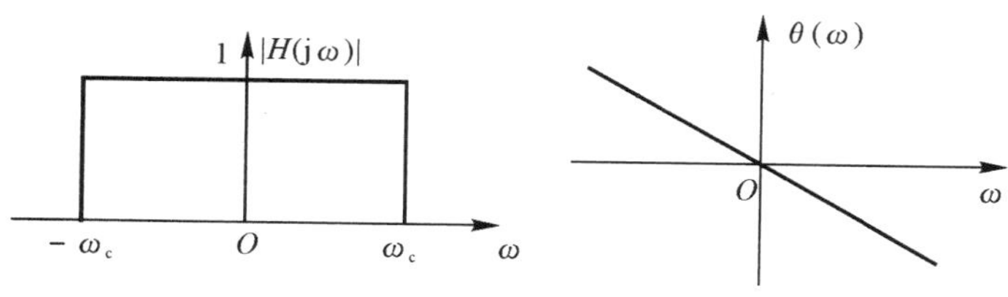

图 2-22　理想滤波器频域特性

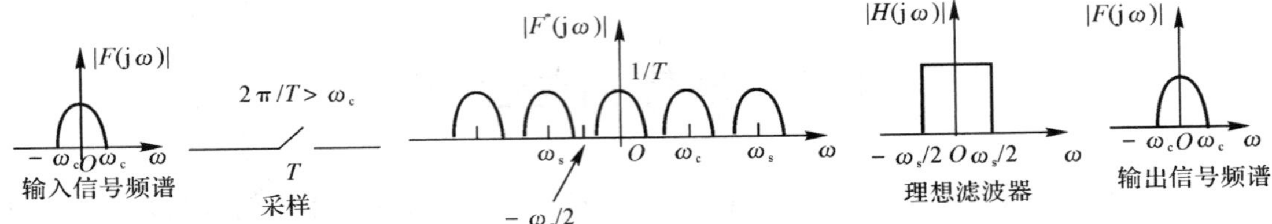

图 2-23　采样信号经过理想滤波器后恢复原信号

2. 理想低通滤波器物理不可实现性

理想低通滤波器的反变换为

$$h(t) = \mathscr{F}^{-1}[H(\mathrm{j}\omega)] = \frac{\omega}{\pi}\frac{\sin\omega_c(t-t_0)}{\omega_c(t-t_0)}$$

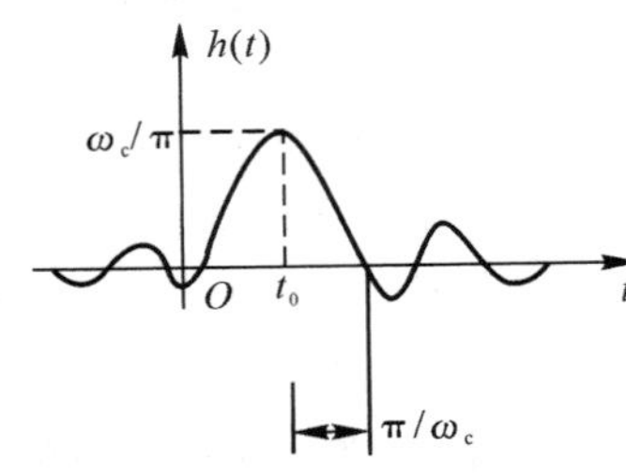

图 2-24　理想滤波器脉冲响应

其时域曲线如图 2-24 所示。可以看出，理想滤波器不满足因果关系，其响应发生在输入信号作用之前，所以它在物理上是不可实现的。

另外，即使能够实现，完全重构连续信号的基础仍然是假设 $F(\mathrm{j}\omega)$ 为有限带宽。因此，考虑到所有实际情况，进行信号重构时，我们最大限度能做的就是尽可能逼近原来的连续函数。

2.3.2　非理想信号恢复过程

直观地从时间域信号来看，采样信号的复现是指，如何把一串脉冲序列 $f(0)$，$f(T)$，…，$f(kT)$ 重构成连续信号。物理可实现的重构，只能以当前时刻及过去时刻的采样值为已知条件，如图 2-25 所示 kT，$(k+1)T$ 时刻脉冲序列是已知的，用其数字逼近实际值 $f(t)$，可以直线零阶近似、斜线一阶近似或更高阶近似逼近实际值 $f(t)$。逼近阶次越高，需采用 $f^*(t)$ 在 $(k+1)T$ 以前的 kT，$(k-1)T$，$(k-2)T$ 等越多的采样时刻的数值来估算，如图 2-26 所示。

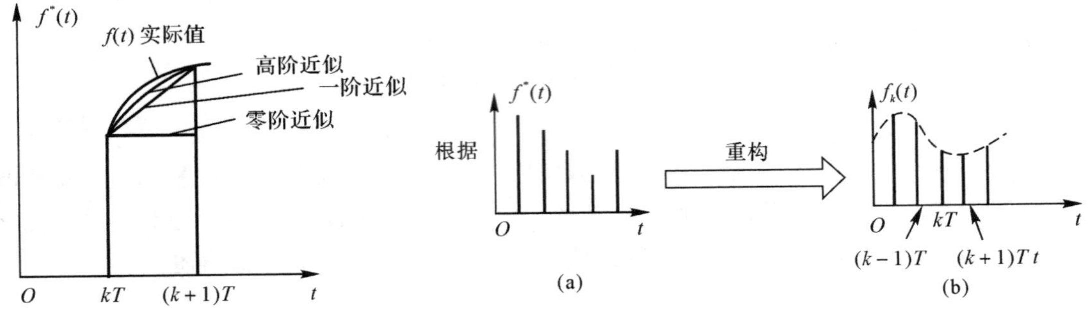

图 2-25　信号重构近似

图 2-26　离散信号的希望输出

数学上，采样点的函数可用以下台劳幕级数展开式表示：

$$f_k(t) = f(kT) + f'(kT)(t-kT) + \frac{f''(kT)}{2!}(t-kT)^2 + \cdots \tag{2-21}$$

式(2-21)取高阶级数时可认为

$$f_k(t) \approx f(t) \qquad kT \leqslant t < (k+1)T$$

式(2－21)中的各系数,可用样条值 $f(kT)$,$f[(k-1)T]$,… 来估计。一阶导数的一种简单估算式为

$$f'(kT)=\left|\frac{\mathrm{d}f(t)}{\mathrm{d}t}\right|_{t=kT}\approx\frac{f(kT)-f[(k-1)T]}{T} \tag{2-22}$$

二阶导数可表示为

$$f''(kT)=\frac{\mathrm{d}^2 f(t)}{\mathrm{d}t^2}\Big|_{t=kT}\approx\frac{f'(kT)-f'[(k-1)T]}{T}=\frac{f(kt)-2f[(k-1)T]+f[(k-2)T]}{T^2} \tag{2-23}$$

如此等等。

从这些 $f'(kT)$,$f''(kT)$ 的近似表达式可见,所需近似的导数阶次越高,则所需此脉冲的数目也就越多,延迟数就越多,估算精度就越高,但时间延迟对反馈系统的稳定性会有严重影响。为此,目前常利用式(2－21)等号右边第一项 $f(kT)$ 来重构连续信号,由于它是多项式中的零阶导数项,故通常称为零阶外推插值,又因为在采样区间 $kT\leqslant t<(k+1)T$ 内其数值保持不变,故称它为零阶保持器(Zero Order Holder,ZOH)。若利用式(2－21)中的前两项来估算 $f(t)$,则称为一阶外推插值(或一阶保持器),它在数字仿真时常会用到。

2.3.3　零阶保持器(ZOH)

1. 零阶保持器时域分析

$$f_k(t)\approx f(kT)\qquad kT\leqslant t<(k+1)T \tag{2-24}$$

如图 2－27(a)所示,离散的采样信号 $f^*(t)$ 通过零阶保持器以后,其输出就变成阶梯形的连续信号,如图 2－27(b)所示,它可以看成是延迟了 $T/2$ 时间的原连续信号(如图 2－27(b)中的虚线所示);图 2－27(c)表示了原连续函数 $f(t)$ 与经零阶保持器后信号 $f_h(t)$ 输出的误差,上升段为正偏差,下降段为负偏差。

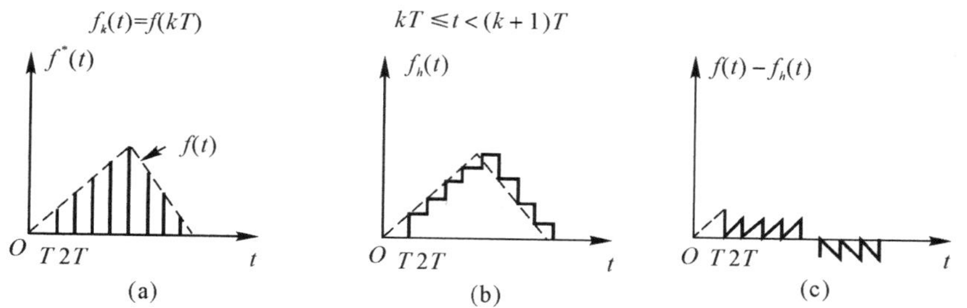

图 2－27　采样信号经零阶保持器后信号情况

(a)离散模拟量;(b)零阶保持后模拟信号;(c)零阶滤波误差信号

若零阶保持器输入一个单位脉冲函数 $\delta(t)$,其脉冲响应如图 2－28 所示,则数学表达式为

$$g_h(t)=1(t)-1(t-T)$$

即零阶保持器可看为上升阶跃函数与下降阶跃函数的代数和。

对上式进行拉氏变换得零阶保持器的传递函数,即

$$G_h(s)=\mathscr{L}[g_h(t)]=\frac{1}{s}-\frac{1}{s}\mathrm{e}^{-sT}=\frac{1-\mathrm{e}^{-sT}}{s} \tag{2-25}$$

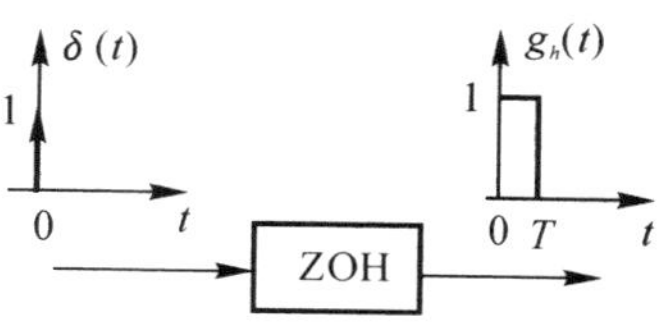

图 2－28　ZOH 脉冲过渡函数

2. 零阶保持器频域分析

频率特性： $$G_h(\mathrm{j}\omega)=G_h(s)\big|_{s=\mathrm{j}\omega}=T\frac{\sin(\omega T/2)}{\omega T/2}\mathrm{e}^{-\mathrm{j}\omega T/2} \tag{2-26}$$

幅频特性： $$|G_h(\mathrm{j}\omega)|=T\left|\frac{\sin(\omega T/2)}{\omega T/2}\right|=\frac{2\pi}{\omega}\left|\frac{\sin(\omega\pi/\omega_s)}{\omega\pi/\omega_s}\right|$$

相频特性： $$\theta_h(\mathrm{j}\omega)=-\omega T/2=-\pi\omega/\omega_s$$

频率特性曲线如图 2－29 中实线所示。

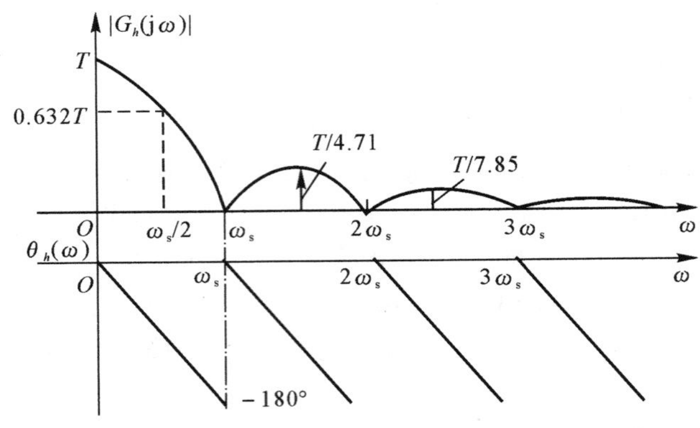

图 2－29　零阶保持器的幅频与相频特性

由图 2－29 可见，零阶保持器具有如下特性：

(1)低通滤波特性。零阶保持器的输出随着信号频率的提高，幅值迅速衰减，然而它不是理想低通滤波器，其幅频特性具有有限多个截止频率 $n\omega_s$（其中 $n=1,2,\cdots$），因此，信号通过零阶保持器后，除基本频谱分量有一定失真外，还有部分高频频谱分量一起输出。高频噪声对系统动态特性有着不良影响，常常会引起执行机构的高频振荡和机械磨损。若噪声的频率低、幅值大，而被控对象的惯性又偏小，这时在保持器后面应串一个低通滤波器（又称后置滤波器），用来消除或削弱高频噪声。如果噪声不很严重，依靠被控对象本身的惯性已足以滤掉，就不需要另加后置滤波器了。

(2)相角滞后特性。信号通过零阶保持器后会产生相角滞后，使系统稳定性和动态特性变差。若再串入后置滤波器，又会给系统增添一个滞后环节，为克服这一不良影响，应在系统适当位置串入一个超前环节进行补偿。

例 2－3　已知信号 $f(t)=A\cos(\omega_s t)$，通过采样频率为 ω_s 的采样器以后，由零阶保持器恢复成连续域信号，试定性画出恢复以后信号频域和时域曲线。

解　零阶保持器幅频特性关系式：

$$G_h(\mathrm{j}\omega)=\frac{1-\mathrm{e}^{\mathrm{j}\omega T}}{\mathrm{j}\omega}=T\frac{\sin(\omega T/2)}{\omega T/2}\mathrm{e}^{-\mathrm{j}\omega T/2}$$

计算零阶保持器模值：

$$|G_h(\mathrm{j}\omega)|=T\left|\frac{\sin(\omega T/2)}{\omega T/2}\right|$$

ω 取不同值的结果见表 2－1。

表 2－1　例 2－3 ω 取不同值的结果

ω	$\omega_s/3$	$2\omega_s/3$	$3\omega_s/3$	$4\omega_s/3$	$5\omega_s/3$	$2\omega_s$	$7\omega_s$	$8\omega_s/3$
$\lvert G_h(j\omega)\rvert$	$0.82T$	$0.413T$	$0T$	$0.207T$	$0.165T$	$0T$	$0.118T$	$0.103T$

通过零阶保持器后信号频域和时域曲线如图 2－30 所示，这里 $\omega_a=\omega_s/3$，$\lvert Hf^*(j\omega)\rvert=\lvert G_h(j\omega)\rvert$。

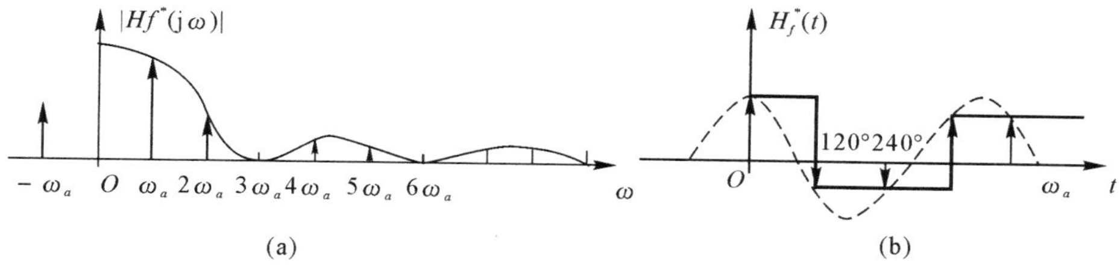

图 2－30　例 2－6 幅频与时域采样脉冲信号图

(a)频谱图；(b)时域图

2.3.4　一阶保持器

1. 一阶保持器时域分析

$$
\begin{aligned}
f_k(t) &= f(kT)+f'(kT)(t-kT)\\
&= f(kT)+\frac{1}{T}\{f(kT)-f[(k-1)T]\}(t-kT)\quad kT\leqslant t<(k+1)T
\end{aligned}
\tag{2-27}
$$

由式(2－27)可知，一阶保持器的输出是现在时刻输入采样值 $f(kT)$ 与前一时刻输入采样值 $f[(k-1)T]$ 的连线的延长线。一阶保持器的脉冲响应如图 2－31(a) 所示。它可以分解成如图 2－31(b)所示的 6 个函数之和。根据这 6 个图示函数可以写出一阶保持器的传递函数：

$$
\begin{aligned}
G_1(s) &= \frac{1}{s}+\frac{1}{T}\frac{1}{s^2}-\frac{2}{s}e^{-Ts}-\frac{2}{Ts^2}e^{-Ts}+\frac{1}{s}e^{-2Ts}+\frac{1}{Ts^2}e^{-2Ts}\\
&= T(1+Ts)\left(\frac{1-e^{Ts}}{s}\right)^2
\end{aligned}
\tag{2-28}
$$

$f(t)=\delta(t)$　一阶保持器　(a)　(b)

图 2－31　一阶保持器的冲击响应

2. 一阶保持器频域分析

频率特性：

$$G_1(\mathrm{j}\omega) = T\sqrt{1+(\omega T)^2}\left[\frac{\sin(\omega T/2)}{\omega T/2}\right]^2 \mathrm{e}^{-\mathrm{j}(\omega T-\arctan\omega T)} \tag{2-29}$$

幅频特性：
$$|G_1(\mathrm{j}\omega)| = T\sqrt{1+(\omega T)^2}\left[\frac{\sin(\omega T/2)}{\omega T/2}\right]^2$$

相频特性：
$$\theta(\mathrm{j}\omega) = -(\omega T - \arctan\omega T)$$

3. 一阶三角形保持器

上述一阶信号保持器采用后差微分，一般信号都有较大的误差，为了减少误差，可采用前差微分近似。

$$\begin{aligned} f_k(t) &= f(kT) + f'(kT)(t-kT) \\ &= f(kT) + \frac{1}{T}\{[f(k+1)T] - f(k)T\}(t-kT) \quad kT \leqslant t < (k+1)T \end{aligned} \tag{2-30}$$

它的传递函数为

$$G_1(s) = L[g_h(t)] = \frac{\mathrm{e}^{Ts}}{T}\left(\frac{1-\mathrm{e}^{-Ts}}{s}\right)^2 \tag{2-31}$$

它的脉冲过渡函数如图 2-32(a)所示，其形状为三角形。

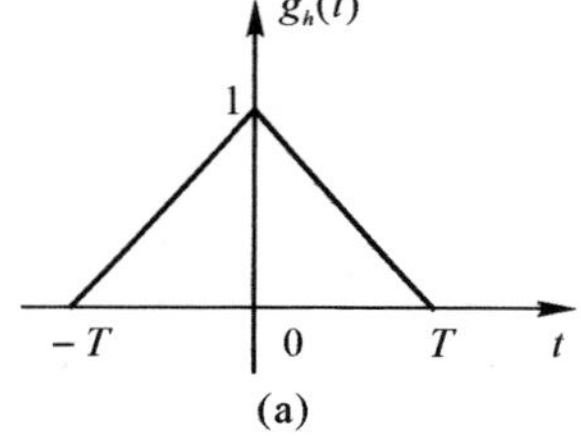

(a)

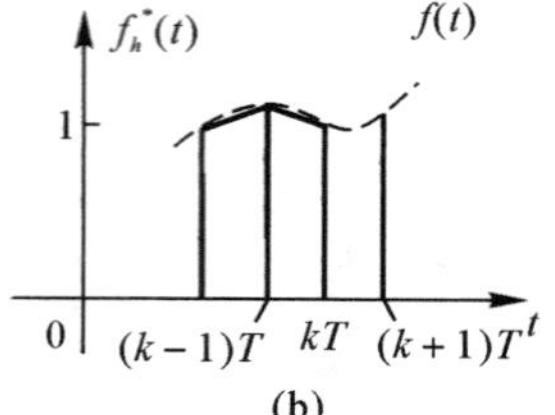

(b)

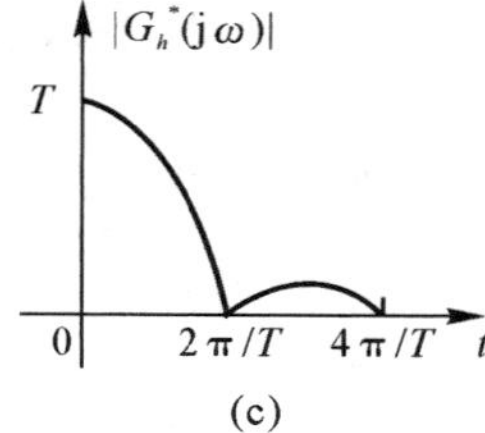

(c)

图 2-32　一阶三角形保持器特性

(a)三角形信号保持器脉冲过渡函数；(b)三角形信号重构保持的特性；(c)三角形信号重构保持幅频特性

一阶三角形保持幅频特性如图 2-32(c)所示，相频保持不变。保持器高频部分失真很小，且无相位滞后，所以可以获得比较满意的结果，它恢复的 $f_h(t)$ 如图 2-32(b)所示，可获得满意的效果。

虽然一阶三角形保持器具有好的滤波效果，但计算 $(k+1)T$ 的 $f_h(t)$ 的前提是已知 $f(k+1)$，有时这是不可能的。这样提出滞后一拍的一阶三角形保持器的构型：

$$f_k(t) = f[(k-1)T] + \frac{1}{T}\{f(kT) - f[(k-1)T]\}(t-kT)$$

它的脉冲传递函数为

$$G_h(s) = \frac{(1-\mathrm{e}^{-Ts})^2}{Ts^2}$$

通过以上讨论可知，保持器的频率特性曲线如图 2-33 所示，虚线表示一阶保持器的信号复现精度要高于实线表示的零价保持器，但是对高频信号的滤波性能不如零价保持器好，相角滞后也更大。因此从稳定性和动态性能考虑，在反馈控制系统中零价保持器更有利，同时 A/D 转换与

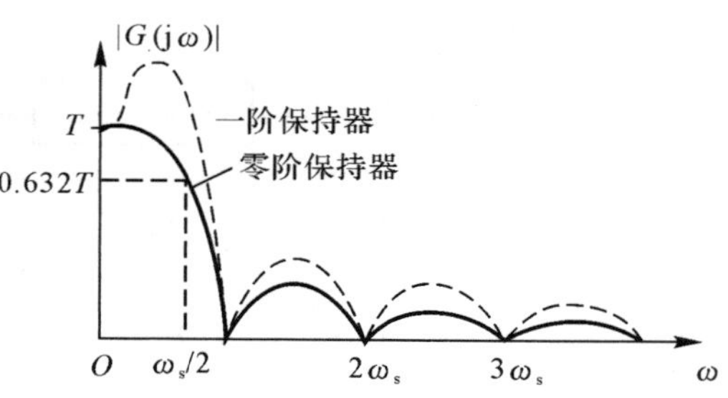

图 2-33　保持器幅频特性图

D/A 转换输出特性更接近零价保持器特性，简单且易实现。

系统中信号形式的变化可以归结为如图 2-34 所示，前置滤波器对输入信号前期高频信号进行处理，然后进行采样，后置滤波器是对零价保持器输出高频信号进行滤波，保障输出曲线更加光滑。

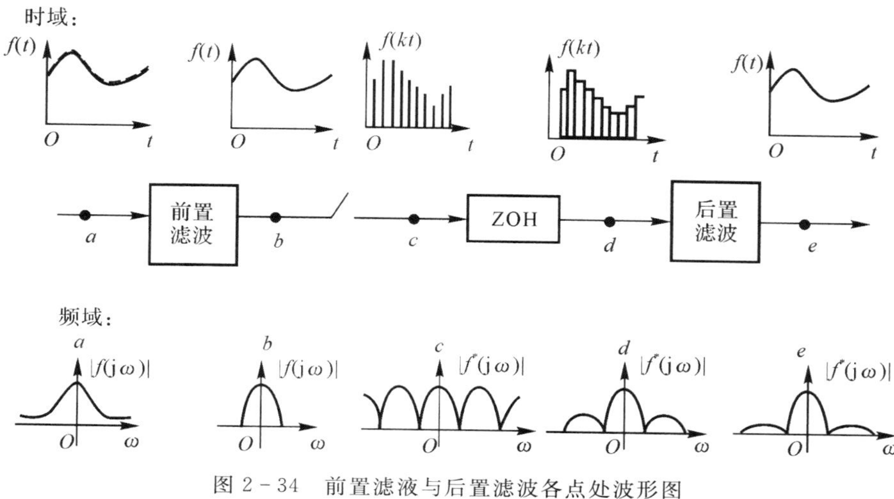

图 2-34　前置滤液与后置滤波各点处波形图

2.4　本 章 小 结

本章重点介绍了三方面内容：其一，计算机控制系统结构可以划分为输入信号前的描述，前置滤波和信号采样；数字计算的描述，数字控制器；输出信号的描述，D/A 转换器和后置滤波器。其二，针对各个阶段信号特性推导出了数学描述式和采样定理，同时证明了当采样时间远大于 A/D 转换时间时，可以用理性采样信号替代实际采样信号。其三，当信号重构时需满足采样定理，常用信号输入与输出的保持器其物理特性更接近零阶保持器，所以在计算机控制系统中，通常控制器的输出需串联一个零阶保持器。

习　　题

2-1　试分别作出信号 $f(t)=5e^{-10t}$ 和 $f^*(t)=5e^{-10kT}$ 的幅频谱曲线，并讨论两曲线在不同域中描述差异(式中 $T=0.1s$)。

2-2　若数字计算机的输入信号 $f(t)=5e^{-10t}$，试根据采样定理选择合理的采样周期 T，假设采样频率 $\omega_{s.max}$ 满足 $|F(j\omega_{s.max})|=0.1|F(0)|$。

2-3　试求下列信号的幅频谱，并求出其采样后幅频谱不产生混叠的最大采样周期 T。

(1) $f(t)=\sin(2t)$；

(2) $f(t)=\cos(10t)$。

2-4　已知信号 $f(t)=A\cos\omega t$，通过采样频率为 $\omega_s=3\omega_c$ 的采样器以后，又由零阶保持器恢复成连续信号，试定性画出恢复以后信号频域和时域曲线。

2-5　零阶保持器物理含义是什么？如何理解数字保持器和物理器件保持器的作用？在频域中零阶保持器与一阶保持器的描述区别是什么？

第3章 计算机控制系统的数学描述与分析

3.1 z 变换

3.1.1 z 变换定义

z 变换是计算机控制系统分析、设计中重要的数学工具，其作用与连续系统分析、设计中的拉氏变换相当。连续信号 $f(t)$ 通过采样周期为 T 的理想采样后，变为相应的采样信号 $f^*(t)$，它是一组加权理想脉冲序列。

$$f^*(t)=f(0)\delta(t)+f(T)\delta(t-T)+f(2T)\delta(t-2T)+\cdots$$
$$=\sum_{k=0}^{\infty}f(kT)\delta(t-kT) \tag{3-1}$$

根据拉氏变换实位移定理，可得式(3-1)的拉氏变换为

$$F^*(s)=L[f^*(t)]=f(0)+f(T)\mathrm{e}^{-Ts}+f(2T)\mathrm{e}^{-2Ts}+\cdots=\sum_{k=0}^{\infty}f(kt)\mathrm{e}^{-kTs} \tag{3-2}$$

$F^*(s)$ 是 s 的超越函数，仅用拉氏变换这一数学工具，不便处理，引入复变量 $z=\mathrm{e}^{Ts}$ 进行代换，得到 $F(z)$ 的表达式为

$$F(z)=f(0)+f(T)z^{-1}+f(2T)z^{-2}+\cdots=\sum_{k=0}^{\infty}f(kT)z^{-k} \tag{3-4}$$

这就是信号 $f^*(t)$ 的 z 变换的幂级数形式。实际应用中，所遇到的采样信号 z 变换幂级数在其收敛域内都可以写成闭合的 z 有理分式形式

$$F(z)=\frac{K(z^m+d_{m-1}z^{m-1}+\cdots+d_1z+d_0)}{z^n+c_{n-1}z^{n-1}+\cdots+c_1z+c_0}\quad n\geqslant m \tag{3-5}$$

z^{-1} 的有理分式形式为

$$F(z)=\frac{K(z^{-n+m}+d_{m-1}z^{-n+m-1}+\cdots+d_1z^{-n+1}+d_0z^{-n})}{1+c_{n-1}z^{-1}+\cdots+c_1z^{-n+1}+c_0z^{-n}}\quad n\geqslant m \tag{3-6}$$

零点和极点表示形式为

$$F(z)=\frac{KN(z)}{D(z)}=\frac{K(z-z_1)\cdots(z-z_m)}{(z-p_1)\cdots(z-p_n)} \tag{3-7}$$

其中，$z_1,\cdots,z_m$，$p_1,\cdots,p_n$ 分别为 $F(z)$ 的零点和极点。

简言之，采样函数 $f^*(t)$ 的 z 变换 $F(z)$ 就是将其拉氏变换 $F^*(s)$ 进行变量代换 ($z=\mathrm{e}^{-sT}$) 后的结果。需要说明的是：

(1) 只有对脉冲序列函数 $f^*(t)$ 进行 z 变换才有实际意义。教科书上关于 z 变换有多种

表示法，如 $F(z)$，$Z[f^*(t)]$，$Z[f(t)]$，$Z[F(s)]$，$Z[F^*(s)]$ 等，都表示对脉冲序列函数 $f^*(t)$ 的 z 变换。

(2) z 变换的幂级数形式式(3-4)与相应的采样序列函数式(3-1)之间有明确的定值、定时对应关系，物理意义明确。

(3)信号的 z 变换只与采样函数 $f^*(t)$ 相对应，即 $F(z)$ 只包含采样瞬时的信息。这意味着，z 变换 $F(z)$ 只对应唯一的采样函数 $f^*(t)$，并不对应唯一的连续函数 $f(t)$。不同的连续函数，只要它们在采样时刻的值相等，其 z 变换就相同。

3.1.2　求 z 变换的方法

1. 级数求和法

根据采样定理，对连续函数用 z 变换定义，写出相应采样脉冲序列，通过 $z=e^{sT}$ 得到 z 域表示脉冲函数。

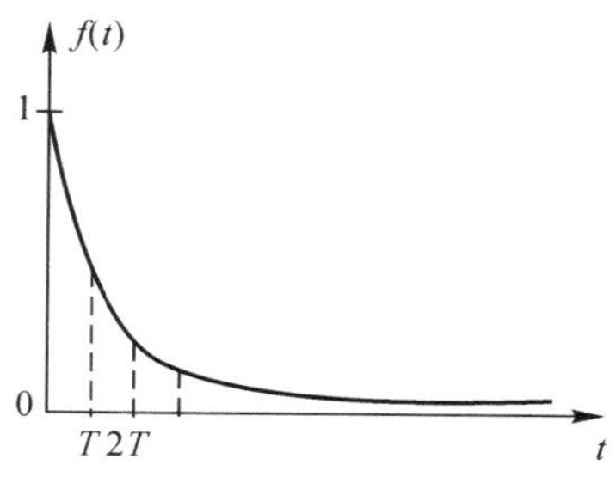

图 3-1　例 3-1 时域离散图

例 3-1　求指数函数 $f(t)=e^{-at}$ 的 z 变换。

解　$f(t)$ 的采样信号为

$f^*(t)=1\cdot\delta(t)+e^{-aT}\delta(t-T)+e^{-2aT}\delta(t-2T)+\cdots$

s 域表示采集信号

$$F^*(s)=Z[f^*(t)]=1+e^{-aT}e^{-Ts}+e^{-2aT}e^{-2Ts}+\cdots=\frac{1}{1-e^{-aT}e^{-Ts}}$$

z 域表示采集信号

$$F(z)=F^*(s)\big|_{s=\frac{1}{T}\ln z}=1+e^{-aT}z^{-1}+e^{-2aT}z^{-2}+\cdots=\frac{1}{1-e^{-aT}z^{-1}}$$

2. 留数法

假设已知连续时间函数 $f(t)$ 的拉氏变换 $F(s)$ 及其全部不相同的极点 $p_i(i=1,2,3\cdots,m)$，则 $f(t)$ 对应的 z 变换有两种情况：

当无重极点时：

$$F(z)=\sum_{i=1}^{m}\text{Res}\left[F(p_i)\frac{z}{z-e^{p_iT}}\right]=\sum_{i=1}^{m}\left[(s-p_i)F(p_i)\frac{z}{z-e^{p_iT}}\right]\Bigg|_{s=p_i}\tag{3-8}$$

当有重极点时：

$$F(z)=\sum_{i=1}^{m}\left\{\frac{1}{(r_i-1)!}\frac{d^{r_i-1}}{ds^{r_i-1}}\left[(s-p_i)^{r_i}F(p_i)\frac{z}{z-e^{p_iT}}\right]\right\}\Bigg|_{s=p_i}\tag{3-9}$$

式中，r_i 是多重极点 $s=p_i$ 的重数；m 是系统阶数与重复极点数之差，即不相同极点个数。

例 3-2　已知 $F(s)=\dfrac{s+2}{(s+1)^2(s+4)}$，用留数法求 $F(z)$。

解　依题意有三个极点：$p_{1,2}=-1, r_1=2; p_3=-4, r_2=1$。有一个重极点，所以 $m=3-1=2$。

$$F(z)=\frac{1}{(2-1)!}\frac{d}{ds}\left[(s+1)^2\frac{s+2}{(s+1)^2(s+4)}\frac{z}{(z-e^{sT})}\right]\Bigg|_{s=-1}+$$
$$\left[(s+4)\frac{s+2}{(s+1)^2(s+4)}\frac{z}{(z-e^{sT})}\right]\Bigg|_{s=-4}$$

$$= \frac{[2(z-e^{-T})+3Te^{-T}]}{9\,(z-e^{-T})^2} - \frac{2}{9} \times \frac{z}{(z-e^{-4T})}$$

$$= \frac{[(2+3T)e^{-T}-2e^{-4T}]z+(2-3T)e^{-3T}-2e^{-2T}}{9(z-e^{-4T})\,(z-e^{-T})^2}$$

3. 查表法

求 z 变换可以直接借助于 z 变换表，对于较复杂的函数，应先将拉氏变换式展开为部分分式，再查表得到 z 变换后的脉冲函数。

例 3－3 分别用三种方法求下列 z 变换：

$$F(s) = \frac{1}{s(s^2+1)}$$

解 （1）级数求和法解。

因为
$$F(s) = \frac{1}{s(s^2+1)} = \frac{1}{s} - \frac{s}{s^2+1}$$

所以拉氏反变换为
$$f(t) = 1-\cos t = 1 - \frac{e^{jt}+e^{-jt}}{2}$$

根据定义可得
$$f^*(t) = \sum_{k=0}^{\infty}\left[\left(1-\frac{e^{jkt}+e^{-jkt}}{2}\right)\delta(t-kT)\right]$$

z 域描述为

$$F(z) = \sum_{k=0}^{\infty}\left(z^{-k} - \frac{e^{jkT}z^{-k}+e^{-jkT}z^{-k}}{2}\right) = \frac{1}{1-z^{-1}} - \frac{1}{2}\left(\frac{1}{1-e^{jT}z^{-1}} + \frac{1}{1-e^{-jT}z^{-1}}\right)$$

$$= \frac{z}{z-1} - \frac{z}{2}\,\frac{(2z-e^{jT}-e^{-jT})}{z^2-(e^{jT}+e^{-jT})z+1}$$

$$= \frac{z}{z-1} - \frac{(z^2-z\cos T)}{z^2-2z\cos T+1}$$

（2）留数法解。

无重极点为

$$F(z) = \mathrm{Res}\left[\frac{1}{s(s^2+1)}\,\frac{z}{z-e^{sT}}\right]\Bigg|_{s=0} + \mathrm{Res}\left[\frac{1}{s(s^2+1)}\,\frac{z}{z-e^{sT}}\right]\Bigg|_{s=j} +$$

$$\mathrm{Res}\left[\frac{1}{s(s^2+1)}\,\frac{z}{z-e^{sT}}\right]\Bigg|_{s=-j}$$

$$= \left[s\,\frac{1}{s(s^2+1)}\,\frac{z}{z-e^{sT}}\right]\Bigg|_{s=0} + \left[(s-j)\,\frac{1}{s(s^2+1)}\,\frac{z}{z-e^{sT}}\right]\Bigg|_{s=j} +$$

$$\left[(s+j)\,\frac{1}{s(s^2+1)}\,\frac{z}{z-e^{sT}}\right]\Bigg|_{s=-j}$$

$$= \frac{z}{z-1} + \frac{1}{j(2j)}\,\frac{z}{z-e^{jT}} + \frac{1}{-j(-2j)}\,\frac{z}{z-e^{-jT}}$$

$$= \frac{z}{z-1} + \frac{z(z-\cos T)}{z^2-2z\cos T+1}$$

（3）查表法解。

利用拉普斯变换和 z 变换表（见附录），根据 s 域查 z 域对应值可得

$$F(z) = Z\left[\frac{1}{s(s^2+1)}\right] = Z\left[\frac{1}{s}\right] - Z\left[\frac{s}{s^2+1}\right]$$

$$= \frac{z}{z-1} - \frac{z(z-\cos T)}{z^2 - 2z\cos T + 1}$$

结论：三种方法结果一致。

3.1.3　z 反变换

1. 长除法(幂级数展开法)

例 3－4　试用长除法求下列 z 变换的反变换：

$$F(z) = \frac{1+2z^{-1}}{1-2z^{-1}+z^{-2}}$$

解

$$\begin{array}{r} 1+4z^{-1}+7z^{-2}+\cdots \\ 1-2z^{-1}+z^{-2}\,\overline{)\,1+2z^{-1}} \\ \underline{1-2z^{-1}+z^{-2}} \\ 4z^{-1}-z^{-2} \\ \underline{4z^{-1}-8z^{-2}+4z^{-3}} \\ 7z^{-2}-4z^{-3} \\ \cdots\cdots \end{array}$$

则　$F(z) = 1+4z^{-1}+7z^{-2}+\cdots$

z 反变换有　$f^*(t) = \delta(t) + 4\delta(t-T) + 7\delta(t-2T) + \cdots$

2. 留数法(反演积分法)

z 反变换公式无重极点为

$$f(kT) = \frac{1}{2\pi \mathrm{j}}\oint_c E(z)z^{k-1}\mathrm{d}z = \sum \mathrm{Res}[E(z)z^{k-1}] \tag{3-10}$$

时域函数可以利用 $f(z)z^{k-1}$ 在 $F(z)$ 的全部极点上的留数之和求得。若 p_i 为 $F(z)$ 的 r 次重极点，则 $F(z)z^{k-1}$ 在 p_i 上的留数可按下式计算：

$$\mathrm{Res}[F(z)z^{k-1}] = \frac{1}{(r_i-1)!}\frac{\mathrm{d}^{r_i-1}}{\mathrm{d}z^{r_i-1}}[F(z)z^{k-1}(z-p_i)^{r_i}]_{z=p_i} \tag{3-11}$$

例 3－5　用留数法求下列 z 变换的反变换：

$$F(z) = \frac{Kz}{(z-a)(z-b)^2}$$

解　$F(z)$ 有 3 个极点 $p_1 = a, p_{2,3} = b$；一个零点 $z_1=0$；有一个重极点 $r_1=2$。

$$f(kT) = \sum \mathrm{Res}\left[\frac{Kz}{(z-a)(z-b)^2}z^{k-1}\right]$$

$$= (z-a)\frac{Kz^k}{(z-b)^2(z-a)}\bigg|_{z=a} + \frac{1}{(2-1)!}\frac{\mathrm{d}}{\mathrm{d}z}\left[(z-b)^2\frac{Kz^k}{(z-b)^2(z-a)}\right]\bigg|_{z=b}$$

$$= \frac{K}{(a-b)^2}a^k + \frac{K[(b-a)kb^{k-1}-b^k]}{(b-a)^2} = \frac{K[a^k+(b-a)kb^{k-1}-b^k]}{(b-a)^2}$$

$$f^*(t) = \sum_{k=0}^{\infty} f(kT)\delta(t-KT) = \sum_{k=0}^{\infty}\frac{K[a^k+(b-a)kb^{k-1}-b^k]}{(b-a)^2}\delta(t-kT)$$

3. 查表法

例 3-6 已知 $F(z)=\dfrac{z(z-3)}{(z-1)^2(z-2)}$，求其 z 反变换。

解 将 $F(z)/z$ 展开成部分分式为

$$\frac{F(z)}{z}=\frac{(z-3)}{(z-1)^2(z-2)}=\frac{2}{(z-1)^2}+\frac{1}{(z-1)}-\frac{1}{(z-2)}$$

查 z 变换表可得
$$f(k)=2k+1-2^k$$

$$f^*(t)=\sum_{k=0}^{\infty}(2kT+1-2^{kT})\delta(t-kT)$$

3.1.4 z 变换的性质及相关定理

1. z 变换的性质及相关定理

z 变换的性质见表 3-1。

表 3-1 拉氏变换和 z 变换特性

性质	拉氏变换	z 变换
线性	$L[f_1(t)\pm f_2(t)]=F_1(s)\pm F_2(s)$ $L^{-1}[F_1(s)\pm F_2(s)]=f_1(t)\pm f_2(t)$ $L[af(t)]=aF(s)$ $L^{-1}[aF(s)]=af(t)$	$Z[f_1(t)\pm f_2(t)]=F_1(z)\pm F_2(z)$ $Z^{-1}[F_1(z)\pm F_2(z)]=f_1^*(t)\pm f_2^*(t)$ $Z[af(t)]=aF(z)$ $Z^{-1}[aF(z)]=af^*(t)$
实微分（实超前位移）	$L\left[\dfrac{d^k}{d^kt}f(t)\right]=s^kF(s)-\sum_{j=1}^{k}s^{k-j}F_1{}^{j-1}(0)$	$Z[f(t+kT)]=z^kF(z)-\sum_{j=0}^{k-1}z^{k-j}F_1(j)$
实积分	$L\left[\int_s^{\infty}f(\tau)d\tau\right]=\dfrac{F(s)}{s}$	
复微分	$L[tf(t)]=-\dfrac{d}{ds}F(s)$	$Z[tf(t)]=-Tz\dfrac{dF(z)}{dz}$
复积分	$L\left[\dfrac{f(t)}{t}\right]=\int_s^{\infty}F(p)dp$	$Z\left[\dfrac{f(t)}{t}\right]=\int_z^{\infty}\dfrac{1}{T\omega}F(\omega)d\omega+\lim_{k\to 0}\dfrac{f(kT)}{kT}$
实延迟位移	$L[f_1(t-T_0)\cdot 1(t-T_0)]=e^{-T_0}F(s)$	$Z[f_1(t-lT)\cdot 1(t-lT)]=e^{-l}F(z)$
复移位	$L[e^{\pm at}f(t)]=F(s\pm a)$	$Z[e^{\pm at}f(t)]=Z[f(s\pm a)]=F(e^{\pm aT}z)$
初值	$\lim_{t\to 0}f(t)=\lim_{s\to\infty}F(s)$	$\lim_{k\to 0}f(kT)=\lim_{z\to\infty}F(z)$
终值	$\lim_{t\to\infty}f(t)=\lim_{s\to 0}sF(s)$	$\lim_{k\to\infty}f(kT)=\lim_{z\to 1}(1-z^{-1})F(z)$
比例尺变换	$L[f(at)]=\dfrac{1}{a}F(\dfrac{s}{a})$	$Z[f(aT)]=F(z^{1/a})$
实卷积	$L[f_1(t)*f_2(t)]=F_1(s)*F_2(s)$	$Z[f_1(t)*f_2(t)]=F_1(z)*F_2(z)$
求和		$Z\left[\sum_{i=1}^{n}f(i)\right]=\dfrac{1}{1-z^{-1}}F(z)$

2. z 变换的主要性质描述

(1)时域移位变换(实延迟位移,称右位移定理)。

主要描述纯延迟时的脉冲函数的 z 变换方法,物理上 $f(t)$ 表示将再延迟时间 τ 后输出,这里可表示:

时域:

连续域:未延迟函数 $f(t)$ →经时间 τ 后发生延迟 $f(t-\tau)$ 。

离散域:未延迟 $f^*(t)$ →有延迟 $f^*(t-NT)$,这里 $\tau = NT$(延迟 T 的 N 拍数)。

z 域:若 $Z[f(t)] = F(z)$,根据定义式(3-4)得

$$Z[f(t-NT)] = \sum_{k=0}^{\infty} f(kT-NT)z^{-k} = z^{-N}\sum_{k=0}^{\infty} f(kT-NT)z^{-(k-N)}$$

令 $k-N=m$,则

$$Z[f(t-NT)] = z^{-N}\sum_{m=-N}^{\infty} f(mT)z^{-m}$$

采样过程初假设 $t<0$ 时 $f(t)=0$,则有

$$Z[f(t-NT)] = z^{-N}\sum_{m=0}^{\infty} f(mT)z^{-m} = z^{-N}F(z)$$

则时域移位变换式为

$$Z[f(t-NT)] = z^{-N}F(z) \tag{3-12}$$

例 3-7　已知输入脉冲序列

$$r^*(t-NT) = \sum_{k=0}^{\infty} r(kT-NT)\delta(t-NT+kT)$$

求 z 变换。

解　根据式(3-12)可得

$$Z[r^*(t-NT)] = z^{-N}\sum_{m=0}^{\infty} r(mT)z^{-m} = z^{-N}R(z)$$

(2)实微分(实超前位移,称左位移定理)。

主要描述超前的脉冲函数的 z 变换方法,这里可表示:若函数 $f(t)$ 有 $Z[f(t)] = F(z)$,则

$$Z[f(t+NT)] = z^{N}\left[F(z) - \sum_{m=0}^{N-1} f(mT)z^{-m}\right] \tag{3-13}$$

式中,z^N 表示超前因子;中括号内表示小于 N 采集点上的函数 $f(mT)$ 值,也表示初始条件。若 $f(0), f(1), \cdots, f(N-1)$ 的初始条件为零,则有左位移定理为

$$Z[f(t+NT)] = z^{N}F(z) \tag{3-14}$$

例 3-8　求 $y(k+2)-2y(k+1)+y(k)=\delta(t)$ 的 z 变换。

解　利用式(3-13)实微分定理可得

$$Z[y(k+2)-2y(k+1)+y(k)] = Z[\delta(t)]$$

$$z^2Y(z) - y(1)z^{-1} - y(0) - 2zY(z) + 2y(0) + Y(z) = 1$$

如果初始条件 $y(0)=y(1)=0$,则有

$$z^2Y(z)-2zY(z)+Y(z)=1$$

$$Y(z)=\frac{1}{z^2-2z+1}$$

3. 复域位移定理

若函数 $f(t)$ 有 z 变换 $F(z)$，则由 z 变换定义式(3－4)可得

$$Z[\mathrm{e}^{\pm at}f(t)]=\sum_{k=0}^{\infty}\mathrm{e}^{\pm akT}f(kT)z^{-k}=\sum_{k=0}^{\infty}f(kT)\,(\mathrm{e}^{\mp aT}z)^{-K}$$

记 $z_1=\mathrm{e}^{\mp aT}z$ ，则

$$Z[\mathrm{e}^{\pm at}f(t)]=\sum_{k=0}^{\infty}f(kT)z_1^{-K}=F(z_1)$$

即有复域位移定理为

$$Z[\mathrm{e}^{\pm at}f(t)]=F(z_1)=F(\mathrm{e}^{\mp aT}z) \tag{3－15}$$

这里 a 是常数。只要 $f(t)$ 的 z 变换存在，式(3－15)是以 z 的负指数推出，代入 e 指数需变号。

例 3－9　已知 $f(t)=\mathrm{e}^{-at}1(t)$，求 $f(t)=\mathrm{e}^{-at}t$ 的 z 变换。

解　$Z(1(t))=\dfrac{1}{1-z^{-1}}$，故有

$$Z(\mathrm{e}^{-at}1(t))=\frac{1}{1-(\mathrm{e}^{+aT}z)^{-1}}=\frac{z}{z-\mathrm{e}^{-aT}}$$

$Z(t)=\dfrac{Tz^{-1}}{(1-z^{-1})^2}$，故有

$$Z(\mathrm{e}^{-at}t)=\frac{T\,(\mathrm{e}^{+aT}z)^{-1}}{[1-(\mathrm{e}^{+aT}z)^{-1}]^2}=\frac{\mathrm{e}^{-aT}Tz}{(z-\mathrm{e}^{-aT})^2}$$

4. 初值定理

如果函数 $f(t)$ 的 z 变换为 $F(z)$，并存在极限 $\lim\limits_{z\to\infty}F(z)$，根据 z 变换定义式(3－4)得

$$F(z)=Z[f(t)]=\sum_{k=0}^{\infty}f(kT)z^{-K}=f(0)+f(T)z^{-1}+f(T)z^{-2}+\cdots$$

对上式两边取极限可得

$$\lim_{z\to\infty}F(z)=f(0)=\lim_{k\to 0}f(kT)$$

所以有

$$\lim_{k\to 0}f(kT)=\lim_{z\to\infty}F(z) \tag{3－16}$$

或者

$$f(0)=\lim_{z\to\infty}F(z) \tag{3－17}$$

5. 终值定理

设 $f(t)$ 的 z 变换为 $F(z)$，并假定函数 $(1-z^{-1})\,F(z)$ 在 z 平面的单位圆上或圆外没有极点，选取两个采集序列：

$$f^*(t)=\sum_{k=0}^{n}f(kT)\delta(t-kT)=f(0)\delta(t)+f(T)\delta(t-T)+\cdots+f(nT)\delta(t-nT) \quad (1)$$

$$f[(k-1)T] = \sum_{k=0}^{n} f[(k-1)T]\delta(t-kT) = f(-T)\delta(t) + f(0)\delta(t-T) + \cdots + f[(n-1)T]\delta(t-nT) \quad (2)$$

假设在 $t<0$ 时，$f(t)=0$，则有 $f(-T)=0$，对式(2)进行 z 变换，则有

$$Z[f[(k-1)T]] = f(-T) + f(0)z^{-1} + \cdots + f[(n-1)T]z^{-n} = z^{-1}\sum_{k=0}^{n-1} f(kT)z^{-skT} \quad (3)$$

对式(1)进行 z 变换，则有

$$Z\left[\sum_{k=0}^{n} f(kT)\delta(t-kT)\right] = f(0) + f(T)z^{-1} + \cdots + f(nT)z^{-n} = \sum_{k=0}^{n} f(kT)z^{-k} \quad (4)$$

式(4)－式(3)，并令 $z\to 1$，可得

$$\lim_{z\to 1}\left[\sum_{k=0}^{n} f(kT)z^{-k} - z^{-1}\sum_{k=0}^{n-1} f[(kT)]z^{-k}\right] = \left[\sum_{k=0}^{n} f(kT) - z^{-1}\sum_{k=0}^{n-1} f(kT)\right] = f(nT)$$

两边同时取极限可得

$$\lim_{n\to\infty}\left\{\lim_{z\to 1}\left[\sum_{k=0}^{n} f(kT)z^{-k} - z^{-1}\sum_{k=0}^{n-1} f[(kT)]z^{-k}\right]\right\} = \lim_{n\to\infty} f(nT)$$

$$\lim_{z\to 1}\left\{\lim_{n\to\infty}\left[\sum_{k=0}^{n} f(kT)z^{-k} - z^{-1}\sum_{k=0}^{n-1} f[(kT)]z^{-k}\right]\right\} = \lim_{z\to 1}[F(z) - z^{-1}F(z)]$$

则有终值定理为

$$\lim_{k\to\infty} f(kT) = \lim_{z\to 1}(1-z^{-1})F(z) \quad (3-18)$$

例 3-10　已知 z 域单闭环传递函数：

$$\Phi(z) = \frac{Y(z)}{R(z)} = \frac{D(z)G(z)}{1+D(z)G(z)} \quad (3-19)$$

当输入单位阶跃信号时，求系统的稳态误差 $e(t)$。

解　根据 z 域单闭环传递函数式(3-19)可以写出误差传递函数为

$$E(z) = \frac{R(z)}{1+D(z)G(z)} \quad (3-20)$$

输入单位阶跃函数 $R(z) = \dfrac{1}{1+z^{-1}}$，根据终值定理式(3-18)可得稳态误差为

$$\lim_{k\to\infty} e(kT) = \lim_{z\to 1}\frac{1}{1+D(z)G(z)} \quad (3-21)$$

3.1.5　z 变换法注意的问题

应用 z 变换法研究采样系统性能时，需要注意以下几点：

(1) z 变换建立在理想脉冲序列基础上，所以计算机控制系统中的采样信号都应满足理想化条件，即采样信号脉冲宽度远小于原连续信号的最小时间常数 $T_{\min}$（即其拉氏变换式中离虚轴最远的极点值）以及采样周期 T_s，即数模/模数转换时间

$$\tau \ll T_s, \quad T_s \ll T_{\min} \quad (3-22)$$

(2)若计算机输出的脉冲序列不经过零阶保持器直接输入被控对象，并且被控对象 $G_0(s)$

的分母阶次最多比分子阶次高 1 次，则系统输出 $y(t)$ 是跳跃式的不连续响应，如图 3-2(a)所示，当脉冲序列输入是 $\delta(t)$ 时，其输出为

$$Y(s)=G_0(s)L[\delta(t)]=G_0(s) \tag{3-23}$$

根据初值定理可得

$$\lim_{t\to 0}y(t)=\lim_{t\to 0}Y(s)=\lim_{t\to 0}G_0(s) \tag{3-24}$$

若要求 $y(0)=0$，则被控对象 $G_0(s)$ 的分母阶次至少高出 2 阶。若对每个脉冲响应，则输出的积分和如图 3-2 所示；若含有保持器（$\dfrac{1-e^{-sT}}{s}$），则需高出 1 阶，如图 3-2(b)所示。

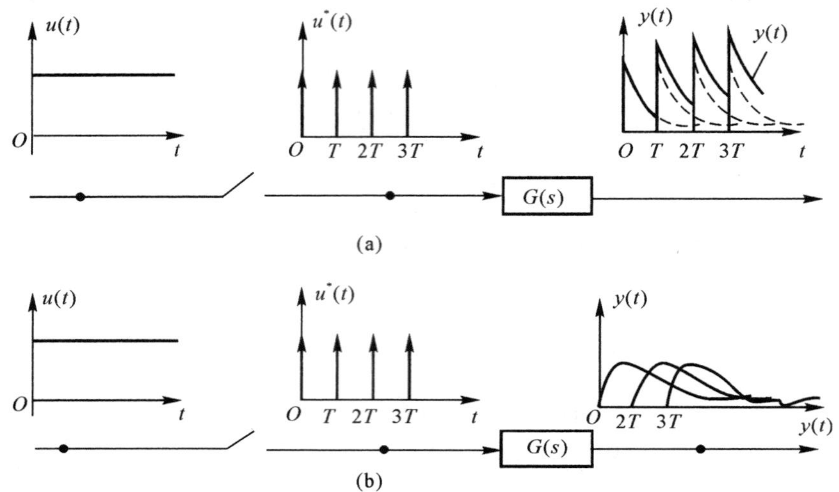

图 3-2　高阶传递函数平滑性输出响应

(a)低阶脉冲函数输出响应不平滑性；(b)高阶传递函数平滑性输出响应

(3)连续函数经采样后，表示在采样点经拉氏变换，也即离散域的 z 变换，再反变换后是时域的脉冲序列函数，此时也仅表示采样点是准确的，两点间值不确定。如图 3-3 所示，图 3-3(a)中三条曲线在采样点是同样值，经采样得到图 3-3(b)，再反变换可得

$$\left.\begin{aligned}&Z^{-1}[F(z)]=f^*(t)\\&Z^{-1}[F(z)]\neq f(t)\neq f_1(t)\neq f_2(t)\neq f_3(t)\end{aligned}\right\} \tag{3-25}$$

(4)线性系统输出的 z 变换 $Y(z)$ 只包含 $y(t)$ 在采样点上的信息，若要求采样点间的输出可以采用广义 z 变换（将在下节讨论）。

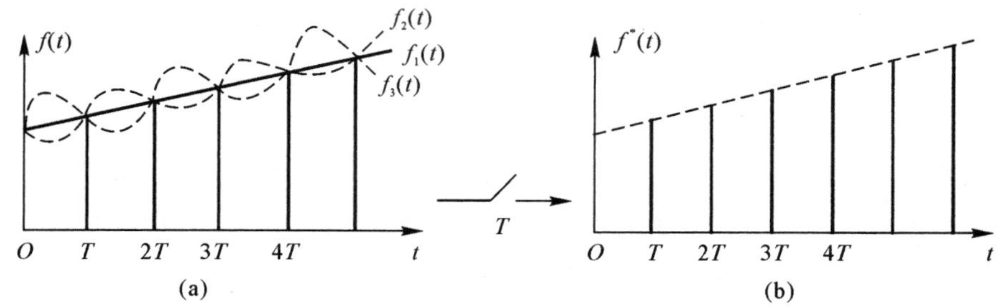

图 3-3　多曲线采样

3.2　广义 z 变换

3.2.1　广义 z 变换定义

采样信号 $f^*(t)$ 的 z 变换为

$$F(z) = Z[f^*(t)] = f(0) + f(T)z^{-1} + \cdots = \sum_{k=0}^{\infty} f(kT)z^{-k} \tag{3-26}$$

1. 超前采样

若 $f(t)$ 经过超前环节 e^{mTs} $(0 < m < 1)$ 后，信号变为 $f(t+mT)$，如图 3-4(a)所示，则表示信号超前进行了采样，相当于 $f(t)$ 向左移了 mT 时间，这时得到一组脉冲序列信号为

$$\begin{aligned} f_m^*(t+mt) &= f(mT)\delta(t) + f(T+mT)\delta(t-T) + f(2T+mT)\delta(t-2T) + \cdots \\ &= \sum_{k=0}^{n} f(kT+mT)\delta(t-kT) \end{aligned} \tag{3-27}$$

这里 $0 \leqslant m < 1$，当 m 在 0～1 之间变换时，可求出采样之间的任意信号。

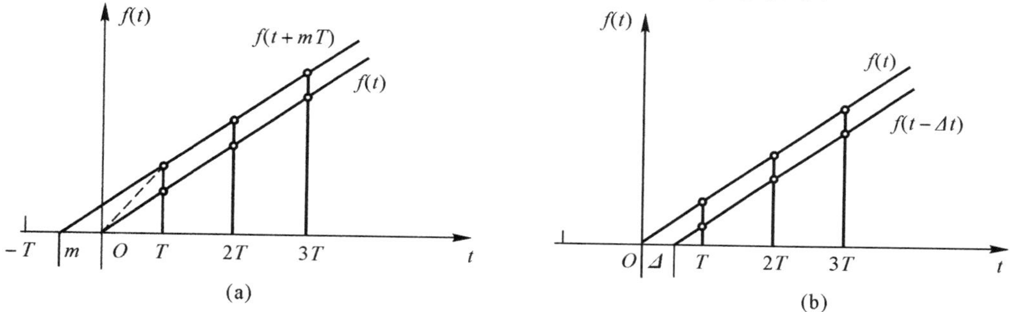

图 3-4　超前与滞后信号采样

(a)超前信号采样；(b)滞后信号采样

2. 滞后采样

同样，若 $f(t)$ 经过滞后环节 $e^{-\Delta Ts}$ $(0 < \Delta < 1)$ 后，信号变为 $f_\Delta(t) = f(t-\Delta T)$，如图 3-4(b)所示，相当于 $f(t)$ 向右移了 ΔT 时间，表示信号滞后进行了采样，这时得到一组脉冲序列信号为

$$\begin{aligned} f_\Delta^*(t) = f(t-\Delta T) &= f(T-\Delta T)\delta(t-T) + f(2T-\Delta T)\delta(t-2T) + \cdots \\ &= \sum_{k=0}^{\infty} f(kT-\Delta T)\delta(t-kT) \end{aligned} \tag{3-28}$$

由图 3-4 有 $T=(\Delta+m)T$，即有 $\Delta+m=1$，$\Delta=1-m$，代入式(3-28)，可得滞后式的超前描述为

$$\begin{aligned} f_\Delta^*(t) &= f(mT)\delta(t-T) + f(T+mT)\delta(t-2T) + f(2T+mT)\delta(t-2T) + \cdots \\ &= \sum_{k=1}^{\infty} f[(k-1)T+mT]\delta(t-kT) \end{aligned} \tag{3-29}$$

3.广义 z 变换

对超前采样信号序列式(3-27)进行 z 变换，根据 $Z[\delta(t-kT)]=z^{-k}$，有

$$F(z,m)=Z[f_m^*(t+mt)]=f(mT)+f(T+mT)z^{-1}+f(2T+mT)z^{-2}+\cdots$$
$$=\sum_{k=0}^{\infty}f(kT+mT)z^{-k} \qquad (3-30)$$

同样对滞后采样信号序列式(3-29)进行 z 变换，有

$$F(z,\Delta)=Z[f_\Delta^*(t)]=f(mT)z^{-1}+f(T+mT)z^{-2}+f(2T+mT)z^{-3}+\cdots$$
$$=\sum_{n=1}^{\infty}f[(n-1)T+mT)]z^{-n} \qquad (3-31)$$

取 $k=n-1$，代入式(3-31)，并对照式(3-30)可得

$$F(z,\Delta)=z^{-1}\sum_{k=0}^{\infty}f[(k)T+mT)]z^{-k}=z^{-1}F(z,m) \qquad (3-32)$$

从式(3-32)可以看出，延迟 z 变换和超前 z 变换仅差一个"z^{-1}"因子。本书附录所给出的扩展 z 变换是延迟扩展 z 变换，所以以下只讨论延迟扩展 z 变换的计算方法。

3.2.2 广义 z 变换计算方法

1.按定义求级数和

例 3-11 已知 $y(t)=e^{-at}$，这里 a 为延迟时间 $(0<a<1s)$，试求它的广义变换 $Y(z,m)$。

解 按广义 z 变换定义式(3-30)和式(3-32)得

$$Y(z,a)=z^{-1}Y(z,m)=z^{-1}\sum_{k=0}^{\infty}y[(kT+mT]z^{-k}=z^{-1}\left[\sum_{k=0}^{\infty}e^{-a(kT+mT)}z^{-k}\right]$$
$$=z^{-1}[e^{-amT}+e^{-a(T+mT)}z^{-1}+e^{-a(2T+mT)}z^{-2}+\cdots]$$
$$=e^{-amT}z^{-1}+e^{-a(T+mT)}z^{-2}+e^{-a(2T+mT)}z^{-3}+\cdots$$

级数的公比为 e 的等比级数，若公比 $|e^{aT}z^{-1}|<1$，则级数收敛，可得

$$Y(z,a)_m=e^{-amT}z^{-1}+e^{-a(T+mT)}z^{-2}+e^{-a(2T+mT)}z^{-3}+\cdots$$
$$=\frac{e^{-amT}z^{-1}}{1-e^{-aT}z^{-1}}=\frac{e^{-amT}}{z-e^{-aT}}$$

2.留数计算法

根据 z 变换的留数计算法式(3-8)和式(3-9)，可导出扩展 z 变换的留数计算公式。

当无重极点时：

$$F(z)_m=z^{-1}\sum_{i=1}^{m}\mathrm{Res}\left[F(p_i)\frac{z}{z-e^{p_iT}}\right]=\sum_{i=1}^{m}\left[(s-p_i)F(p_i)\frac{1}{z-e^{p_iT}}\right]\Bigg|_{s=p_i} \qquad (3-33)$$

当有 r 个重极点时：

$$F(z)_m=z^{-1}\sum_{i=1}^{q}\left\{\frac{1}{(r_i-1)!}\frac{d^{r_i-1}}{ds^{r_i-1}}\left[(s-p_i)^{r_i}F(s)e^{msT}\frac{z}{z-e^{sT}}\right]\right\}\Bigg|_{s=p_i} \qquad (3-34)$$

其中，q 是 $F(s)$ 的独立极点数，即多重极点只算一个独立极点；r_i 是多重极点 p_i 的阶数；n 是全部极点数。

例 3-12 已知 $F(s)=\dfrac{1}{s^2(s+1)}$，用留数法计算 $F(z)_m$。

解　极点 $p_1=-1$，$p_2=0$ 的阶数 $n=2$，重极点 $r_1=2$，$q=1$，代入式(3-34)可得

$$F(z)_m=z^{-1}\frac{\mathrm{d}}{\mathrm{d}s}\left[s^2\frac{1}{s^2(s+1)}\mathrm{e}^{msT}\frac{z}{z-\mathrm{e}^{sT}}\right]\bigg|_{s=0}+z^{-1}\left|(s+1)\frac{1}{s^2(s+1)}\mathrm{e}^{msT}\frac{z}{z-\mathrm{e}^{sT}}\right|_{s=-1}$$

$$=\frac{\mathrm{d}}{\mathrm{d}s}\left[\frac{\mathrm{e}^{msT}}{(s+1)}\frac{1}{(z-\mathrm{e}^{sT})}\right]\bigg|_{s=0}+\left|\frac{\mathrm{e}^{msT}}{s^2}\frac{1}{z-\mathrm{e}^{sT}}\right|_{s=-1}$$

$$=\frac{mT-1}{z-1}+\frac{T}{(z-1)^2}+\frac{\mathrm{e}^{-mT}}{z-\mathrm{e}^{-T}}$$

3. 查表法

根据附录，采用 z 变换中的广义变换。

例 3-13　对例 3-12 采用查表法计算 $F_m(z)$。

解

$$F(z)_m=Z_m\left[\frac{1}{s^2(s+1)}\right]=Z_m\left[\frac{1}{s^2}-\frac{1}{s}+\frac{1}{s+1}\right]$$

$$=\frac{mT-1}{z-1}+\frac{T}{(z-1)^2}+\frac{\mathrm{e}^{-mT}}{z-\mathrm{e}^{-T}}$$

3.2.3　广义 z 变换的反变换

时间延迟函数的采样信号的表达式式(3-29)为

$$f_\Delta^*(t)=f(mT)\delta(t-T)+f(T+mT)\delta(t-2T)+f(2T+mT)\delta(t-3T)+\cdots$$

$$=\sum_{k=1}^{\infty}f[(k-1)T+mT]\delta(t-kT)$$

它的 z 变换式(3-31)为

$$F(z)_\Delta=Z[f_\Delta^*(t)]=f(mT)z^{-1}+f(T+mT)z^{-2}+f(2T+mT)z^{-3}+\cdots$$

$$=\sum_{k=1}^{\infty}f[(k-1)T+mT]z^{-k}$$

从以上两式可以看到，$k\geqslant 1$，下标从 1 开始，由此可得广义 z 反变换为

$$Z^{-1}[F(z)_\Delta]=f_\Delta^*(t)=\sum_{k=1}^{\infty}f[(k-1)T+mT]\delta(t-kT)\qquad k\geqslant 1,0\leqslant m<1 \tag{3-35}$$

注意：当 $k=1$ 时，$f(mT)$ 是 $f(0)\sim f(T)$ 之间任意时刻的响应；当 $k=2$ 时，$f(T+mT)$ 是 $f(T)\sim f(2T)$ 之间任意时刻的响应；依次类推。

例 3-14　如图 3-5 所示闭环系统，取 $D(s)=2$，$G_1(s)=\dfrac{1}{s+1}$，$H(s)=0.5$，采样周期 $T=1\ \mathrm{s}$，输入 $r(t)=1(t)$，已知

$$G(z)=Z\left[\frac{1-\mathrm{e}^{-Ts}}{s}\frac{1}{s+1}\right],\ G(z,m)=Z_m\left[\frac{1-\mathrm{e}^{-Ts}}{s}\frac{1}{s+1}\right]$$

$$\Phi_m(z)=\frac{Y(z,m)}{R(z)}=\frac{G(z,m)D(z)}{1+D(z)G(z)}$$

利用广义 z 变换求系统输出采样点间的信息。

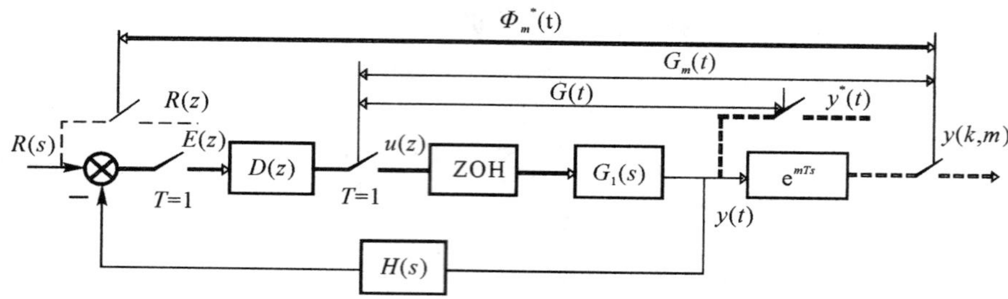

图 3-5　利用广义 z 变换求系统输出中间点信息

解　求采样点间信息的基本方法是在系统输出端人为地串入一个假想的超前环节 e^{mTs}，如图 3-5 所示，利用广义 z 变换求假想超前输出响应 $y(k,m)$，也即实际系统输出在 $(k+m)T$ 时刻的值，令 m 从 0 到 1 连续变化，即可得出系统输出采样点间的全部信息。

依结构图有

$$G(z)=Z\left[\frac{1-e^{-Ts}}{s}\frac{1}{s+1}\right]=(1-z^{-1})Z\left[\frac{1}{s(s+1)}\right]=\frac{(1-e^{-1})z^{-1}}{1-e^{-1}z^{-1}}$$

$$G(z,m)=Z_m\left[\frac{1-e^{-Ts}}{s}\frac{1}{s+1}\right]=(1-z^{-1})Z_m\left[\frac{1}{s(s+1)}\right]=z^{-1}\frac{(1-e^{-m})+(e^{-m}-e^{-1})z^{-1}}{1-e^{-1}z^{-1}}$$

$$\Phi_m(z)=\frac{Y(z,m)}{R(z)}=\frac{G(z,m)D(z)}{1+D(z)Z\left[\frac{1-e^{-sT}}{s}G_1(s)H(s)\right]}$$

$$Y(z,m)=\Phi_m(z)R(z)=\frac{2G(z,m)R(z)}{1+2(1-z^{-1})Z\left[\frac{1}{s(s+1)}\right]}$$

$$=\frac{2z^{-1}[(1-e^{-m})+(e^{-m}-e^{-1})z^{-1}]}{(1-z^{-1})[1+(1-2e^{-1})z^{-1}]}=\frac{2z^{-1}[(1-e^{-m})+(e^{-m}-0.368)z^{-1}]}{(1-z^{-1})(1+0.264z^{-1})}$$

$$=2(1-e^{-m})+2(0.052+0.580e^{-m})z^{-1}+(0.602-0.336e^{-m})z^{-2}+$$
$$(0.203+0.195e^{-m})z^{-3}+\cdots]$$

则得到 z 的反变换为

$$y[(k+m)T]=2(1-e^{-m})\delta(t)+2(0.052+0.580e^{-m})\delta(t-T)+$$
$$(0.602-0.336e^{-m})\delta(t-2T)+(0.203+0.195e^{-m})\delta(t-3T)+\cdots]$$

取 $m=0,0.25,0.5,0.75$，计算并列出表格(见表 3-2)，并逐点描图可以得出系统响应曲线，如图 3-6 所示。

表 3-2　计算数字表

m	$2(1-e^{-m})$	$2(0.052+0.580e^{-m})$	$0.602-0.336e^{-m}$	$0.203+0.195e^{-m}$
	$k=0$	$k=1$	$k=2$	$k=3$
0.00	0.000	1.264	0.532	0.956 8
0.25	0.442 4	1.007 4	0.680 6	0.709 7
0.50	0.786 9	0.807 6	0.796 4	0.642 5
0.75	1.055 3	0.651 9	0.886 6	0.590 2

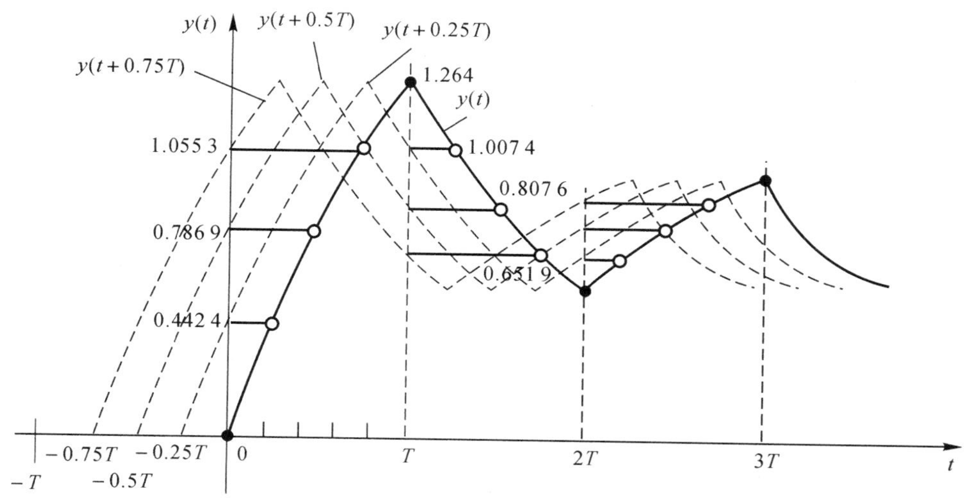

图 3-6　采样点间信息的求取

图 3-6 中黑点表示 $f(t)$ 在采样点上的值，圈点表示通过广义 z 变换 $m=0.25,0.5,0.75$ 超前函数 $f(t+mT)$ 求出的 $f(t)$ 采样中间预测点。

3.2.4　广义 z 变换特性讨论

实际工程中的信号基本都是已经发生的迟后现象，采集信号都是对已发生的事件 $f(t-\tau)$ 在进行分析取样 $\tau=NT+\Delta T$，N 表示采样的整数倍，若 τ 是 T 的整数倍，则

$$Z[f(t-NT)]=z^{-N}F(z)\qquad N\text{ 是正整数}\tag{3-36}$$

若 τ 非 T 的整数倍则需按广义 z 变换。

$$N=\frac{\tau}{T}-\Delta\tag{3-37}$$

而这里 $0\leqslant\Delta<1$。对 Δ 小于 1 的值，如图 3-7(c)所示，取超前因子 m，有 $mT+\Delta T=T$，即 $m+\Delta=1$，同样要求按 $0\leqslant m<1$ 取值。由图 3-7(c)可知 $T,2T,\cdots$采样点取值为

$$f(mT)=f(T-\Delta T),\quad f(T+mT)=f(2T-\Delta T),\quad \cdots$$

这样在第 k 拍给出的信息 $f^*(t+mT)$ 相当于在超前环节前原信号 $f(t)$ 在采样点 $kT\sim(k+1)T$ 之间的信息。

$$F_\Delta(z,\Delta)=z^{-1}\sum_{k=0}^{\infty}f[kT+mT]z^{-k}=z^{-1}F_m(z)\tag{3-38}$$

表示广义 z 变换的符号有多种，如 $F(z,m)$，$Fm(z)$，$Zm[f(t)]$，$Z[f(t+mT)]$，$Z[F(s)\cdot e^{-mTs}]$ 等等。本书在附录中给出了超前 z 变换表。关于广义 z 变换的计算方法和性质，本书不作介绍，广义变换可用于求采样点间信息、求有纯延迟环节的系统脉冲传递函数、研究多速率采样系统等多种场合。

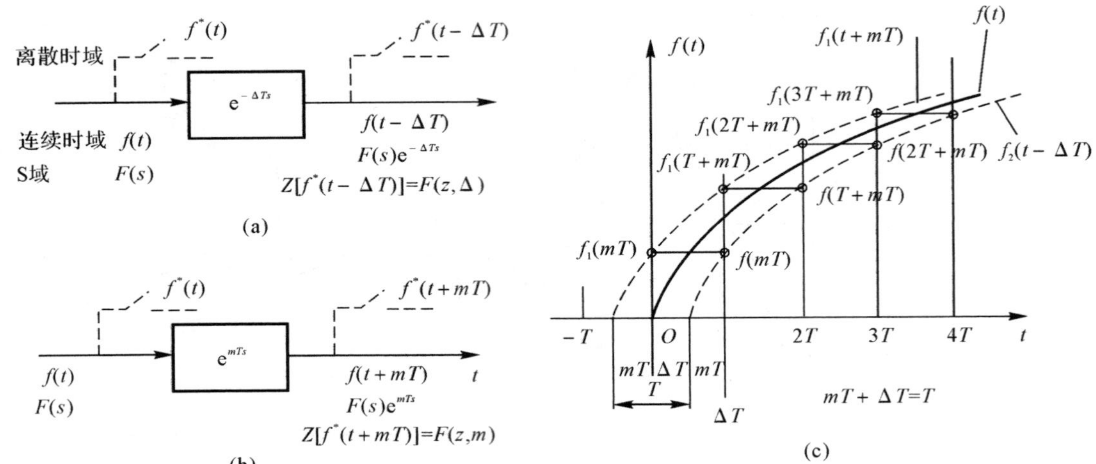

图 3-7 广义 z 变换

(a)迟后广义 z 变换;(b)超前广义 z 变换;(c)超前与迟后曲线图

例 3-15 已知系统的开环传递函数为 $G(s)=\dfrac{1}{s(s+1)}$,$u(t)$ 为输入函数，它经采样后输入 $G(s)$ 采样周期为 T，延时 $\tau=1\text{s}$,如图 3-8 所示。

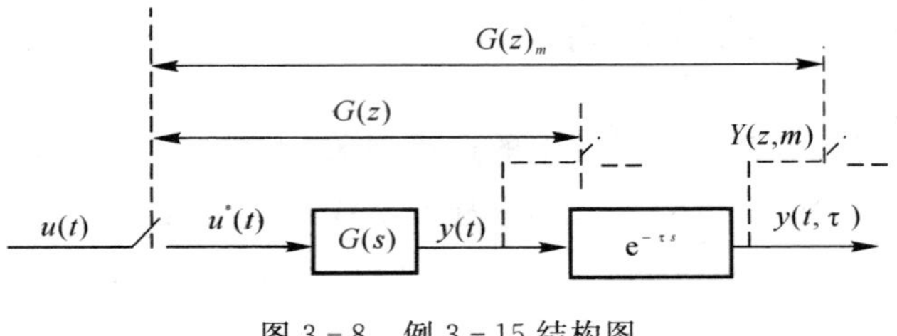

图 3-8 例 3-15 结构图

(1) 当采样时间取延迟时间的整数倍时,求 $G(z)$,$G(z,m)$。

(2) 当输入是阶跃输入时,求 $m=1$ 时的输出 $y(z,m)$。

解 首先计算延迟时间 τ 与采样时间 T 的关系，N 为整数倍,延迟因子 $\Delta=\dfrac{\tau}{T}=N$，超前因子 $m=1-\Delta$。

(1)当取整数倍量,即 $\tau=NT$ 时:

$$G(z)=Z\left[\frac{1}{s(s+1)}\right]=\frac{z(1-e^{-T})}{(z-1)(z-e^{-T})}$$

$$G(z,\tau)=Z\left[\frac{e^{-NTs}}{s(s+1)}\right]=z^{-N}Z\left[\frac{1}{s(s+1)}\right]=z^{-N}\left[\frac{z}{z-1}-\frac{z}{z-e^{-T}}\right]$$

$$\begin{aligned}Y(z,\tau)=G(z,\tau)U(z)&=z^{-N}\left[\frac{z}{z-1}-\frac{z}{z-e^{-T}}\right]\frac{z}{z-1}\\&=\frac{z^{-(N-2)}(1-e^{-T})}{z^3-(2+e^{-T})z^2+(1+2e^{-T})z-e^{-T}}\\&=z^{-N}(1-e^{-T})[z^{-1}+(2+e^{-T})z^{-2}+(2+e^{-T})^2(1+2e^{-T})z^{-3}+\cdots]\end{aligned}$$

z 的反变换，当延迟 1 拍时 $N=1$，则

$$y^*(kT-T)=(1-e^{-T})Z^{-1}[z^{-2}+(2+e^{-T})z^{-3}+2+e^{-T})^2(1+2e^{-T})z^{-4}+\cdots]$$
$$=(1-e^{-T})[\delta(t-2T)+(2+e^{-T})\delta(t-3T)+(2+e^{-T})^2(1+2e^{-T})\delta(t-4T)+\cdots]$$

(2)采用广义 z 变换。

当延迟时间是采样时间 T 的非整数倍时：

$$\frac{\tau}{T}=N+\Delta$$

由式(3-32)得

$$G(z,m)=Z\left[\frac{e^{-\Delta Ts}e^{-NTs}}{s(s+1)}\right]=z^{-N}Z_m\left[\frac{1}{s(s+1)}\right]=z^{-N}\left[\frac{1}{z-1}-\frac{e^{-mT}}{z-e^{-T}}\right]$$

$$\begin{aligned}Y(z,m)=G(z,m)U(z)&=z^{-N}\left[\frac{1}{z-1}-\frac{e^{-mT}}{z-e^{-T}}\right]\frac{z}{z-1}\\&=z^{-N}\left[\frac{(1-e^{-T})z+(e^{-T}-e^{-mT})}{z^2-(1+e^{-T})z-e^{-T}}\right]\frac{z}{z-1}\\&=z^{-(N-1)}\left[\frac{(1-e^{-T})z+(e^{-T}-e^{-mT})}{z^3-(2+e^{-T})z^2+(1+2e^{-T})z-e^{-T}}\right]\end{aligned}\tag{3-39}$$

1) $m=1$，则 $\Delta=0$，取整数 $N=1$，延迟 1 拍，代入式(3-39)得

$$\begin{aligned}Y(z,m)=G(z,m)U(z)&=z^{-(N-1)}\left[\frac{(1-e^{-T})z+(e^{-T}-e^{-mT})}{z^3-(2+e^{-T})z^2+(1+2e^{-T})z-e^{-T}}\right]\\&=\frac{z^{-(N-1)}(1-e^{-T})z}{z^3-(2+e^{-T})z^2+(1+2e^{-T})z-e^{-T}}\\&=z^{-N}(1-e^{-T})[z^{-1}+(2+e^{-T})z^{-2}+(2+e^{-T})^2(1+2e^{-T})z^{-3}+\cdots]\end{aligned}$$

当 $N=1$ 时：

$$y^*(kT-T)=(1-e^{-T})Z^{-1}[z^{-2}+(2+e^{-T})z^{-3}+(2+e^{-T})^2(1+2e^{-T})z^{-4}+\cdots]$$
$$=(1-e^{-T})[\delta(t-2T)+(2+e^{-T})\delta(t-3T)+(2+e^{-T})^2(1+2e^{-T})\delta(t-4T)+\cdots]$$

2)取 $N=0$，无整数倍延迟，则

$$\begin{aligned}Y(z,m)=G(z,m)U(z)&=z^{-(N-1)}\left[\frac{(1-e^{-T})z+(e^{-T}-e^{-mT})}{z^3-(2+e^{-T})z^2+(1+2e^{-T})z-e^{-T}}\right]\\&\xlongequal{N=0}\frac{z^2(1-e^{-T})}{z^3-(2+e^{-T})z^2+(1+2e^{-T})z-e^{-T}}\\&=(1-e^{-T})[z^{-1}+(2+e^{-T})z^{-2}+(2+e^{-T})^2(1+2e^{-T})z^{-3}+\cdots]\end{aligned}$$

$$\begin{aligned}y^*(kT-T)&=(1-e^{-T})Z^{-1}[z^{-1}+(2+e^{-T})z^{-2}+(2+e^{-T})^2(1+2e^{-T})z^{-3}+\cdots]\\&=(1-e^{-T})[\delta(t-T)+(2+e^{-T})\delta(t-2T)+(2+e^{-T})^2(1+2e^{-T})\delta(t-3T)+\cdots]\end{aligned}\tag{3-40}$$

(3)超前广义变换 $m=0$ 边界点。

若 $m=0$，从图 3-7 可以看到 $f_2(t-\Delta T)$ 比 $f(t)$ 整整延迟 1 拍(即 1 个采样周期 T)，根据式(3-38)可得

$$F_2(z)=F_1(z,m)=z^{-1}\sum_{k=0}^{\infty}f[kT+mT]z^{-k}\bigg|_{m=0}=z^{-1}\sum_{k=0}^{\infty}f[kT]z^{-k}=z^{-1}F(z)$$

(4)超前广义变换 $m=1$ 边界点。

若 $m=1$，从图 3-7 可以看出，$m=1-\Delta=1$，表示 $\Delta=0$，则 $y(t-\Delta T)$ 并未延迟，同

样由式(3－38)可得

$$F_2(z)=F_1(z,m)=z^{-1}\sum_{k=0}^{\infty}f[kT+mT]z^{-k}\Big|_{m=1}=\sum_{k=0}^{\infty}f[(k+1)T]z^{-(k+1)}$$

$$=\sum_{k=0}^{\infty}f[(k)T]z^{-k}-f(0)=F(z)-f(0)$$

若初始条件 $f(0)=0$，则 $F_1(z,m)$ 计算结果应等于 $F(z)$，相当于没有延迟。如式(3－40)中，初值输出为零。

3.3 差分方程

连续系统动态过程用微分方程描述，离散系统动态过程用差分方程描述。差分方程是描述计算机控制系统的重要数学模型之一。

3.3.1 差分定义

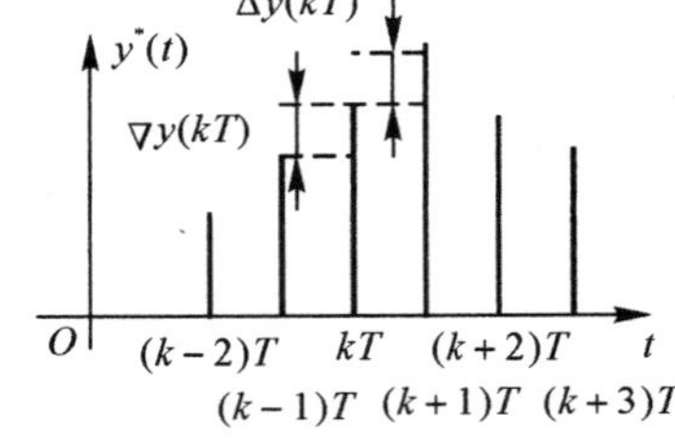

图 3－9 差分描述

设 $y(kT)$ 为数值序列，简记为 $y(k)$，如图 3－9 所示，此刻采样值为 $y(k)$，采用后差公式已有的值计算如图中所示。后差 1 阶差分为

$$\nabla y(k)=y(k)-y(k-1) \tag{3-41}$$

表示两者之差多余的部分，则 2 阶差分表示斜率。

后差 2 阶差分为

$$\nabla^2 y(k)=\nabla y(k)-\nabla y(k-1)=y(k)-2y(k-1)+y(k-2) \tag{3-42}$$

同样在图 3－9 中，1 阶前差描述为

$$\Delta y(k)=y(k+1)-y(k) \tag{3-43}$$

是用下一拍将采样值 $y(k+1)$ 计算此刻 k 处的差分，表示前差。

前差 2 阶差分为

$$\Delta^2 y(k)=\Delta y(k+1)-\Delta y(k)=y(k+2)-2y(k+1)+y(k) \tag{3-44}$$

依次类推，可得差分定义见表 3－3。

表 3－3 差分表

阶数	后向差分	前向差分
1 阶	$\nabla y(k)=y(k)-y(k-1)$	$\Delta y(k)=y(k+1)-y(k)$
2 阶	$\nabla^2 y(k)=\nabla y(k)-\nabla y(k-1)$	$\Delta^2 y(k)=\Delta y(k+1)-\Delta y(k)$
⋮	⋮	⋮
n 阶	$\nabla^n y(k)=\nabla^{n-1}y(k)-\nabla^{n-1}y(k-1)$	$\Delta^n y(k)=\Delta^{n-1}y(k+1)-\Delta^{n-1}y(k)$

3.3.2　差分方程

差分方程是变量为 $y(k)$ 及其各阶差分的方程。

设 $r(k)$，$y(k)$ 分别是系统第 k 拍的输入输出采样值，取后向差分时，线性常系数差分方程一般形式为

$$y(k)+a_1y(k-1)+\cdots+a_ny(k-n)=b_0r(k)+b_1r(k-1)+\cdots+b_mr(k-m) \tag{3-45}$$

取前向差分时，一般形式为

$$\begin{aligned}&y(k+n)+a_1y(k+n-1)+\cdots+a_{n-1}y(k+1)+a_ny(k)\\&=b_0r(k+m)+b_1r(k+m-1)+\cdots++b_{m-1}r(k+1)+b_mr(k)\end{aligned} \tag{3-46}$$

式中，$a_1,a_2,\cdots,a_n,b_1,b_2,\cdots,b_m$ 为常数，一般实际系统均满足 $n\geqslant m$，n 是差分方程阶数。

3.3.3　差分方程解法

1. z 变换法

与用拉氏变换求解线性常系数微分方程类似，利用 z 变换可将线性常系数差分方程变换成以 z 为变量的代数方程，这样就可以简化差分方程的求解。

例 3-16　设一采样系统的运动方程可由下列差分方程描述：

$$y(k+2)-3y(k+1)+2y(k)=\delta(k)$$

且已知 $y(k)=0(k\leqslant 0)$，求系统的响应 $y(k)$。

解　令 $k=-1$，代入方程初始条件

$$y(1)-3y(0)+2y(-1)=\delta(-1)$$

可得

$$y(1)=0$$

对原方程两端进行 z 变换可得

$$z^2y(z)-z^2y(0)-zy(1)-3zy(z)+3zy(0)+2y(z)=1$$

并考虑 $y(0)=y(1)=0$，可得

$$(z^2-3z+2)y(z)=1$$

解出

$$y(z)=\frac{1}{(z^2-3z+2)}$$

$$\frac{y(z)}{z}=\frac{1}{z(z^2-3z+2)}=\frac{1}{z(z-1)(z-2)}=\frac{1}{2z}-\frac{1}{(z-1)}+\frac{1}{2(z-2)}$$

$$y(z)=\frac{1}{2}-\frac{z}{(z-1)}+\frac{z}{2(z-2)}$$

对上式进行 z 反变换可得

$$y(k)=\frac{1}{2}\delta(0)-1(k)+\frac{1}{2}2^k \tag{3-47}$$

输出显示如图 3-10 所示。

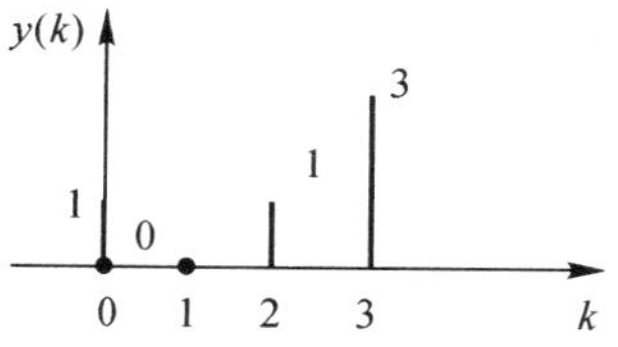

图 3-10　例 3-16 系统响应输出

2. 迭代法

差分方程也可以采用一种递推方程，根据差分方程的初始条件或边界条件，可以递推计算得出数值解，也称迭代法。

例 3－17 已知系统的差分方程为

$$y(k)+3y(k-1)=r(k)+2r(k-1)$$

输入信号为

$$r(k)=\begin{cases}k & k\geqslant 0\\0 & k<0\end{cases}$$

初始条件为 $y(0)=2$，试求输出 $y(k)$。

解 差分方程的递推式为

$$y(k)=-3y(k-1)+r(k)+2r(k-1)$$

令 $k=1$，则 $y(1)=-3y(0)+r(1)+2r(0)=-6+1+0=-5$

令 $k=2$，则 $y(2)=-3y(1)+r(2)+2r(1)=15+2+2=19$

……

这样可求出 k 为任何整数时的输出 $y(k)$。

这种算法比较简单，计算机实现也较容易，但无法得到通用输出表达式。

3.4 脉冲传递函数

脉冲传递函数是描述采样控制系统广泛使用的数学模型之一，相当于连续系统分析中的传递函数。

3.4.1 脉冲传递函数定义

离散系统的脉冲传递函数是线性定常离散系统（或环节）在零初始条件下输出脉冲序列的 z 变换 $Y(z)$ 与输入脉冲序列 z 变换 $R(z)$ 之比，即

$$G(z)=\frac{Y(z)}{R(z)} \tag{3-48}$$

脉冲传递函数只取决于系统（环节）自身的结构参数，与输入无关。

如图 3－11 所示，采样系统的输入信号为 $r(t)$，经采样后为 $r^*(t)$，其 z 变换为 $R(z)$，但其输出为连续信号 $y(t)$。为了用脉冲传递函数表示，可在输出端虚设一个与输入开关同步动作的采样开关，如图 3－11 输出端虚线所示，这样便得到了输出采样信号 $y^*(t)$ 及其 z 变换 $Y(z)$，采样系统变成了离散系统，它的脉冲传递函数同样以式(3－48)表示。脉冲传递函数又常称为 z 传递函数，也可以看作是系统输入为单位脉冲时，它的脉冲响应的 z 变换。由于输入 $\delta(t)$ 的 z 变换，$R(z)=Z[\delta(t)]=1$，系统的输出响应为 $g^*(t)$，依式(3－48)，有

$$Y(z)=G(z)R(z)=G(z)=Z[g^*(t)] \tag{3-49}$$

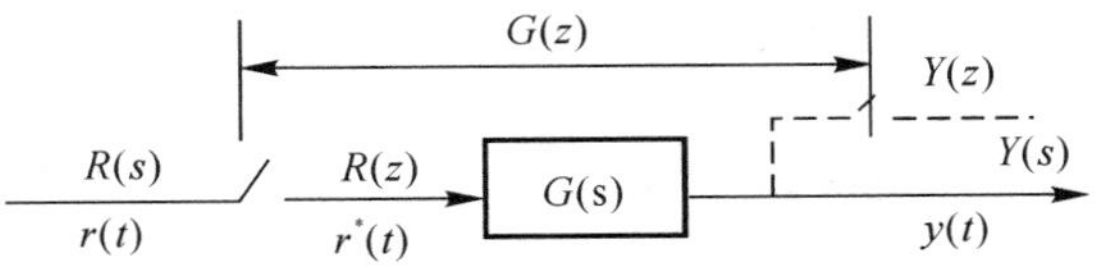

G(z)
Y(z)
R(s)
R(z)
G(s)
Y(s)
r(t)
r*(t)
y(t)

图 3－11 脉冲传递函数定义

脉冲传递函数通常有四种表示形式，见表3-4。

表3-4　脉冲传递函数表达式

表达式名称	数学表达式	物理可实现条件
z的多项式之比	$G(z)=\dfrac{k(z^m+d_{m-1}z^{m-1}+\cdots+d_1z+d_0)}{z^n+c_{n-1}z^{n-1}+\cdots+c_1z+c_0}$	$n\geqslant m$
z^{-1}的多项式之比	$G(z)=\dfrac{k(z^{-n+m}+\cdots+d_1z^{-n+1}+d_0z^{-n})}{1+c_{n-1}z^{-1}+\cdots+c_1z^{-n+1}+c_0z^{-n}}$	分母z的最低次数不大于分子z^{-1}的最低次数
零极点形式	$G(z)=\dfrac{kN(z)}{D(z)}=\dfrac{k(z-z_1)\cdots(z-z_m)}{(z-p_1)\cdots(z-p_n)}$	极点数不少于零点数
多项式	$G(z)=g_0+g_1z^{-1}+g_2z^{-2}+\cdots$	不能有z的正幂次项

3.4.2　开环脉冲传递函数

设图3-11中$G(s)$是采样系统中连续部分的传递函数，包括零阶保持器和被控对象，统称为广义被控对象，下面推导其脉冲传递函数的计算公式。

系统$G(s)$在单位脉冲$\delta(t)$作用下，输出为单位脉冲响应$g(t)$。当输入$r(t)$是任意函数时，$r^*(t)$是加权脉冲序列

$$y^*(t)=\sum_{k=0}^{\infty}r(kT)g(t-kT)$$

由叠加原理可知，kT时刻系统输出$y(t)$为

$$\begin{aligned}y^*(t)&=r(0)g(t)+r(T)g(t-T)+r(2T)g(t-2T)+\cdots\\&=\sum_{j=0}^{k}r(jT)g(t-jT)\end{aligned}\tag{3-50}$$

虚拟采样输出为

$$\begin{aligned}y(kT)&=r(0)g(kT)+r(T)g(kT-T)+r(2T)g(kT-2T)+\cdots\\&=\sum_{j=0}^{k}r(jT)g(kT-jT)\end{aligned}\tag{3-51}$$

$$Y(z)=\sum_{k=0}^{\infty}y(kT)z^{-k}=\sum_{k=0}^{\infty}\sum_{j=0}^{k}r(jT)g(kT-jT)\mathrm{e}^{-k}\tag{3-52}$$

注意到当$j>k$时，有$g(kT-jT)=0$，同时令$q=k-j$，则式(3-52)可写为

$$Y(z)=\sum_{q=0}^{\infty}g(qT)z^{-q}\sum_{j=0}^{\infty}r(jT)z^{-j}=G(z)R(z)\tag{3-53}$$

所以，脉冲传递函数为

$$G(z)=\frac{Y(z)}{R(z)}=\sum_{k=0}^{\infty}g(kT)z^{-k}=Z[g^*(t)]\tag{3-54}$$

脉冲传递函数描述的是离散信号(输入)到离散信号(输出)之间的传递关系，在求脉冲传递函数时，要注意系统中采样开关的位置，在采样开关处进行分隔。

例3-18　分别求出图3-12所示开环系统的脉冲传递函数。

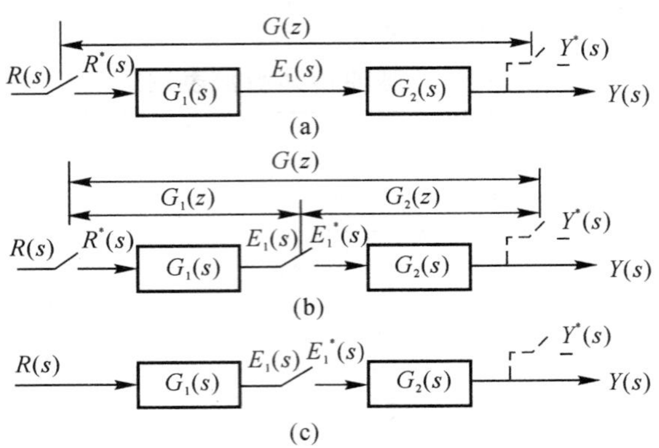

图 3-12　串联环节脉冲传递函数

解

图(a)：$$G(z)=Z[G_1(s)G_2(s)]=G_1G_2(z)=G_2G_1(z) \tag{3-55}$$

串联环节之间无采样开关隔离时，脉冲传递函数等于各环节传递函数积的 z 变换。

图(b)：$$G(z)=Z[G_1(s)]Z[G_2(s)]=G_1(z)G_2(z) \tag{3-56}$$

串联环节间有采样开关时，脉冲传递函数等于各环节脉冲传递函数之积。

图(c)：$$Y(z)=G_2(z)E_1(z)=G_2(z)G_1R(z) \tag{3-57}$$

输入端没有采样开关时，输入信号 z 变换不能独立地分离出来。

一般情况下

$$G_1G_2(z)\neq G_1(z)G_2(z) \tag{3-58}$$

3.4.3　闭环脉冲传递函数

求取闭环系统脉冲传递函数时应注意：

(1)各环节的独立性。在采样系统或计算机控制系统里，两个相邻采样开关之间的环节(不管其中有几个连续环节串并联)只称为一个独立环节。

(2)输入信号是否可提取。若闭环系统的输入信号未被采样，则整个闭环系统的脉冲传递函数写不出来，这与连续系统是不同的；但误差信号若被采样，则认为输入、输出信号分别被采样，即 $e^*(t)=r^*(t)-y^*(t)$，具有闭环系统的脉冲传递函数。

闭环脉冲传递函数计算步骤：

(1)以采样器为界，分段列写 z 域回路方程。

(2)消去中间变量，保留输入、输出脉冲传递函数。

1. 推导法

例 3-19　如图 3-13 所示，误差信号处有采样开关，求该系统的闭环脉冲传递函数。

解
$$Y(z)=G_2G_3(z)E_1(z)$$
$$E_1(z)=G_1(z)E(z)=G_1(z)[R(z)-G_2G_3H(z)E_1(z)]$$
$$E_1(z)=\frac{G_1(z)R(z)}{1+G_1(z)G_2G_3H(z)}$$

输出脉冲函数：

$$Y(z)=\frac{G_1(z)G_2G_3(z)R(z)}{1+G_1(z)G_2G_3H(z)}$$

闭环脉冲传递函数：

$$\Phi(z)=\frac{Y(z)}{R(z)}=\frac{G_1(z)G_2G_3(z)}{1+G_1(z)G_2G_3H(z)} \tag{3-59}$$

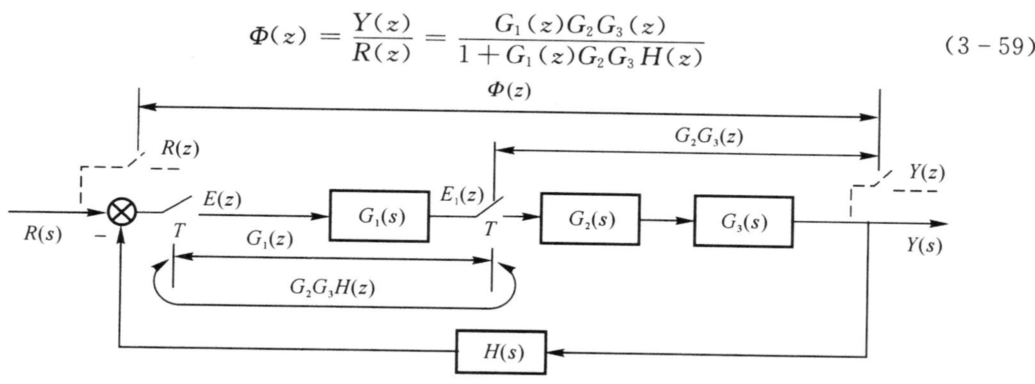

图 3 - 13　闭环系统

例 3 - 20　误差信号处没有采样开关，求图 3 - 14 所示系统的输出脉冲传递函数。

解

$$Y(z)=G_2(z)E_1(z)$$

$$E_1(z)=RG_1(z)-G_1G_2(z)E_1(z)$$

$$Y(z)=\frac{RG_1(z)G_2(z)}{1+G_1G_2(z)} \tag{3-60}$$

该例题没有闭环脉冲传递函数，只有输出脉冲函数。

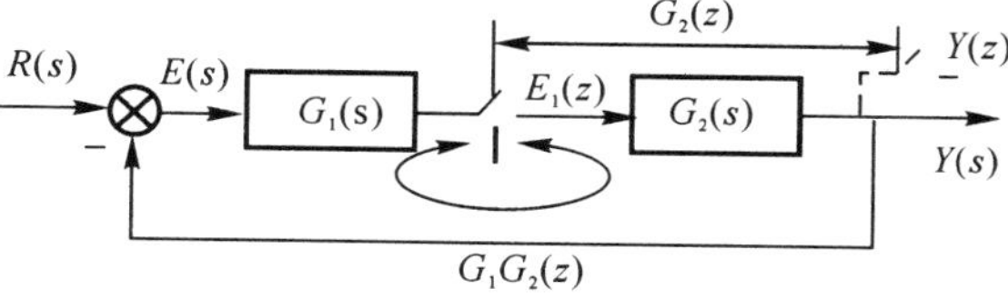

图 3 - 14　例 3 - 20 控制框图

2. 公式法

若采样系统是单回路，且前向通路中有一实际采样开关，则可用下面的公式(单回路梅逊增益公式的推广)求系统输出 $Y(z)$：

$$Y(z)=\frac{G_f(z)}{1+G_L(z)} \tag{3-61}$$

式中，$G_L(z)$ 为回路脉冲传递函数，是从回路任意一个采样开关处断开，沿信号传递方向走一周所构成的脉冲传递函数；$G_f(z)$ 为前向通路输出量的 z 变换。若将 $R(s)$ 视为前向通路中的一个环节，则 $G_f(z)$ 就是前向通路的脉冲传递函数，输入函数 $R(s)$ 后有采用开关，或误差函数后有采样开关，则存在闭环传递数。

例 3 - 21　采样系统结构图如图 3 - 15(a)所示，求输出 $Y(z)$。

解　在讨论采样点信息的基础上，图 3 - 15(a)可以等价为图 3 - 15(b)所示的系统，故可以利用公式：

$$Y(z)=\frac{GR(z)}{1+G(z)}$$

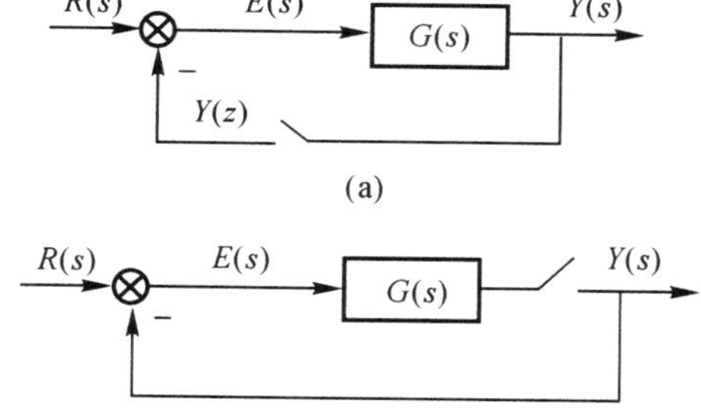

图 3 - 15　采样系统结构等效变换

输入采样系统特性与采样开关位置有关，对于复杂多回路闭环采样系统，目前还没有类似于单回路那样求 $Y(z)$ 的通用公式，但当采样系统各环节之间均存在采样开关时，或输入函数前有采样开关，则可直接利用梅逊公式来求系统的闭环脉冲传递函数。而例 3-21 不存在闭环传递函数。

例 3-22 利用梅逊公式求采样系统图 3-16 的输出脉冲函数 $Y(z)$ 和 $\Phi(z)$。

解 利用梅逊公式式(3-61)对照图 3-16 可写出闭环系统输出脉冲函数：

$$Y(z)=\frac{G_1(z)R(z)}{1+G_1(z)H_1(z)H_2(z)+G_1(z)H_3(z)H_2(z)}$$

输入函数是独立脉冲传递函数，可以写出闭环传递函数：

$$\Phi(z)=\frac{Y(z)}{R(z)}=\frac{G_1(z)}{1+G_1(z)H_1(z)H_2(z)+G_1(z)H_3(z)H_2(z)} \tag{3-62}$$

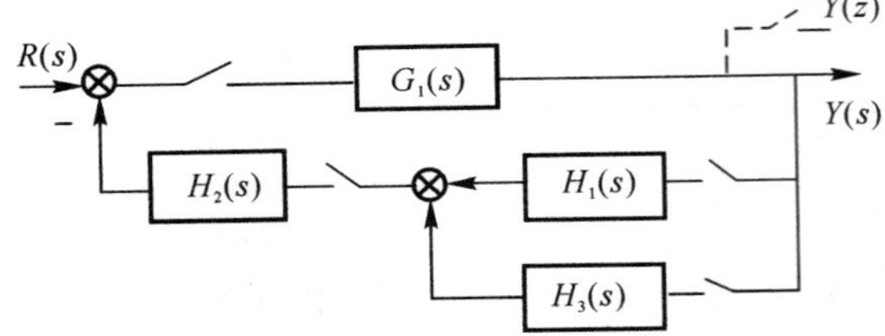

图 3-16 例 3-22 闭环采样系统

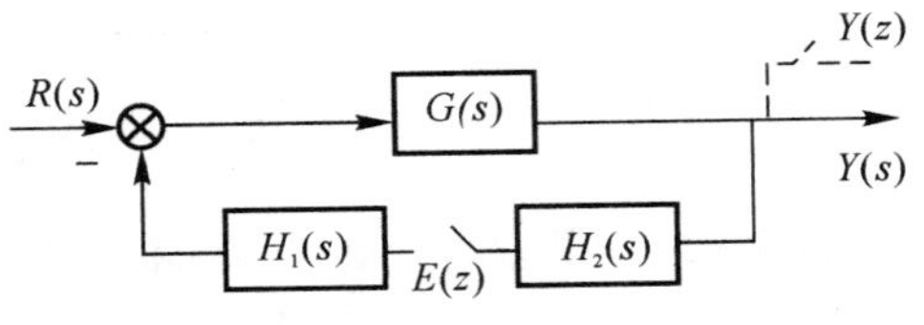

图 3-17 例 3-23 闭环采样系统

例 3-23 推导如图 3-17 所示闭环系统的输出脉冲函数 $Y(z)$。

解

(1)由推导法可得

$$Y(z)=RG(z)-E(z)H_1G(z)$$

$$E(z)=RGH_2(z)-E(z)H_1GH_2(z)$$

$$E(z)=\frac{RGH_2(z)}{1+H_1GH_2(z)}$$

$$\begin{aligned}Y(z)&=RG(z)-\frac{RGH_2(z)H_1G(z)}{1+H_1GH_2(z)}\\&=\frac{RG(z)+RG(z)H_1GH_2(z)-RGH_2(z)H_1G(z)}{1+H_1GH_2(z)}\end{aligned} \tag{3-63}$$

(2)用梅逊公式。

如图 3-17 所示，脉冲传递函数中，已知 $E(z)$ 处为回路开关，则

$$G_L(z)=H_1GH_2(z)$$

而前向通道 $G_f(z)$ 的值在虚拟开关 $Y(z)$ 输出下有

$$G_f(z)=RG(z)$$

则利用梅逊公式求解与推导法不一致。所以利用梅逊公式求解需保证 $Y(z)$ 输出前向通道至少要有一个采样开关。

3.4.4 计算机控制系统的脉冲传递函数

图 3-18 是计算机控制系统的典型结构图，要求在输入 $r(t)$ 和干扰 $n(t)$ 同时作用时系统的输出和偏差。设 $G_0(z)$ 是广义被控对象脉冲传递函数，当输入 $r(t)$ 单独作用时，系统脉冲

传递函数 $\Phi_R(z)$、输出 $Y_R(z)$ 和偏差 $E_R(z)$ 分别为

$$\Phi_R(z) = \frac{D(z)G_0(z)}{1 + D(z)G_0(z)} \tag{3-64}$$

$$Y_R(z) = \frac{D(z)G_0(z)}{1 + D(z)G_0(z)}R(z) \tag{3-65}$$

$$E_R(z) = \frac{1}{1 + D(z)G_0(z)}R(z) \tag{3-66}$$

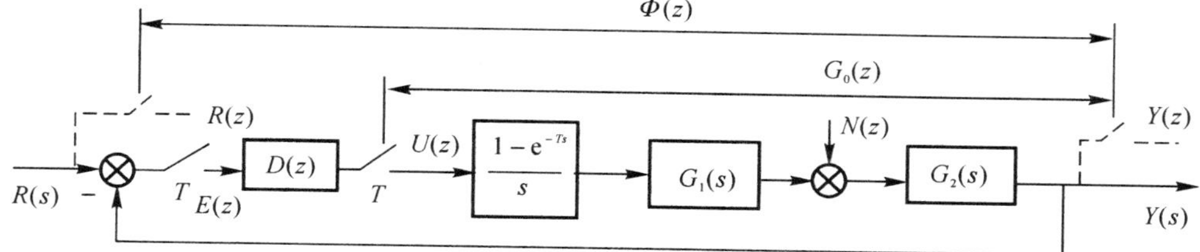

图 3-18　闭环采样控制系统

当干扰 $N(t)$ 单独作用 $r(t) = 0$ 时，如图 3-19 所示，有

$$\begin{cases} Y_N(z) = G_2N(z) + G_0(z)U(z) \\ U(z) = D(z)E(z) \\ E(z) = -Y_N(z) \end{cases}$$

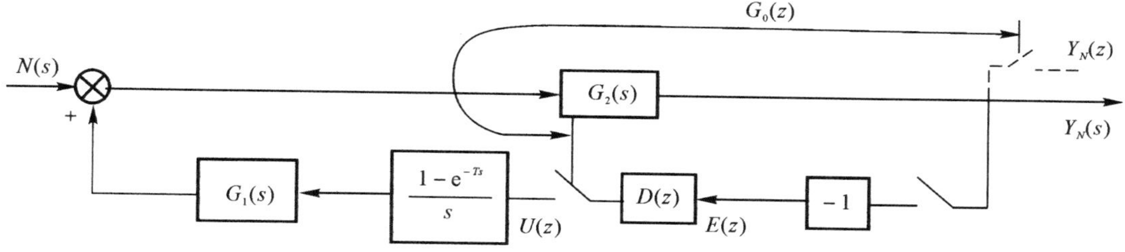

图 3-19　闭环采样控制系统干扰单作用

系统输出 $Y_N(z)$ 和偏差 $E_N(z)$ 分别为

$$Y_N(z) = \frac{G_2N(z)}{1 + D(z)G_0(z)} \tag{3-67}$$

$$E_N(z) = \frac{-G_2N(z)}{1 + D(z)G_0(z)} \tag{3-68}$$

根据叠加原理，系统总输出 $Y(z)$ 、总偏差 $E(z)$ 量分别为

$$Y(z) = Y_N + Y_R = \frac{D(z)G_0(z)R(z) + G_2N(z)}{1 + D(z)G_0(z)} \tag{3-69}$$

$$E(z) = E_R(z) + E_N(z) = \frac{R(z) - G_2N(z)}{1 + D(z)G_0(z)} \tag{3-70}$$

例 3-24　图 3-20 是具有纯延迟环节的计算机控制系统结构图，已知采样周期 $T = 1\text{s}$，数字部分脉冲传递函数为

$$D(z) = 1 + \frac{1}{1 - z^{-1}} = \frac{2 - z^{-1}}{1 - z^{-1}}$$

求系统的脉冲传递函数。

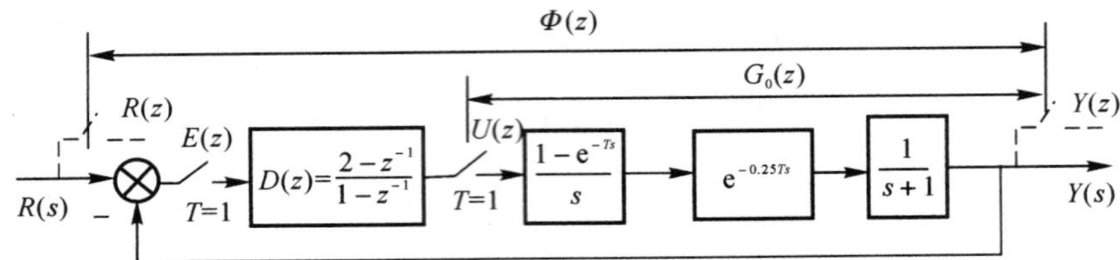

图 3-20　有纯延迟环节的计算机控制系统

解　依结构图，广义被控对象的脉冲传递函数为

$$G_0(z)=Z\left[\frac{1-e^{-Ts}}{s}\frac{1}{s+1}e^{-0.25Ts}\right]=(1-z^{-1})Z\left[\frac{1}{s(s+1)}e^{-0.25Ts}\right]$$

纯延迟环节的延迟系统 $\Delta=0.25$，由式(3-11)，可将上式表示成广义 z 变换形式为

$$G_0(z)=(1-z^{-1})Z_m\left[\frac{1}{s(s+1)}\right]\qquad(m=1-\Delta=1-0.25=0.75)$$

查表可得

$$\begin{aligned}G_0(z)&=(1-z^{-1})\left[\frac{1}{z-1}-\frac{e^{-mT}}{z-e^{-T}}\right]\\&=\frac{(1-e^{-m})z^{-1}+(e^{-m}-e^{-1})z^{-2}}{1-e^{-1}z^{-1}}=\frac{0.528z^{-1}+0.104z^{-2}}{1-0.368z^{-1}}\end{aligned}$$

系统开环脉冲传递函数为

$$\begin{aligned}G(z)=D(z)G_0(z)&=\frac{2-z^{-1}}{1-z^{-1}}\frac{(1-e^{-m})z^{-1}+(e^{-m}-e^{-1})z^{-2}}{1-e^{-1}z^{-1}}\\&=1.056z^{-1}\frac{(1-0.5z^{-1})(1+0.197z^{-1})z^{-2}}{(1-z^{-1})(1-0.368z^{-1})}\end{aligned}$$

闭环脉冲传递函数为

$$\begin{aligned}\Phi_R(z)&=\frac{D(z)G_0(z)}{1+D(z)G_0(z)}\\&=\frac{(2-2e^{-m})z^{-1}-(1-3e^{-m}+2e^{-1})z^{-2}-(e^{-m}-e^{-1})z^{-3}}{1+(1-2e^{-m}-e^{-1})z^{-1}-(1-3e^{-m}+e^{-1})z^{-2}-(e^{-m}-e^{-1})z^{-3}}\\&=\frac{1.056z^{-1}-0.32z^{-2}-0.104z^{-3}}{1-0.312z^{-1}-0.048z^{-2}-0.104z^{-3}}\end{aligned}$$

3.5　计算机控制系统稳定性分析

以上各节解决了离散域的 z 变换、广义 z 变换、差分方程、脉冲传递函数的数学方法描述和计算机控制系统。本节进一步分析计算机控制系统的时域性能，包括稳定性、稳态特性和动态响应特性，它们的定义和连续系统十分类似，主要差别是采样周期的影响。

3.5.1　离散域的稳定性分析

1. s 域与 z 域之间的映射关系

在 z 变换定义中选取了复变量 z 和 s 之间的关系为

$$z=e^{sT}\tag{3-71}$$

$$s = \frac{1}{T}\ln z = -\frac{\omega_s}{2\pi}\ln z$$

将 $s=\sigma+j\omega$ 代入到式(3-71)中,则

$$z = e^{(\sigma+j\omega)T} = e^{\sigma T}e^{j\omega T} = e^{\sigma T}\angle \omega T \tag{3-72}$$

式(3-72)反映了 z 在 z 域的模 R 和相角 θ 与复变量 s 的实部 σ 和虚部 ω 之间的对应关系:

$$\left.\begin{aligned} R &= |z| = e^{\sigma T} \\ \theta &= \angle z = \angle \omega T \end{aligned}\right\}$$

由式(3-72)可得到它们的具体对应关系:

(1) s 平面虚轴映射为 z 平面单位圆,s 左半平面映射在 z 平面单位圆内,右半平面则映射在单位圆外,如图 3-21 所示。

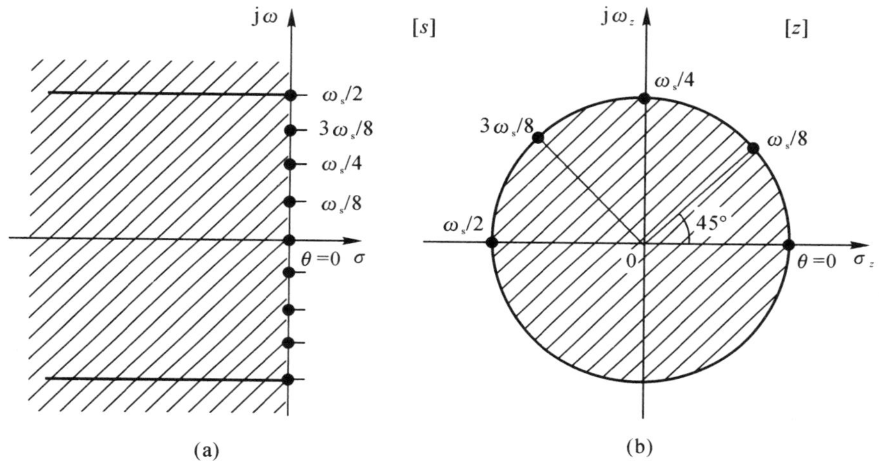

图 3-21 平面虚轴映射 z 平面

(a) $\sigma<0$,左半 s 平面,$\sigma=0$,虚轴上点;(b) $|z|<1$,单位圆内,$|z|=1$,单位圆上点

(2) s 平面任意实轴平行线映射为 z 平面过原点的射线,即 s 平面虚轴等于常数,对应 z 平面相角保持不变,如图 3-22 所示。

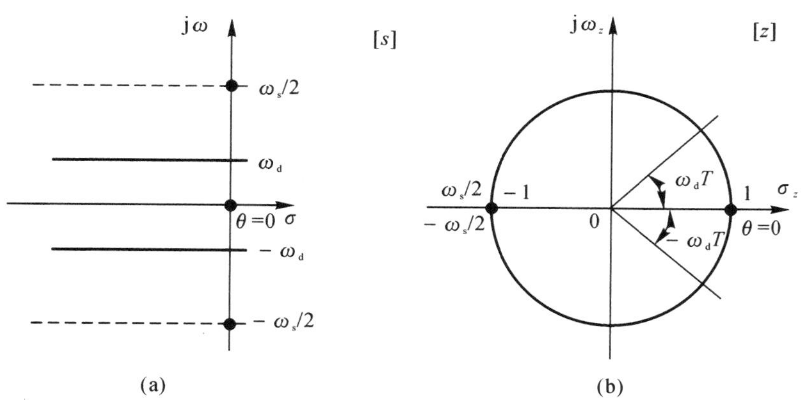

图 3-22 s 平面实轴平行线映射 z 平面

(a)实轴平行线(等频率线),ω_d = 常数;(b)通过原点的射线,$\angle z$ = 常数

(3) s 平面任意虚轴平行线映射为 z 平面为圆,即 s 平面实轴值等于常数,对应 z 平面模不变,是一个定圆,如图 3-23 所示。

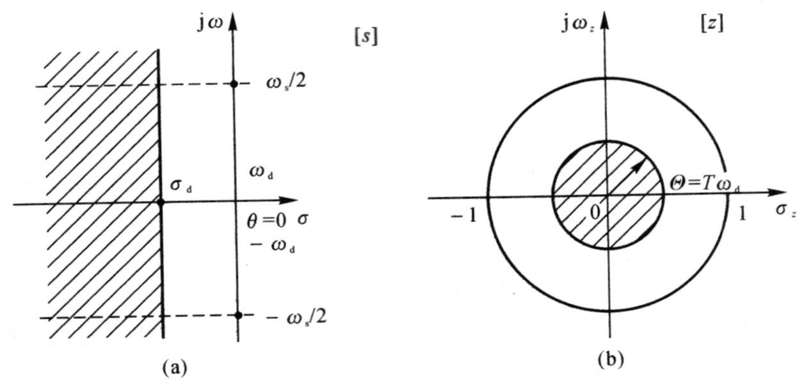

图 3－23　平面虚轴平行线映射 z 平面

(a) s 平面虚轴平行线，σ_d ＝常数；(b)圆心在原点的同心圆，｜z｜＝ $e^{-\sigma_a T}$ ＝常数

(4) s 平面任意过原点射线映射为 z 平面为对数螺旋线，即 s 平面的等阻尼线，实轴与虚轴值之比为常值，对应到 z 平面，如图 3－24 所示。

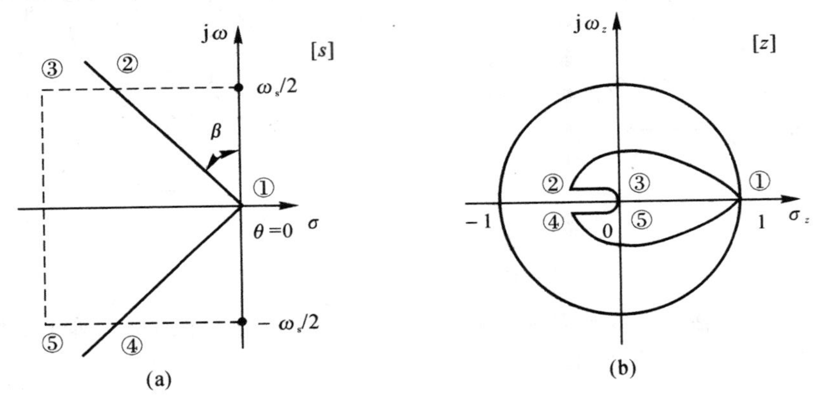

图 3－24　s 平面射线映射到 z 平面

(a) s 平面过原点射线，$\cot\beta=\sigma/\omega=$ 常数，$s=-\omega,\cot\beta+j\omega$；

(b)①～②对数螺旋线，｜z｜＝ $e^{(-\omega T\cot\beta)}$，$\angle z=T\omega$，②～③平行线趋于实轴圆心

(5) s 平面上的主带与旁带，重复映射在整个 z 平面上。

s 平面可划分成许多宽度为采样频率 ω_s 的平行带子，其中 $-\omega_s/2\leqslant\omega\leqslant\omega_s/2$ 的带宽(σ 任意 变化)称为主带，其余均称为旁带。由于 z 平面的相角每隔一个采样频率 ω_s 转 1 周，结果主带宽映射为整个 z 平面，而其余每一个旁带也都重叠映射在整个 z 平面上，如图 3－25 所示。

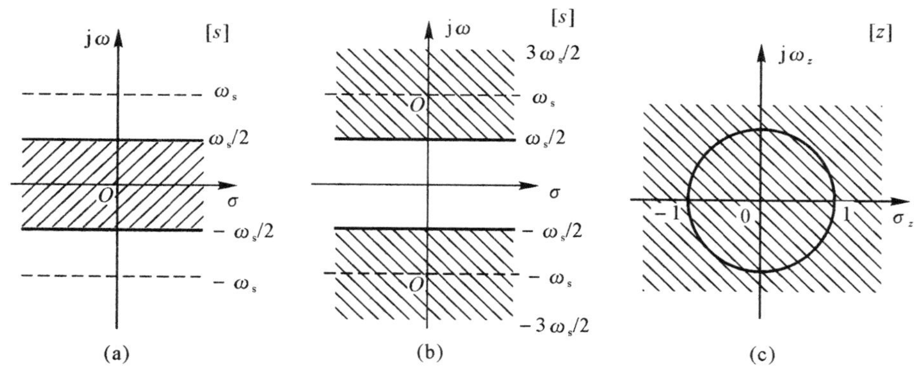

图 3-25　s 平面多采样平面映射到 z 平面

(a) s 平面主带，$-\infty < \sigma < +\infty$，$-(\omega_s/2) \leqslant \omega \leqslant +(\omega_s/2)$；(b) s 平面旁带，$-\infty < \sigma < +\infty$，$-(\omega_s/2) \leqslant \omega \leqslant +(3\omega_s/2)$；

(c)主带与旁带映射，$0 \leqslant R < +\infty$(主带，$-\pi \leqslant \theta \leqslant +\pi$；旁带，$\pi \leqslant \theta \leqslant +3\pi$)

例 3-25　如图 3-26 所示，在 s 平面上有几对点，分别为 $s_{1,2} = \pm 1$，$s_{3,4} = -1 \pm j2.5$，若 $T = 1\text{s}$，试求它们映射在 z 平面上的点。

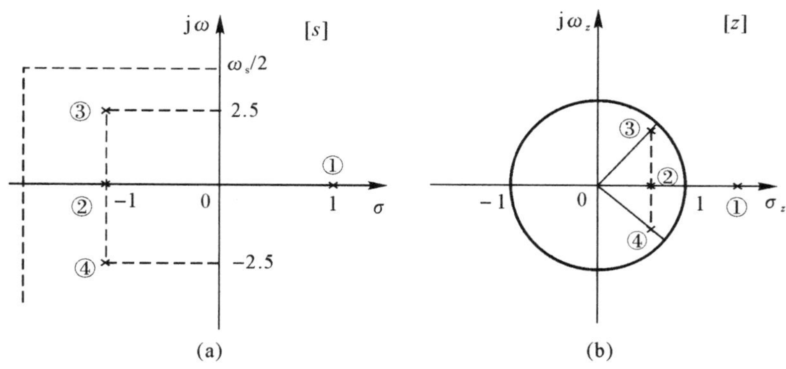

图 3-26　s 平面极点映射到 z 平面

解　按照式(3-72)可求 s 平面各极点实部与虚部对应在 z 平面的模和相角。

已知 $s_{1,2} = \pm 1$，虚部为零，实部分别对应左、右平面，见图 3-26(a)中的①点对应 z 平面单位圆外，②点对应单位圆内；③④点在 s 域是共轭点，故在 z 域单位圆内。

$s_{3,4} = -1 \pm j2.5$，对应③④点在 s 域是共轭点，故在 z 域单位圆内。

根据采样定理 $\omega_s \geqslant 2\omega_c = 2 \times 2.5 = 5$，故取最小采样频率 $\omega_s = 5$。根据工业经验取 8 倍截止频率，故 $\omega_s = 20$，采样时间 $T = 2\pi/20 = 0.1\pi\text{s}$。

计算各点在 z 域位置：

①点：　$z_1 = e^{s_1 T} = e^{1\times 0.1\pi} e^{j0T} = 1.369\angle 0$　　单位圆外，实轴上

②点：　$z_2 = e^{s_2 T} = e^{-1\times 0.1\pi} e^{j0T} = 0.730\angle 0$　　单位圆内，实轴上

③点：　$z_3 = e^{s_3 T} = e^{-1\times 0.1\pi} e^{j2.5\times 0.1\pi} = 0.730\angle 0.25\pi$　　单位圆内，45°射线上

④点：　$z_3 = e^{s_3 T} = e^{-1\times 0.1\pi} e^{-j2.5\times 0.1\pi} = 0.730\angle -0.25\pi$　　单位圆内，−45°射线上

3.5.2 系统的稳定性

1.离散系统的稳定条件

(1) z 域推导稳定条件。设系统闭环脉冲传递函数为

$$\Phi(z)=\frac{M(z)}{d_c(z)}=\frac{b_m z^m+b_{m-1}z^{m-1}+\cdots+b_1 z+b_0}{a_n z^n+a_{n-1}z^{n-1}+\cdots+a_1 z+a_0}=\frac{b_m}{a_n}\frac{\prod_{i=1}^{m}(z-z_i)}{\prod_{j=1}^{n}(z-p_j)} \tag{3-73}$$

式中，$z_i(i=1,2,\cdots,m)$，$p_j(j=1,2,\cdots,n)$ 分别为 $\Phi(z)$ 的零点和极点，且 $m\leqslant n$;$d_c(z)$ 为特征根方程；$M(z)$ 为开环脉冲传递函数。当输入信号 $r(t)=1(t)$，且 $\Phi(z)$ 无重极点时，对式(3-73)进行因式分解，有

$$Y(z)=\Phi(z)R(z)=\frac{M(z)}{d_c(z)}\frac{z}{z-1}=\frac{M(1)}{d_c(1)}\frac{z}{z-1}+\sum_{j=1}^{m}\frac{c_j z}{z-p_j} \tag{3-74}$$

z 反变换为

$$y(k)=\frac{M(1)}{d_c(1)}+\sum_{j=1}^{m}c_j p_j^k \quad (k=0,1,2,\cdots) \tag{3-75}$$

等号右边第二项是瞬态分量，其中 $c_j p_j^k$ 是收敛还是发散、振荡，完全取决于极点 p_j 在 z 平面上的分布。

1)当 $0<p_j<1$ 时，极点位于 z 平面单位圆内正实轴上，响应单调收敛，且 p_j 越靠近原点，收敛越快。

2)当 $-1<p_j<0$ 时，极点位于单位圆内负实轴上，响应为正负交替的振荡收敛过程。

3)当 $p_j>1$ 时，响应单调发散；当 $p_j<-1$ 时，响应为正负交替的发散过程。

4)当 p_j,p_{j-1} 为共扼复根时，有

$$\left.\begin{aligned}p_j p_{j+1}&=|p_j|e^{\pm j\theta}\\ c_j c_{j+1}&=|c_j|e^{\pm j\psi}\end{aligned}\right\} \tag{3-76}$$

相应瞬态响应为

$$\begin{aligned}c_j p_j^k+c_{j+1}p_{j+1}^k&=|c_j||p_j|^k[e^{j(k\theta_j+\psi_j)}+e^{-j(k\theta_j+\psi_j)}]\\&=2|c_j||p_j|^k\cos(k\theta_j+\psi_j)\end{aligned} \tag{3-77}$$

因此，共扼极点对应的瞬态分量以余弦规律振荡。当 $|p|>1$ 时，振荡发散；当 $|p|<1$ 时，振荡收敛。极点越靠近原点，衰减越快，振荡频率则随共扼极点幅角 θ_j 增大而增加。

如图 3-27 所示，当极点 p_1,p_5 位于单位圆外时，采样系统是发散的，p_2,p_3,p_4 位于单位圆内，采样系统是收敛的，趋于圆心收敛速度加快，如图 3-27(b)所示。当极点位于单位圆左半平面时，振荡频率加快，越趋近－1 振荡越快，如图 3-27(c)所示。

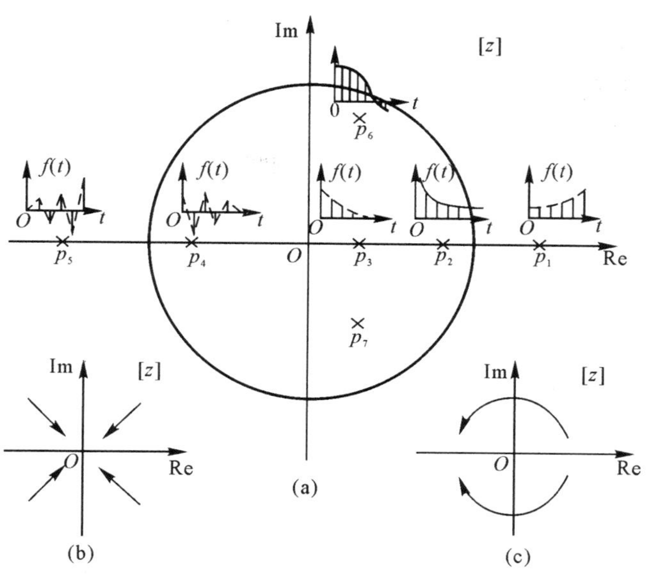

图 3-27　瞬态分量随极点移动的变化趋势

(a)不同极点对应瞬态分量;(b)收敛加快方向;(c)振荡频率加快方向

(2) s 域推导稳定条件。根据连续系统稳定条件,闭环系统的特征根在 s 平面上的位置,若在 s 左半平面,则系统稳定,只要有一个根在 s 平面的右半平面或虚轴上,则系统不稳定。

根据 s 平面和 z 平面的映射关系,离散系统稳定的充要条件必然是系统的特征根全部位于 z 平面的单位圆内,只要有一个根在单位圆外,系统就将不稳定。若系统的根位于单位圆上,系统将处于稳定边界,系统等幅振荡,也是不稳定的。

2. 稳定性判断

朱利-莱勒尔稳定判据(以下简称朱利判据):设离散系统的特征方程为

$$d_c(z) = a_n z^n + a_{n-1} z^{n-1} + \cdots + a_1 z + a_0 = 0 \tag{3-78}$$

式中,a_i 均是实系数,且 $a_n > 0$。

朱利表:

$$
\begin{array}{llllllll}
 & a_n & a_{n-1} & a_{n-2} & \cdots & a_2 & a_1 & a_0 \quad k_a = a_0/a_n \\
-) & a_0 k_a & a_1 k_a & a_2 k_a & \cdots & a_{n-2} k_a & a_{a-1} k_a & \\
\hline
 & b_0 & b_1 & b_2 & \cdots & b_{n-2} & b_{n-1} & k_b = b_{n-1}/b_0 \\
-) & b_{n-1} k_b & b_{n-2} k_b & b_{n-3} k_b & \cdots & b_1 k_b & & \\
\hline
 & c_0 & c_1 & c_2 & \cdots & c_{n-2} & k_c = c_{n-2}/c_0 & \\
-) & \vdots & \vdots & \vdots & & & & \\
\hline
 & p_0 & p_1 & p_2 & \cdots & k_p = p_2/p_0 & & \\
-) & p_2 k_p & p_1 k_p & & & & & \\
\hline
 & q_0 & q_1 & \cdots & k_q = q_1/q_0 & & & \\
-) & q_1 k_q & & & & & & \\
\hline
 & & & r_0 & & & &
\end{array}
$$

若 $b_0, c_0, \cdots, p_0, q_0, r_0$ 均大于零,则系统是稳定的,即在朱利表中的所有奇数行的第 1 列系数均大于零时,该方程的全部特征根才位于单位圆内。若其中有小于零的系数,则其个数等于特征根在 z 平面单位圆外的个数,系统是不稳定的。

例 3-26 已知 $d_c(z) = z^2 + z + 0.25 = 0$,判断其稳定性。

解 列表如下:

$$\begin{array}{llll} 1 & 1 & 0.25 & k_b = 0.25/1 \\ -)0.25 \times 0.25 & 1 \times 0.25 & & \\ \hline 0.9375 & 0.75 & k_b = 0.75/0.9575 = 0.8 & \\ -)0.75 \times 0.8 & & & \\ \hline 0.3375 & & & \end{array}$$

可见,第 1 列计算元素(0.957 5, 0.337 5)均大于零,故系统稳定。

例 3-27 已知 $d_c(z) = z^3 + z^2 + z + 1 = 0$,判断其稳定性。

解 列表如下:

$$\begin{array}{lllll} 1 & 1 & 1 & 1 & k_b = 1 \\ -)1 & 1 & 1 & & \\ \hline 0 & 0 & 0 & & \text{无法判定} \end{array}$$

构建新方程,设非常小的微量 ε,作辅助方程,计算时忽略高阶微量。

辅助方程 $d_c[(1+\varepsilon)z] = (1+3\varepsilon)z^3 + (1+2\varepsilon)z^2 + (1+\varepsilon)z + 1 = 0$

$$\begin{array}{lllll} 1+3\varepsilon & 1+2\varepsilon & 1+\varepsilon & 1 & k_a = 1/1+3\varepsilon \\ -)\ \dfrac{1}{1+3\varepsilon} & \dfrac{1+\varepsilon}{1+3\varepsilon} & \dfrac{1+2\varepsilon}{1+3\varepsilon} & & \\ \hline \dfrac{6\varepsilon}{1+3\varepsilon} & \dfrac{4\varepsilon}{1+3\varepsilon} & \dfrac{2\varepsilon}{1+3\varepsilon} & k_b = 1/3 & \\ -)\ \dfrac{2\varepsilon}{3(1+3\varepsilon)} & \dfrac{4\varepsilon}{3(1+3\varepsilon)} & & & \\ \dfrac{16\varepsilon}{3(1+3\varepsilon)} & \dfrac{8\varepsilon}{3(1+3\varepsilon)} & k_c = 1/2 & & \\ -)\ \dfrac{4\varepsilon}{3(1+3\varepsilon)} & & & & \\ \hline \dfrac{12\varepsilon}{1+3\varepsilon} & & & & \end{array}$$

当 $\varepsilon > 0$ 时→ 计算系数>0,系统是收敛的;

当 $\varepsilon < 0$ 时→ 计算系数 < 0,系统是发散的;

当 $\varepsilon =$ 正→ 负时,三个根由单位圆内趋于圆外发散。

分析得三个根均在单位圆上,且为 $-1, \pm j$。

因此,由例 3-27 可知,如果第 1 列出现零元素或有全零行，则需要特殊处理;离散系统特征方程式(3-78)的全部特征根都在单位圆内的必要条件是

$$\left.\begin{aligned} &d_c(z)\big|_{z=1} > 0 \\ &(-1)^n d_c(z)\big|_{z=-1} > 0 \end{aligned}\right\} \tag{3-79}$$

或简写为

$$\begin{cases} d_c(1) > 0 \\ (-1)^n d_c(-1) > 0 \end{cases}$$

例 3-28　已知 $d_c(z) = z^2 + a_1 z + a_0 = 0$,利用朱利判据判定稳定性。

解　列表如下:

$$\begin{array}{cccl} 1 & a_1 & a_0 & k = \dfrac{a_0}{1} \\ a_0 a_0 & a_1 a_0 & a_0 & \\ \hline 1 - a_0^2 & a_1(1 - a_0) & & \end{array}$$

为使系统稳定,则要求第 3 行系数 $1 - a_0^2 > 0$,即 $|a_0| < 1$。

代入特征方程稳定必要条件,$|d_c(0)| = |a_0| < 1$,这样就有 2 阶系统稳态必要条件:

$$\left.\begin{aligned} &|d_c(0)| < 1 \\ &d_c(1) > 0 \\ &(-1)^n d_c(-1) > 0 \end{aligned}\right\} \tag{3-80}$$

这样在利用朱利判据判别时可采用以下步骤:

(1)对于高于 2 阶系统闭环特征根,可以用式(3-79)判断系统是否具有稳定的必要条件,若不成立,则系统不稳定;若是 2 阶特征根,则采用式(3-80)判定。

(2)若必要条件成立,再构造朱利表进一步判断。

例 3-29　已知例 3-26 的特征方程为 $d_c(z) = z^2 + z + 0.25 = 0$,试判别稳定性。

解　首先检查必要条件:

$$\begin{cases} d_c(0) = 0.25 < 1 \\ d_c(1) = 1 + 1 + 0.25 = 2.25 > 0 \\ (-1)^n d_c(-1) = (-1)^2[(-1)^2 - 1 + 0.25] = 0.25 > 0 \end{cases}$$

满足稳定的必要条件,可以构建朱利表判定,参见例 3-26。

3. 采样频率对稳定性的影响

与连续系统不同，在计算机控制系统里,采样周期是一个重要参数,如图 3-28 所示,(a)图采样信号幅值单调递减,(b)图相角增加到 $\omega_s/8$,每周采 8 个点,(c)图每周采样 4 个点,最后到(e)图在单位圆左半实轴上极点采样为 2 个点,接近了最小的容忍下的采样定理,这样从图(f)看到,采样频率随着相角增大而逐渐减小,故实际采样频率大于系统截止频率 4 倍以上,其极点应该分布在单位圆的右半平面内。

对采样时间 T 的大小选择会影响特征方程的系数，从而对闭环系统的稳定性有影响。

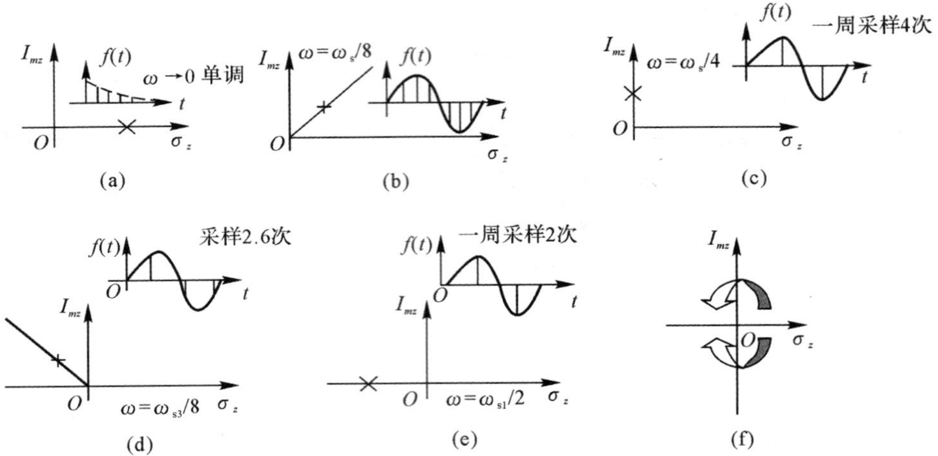

图 3-28 采样频率对系统的稳定性影响

(a)圆内右实轴采样；(b)一周采样 8 次；(c)一周采样 4 次；(d)一周采样 2.6 次；(e)一周采样 2 次；(f)采样函数振荡频率减弱方向

例 3-30 已知计算机控制机构如图 3-29 所示，控制器 $D(z)=1$，被控对象为 $G_1(s)=\dfrac{k}{s(s+2)}$，采样周期为 T，试求使系统稳定的 (k,T) 范围。

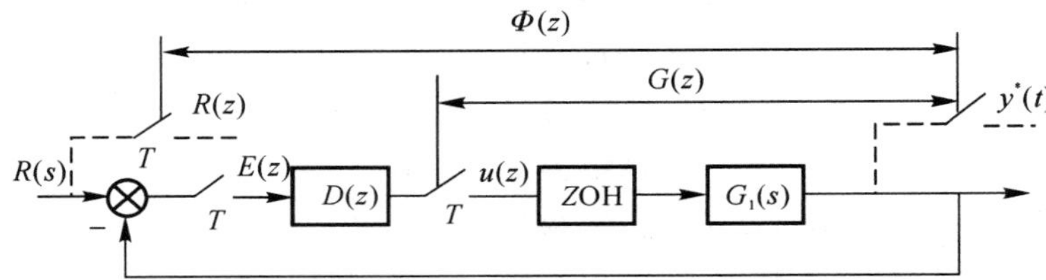

图 3-29 计算机控制系统结构图

解 系统的开环脉冲传递函数为

$$G(z)=Z\left[\frac{1-e^{-TS}}{s}\frac{k}{s(s+2)}\right]=K\frac{z+\dfrac{0.5-0.5e^{-2T}-Te^{-2T}}{T-0.5+0.5e^{-2T}}}{(z-1)(z-e^{-2T})}=K\frac{z+a}{(z-1)(z-e^{-2T})}$$

式中

$$K=0.5k(T-0.5+0.5e^{-2T})$$

$$a=\frac{0.5-0.5e^{-2T}-Te^{-2T}}{T-0.5+0.5e^{-2T}}$$

系统的闭环特征方程为

$$d_c(z)=1+G(z)=1+K\frac{z+a}{(z-1)(z-e^{-2T})}=0$$

$$d_c(z)=z^2+(K-1-e^{-2T})z+aK+e^{-2T}=0$$

(1)当取 $T=0.1$s 时，有

$d_c(z)=z^2+(K-1.818)z+0.939K+0.818\ 7$

代入离散系统稳定充要条件式(3-80)，可得

$$|d_c(0)| = |0.939K + 0.8187| < 1$$

即 $-1.937 < K < 0.193$ 范围内系统应该是稳定的。如图 3-30 所示，当 $|K| > 0.193$，即 $k > 20.69$ 时系统发散。

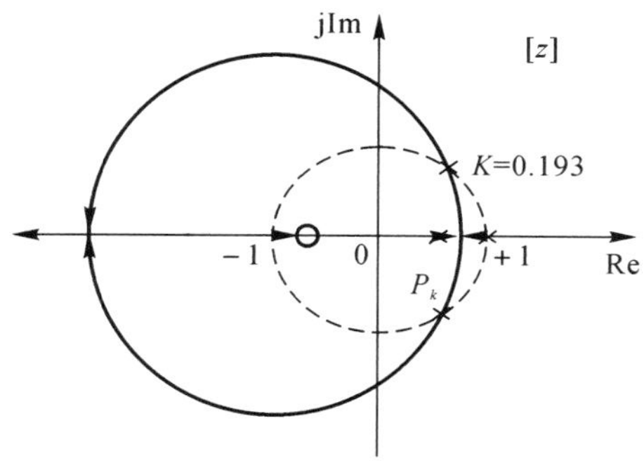

图 3-30　定采样时间 T 时根轨迹图

(2)当 $k = 10$ 时，观察采样 T 的可取值范围

$$K = 5(T - 0.5 + 0.5e^{-2T}),\ a = \frac{0.5 - 0.5e^{-2T} - Te^{-2T}}{T - 0.5 + 0.5e^{-2T}}$$

特征方程

$$d_c(z) = z^2 + (K - 1 - e^{-2T})z + aK + e^{-2T} = 0$$

$$|d_c(0)| = |aK + e^{-2T}| = |2.5 - (1.5 + 5T)e^{-2T}| < 1$$

取 $T = 0.6$，则 $|d_c(0)| = 1.144$；

取 $T = 0.5$，则 $|d_c(0)| = 1.028$；

取 $T = 0.1$，则 $|d_c(0)| = 0.862$。

当采样 T 不断取取小系统是稳定的。

当 $T = 0.48$，则 $|d_c(0)| = 1$；

当 $T = 0.49$，则 $|d_c(0)| = 1.02 > 1$，系统发散。

这样如图 3-31 所示，在 $k = 10$ 固定时，采样周期 T 会影响系统的稳定性。一般来说，T 减小，稳定性增强。

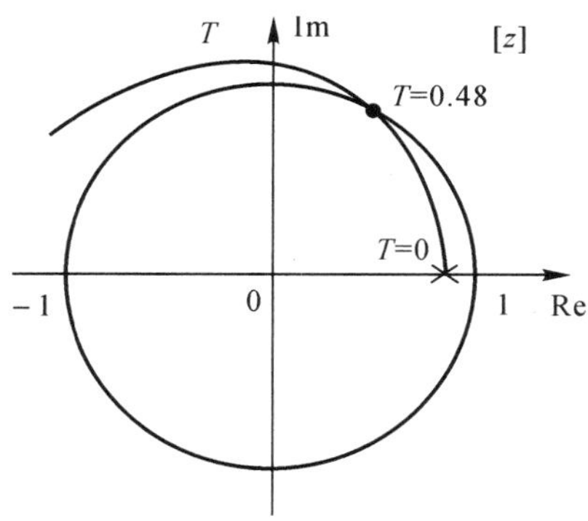

图 3-31　例 3-30 采样时间 T 对稳定性影响

3.5.3 计算机控制系统的稳态误差分析

与连续系统一样，采样系统的稳态误差一方面与系统本身的结构、参数有关，另一方面与外作用特性有关。稳态误差反映了计算机控制系统的静态特性。连续系统的稳态误差可以用拉氏变换中的终值定理求得，并用误差系数表示，而计算机控制系统(见图 3-29)也同样采用类似的方法进行分析和计算。

1. 系统的稳态误差定义

在连续域中稳态误差信号定义为输入指令与输出信号的差值，即

$$e(t)=r(t)-y(t)$$

系统的稳态误差采用终值定理有

$$\tilde{e}=\lim_{t\to\infty}e(t) \tag{3-81}$$

由于系统是在离散域进行分析的，所以它的误差是指采样时刻的误差，即

$$e^*(t)=r^*(t)-y^*(t)$$

稳态误差也定义为

$$\tilde{e}^*=\lim_{t\to\infty}\tilde{e}^*(t)=\lim_{k\to\infty}e(kT) \tag{3-82}$$

2. 系统稳态误差计算

图 3-29 所示系统的误差脉冲传递函数为

$$\Phi_e(z)=\frac{1}{1+D(z)G(z)} \tag{3-83}$$

假设式中

$$D(z)G(z)=\frac{N(z)}{(z-1)^vD_1(z)}=\frac{1}{(z-1)^v}W(z) \tag{3-84}$$

其中 $W(z)$ 不含 $z=1$ 的零点和极点。假设系统稳定，则系统稳态误差为

$$\begin{aligned}\lim_{t\to\infty}e^*(t)&=\lim_{z\to1}(1-z^{-1})E(z)=\lim_{z\to1}(1-z^{-1})\frac{1}{1+D(z)G(z)}R(z)\\&=\lim_{z\to1}(1-z^{-1})\frac{1}{1+\dfrac{1}{(z-a)^v}W(z)}R(z)\end{aligned} \tag{3-85}$$

利用式(3-85)分别讨论不同类型(v)的系统在不同输入下的稳态误差，可归结出系统类型和稳态误差间的关系(见表 3-5)。注意在离散系统中，系统的类型由开环脉冲传递函数中 $z=1$ 的极点数(相当于连续系统 $G(s)$ 中 $s=0$ 的极点数)来决定。

表 3-5 系统类型和稳态误差间的关系

系统类型	位置误差	速度误差	加速度误差
	$r(t)=1(t)$ $\frac{1}{s}$ $R(z)=\frac{z}{z-1}$	$r(t)=t$ $\frac{1}{s^2}$ $R(z)=\frac{Tz}{(z-1)^2}$	$r(t)=t^2/2$ $\frac{1}{s^3}$ $R(z)=\frac{T^2z(z+1)}{(z-1)^3}$
0	$K_p=\lim_{z\to1}W(z)$ $e^*(\infty)=\frac{1}{1+K_p}$	∞	∞

续表

系统类型	位置误差	速度误差	加速度误差
	$r(t)=1(t)$ $\frac{1}{s}$ $R(z)=\frac{z}{z-1}$	$r(t)=t$ $\frac{1}{s^2}$ $R(z)=\frac{Tz}{(z-1)^2}$	$r(t)=t^2/2$ $\frac{1}{s^3}$ $R(z)=\frac{T^2z(z+1)}{(z-1)^3}$
1	0	$K_v=\frac{1}{T}\lim\limits_{z\to1}W(z)$ $e^*(\infty)=\frac{1}{K_v}$	∞
2	0	0	$K_a=\frac{1}{T}\lim\limits_{z\to1}W(z)$ $e^*(\infty)=\frac{1}{K_a}$

例 3-31　已知计算机控制系统如图 3-29 所示，$G_1(s)=\frac{10}{s(0.01s+1)}$，输入信号分别为 $r(t)=1(t)$，$r(t)=t$，试分析系统的稳定误差。设采样时间 $T=0.01\text{s}$，$D(z)=1.5$。

解　相应的开环脉冲传递函数为

$$G(z)=Z\left[\frac{1-e^{-Ts}}{s}\frac{10}{s(0.01s+1)}\right]=0.0428\times\frac{z+0.836}{(z-1)(z-0.607)}$$

首先判断系统的稳定性。该系统闭环特征方程为

$$d_c(z)=1+D(z)G(z)=1+1.5\times\frac{0.0428(z+0.836)}{(z-1)(z-0.607)}$$

$$=z^2-1.543z+0.661=0$$

根据式(3-78)判定，系统是稳定的。

由式(3-84)得

$$D(z)G(z)=\frac{1}{(z-1)^v}W(z)=\frac{1}{(z-1)}\frac{0.0642(z+0.836)}{(z-0.607)}$$

(1)当 $r(t)=1(t)$ 时，由表 3-5 可得：

在 $W(z)$ 中，$v=1$，系统的稳定误差为

$$e^*(\infty)=0$$

(2)当 $r(t)=t$ 时，由表 3-5 可得

$$K_v=\frac{1}{T}\lim_{z\to1}\frac{0.0642(z+0.836)}{(z-0.607)}=\frac{0.295}{0.01}=29.5$$

系统的稳定误差为

$$e^*(\infty)=\frac{1}{29.5}=0.0339$$

3.6 离散系统频率特性分析

3.6.1 频率特性定义

在离散系统分析中，频率法的概念对计算机控制系统在数据采集、数字滤波、系统零极点配置、系统频率分析等方面有着十分重要的意义。它与连续系统频率特性相类似，计算机控制系统频率特性定义为

$$G^*(j\omega) = G(z)\big|_{z=e^{j\omega T}} = G(e^{j\omega T}) \tag{3-86}$$

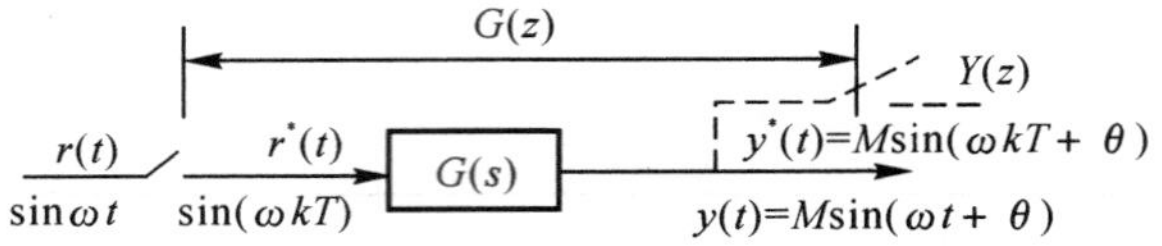

图 3-32　离散系统频率特性

如图 3-32 所示，正弦信号 $r(t)=\sin(t)$ 经过周期为 T 的采样开关，得到

$$r(kT) = \sin(k\omega T)$$

其 z 变换为

$$R(z) = Z[r(kT)] = \frac{z\sin(\omega T)}{(z-e^{j\omega T})(z-e^{-j\omega T})}$$

系统输出为

$$Y(z) = G(z)R(z) = G(z)\frac{z\sin\omega T}{(z-e^{j\omega T})(z-e^{-j\omega T})}$$

$$= \frac{az}{(z-e^{j\omega T})} + \frac{bz}{(z-e^{-j\omega T})} + [G(z)\text{ 各极点对应的展开项}] \tag{3-87}$$

其中

$$a = G(z)\frac{\sin(\omega T)(z-e^{j\omega T})}{(z-e^{j\omega T})(z-e^{-j\omega T})}\bigg|_{z=e^{j\omega T}} = \frac{G(e^{j\omega T})\sin(\omega T)}{e^{j\omega T}-e^{-j\omega T}} = \frac{G(e^{j\omega T})}{2j}$$

$$b = G(z)\frac{\sin(\omega T)(z-e^{-j\omega T})}{(z-e^{j\omega T})(z-e^{-j\omega T})}\bigg|_{z=e^{-j\omega T}} = \frac{G(e^{-j\omega T})\sin(\omega T)}{e^{-j\omega T}-e^{j\omega T}} = \frac{-G(e^{-j\omega T})}{2j}$$

用极坐标形式表示 $G(e^{j\omega T})$，则

$$G(e^{j\omega T}) = Me^{j\theta} \qquad G(e^{-j\omega T}) = Me^{-j\theta}$$

代入式(3-87)，得

$$Y(z) = \frac{M}{2j}\left[\frac{ze^{j\theta}}{(z-e^{j\omega T})} + \frac{ze^{-j\theta}}{(z-e^{-j\omega T})}\right] + [G(z)\text{ 各极点对应的展开项}]$$

求 z 反变换可得

$$y(kT) = \frac{M}{2j}[e^{j(k\omega T+\theta)} - e^{-j(k\omega T+\theta)}] + [G(z)\text{ 极点展开项的 } z \text{ 反变换}]$$

设系统稳定，响应达到稳定时，瞬态项消失，系统输出为

$$y(kT)=\frac{M}{2j}[e^{j(k\omega T+\theta)}-e^{-j(k\omega T+\theta)}]=M\sin(\omega T+\theta) \tag{3-88}$$

系统稳态输出与输入信号的幅值比，称为系统的幅频特性。

$$M=|G(e^{j\omega T})| \tag{3-89}$$

系统稳态输出与输入信号的相角差，称为系统的相频特性。

$$\theta=\angle G(e^{j\omega T}) \tag{3-90}$$

系统频率特性为

$$G(e^{j\omega T})=Me^{j\theta}=G(z)\,|_{z=e^{j\omega T}} \tag{3-91}$$

3.6.2　频率特性求取方法

1. 数值计算法

例 3-32　已知系统脉冲传递函数

$$G(z)=\frac{1}{z^2-1.8z+1.8}$$

试计算其频率特性。

解　因为

$$z=e^{Ts}\,|_{s=j\omega}=e^{j\omega T}$$

所以根据式(3-91)可得

$$G(e^{j\omega T})=\frac{1}{e^{j2\omega T}-1.8e^{j\omega T}+1.8}$$

幅频特性：

$$|G(e^{j\omega T})|=\frac{1}{\sqrt{(\cos 2\omega T-1.8\cos\omega T+1.8)^2+(\sin 2\omega T-1.8\sin\omega T)^2}}$$

相频特性：

$$\angle G(e^{j\omega T})=-\arctan\frac{\sin 2\omega T-1.8\sin\omega T}{\cos 2\omega T-1.8\cos\omega T+1.8}$$

利用计算机编程计算，可作出频率特性曲线如图 3-33 所示。

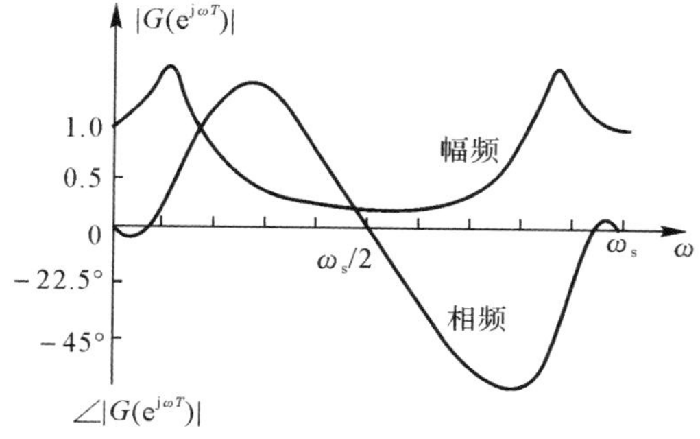

图 3-33　例 3-32 系统频率特性

2. 图解法

若系统脉冲传递函数的零极点已知，则系统频率特性可表示为

$$|G(e^{j\omega T})| = \frac{k\prod_{i=0}^{\infty}(e^{j\omega T} - z_i)}{\prod_{j=0}^{\infty}(e^{j\omega T} - p_j)} \tag{3-92}$$

为讨论方便，选一个零点，由两个复数极点组成，则有

$$|G(e^{j\omega T})| = \frac{e^{j\omega T} - z}{(e^{j\omega T} - p_1)(e^{j\omega T} - p_2)} \tag{3-93}$$

$G(e^{j\omega T})$ 分子或分母中的每一个因子，当 ω 取定一个值时，都对应 z 平面的一个矢量，如因子 $(e^{j\omega T} - p_1)$ 可以用由 p_1 指向 $e^{j\omega T}$ 的矢量来表示，其模值、相角分别为 l_1 和 φ_1，如图 3-34 所示。这样有

$$|G^*(j\omega)| = \frac{|e^{j\omega T} - z|}{|e^{j\omega T} - p_1||e^{j\omega T} - p_2|} = \frac{r}{l_1 l_2} \tag{3-94}$$

$$\begin{aligned}\angle G^*(j\omega) &= \angle(e^{j\omega T} - z) - [\angle(e^{j\omega T} - p_1) + \angle(e^{j\omega T} - p_2)] \\ &= \psi - (\varphi_1 + \varphi_2)\end{aligned} \tag{3-95}$$

当 ω 由 0 变化到 $\frac{\omega_s}{2} = \frac{\pi}{T}$ 时，各矢量端点从 z 平面(1,0)点沿单位圆上半周移到(−1,0)，相应得到系统的频率特性。很明显，$G(e^{j\omega T})$ 是以 $\omega_s = \frac{2\pi}{T}$ 为周期的周期函数，并且幅频特性 $|G(e^{j\omega T})|$ 是 ω 的偶函数，$\angle G(e^{j\omega T})$ 是 ω 的奇函数。

可以看出，当极点 p_1 分布越靠近单位圆，ω 变化时，矢量模 $|e^{j\omega T} - p_1|$ 的极小值越小，相应 $|G(e^{j\omega T})|$ 的峰值越尖锐，如图 3-35 所示；当 p_i 位于单位圆上时，在 $e^{j\omega T} = p_i$ 处对应 $|G(e^{j\omega T})| = \infty$，对应系统的共振状态；当 p_i 位于单位圆外时，系统不稳定。零点作用正好相反。

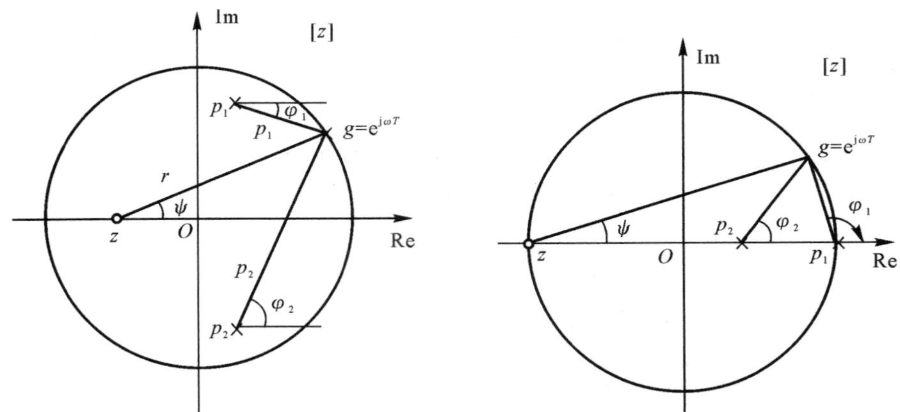

图 3-34　几何作图法求频率特性　　　图 3-35　几何图法求频率特性

例 3-33　设单位反馈的采样系统，采样周期 $T=0.1$s，开环脉冲传递函数为

$$G(z) = \frac{1.2K_p(z+1)}{(z-1)(z-0.242)}$$

其零极点分布如图 3-35 所示。分别作出 $K_p=0.146, 0.632, 1$ 时的开环幅相频率特性曲线。

解

$$G(z)=\frac{1.2K_p(e^{j\omega T}+1)}{(e^{j\omega T}-1)(e^{j\omega T}-0.242)}$$

$$G(z)=\frac{1.2K_p(\cos\omega T+j\sin\omega T+1)}{(\cos\omega T+j\sin\omega T-1)(\cos\omega T+j\sin\omega T-0.242)}$$

令 ω 从 0 到 $\omega_s=\frac{2\pi}{T}$ 变化，用图解法计算，可作出开环幅相特性曲线如图 3-36 所示。可见，当 $K_p<0.632$ 时系统才能稳定。

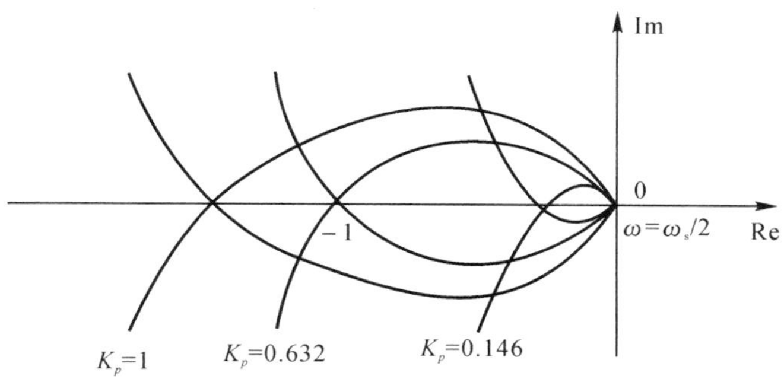

图 3-36　例 3-32 开环幅频特性曲线

3.6.3　频率特性的性质

根据以上讨论，可以总结出频率特性 $G(e^{j\omega T})$ 的重要性质如下：

(1)计算机控制系统的频率特性 $G(e^{j\omega T})$ 是 ω 的周期函数，其周期为采样角频率 $\omega_s=\frac{2\pi}{T}$ (rad/s)。

(2)幅频特性 $|G(e^{j\omega T})|$ 是 ω 的偶函数。

(3)相频特性 $\angle G(e^{j\omega T})$ 是 ω 的奇函数。

应当指出，$G(e^{j\omega T})$ 是关于 ω 的超越函数，使得频率特性的计算十分复杂，具体分析设计时，通常将其变换到 ω 平面中去，这将在第 4 章中详细讨论。

3.7　离散状态方程

计算机控制系统的状态空间描述是用现代控制理论进行系统分析、设计的基础状态方程，特别适于计算机求解，并且它与其他形式的数学模型(如差分方程、脉冲传递函数等)之间有内在的联系。状态变量法可以方便地表示多变量系统，也可以表示一定类型的非线性系统和时变系统。

连续系统的状态方程是一组一阶微分方程，离散系统的状态方程是一组一阶差分方程，计算机控制系统中既有计算机的纯数字离散部分，也有被控对象的连续部分，为便于研究，需将连续部分离散化，统一到离散域内讨论。

3.7.1 离散系统状态空间描述

线性定常离散系统的状态空间描述具有统一形式：

状态方程：

$$\boldsymbol{x}(k+1)=\boldsymbol{F}\boldsymbol{x}(k)+\boldsymbol{G}\boldsymbol{u}(k) \tag{3-96}$$

输出方程：

$$\boldsymbol{y}(k)=\boldsymbol{C}\boldsymbol{x}(k)+\boldsymbol{D}\boldsymbol{u}(k) \tag{3-97}$$

其中，$\boldsymbol{F}(n\times n)$ 为状态转移矩阵；$\boldsymbol{G}(n\times p)$ 为输入矩阵；$\boldsymbol{C}(m\times n)$ 为输出矩阵；$\boldsymbol{D}(m\times p)$ 为直接传输矩阵；$\boldsymbol{x}(n\times 1)$ 为状态向量；$\boldsymbol{u}(p\times 1)$ 为控制向量；$\boldsymbol{y}(m\times 1)$ 为输入向量。

矩阵 $\boldsymbol{F},\boldsymbol{G},\boldsymbol{C},\boldsymbol{D}$ 因状态变量选择不同而具有不同形式，图 3－37 所示为离散系统状态方程框图。

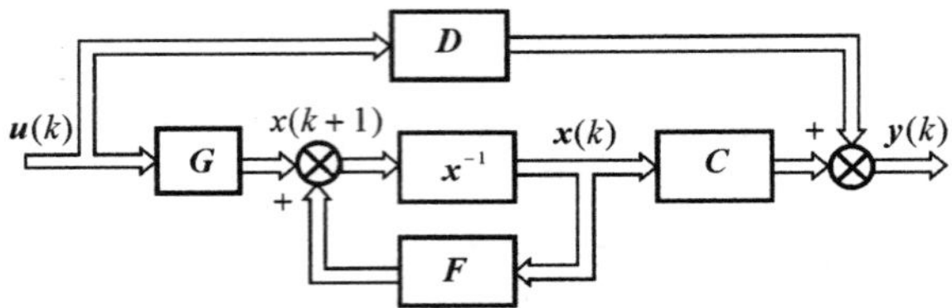

图 3－37 离散系统状态方程框图

下面讨论常用的几种标准型。

设系统的差分方程为

$$\begin{aligned}&\boldsymbol{y}(k)+a_1\boldsymbol{y}(k-1)+a_2\boldsymbol{y}(k-2)+\cdots+a_n\boldsymbol{y}(k-n)\\&=b_0\boldsymbol{u}(k)+b_1\boldsymbol{u}(k-1)+\cdots+b_m\boldsymbol{u}(k-m)\end{aligned} \tag{3-98}$$

系统脉冲传递函数为

$$G(z)=\frac{Y(z)}{U(z)}=\frac{b_0z^m+b_1z^{m-1}+\cdots+b_m}{z^n+a_1z^{n-1}+\cdots+a_n}=\frac{\sum_{i=0}^{m}b_iz^{-i}}{1+\sum_{i=1}^{n}a_iz^{-i}}\quad n\geqslant m \tag{3-99}$$

1. 可控标准型

对式(3－99)，设中间变量 $Q(z)$，取 $n=m$ 时使

$$\frac{Y(z)}{Q(z)}\frac{Q(z)}{U(z)}=\frac{\sum_{i=0}^{n}b_iz^{-i}}{1+\sum_{i=1}^{n}a_iz^{-i}}$$

令

$$\frac{Y(z)}{Q(z)}=\sum_{i=0}^{n}b_iz^{-i},\quad \frac{Q(z)}{U(z)}=\frac{1}{1+\sum_{i=1}^{n}a_iz^{-i}}$$

相应的差分方程分别为

$$\boldsymbol{y}(k)=\sum_{i=0}^{n}b_i\boldsymbol{q}(k-i) \tag{3-100}$$

$$\boldsymbol{q}(k)=\boldsymbol{u}(k)-\sum_{i=0}^{n}a_i\boldsymbol{q}(k-i) \tag{3-101}$$

设

$$\left.\begin{aligned}\boldsymbol{q}(k-1)&=\boldsymbol{x}_n(k)\\\boldsymbol{q}(k-2)&=\boldsymbol{x}_{n-1}(k)\\&\cdots\cdots\\\boldsymbol{q}(k-n)&=\boldsymbol{x}_i(k)\end{aligned}\right\} \tag{3-102}$$

可得系统结构图如图 3－38 所示。

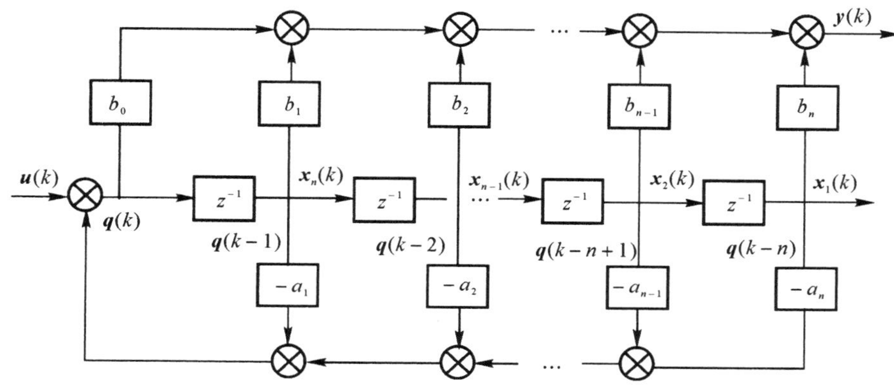

图 3－38　可控标准型结构图

状态方程：

$$\begin{bmatrix}\boldsymbol{x}_1(k+1)\\\boldsymbol{x}_2(k+1)\\\vdots\\\boldsymbol{x}_{n-1}(k+1)\\\boldsymbol{x}_n(k+1)\end{bmatrix}=\begin{bmatrix}0&1&0&\cdots&0\\0&0&1&\cdots&0\\\vdots&\vdots&\vdots&&\vdots\\0&0&0&\cdots&1\\-a_n&-a_{n-1}&-a_{n-2}&\cdots&-a_1\end{bmatrix}\begin{bmatrix}\boldsymbol{x}_1(k)\\\boldsymbol{x}_2(k)\\\vdots\\\boldsymbol{x}_{n-1}(k)\\\boldsymbol{x}_n(k)\end{bmatrix}+\begin{bmatrix}0\\0\\\vdots\\0\\1\end{bmatrix}\boldsymbol{u}(k) \tag{3-103}$$

输出方程：

$$\boldsymbol{y}(k)=\begin{bmatrix}\beta_n&\beta_{n-1}&\cdots&\beta_2&\beta_1\end{bmatrix}\begin{bmatrix}\boldsymbol{x}_1(k)\\\boldsymbol{x}_2(k)\\\vdots\\\boldsymbol{x}_{n-1}(k)\\\boldsymbol{x}_n(k)\end{bmatrix}+b_0\boldsymbol{u}(k) \tag{3-104}$$

其中，$\beta_i=b_i-b_0a_i\,(i=1,2,\cdots,n)$。

2. 可观标准型

由式(3－101)系统差分方程

$$\boldsymbol{q}(k)=\boldsymbol{u}(k)-\sum_{i=0}^{n}a_i\boldsymbol{q}(k-i)$$

可直接画出系统结构图如图 3－39 所示。

设置状态变量如图 3－39 所示，可写出：

$$\boldsymbol{x}_1(k+1)=b_n\boldsymbol{u}(k)-a_n\boldsymbol{y}(k)$$

$$\boldsymbol{x}_2(k+1)=b_{n-1}\boldsymbol{u}(k)+\boldsymbol{x}_1(k)-a_{n-1}\boldsymbol{y}(k)$$

$$\cdots\cdots$$

$$\boldsymbol{x}_{n-1}(k+1)=b_2\boldsymbol{u}(k)+\boldsymbol{x}_{n-2}(k)+a_2\boldsymbol{y}(k)$$

$$\boldsymbol{x}_n(k+1)=b_1\boldsymbol{u}(k)+\boldsymbol{x}_{n-1}(k)-a_1\boldsymbol{y}(k)$$

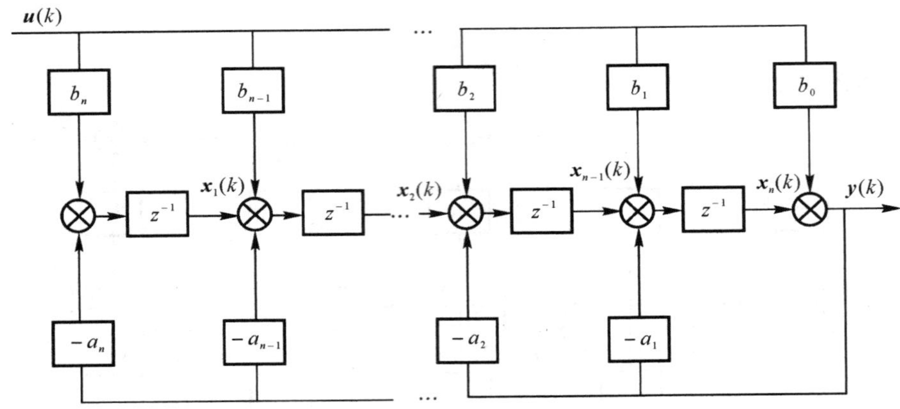

图 3－39　可观标准型结构图

利用输出方程

$$\boldsymbol{y}(k)=b_0\boldsymbol{u}(k)+\boldsymbol{x}_n(k)$$

消去其中的 $\boldsymbol{y}(k)$，可得状态空间描述为

$$\begin{bmatrix}\boldsymbol{x}_1(k+1)\\ \boldsymbol{x}_2(k+1)\\ \vdots\\ \boldsymbol{x}_{n-1}(k+1)\\ \boldsymbol{x}_n(k+1)\end{bmatrix}=\begin{bmatrix}0&0&\cdots&0&-a_n\\ 1&0&\cdots&0&-a_{n-1}\\ \vdots&\vdots&&\vdots&\vdots\\ 0&0&\cdots&0&-a_2\\ 0&0&\cdots&1&-a_1\end{bmatrix}\begin{bmatrix}\boldsymbol{x}_1(k)\\ \boldsymbol{x}_2(k)\\ \vdots\\ \boldsymbol{x}_{n-1}(k)\\ \boldsymbol{x}_n(k)\end{bmatrix}+\begin{bmatrix}\beta_n\\ \beta_{n-1}\\ \vdots\\ \beta_2\\ \beta_1\end{bmatrix}\boldsymbol{u}(k) \tag{3－105}$$

其中，$\beta_i=b_i-b_0a_i\,(i=1,2,\cdots,n)$。

输出方程：

$$\boldsymbol{y}(k)=\begin{bmatrix}0&0&\cdots&0&1\end{bmatrix}\begin{bmatrix}\boldsymbol{x}_1(k)\\ \boldsymbol{x}_2(k)\\ \vdots\\ \boldsymbol{x}_{n-1}(k)\\ \boldsymbol{x}_n(k)\end{bmatrix}+b_0\boldsymbol{u}(k) \tag{3－106}$$

可控标准型与可观标准型互为对偶关系。

3. 对角线标准型

若系统脉冲传递函数 $G(z)$ 有 n 个互异的单实根 p_i，$i=1,2,3,\cdots,n$，则可将其展开成部分分式形式：

$$G(z)=c_0+\frac{c_1}{z-p_1}+\frac{c_2}{z-p_2}+\cdots+\frac{c_n}{z-p_n}$$

式中

$$c_i=[G(z)(z-p_i)]_{z=p_i}\quad (i=1,2,\cdots,n)$$

令

$$\boldsymbol{X}_i(z)=\frac{1}{z-p_i}\boldsymbol{U}(z)\quad (i=1,2,\cdots,n)$$

相应差分方程为

$$\boldsymbol{x}_i(k+1)=p_i\boldsymbol{x}_i(k)+\boldsymbol{u}(k)\quad (i=1,2,\cdots,n)$$

可得系统结构图如图 3-40 所示。

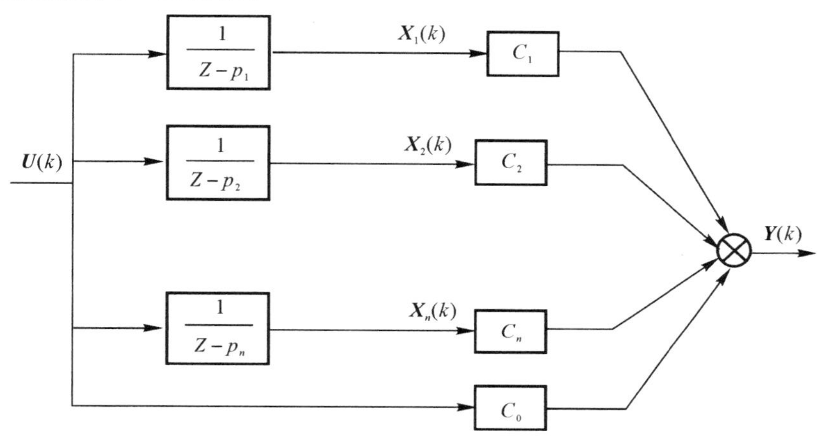

图 3-40　对角线标准型结构图

系统状态空间描述为

$$\begin{bmatrix}\boldsymbol{x}_1(k+1)\\ \boldsymbol{x}_2(k+1)\\ \vdots\\ \boldsymbol{x}_n(k+1)\end{bmatrix}=\begin{bmatrix}p_1&0&\cdots&0\\0&p_2&\cdots&0\\ \vdots&\vdots&&\vdots\\0&0&\cdots&p_n\end{bmatrix}\begin{bmatrix}\boldsymbol{x}_1(k)\\ \boldsymbol{x}_2(k)\\ \vdots\\ \boldsymbol{x}_n(k)\end{bmatrix}+\begin{bmatrix}1\\1\\ \vdots\\1\end{bmatrix}\boldsymbol{u}(k)\tag{3-107}$$

输出方程：

$$\boldsymbol{y}(k)=[c_1\quad c_2\quad\cdots\quad c_n]\begin{bmatrix}\boldsymbol{x}_1(k)\\ \boldsymbol{x}_2(k)\\ \vdots\\ \boldsymbol{x}_n(k)\end{bmatrix}+c_0\boldsymbol{u}(k)\tag{3-108}$$

4. 约当标准型

若脉冲传递函数 $G(z)$ 有重根，则可表示成约当标准型。设 $G(z)$ 有三重根 p_i，则 $G(z)$ 可展开为

$$G(z)=\frac{c_{13}}{(z-p_1)^3}+\frac{c_{12}}{(z-p_1)^2}+\frac{c_{11}}{(z-p_1)}$$

式中

$$c_{1i}=\frac{1}{(i-1)!}\frac{\mathrm{d}^{3-i}}{\mathrm{d}z^{3-i}}[G(z)(z-p_i)^3]\bigg|_{z=p_i}\quad (i=1,2,3)$$

令

$$X_1(z)=\frac{1}{z-p_1}X_2(z)$$

$$X_2(z)=\frac{1}{z-p_1}X_3(z)$$

$$X_3(z)=\frac{1}{z-p_1}U(z)$$

约当标准型结构图如图 3－41 所示。

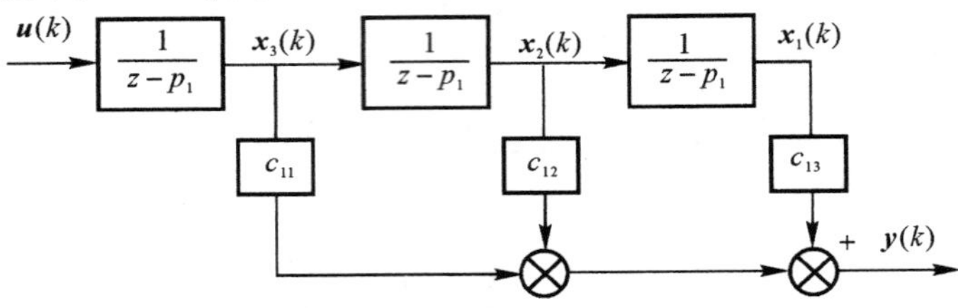

图 3－41　约当标准型结构图

系统状态空间描述为

$$\begin{bmatrix}x_1(k+1)\\x_2(k+1)\\x_3(k+1)\end{bmatrix}=\begin{bmatrix}p_1&0&0\\0&p_2&0\\0&0&p_3\end{bmatrix}\begin{bmatrix}x_1(k)\\x_2(k)\\x_3(k)\end{bmatrix}+\begin{bmatrix}0\\0\\1\end{bmatrix}u(k) \tag{3-109}$$

输出方程：

$$y(k)=\begin{bmatrix}c_{13}&c_{12}&c_{11}\end{bmatrix}\begin{bmatrix}x_1(k)\\x_2(k)\\x_3(k)\end{bmatrix} \tag{3-110}$$

3.7.2　连续系统状态方程离散化

为了在离散域中讨论问题，必须将计算机控制系统中连续部分进行离散化，若连续部分以传递函数形式给出，可以先求出其脉冲传递函数，再用离散系统状态空间描述方法写出相应的离散状态方程，也可以由连续系统状态方程进行离散化而得出。

1. 连续状态方程离散化

计算机控制系统中连续部分一般包括零阶保持器和被控对象，如图 3－42 所示。

设被控对象连续状态方程为

$$\dot{x}(t)=Ax(t)+Bx(t) \tag{3-111}$$

$$y(t)=Cx(t)+Du(t) \tag{3-112}$$

由线性系统理论知识，式(3－111)的解为

$$x(t)=e^{A(t-t_0)}x(t_0)+\int_{t_0}^{t}e^{A(t-t_0)}Bu(\tau)d\tau$$

式中，e^{At} 是连续系统状态转移矩阵，也称矩阵指数。令 $t_0=kT$，$t=(k+1)T$，得

$$x[(k+1)T]=e^{AT}x(kt)+\int_{kT}^{(k+1)T}e^{A[(k+1)T-\tau]}Bu(\tau)d\tau$$

$u^*(t)$ → ZOH → $u(kT)$ → $G(s)$ → $y(t)$

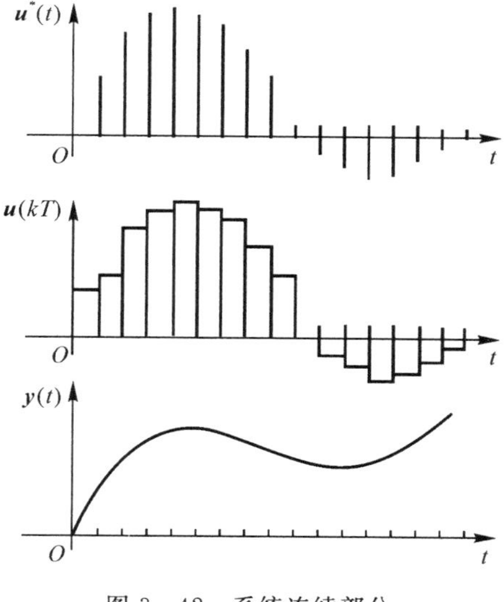

图 3-42　系统连续部分

因为 $\boldsymbol{u}(kT)$ 是零阶保持器输出的阶梯信号，所以在 $kT \sim (k+1)T$ 之间有 $\boldsymbol{u}(\tau)=\boldsymbol{u}(kT)$，因此有

$$\boldsymbol{x}[(k+1)T]=\mathrm{e}^{\boldsymbol{A}T}\boldsymbol{x}(kT)+\int_0^T \mathrm{e}^{\boldsymbol{A}\tau}\boldsymbol{B}\,\mathrm{d}\tau\boldsymbol{u}(kT) \tag{3-113}$$

与式(3-96)相比较有

$$\boldsymbol{F}=\mathrm{e}^{\boldsymbol{A}T} \tag{3-114}$$

$$\boldsymbol{G}=\int_0^T \mathrm{e}^{\boldsymbol{A}t}\,\mathrm{d}\boldsymbol{B}t \tag{3-115}$$

$\boldsymbol{F}=\mathrm{e}^{\boldsymbol{A}T}$ 是离散系统状态转移矩阵，它是列写离散系统状态方程的关键。

2. 状态转移矩阵

状态转移矩阵的主要性质有如下几条：

$$\boldsymbol{F}(0)=\boldsymbol{I} \tag{3-116}$$

$$\boldsymbol{F}(t+\tau)=\boldsymbol{F}(t)\boldsymbol{F}(\tau) \tag{3-117}$$

$$\boldsymbol{F}(kt)=\boldsymbol{F}^k(t) \tag{3-118}$$

$$\boldsymbol{F}(-t)=\boldsymbol{F}^{-1}(t) \tag{3-119}$$

其中 $\boldsymbol{F}(t)$ 满秩，且 $\boldsymbol{F}^{-1}(t)$ 一定存在。

状态转移矩阵可用级数展开法、拉氏变换法及凯莱-哈密尔顿定理等求得，这里只介绍前两种方法。

(1)级数展开法。状态转移矩阵可表示为无穷级数形式，实际计算时可根据精度要求取 L 项近似：

$$\begin{aligned}\boldsymbol{F}(T)=\mathrm{e}^{\boldsymbol{A}T}&=\boldsymbol{I}+\boldsymbol{A}T+\frac{\boldsymbol{A}^2T^2}{2!}+\frac{\boldsymbol{A}^3T^3}{3!}+\cdots=\sum_{i=0}^{\infty}\frac{\boldsymbol{A}^iT^i}{i!}\\&\approx\sum_{i=0}^{L}\frac{\boldsymbol{A}^iT^i}{i!}=\left\{\boldsymbol{I}+\boldsymbol{A}T\left[\boldsymbol{I}+\frac{\boldsymbol{A}T}{2}\left(\boldsymbol{I}+\frac{\boldsymbol{A}T}{3}\left(\boldsymbol{I}+\cdots+\frac{\boldsymbol{A}T}{\boldsymbol{L}-1}\left(\boldsymbol{I}+\frac{\boldsymbol{A}T}{L}\right)\cdots\right)\right)\right]\right)\end{aligned} \tag{3-120}$$

输入矩阵为

$$\boldsymbol{G}(T)=\int_0^T \mathrm{e}^{\boldsymbol{A}\tau}\boldsymbol{B}\,\mathrm{d}\tau=(\mathrm{e}^{\boldsymbol{A}T}-\boldsymbol{I})\boldsymbol{A}^{-1}\boldsymbol{B}=T\sum_{i=0}^{\infty}\frac{\boldsymbol{A}^iT^i}{(i+1)!}\boldsymbol{B}$$

$$\approx T\left\{\boldsymbol{I}+\frac{\boldsymbol{A}T}{2}\left[\boldsymbol{I}+\frac{\boldsymbol{A}T}{3}\left(\boldsymbol{I}+\cdots+\frac{\boldsymbol{A}T}{L-1}\left(\boldsymbol{I}+\frac{\boldsymbol{A}T}{L}\right)\cdots\right)\right]\right\}\boldsymbol{B} \tag{3-121}$$

(2)拉氏变换法。因为

$$(s\boldsymbol{I}-\boldsymbol{A})^{-1}=\frac{\boldsymbol{I}}{s}+\frac{\boldsymbol{A}}{s^2}+\frac{\boldsymbol{A}^2}{s^3}+\cdots$$

求拉氏反变换可得

$$\mathcal{L}^{-1}[(s\boldsymbol{I}-\boldsymbol{A})^{-1}]=\boldsymbol{I}+\boldsymbol{A}t+\frac{\boldsymbol{A}^2t^2}{2!}+\frac{\boldsymbol{A}^3t^3}{3!}+\cdots=F(t)$$

所以有

$$\boldsymbol{F}(T)=\boldsymbol{F}(t)\big|_{t=T}=\mathcal{L}^{-1}[s\boldsymbol{I}-\boldsymbol{A}]^{-1}\big|_{t=T} \tag{3-122}$$

例 3-34 计算机控制系统如图 3-43(a)所示,采样周期 $T=1\mathrm{s}$,求系统离散状态方程。

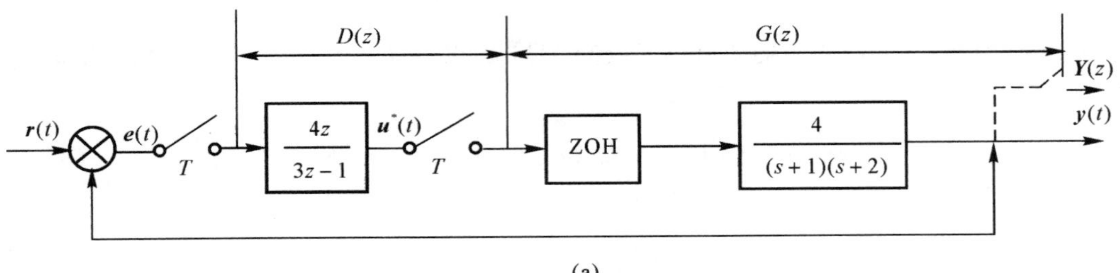

(a)

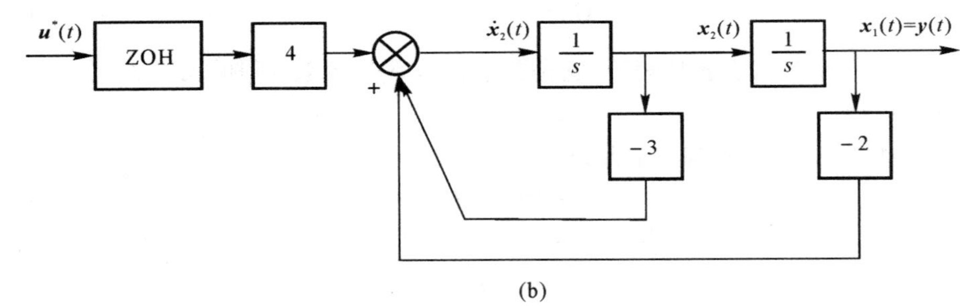

(b)

图 3-43 例 3-34 系统结构图

解 数字部分脉冲传递函数为

$$D(z)=\frac{U(z)}{E(z)}=\frac{4z}{3z-1}$$

选状态变量 $\boldsymbol{x}_3(k)$,按可控标准型列写方程可得

$$\boldsymbol{x}_3(k+1)=\frac{1}{3}\boldsymbol{x}_3(k)+\boldsymbol{e}(k) \tag{3-123}$$

$$\boldsymbol{u}(k)=\frac{4}{9}\boldsymbol{x}_3(k)+\frac{4}{3}\boldsymbol{e}(k) \tag{3-124}$$

将广义被控对象等效变换为图 3-43(a)中 $G(z)$ 的形式,可以写出被控对象连续状态方程为

$$\begin{bmatrix}\dot{x}_1(t)\\ \dot{x}_2(t)\end{bmatrix}=\begin{bmatrix}0 & 1\\ -2 & -3\end{bmatrix}\begin{bmatrix}x_1(t)\\ x_2(t)\end{bmatrix}+\begin{bmatrix}0\\ 4\end{bmatrix}u_0(t)$$

进行离散化,先求转移矩阵 F,由式(3-120)可得

$$F(T)=Z[sI-A]^{-1}\Big|_{t=T}=Z^{-1}\begin{bmatrix}s & -1\\ 2 & s+3\end{bmatrix}^{-1}\Bigg|_{t=T}$$

$$=Z^{-1}\frac{1}{s^2+3s+2}\begin{bmatrix}s+3 & 1\\ -2 & s\end{bmatrix}\Bigg|_{t=T}=\begin{bmatrix}2e^{-t}-e^{-2t} & e^{-t}-e^{-2t}\\ -2e^{-t}+2e^{-2t} & -e^{-t}+2e^{-2t}\end{bmatrix}\Bigg|_{t=T}$$

$$G(T)=\int_0^T F(T)\begin{bmatrix}0\\ 4\end{bmatrix}dt=2\begin{bmatrix}1-2e^{-T}+e^{-2T}\\ 2e^{-T}-2e^{-2T}\end{bmatrix}$$

将 $T=1s$ 代入,可得

$$\begin{bmatrix}x_1(k+1)\\ x_2(k+1)\end{bmatrix}=\begin{bmatrix}0.6 & 0.233\\ -0.466 & -0.097\end{bmatrix}\begin{bmatrix}x_1(k)\\ x_2(k)\end{bmatrix}+\begin{bmatrix}0.8\\ 0.932\end{bmatrix}u(k) \tag{3-125}$$

输出和反馈部分分别为

$$y(k)=x_1(k) \tag{3-126}$$

$$e(k)=r(k)-y(k) \tag{3-127}$$

联立式(3-123)~式(3~126),消去 $e(k)$ 和 $u(k)$ 可得

$$\begin{bmatrix}x_1(k+1)\\ x_2(k+1)\\ x_3(k+1)\end{bmatrix}=\begin{bmatrix}-0.467 & 0.233 & 0.356\\ -1.706 & -0.097 & 0.413\\ -1 & 0 & 0.333\end{bmatrix}\begin{bmatrix}x_1(k)\\ x_2(k)\\ x_3(k)\end{bmatrix}+\begin{bmatrix}1.067\\ 1.24\\ 1\end{bmatrix}r(k)$$

$$y(k)=\begin{bmatrix}1 & 0 & 0\end{bmatrix}\begin{bmatrix}x_1(k)\\ x_2(k)\\ x_3(k)\end{bmatrix}$$

3.7.3　离散状态方程求解

1. 递推法

线性定常离散系统状态方程 $x(k+1)=Fx(k)+Gu(k)$ 是递推方程,只要初始状态 $x(0)$ 以及 $0\sim k$ 之间各采样时刻的输入量 $u(i)$($i=0,1,2,\cdots,k-1$)已知,就可以递推求解。

$$x(k)=F^k x(0)+\sum_{i=0}^{k-1}F^{k-i-1}Gu(i) \tag{3-128}$$

2. z 变换法

对式(3-96)求 z 变换可得

$$zX(z)-zx(0)=FX(z)+GU(z)$$

解出 $X(z)$ 为

$$X(z)=(zI-F)^{-1}[zx(0)+GU(z)] \tag{3-129}$$

z 反变换为

$$x(k)=\mathscr{L}^{-1}[(zI-F)^{-1}z]x(0)+\mathscr{L}^{-1}[(zI-F)^{-1}GU(z)] \tag{3-130}$$

式(3－129)右端第一项是由初条件 $\boldsymbol{x}(0)$ 引起的状态转移，第二项是由输入 $\boldsymbol{u}(i)$ 引起的状态变化。比较式(3－128)和式(3－130)有

$$F^k = \mathscr{L}^{-1}[(z\boldsymbol{I}-\boldsymbol{F})^{-1}z] \tag{3-131}$$

例 3－35 已知离散系统

$$\boldsymbol{x}(k+1)=\boldsymbol{Fx}(k)+\boldsymbol{Gu}(k)$$
$$\boldsymbol{y}(k)=\boldsymbol{Cx}(k)$$

其中

$$\boldsymbol{F}=\begin{bmatrix}0 & 1\\ -0.16 & -1\end{bmatrix},\quad \boldsymbol{G}=\begin{bmatrix}1\\1\end{bmatrix},\quad \boldsymbol{C}=\begin{bmatrix}1 & 0\end{bmatrix}$$

求 $\boldsymbol{u}(k)$ 为单位阶跃序列，初始条件 $x_1(0)=1, x_2(0)=-1$ 时的状态 $\boldsymbol{x}(k)$ 和输出 $\boldsymbol{y}(k)$。

解

$$(z\boldsymbol{I}-\boldsymbol{F})^{-1}=\begin{bmatrix}z & -1\\ 0.16 & z+1\end{bmatrix}^{-1}=\begin{bmatrix}\dfrac{z+1}{(z+0.2)(z+0.8)} & \dfrac{1}{(z+0.2)(z+0.8)}\\ \dfrac{-0.16}{(z+0.2)(z+0.8)} & \dfrac{z}{(z+0.2)(z+0.8)}\end{bmatrix}$$

因为

$$z\boldsymbol{x}(0)+\boldsymbol{GU}(z)=\begin{bmatrix}z\\-z\end{bmatrix}+\begin{bmatrix}1\\1\end{bmatrix}\frac{z}{z-1}=\begin{bmatrix}\dfrac{z^2}{z-1}\\ \dfrac{-z^2+2z}{z-1}\end{bmatrix}$$

所以由式(3－129)可得

$$\begin{aligned}\boldsymbol{X}(z)&=(z\boldsymbol{I}-\boldsymbol{F})^{-1}[z\boldsymbol{x}(0)+\boldsymbol{GU}(z)]\\ &=\begin{bmatrix}\dfrac{(z^2+2z)z}{(z+0.2)(z+0.8)(z-1)}\\ \dfrac{(-z^2+1.84z)z}{(z+0.2)(z+0.8)(z-1)}\end{bmatrix}=\begin{bmatrix}\dfrac{0.5z}{z+0.2}+\dfrac{-0.889z}{z+0.8}+\dfrac{1.389z}{z-1}\\ \dfrac{0.567z}{z+0.2}-\dfrac{1.956z}{z+0.8}+\dfrac{0.389z}{z-1}\end{bmatrix}\end{aligned}$$

$$\boldsymbol{x}(k)=Z^{-1}[\boldsymbol{X}(z)]=\begin{bmatrix}0.5\ (-0.2)^k-0.889\ (-0.8)^k+1.389\\ 0.567\ (-0.2)^k-1.956\ (-0.8)^k+0.389\end{bmatrix}$$

$$\boldsymbol{y}(k)=\boldsymbol{Cx}(k)=x_1(k)=0.5\ (-0.2)^k-0.889\ (-0.8)^k+1.389$$

3.7.4 脉冲传递函数矩阵

式(3－96)和式(3－97)给出的表达式为

$$\boldsymbol{x}(k+1)=\boldsymbol{Fx}(k)+\boldsymbol{Gu}(k)$$
$$\boldsymbol{y}(k)=\boldsymbol{Cx}(k)+\boldsymbol{Du}(k)$$

可以方便地表示多输入多输出系统二变换的表达式：

$$\boldsymbol{X}(z)=(z\boldsymbol{I}-\boldsymbol{F})^{-1}[\boldsymbol{Gu}(z)+z\boldsymbol{x}(0)]$$
$$\boldsymbol{Y}(z)=\boldsymbol{CX}(z)+\boldsymbol{DU}(z)$$

零初始条件下有

$$\boldsymbol{Y}(z)=\{\boldsymbol{C}[z\boldsymbol{I}-\boldsymbol{F}]^{-1}\boldsymbol{G}+\boldsymbol{D}\}\boldsymbol{U}(z)=\boldsymbol{H}(z)\boldsymbol{U}(z) \tag{3-132}$$

其中

$$\boldsymbol{H}(z)=\boldsymbol{C}[z\boldsymbol{I}-\boldsymbol{F}]^{-1}\boldsymbol{G}+\boldsymbol{D} \tag{3-133}$$

称为系统的脉冲传递函数矩阵。将式(3-132)写成分量形式为

$$\begin{bmatrix} Y_1(z) \\ Y_2(z) \\ \vdots \\ Y_m(z) \end{bmatrix} = \begin{bmatrix} H_{11}(z) & H_{12}(z) & \cdots & H_{1p}(z) \\ H_{21}(z) & H_{22}(z) & \cdots & H_{2p}(z) \\ \vdots & \vdots & & \vdots \\ H_{m1}(z) & H_{m2}(z) & \cdots & H_{mp}(z) \end{bmatrix} \begin{bmatrix} U_1(z) \\ U_2(z) \\ \vdots \\ U_p(z) \end{bmatrix}$$

其中，$H_{ij}(z)$ 是第 j 个输入分量 $u_j(k)$ 对第 i 个输出分量 $y_i(k)$ 的脉冲传递函数：

$$H_{ij}(z)=Y_i(z)/U_j(z)$$

系统脉冲相应序列 $h(k)$ 即 $\boldsymbol{H}(z)$ 的 z 反变换为

$$\boldsymbol{h}(k)=Z^{-1}[\boldsymbol{H}(z)]=Z^{-1}\{\boldsymbol{C}[z\boldsymbol{I}-\boldsymbol{F}]^{-1}\boldsymbol{G}+\boldsymbol{D}\}$$

$$\boldsymbol{h}(k)=\boldsymbol{C}\boldsymbol{F}^{k-1}\boldsymbol{G}+\boldsymbol{D}\delta(k)$$

利用卷积求和可得

$$\left.\begin{aligned} \boldsymbol{y}(k)&=\sum_{i=0}^{k-1}\boldsymbol{h}(k-i)\boldsymbol{u}(i) \quad k=1,2,3,\cdots \\ \boldsymbol{y}(0)&=\boldsymbol{D}\boldsymbol{u}(0) \end{aligned}\right\} \tag{3-134}$$

3.8 本 章 小 结

本章介绍了 z 变换方法及描述计算机控制系统的四种常用模型。

(1) z 变换是分析离散系统的数学工具，它可看成是拉氏变换的特殊形式。z 变换与离散信号相对应，只包含采样时刻的信息，若要求采样点间的信息，可采用广义 z 变换方法。

(2)描述计算机控制系统的脉冲传递函数、频率特性、差分方程和状态方程四种数学模型，其各有特点，分别适用于不同的场合。一般来讲，前三者适用于单输入单输出系统，后者可用于多输入多输出系统；在频域中分析设计系统时，一般采用频率特性；在时域或复域中分析设计系统时，一般采用差分方程或脉冲传递函数；借助于现代控制理论分析设计系统时则多采用状态方程。

(3)差分方程和脉冲传递函数之间可通过 z 变换相互转换，脉冲传递函数与频率特性之间由关系式 $z=e^{j\omega T}$ 相联系。差分方程、脉冲传递函数又与状态方程之间有内在的联系，一定条件下可相互转换；脉冲传递函数矩阵模型则是脉冲传递函数与状态空间描述相结合的产物。

习 题

3-1 设连续系统和采样系统的输入输出关系分别为

(1) $[a_1\ddot{\boldsymbol{y}}(t)+a_2\boldsymbol{y}(t)+a_3e^{-2t}+a_4]\ddot{\boldsymbol{y}}(t)+a_5\dot{\boldsymbol{y}}(t)+(a_6\sin t+a_7)\boldsymbol{y}(t)=\boldsymbol{r}(t)$

(2) $[a_1\boldsymbol{y}(k)+a_2]\boldsymbol{y}(k+2)+(a_3+a_4e^{-2t}\cos 2t)\boldsymbol{y}(k+1)+[a_5+a_6\ln\boldsymbol{y}(k)]\boldsymbol{y}(k)=$

$b_1\boldsymbol{r}(k+1)-b_2\boldsymbol{r}(k)+b_2k$

试问要使系统成为(a) 线性系统,(b)定常系统,(c)线性定常系统,应该令哪些系数为零?

3-2 用 z 变换定义求下列函数的 z 变换:

(1) $f(t)=\mathrm{e}^{-t}-\mathrm{e}^{-2t}$

(2) $f(t)=1-\mathrm{e}^{-t}$

(3) $f(t)=a^t$

3-3 用 z 变换性质求下列函数的 z 变换

(1) $f(t)=t\mathrm{e}^{-at}$

(2) $f(t)=t^3$

(3) $f(t)=\mathrm{e}^{-at}\cos\omega t$

3-4 分别利用三种不同的方法求下列拉氏变换的 z 变换:

(1) $F(s)=\dfrac{1}{s(s^2+1)}$

(2) $F(s)=\dfrac{5}{s^2(s+1)}$

3-5 分别利用三种不同的方法求下列函数的 z 反变换:

(1) $F(z)=\dfrac{(1-\mathrm{e}^{-T})z}{(z-1)(z-\mathrm{e}^{-T})}$

(2) $F(z)=\dfrac{z}{(z-2)(z-1)^2}$

3-6 已知采样系统结构图如图 3-44 所示,采样时间 $T=1\mathrm{s}$,试画出 A,B,C 各点的精确时域波形图,设 $r(t)=1(t)$。

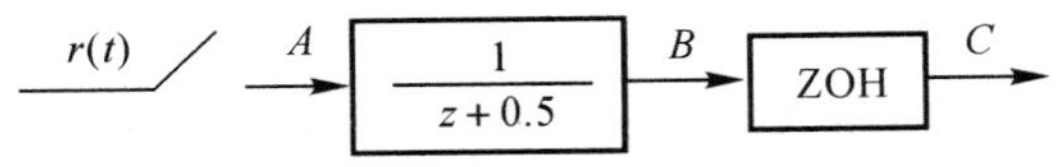

图 3-44 习题 3-6 采样系统结构图

3-7 用 z 变换方法解下列差分方程,求 $y(k)$:

(1) $y(k+2)+5y(k+1)+6y(k)=0$

$y(0)=0,\ y(1)=1$

(2) $y(k+2)+2y(k+1)+y(k)=r(k)$

$y(k)=0 \quad k\leqslant 0$

$r(k)=k \quad k=0,1,2,\cdots$

3-8 已知图 3-45 所示系统结构图中 $F(s)=\dfrac{1}{s(s+0.2)}$,$T=0.2\mathrm{s}$,$r(t)=1(t)$,试求:

(1)输出 z 变换 $Y(z)$;

(2)输出 $y^*(t)$ 的终值。

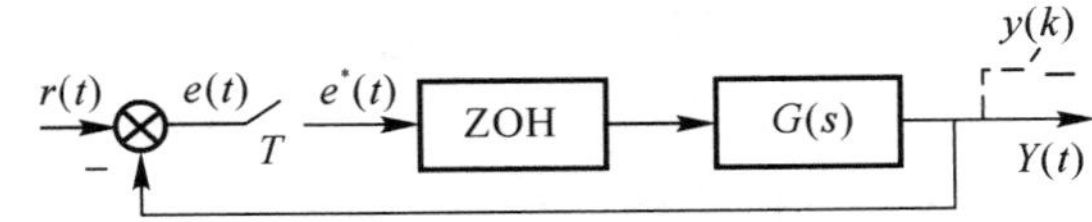

图 3-45 习题 3-8 采样系统结构图

3-9 求图 3-46 所示各系统输出 $Y(z)$ 的表达式。

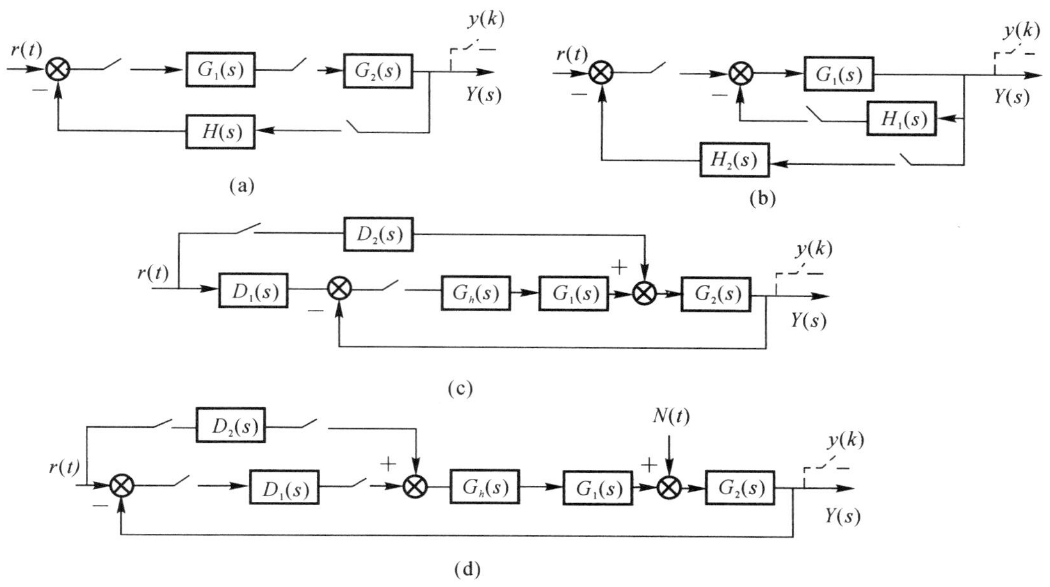

图 3－46　习题 3－9 采样系统结构图

3－10　如图 3－47 所示系统，其控制信号包含比例积分和速度反馈。

(1)分别求出开环和闭环脉冲传递函数 $\dfrac{Y(z)}{E(z)}$，和$\dfrac{Y(z)}{R(z)}$，；

(2)将 $z=e^{sT}$ 或 $z=1+Ts$ 代入 $\dfrac{Y(z)}{E(z)}$，和 $\dfrac{Y(z)}{R(z)}$，，令 $T\to 0$，求出该数字系统对应的连续系统(即去掉采样和保持器)的开环和闭环传递函数。

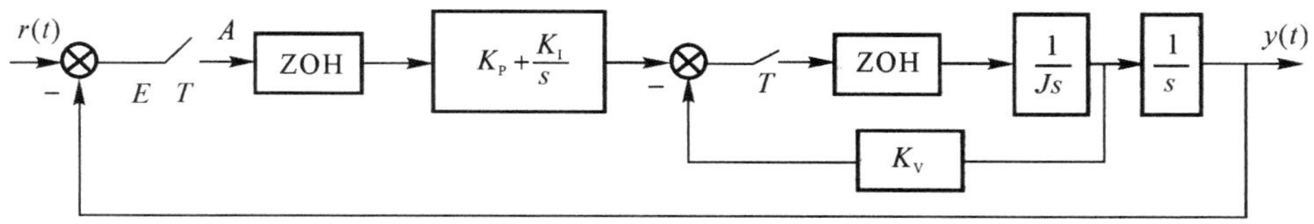

图 3－47　习题 3－10 采样系统结构图

3－11　图 3－48 所示采样控制系统的开环传递函数为

$$G(s)=\frac{1}{s(s+1)}\qquad (T=1\text{s})$$

$r(t)=1(t)$：

(1)求输出广义 z 变换 $Y(z,m)$；

(2)令 $m=1$，求 $Y(z)$；

(3)利用 m 在(0,1)内变化，求 $y(t)$。

3－12　已知采样控制系统结构图如图 3－48 所示，试画出系统的开环幅相特性曲线，设采样周期分别为 0.1s 和 1s。

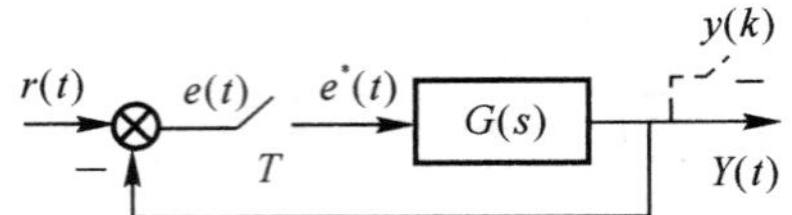

图 3-48　习题 3-11、3-12 采样系统结构图

3-13　试写出图 3-49 所示计算机控制系统的状态方程和输出方程，采样周期 $T=0.1\text{s}$。

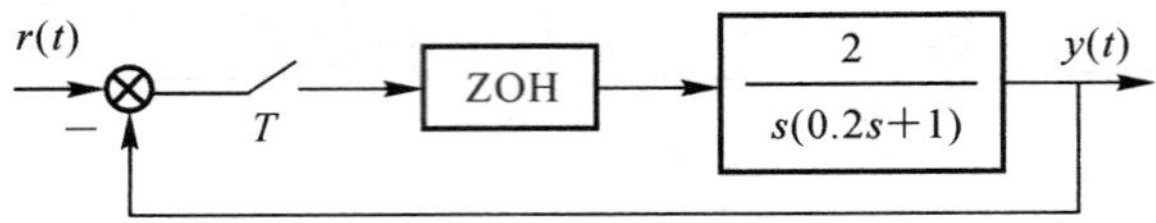

图 3-49　习题 3-13 采样系统结构图

3-14　求下列差分方程所描述系统的状态空间表达式：

$$y(k+3)+2y(k+2)+3y(k+1)+5y(k)=r(k+1)+2r(k)$$

3-15　已知数字控制系统的动态方程是

$$\boldsymbol{x}(k+1)=\boldsymbol{A}\boldsymbol{x}(k)+\boldsymbol{B}\boldsymbol{u}(k)$$

$$\boldsymbol{y}(k)=\boldsymbol{C}\boldsymbol{x}(k)+\boldsymbol{D}\boldsymbol{u}(k)$$

$$\boldsymbol{A}=\begin{bmatrix}0 & 1\\ -2 & 1\end{bmatrix},\ \boldsymbol{B}=\begin{bmatrix}0\\ 1\end{bmatrix},\ \boldsymbol{C}=\begin{bmatrix}1 & 0\end{bmatrix},\ \boldsymbol{D}=\begin{bmatrix}1\end{bmatrix}$$

求系统的传递函数矩阵。

第4章　计算机控制系统设计方法

4.1 概　　述

计算机具有很强的数据处理能力和逻辑判断能力，可以灵活地实现各种控制规律，因而广泛应用于各个控制过程中。通常计算机控制器设计采用两种模式：一是根据被控对象数学模型在连续系统内设计，再离散化，称为连续域-离散化设计；二是同样根据被控对象数学模型直接在离散域进行设计，称为离散域控制器设计。

1. 连续域-离散化设计(间接法)

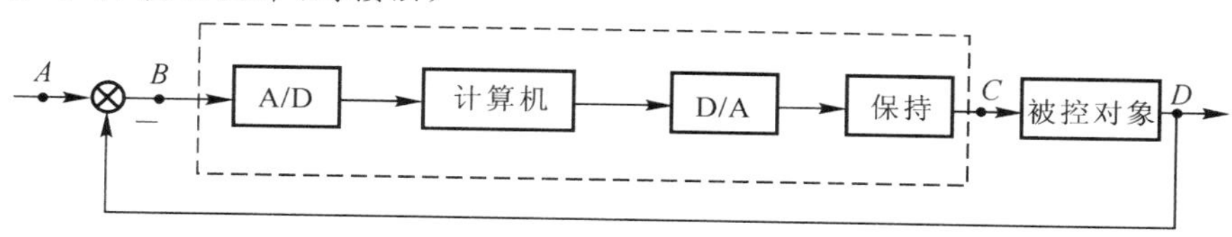

图4-1　计算机控制系统连续域等效结构图

这种方法的实质是把计算机控制系统假想为连续控制系统，如图4-1所示。系统中的非连续信号均隐藏在虚框之内，对外表现的仅是A,B,C,D各点连续信号。这样就可以利用成熟的连续控制系统设计方法(经典的和现代的)进行综合设计，求得连续控制器的数学模型(虚框里的内容)。为了由计算机来完成控制器的任务，必须把连续控制器的数学模型变换到离散域。变换的方法很多，但它们都是近似逼近法，逼近的精度与被变换的连续数学模型以及采样周期大小有关，尤其是采样周期的影响很大，只有在采样周期相对较小时，近似程度才较好，因此在离散化以后，应该再次检查系统性能，如果不满足要求，则应该重新选择采样周期或修改连续域内的设计。

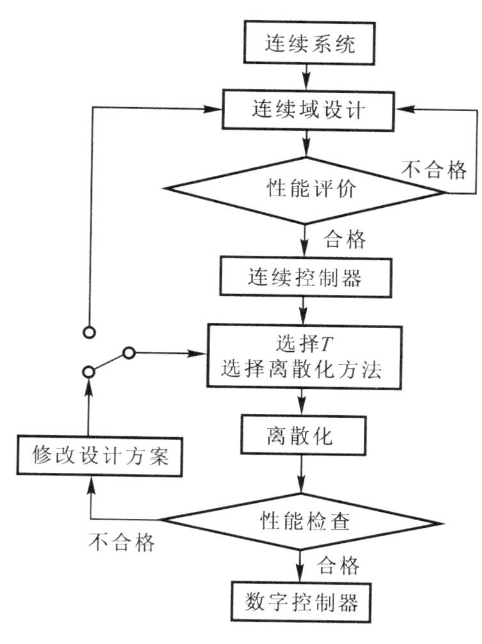

图4-2　连续域-离散化设计

设计步骤如图4-2所示。按此法设计出来的计算机控制系统的性能，可以与原连续控制系统性能接近，但不会超过。虽然这种方法没有充分发挥计算机的作用，但目前在工程中仍用得较广。这主要有两方面的原因：一是不少工程技术人员对连续系统设计方法较为熟悉；二是现在有很多连续控制系统，希望能转换为计算机控制系统。采用这种方法设计系统的关键是正确选择采样周期及变换方法。

2. 离散域设计法(直接法)

这种方法的实质是把计算机控制系统视为全离散系统,如图 4-3 所示。它把所有连续信号均隐藏在虚框内,对外表现的各点 (A,B,C) 信号都是离散信号。离散域的设计步骤如图 4-4所示。这种方法与前一种方法相比,有两个特点:一是先选择合适的采样周期,然后进行设计。因此,从原理上说,这种方法适用于任意选择的采样周期(实际上,采样周期还受很多其他因素的影响,不可能是任意的)。二是综合设计直接得到的是离散域控制器数学模型,它不需要任何近似转换,这是一种准确的设计方法,已日益受到人们重视。

不管上述哪条途径,其设计方法均可分为经典的常规设计方法与现代的状态空间设计方法。

在计算机控制系统中,采样频率的大小对系统性能影响很大。无论哪种设计方法,正确选择采样频率都是极为重要的。以上介绍的设计方法是针对单采样频率控制系统,如何分析设计多采样频率控制系统,将在第 8 章进行介绍,本章仅讨论单采样频率控制系统的设计。

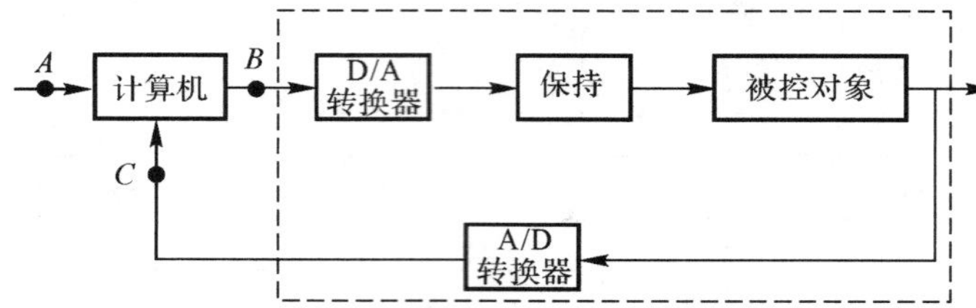

图 4-3　计算机控制系统离散域等效结构图

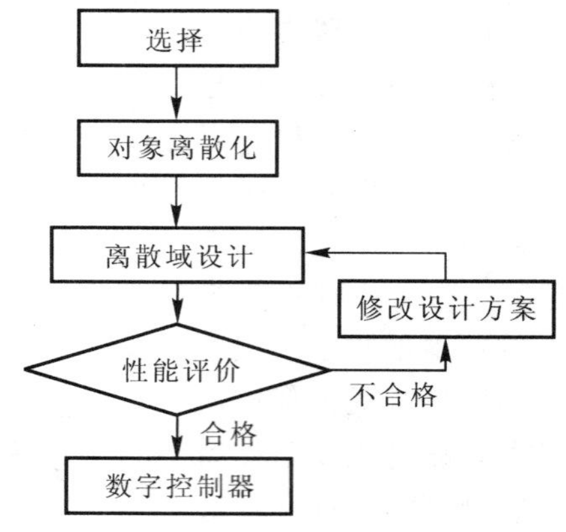

图 4-4　离散域设计

4.2　连续域-离散化设计

4.2.1　连续域-离散化设计基本原理

图 4-5(b)是计算机控制系统的典型结构图,若把其中采样、A/D 转换器和零阶保持器三

个环节视为一个整体，用等效传递函数 $D_c(z)$ 表示，则整个系统可以用图 4-5(a)所示的连续系统的等效来表示，只要 $D(s)$ 频率特性与控制器 $D_c(s)$ 的频率特性一致，两系统性能必然相同。

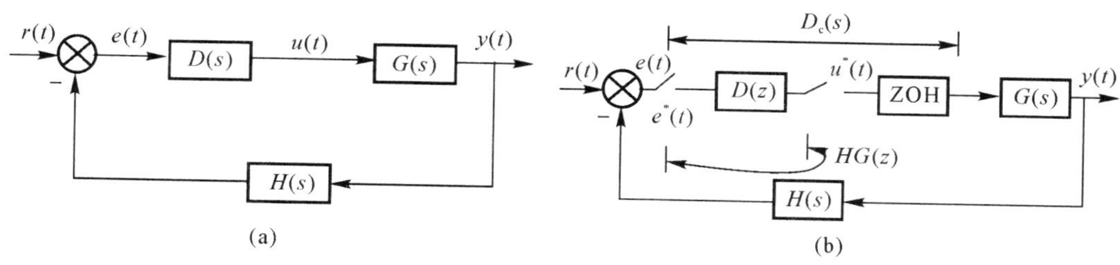

图 4-5　连续域控制器与离散域控制器等效关系

(a)连续域设计控制器；(b)离散域离散化设计控制器

下面推导数字控制器 $D_c(z)\big|_{z=e^{j\omega T}}$ 与 $D(j\omega)$ 之间的关系。

输入误差信号经采样开关后成为离散信号

$$e^*(t)=\sum_{n=0}^{\infty}e(nT)\delta(t-nT)$$

根据第 2 章的知识，$e^*(t)$ 的频谱可写成

$$E^*(j\omega)=\frac{1}{T}\sum_{n=-\infty}^{\infty}E(j\omega+jn\omega_s)$$

式中，T 是采样周期；ω 是模拟角频率；ω_s 是采样角频率。数字控制器输出 $u^*(t)$ 的频谱为

$$U^*(j\omega)=D_c^*(j\omega)E^*(j\omega)$$

经零阶保持器后连续信号 $u(t)$ 的频谱为

$$U(j\omega)=\frac{1-e^{-j\omega t}}{j\omega}D^*(j\omega)E^*(j\omega)$$

$$U(j\omega)=e^{-j\omega T/2}\frac{\sin(\omega T/2)}{\omega T/2}TD^*(j\omega)\sum_{n=-\infty}^{\infty}E(j\omega+jn\omega_s) \tag{4-1}$$

由于一般系统都具有低通特性，假设当 T 足够小，系统不出现严重的频率混叠现象，则近似有

$$E^*(j\omega)\approx\frac{1}{T}E(j\omega)$$

当 ωT 较小时

$$\frac{\sin(\omega T/2)}{\omega T/2}\approx 1$$

这样，式(4-1)可以简化为

$$U(j\omega)=e^{-j\omega T/2}D^*(j\omega)E(j\omega)=D_c(j\omega)E(j\omega) \tag{4-2}$$

按 $D_c(s)$ 与 $D(s)$ 等效要求，式(4-2)应有

$$D(j\omega)=D_c(j\omega)=D^*(j\omega)e^{-j\omega T/2} \tag{4-3}$$

因此，要使模拟控制器与数字控制器的频率特性完全等效，必须在模拟控制器频率特性基础上补偿由于零阶保持器带来的相位迟后。

连续域-离散化设计的基本步骤可以归纳如下：

(1)根据系统连续部分各环节的转折频率和具体设计要求，选择合适的采样频率 ω_s 以保

持变换精度。

(2)确定数字控制器脉冲传递函数 $D_c(z)$。可以先考虑在零阶保持器时间延迟效应基础上,用连续系统设计方法确定校正环节传递函数,然后采用合适的离散化方法求得 $D^*(z)$,也可以先设计满足性能的模拟控制器 $D(s)$,将其离散化,再设计数字补偿环节,补偿零阶保持器引起的相位迟后效应,得到 $D^*(z)$。

(3)检查计算机控制系统性能指标是否与连续系统性能指标一致。

(4)根据 $D(z)$ 编制计算机程序。

(5)进行数模混合仿真,检验系统设计和程序编制的正确性。

连续域-离散化设计的关键在于选用合适的离散变换方法将模拟传递函数 $D(s)$ 离散化成相应的离散脉冲传递函数 $D(z)$。工程上常用的离散变换方法:一阶差分近似法、脉冲响应不变法、阶跃响应不变法、零极点匹配法和 Tustin 变换(也称双线性变换)法。

4.2.2 一阶差分近似法

1. 离散化公式

一阶差分近似法是最简单的一种离散变换方法,根据 z 变换定义有

$$z^{-1}=\mathrm{e}^{-Ts}=1-Ts+\frac{1}{2!}T^2s^2-\frac{1}{3!}T^3s^3+\cdots \tag{4-4}$$

取级数的一次近似式,可得出一阶后向差分变换公式

$$s=\frac{1-z^{-1}}{T} \tag{4-5}$$

同样地,对展开式

$$z=\mathrm{e}^{Ts}=1+Ts+\frac{1}{2!}T^2s^2+\frac{1}{3!}T^3s^3+\cdots \tag{4-6}$$

取级数的一次近似式,可得一阶前向差分变换公式

$$s=\frac{z-1}{T} \tag{4-7}$$

一阶差分近似法的数学意义,是用信号采样时刻的差分对采样周期之比近似代替该时刻的导数。

2. 特点

以一阶后向差分近似法为例进行讨论。由式(4-5)可得

$$z=\frac{1}{1-Ts}=\frac{1}{2}+\left(\frac{1}{1-Ts}-\frac{1}{2}\right)=\frac{1}{2}+\frac{1}{2}\frac{1+Ts}{1-Ts}$$

将 $s=\sigma+\mathrm{j}\omega$ 代入上式可得

$$z-\frac{1}{2}=\frac{1}{2}\frac{1+T\sigma+\mathrm{j}\omega T}{1-T\sigma-\mathrm{j}\omega T}=\frac{1}{2}\frac{1-T^2(\sigma^2+\omega^2)+2\mathrm{j}\omega T}{(1-T\sigma)^2+T^2\omega^2} \tag{4-8}$$

当 $\sigma=0$ 时

$$z-\frac{1}{2}=\frac{1}{2}\frac{1-T^2\omega^2+2\mathrm{j}T\omega}{1+T^2\omega^2}=\frac{1}{2}\mathrm{e}^{\mathrm{j}\omega_z} \tag{4-9}$$

式中

$$\omega_z = \arctan \frac{2T\omega}{1 - T^2\omega^2} \tag{4-10}$$

式(4－10)是一阶后向差分变换对应的数字角频率。

由式(4－9)可见，s 平面虚轴映射到 z 平面，是一个圆心位于 (1/2,0)，半径为 1/2 的圆。对式(4－9)两端取模分析可得：s 左半平面映射到 z 平面小圆之内，s 右半平面映射到小圆之外(见图 4－6)。

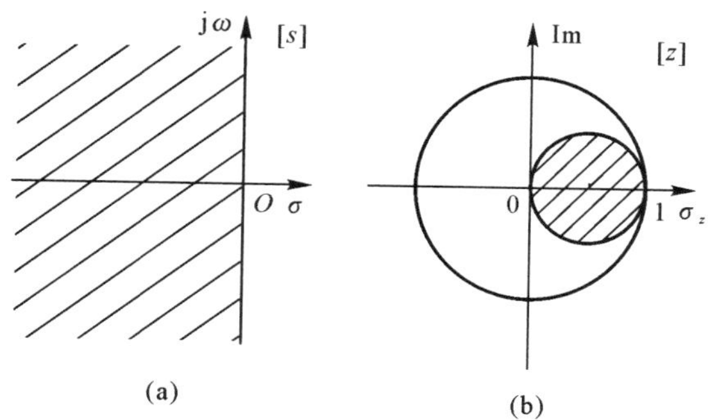

图 4－6 差分在两域中描述

(a) s 域；(b) z 域差分

例 4－1 设连续 PID 控制器传递函数为

$$D(s) = T_P + \frac{T_I}{s} + T_D s = \frac{T_D s^2 + T_P s + T_I}{s}$$

试用一阶后向差分近似法求 $D(z)$，采样周期 $T = 1$。

解 (1)依式(4－5)并将 $T = 1$ 代入可得

$$s = \frac{1 - z^{-1}}{T} = 1 - z^{-1}$$

$$D(z) = \frac{T_D(1 - z^{-1})^2 + T_P(1 - z^{-1}) + T_I}{(1 - z^{-1})}$$

$$= \frac{(T_D + T_P + T_I) - (2T_D + T_P)z^{-1} + T_D z^{-2}}{(1 - z^{-1})}$$

(2)校核：$D(s)\mid_{s=0} \to \infty$，$D(z)\mid_{z=1} \to \infty$。

小结：

一阶后向差分近似法的主要特点：

(1)变换公式简单，应用方便；

(2)左半平面一对一地映射到 z 平面上以(1/2,0)为圆心，以 1/2 为半径的小圆内，不会产生混叠，但频率轴产生了畸变；

(3)若 $D(s)$ 稳定，则 $D(z)$ 一定稳定；

(4)一阶差分变换精度较差，变换后 $D(z)$ 与 $D(s)$ 的脉冲响应和频率特性均有较大差别。

4.2.3 脉冲响应不变法（z 变换法）

脉冲响应不变法的变换准则是使离散后环节的脉冲响应序列与连续环节脉冲响应的采样值相等，即如图 4－7 所示，使得 $u^*(t) = u(kT)$。

$\delta(t)$ → $D(s)$ → $u(t)$ ↗ $u^*(t)$ →

(a)

$\delta(k)$ → $D(z)$ → $u(kT)$

(b)

图 4-7 脉冲响应不变

(a)连续函数的脉冲传递函数;(b)离散函数的脉冲响应函数

设连续环节传递函数为 $D(s)$,根据脉冲传递函数定义有

$$D(z) = Z[u^*(t)] = \sum_{k=0}^{\infty} u(kT) z^{-k} \tag{4-11}$$

对于图 4-7(b)中 $u(kT)$ 是 $D(z)$ 的单位脉冲响应序列,从式(4-11)可看出就是 $D(s)$ 单位脉冲响应 $u(t)$ 在采样时刻的值。因此脉冲响应不变公式就是 z 变换公式

$$D(z) = Z[D(s)]$$

例 4-2 已知 $D(s) = \dfrac{1}{s^2+0.2s+1}$,试用脉冲响应不变法求 $D(z)$,采样周期 $T=1\mathrm{s}$。

解 将 $D(s)$ 分解成易于查表的形式为

$$D(s) = \frac{1}{s^2+0.2s+1} = \frac{1}{0.995}\frac{0.995}{(s+0.1)^2+0.995^2}$$

查表:
$$D(z) = \frac{1}{0.995}\frac{z\mathrm{e}^{-0.1T}\sin(0.995T)}{z^2-2z\mathrm{e}^{-0.1T}\cos(0.995T)+\mathrm{e}^{-0.2T}}$$

取 $T=1$,则
$$D(z) = \frac{0.763z}{z^2-0.985z+0.819}$$

校核:
$$D(s) = \left.\frac{1}{s^2+0.2s+1}\right|_{s\to 0} = 1$$

$$D(z) = \left.\frac{0.763z}{z^2-0.985z+0.819}\right|_{z=1} = \frac{0.763}{0.834}$$

修正:令 $K_z\dfrac{0.763}{0.834}=1$,得 $K_z=1.093$。

所以
$$D(z) = \frac{K_z 0.763z}{z^2-0.985z+0.819} = \frac{0.834z}{z^2-0.985z+0.819}$$

结论:

(1) $D(z)$ 与 $D(s)$ 能确保脉冲响应的采样时刻相同;

(2)频率轴变换为线性变换 $(\omega \rightarrow \omega_z T)$;

(3)变换不改变系统的稳定性,即 $D(s)$ 稳定则 $D(z)$ 也稳定,且极点一一对应;

(4)当 $\omega_s < 2\omega_c$ 时,会出现频率混叠,要求采样满足采样定理;

(5)增益随 T 变化而变化,T 较小时需进行增益修正。

4.2.4 阶跃响应不变法

阶跃响应不变法的变换准则,是使离散环节 $D(z)$ 的阶跃响应序列与连续环节 $D(s)$ 的阶跃响应输出的采样值相等,即如图 4-8 中所示的 $u^*(t)=u(k)$。

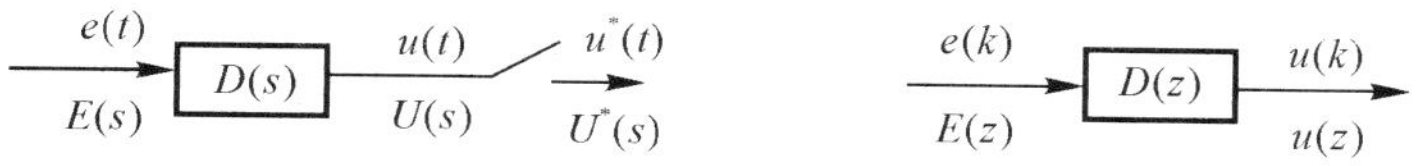

(a)　(b)

图 4－8　阶跃响应不变法

(a)连续环节的阶跃响应；(b)离散环节的阶跃响应

图 4－8(a)中，设连续环节 $D(s)$ 的单位阶跃响应输出为 $u(t)$，即

$$U(s)=D(s)E(s)=D(s)\frac{1}{s}$$

$$u^{*}(z)=Z\left[D(s)\frac{1}{s}\right] \tag{4-12}$$

$$u^{*}(t)=Z^{-1}\left[u^{*}(z)\right]=Z^{-1}\left\{Z\left[D(s)\frac{1}{s}\right]\right\} \tag{4-13}$$

在图 4－8(b)中

$$u(z)=D(z)E(z)=D(z)\frac{1}{1-z^{-1}}$$

$$u(k)=Z^{-1}\left[D(z)\frac{1}{1-z^{-1}}\right] \tag{4-14}$$

根据阶跃响应不变法的变换准则比较式(4－13)与式(4－14)，有

$$D(z)\frac{1}{1-z^{-1}}=Z\left[D(s)\frac{1}{s}\right]$$

即有

$$D(z)=(1-z^{-1})Z\left[D(s)\frac{1}{s}\right]=Z\left[\frac{1-e^{-sT}}{s}D(s)\right]$$

即阶跃响应不变法相当于在 $D(s)$ 前面加一个虚拟的零阶保持器后，再进行 z 变换的结果，所以阶跃响应不变法本质上仍是 z 变换。如图 4－9 所示。

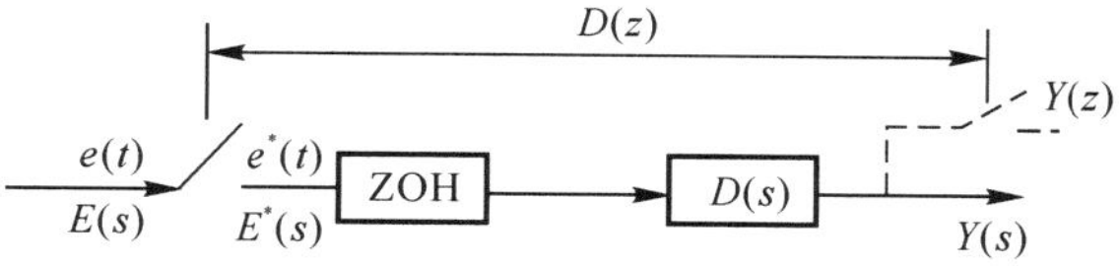

图 4－9　单位阶跃响应不变

例 4－3　已知 $D(s)=\dfrac{1}{s^{2}+0.2s+1}$，采样周期 $T=1$ s，试用阶跃响应不变法求 $D(z)$。

解

$$D(s)=\frac{1}{s^{2}+0.2s+1}=\frac{1}{0.995}\times\frac{0.995}{(s+0.1)^{2}+0.995^{2}}$$

$$D(z)=Z\left[\frac{1-e^{sT}}{s}\frac{1}{s^{2}+0.2s+1}\right]=(1-z^{-1})Z\left[\frac{1}{s}-\frac{s+1}{(s+1)^{2}+0.995^{2}}-\frac{0.995}{(s+1)^{2}+0.995^{2}}\right]$$

$$=(1-z^{-1})\left[\frac{1}{1-z^{-1}}-\frac{z-e^{-T}\cos(0.995T)}{z^{2}-2ze^{-T}\cos(0.995T)+e^{-2T}}-\frac{ze^{-T}\sin(0.995T)}{z^{2}-2ze^{-T}\cos(0.995T)+e^{-2T}}\right]$$

$$\overset{T=1\text{s}}{=\!=\!=}\frac{0.431(z+0.935)}{z^{2}-0.985z+0.819}$$

校核：

$$D(s)\big|_{s\to 0}=\left.\frac{1}{s^{2}+0.2s+1}\right|_{s\to 0}=1$$

$$D(z)\big|_{z\to 1}=\frac{0.431(z+0.935)}{z^2-0.985z+0.819}\Bigg|_{z\to 1}=\frac{0.834}{0.834}=1$$

所以阶跃响应不变后离散控制器为

$$D(z)=\frac{0.431(z+0.935)}{z^2-0.985z+0.819}$$

特点：

(1)频率轴坐标变换仍是线性的 ($\omega=\omega_z T$)；

(2) $D(z)$ 只能保证 $D(s)$ 的阶跃响应采样值不变,不能确保脉冲响应采样值不变；

(3)若 $D(s)$ 稳定,则 $D(z)$ 也一定稳定；

(4)频率混叠减少,但 $D(z)$ 仍不能保持 $D(s)$ 的频率特性一致；

(5) $D(z)$ 能保持稳定增益不变。

4.2.5 零极点匹配法

零极点匹配法的变换准则,是用 $z=e^{sT}$ 的变换关系,将 $D(s)$ 在 s 平面的零、极点一对一地全部映射到 z 平面,作为 $D(z)$ 的零、极点,其他的变换方法则仅能保证极点间的对应关系。

对应实数零(极)点 $s=-a$，有

$$D(z)=D(s)\big|_{(s+a_i)\Rightarrow(1-e^{-a_iT}Z^{-1})} \tag{4-15}$$

对应复数零(极)点 $s=-a\pm jb$，有

$$\begin{aligned}(s+a-jb)(s+a+jb)&\Rightarrow(1-e^{-(a-jb)T}z^{-1})(1-e^{-(a+jb)T}z^{-1})\\&=(1-2z^{-1}e^{-aT}\cos(bT)+e^{-2aT}z^{-2})\end{aligned} \tag{4-16}$$

一般环节传递函数极点数 n 大于零点数 m，此时可认为有 $n-m$ 个零点在无穷远处,根据式(4-16),可在 $D(z)$ 分子上补充 $(z+1)^{n-m}$，有时还可以补充 $(z+\delta)^{n-m}$,其中变量 $\delta(0<\delta<1)$ 按 $D(z)$ 性能更趋近 $D(s)$ 来选择。

零极点匹配法不能保证增益不变,需要对增益进行匹配。当 $D(z)$ 分子上补偿 $(z+\delta)^{n-m}$ 时,应根据具体要求(如保持增益不变,或令频率特性上特征频率处的幅值、相位相同等等)来确定增益及 δ 的值。

例 4-4 已知连续传递函数

$$D(s)=\frac{s+10}{s^2+2\times 0.6\times 8.6s+8.6^2}$$

试用零极点匹配法求 $D(z)$，采样周期 $T=0.1$s。

解

$$D(s)=\frac{s+10}{s^2+1.2\times 8.6s+8.6^2}=\frac{s+10}{(s+5.16-j6.88)(s+5.16+j6.88)}$$

取 $T=0.1$ s 时

$$D(z)=\frac{(1-e^{-10T}z^{-1})(1+z^{-1})}{(1-e^{-5.16+j6.88}z^{-1})(1-e^{-5.16-j6.88}z^{-1})}=\frac{1+0.632z^{-1}-0.368z^{-2}}{1-0.922z^{-1}+0.356z^{-2}}$$

这里分子上补充了 $(1+z^{-1})$ 。

校核： $$D(s)\big|_{s\to 0}=\frac{s+10}{s^2+1.2\times 8.6s+8.6^2}\Bigg|_{s\to 0}=\frac{10}{8.6^2}=0.135\,2$$

$$D(z)\big|_{z=1}=\left.\frac{1+0.632z^{-1}-0.368z^{-2}}{1-0.922z^{-1}+0.356z^{-2}}\right|_{z=1}=2.912$$

保持离散后增益不变需对增益修正：

令
$$K_z=\frac{0.1352}{2.912}=0.0464$$

所以
$$D(z)=0.0464\times\frac{1+0.632z^{-1}-0.368z^{-2}}{1-0.922z^{-1}+0.356z^{-2}}$$

特点：

(1) $D(s)$ 与 $D(z)$ 能确保零、极点一一对应；

(2) $D(s)$ 稳定，$D(z)$ 也稳定；

(3) $D(z)$ 的增益需要修正；

(4) $D(s)$ 必须分解因子；

(5)补偿零点后，可消除混叠。

4.2.6 Tustin 变换法

Tustin 变换也称双极性变换，其实质是数值积分的梯形法，所以也称为梯形变换。

1. 离散化公式

将 s 平面与 z 平面的转换关系 $s=\frac{1}{T}\ln z$ 展开为

$$s=\frac{1}{T}\ln z=\frac{2}{T}\left[\frac{z-1}{z+1}+\frac{1}{3}\left(\frac{z-1}{z+1}\right)^3+\cdots\right]$$

取级数二阶近似，得双线性变换公式为

$$s\approx\frac{2}{T}\frac{z-1}{z+1}=\frac{2}{T}\frac{1-z^{-1}}{1+z^{-1}} \tag{4-17}$$

$$D(z)=D(s)\big|_{s=\frac{2}{T}\frac{1-z^{-1}}{1+z^{-1}}}$$

$$z=\frac{1+\frac{Ts}{2}}{1-\frac{Ts}{2}}=\frac{2+Ts}{2-Ts} \tag{4-18}$$

2. 双线性变换映射关系

以 $s=\sigma+\mathrm{j}\omega$ 代入式(4-18)，可得

$$z=\left.\frac{2+Ts}{2-Ts}\right|_{s=\sigma+\mathrm{j}\omega}=\frac{2+T(\sigma+\mathrm{j}\omega)}{2-T(\sigma+\mathrm{j}\omega)} \tag{4-19}$$

则
$$|z|=\frac{\sqrt{(2+\sigma T)^2+(\omega T)^2}}{\sqrt{(2-\sigma T)^2+(\omega T)^2}}$$

可得

$$\left.\begin{aligned}\sigma<0\rightarrow|z|<1\\ \sigma>0\rightarrow|z|>1\end{aligned}\right\} \tag{4-20}$$

可看出：s 平面的虚轴(当 $\sigma=0$ 时)映射到 z 平面的单位圆内($|z|=1$)内；s 左半平面($\sigma<0$) 映射到 z 平面的单位圆($|z|<1$)内；s 右半平面($\sigma>0$)映射到 z 平面的单位圆外

(| z |>1)。

取 $s=\mathrm{j}\omega$ 和 $z=\mathrm{e}^{\mathrm{j}\omega_z T}$，代入式(4-17)得

$$s=\mathrm{j}\omega=\frac{2}{T}\frac{1-\mathrm{e}^{-\mathrm{j}\omega_z T}}{1+\mathrm{e}^{-\mathrm{j}\omega_z T}}=\frac{2}{T}\frac{2\mathrm{j}\sin\dfrac{\omega_z T}{2}}{2\cos\dfrac{\omega_z T}{2}}=\mathrm{j}\frac{2}{T}\tan\frac{\omega_z T}{2}$$

所以

$$\omega=\frac{2}{T}\tan\frac{\omega_z T}{2} \tag{4-21}$$

按式(4-21)绘制图，如图4-10所示。

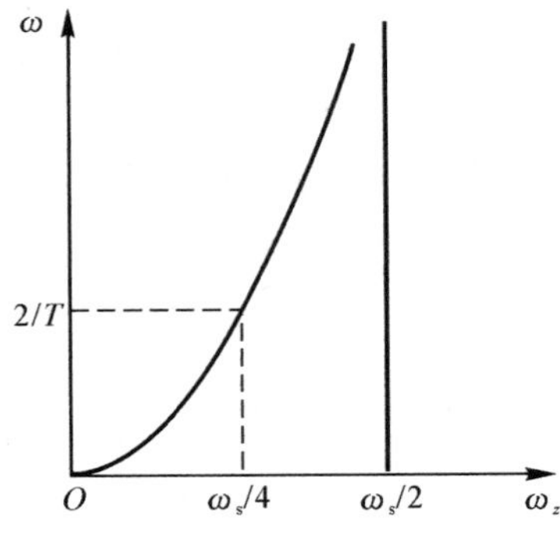

图 4-10 双线性变换的频率关系

可见在双线性变换下，s 域和 z 域频率轴之间是正切函数关系，带来了严重的高频失真，s 域角频率从 $0\sim\infty$ 的频段均压缩到 z 域的有限频段 $0\sim\dfrac{\omega_s}{2}=\dfrac{\pi}{T}$ 上，低频特性线性近似程度较好，高频段的压缩非线性才使双线性变换不会产生频率混叠现象。

例 4-5 已知 $D(s)$ 表达式为

$$D(s)=\frac{1}{\left(\frac{1}{10}\right)^2 s^2+2\times0.4\times\frac{1}{10}s+1}$$

采样周期 $T=0.1$ s，试用双线性变换法求 $D(z)$。

解

$$D(z)=D(s)\big|_{s=\frac{2}{T}\frac{1-z^{-1}}{1+z^{-1}}}=\frac{100}{\left(\dfrac{2}{T}\dfrac{1-z^{-1}}{1+z^{-1}}\right)^2+2\times4\left(\dfrac{2}{T}\dfrac{1-z^{-1}}{1+z^{-1}}\right)+100}$$

$$=\frac{0.15(1+z^{-1})^2}{1-0.91z^{-1}+0.51z^{-2}}$$

校核：

$$D(s)\big|_{s=0}=1$$

$$D(z)\big|_{z=1}=1$$

所以

$$D(z)=\frac{0.15(1+z^{-1})^2}{1-0.91z^{-1}+0.51z^{-2}}$$

若将 $D(z)$ 写成标准形式为

$$D(z)=\frac{b_0+b_1z^{-1}+b_2z^{-2}+\cdots+b_mz^{-m}}{1+a_1z^{-1}+a_2z^{-2}+\cdots+a_nz^{-n}}\quad m\leqslant n$$

则可以用表4-1所给的双线性变换系数进行计算，求出 $D(z)$。

表 4-1 双线性变换系数表

等效连续传递函数	b_0	b_1	b_2	a_1	a_2
$\dfrac{K}{s}$	$\dfrac{KT}{2}$	$\dfrac{KT}{2}$	0	-1	0
$\dfrac{K}{s+a}$	$\dfrac{KT}{aT+2}$	$\dfrac{KT}{aT+2}$	0	$\dfrac{aT-2}{aT+2}$	0

续表

等效连续传递函数	b_0	b_1	b_2	a_1	a_2
$\frac{Ks}{s+a}$	$\frac{2K}{aT+2}$	$\frac{-2K}{aT+2}$	0	$\frac{aT-2}{aT+2}$	0
$\frac{s+a}{s+b}$	$\frac{aT+2}{bT+2}$	$\frac{aT-2}{bT+2}$	0	$\frac{bT-2}{bT+2}$	0
$\frac{as^2+bs+c}{ds^2+es+f}$	$\frac{4a+2bT+cT^2}{4a+2eT+fT^2}$	$\frac{2cT^2}{4a+2eT+fT^2}$	$\frac{4a+2bT+cT^2}{4d+2eT+fT^2}$	$\frac{2fT^2-8d}{4d+2eT+fT^2}$	$\frac{4d-2eT+fT^2}{4d+2eT+fT^2}$

结论：

(1)双线性变换将整个 s 左半平面映射到 z 平面的单位圆内，不会产生频率混叠现象，但频率轴产生了畸变；

(2) $D(s)$ 稳定，$D(z)$ 也稳定；

(3)变换分子、分母阶数相同；

(4)增益不变；

(5)具有串联性；

(6)变换精度较高。

双线性变换将整个 s 左半平面一对一单值映射为 z 平面的单位圆，避免了频率混叠，以高频特性的严重畸变为代价，保证了良好的低频段近似关系，是一种应用最广泛的离散化方法，它既适用于离散有限带宽环节，也适用于离散高频段幅值比较平坦的环节。

3. 预修正的双线性变换——频率预先修正

双线性变换所产生频率轴的畸变，可导致频率特性的畸变，在实际应用中常希望进行修正，使 $D(z)$ 与 $D(s)$ 在某特征频率处响应保持不变，具有频率预修正的双性线变换的特性，如图 4－11 所示。根据 $D(s)$ 的原特征频率 ω_0，找到经过双线性变换关系式(4－21)后 $D(z)$ 的特征频率 ω_z，经修正后点也落在 ω_0 处。

如图 4－11 所示，若把 $D(s)\big|_{s=j\omega}$ 特征频率预先修正到 ω_z^* (见图 4－11 中虚线曲线)，再对修正后的 $D(s^*)$ 进行双线性变换，则离散后 $D(z^*)$ 的特征频率点一定落在 ω_0 处，可保证 $D(z)$ 和 $D(s)$ 在 ω_0 处具有相同的幅值和相位。

为此，先对 $D(s)$ 频率轴作线性变换，设初始连续控制器特征频率为 ω_0，则设修正后频率 $\omega^*=K\omega=\frac{\omega_0^*}{\omega_0}\omega$，修正后初特征频率 $\omega_0^*=\frac{2}{T}\tan\frac{\omega_0 T}{2}$，即

$$\omega=\frac{\omega_0}{\omega_0^*}\omega^*=\frac{T}{2}\frac{\omega_0}{\tan\frac{\omega_0 T}{2}}\omega^* \tag{4-22}$$

这样使原来 $D(s)$ 在 ω_0 处的频率特性 $D(s)\big|_{s=j\omega_0}$ 线性“拉伸”到 ω_0^* 可成为 $D(s^*)\big|_{s^*=j\omega_0^*}$，再对 $D(s^*)$ 进行双线性变换，即可达到目的。因为式(4－22)是线性修正，所以有预修正双线性变换的频率轴畸变只是压缩了频率轴，幅值并不改变。

$$D_{\mathrm{m}}(z)=D(s^*)\big|_{s^*=\frac{2}{T}\frac{z-1}{z+1}}=D\left(\frac{\omega_0^*}{\omega_0}s\right)\Bigg|_{s=\frac{\omega_0}{\omega_0^*}\frac{2}{T}\frac{z-1}{z+1}=\frac{\omega_0}{\tan\frac{\omega_0 T}{2}}\frac{z-1}{z+1}} \tag{4-23}$$

使 $D_{\mathrm{m}}(z)$ 的频率特性在修正点与 $D(s)$ 的频率特性一致，并且在修正点附近畸变也最小。

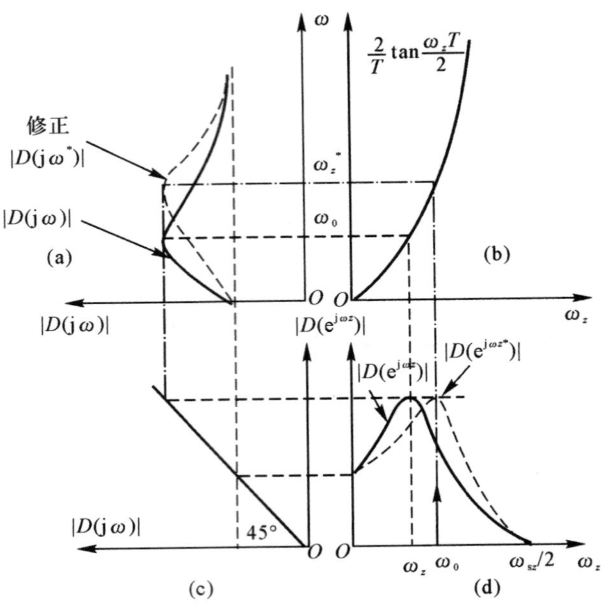

图 4－11　双线性变换与预修正双线性变换

(a)连续域幅频特性曲线；(b)双线性变换相频曲线；(c)双线性变换幅频幅值特性；(d)离散后幅频特性

例 4－6　已取例 4－5：$D(s)=\dfrac{1}{\left(\dfrac{1}{10}\right)^2 s^2+2\times 0.4\times\dfrac{1}{10}s+1}$，采样周期 $T=0.1$ s，试用带频率预修正的双线性变换求 $D(z)$，预修正特征频率为 $\omega_0=10$，与例 4－5 进行频率特性分析。

解　(1)根据式(4－22)进行预修正双线性变换，有

$$\omega_0^*=\frac{2}{T}\tan\frac{\omega_0 T}{2}=\frac{2}{0.1}\tan(0.5)=10.926$$

所以

$$D(s^*)=\frac{1}{\left(\dfrac{1}{10.926}\right)^2 s^2+2\times 0.4\times\dfrac{1}{10.926}s+1}$$

$$D_m(z)=D(s^*)\big|_{s^*=\frac{2}{T}\frac{1-z^{-1}}{1+z^{-1}}}=\frac{1}{\left(\dfrac{1}{10.926}\right)^2\left(20\times\dfrac{1-z^{-1}}{1+z^{-1}}\right)^2+2\times 0.4\times\dfrac{1}{10.926}\left(20\times\dfrac{1-z^{-1}}{1+z^{-1}}\right)+1}$$

$$=\frac{0.172\,(z+1)^2}{z^2-0.809z+0.497}=\frac{0.172+0.344z^{-1}+0.172z^{-2}}{1-0.809z^{-1}+0.497z^{-2}}$$

(2)根据式(4－23)直接对 $D(s)$ 作预修正双线性变换，有

$$s^*=\frac{\omega_0}{\tan\dfrac{\omega_0 T}{2}}\,\frac{z-1}{z+1}=\frac{10}{\tan 0.5}\,\frac{z-1}{z+1}=\frac{18.3(z-1)}{z+1}$$

$$D_m(z)=D(s^*)\big|_{s^*=\frac{18.3(z-1)}{z+1}}=\frac{1}{\left(\dfrac{1}{10}\right)^2\left(\dfrac{18.3(z-1)}{z+1}\right)^2+2\times 0.4\times\dfrac{1}{10}\left(\dfrac{18.3(z-1)}{z+1}\right)+1}$$

$$D_m(z)=\frac{(z+1)^2}{3.35\,(z-1)^2+0.8\times1.83(z+1)(z-1)+(z+1)^2}$$
$$=\frac{(z+1)^2}{(3.35+1.46+1)z^2+(-6.698+2)z+(3.35-1.46+1)}$$
$$=\frac{0.172\,(z+1)^2}{z^2-0.809z+0.497}$$

(3) 校核：

$$D(s)\big|_{s=0}=\left.\frac{1}{\left(\frac{1}{10}\right)^2s^2+2\times0.4\times\frac{1}{10}s+1}\right|_{s=0}=1$$

$$D_m(z)\big|_{z=1}=\left.\frac{0.172\,(1+z^{-1})^2}{1-0.809z^{-1}+0.497z^{-2}}\right|_{z=1}=\frac{0.172\times4}{1-0.809+0.497}=\frac{0.688}{0.688}=1$$

(4)与例 4－5 未修正的双线性变换进行频率特性比较：

原传递函数：$D(j\omega)=\dfrac{1}{\left(\frac{1}{10}\right)^2(j\omega)^2+2\times0.4\times\frac{1}{10}(j\omega)+1}=\dfrac{1}{[1-0.01\omega^2]+j0.08\omega}$

双线性变换后：$D(j\omega_z)=\dfrac{0.15\,(j\omega_z+1)^2}{(j\omega_z)^2-0.91(j\omega_z)+0.51}=\dfrac{0.15(1-\omega_z^2)+j2\omega_z}{(0.51-\omega_z{}^2)-j0.91\omega_z}$

预修正双线性变换：

$$D_m(j\omega_z)\,|=\frac{0.172\,(1+j\omega_z)^2}{(j\omega_z)^2-0.809(j\omega_z)+0.497}=\frac{0.172(1-\omega_z{}^2)+j0.344\omega_z}{(0.497-\omega_z{}^2)-j0.809\omega_z}$$

$D(s)$,$D(z)$ 和 $D_m(z)$ 的频率特性比较如图 4－12 所示，(a)图表示幅频特性的比较，(b)图表示相频特性的比较。从中可以看到三者在低频段十分相近，在高频段相差较大。另外，修正的要好于未修正的，可用频带加宽了。

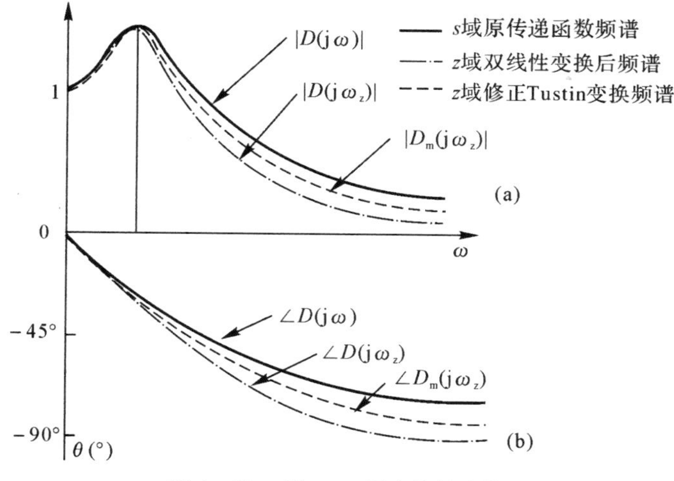

图 4－12　例 4－6 频率特性比较

(a)幅频特性；(b)相频特性

4.2.7　各种离散方法比较

计算机控制系统连续-离散化设计的步骤：

(1)用连续域设计方法确定 $D(s)$；

(2)选择离散化方式 $D(z)$；

(3)检验系统性能是否满足要求；

(4)将 $D(z)$ 化为差分控制算法，编制计算机程序；

(5)必要时采用数模混合仿真进行检验。

例 4-7 已知计算机控制系统如图 4-13 所示，其中

ZOH(零阶保持器)： $$G_h = \frac{1-e^{-Ts}}{s}$$

被控对象： $$G_0(s) = \frac{K}{s(0.25s+1)}$$

试用连续域-离散化设计方法确定数字控制器 $D(z)$，使系统开环增益 $K \geqslant 30(1/s)$，截止频率 $\omega_c \geqslant 15(1/s)$，相角裕度 $\gamma \geqslant 50°$。

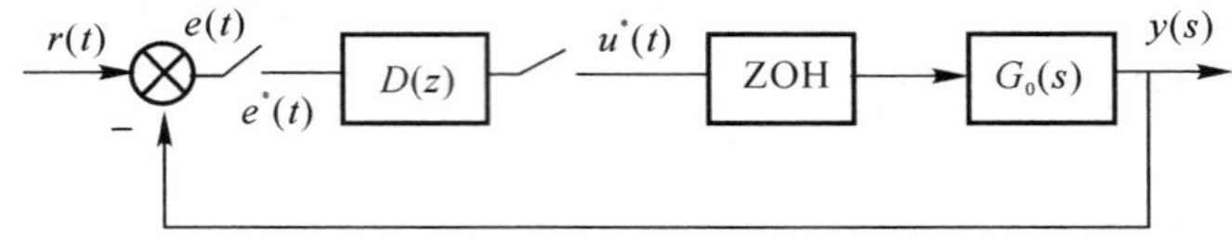

图 4-13 例 4-7 计算机控制系统

解 (1)在连续域设计方法确定 $D(s)$。

已知 $$G_0(s) = \frac{K}{s(0.25s+1)}$$

考虑零阶保持器近似表示为

$$G_h(s) = \frac{1-e^{-Ts}}{s} = \frac{1}{s} - \frac{1}{se^{Ts}} \approx \frac{T}{1+Ts} \quad (e^{Ts} \approx 1+Ts)$$

考虑到离散信号的频谱与连续信号频谱相差 $1/T$ 倍，$G_h(s)$ 的影响可以用惯性环节来近似为

$$G_h(s) \approx \frac{1}{1+Ts}$$

则广义被控对象传递函数为

$$G(s) = G_h(s)G_0(s) = \frac{1}{1+Ts}\frac{K}{s(0.25s+1)}$$

根据控制要求：$K \geqslant 30$，$\omega_c \geqslant 15$。

考虑到计算机的运算速度，在保证完成全部在线计算工作的基础上，适当将采样周期取小些，以保障计算精度。这里取 $k=30$，$T=0.01$，于是有

$$G(s) = \frac{30}{s(0.25s+1)(0.01s+1)}$$

作对数幅频特性曲线，如图 4-14 中实线所示，未校正系统的截止频率 $\omega_c = 10(1/s)$；相角裕度为

$$\gamma_0 = 180° - 90° - \arctan(0.25s \times 10) - \arctan(0.01 \times 10) = 16.1°$$

可见未校正系统截止频率、相角裕度两项指标均不满足要求。

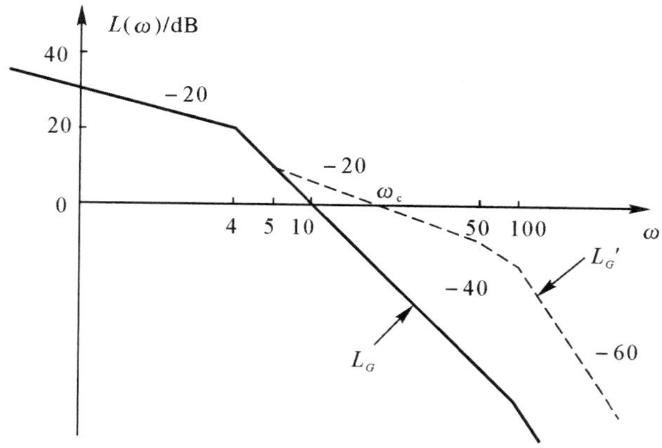

图 4－14　例 4－7 系统的开环对数幅频特性

采用自动控制原理课程中讲到的串级网络超前校正方法，要求校正后 $G'(s)$ 的截止频率选在 $\omega'_c = 20$ 处，则串级超前控制器的传递函数为

$$D(s) = \frac{\frac{1}{5}s + 1}{\frac{1}{50}s + 1} = \frac{0.2s + 1}{0.02s + 1} \tag{4-24}$$

开环传递函数为

$$G'(s) = D(s)G(s) = \frac{0.2s + 1}{0.02s + 1}\,\frac{30}{s(0.25s + 1)(0.01s + 1)} \tag{4-25}$$

根据式(4－25)作对数幅频特性曲线，如图 4－14 中实线所示，则系统的截止频率 $\omega_c = 20(1/\mathrm{s})$；相角裕度为

$$\begin{aligned}\gamma'_0 = {} & 180° - 90° - \arctan(0.25 \times 20) + \arctan(0.2 \times 20) - \arctan(0.02 \times 20) - \\ & \arctan(0.01 \times 20) = 54.16° > 50°\end{aligned}$$

满足设计要求，对应的校正装置的传递函数 $D(s)$ 如式(4－24)所示。经修正后对数幅频特性曲线如图 4－14 虚线所示。

(2)用双线性变化确定 $D(z)$。

$$\begin{aligned}D(z) = D(s)\,\Big|_{s=\frac{2}{T}\frac{z-1}{z+1}} &= \frac{(T + 2 \times 0.2)z + (T - 2 \times 0.2)}{T + 2 \times 0.02)z + (T - 2 \times 0.02)} \\ &= \frac{0.41z - 0.39}{0.05z - 0.03}\end{aligned} \tag{4-26}$$

(3)离散前后性能检验。对于连续系统

$$D(\mathrm{j}\omega) = \frac{0.2(\mathrm{j}\omega) + 1}{0.02(\mathrm{j}\omega) + 1}$$

模：
$$|D(\mathrm{j}\omega)|_{\omega=20} = \left.\frac{\sqrt{(0.2\omega)^2 + 1}}{\sqrt{(0.02\omega)^2 + 1}}\right|_{\omega=20} = 3.83$$

相角：
$$\angle D(\mathrm{j}\omega)\,|_{\omega=20} = [\arctan(0.2\omega) - \arctan(0.02\omega)]\,|_{\omega=20} = 54.15°$$

对应离散后的数字控制器，取 $T = 0.01\mathrm{s}$，则

$$D(\mathrm{e}^{\mathrm{j}\omega T}) = \frac{0.41\mathrm{e}^{\mathrm{j}\omega T} - 0.39}{0.05\mathrm{e}^{\mathrm{j}\omega T} - 0.03} = 8.2 \times \frac{\mathrm{e}^{\mathrm{j}\omega T} - 0.95}{\mathrm{e}^{\mathrm{j}\omega T} - 0.6}$$

对应模：$|D(\mathrm{e}^{\mathrm{j}\omega T})| = 8.2\left|\dfrac{\mathrm{e}^{\mathrm{j}\omega T}-0.95}{\mathrm{e}^{\mathrm{j}\omega T}-0.6}\right| = 8.2\times\left.\dfrac{\sqrt{(\cos\omega T-0.95)^2+\sin^2\omega T}}{\sqrt{(\cos\omega T-0.6)^2+\sin^2\omega T}}\right|_{\omega=20} = 0.388$

$$\angle D(\mathrm{e}^{\mathrm{j}\omega T})\big|_{\omega=20} = \left.\left[\arctan\frac{\sin\omega T}{\cos\omega T-0.95}-\arctan\frac{\sin\omega T}{\cos\omega T-0.6}\right]\right|_{\omega=20} = 54.08^\circ$$

可见两控制器在 $\omega=20$ 处的频率特性十分接近，系统设计指标可以满足。

(4)将 $D(z)$ 化为差分控制算法，实现编程。在式(4-26)中

$$D(z)=\frac{0.41z-0.39}{0.05z-0.03}=8.2\times\frac{1-0.95z^{-1}}{1-0.6z^{-1}}=\frac{U(z)}{E(z)}$$

故

$$u(k)=0.6u(k-1)+8.2e(k)-7.79e(k-1)$$

最后可根据各传递函数计算将图 4-13 改成图 4-15 进行描述。

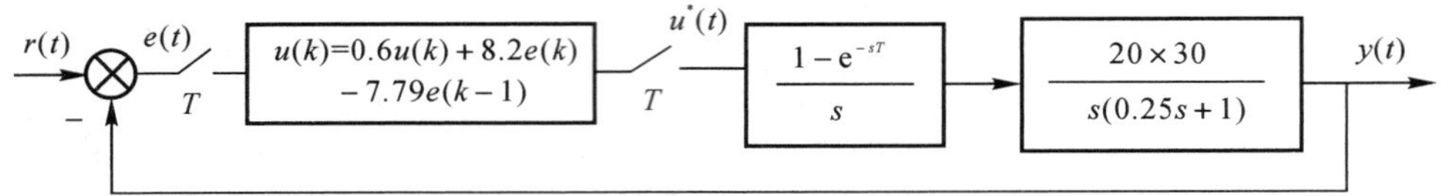

图 4-15　例 4-7 计算机控制系统

4.3　离散域 z 平面根轨迹设计

4.3.1　连续域与离散域的映射关系

s 域和 z 域之间映射关系如图 4-16 所示，图 4-16(a)在 s 域过原点的射线即为等阻尼线 ξ 保持常数，在 z 域对应为对数螺旋线，越往内阻尼越大；图 4-16(b)表示 s 域中的虚轴平行线，实部保持定值仅改变虚轴值，对应 z 域为以圆心在原点的同心圆，其实部为常数，圆半径越小对应 s 域的实部值的绝对值越大；图 4-16(c)表示 s 域中的实轴平行线，对应 z 域是通过原点的射线，使虚部的相角保持常数，相角值越大对应 s 域的虚部值的绝对值越大。

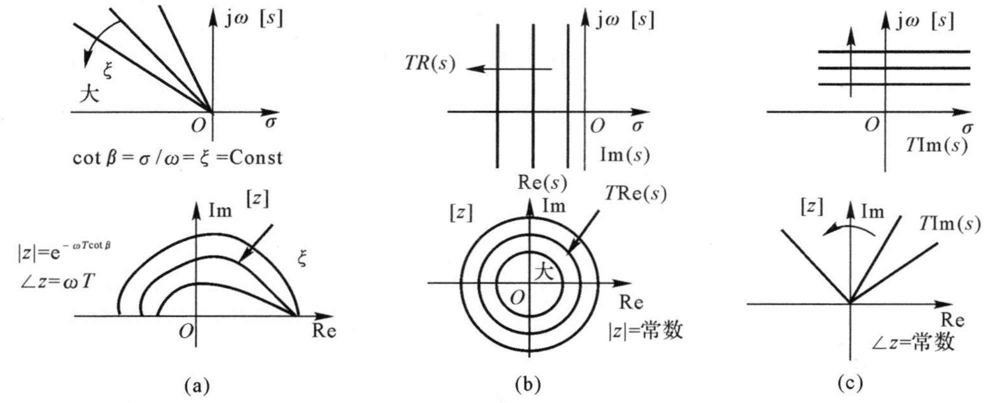

图 4-16　s 域与 z 域转换对应关系图

(a) s 域等阻尼线，z 域对数螺旋线；(b) s 域实部保持常量，z 域模为常量；(c) s 域虚部保持常量，z 域相角为常数

计算图 4－16 中 s 域与 z 域的对应关系见表 4－2 和表 4－3，然后绘制在 z 平面中，如图 4－17 所示。

表 4－2　螺旋线

阻力系数 ξ	$\|z\| = e^{-\xi\omega T}$		
	$\angle\omega T = 0$	$\angle\omega T = \pi/2$	$\angle\omega T = \pi$
0.1	1	0.85	0.73
0.2	1	0.73	0.53
0.3	1	0.624	0.39
0.4	1	0.53	0.28
0.5	1	0.456	0.20
0.6	1	0.39	0.15
0.7	1	0.33	0.11
0.8	1	0.28	0.08
0.9	1	0.24	0.059
1.0	1	0.20	0.043

表 4－3　s 域与 z 域对应关系

s 域的实部 σT = 常数	z 域等圆半径 $e^{-\sigma T}$	s 域的虚部 $j\omega T$ = 常数	z 域射线 $\angle\omega T$
0	1.0	0	0
−0.105	0.9	18°	$\pi/10$
−0.223	0.8	36°	$\pi/5$
−0.357	0.7	54°	$3\pi/10$
−0.511	0.6	72°	$2\pi/5$
−0.693	0.5	90°	$\pi/2$
−0.916	0.4	108°	$3\pi/5$
−1.20	0.3	126°	$7\pi/10$
−1.61	0.2	144°	$4\pi/5$
−2.30	0.1	162°	$9\pi/10$
∞	0	180	π

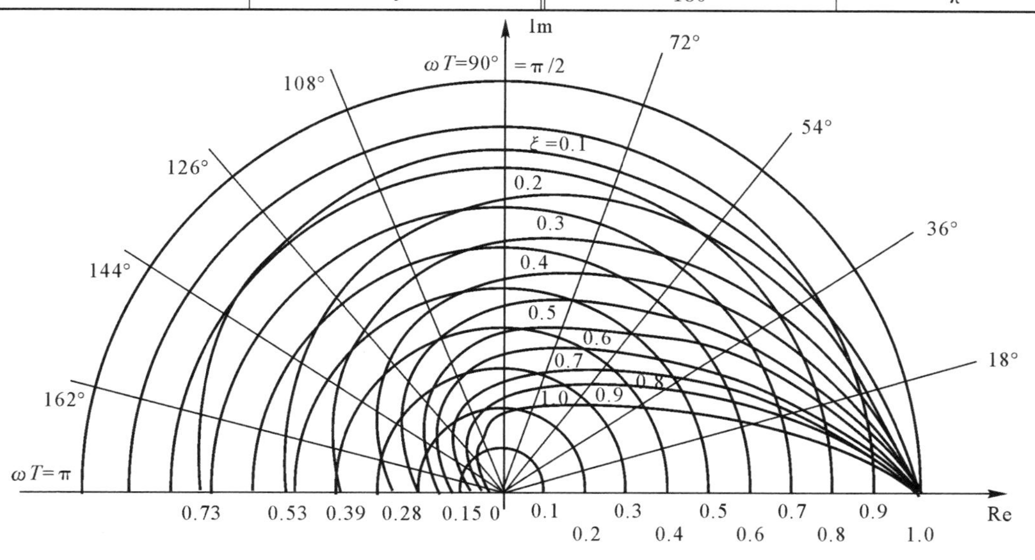

图 4－17　特征曲线

4.3.2 连续域与离散域动态指标对应计算

根据任意高阶零、极点分布计算系统动态指标一般很困难，在许多情况下，高价系统存在一对共轭主导极点，因而可以把高阶系统近似看成二阶系统来研究，在此基础上进一步讨论附加主导零极点（比较靠近单位圆的零极点）的影响，忽略非主导零极点的作用，就可以近似估计高阶系统的动态性能。

1. 无零点的二阶系统

欠阻尼二阶连续系统传递函数为

$$\Phi(s)=\frac{y(s)}{R(s)}=\frac{\omega_n^2}{s^2+2\omega_n\xi s+\omega_n^2} \tag{4-27}$$

特征根为

$$s_{1,2}=-\xi\omega_n\pm \mathrm{j}\omega_n\sqrt{1-\xi^2},\quad \mathrm{Re}(s)=-\xi\omega_n\quad \mathrm{Im}(s)=\omega_n\sqrt{1-\xi^2} \tag{4-28}$$

二阶系统的性能指标如图 4－18 所示。

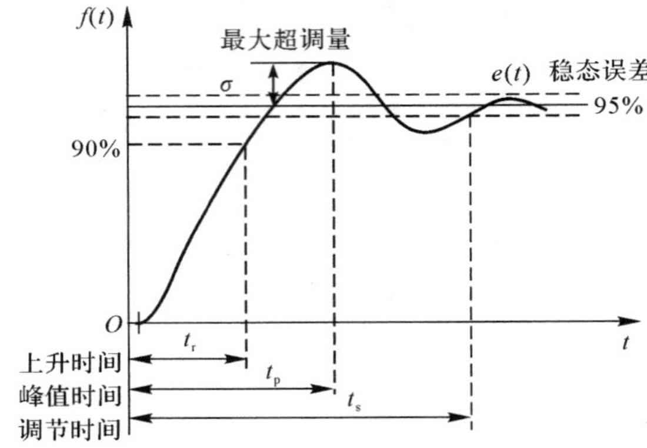

图 4－18　二阶系统时域内动态响应

动态指标：

最大超调量：
$$\sigma=\exp(-\xi\omega_n\pm \mathrm{j}\omega_n\sqrt{1-\xi^2})\times 100\% \tag{4-29}$$

上升时间：
$$t_r=\frac{\pi-\arccos\xi}{\omega_n\sqrt{1-\xi^2}}=\frac{\pi-\arccos\xi}{\mathrm{Im}(s)} \tag{4-30}$$

峰值时间：
$$t_p=\frac{\pi}{\omega_n\sqrt{1-\xi^2}}=\frac{\pi}{\mathrm{Im}(s)} \tag{4-31}$$

调节时间：
$$t_s=\frac{-\ln(\Delta\sqrt{1-\xi^2})}{\xi\omega_n}=\frac{-\ln(\Delta\sqrt{1-\xi^2})}{\mathrm{Re}(s)} \tag{4-32}$$

$$t_s\approx\frac{3.14}{\xi\omega_n} \tag{4-33}$$

稳态指标：

稳态误差：
$$e(t)=r(t)-y(t) \tag{4-34}$$

通常误差带选取：$\Delta=0.05$ 或 $\Delta=0.02$。

把连续二阶系统离散到离散域中：

$$[s] \xrightarrow{Z = e^{Ts}} [z]$$

$$\begin{aligned} z_{1,2} &= \exp(-\xi\omega_n T \pm j\omega_n T\sqrt{1-\xi^2}) \\ &= \exp(-T\mathrm{Re}(s))\exp(\pm jT\mathrm{Im}(s)) \end{aligned} \tag{4-35}$$

可见，s 域根的实部 Re (s) → z 域根的模；s 域根的虚部 Im (s) → z 域根的相角。

可把式(4-29)、式(4-30)和式(4-32)绘成如图 4-19 所示关系曲线。这样利于图 4-18 和图 4-19 根据系统动态指标，确定 $\varphi(z)$ 极点的分布范围；反之也可以由 $\varphi(z)$ 极点的位置求出其动态指标。

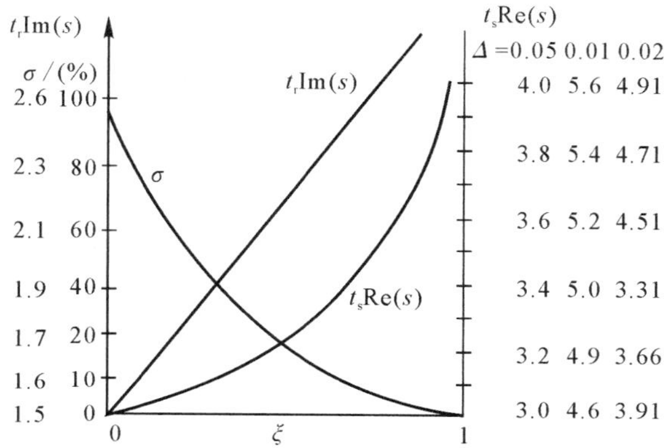

图 4-19　超调量、虚部、实部与阻尼系数 ξ 关系曲线

例 4-8　设计二阶数字系统。要求其动态指标 $\sigma\% \leqslant 17\%$，$t_r \leqslant 1.7$s，$t_s \leqslant 2.3$s，设采样周期 $T=0.5$s，试确定闭环极点的取值范围。

解

(1)根据指标 $\sigma \leqslant 17\%$，查图 4-20 可得 $\xi \geqslant 0.5$，$t_s\mathrm{Re}(s) \geqslant 3.14$，$t_r\mathrm{Im}(s) \geqslant 2.12$。

(2)根据题指标 T, t_s, t_r，利用关系式式(4-29)～式(4-32)可得 $T\mathrm{Re}(s) \geqslant 0.683$，$T\mathrm{Im}(s) \geqslant 0.653$。

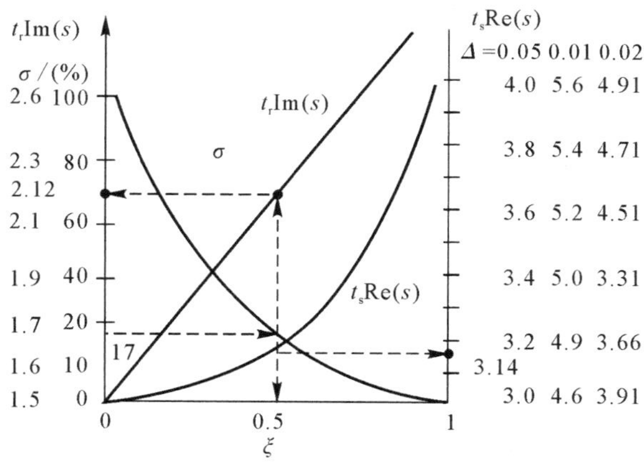

图 4-20　例 4-8 动态指标关系图

(3)根据 $T\mathrm{Re}(s)$、$T\mathrm{Im}(s)$，ξ 查图 4-17 得特征根应分布的范围如图 4-21 中阴影线所示。

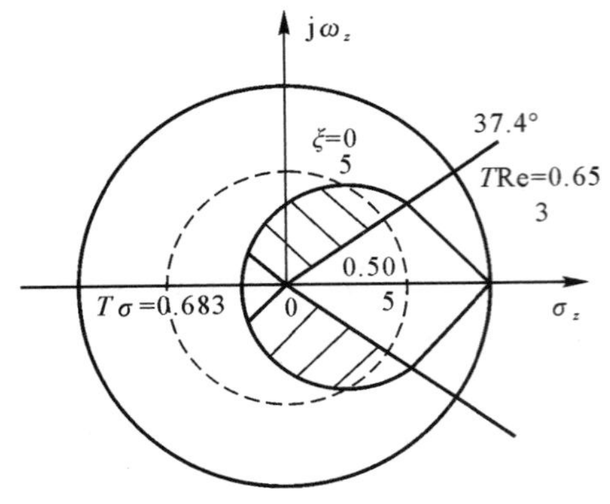

图 4-21 满足指标要求的极点范围

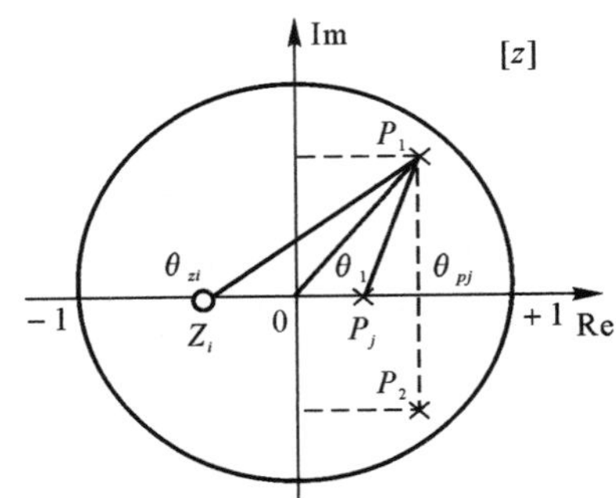

图 4-22 闭环零、极点分布图

2. 估计高阶系统中非主导极点对系统时域性能的影响

在一对主共轭极点 $P_{1,2}$ 基础上附加零点 Z_i ($i=1,2,\cdots,m$)和极点 P_j ($j=3,4,\cdots,n$)后，可以求出系统超调量近似计算公式为

$$\sigma=\left(\prod_{j=3}^{n}\frac{|1-P_j|}{|P_1-P_j|}\right)\left(\prod_{i=1}^{m}\frac{|P_1-Z_i|}{|1-Z_i|}\right)|P_1|^{t_p/T} \tag{4-36}$$

$$t_p=T\left(\pi-\sum_{i=1}^{m}\theta_{zi}+\sum_{j=3}^{n}\theta_{pj}\right)/\theta_1 \tag{4-37}$$

式中 $P_{1,2}$—— 闭环主导极点；

$P_j(j=3,4,\cdots,n)$ —— 闭环非主导极点；

$Z_i(i=1,2,\cdots,m)$ ——闭环零点。

从式(4-36)和图 4-22 可看到，主导极点 $P_{1,2}$ 以外的实极点 P_j 若在单位圆的正实轴上，或实零点 Z_i 在负实轴上，都可以减少 σ，P_j 在正实轴越靠近单位圆，或 Z_i 在负实轴离原点越远，作用越明显。另外，从式(4-37)可看到，这样的设置同时使 t_p 增加。

4.3.3 计算机控制系统根轨迹设计

计算机控制系统的根轨迹法是连续系统根轨迹分析的直接推广，可以借鉴连续域的设计步骤完成计算机控制系统根轨迹的设计。

例 4-9 设连续二阶控制系统和它所对应的离散二阶控制系统分别如图 4-23(a)(b)所示，试用根轨迹分析这两个系统。

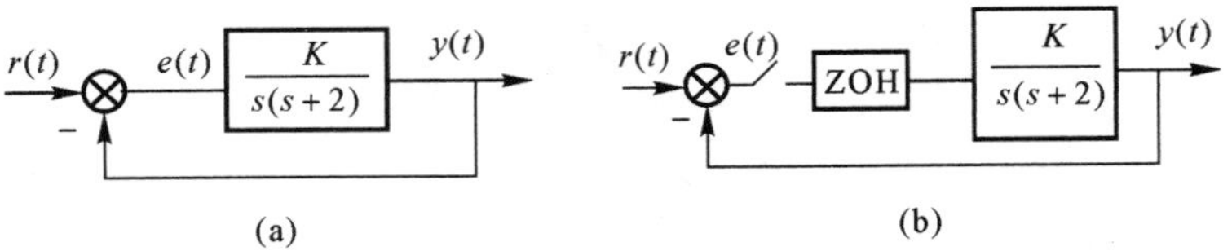

图 4-23 二阶控制系统结构图

解 (1)对于图 4-23(a)所示的连续系统，其开环传递函数为

$$G(s)=\frac{K}{s(s+2)}$$

开环两个根 $s=0$ 和 $s=-2$，作出系统的 s 域的闭环根轨迹如图 4-24(a)所示，零点在无穷远，根轨迹趋向于上、下两个方向。

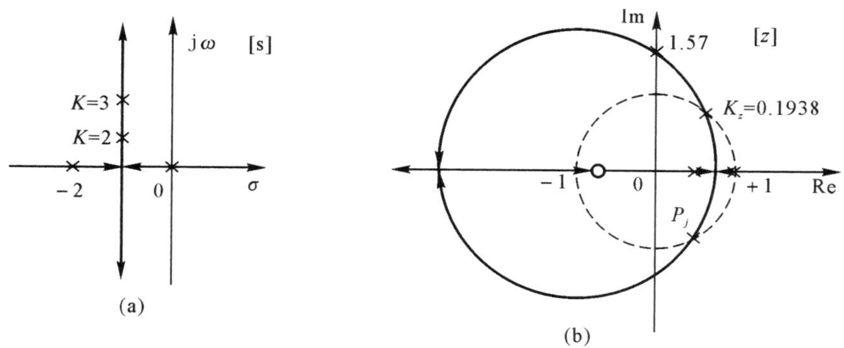

图 4-24　例 4-9 系统根轨迹设计

(a)连续域根轨迹；(b)离散域根轨迹

(2)数字控制系统开环脉冲传递函数

$$G(z)=Z\left[\frac{1-\mathrm{e}^{-Ts}}{s}\frac{K}{s(s+2)}\right]=K_z\frac{z+\dfrac{0.5-0.5\mathrm{e}^{-2T}-T\mathrm{e}^{-2T}}{T-0.5+0.5\mathrm{e}^{-2T}}}{(z-1)(z-\mathrm{e}^{-2T})}$$

其中根轨迹增益 $K_z=\dfrac{K(T-0.5+0.5\mathrm{e}^{-2T})}{2}$。

若设采样周期 $T=0.1$ s，则系统开环零点为 $Z_1=-0.936$，极点分别为 $P_1=1$，$P_2=0.819$。

当 K_z 从 $0\to\infty$ 时的根轨迹如图 4-24(b)所示。可以看出：

(1) 在 $z=1$ 处有一个开环极点，同属一型系统，这说明连续系统离散化后不改变系统的类型。

(2) 当 $K_z>0.1938$ 时，相当于系统开环增益 $K/2>20.69$，系统是不稳定的。

(3) 在稳定区域内，随着 K 增大，K_z 增加，则超调量 σ 增加，调节时间 t_s 延长，上升时间 t_r 将减少。

(4)采样时间 T 对特征根的影响。设 $K=10$ 时 T 变化的根轨迹如图 4-25 所示，当采样时间 T 增大，则超调量 σ 增加，调节时间 t_s 延长。当 $T>0.48$ 时，系统是不稳定的。

离散根轨迹的主要特点：

(1) z 域上极点密集度大。z 变换将稳定域整个左半 s 平面压缩到 z 平面的单位圆内，s 平面整个负实轴映射到 z 平面(0,1)区间内。如图 4-26 所示，负实部根为$(-1,-\infty)$，则转换到 z 平面分布在(0.367,0)之间。这说明 z 平面单位圆的数值密度大，当 z 平面两个极点非常接近时，对应的系统性能可能差别很大。所以在计算 z 平面极点时要求有较高的精度。

(2) $z=1$ 附近不仅密度大，而且是阻尼 ξ 螺旋线最集中之处，ξ 变化也大。

(3)离散系统的脉冲传递函数零点一般多于连续系统，估算系统动态性能时应注意零点对性能的影响。

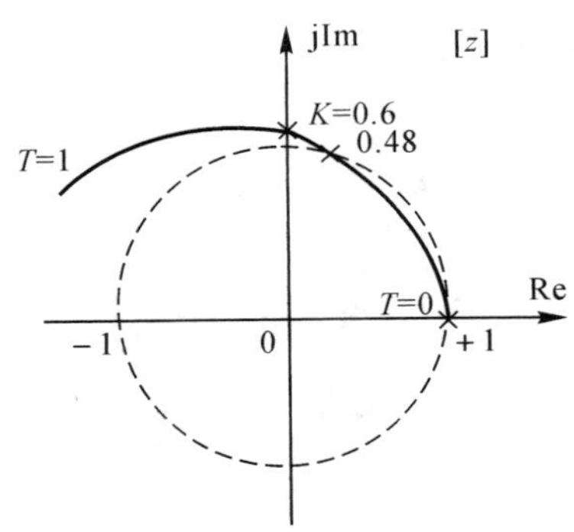

图 4－25　采样时间 T 变化时根轨迹

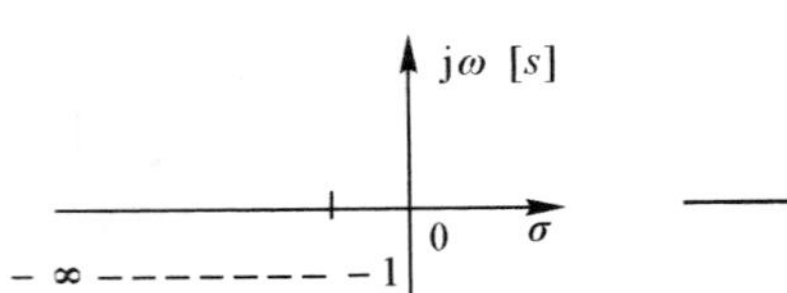

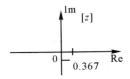

图 4－26　s 域实轴根在 z 域被压缩

例 4－10　某计算机控制系统如图 4－27 所示，采样周期 $T=0.2\text{s}$，试设计数字控制器 $D(z)$，使系统满足性能指标要求：超调量 $\sigma\leqslant 10\%$，上升时间 $t_r\leqslant 0.5\text{s}$，调节时间 $t_s\leqslant 1\text{s}$。

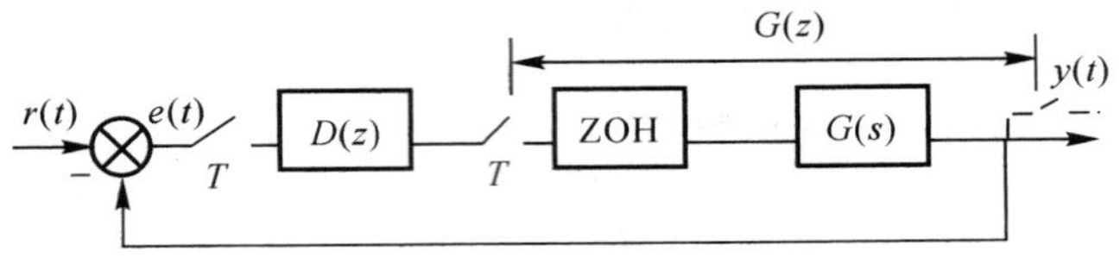

图 4－27　例 4－10 计算机控制系统

被控对象数学模型：　$G(s)=\dfrac{10}{s(0.2s+1)}$

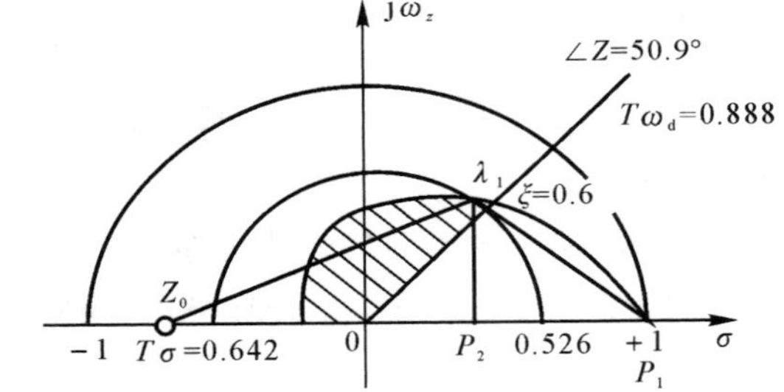

图 4－28　系统希望极点取值范围

解　(1)根据已知指标参数在图 4－28 中取值

$$\begin{cases}\xi\geqslant 0.6\\ t_r\omega_d\geqslant 2.22\\ t_s\sigma\geqslant 3.21\end{cases}$$

计算对于在图 4－28 中的值

$$\begin{cases}\xi\geqslant 0.6\\ T\omega_d\geqslant 0.2\times 2.22/0.5=0.888\\ T\sigma\geqslant 0.2\times 3.21/1=0.642\end{cases}$$

在图 4－28 中确定出希望极点的取值范围。

(2)设计数字控制器 $D(z)$。系统被控对象脉冲传递函数为

$$G(z)=Z\left[\frac{1-e^{-Ts}}{s}\,\frac{10}{s(0.2s+1)}\right]=0.735\,5\times\frac{z+0.718\,2}{(z-1)(z-0.367\,8)}$$

从图 4－28 中取值范围选择极点位置(选取希望极点在阴影范围内，尽量靠近右边界，使得动态响应快)。

$$\lambda_{1,2}=0.32\pm j0.391$$

为使系统根轨迹通过 $\lambda_{1,2}$，需要 $D(z)$ 在相应点处提供的相位超前角为

$$\angle G(\lambda_1)=\theta_{p1}+\theta_{p2}-\theta_z-180^\circ=150^\circ+96.8^\circ-20.6^\circ-180^\circ=46.2^\circ$$

为使设计系统脉冲传递函数比较简单，便于分析计算，选 $D(z)$ 的零点为 $Z_0=0.367\,8$，与 $G(z)$ 的相应极点对消，由控制器相角 $\angle D(\lambda_1)$ 要求可以确定 $D(z)$ 的极点。

对于一阶超前校正控制器

$$D(z)=K_c\frac{z-0.3678}{z}$$

其开环脉冲传递函数为

$$D(z)G(z)=K\frac{z+0.7182}{z(z-1)}$$

其中：$K=0.7355K_c$ 是根轨迹增益，由模值条件可以确定 $\lambda_{1,2}$ 处的 K 值为 0.357，则控制器增益 $K_c=0.4856$，可得

$$D(z)=0.4856\times\frac{z-0.3678}{z}$$

(3)仿真验证指标。利用所得结果进行仿真计算，可以得出系统阶跃响应曲线如图 4－29 所示。

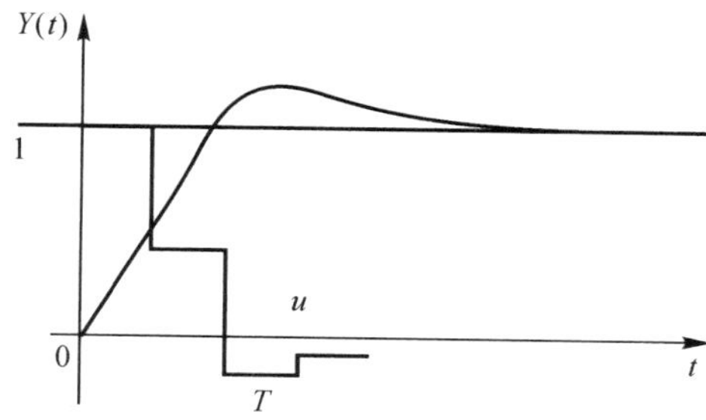

图 4－29 例 4－10 系统校正后的阶跃响应

最后动态指标达到：超调量 $\sigma\%=8\%$，上升时间 $t_r=0.4$s，调节时间 $t_s=0.9$s，满足设计指标要求。

在设计中，经常希望利用 $D(z)$ 的零点对消原系统靠近单位圆的不希望极点，这时要注意当零、极点不能精确对消时，对系统稳定性所造成的影响会无法估量。例如图4－30(a)所示的两种根，在图 4－30(b)新构成的零点虚部值小于所要抵消的极点虚部值，附加的偏差根轨迹偏向单位圆内侧，系统可能是稳定的；反之，新零点虚部大于希望抵消的根极点的虚部，如图 4－30(c)所示，会出现不希望的附加根轨迹，可能出现在单位圆外，导致不稳定的根值量。

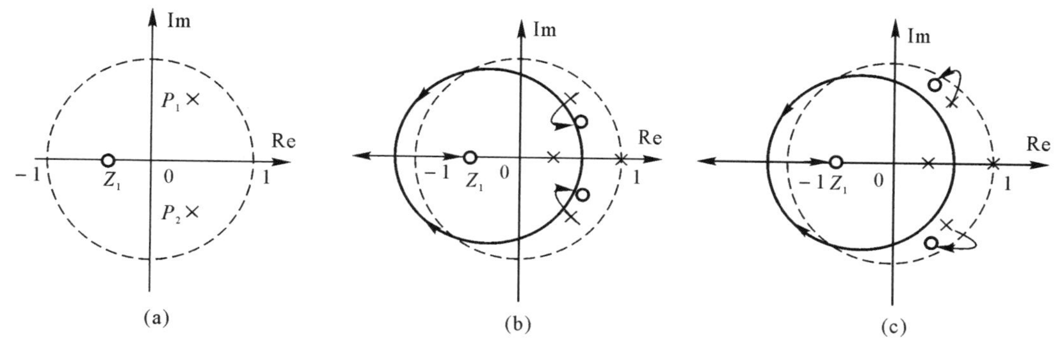

图 4－30 不精确对消时的根轨迹

(a)原系统零、极点；(b)不精确对象 1(对消零点虚部偏小)；(c)不精确对象 2(对消零点虚部偏大)

4.3.4 根轨迹设计法

该方法是一种试凑法，在原系统中增添零、极点，使闭环特征方程的根在 z 平面上移到合适的位置上。

常用的控制器采用相位超前及相位迟后的一阶网络，其脉冲函数为

$$D(z) = K_c \frac{z - Z_c}{z - P_c} \tag{4-38}$$

根据系统的稳定性要求：

$$\lim_{z \to 1} D(z) = 1$$

代入式(4-38)，则有

$$K_c = \frac{1 - P_c}{1 - Z_c} \tag{4-39}$$

数字控制器的零、极点选择对相位影响如图 4-31 所示，图 4-31(a)为迟后修正网络结构，零点在极点的左边，相位迟后；图 4-31(b)为超前修正网络零极点配置，极点在零点左边，相位超前。

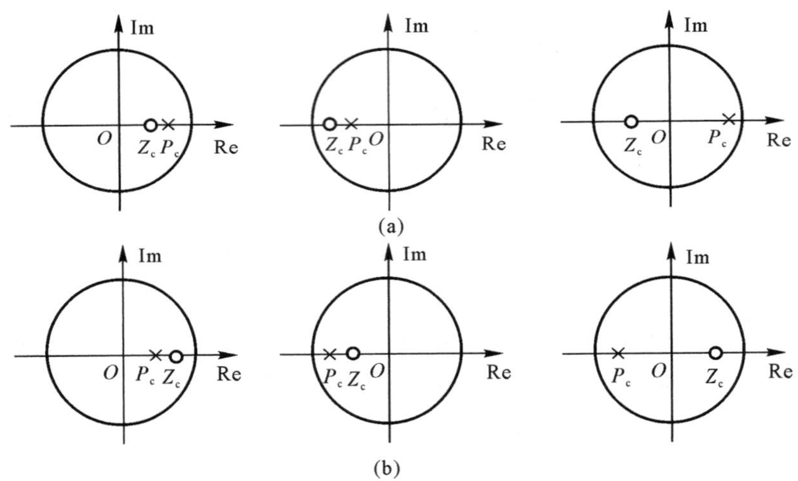

图 4-31 极点分布与相位关系

例 4-11 计算机控制系统如图 4-32 所示，采样周期 $T = 0.5$s，试设计数字控制器 $D(z)$，要求系统速度误差函数：$K_v \geqslant 1.4$，$\xi = 0.707$；被控脉冲传递函数为

$$G(s) = \frac{K}{s(1 + 0.1s)(1 + 0.5s)}$$

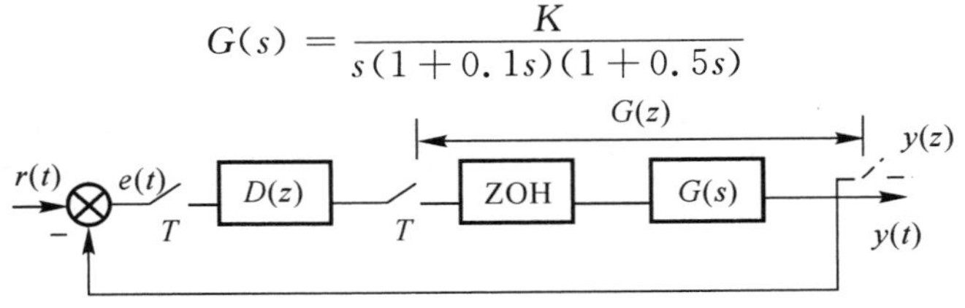

图 4-32 例 4-11 计算机控制系统

解 (1)未校正的被控对象脉冲系统传递函数为

$$HG(z)=\frac{0.13K(z+1.31)(z+0.054)}{z(z-1)(z-0.368)}$$

未校正前三个极点 $P_1=0, P_2=1, P_3=0.368$；两个零点 $Z_1=-1.31, Z_2=-0.054$。如图 4-33 所示，主要特点：

1)极点 P_1 与零点 Z_2 非常接近，对系统根影响小；主极点为 P_2, P_3，主零点为 Z_1。

2)根轨迹与阻尼线交点为

$$\xi=0.707, K=0.7$$

3)临界放大系数为 $K_c=3.3$。

利用速度误差公式可得

$$K_v=\frac{1}{T}\lim_{z\to1}\omega(z)=\frac{1}{T}\lim_{z\to1}[(z-1)HG(z)]=0.46K_c=1.518\geqslant1.4$$

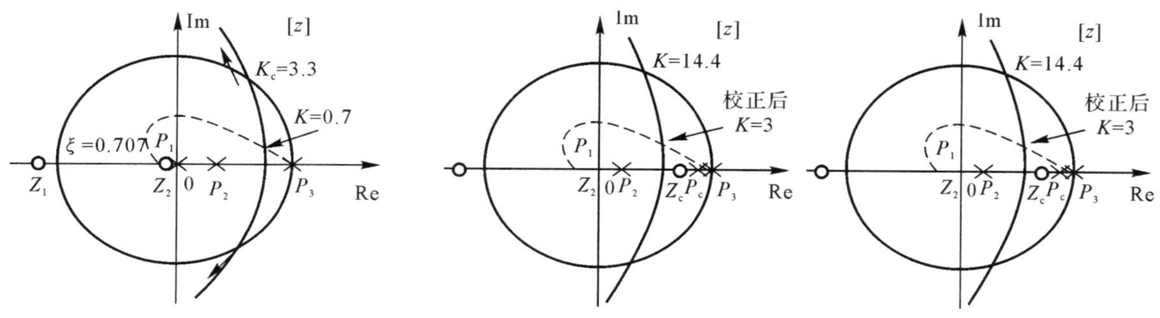

图 4-33 未校正前根轨迹图

图 4-34 校正后的根轨迹图

(2)设计数字控制器。

希望开环增益：$K=3$；$\xi=0.707$，根据经验选取相位迟后校正网络。

零、极点选择条件：

$$P_c\approx Z_c\approx1 \quad Z_c<P_c<1$$

设 $P_c=0.99$，可得 $Z_c=0.957$，$K_c=\dfrac{1-P_c}{1-Z_c}=0.233$，则控制器脉冲函数：

$$D(z)=\frac{0.233(z-0.957)}{(z-0.99)}$$

这样校正后的根轨迹 $\xi=0.707$ 与对数螺旋线角度的增益 $K=3$，如图 4-34 所示。

4.4 离散系统的频率域设计

频率法是分析和设计连续控制系统最有效的方法之一。通过变换，可以推广到计算机控制系统的分析设计中。脉冲传递函数的频率特性为 $G(e^{j\omega T})$，它不是 ω 的有理分式函数，所以无法方便地利用典型环节作伯德图，为此，需选用新的复数域。目前用得较多的是 w' 域，在 w' 域可利用伯德图的优点进行系统设计。

4.4.1 系统开环频率特性指标

连续函数的频域描述：

$$G(s)\mid_{s=\mathrm{j}\omega} = G(\mathrm{j}\omega)$$

脉冲函数的频域描述：

$$G(z)\mid_{z=\mathrm{e}^{\mathrm{j}\omega T}} = G(\mathrm{e}^{\mathrm{j}\omega T})$$

脉冲函数在离散域中的频域描述：

$$G(z)\mid_{Z=\mathrm{j}\omega_z+\sigma} \overset{\sigma=0}{=\!=\!=} G(\mathrm{j}\omega_z)$$

在连续域，连续函数的频域性能指标与其开环对数频率特性的形状有关。系统动态性能主要由中频段指标（截止频率 ω_c、相角裕度 γ、幅值裕度 h）来决定，一般来说，若 γ,h 值越大，则超调量 σ 就越小；若 ω_c 大，则上升时间 t_r、调节时间 t_s 就小；高频段则与系统抗高频干扰的能力有关。

连续系统的静态性能稳态指标 e_{ss} 主要由低频段决定，对数幅频特性低频段斜率越小，位置越高，相应系统类型越高，开环增益越大，稳态误差就越小。

离散系统 $G(z)$ 的频率特性 $G(\mathrm{e}^{\mathrm{j}\omega T})$ 是 ω 的超越函数，为了能利用连续系统频率域设计方法，把离散系统变换为近似连续函数的复数域，即 w' 域。

4.4.2 w 变换和 w' 变换

1. 定义

w 变换：

$$w = \frac{z-1}{z+1} \qquad z = \frac{1+w}{1-w} \tag{4-40}$$

w'变换：

$$w' = \frac{2}{T}\frac{z-1}{z+1} \qquad z = \frac{1+\dfrac{T}{2}w'}{1-\dfrac{T}{2}w'} \tag{4-41}$$

式中，T 是采样周期。式(4－40)和式(4－41)为双线性变换。

2. w'变换的性质

从 s 域到 z 域再到 w' 域，其对应关系如图 4－35 所示。图 4－35(a)(b)中 s 域到 z 域是根据 $z=\mathrm{e}^{sT}$ 来映射的，这时的映射关系是将 s 左半平面的主带映射至 z 平面的单位圆，虚轴、各副带将重叠地映射到单位圆内。图 4－35(a)的点① ～ ⑨映射在图 4－35(b)的对应点。

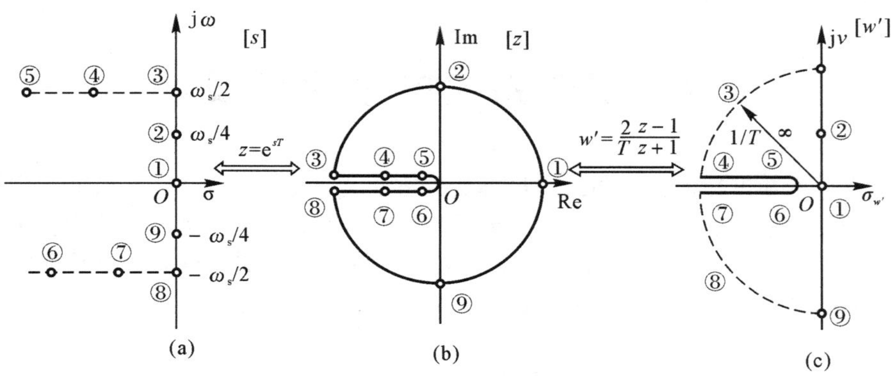

图 4－35　从 s 域到 z 域再到 w' 域零极点映射关系

图 4－35(b)(c)中 z 域到 w' 域采用的是双线性变换，这时的映射关系是将 z 平面单位圆

一对一地映射到 w' 平面的整个左半平面。同样对应点①～⑨。

当 T 趋于非常小，w' 面近似于整个平面，令复变量 $w' = \sigma_{w'} + \mathrm{j}v$，则 z 和 w' 平面的映射关系式为

$$\omega_{w'} = \frac{2}{T}\tan\frac{\omega T}{2}$$

这里 $\omega_{w'}$ 与 ω 的关系如图 4-36 所示。当采样频率较高，系统角频率工作在低频段时，ωT 很小，近似有 $\omega_{w'} = \omega$，此时 w' 域的虚拟特性 $G(\omega_{w'})$ 与真实频率特性 $G(\omega)$ 十分接近，则 s 域分析可适应 w' 域，即

(1) s 平面的稳定性判别方法均适用于 w' 平面分析；

(2) s 平面的分析、设计方法，如频率法（特别是伯德图法）、根轨迹法均可应用于 w' 平面。

这样，在 s 域上积累的丰富设计经验又可用在 w' 域上进行离散系统直接设计。

4.4.3　s 域与 w' 域间的频率关系

1. s 域与 w' 域间的频率对比

根据式（4-41），$w' = \frac{2}{T}\frac{z-1}{z+1}$，$z = \frac{1+\frac{T}{2}w'}{1-\frac{T}{2}w'}$，将 $z = \mathrm{e}^{sT}$ 代入，则 $w' = \frac{2}{T}\frac{\mathrm{e}^{sT}-1}{\mathrm{e}^{sT}+1}$，$\omega_{w'} = \frac{\omega_s}{\pi}\tan\frac{\omega T}{2}$，如图 4-36 所示。

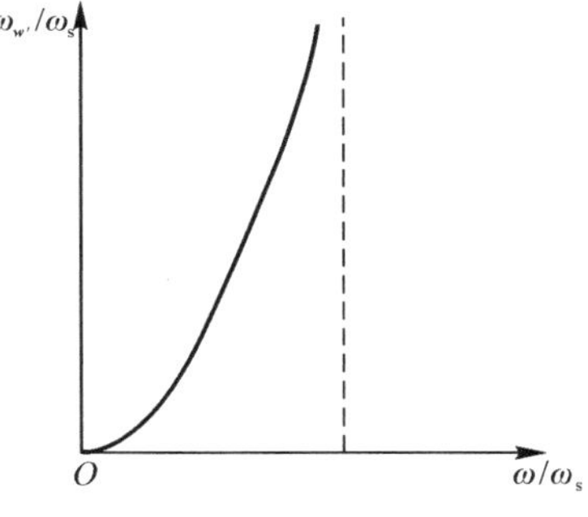

图 4-36　s 域与 w' 域的频率关系

列出部分典型环节的对照表（见表 4-4），方便 s 域转换到 z 域，再由 z 域转换到 w' 域。从表 4-4 可得到：

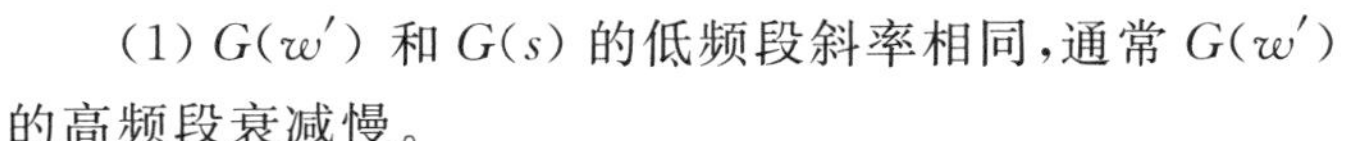

(1) $G(w')$ 和 $G(s)$ 的低频段斜率相同，通常 $G(w')$ 的高频段衰减慢。

(2)当 T 较小时，$\omega_{w'} \approx \omega$，又因为 $G(w')|_{T\to 0} \to G(s)$，在这种情况下，$G(s)|_{s=\mathrm{j}\omega}$ 的低、中频段可代替 $G(w')|_{w'=\mathrm{j}\omega'}$ 的对应频段。

2. w' 变换与双线性变换对比

w' 的变换过程：$w' = \frac{2}{T}\frac{z-1}{z+1}$，由 $G(z) \xrightarrow{\text{变换}} G(w') \xrightarrow{\text{设计}} D(w') \xrightarrow{\text{反变换}} D(z)$。

双线性变换过程：$s = \frac{2}{T}\frac{z-1}{z+1}$，在 $s \xrightarrow{\text{设计}} D(s) \xrightarrow{\text{变换}} D(z)$。

表 4-4　s 域与 w' 域对应表

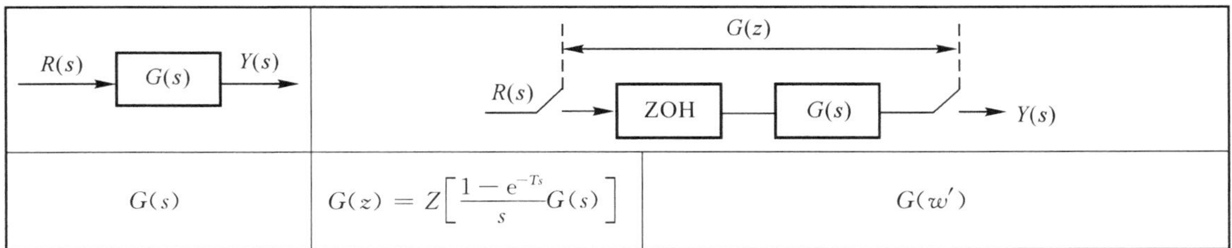

$G(s)$	$G(z) = Z\left[\frac{1-\mathrm{e}^{-Ts}}{s}G(s)\right]$	$G(w')$

续表

$\frac{1}{s}$	$\frac{T}{z-1}$	$\frac{1-\frac{T}{2}w'}{w'} \xrightarrow{T\to 0} \frac{1}{w'}$
$\frac{1}{s^2}$	$\frac{T^2(z+1)}{2(z-1)^2}$	$\frac{1-\frac{T}{2}w'}{w'^2} \xrightarrow{T\to 0} \frac{1}{w'^2}$
$\frac{1}{s+a}$	$\frac{(1-e^{-aT})}{a(z-e^{-aT})}$	$\frac{\frac{1}{a}(1-\frac{T}{2}w')}{1+\frac{1+e^{-aT}}{1-e^{-aT}}\frac{T}{2}w'} \xrightarrow{T\to 0} \frac{1}{w'+a}$
$\frac{a}{s(s+a)}$	$\frac{(aT+e^{-aT}-1)z^{-1}}{a(z-1)(z-e^{-aT})}-\frac{ae^{-aT}T+e^{-aT}-1}{a(z-1)(z-e^{-aT})}$	$\frac{1}{w'}\frac{(1-\frac{T}{2}w')\left[1+\frac{aT(1+e^{-aT})-2(1-e^{-aT})}{2a(1-e^{-aT})}w'\right]}{1+\frac{1+e^{-aT}}{1-e^{-aT}}\frac{T}{2}w'} \xrightarrow{T\to 0} \frac{a}{w'(w'+a)}$

4.4.4 在 w' 域中的频率域设计

1. 设计步骤

(1)选择 $T \xrightarrow{求} G(z) \xrightarrow{变换} G(w')\,|_{w'=j\omega'} = G(j\omega_{w'})$。

(2)绘制 $G(j\omega_{w'})$ 的对数频率特性曲线 $\xrightarrow{设计} D(j\omega_{w'})$ 即 $D(w')$。

(3)由 $D(w') \to D(z)$ 。

(4)校验性能要求。

(5)编写程序。

2. $D(w')$ 的一般形式 —— 相位延迟(超前)控制器

$$\left.\begin{aligned} &D(w') = \frac{w_{wp}}{w_{w0}}\frac{w'+w_{w0}}{w'+w_{wp}} \\ &w_{w0} > w_{wp} \text{—— 迟后} \\ &w_{w0} < w_{wp} \text{—— 超前} \\ &w' = \frac{2}{T}\frac{z-1}{z+1} \end{aligned}\right\} \tag{4-42}$$

$$D(z) = \frac{w_{wp}}{w_{w0}}\frac{(w_{w0}+\frac{2}{T})}{(w_{wp}+\frac{2}{T})}\frac{z+\frac{(w_{w0}-\frac{2}{T})}{(w_{w0}+\frac{2}{T})}}{z+\frac{(w_{wp}-\frac{2}{T})}{(w_{wp}+\frac{2}{T})}} = k_d\frac{z+z_0}{z+z_p} \tag{4-43}$$

这里：$k_d = \frac{w_{wp}}{w_{w0}}\frac{\left(w_{w0}+\frac{2}{T}\right)}{\left(w_{wp}+\frac{2}{T}\right)}, z_0 = \frac{\left(w_{w0}-\frac{2}{T}\right)}{\left(w_{w0}+\frac{2}{T}\right)}, z_p = \frac{\left(w_{wp}-\frac{2}{T}\right)}{\left(w_{wp}+\frac{2}{T}\right)}$。

3. 设计举例

例 4－12 已知计算机控制系统如图 4－37 所示，采样周期 T＝0.1s，试设计数字控制器

$D(z)$，使系统满足性能指标要求：控制器 $D(z)$ 设计满足在输入函数 $r(t)=180t$，稳态误差 $e_{ss}\leqslant 1$，稳态裕度 $r\geqslant 40°$，截止频率 $\omega_c\geqslant 3.4$rad。

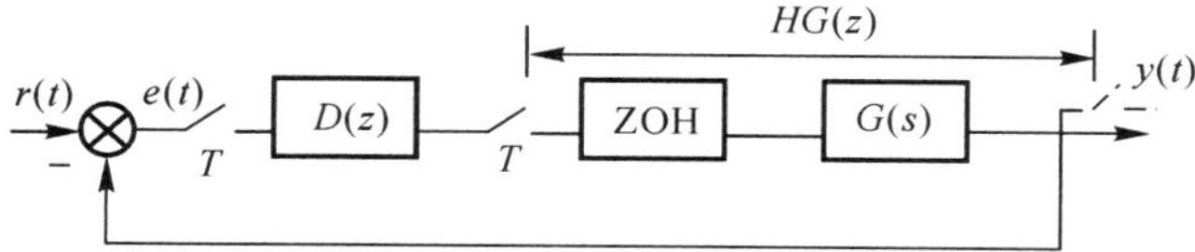

图 4-37　例 4-12 计算机控制系统

被控对象数学模型：

$$G(s)=\frac{180}{s\left(\frac{1}{2}s+1\right)\left(\frac{1}{6}s+1\right)}$$

解

(1)被控对象的数学模型离散化：

$$HG(z)=Z\left[\frac{1-e^{-Ts}}{s}G(s)\right]=\frac{0.296(z+0.2186)(z+3.075)}{(z-1)(z-0.8176)(z-0.55)}$$

$$G(w')=HG(z)\big|_{z=\left(1+\frac{T}{2}w\right)/\left(1-\frac{T}{2}w\right)}=\frac{180\left(1-\frac{1}{20}w'\right)\left(1-\frac{1}{39.3}w'\right)\left(1+\frac{1}{31.4}w'\right)}{w'\left(\frac{1}{5.815}w'+1\right)\left(\frac{1}{1.993}w'+1\right)}$$

(2)作图(见图 4-38)。

选一斜率段，取 $\omega_0=3.5$，相角 $\angle G(w')\big|_{\omega_0=3.5}=-190°$。

相角差：　$\varphi_m=r-[180°-190°]+5=55°$

w' 域中的控制器：　$D(w')=\dfrac{\left(1+\frac{1}{0.35}w'\right)\left(1+\frac{1}{1.106}w'\right)}{\left(\frac{1}{0.00494}w'+1\right)\left(\frac{1}{12}w'+1\right)}$

(3)验算。

相角裕度：　$r_{w'}=40.57°>40$

(4) w' 反变换。

$$D(z)=D(w')\big|_{w'=\frac{2}{T}\frac{z-1}{z+1}}=0.1026\,\frac{1-1.8607z^{-1}+0.8643z^{-2}}{1-1.2495z^{-1}+0.2499z^{-2}}$$

(5)用差分方程进行仿真。

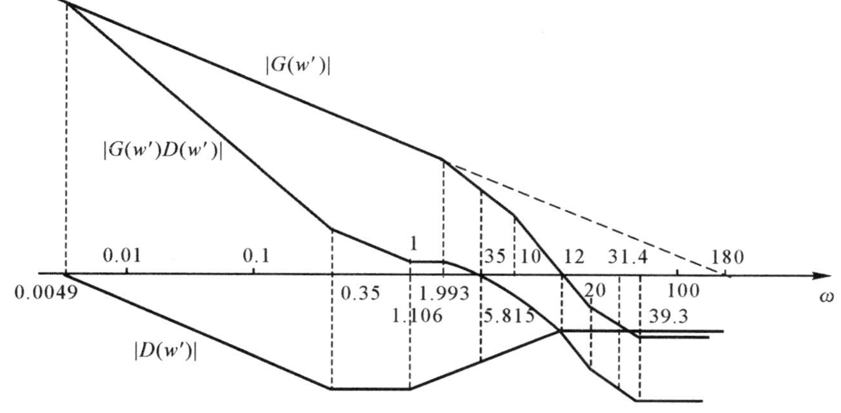

图 4-38　w' 幅频对数曲线设计图

4.5 离散域解析设计法

离散域解析设计法是一种直接在 z 域中设计数字控制系统的方法，其基本思想是根据系统的指标要求，确定闭环脉冲传递函数，然后用代数方法解出控制器脉冲传递函数。解析设计法实际应用并不广泛，但其设计思想很有参考价值。

4.5.1 离散域解析设计原理

图 4－39 是数字控制系统典型结构图，设广义被控对象脉冲传递函数为 $G(z)$，系统闭环脉冲传递函数 $\Phi(z)$ 与数字控制器脉冲传递函数间的关系为

$$\Phi(z)=\frac{Y(z)}{R(z)}=\frac{D(z)G(z)}{1+D(z)G(z)} \tag{4-44}$$

$$D(z)=\frac{1}{G(z)}\frac{\Phi(z)}{1-\Phi(z)} \tag{4-45}$$

式(4－45)中 $G(z)$ 由系统而定，若能根据实际情况和性能要求确定出所希望的闭环脉冲传递函数 $\Phi(z)$，则 $D(z)$ 可以确定。

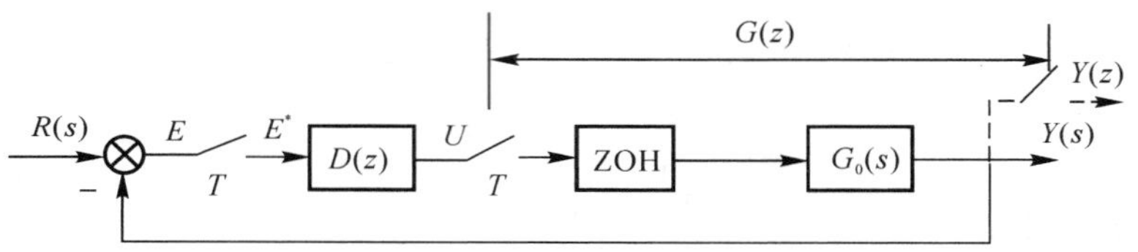

图 4－39 数字控制系统结构图

解析设计法步骤如下：

(1)求出广义被控对象的脉冲传递函数 $G(z)$。

(2)根据性能要求和 $D(z)$ 的物理可实现条件设计系统闭环脉冲传递函数 $\Phi(z)$。

(3)利用式(4－45)求出 $D(z)$。

(4)设计程序，实现控制算法。

4.5.2 系统最少拍设计原则

数字控制系统中，常把一个采样周期称作一拍。最少拍系统是指在典型输入作用下，经最少拍(时间最短)使系统输出量跟踪上系统输入量。

1. 最少拍系统的性能指标

(1)系统稳定。

(2)对某确定的典型输入信号，使稳态误差为零，这包括两种情况：

1)要求在采样点上稳态误差为零(对应有波纹系统，如图 4－40(a)所示)；

2)不仅在采样点上，而且在采样点间，系统稳态误差都为零(对应无波纹系统，如图 4－40(b)所示)。

(3)快速性：系统以最少拍达到稳态。

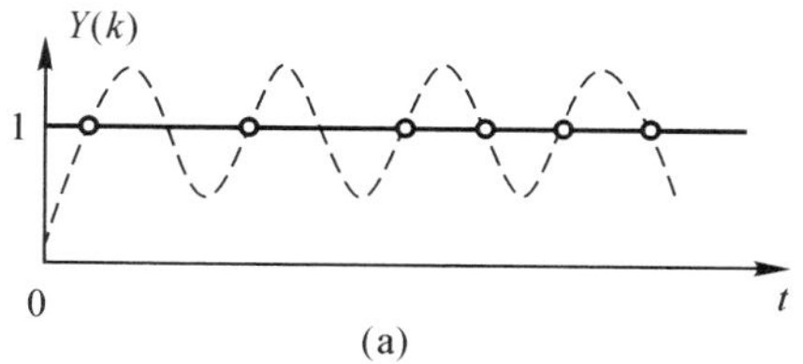

(a)

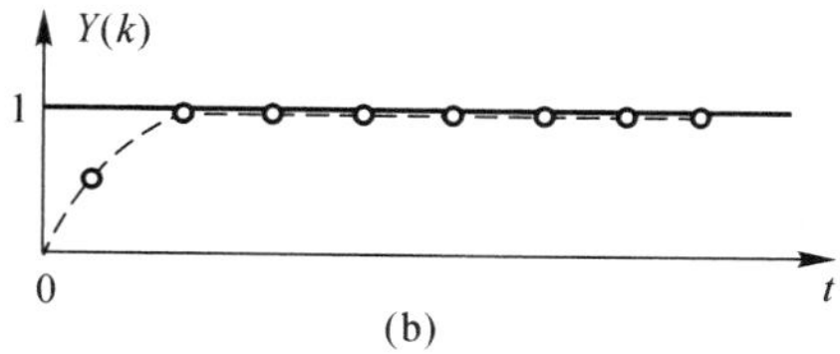

(b)

图 4-40　最小拍设计

(a)有波纹系统；(b)无波纹系统

2. 控制系统性能对闭环脉冲传递函数 $\Phi(z)$ 的要求

(1)稳定性对 $\Phi(z)$ 的要求。一方面，为保证闭环系统稳定，要求 $\Phi(z)$ 的全部极点均位于单位圆内。另一方面，若被控对象具有单位圆上或圆外的零极点，则直接用式(4-45)求 $D(z)$，必然要用 $D(z)$ 的零极点去抵消 $G(z)$ 不稳定的极零点。由于实际参数不易测准，且会随环境变化，计算机字长是有限的，所以 $D(z)$ 与 $G(z)$ 不稳定因子不可能精确对消，因而会导致整个系统不稳定。由式(4-45)可见，为使 $D(z)$ 中不出现不稳定因子，要求 $\Phi(z)$ 包括 $G(z)$ 在单位圆上、圆外的零点，$1-\Phi(z)$ 包括 $G(z)$ 在单位圆上、圆外的极点。设 $G(z)$ 在单位圆上、圆外有 q 个零点 β_i（$i=1,2,\cdots,q$），在单位圆上、圆外有 p 个极点 a_j（$j=1,2,\cdots,p$），则要求

$$\Phi(z)=(1-\beta_1 z^{-1})(1-\beta_2 z^{-1})\cdots(1-\beta_q z^{-1})F_1(z) \tag{4-46}$$

$$1-\Phi(z)=(1-a_1 z^{-1})(1-a_2 z^{-1})\cdots(1-a_p z^{-1})F_2(z) \tag{4-47}$$

若系统有二重根 $a_1=a_2=a$，其余极点各不相同，则式(4-47)等价为

$$\left.\begin{aligned}\Phi(z)\big|_{z=a}&=1\\ \Phi'(z)\big|_{z=a}&=0\\ \Phi(z)\big|_{z=a_3}&=1\\ &\cdots\cdots\\ \Phi(z)\big|_{z=a_p}&=1\end{aligned}\right\} \tag{4-48}$$

(2)准确性(稳态误差为零)对 $\Phi(z)$ 的要求。参见图 4-39，系统误差脉冲传递函数为

$$\Phi_e(z)=\frac{E(z)}{R(z)}=1-\Phi(z) \tag{4-49}$$

利用终值定理求稳态误差得

$$\lim_{k\to\infty}e(kT)=\lim_{z\to 1}(1-z^{-1})\Phi_e(z)R(z) \tag{4-50}$$

设典型输入信号形式为

$$r(t)=\frac{r_{m-1}}{(m-1)!}t^{m-1} \tag{4-51}$$

$$R(z)=\frac{A(z)}{(1-z^{-1})^m} \tag{4-52}$$

式中，m 为输入的最高阶次；$A(z)$ 为不含 $z=1$ 的根的多项式。为使系统稳态误差为 0，由式(4-50)要求

$$\Phi_e(z)=1-\Phi(z)=(1-z^{-1})^m F_3(z) \tag{4-53}$$

其等价于以下 m 个方程：

$$\left.\begin{aligned}\Phi(z)\big|_{z=1}&=1\\ \Phi'(z)\big|_{z=1}&=0\\ &\cdots\cdots\\ \Phi^{(m-1)}\big|_{z=1}&=0\end{aligned}\right\}\tag{4-54}$$

式(4-53)只能保证实现有波纹系统，无波纹系统则对 $\Phi(z)$ 有进一步的要求。

这里需要注意的是，若 $G(z)$ 存在单位圆上的(一个或多重)极点 $a_j=1$，式(4-48)和式(4-54)的 $p+m$ 个独立方程个数必然小于 $p+m$，这时需要减少方程中协调项 F_i 的个数。

(3)快速性对 $\Phi(z)$ 的要求。在满足性能条件下，系统应尽快达到稳态，这就要求 $\Phi_e(z)=1-\Phi(z)$ 的展开项数应尽可能少，也即要求 $\Phi(z)$ 的展开项尽量少。

(4) $D(z)$ 物理上可实现条件对 $\Phi(z)$ 的要求。任何物理可实现的系统都应满足因果关系，反映在脉冲传递函数上，表现为分子阶次必然要小于等于分母阶次。设被控对象脉冲传递函数为

$$G(z)=k\frac{z^{-h}(1+b_1z^{-1}+\cdots)}{1+a_1z^{-1}+\cdots}=z^{-h}(g_0+g_1z^{-1}+g_2z^{-2}+\cdots)\tag{4-55}$$

其中 h 为正整数。将式(4-55)代入式(4-45)得

$$D(z)=\frac{1}{G(z)}\frac{\Phi(z)}{1-\Phi(z)}=\frac{z^h}{(g_0+g_1z^{-1}+g_2z^{-2}+\cdots)}\frac{\Phi(z)}{1-\Phi(z)}\tag{4-56}$$

若 $D(z)$ 物理可实现，$D(z)$ 中不能包含超前因子 z^h，所以 $\Phi(z)$ 中必须包含 $G(z)$ 中的全部延迟因子 z^{-h}，即

$$\Phi(z)=z^{-h}F(z)\tag{4-57}$$

这意味着，当对象 z^{-h} 具有纯滞后特性时，系统闭环特性也具有同样的纯滞后特性，数字控制器的串联校正作用只能改变系统的动态特性，不可能使对象提前动作。

4.5.3 最少拍有波纹设计

1.设计步骤

综合式(4-46)～式(4-48)及式(4-53)、式(4-54)和式(4-57)，可给出最少拍有波纹系统设计步骤：

(1)根据典型输入信号确定阶次 m。计算广义被控对象脉冲传递函数 $G(z)$，并确定延迟因子拍数 h；$G(z)$ 在单位圆上、圆外的全部极点 $a_1,a_2,\cdots,a_p$；$G(z)$ 在单位圆上、圆外的全部零点 $\beta_1,\beta_2,\cdots,\beta_q$。

(2)确定 $\Phi(z)$。

$$\Phi(z)=\underbrace{z^{-h}}_{D(z)\text{可实现要求}}\underbrace{(1-\beta_1z^{-1})(1-\beta_2z^{-1})\cdots(1-\beta_qz^{-1})}_{\text{稳定性(零点)要求}}\underbrace{(\varphi_0+\varphi_0z^{-1}+\cdots+\varphi_{m+p-1}z^{-(m+p-1)})}_{\text{协调项}}\tag{4-58}$$

$$1-\Phi(z)=\overbrace{(1-z^{-1})^m}^{\text{准确性要求}}\overbrace{(1-a_1z^{-1})(1-a_2z^{-1})\cdots(1-a_qz^{-1})}^{\text{稳定性(极点)要求}}\times\underbrace{(1+f_1z^{-h}+f_2z^{-(h+1)}+\cdots+f_qz^{-(h+q)})}_{\text{协调项}}\tag{4-59}$$

其中系数 $\varphi_l(l=0,1,\cdots,m+p-1)$ 由以下 $m+p$ 个方程决定(假设极点 a_j 各不相同)：

$$\left.\begin{array}{llll}\Phi(1)=1 & \Phi'(1)=0 & \cdots & \Phi^{(m-1)}(1)=0 \\ \Phi(a_1)=1 & \Phi(a_2)=1 & \cdots & \Phi(a_p)=1\end{array}\right\} \tag{4-60}$$

若 a_j 有重根时，可参照式(4-48)加以修改。将式(4-58)和式(4-59)代入条件式(4-60)，联立可解出 $\varphi_0,\varphi_1,\cdots,\varphi_{m+p-1}$ 及 $f_1,\cdots,f_q$ 全部系数，确定出 $\Phi(z)$ 和 $1-\Phi(z)$。

由式(4-45)计算 $D(z)$。

(3)验算并编程实现。

(4)估算调节时间。

$$t_s \leqslant (h+p+q+m-1)T \tag{4-61}$$

2. 设计举例

例 4-13　数字控制系统结构图如图 4-39 所示，设被控对象传递函数为

$$G_0(s)=\frac{10}{s(0.1s+1)(0.05s+1)} \tag{4-62}$$

采样周期 $T=1\text{s}$，试求在单位阶跃作用下的最少拍有波纹系统控制器脉冲传递函数 $D(z)$。

解　依题有 $r(t)=1[t]$，所以 $m=1$。

广义被控对象脉冲传递函数

$$\begin{aligned}G(z)&=Z\left[\frac{1-\mathrm{e}^{-Ts}}{s}G_0(s)\right]\\&=\frac{0.76z^{-1}(1+0.046z^{-1})(1+1.31z^{-1})}{(1-z^{-1})(1-0.135z^{-1})(1-0.0183z^{-1})}\end{aligned} \tag{4-63}$$

由 $G(z)$ 可以确定：$h=1$；单位圆上有一个极点 $a_1=1,p=1$；单位圆外有一个零点 $\beta_1=-1.13,q=1$。根据式(4-58)可写出

$$\Phi(z)=z^{-1}(1+1.13z^{-1})(\varphi_0+\varphi_1 z^{-1}) \tag{4-64}$$

式中，系数 φ_0 和 φ_1 满足

$$\Phi(1)=1 \qquad \Phi(a_1)=1$$

由于 $a_1=1$，两个约束是相同的，协调因子只取一项就可以了，因此有

$$\Phi(z)=z^{-1}(1+1.13z^{-1})\varphi_0 \tag{4-65}$$

解得

$$\Phi(1)=1(1+1.13)\varphi_0=1 \qquad \varphi_0=0.495$$

$$\Phi(z)=0.47z^{-1}(1+1.13z^{-1})$$

同样可确定

$$1-\Phi(z)=(1-z^{-1})(1+f_1z^{-1})=(1-z^{-1})(1+0.53z^{-1}) \tag{4-66}$$

依式(4-45)有

$$D(z)=\frac{1}{G(z)}\frac{\Phi(z)}{1-\Phi(z)}=\frac{0.6177(1-0.0183z^{-1})(1-0.135z^{-1})}{(1+0.046z^{-1})(1+0.53z^{-1})} \tag{4-67}$$

可见 $D(z)$ 分子分母同阶，没有不稳定的零极点，因而物理可实现，且满足稳定条件。

验算系统输出响应。系统输出 z 变换为

$$\begin{aligned}Y(z)&=\Phi(z)R(z)=0.47z^{-1}(1+1.13z^{-1})\frac{1}{1-z^{-1}}\\&=0.47z^{-1}+z^{-2}+z^{-3}+z^{-4}+\cdots\end{aligned}$$

可求出偏差及控制器输出的 z 变换

$$E(z)=R(z)-Y(z)=1+0.53z^{-1}$$

$$U(z)=D(z)E(z)=0.6177-0.123z^{-1}+0.0071z^{-2}-0.009z^{-3}+\cdots$$

系统输出响应如图 4-41 所示。

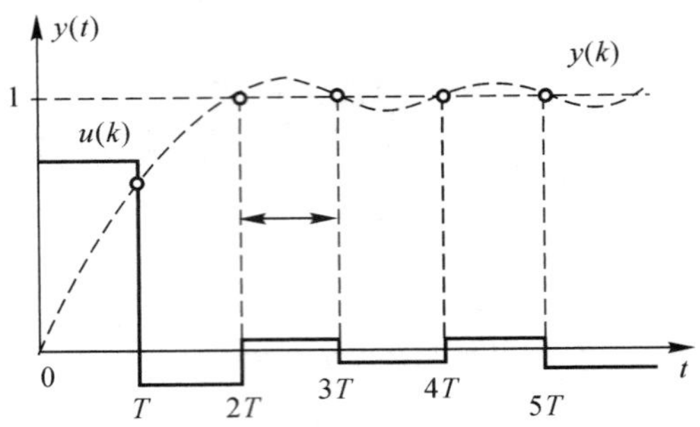

图 4-41 例 4-13 系统阶跃响应

估计调节时间为

$$t_s \leqslant (h+p+q+m-1)T = 3T$$

实际系统从第二拍开始采样误差达到零，$t_s = 2T = 2$。

由图 4-41 可以看出，虽然系统偏差采样值从第二拍开始就稳定为零，但控制器输出却在振荡，实际隐含连续系统的过渡过程迟迟不能结束，导致系统输出的长时间波动。

4.5.4 最少拍无波纹设计

要消除波纹，必须使控制器输出 $u(kT)$ 在有限拍内达到稳定，这就要求控制器输出对应的闭环脉冲传递函数 $\Phi_u = U(z)/R(z)$ 为有限项，如图 4-42 所示。

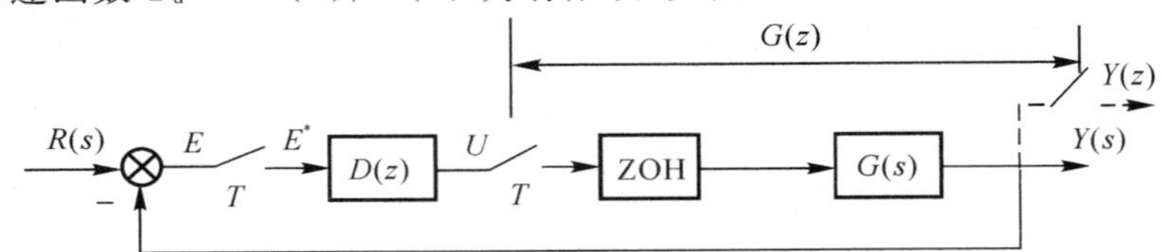

图 4-42 数字控制系统结构图

$$\Phi_u = \frac{U(z)}{R(z)} = \frac{D(z)}{1+D(z)G(z)} = \frac{\Phi(z)}{G(z)} = \frac{\Phi(z)G_D(z)}{G_B(z)} \tag{4-68}$$

其中，$G_B(z)$ 和 $G_D(z)$ 分别为 $G(z)$ 的分子、分母多项式。可见，只要系统闭环 $\Phi(z)$ 包括了 $G_B(z)$，也即包括了 $G(z)$ 的全部零点，就可保证 Φ_u 为有限项。设 $G(z)$ 有 r 个零点 $\beta_1, \beta_2, \cdots, \beta_r$，则要求

$$\Phi(z) = (1-\beta_1 z^{-1})(1-\beta_2 z^{-1})\cdots(1-\beta_r z^{-1})F_5(z) \tag{4-69}$$

此外，还要求系统中纯积分环节数 $v > m$，其他条件则与有波纹系统相同。与式(4-46)对比，可看出有波纹系统与无波纹系统设计没有多大区别，差别仅在于 $\Phi(z)$ 中是否包含 $G(z)$ 在单位圆内的所有零点。所以只要将有波纹系统设计步骤所涉及的公式中($G(z)$ 在单位圆上、圆外的零点数) q 改为 $G(z)$ 的全部零点数 r，就可以用于设计最少拍无波纹系统。

例 4-14 数字控制系统结构图如图 4-42 所示，已知输入 $r(t)=t$，采样周期 $T=1\text{s}$，被控制对象模型为

$$G(s) = \frac{10}{s(s+1)}$$

试分别将系统设计为最少拍有波纹系统和最少拍无波纹系统。

解 依题输入斜坡函数，有 $m=2$，广义被控对象脉冲传递函数为

$$G(z)=Z\left[\frac{1-e^{-Ts}}{s}\ \frac{10}{s(s+1)}\right]=\frac{3.86z^{-1}(1+0.718z^{-1})}{(1-z^{-1})(1-0.368z^{-1})} \tag{4-70}$$

由 $G(z)$ 可以确定：延迟 1 拍 $h=1$；单位圆上有一个极点 $a_1=1, p=1$；单位圆内有一个零点 $\beta_1=-0.718$。

1. 有波纹系统设计

根据式(4-58)和式(4-60)，得

$$\Phi(z)=z^{-1}(\varphi_0+\varphi_1 z^{-1}+\varphi_2 z^{-2}) \tag{4-71}$$

式中，三个系数应满足以下三个方程：

$$\Phi(1)=1,\qquad \Phi'(1)=0,\qquad \Phi(a_1)=1 \tag{4-72}$$

由于 $a_1=1$ 具备两个独立条件，式(4-71)只含两项就可以满足要求，则选取

$$\Phi(z)=z^{-1}(\varphi_0+\varphi_1 z^{-1}) \tag{4-73}$$

利用式(4-72)条件，得

$$\Phi(z)=2z^{-1}-z^{-2} \tag{4-74}$$

将式(4-70)和式(4-74)代入式(4-45)，得

$$D(z)=0.543\frac{(1-0.5z^{-1})(1-0.368z^{-1})}{(1-z^{-1})(1+0.718z^{-1})} \tag{4-75}$$

系统输出为

$$Y(z)=\Phi(z)R(z)=2z^{-2}+3z^{-3}+4z^{-4}+\cdots$$

利用式(4-61)估计调节时间，得

$$t_s=(2+1)T=3T \tag{4-76}$$

系统输出响应曲线如图 4-43(a)(虚线)所示，实际 $t_s=2T$。

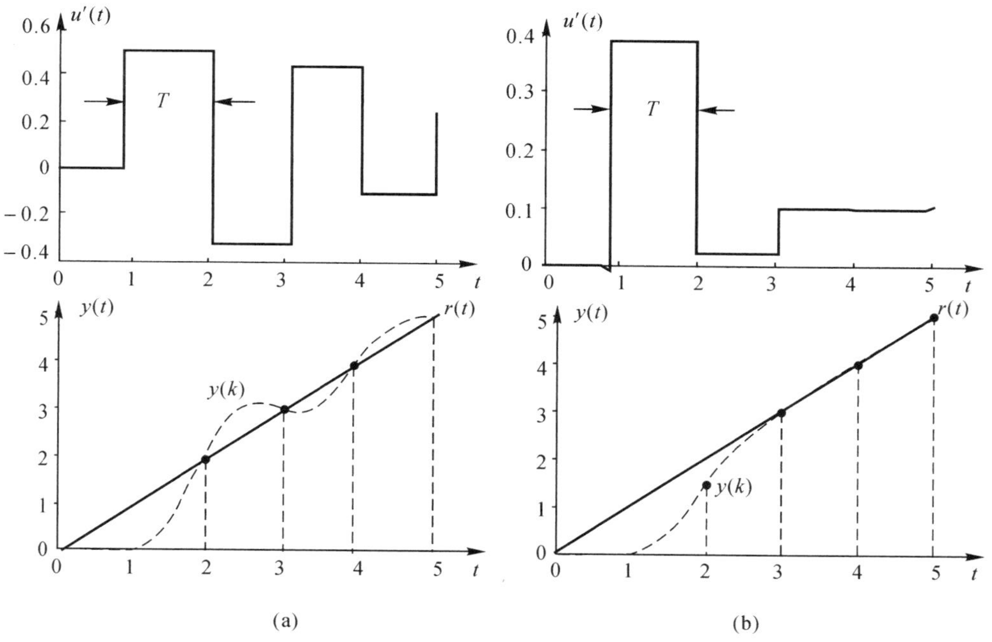

图 4-43　最少拍系统输出波形

(a)有波纹系统；(b)无波纹系统

2. 设计无波纹系统

根据对无波纹系统条件的讨论，相应于式(4-69)有

$$\Phi(z)=z^{-1}(1+0.718z^{-1})(\varphi_0+\varphi_1 z^{-1}) \tag{4-77}$$

利用式(4-60)求解系数，求得

$$\varphi_0=1.407 \qquad \varphi_1=-0.826$$

因此有

$$\Phi(z)=1.407z^{-1}(1+0.718z^{-1})(1-0.587z^{-1}) \tag{4-78}$$

$$1-\Phi(z)=(1-z^{-1})^2(1+0.593z^{-1}) \tag{4-79}$$

利用式(4-45)，得

$$D(z)=0.38\frac{(1-0.587z^{-1})(1-0.368z^{-1})}{(1-z^{-1})(1+0.593z^{-1})} \tag{4-80}$$

系统输出为

$$Y(z)=\Phi(z)R(z)=1.407z^{-2}+3z^{-3}+4z^{-4}+\cdots$$

估计调节时间

$$t_s\leqslant(h+p+r+m-1)T=4T$$

系统响应见图 4-43(b)，实际调节时间 $t_s=3T$。等速输入后，系统调节时间比有波纹系统长 1 拍，牺牲了快速性，换来了无波纹响应。

4.5.5 最少拍有波纹系统对不同输入信号的响应

最少拍系统设计是针对某种典型输入而言的，在某种输入下设计出的最少拍控制器若换成另一种输入，其适应性变差。

例 4-15 选择某特定输入函数和所对应相应最少拍的闭环传递函数，观察系统输出，再比较不同输入函数下同样的闭环传递函数，观察输出变化。

解 (1)当单位阶跃输入 $r(t)=1(t)$ 时，$R(z)=\dfrac{1}{1-z^{-1}}$，系统闭环脉冲传递函数 $\Phi(z)=z^{-1}$，系统采样输出为

$$Y(z)=\Phi(z)R(z)=z^{-1}+z^{-2}+\cdots$$

输出如图 4-44(a)所示。

在同样脉冲闭环函数下，当斜坡 $r(t)=t$ 输入时，输出为

$$Y(z)=\Phi(z)R(z)=Tz^{-2}+2Tz^{-3}+3Tz^{-4}+\cdots$$

输出如图 4-44(b)所示，收敛速度非常慢。

在同样脉冲闭环函数下，当斜坡 $r(t)=t^2$ 输入时，输出为

$$Y(z)=\Phi(z)R(z)=T^2z^{-2}+4T^2z^{-3}+9T^2z^{-4}+\cdots$$

输出如图 4-44(c)所示，为发散趋势。

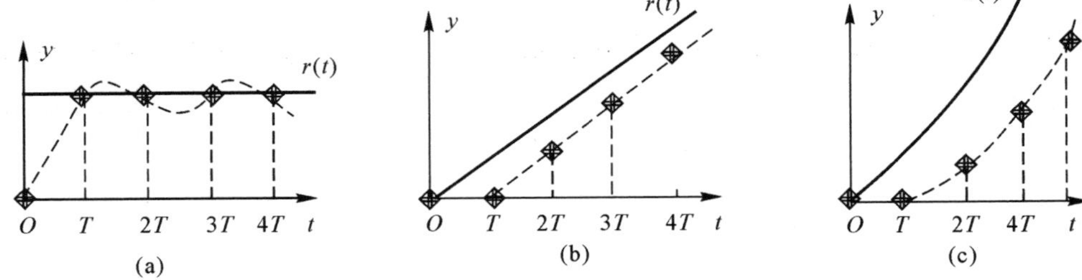

图 4-44 单位函数输入下的最少拍闭环设计，不同输入函数变化影响

(a)单位阶跃输入；(b)斜坡输入；(c)三阶输入函数

(2)当斜坡输入 $r(t)=t$ 时，$R(z)=\dfrac{1}{(1-z^{-1})^2}$，系统闭环脉冲传递函数 $\Phi(z)=2z^{-1}-z^{-2}$。

阶跃输入时，输出值为 $Y(z)=2z^{-1}+z^{-2}+\cdots$，如图 4-45(a)所示。

在同样最少拍闭环传递函数下，斜坡输入，则输出 $Y(z)=2Tz^{-2}+3Tz^{-3}+4Tz^{-4}+\cdots$，如图 4-45(b)所示。

在同样状态之下，二阶函数输入，则输出 $Y(z)=2T^2z^{-2}+7T^2z^{-3}+14T^2z^{-4}+\cdots$，如图 4-45(c)所示。

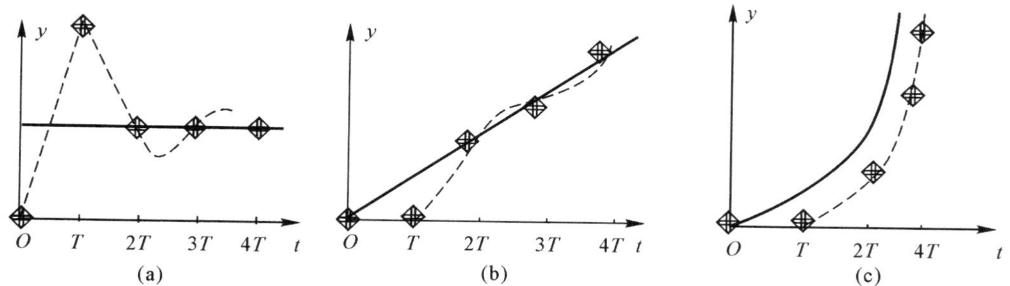

图 4-45　斜坡函数输入下的最少拍闭环设计，不同输入函数变化影响

(3)当斜坡输入 $r(t)=t^2$ 时，$R(z)=\dfrac{1}{(1-z^{-1})}$，系统闭环脉冲传递函数 $\Phi(t)=3z^{-1}-3z^{-2}+z^{-3}$。

阶跃输入时，输出值为 $Y(z)=3z^{-1}+z^{-3}+z^{-4}\cdots$，如图 4-46(a) 所示。

在同样最少拍闭环传递函数下，斜坡输入，则输出 $Y(z)=3Tz^{-2}+3Tz^{-3}+4Tz^{-4}+\cdots$，如图 4-46(b)所示。

在同样状态之下，二阶函数输入，则输出 $Y(z)=3T^2z^{-2}+9T^2z^{-3}+16T^2z^{-4}+\cdots$，如图 4-46(c)所示。

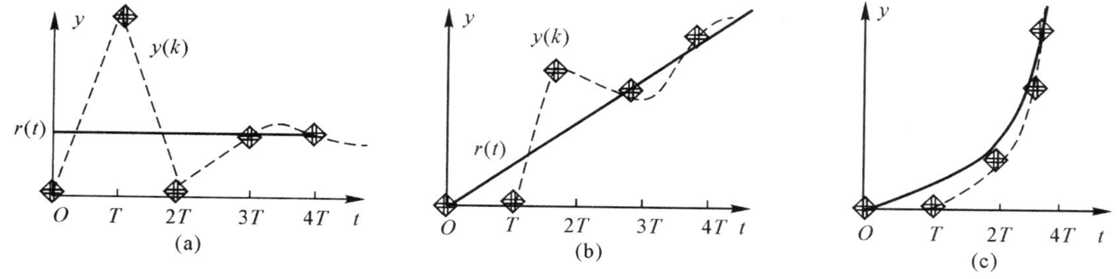

图 4-46　二次函数输入下的最少拍闭环设计，不同输入函数变化影响

从图 4-44 到图 4-46 可看出，比设计输入函数低一阶的输入将使控制系统输出超调增大，输入高一阶控制系统输出收敛减慢，高两阶的输入则将会使原设计的控制系统发散。

4.5.6　最少拍系统的改进设计

解决以上问题的有效措施之一是在最少拍系统的闭环脉冲传递函数 $\Phi(z)$ 中增加修正系

数 c，增加阻尼因子，即

$$\Phi_c(z) = \frac{1-c}{1-cz^{-1}}\Phi_m(z) \qquad 0 < c < 1 \tag{4-81}$$

式中，$\Phi_m(z)$ 是按最少拍设计所得的闭环脉冲传递函数；c 是附加极点。为保证附加极点起到阻尼作用，c 必须为小于 1 的正数。

例 4-16 系统如图 4-42 所示，当输入函数 $r(t)=t$ 时，对象传递函数为 $G(s)=\dfrac{10}{s(s+1)}$，进行最少拍设计，采样周期 $T=0.2\text{s}$。

解 在例 4-14 的有波纹设计中，当输入函数 $r(t)=t$ 时，有 $\Phi_m(z)=z^{-1}(2-z^{-1})$，按照式(4-81)构造修正式：

$$\Phi_c(z) = \frac{1-c}{1-cz^{-1}}(2z^{-1}-z^{-2}) = \frac{Y(z)}{R(z)} \tag{4-82}$$

观察两种输入函数单位阶跃 $r(t)=1(t)$ 和斜坡函数 $r(t)=t$：

$$Y(z)_{阶跃} = (1-c)[2z^{-1}+(1-2c)z^{-2}+(1+c+c^2+2c^3)z^{-4}+\cdots]$$

$$Y(z)_{等速} = (1-c)[2Tz^{-1}+(3+2c)Tz^{-2}+(4+3c+2c^2)Tz^{-4}+\cdots]$$

作图，如 4-47 所示。

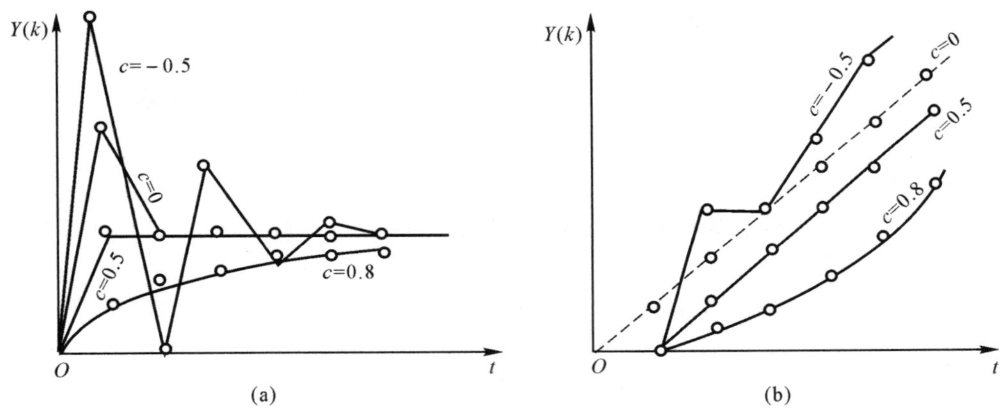

图 4-47 不同 c 值修正后的输出

(a)单位阶跃输入；(b)斜坡输入

从图 4-47(a)中可看到 $c=0.5$ 比较好，在图 4-47(b)中，$c=0$ 比较好，综合选取 $c=0.5$ 较适宜。

4.6 本章小结

(1)计算机控制系统的连续域-离散化设计过程，是要在连续域设计控制器，然后将其离散化，通过编程在计算机上实现。而离散域设计一个 $D(z)$ 与连续域设计的 $D(s)$ 完全等价是不可能的，原因是离散化后要损失一部分信息，只利用不完全信息不可能完全重构原来的连续信号，所以需要构造一个 $D(z)$ 去逼近 $D(s)$，逼近的程度取决于系统工作的频段范围和采样频率的大小。

(2)在 z 平面的离散域设计是将连续域的根轨迹设计法推广到离散域 z 平面。在 z 平面绘制根轨迹的法则与 s 平面相同。需要注意的是，z 平面的指标是 s 平面指标域按 $z=e^{sT}$ 对于关系的映射，z 平面稳定边界是单位圆映射 s 平面的虚轴，z 平面稳定域在单位圆内。

(3) w'平面离散域设计法是将 z 域经双线性变换映射到 w' 平面。在采样周期 T 较小、频率较低的条件下，w'域的频率特性与系统真实频率特性很接近，可以采取 s 域频率设计法推广到 w'域设计离散系统控制器。

(4)离散域解析解是通过代数求数字控制器，只是系统的性能指标能用闭环传递函数来表示，并考虑到稳定性、物理可实现性等限制，设计出希望的控制器 $D(z)$。最少拍系统是解析解比较成熟的设计方法，但对输入信号的适应性较差，但其设计思想具有指导意义。

习　　题

4-1　试说明数字控制系统设计的间接设计法和直接数字设计法各自的步骤和特点。

4-2　模拟控制器的离散化方法有哪些？各有什么特点？

4-3　设超前网络传递函数

$$D(s)=\frac{5(s+1)}{s+5}=\frac{U(s)}{E(s)}$$

分别用一阶前向差分法和一阶后向差分法求相应的脉冲传递函数，并写出关于网络输出 $u(k)$ 的差分方程。

4-4　设连续系统传递函数 $G(s)=\dfrac{1}{s+2}$，采样周期 $T=0.2\text{s}$。

(1) 用脉冲响应不变法求脉冲传递函数 $G_1(z)$ 及相应的单位阶跃响应序列 $y_1(kT)$。

(2) 用阶跃响应不变法求脉冲传递函数 $G_2(z)$ 及相应的单位阶跃相应序列 $y_2(kT)$。

(3) 求连续系统的单位阶跃响应 $y(t)$，比较采样时刻 $t=kT$ $(k=0,1,2,\cdots,10)$，$y_1(kT)$，$y_2(kT)$ 和 $y(kT)$ 的值。

4-5　设连续系统传递函数

$$G(s)=\frac{s+1}{s^2+1.4s+1}$$

试用零极点匹配法求出相应的脉冲传递函数 $G(z)$，要求在 $z=-1$ 处补偿一个零点，采样周期 $T=1\text{s}$。

4-6　设连续环节传递函数 $D(s)$ 如下 $(T=0.1\text{s})$：

$$G(s)=\frac{1}{0.05s+1}$$

(1)用双线性变换法求相应的脉冲传递函数 $D_1(z)$。

(2)用频率预修正的双线性变换法求相应的脉冲传递函数 $D_2(z)$，特征频率 $\omega_0=20\text{rad/s}$。

(3)分别求出 $D_1(z)$，$D_2(z)$ 在 $\omega_0=20\text{rad/s}$ 时的幅值和相位，与连续环节在该频率处的幅值、相位相比较。

4-7　设传递函数

$$G(s)=\frac{as+b}{s(s+c)}$$

试用双线性变换法求其脉冲传递函数 $G(z)$。

4－8　设未校正的数字控制系统如图 4－48 所示。采样周期 $T=0.01\text{s}$，要求系统速度误差系数 $K_r\geqslant 100\text{s}^{-1}$，截止频率 $\omega_c\geqslant 35\text{s}^{-1}$，谐振峰值 $M_r\leqslant 1.3$，试用连续域-离散化方法求串联校正装置 $D(z)$ 及差分控制算法。

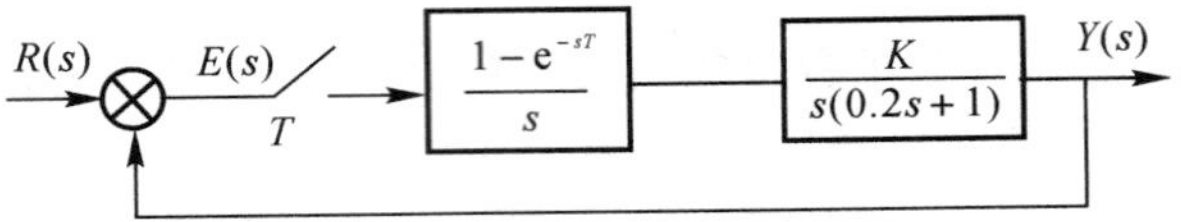

图 4－48　数字控制系统结构图

4－9　数字控制系统如图 4－49 所示，在 z 平面采用根轨迹法设计数字控制器，使闭环系统的主导极点的阻尼比为 0.5，调节时间 $t_s<2.25\text{s}$。选定 $T=0.2\text{s}$，连续部分传递函数为 $G(s)=\dfrac{1}{s(s+2)}$。

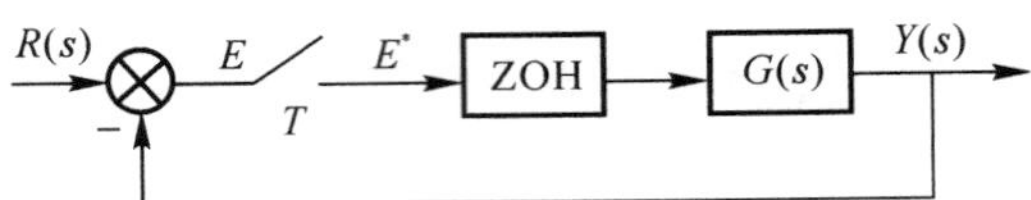

图 4－49　数字控制系统结构图

4－10　采样系统结构图如图 4－49 所示。采样周期 $T=0.25\text{s}$，零阶保持器（ZOH）$G_h(s)=(1-e^{Ts})/s$，被控传递函数为 $G(s)=K/s(s+4)$，试求：

(1) 此系统临界稳定时的增益；

(2) $K=4$ 时系统的阶跃响应。

4－11　系统结构图如图 4－50 所示，连续部分传递函数 $G(s)=1/s(s+1)$，采样周期 $T=1\text{s}$。未校正时，相度裕度近似为 30°，试分别利用相角迟后和相角超前控制器，使系统相角裕度为 50°，并比较这两种方法设计所得系统的时域特性。

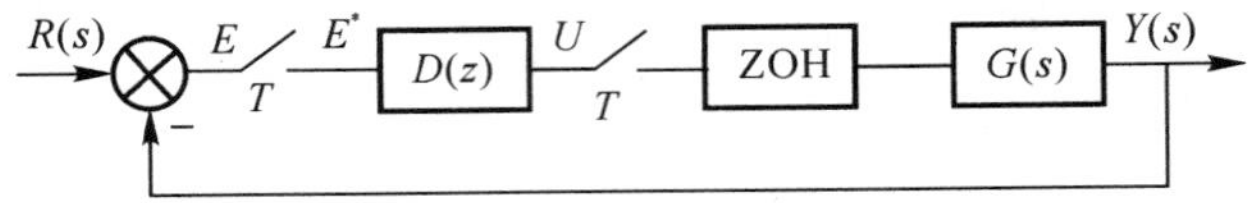

图 4－50　计算机控制系统结构图

4－12　系统结构图如图 4－50 所示，系统连续部分传递函数为 $G(s)=10/s(s+1)$，在 w' 域中，当采样周期 $T=0.1\text{s}$ 时，设计一串联校正装置，使系统满足以下指标要求：截止频率 $\omega_c\geqslant 4.4$，相角裕度 $\gamma\geqslant 45°$，稳态速度误差系数 $K_u\geqslant 10$ 。

4－13　如图 4－51 所示系统，已知 $T=0.01\text{s}$，

$$G_0(z)=\frac{1.368(z+0.7542)}{z^2+0.3957(z+1.4422)}$$

$$D(z)=K_P+\frac{K_I}{2}\frac{T(z+1)}{z-1}+K_D\frac{z-1}{Tz}$$

(1)试求 K_P，K_I 及 K_D 的值，使 $D(z)$ 的零点正好抵消 $G_0(z)$ 的极点；

(2)若速度误差常数 $K_v=0.5$，求闭环传递函数 $Y(z)/R(z)$；

(3)当 $R(z)$ 是阶跃输入时,求输出 $y(kT)$ 的稳态值和最大超调量。

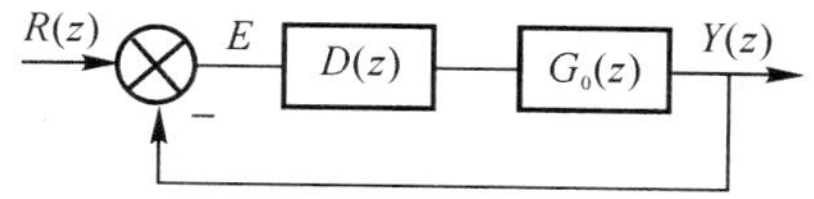

图 4-51　离散系统结构图

4-14　设广义被控对的脉冲传递函数为 $G(z)=\dfrac{0.5z^{-1}}{1-0.5z^{-1}}$,试针对单位速度输入设计最少拍无波纹数字控制器。

4-15　系统结构如图 4-50 所示,广义被控对象脉冲传递函数为

$$G(z)=\frac{0.265z^{-1}(1+2.78z^{-1})(1+0.2z^{-1})}{(1-z^{-1})(1-0.286z^{-1})}$$

试设计单位阶跃作用下的最少拍无波纹系统控制器 $D(z)$,并估算系统的调节时间。

4-16　如图 4-52 所示系统的输入信号 $r(t)=2\cdot1(t)$,试设计控制器 $D(z)$,使该系统为最少拍无波纹系统。

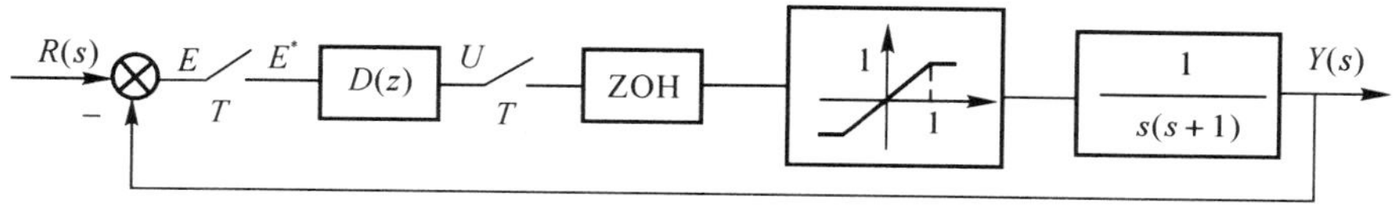

图 4-52　带饱和非线性的计算机控制系统

第 5 章　数字 PID 控制器设计

在计算机控制系统中，应用最广泛的一类控制器是 PID 控制器，它是按系统偏差的比例(Proportional,P)、积分(Integral,I)和微分(Differential,D)组合而成的控制规律。比例控制简单易行，积分的加入能消除静差，微分项则能提高快速性，改善系统的动态性能。计算机控制系统设计中，通过合理地调节 PID 控制器的参数就能获得满意的系统性能。

计算机技术的发展，不仅能将模拟 PID 控制器改为数字 PID 控制器在计算机中实现其功能，并且随着人工智能和启发式优化搜索算法的发展，进而不断改进数字 PID 控制器控制规律，使之朝着更加灵活和智能化的方向发展。

5.1　PID 控制器及其控制作用

PID 控制器中，常用的控制律有比例、比例积分、比例微分和比例积分微分几种，其作用是将计算所得的系统偏差 e 分别进行比例、比例加积分、比例加微分、比例加积分加微分运算后构成控制量输出，它们分别被称为比例控制器、比例积分控制器、比例微分控制器和比例积分微分控制器。

图 5-1 给出了模拟式 PID 控制器的框图。其比例控制项是简单地用常数 K_P 乘以误差信号；积分控制项是以误差的积分乘以 K_I；微分控制项则产生一个与误差信号对时间的微分成正比 K_D 的信号。积分项的功能是起减小稳态误差的作用，而微分项起超前控制的作用，以减小响应的超调。K_P，K_I，K_D 在现场均可灵活调试，以达到预期的控制性能。随着计算机技术的发展，原来的模拟式 PID 控制器逐渐被数字式 PID 控制器所替代，并大大扩展了其功能。

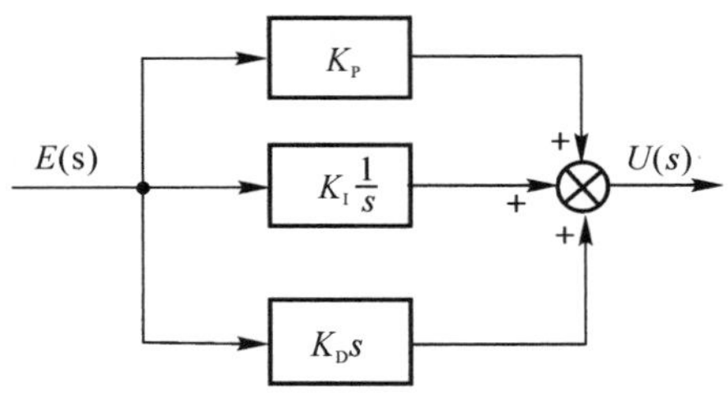

图 5-1　模拟式 PID 控制器

5.1.1　比例控制器

比例控制器是最简单的一种控制器，其控制规律为

$$u(t) = K_P e(t) \tag{5-1}$$

其中，K_P 为比例系数。应注意，式(5-1)中控制器输出 $u(t)$ 实际上是指对其起始基准量 u_0 的增量。

比例控制器的传递函数形式为

$$\frac{U(s)}{E(s)} = K_P \tag{5-2}$$

在计算机控制中习惯用增益的倒数表示控制器输入与输出间的比例关系，即

$$u(t)=\frac{1}{\delta}e(t) \tag{5-3}$$

式中，δ 称为比例度（或比例带）。其物理意义是指，如果 u 直接代表执行机构如调节阀开度的变化量，那么由式（5－3）可看出，δ 就代表使调节阀开度改变 100％（即由全关到全开）时，所需被调量的变化范围，只有当被调量处于此范围内时，调节阀开度（变化）才与偏差成比例。实际上，控制器的比例度 δ，习惯上用它相对被调量测量仪表量程的百分数表示。例如，若测量仪表的量程为 100℃，则 $\delta=50\%$ 就表示被调量需要改变 50℃ 才能使调节阀从全关到全开。

比例控制器对于偏差 $e(t)$ 是即时反应的，偏差一旦产生，控制器立即产生控制作用，使被控参数朝着减小偏差的方向变化，控制作用的强弱取决于比例系数 K_P（或 δ）。δ 很大意味着调节阀动作幅度很小，因此被调量变化较平缓，甚至无超调，若余差很大，调节时间变长。减小 δ 则调节阀动作幅度加大，系统振荡性增强，但仍可能稳定，余差相应减小。δ 具有临界值，此时系统处于临界稳定，δ 进一步减小会使系统失去稳定。

5.1.2　比例积分控制器

为了消除在比例调节中存在的余差，可以在比例调节的基础上引入积分调节。积分调节一般不单独采用，这是因为单纯的积分调节动作迟缓，在改善稳态准确度的同时往往使系统动态品质变坏，甚至不稳定。因此，实际生产中总是将比例和积分结合起来，形成比例积分控制器，其控制律为

$$u(t)=K_Pe(t)+K_I\int_0^t e(t)\mathrm{d}t=K_P[e(t)+\frac{1}{T_I}\int_0^t e(t)\mathrm{d}t] \tag{5-4}$$

式中，$T_I=\dfrac{K_P}{K_I}$ 为积分时间常数，K_I 为积分放大系数，两种写法是等价的表示。

比例积分控制器的传递函数为

$$\frac{U(s)}{E(s)}=K_P+K_I\frac{1}{s}=K_P\left(1+\frac{1}{T_Is}\right) \tag{5-5}$$

图 5－2 给出了比例积分控制器对偏差阶跃变化的时间响应，响应除按比例变化的部分外，还有误差积累的部分。在阶跃输入瞬间，控制器立即输出幅值为 $K_P\Delta e$ 的阶跃，然后以固定的速度 $K_P\Delta e/t$ 变化，当 $t=T_I$ 时，输出的积分部分正好等于比例部分，控制器总输出为 $2K_P\Delta e$，所以，T_I 可以衡量积分部分在总输出中所占的比例。在比例系数不变的情况下，增大积分时间 T_I，积分作用减弱，反之，则积分作用加强。也即增大 T_I 将减慢消除静差的过程，但可减少超调，提高系统的稳定性；反之，减小 T_I 则系统稳定性降低，振荡加剧，调节过程加快，振荡频率升高。图 5－3 表示某控制系统在不同积分时间 T_I 的响应过程。

引入积分作用可以消除系统静差，若偏差不为零，它将通过控制器的积累作用影响控制量 u 以减小偏差，直至偏差为零，系统达到稳态。这也意味着被控对象在负荷扰动下的调节过程结束后，被调量无偏差，调节阀则可以停在新的负荷所要求的开度上，而引入积分的缺点是降低了原有系统的稳定性，为保持控制系统原有的衰减率，应适当加大 PI 控制器的比例度。

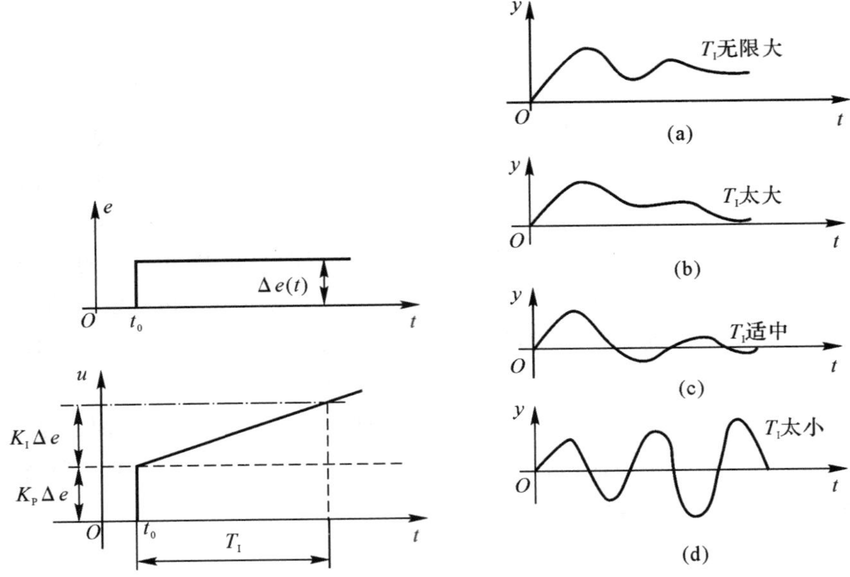

图 5－2　PI 控制器的阶跃响应　　　图 5－3　PI 控制系统不同积分时间的响应过程

5.1.3　比例微分控制器

前文所讨论的比例及比例积分调节都是根据偏差的方向和大小进行调节的，如果控制器能根据被调量变化速度来控制调节，而不是等到被控量出现较大偏差时才开始控制调节器的输出，也即按偏差变化的趋向进行控制，就能起到提前调节的作用，此时控制器的输出与偏差对时间的导数成正比，也即微分控制。单纯的微分控制很少采用，这是因为其对静态偏差没有抑制能力，所以通常将微分作用与比例作用结合起来形成比例微分控制律，可表示为

$$u(t) = K_P e(t) + K_D \frac{\mathrm{d}e(t)}{\mathrm{d}t} = K_P\left[e(t) + T_D \frac{\mathrm{d}e(t)}{\mathrm{d}t}\right] \tag{5-6}$$

式中，K_D 为微分放大系数；$T_D = K_D/K_P$ 为微分时间常数。按照上式，比例微分控制器的传递函数应为

$$\frac{U(s)}{E(s)} = K_P + K_D s = K_P(1 + T_D s) \tag{5-7}$$

图 5－4 给出了比例微分控制器的斜坡响应曲线。可以看出，如果 $T_D = 0$，即没有微分作用，那么输出 $u(t)$ 将按虚线变化，引入微分作用后，$u(t)$ 按实线变化，这表明由于微分作用的引入使控制器输出提前一段时间发生，提前时间等于 T_D。由此可见，比例微分控制器有导前作用，其导前时间即微分时间 T_D。

稳态下，比例微分控制器的微分部分输出为零，因此，比例微分控制也是有偏差的。偏差变化越快，微分校正越强，所以微分调节作用总是力图减少超调，抑制被控量的振荡，它有提高控制系统稳定性的作用。

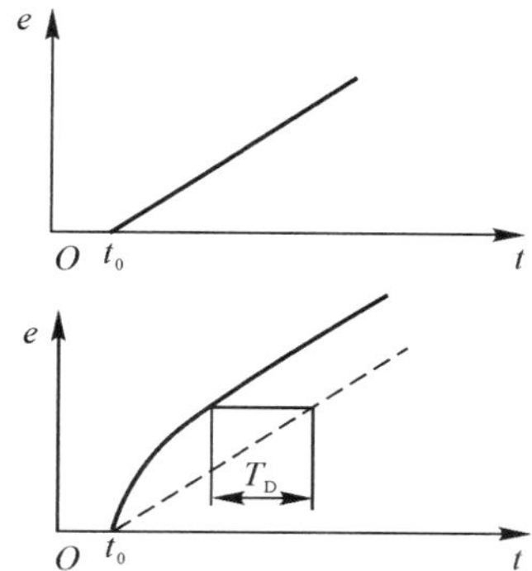

图 5-4　比例微分控制器的斜坡响应

5.1.4　比例积分微分控制器

比例积分微分控制器的控制规律时域描述为

$$u(t)=K_P\left[e(t)+\frac{1}{T_I}\int_0^t e(t)\mathrm{d}t+T_D\frac{\mathrm{d}e(t)}{\mathrm{d}t}\right] \tag{5-8}$$

其传递函数为

$$\frac{U(s)}{E(s)}=K_P+K_I\frac{1}{s}+K_Ds=K_P(1+\frac{1}{T_Is}+T_Ds) \tag{5-9}$$

应指出，实际的 PID 与理想的 PID 特性是有差别的，图 5-5 所示为当偏差 $e(t)$ 作阶跃变化时实际 PID 控制器的响应。图中虚线表示理想特性。当控制器输入端加入阶跃信号时，先由微分和比例作用产生跳变输出，此后随着微分作用衰减，积分作用逐渐加大，直到 $e(t)=0$ 为止。当然，在实际生产过程中 $e(t)$ 是不断变化的，因此比例、积分、微分三种作用在任何时候都是协调配合工作的，如果 K_P，K_I，K_D 三个参数配合得当，可以获得满意的控制质量。

为了对以上四种控制规律进行比较，图 5-6 给出了同一对象在相同阶跃扰动下采用不同控制规律时具有同样衰减率的响应过程。显然，采用 PID 控制时效果最好，但这并不是说在任何情况下采用 PID 调节都最合理。此外，若控制器参数整定不合适，也不能发挥三种控制信号应有的作用。

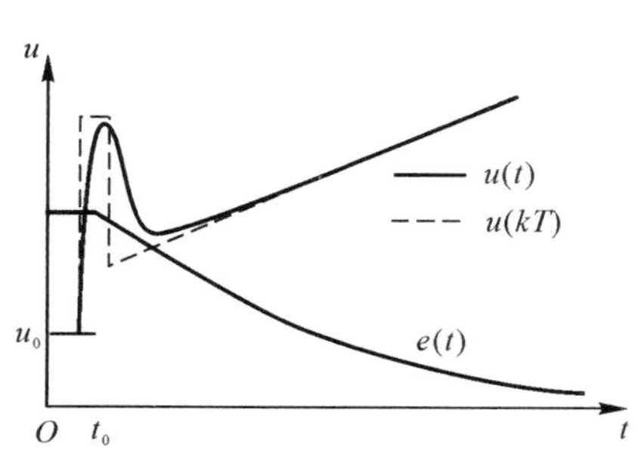

图 5-5　阶跃变化输入时，实际 PID 控制器输出的响应

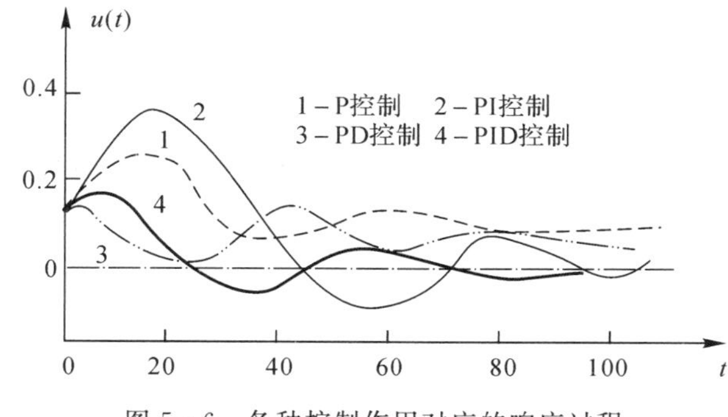

图 5-6　各种控制作用对应的响应过程

5.2 数字 PID 控制算法

5.2.1 模拟 PID 控制器的离散化

自从计算机进入控制领域以来，用数字计算机代替模拟控制器组成计算机控制系统，不但可以用计算机软件实现 PID 控制算法，而且进一步利用计算机的逻辑功能，使 PID 控制更加灵活多样。

对于图 5－1 所示的模拟式 PID 控制，可以运用第 4 章介绍的各种离散化方法进行连续域-离散化设计。若比例控制部分仍用比例常数 K_P 来实现，积分项选用双线性变换法进行离散化，微分项用一阶后向差分法离散化，则可得到图 5－7 所示的数字式 PID 控制器。数字式 PID 控制器设计的主要任务是确定 K_P，K_I，K_D 的值，以使控制系统达到规定的指标。

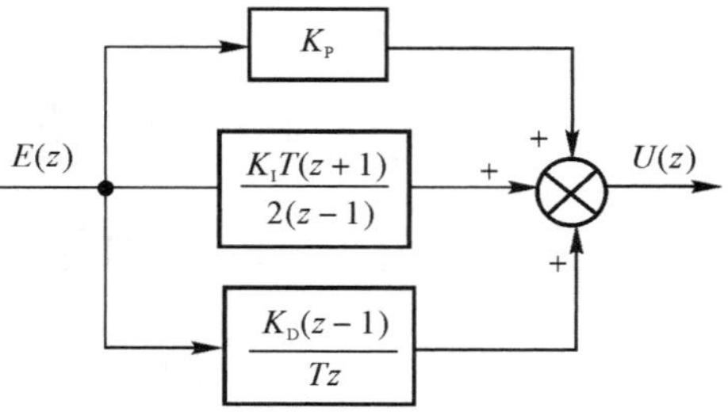

图 5－7　数字式 PID 控制器框图

例 5－1　计算机控制系统如图 5－8 所示，采样周期 $T=0.1\mathrm{s}$，传感器模型为 $H(s)=1$，被控数学模型为

$$G(s)=\frac{10}{(s+1)(s+2)}$$

试分析未加 PID 校正作用及参数的选择。

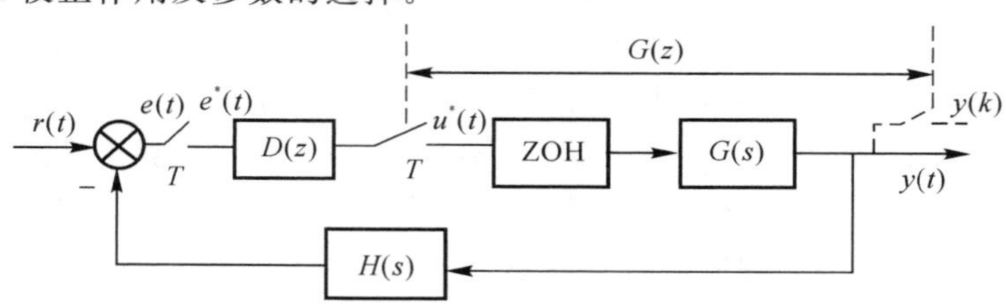

图 5－8　典型的计算机控制系统

解　由图 5－8 计算被控对象的脉冲传递函数，可得

$$G(z)=Z\left[\frac{1-\mathrm{e}^{-sT}}{s}\frac{10}{(s+1)(s+2)}\right]=(1-z^{-1})Z\left[\frac{5}{s}-\frac{10}{s+1}+\frac{5}{s+2}\right]$$

$$=(1-z^{-1})\left(\frac{5}{1-z^{-1}}-\frac{10}{1-\mathrm{e}^{-T}z^{-1}}+\frac{5}{1-\mathrm{e}^{-2T}z^{-1}}\right)=\frac{0.045\,3(z+0.904)}{(z-0.905)(z-0.819)}$$

(1)未校正的系统。闭环脉冲函数：

$$\Phi(z)=\frac{G(z)}{1+G(z)}=\frac{0.045\,3(z+0.904)}{z^2-1.679z+0.782}$$

其特征根为

$$z_{1,2}=0.84\pm \mathrm{j}0.278$$

当系统输入单位阶跃函数时，输出是有偏的，稳定误差为

$$e_z = 1 - \lim_{k\to\infty} y(kt) = 1 - \lim_{z\to 1}(1 - z^{-1})Y(z) = 1 - \lim_{z\to 1}\frac{0.0453(z+0.904)}{z^2 - 1.679z + 0.782} = 0.163$$

系统脉冲输出为

$$Y(z) = \frac{G(z)}{1+G(z)}R(z) = \frac{0.0453(z+0.904)}{z^2 - 1.679z + 0.782}\,\frac{z}{z-1} = \frac{0.0453(z^2+0.904z)}{z^3 - 2.679z^2 + 2.461z - 0.782}$$

(2)在系统中引入 PI 控制器如图 5-7 所示(令 $K_D = 0$)。开环脉冲函数为

$$D(z)G(z) = \left[K_P + \frac{K_I T(z+1)}{2(z-1)}\right]\frac{0.0453(z+0.904)}{(z-0.905)(z-0.819)}$$

$$= \frac{(2K_P + K_I T)\left(z + \dfrac{K_I T - 2K_P}{K_I T + 2K_P}\right)}{2(z-1)}\,\frac{0.0453(z+0.904)}{(z-0.905)(z-0.819)}$$

选择 K_P,K_I 参数,使其组成开环脉冲函数的一个零点来对消系统的一个极点,即

$$z + \frac{K_I T - 2K_P}{K_I T + 2K_P} = z - 0.905$$

得

$$\frac{K_I T - 2K_P}{K_I T + 2K_P} = -0.905 \qquad \frac{K_P}{K_I} = 10.026T$$

若选 $K_P = 1$,取 $T = 0.1\mathrm{s}$,则 $K_I = 0.997$,代入 PI 控制器中,这样控制器为

$$D(z) = 1.0499 \times \frac{z-0.905}{z-1}$$

计算机控制系统开环脉冲传递函数:

$$D(z)G(z) = 1.0499 \times \frac{z-0.905}{z-1}\,\frac{0.0453(z+0.904)}{(z-0.905)(z-0.819)} = \frac{0.0476(z+0.904)}{(z-1)(z-0.819)}$$

闭环脉冲传递函数:

$$\Phi_1(z) = \frac{D(z)G(z)}{1+D(z)G(z)} = \frac{0.0476(z+0.904)}{(z-1)(z-0.819)+0.0476(z+0.904)} = \frac{0.0476(z+0.904)}{z^2 - 1.771z + 0.862}$$

在单位阶跃下系统输出为

$$Y_1(z) = \Phi_1(z)\,\frac{z}{z-1} = \frac{0.0476z(z+0.904)}{(z-1)(z^2 - 1.771z + 0.862)}$$

系统校正后,超调量 $\sigma = 45\%$,稳态误差 $e_z = 0$。

(3)在系统中引入全状态的 PID 控制器,可得

$$D(z) = K_P + \frac{K_I T(z+1)}{2(z-1)} + \frac{K_D(z-1)}{Tz}$$

$$= \frac{z^2 + \dfrac{K_I T^2 - 2K_P T - 4K_D}{K_I T^2 + 2K_P T + 2K_D}z + \dfrac{2K_D}{K_I T^2 + 2K_P T + 2K_D}}{2Tz(z-1)}$$

根据题意需要求三个控制参数:K_P,K_I,K_D。

若要求系统速度误差系数为 $K_v = 5$,列一个方程,另外两个方程可以用 PID 控制器的两个零点对消原系统的两个极点获得解。

$$K_v = \frac{1}{T}\lim_{z\to 1}(z-1)D(z)G(z) = 5K_I$$

若取 $K_I = 1$,则系统速度误差系数为 $K_v = 5$。

$$z^2 + \frac{K_I T^2 - 2K_P T - 4K_D}{K_I T^2 + 2K_P T + 2K_D}z + \frac{2K_D}{K_I T^2 + 2K_P T + 2K_D} = (z-0.905)(z-0.819)$$

由系数比较可得

$$K_P = 1.45 \qquad K_D = 0.43$$

$$D(z)G(z) = \frac{0.263(z+0.904)}{z(z-1)}$$

$$\Phi(z) = \frac{0.263(z+0.904)}{z^2-0.737z+0.238}$$

在单位阶跃输入下脉冲输出函数为

$$Y(z) = \Phi(z)R(z) = \frac{0.263(z+0.904)}{z^2-0.737z+0.238}\frac{z}{z-1}$$

验证:超调量为 $\sigma = 4\%$。

未加 PID 校正与加入 PID 校正后的输出曲线如图 5-9 所示。

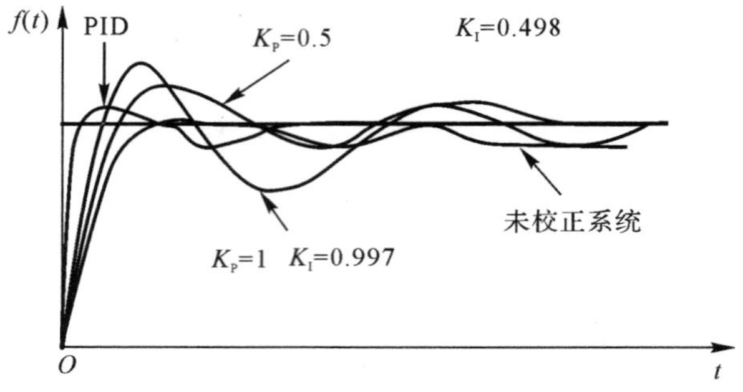

图 5-9 系统响应输出

5.2.2 位置式 PID 控制算法和增量式 PID 控制算法

常用的模拟式 PID 控制有两种控制算法:位置式控制算法和增量式控制算法。相应地,离散化以后的数字式 PID 控制也有位置式控制算法和增量式控制算法两种。

1. 位置式 PID 控制算法

由于计算机控制根据采样时刻的偏差值计算控制量,为简化计算,离散化时,用矩形法数值求和来近似地连续积分,用一阶后向差分近似代替微分,即

$$\int_0^t e(t)\mathrm{d}t \approx \sum_{i=0}^{k} T_s e(i) \tag{5-10}$$

$$\frac{\mathrm{d}e(t)}{\mathrm{d}t} \approx \frac{e(k)-e(k-1)}{T_s} \tag{5-11}$$

式中,T_s 为采样周期;k 是为采样序号,$k=1,2,\cdots$;$e(k-1)$ 和 $e(k)$ 分别为第 $(k-1)$ 次和第 k 次采样的偏差。

将式(5-10)和式(5-11)代入式(5-8),可得差分方程为

$$\begin{aligned} u(k) &= K_P e(k) + K_I T_s \sum_{i=0}^{k} e(i) + K_D \frac{[e(k)-e(k-1)]}{T_s} \\ &= K_P \left\{ e(k) + \frac{T_s}{T_I}\sum_{i=0}^{k} e(i) + \frac{T_D}{T_s}[e(k)-e(k-1)] \right\} \end{aligned} \tag{5-12}$$

式中，K_P 为比例系数；K_I 为积分系数；K_D 为微分系数。

式(5-12)称为位置数字式 PID 控制算法。图 5-10 为位置数字式 PID 控制系统示意图。由式(5-12)可以看出，控制输出 $u(k)$ 为全量输出，每一拍的 $u(k)$ 与被控量的位置一一对应，即 $u(k)$ 输出对应于执行机构的位置(如调节阀的开度)，故称位置式算法。

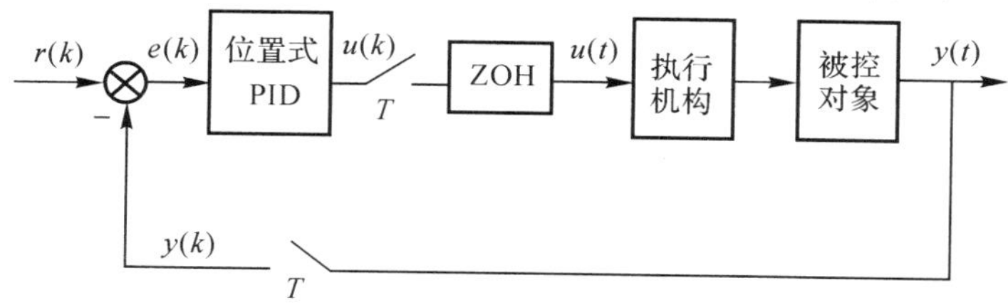

图 5-10 位置数字式 PID 控制系统

值得指出的是，这种算法在某些应用场合会受到限制，因为控制器的输出与过去所有状态有关，需要对偏差 $e(i)$ 进行累加求和，会占用较多的内存单元，计算量往往受到计算机内存单元的限制。

2. 增量式 PID 控制算法

目前增量式 PID 控制算法因为可靠性高于位置式算法而应用更为广泛。在这种算法中，计算机的输出是控制增量 $\Delta u(k)$。当执行机构的控制量为增量时可由式(5-12)导出增量式 PID 控制算法：

$$\begin{aligned}\Delta u(k) &= u(k) - u(k-1) \\ &= K_P\left\{e(k) - e(k-1) + \frac{T_s}{T_I}e(k) + \frac{T_D}{T_s}[e(k) - 2e(k-1) + e(k-2)]\right\}\end{aligned} \tag{5-13}$$

或

$$\Delta u(k) = K_P[e(k) - e(k-1)] + K_I T_s e(k) + K_D \frac{[e(k) - 2e(k-1) + e(k-2)]}{T_s} \tag{5-14}$$

式中，$\Delta u(k)$ 对应于第 k 时刻控制量输出的增量，也即增量的累积和。

$$u(k) = \sum_{i=0}^{k} \Delta u(i) \tag{5-15}$$

增量的累积可以采用硬件来实现，目前许多增量式的数字控制系统多采用含有积分的执行机构，步进电机是一个典型数字执行机构，具有积分特性。图 5-11 为增量式 PID 控制系统示意图。

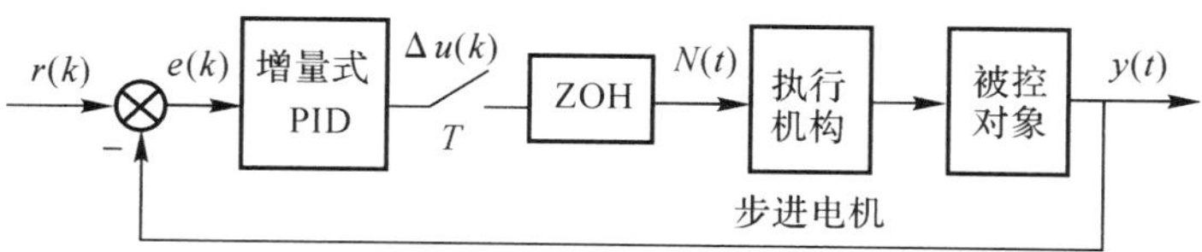

图 5-11 增量式 PID 控制系统

实际上，位置式 PID 控制和增量式 PID 控制对整个闭环系统并无本质区别，只是将原来由计算机承担的算式，分出一部分由其他部件如步进电机去完成。步进电机起积分元件的作用，并兼作输出保持器。步进电机转过的角度对应于执行机构的位置。

增量式控制虽需附加积分环节，但它有如下一些优点：

(1) 由于计算机每次只输出控制增量，即对应执行机构位置的变化量，故计算机有故障时影响的范围较小，从而不会严重影响控制过程。

(2) 手动、自动切换时冲击小，其原因是由于增量式控制时，执行机构位置与步进电机转角一一对应，设定手动输出值比较方便。

(3) 增量算式中没有累加项，控制增量 $\Delta u(k)$ 仅与最近几次的采样值有关，较容易通过加权处理获得比较好的控制效果。

下面进一步给出 PID 位置式及增量式算法的程序设计。将位置式算法式(5-12)改写为

$$u(k)=u_{\mathrm{P}}(k)+u_{\mathrm{I}}(k)+u_{\mathrm{D}}(k) \tag{5-16}$$

其中

$$\begin{cases} u_{\mathrm{P}}(k)=K_{\mathrm{P}}e(k) \\ u_{\mathrm{I}}(k)=K_{\mathrm{I}}T_{\mathrm{s}}e(k)+K_{\mathrm{I}}T_{\mathrm{s}}\sum\limits_{i=0}^{k-1}e(k) \\ \qquad\quad =K_{\mathrm{I}}T_{\mathrm{s}}e(k)+u_{\mathrm{I}}(k-1) \\ u_{\mathrm{D}}(k)=K_{\mathrm{D}}\dfrac{[e(k)-e(k-1)]}{T_{\mathrm{s}}} \end{cases}$$

根据式(5-14)可进行增量式程序设计。在编程时，为节省运算时间，可将式(5-14)改写为

$$\Delta u(k)=K_{\mathrm{P}}\Delta e(k)+K_{\mathrm{I}}T_{\mathrm{s}}e(k)+K_{\mathrm{D}}\frac{[\Delta e(k)-\Delta e(k-1)]}{T_{\mathrm{s}}} \tag{5-17}$$

其中

$$\Delta e(k)=e(k)-e(k-1) \tag{5-18}$$

以上位置式、增量式 PID 算式的共同特点是比例、积分和微分作用可以彼此独立，这就便于操作人员直观理解和检查各参数对控制效果的影响。通常为进一步减少计算时间，也可将增量算式式(5-14)改写为

$$\begin{aligned}\Delta u(k)&=(K_{\mathrm{P}}+K_{\mathrm{I}}T_{\mathrm{s}}+\frac{K_{\mathrm{D}}}{T_{\mathrm{s}}})e(k)-\left(K_{\mathrm{P}}+2\frac{K_{\mathrm{D}}}{T_{\mathrm{s}}}\right)e(k-1)+\frac{K_{\mathrm{D}}}{T_{\mathrm{s}}}e(k-2)\\&=K_{\mathrm{P}}\left(1+\frac{T_{\mathrm{s}}}{T_{\mathrm{I}}}+\frac{T_{\mathrm{D}}}{T_{\mathrm{s}}}\right)e(k)-K_{\mathrm{P}}\left(1+2\frac{T_{\mathrm{D}}}{T_{\mathrm{s}}}\right)e(k-1)+K_{\mathrm{P}}\frac{T_{\mathrm{D}}}{T_{\mathrm{s}}}e(k-2)\end{aligned} \tag{5-19}$$

令

$$a_0=K_{\mathrm{P}}\left(1+\frac{T_{\mathrm{s}}}{T_{\mathrm{I}}}+\frac{T_{\mathrm{D}}}{T_{\mathrm{s}}}\right),a_1=-K_{\mathrm{P}}\left(1+\frac{2T_{\mathrm{D}}}{T_{\mathrm{s}}}\right),a_2=K_{\mathrm{P}}\frac{T_{\mathrm{D}}}{T_{\mathrm{s}}} \tag{5-20}$$

则

$$\Delta u(k)=a_0e(k)+a_1e(k-1)+a_2e(k-2) \tag{5-21}$$

式(5-21)已看不出比例、积分和微分作用，它只反映各次采样所得偏差对控制作用的影响，为此也称它为偏差系数控制算式。

5.3 PID 算法的改进

为了适应不同被控制对象和系统的要求，解决计算机控制中实际所遇到的一些问题，改善系统品质，可在 PID 基本算法基础上作某些改进，形成非标准的控制算法。下面分别讨论积

分算法和微分算法的改进 PID 算法。

5.3.1　积分算法的改进

在 PID 控制中，积分作用是消除静差，但往往会带来积分饱和，积分控制量输出超出了控制信号容许的范围。为了提高控制性能，对积分项可采取以下改进措施。

1. 积分分离 PID 算法

采用基本 PID 算法的单回路计算机控制系统，其中积分项虽有利于改善静差，但当系统执行机构的线性范围受限时，长期的积分非常容易造成积分饱和，在积分项的作用下会产生过调，形成系统的振荡，严重地降低系统动态特性，如飞机的环控系统中温度控制、舱压控制、航空发动机的比推力控制等调节缓慢的控制过程等。对此，为改善系统动态质量，可利用计算机的逻辑判断功能，采用积分分离 PID 算法。它的基本思路是，当被控量与设定值偏差较大时，取消积分作用，以免积分作用使系统稳定性降低、超调量加大；当被控量接近给定值时，才将积分作用加入，以便消除静差，提高控制精度。

在位置 PID 算法公式的积分项上乘一个逻辑系数 a，a 按下式取值：

$$a = \begin{cases} 1 & |e(k)| \leqslant e_0 \\ 0 & |e(k)| > e_0 \end{cases} \tag{5-22}$$

这里 e_0 是误差积分控制阈值，则积分分离形式为

$$u(k) = K_P\{e(k) + a \times \frac{T_s}{T_I}\sum_{i=0}^{k} e(i) + \frac{T_D}{T_s}[e(k) - e(k-1)]\} \tag{5-23}$$

当 $|e(k)| > |e_0|$ 时，逻辑系数 $a=0$，这时只加入 P，D 控制，则式(5-23)可写为

$$\begin{aligned} u(k) &= K_P\left\{e(k) + \frac{T_D}{T_s}[e(k) - e(k-1)]\right\} \\ &= K_P(1 + \frac{T_D}{T_s})e(k) - \frac{K_P T_D}{T_s}e(k-1) \\ &= b_0 e(k) - b_1 e(k-1) = b_0 e(k) - f(k-1) \end{aligned} \tag{5-24}$$

式中

$$b_0 = K_P(1 + \frac{T_D}{T_s}), \quad b_1 = \frac{K_P T_D}{T_s}, \quad f(k-1) = b_1 e(k-1) \tag{5-25}$$

当 $|e(k)| < |e_0|$ 时，使 $a=1$，此时 P，I，D 控制均引入，则采用增量式算法式(5-14)形式，并整理可得

$$u(k) = a_0 e(k) + g(k-1) \tag{5-26}$$

式中

$$g(k-1) = u(k-1) + a_1 e(k-1) + a_2 e(k-2) \tag{5-27}$$

a_0，a_1，a_2 的形式与式(5-20)相同。

积分分离 PID 程序框图如图 5-12 所示。由算法可见，控制量 $u(t)$ 仅反映各项偏差对控制作用的影响，已看不出比例、积分、微分作用的直接关系。此外，从式(5-24)与式(5-26)可见，$u(k)$ 的计算式也十分简单。

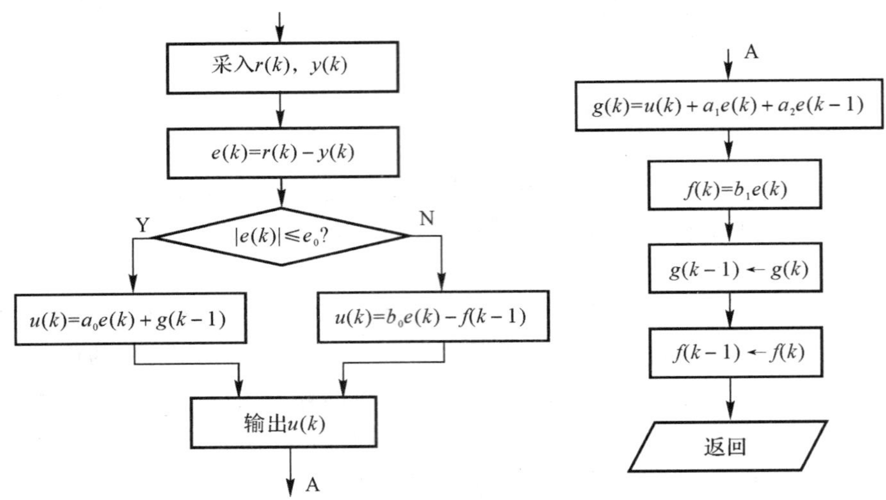

图 5－12　积分分离 PID 程序框图

采用积分分离 PID 算法后控制效果如图 5－13 所示。图中曲线 1 为具有积分分离 PID 算式的阶跃响应曲线，曲线 2 为普通 PID 控制效果。可看出，前者的控制性能有较大改善。曲线 1 中在偏差 $|e(k)|=|r(k)-y(k)|<|e_0|$ 的范围内，采用的是 PID 算法，在该偏差域外，采用的是 PD 控制。值得注意的是为保证引入积分作用后系统的稳定性不变，在输入积分作用时比例增益 K 应作相应变化，这可在编程时予以考虑。此外 e_0 值应根据具体对象及要求而定，若 e_0 过大，则达不到积分分离目的；若 e_0 过小，则被控量无法进入积分使用区，只进行 PD 控制将会出现余差。

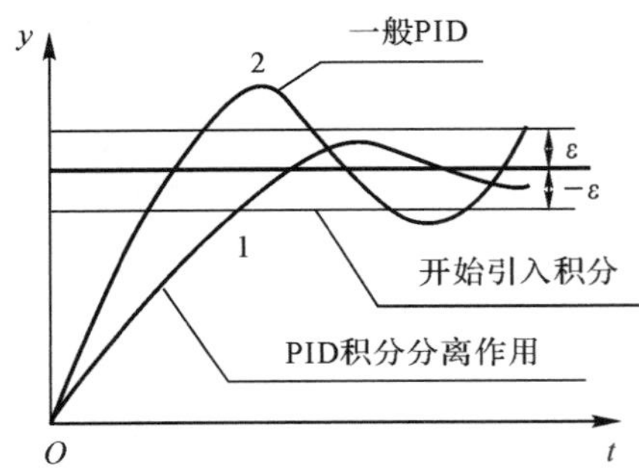

图 5－13　积分分离法克服积分饱和

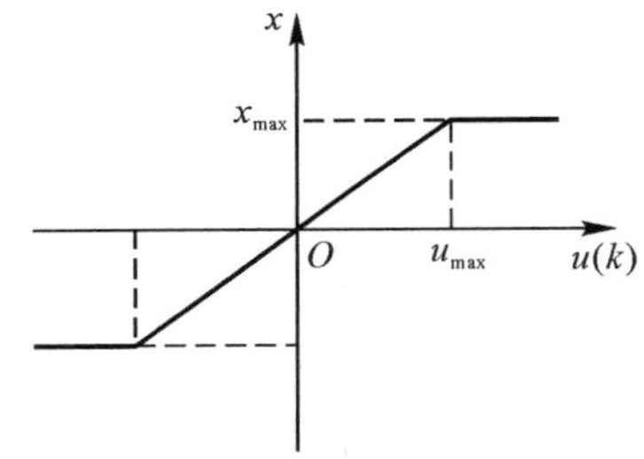

图 5－14　执行机构饱和特性

2. 抗积分饱和算法

所谓积分饱和现象是指若系统存在一个方向的偏差，PID 控制器的输出由于积分作用的不断积累而加大，从而导致执行机构达到极限位置 x_{max}（如发动机油门开度达到最大），若控制器输出 $u(k)$ 继续增大，油门开度不可能再增大。如图 5－14 所示，此时就称计算机输出控制量超出了正常运行范围进入了饱和区。一旦系统出现反向偏差，$u(k)$ 逐渐从饱和区退出。进入饱和越深，则退出饱和区所需时间越长。在这段时间内，执行机构仍停留在极限位置而不能随偏差反向立即做出相应的改变。这时系统好像失去控制一样，造成控制性能恶化。这种现象称积分饱和现象，或称积分失控现象。

图 5－15 中的曲线为给定值 r 从 0 突变到 r^* 时，按位置式 PID 算法式（5－12）对某被控

对象进行控制时，控制量 u 和系统输出 y 的变化过程。曲线 a 为执行机构运动不受限制情况下的理想曲线；曲线 b 为当执行机构最大位置（如阀门开度）只能取 x_{max} 时，x 和系统输出 y 的变化过程。后者由于 x 受限，所以系统输出 y 的增长要比前者慢。因此，偏差将比前者持续更长的时间保持在正值，从而使式（5－12）中积分项有较大积累值，在输出 y 超过设定值 r^* 后，偏差 $e(t)$ 开始变号，但由于积分项的累积值 $e(t)$ 很大，因此还须经过一段时间 t 后才能使积分项输出减小到使 x 退出饱和区。这样就使系统出现超调过大，这往往是计算机控制所不允许的。

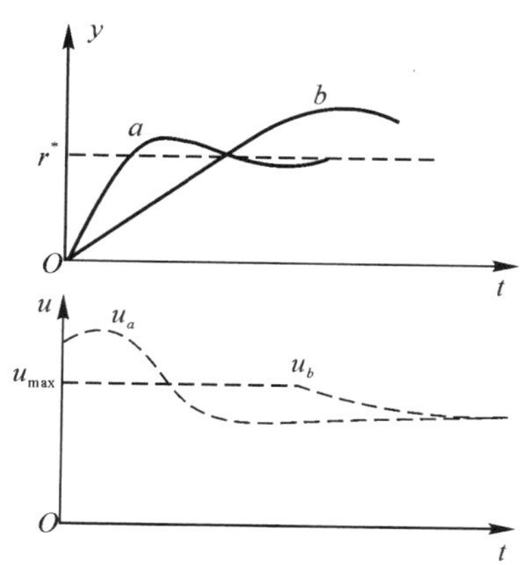

图 5－15　PID 位置算法的积分饱和现象

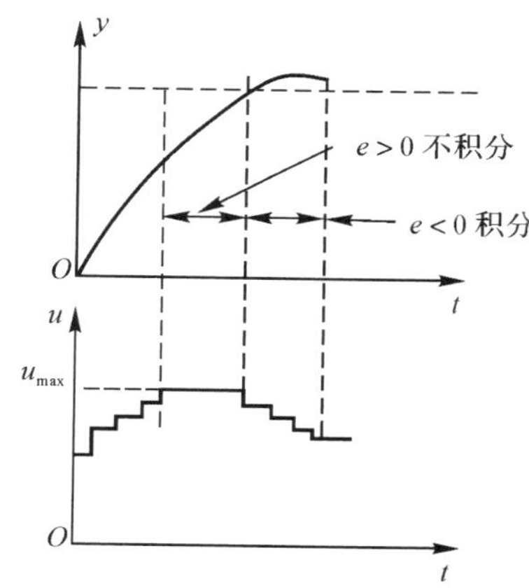

图 5－16　过限削弱积分法克服积分

作为防止积分饱和的办法之一就是过限削弱积分法。这种方法的基本思路是，在计算 $u(k)$ 时，首先判断上一时刻的控制量 $u(k-1)$ 是否已超出限制范围，若 $u(k-1)\geqslant u_{max}$（对应油门最大允许开度），再判断 $e(k)$ 是否大于零，若 $e(k)\geqslant 0$，则 $e(k)$ 不计入积分项；若 $e(k)<0$，则 $e(k)$ 计入积分项，如图 5－16 所示。若 $u(k-1)\leqslant u_{min}$（对应油门允许最小开度），再判断 $e(k)$ 是否大于零，若 $e(k)>0$，则 $e(k)$ 计入积分项，若 $e(k)\leqslant 0$，则 $e(k)$ 不计入积分项，相应的算法流程如图 5－17所示。

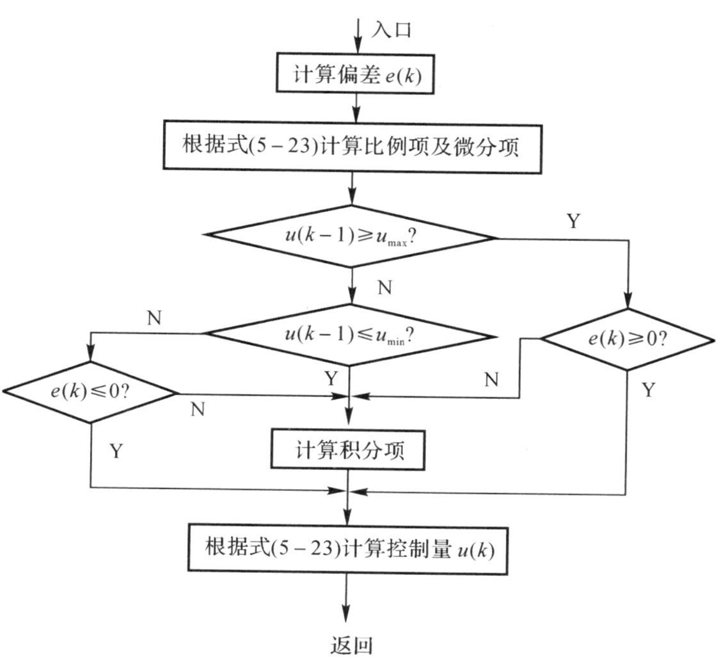

图 5－17　采用过限削弱积分法的 PID 位置算法流程

3. 变速积分 PID 算法

在传统的 PID 控制算法中，由于积分系数 K_I 是常数，所在整个控制过程中，积分增量不变。而系统对积分项的要求是，系统偏差大时积分作用减弱甚至全无，而在小偏差时则应加强。否则，积分系数取大了会产生超调，甚至积分饱和，取小了又迟迟不能消除静差。因此，如何根据系统偏差大小改变积分的速度，这对于提高调节品质是很重要的。下面所述变速积分PID算法可较好解决这一问题。

变速积分PID算法的基本思路是设法改变积分项的累加速度使其与偏差大小相对应，偏差越大，积分越慢，反之则越快。

为此，设置一系数 $f[e(k)]$，它是 $e(k)$ 的函数。当 $e(k)$ 增大时，f 减小，反之增大。

变速积分的PID积分项表达式为

$$u(k)=K_{\mathrm{I}}T_{\mathrm{s}}\left\{\sum_{j=0}^{k-1}e(j)+f[e(k)]e(k)\right\} \tag{5-28}$$

f 与偏差当前值 $|e(k)|$ 的关系可以是线性的或非线性的，例如可设其为

$$f[e(k)]=\begin{cases}1 & |e(k)|\leqslant B\\ \dfrac{A-|e(k)|+B}{A} & B<|e(k)|\leqslant A+B\\ 0 & |e(k)|>A+B\end{cases} \tag{5-29}$$

f 值在0～1区间内变化，当偏差大于所给分离区间 $A+B$ 时，$f=0$，不再对当前值 $e(k)$ 进行继续累加；当偏差 $|e(k)|$ 小于 B 时，加入当前值 $e(k)$，即积分项变为 $u(k)=K_{\mathrm{I}}\sum_{j=0}^{k}e(j)$，与一般PID积分项相同，积分动作达到最高速；而当偏差 $|e(k)|$ 在 B 与 $A+B$ 之间时，则累加计入的是部分当前值，其值在 $0\sim|e(k)|$ 之间随 $|e(k)|$ 的大小而变化，因此，其积分速度在 $K_{\mathrm{I}}\sum_{j=0}^{k-1}e(j)$ 和 $K_{\mathrm{I}}\sum_{j=0}^{k}e(j)$ 之间。将式(5-29)代入位置型PID算式，得变速积分PID算式

$$u(k)=K_{\mathrm{P}}e(k)+K_{\mathrm{I}}T_{\mathrm{s}}\left\{\sum_{i=0}^{k-1}e(i)+f[e(k)]e(k)\right\}+K_{\mathrm{D}}\frac{[e(k)-e(k-1)]}{T_{\mathrm{s}}} \tag{5-30}$$

这种算法对 A,B 两参数的要求并不十分精确，参数整定较容易。

变速积分与积分分离两种控制方法很类似，但调节方式不同，前者对积分项采用的是缓慢变化，而后者则采用所谓“开关”控制。前者调节质量更高。

4. 消除积分的不灵敏区

PID数字控制器的增量型算式式(5-14)中积分作用为

$$\Delta u_{\mathrm{I}}(k)=K_{\mathrm{P}}\frac{T_{\mathrm{s}}}{T_{\mathrm{I}}}e(k)=K_{\mathrm{I}}T_{\mathrm{s}}e(k) \tag{5-31}$$

由于计算机字长的限制，当运算结果小于字长所能表示数的精度时，计算机就将此数作为“零”丢失。由式(5-31)可知，当计算机的运算字长较短、采样周期也较短而积分时间常数 T_{I} 又较长时，容易出现 $\Delta u_{\mathrm{I}}(k)$ 小于字长的精度而丢数，从而失去积分作用，这种现象称为积分不灵敏区。

例5-2 某温度控制系统，温度量程为0～1 275℃，A/D转换器为8位并采用8位字长定点运算，设 $K_{\mathrm{P}}=1$，$T_{\mathrm{I}}=10\mathrm{s}$，$T_{\mathrm{s}}=1\mathrm{s}$，$e(k)=50℃$，根据式(5-31)可得

$$\Delta u_{\mathrm{I}}(k)=K_{\mathrm{P}}\frac{T_{\mathrm{s}}}{T_{\mathrm{I}}}e(k)=\frac{1}{10}\times\left(\frac{255}{1\ 275}\times 50\right)=1$$

式中，255/1 275为将温度转换为8位字长所表示的十进制数的转换系数。

计算表明，如果偏差 $e(k)<50℃$，则 $\Delta u_{\mathrm{I}}(k)<1$，即小于8位字长的分辨率，计算机就此

数作为零丢失，从而数字控制器无积分作用，只有当偏差 $e(k)$ 达到 50℃以上时，积分项输出 $\Delta u_1(k)$ 才达到该计算机的分辨率，开始有积分作用，因此，必然会使系统产生余差，影响控制效果。

为了避免出现这种现象，可采取如下措施：

(1) 增加 A/D 转换位数，提高测量精度，并在数字控制器中增加运算字长（如采用 32 位）以便提高运算精度。

(2)将每次出现的微小的积分分量累积起来，即 $u'_1(k)=\sum_{i=0}^{k}\Delta u_1(i)$，在累积达到 D/A 转换器最低位数据 A 时向外输出，同时将累积单元清零，其算法流程图如图 5-18 所示。

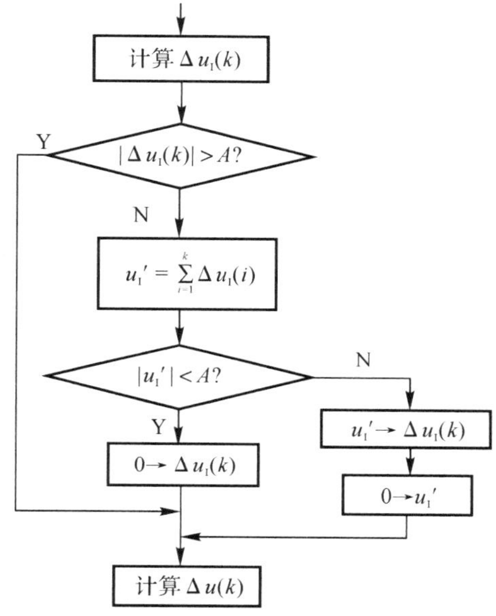

图 5-18　消除积分不灵敏区算法流程图

5.3.2　微分算法的改进

微分信号的引入可改善系统动态特性，但也易引进高频干扰。若在控制算法中加入低通滤波器，则可使系统性能得到改善。

1. 不完全微分 PID 算法

不完全微分 PID 的结构图如图 5-19 (a)(b)所示，图 5-19(a)是将低通滤波器直接加在微分环节上，图 5-19(b)是将低通滤波器加在整个 PID 控制器之后。下面以图 5-19(a)结构为例讨论不完全微分 PID 如何改进了普通 PID 的性能。

这里先将普通 PID 位置型算法重写如下：

$$\left.\begin{aligned}
&u(k)=u_P(k)+u_I(k)+u_D(k)\\
&u_P(k)=K_Pe(k)\\
&u_I(k)=K_IT_s\left[e(k)+\sum_{i=0}^{k-1}e(i)\right]=K_IT_se(k)+u_I(k-1)\\
&u_D(k)=K_D\frac{[e(k)-e(k-1)]}{T_s}
\end{aligned}\right\}\qquad(5-32)$$

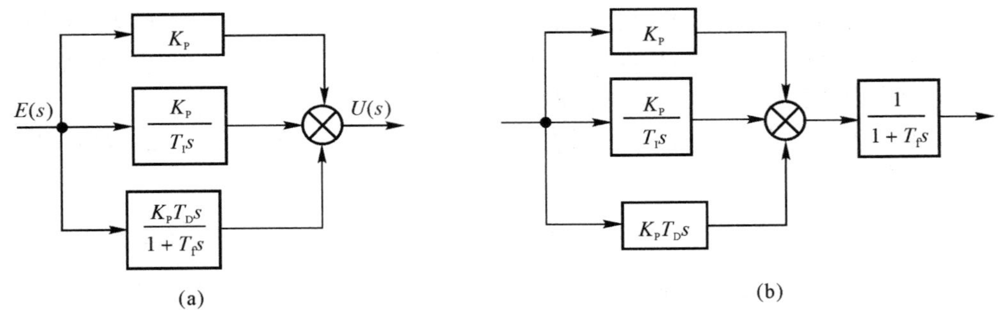

图 5-19　不完全微分控制器

对图 5-19(a)所示的连续域中的不完全微分 PID 结构，其传递函数为

$$\begin{aligned} U(s) &= \left(K_P + \frac{K_P/T_I}{s} + \frac{K_P T_D s}{T_f s + 1}\right)E(s) \\ &= U_P(s) + U_I(s) + U_D(s) \end{aligned} \tag{5-33}$$

将上式离散化为 $u(k) = u_P(k) + u_I(k) + u_D(k)$ 。显然，$u_P(k)$ 与 $u_I(k)$ 与普通 PID 算式相应项一样，只是 $u_D(k)$ 有别，现将 $u_D(k)$ 推导如下：

$$U_D(s) = \frac{K_P T_D s}{T_f s + 1}E(s) \tag{5-34}$$

写成微分方程为

$$u_D(t) + T_f \frac{du_D(t)}{dt} = K_D \frac{de(t)}{dt}$$

将上式采用后差式进行离散化，得

$$u_D(k) + T_f \frac{u_D(k) - u_D(k-1)}{T_s} = K_D \frac{e(k) - e(k-1)}{T_s}$$

经整理得

$$u_D(k) = \frac{T_f}{T_s + T_f}u_D(k-1) + K_D \frac{1}{T_s + T_f}[e(k) - e(k-1)] \tag{5-35}$$

令 $\alpha = \frac{T_f}{T_s + T_f}$ ，则 $\frac{T_s}{T_s + T_f} = 1 - \alpha$ ，显然有 $0 < \alpha < 1, 1 - \alpha < 1$ 成立，则式(5-35)可简写为

$$u_D(k) = K_D(1-\alpha)\frac{[e(k) - e(k-1)]}{T_s} + \alpha u_D(k-1) \tag{5-36}$$

比较式(5-36)和式(5-32)中的 $u_D(k)$，可见，不完全微分的 $u_D(k)$ 中多了一项 $\alpha u_D(k-1)$，而原微分系数则由 K_D 降至 $K_D(1-\alpha)$。

图 5-20 (a)(b)分别表示普通 PID 算式和不完全微分 PID 算式在单位阶跃输入时(即 $e(k) = 1, k = 0,1,2,\cdots,k$) 输出的控制作用。对普通 PID，由式(5-32)有 $u_D(0) = K_D$，$u_D(i) = 0$ $(i = 1,2,\cdots,k)$，对不完全微分 PID，由式(5-36)有 $u_D(0) = K_D(1-\alpha)$，$u_D(i) = \alpha u_D(i-1)$ $(i = 1,2,\cdots,k)$。因此，普通 PID 算式中的微分作用只在第一个采样周期里起作用，第二个采样周期开始微分输出骤然下降为零，显然，这种脉冲式的微分效果容易引起系统振荡。引入不完全微分后，微分输出在第一个采样周期内脉冲高度下降，此后按 $\alpha u_D(i-1)$ 规律 $(\alpha < 1)$ 逐渐衰减，所以微分部分能均匀输出，因而可获得较好的控制效果。

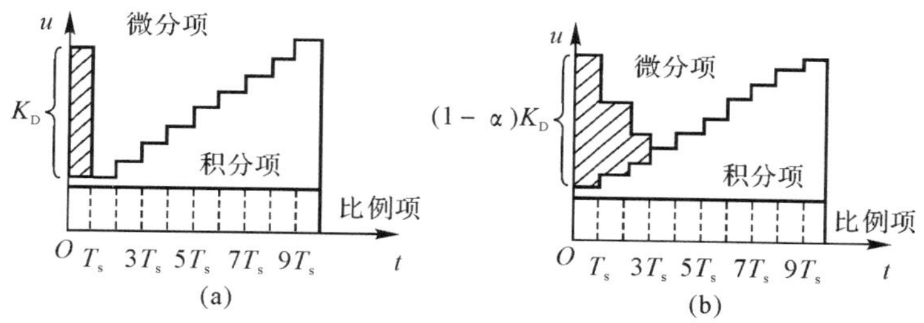

图 5-20　标准 PID、不完全微分 PID 算式输出响应

(a)标准 PID 算式；(b)不完全微分 PID 算式

2. 微分先行 PID

微分算法的另一种改进形式是图 5-21 所示的微分先行 PID 结构，其中图(a)可由图(b)的结构形式变换而来，因而同样能起平滑微分的作用，它们的特点是微分作用放在前，然后再进行比例放大和积分。

图 5-21(a)和(b)的区别是：图(a)是对偏差进行微分，也就是对设定值和输出量都有微分作用；而图(b)只对输出量微分，对设定值不作微分，所以图(b)也称输出量先行微分 PID 结构。图(b)适用于设定值频繁升降的场合，这样可避免设定值升降所引起的系统超调量过大，调节阀动作剧烈等问题。下面仅给出图 5-21(b)中微分部分的算法公式。

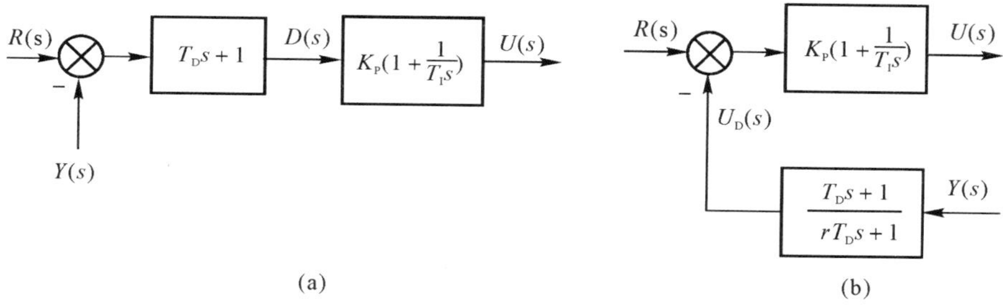

图 5-21　微分先行 PID 结构

(a)对偏差量先微分；(b)对输出量先进行微分

令图 5-21(b)中微分作用的传递函数为

$$\frac{U_D(s)}{Y(s)}=\frac{T_D s+1}{rT_D s+1}\qquad r<1 \tag{5-37}$$

写成微分方程形式为

$$rT_D\frac{\mathrm{d}u_D(t)}{\mathrm{d}t}+u_D(t)=T_D\frac{\mathrm{d}y(t)}{\mathrm{d}t}+y(t) \tag{5-38}$$

令

$$\frac{\mathrm{d}u_D(t)}{\mathrm{d}t}\approx\frac{u_D(k)-u_D(k-1)}{T_s} \tag{5-39}$$

$$\frac{\mathrm{d}y(t)}{\mathrm{d}t}\approx\frac{y(k)-y(k-1)}{T_s} \tag{5-40}$$

将式(5-39)和式(5-40)代入式(5-38)，则得差分方程

$$rT_D\frac{u_D(k)-u_D(k-1)}{T_s}+u_D(k)=T_D\frac{y(k)-y(k-1)}{T_s}+y(k)$$

整理上式，得

$$u_{\mathrm{D}}(k)=\left(\frac{rT_{\mathrm{D}}}{rT_{\mathrm{D}}+T_{\mathrm{s}}}\right)u_{\mathrm{D}}(k-1)+\left(\frac{T_{\mathrm{D}}+T_{\mathrm{s}}}{rT_{\mathrm{D}}+T_{\mathrm{s}}}\right)y(k)-\left(\frac{T_{\mathrm{D}}}{rT_{\mathrm{D}}+T_{\mathrm{s}}}\right)y(k-1) \quad (5-41)$$

或

$$u_{\mathrm{D}}(k)=C_1u_{\mathrm{D}}(k-1)+C_2y(k)-C_3y(k-1)$$

式中

$$C_1=\frac{rT_{\mathrm{D}}}{rT_{\mathrm{D}}+T_{\mathrm{s}}} \qquad C_2=\frac{T_{\mathrm{D}}+T_{\mathrm{s}}}{rT_{\mathrm{D}}+T_{\mathrm{s}}} \qquad C_3=\frac{T_{\mathrm{D}}}{rT_{\mathrm{D}}+T_{\mathrm{s}}}$$

3. 输入滤波

克服偏差突变引起微分项输出大幅度变化的另一种方法是输入滤波。所谓输入滤波就是在计算微分项时，不是直接采用当前时刻的偏差 $e(k)$，而是采用滤波值 $\tilde{e}(k)$。数字滤波的方法较多，此处仅列举其中一种，即算术平均滤波。

$$\tilde{e}(k)=\frac{1}{n}\sum_{i=0}^{n-1}e(k-i) \quad (5-42)$$

式中，$e(k-1)$ 为向前递推第 k 项的偏差值；n 为算数平均的项数。

n 值的选择对采样平均值的平滑程度有直接关系，n 过大虽平均效果好，但占用机时长且对参数变化反应不灵敏；若 n 选得过小，效果不显著，特别是对脉冲性干扰。使用中 n 的选取应视生产过程特性而定。一般流量常取 12 项平均；压力取 4 项平均；温度、成分等变化缓慢参数无显著噪声时，可不经过平均滤波。

例 5－3 如图 5－22 所示，推导四阶递推微分平均滤波法。

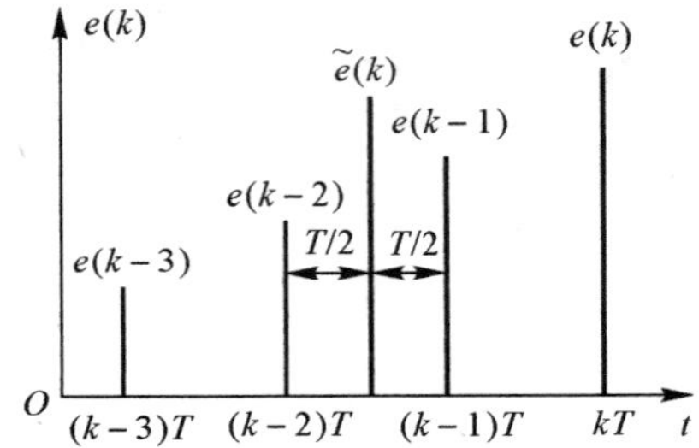

图 5－22 四阶平均滤波法

解 取偏差平均值，可得

$$\tilde{e}(k)=\frac{1}{n}[e(k)+e(k-1)+e(k-2)+\cdots]=\frac{1}{n}\sum_{i=0}^{n-1}e(k-i)$$

若 $n=4$，即为

$$e'(k)=\frac{1}{4}\left[\frac{e(k)-\tilde{e}(k)}{1.5T}+\frac{e(k-1)-\tilde{e}(k)}{0.5T}+\frac{\tilde{e}(k)-e(k-2)}{0.5T}+\frac{\tilde{e}(k)-e(k-3)}{1.5T}\right]$$

$$=\frac{1}{6T}[e(k)+3e(k-1)-3e(k-2)-e(k-3)]$$

则有

$$u(k)=K_{\mathrm{P}}e(k)+K_{\mathrm{I}}T\sum_{i=0}^{k}e(i)+K_{\mathrm{D}}\frac{e(k)+3e(k-1)-3e(k-2)-e(k-3)}{6T}$$

5.4 PID控制参数的整定

5.4.1 控制系统参数整定的基本要求

在完成了计算机控制系统方案设计后，系统结构、被控对象、输入输出信号形式等基本确定。在方案设计合理、选择得当、系统安装正确的条件下，系统的控制品质主要取决于控制器各参数的设置。计算机控制通常都选用通用控制器，这些控制器上都设置有可调节相应参数的输入接口，系统整定的实质就是通过调整调节参数，使其特性与被控对象特性相匹配以达到最佳控制效果。

衡量控制器参数是否最佳，需要规定一个统一反映控制品质的性能指标，同时又便于分析计算。目前系统整定中采用的性能指标大致可分为单项指标和误差项积分指标两种。

1. 单项性能指标

单项性能指标是基于系统闭环响应的某些特性，它是利用响应曲线上的一些点的数据，如常用的控制输出的衰减比、最大动态偏差、调节时间（又称恢复时间）或振荡周期。各种单项指标中应用最广的是衰减率或衰减比（如4:1或10:1的衰减比），它是指经过一个振荡周期后，系统输出波动幅度衰减的百分数。

2. 误差项积分性能指标

这类指标与上一种不同，它是基于从调节时间 $t=0$ 开始直到稳定为止的整个动态响应曲线特性来定义的，因此比较精确，但使用起来较麻烦。这类性能指标有误差二次方积分最小 $\text{IES}=\int_{b}^{\infty}[e(t)]^{2}\mathrm{d}t=J_{\min}$，误差绝对值积分最小 $\text{IAS}=\int_{b}^{\infty}|e(t)|\mathrm{d}t=J_{\min}$ 等。它综合表示了整个过渡过程中动态误差的大小。采用这类指标进行系统整定时，一般是在计算机控制系统中寻优参数以使上述相应的积分数值为最小。

系统整定的方法一般可归为两类。一类是理论设计计算整定法，如根轨迹法、频率特性法，这种整定方法以对象数学模型（如传递函数、频率特性）为基础，通过计算的方法直接求出控制器整定参数。但由于对象模型的近似性，因而求得的整定参数并不十分准确，依赖于被控对象的数学模型的准确性。另一类是工程整定法，在工程实际中通常采用工程整定法，其中有些是基于对象阶跃响应曲线，有些则直接在闭环系统中进行，它们都是近似的经验方法，这些方法简单方便、易于掌握，具有较好的使用价值。应指出，理论方法有助于理解问题的实质，并且它也正是工程整定方法的理论依据。本节因篇幅有限，工程整定的理论推导不作阐述，读者可参阅有关书籍。

5.4.2 模拟PID控制器参数整定的实用方法

1. 经验法

经验法也叫试凑法，是一种简单而行之有效的整定方法。其方法是根据经验先将控制器的参数调整在某些数值上，然后闭环运行（如果容许的话）。观察系统的响应（如阶跃响应），再以各调节参数对系统的影响为理论指导，在线调整控制器的相应比例度 δ（它是输入的相对变化量与输出的相对变化量之比值，$\delta = 1/K_P$），将积分时间常数 T_I 和微分时间常数 T_D 反复地进行试凑，直到控制结果达到满意为止。

控制器减小比例度 δ，一般将加快系统响应速度，在有静差的情况下则有利于减小静差，但过小的比例度会使系统有较大的超调，甚至会产主振荡而使稳定性变坏；增大积分时间常数 T_I 则有利于减小超调，减小振荡，使系统更加稳定，但系统静差的消除将随之减慢；增大微分时间常数 T_D 有利于加快系统的响应，减小超调量，稳定性增加，但系统对扰动的抑制能力减弱，对扰动敏感性降低。

在试凑时，可参考以上参数对控制过程的影响趋势，进行下述整定：

（1）整定比例部分。先置 PID 控制器中的 $T_I \to \infty$，$T_D = 0$，使之成为比例控制器，再由大到小地调节比例度 δ，观察相应的响应，使系统输出过渡过程达到可容许的衰减振荡和较小的静差。如果系统没有静差或静差已小到允许范围内，那么只需用比例控制器即可，最优比例度也就确定。

（2）加入积分环节。如果只用比例调节，系统的静差不能满足要求，则需加入积分环节。整定时，先将比例度 δ 增加 10%～20%，以补偿因加入积分作用而引起的系统稳定性的下降。然后由大到小调节 T_I，使在保持系统良好动态性能的情况下消除静差。在此过程中，可根据响应曲线的好坏反复调节比例度和积分时间，以期得到满意的控制过程与整定参数。

（3）加入微分环节。若使用比例积分控制器消除了静差，但动态过程经反复调整仍不能满意，则可加入微分环节，构成 PID 控制器。在整定时，可先置 T_D 为零，然后，在第二步整定的基础上增大 T_D，同时相应地改变比例度和积分时间，逐步试凑以获得满意的调节效果和控制参数。

应该指出，所谓“满意”的调节效果，是因不同的对象和控制要求而异的。此外，PID 控制器的参数对控制质量的影响不十分敏感，所以在整定中参数的选定并不是唯一的。事实上，在比例、积分、微分三部分产生的控制作用中，某部分的减小往往可由其他部分的增大来补偿。因此应用不同的整定参数完全有可能得到同样的控制效果。从应用角度看，只要被控过程的主要指标达到设计要求，那么就可选定相应的控制器参数作为有效的控制参数。

根据经验，一些常见被调量的 PID 控制器参数的选择范围见表 5-1。

表 5-1 常见被调量的 PID 控制器参数选择范围

被调量	特　点	δ/(%)	T_I/min	T_D/min
流量	对象时间常数小，并有噪声，故 K_P 较小，T_I 较小，不用微分	40～100	0.1～1	
温度	对象为多容系统，有较大的滞后，常用微分	20～60	3～10	0.5～3
压力	对象为容量系统，滞后一般不大，不用微分	30～70	0.4～3	
液位	在允许有余差时，不必用积分，不用微分	20～80		

2. 临界比例度法

这一方法适合于具有自平衡能力的被控对象。其特点是，根据要求事先做一些实验，以求得若干基准参数，然后再按经验公式由这些基准参数导出 PID 控制器的参数。这样做可以减少试凑的次数。整定步骤如下：

(1)将控制器选为纯比例控制器,形成闭环,系统运行,从较大的比例度开始,逐步减小比例度,使系统对阶跃输入的输出响应达到临界振荡状态(稳定边缘)。将这时的比例度记作 δ_r,临界振荡周期记作 T_r,临界振荡曲线如图 5-23 所示。

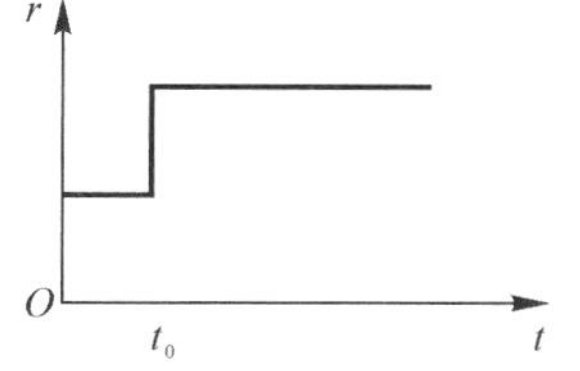

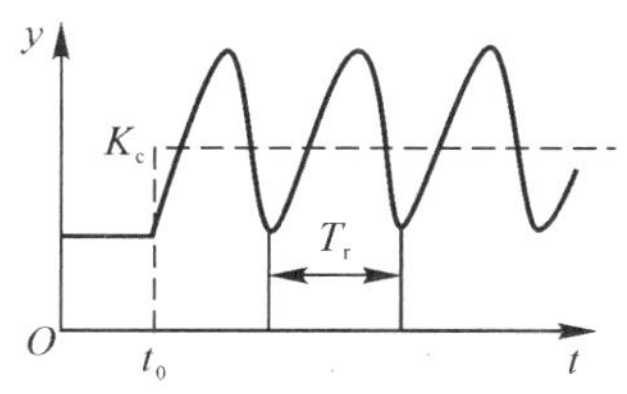

图 5-23　临界振荡曲线

(2)根据齐格勒-尼柯尔斯(Ziegle-Nichols)提供的经验公式(见表 5-2)计算出不同类型的控制器的整定参数。

(3)求得具体的 δ, T_I, T_D 之后,先把 δ 放到比计算值稍大一点的数值上,然后把积分时间 T_I 加上,如果需要,再加上微分时间 T_D,并做一次扰动试验,适当调整比例度,使系统处于所希望的状态。

应注意,在采用这种方法时,控制系统应工作在线性区,否则得到的持续振荡曲线有可能是极限环,不能依据此时的数据计算整定参数。

表 5-2　临界比例度法整定参数表

控制器类型	δ/(%)	T_I /min	T_D /min
P	$2\delta_r$		
PI	$2.2\delta_r$	$0.85T_r$	
PD	$1.7\delta_r$	$0.5T_r$	$0.13T_r$

临界比例度法在下面两种情况下不宜采用:

(1)若系统运行要求约束条件严格,等幅振荡将影响运行安全,例如发动机控制系统不允许进行稳定边界试验。

(2)有些时间常数较大的单容对象采用纯比例控制时,理论上总是稳定的,不可能出现等幅振荡响应。对这些系统无法应用临界比例度方法。

3. 衰减曲线法

衰减曲线法是在总结临界比例度法的基础上发展起来的。这种方法不需要大量的试凑,也不需要得到临界波动过程,而是直接从衰减曲线上的若干基准参数,由经验公式求得控制器参数,整定步骤简单。按控制运行要求,衰减曲线法可分为 4∶1衰减和 10∶1衰减两种。

(1)4∶1衰减曲线法整定步骤。

1) 控制系统按纯比例作用($T_I \to \infty, T_D = 0$)投入运行,逐步减小比例度,观察控制过程曲线,直至出现 4∶1的衰减过程为止,记下这时的比例度和波动周期 T_{s1},如图 5-24 所示。

2) 根据 δ_s 和 T_{s1},按表 5-3 的经验公式求出不同类型的控制器的整定参数。

表 5-3　4∶1衰减曲线法整定参数表

控制器类型	δ/(%)	T_I/min	T_D/min
P	δ_s		
PI	$1.2\delta_s$	$0.5T_{s1}$	
PID	$0.8\delta_s$	$0.3T_{s1}$	$0.1T_{s1}$

3)求得具体的 δ, T_I, T_D 之后,先把 δ 放到比计算稍大一点的数值上,然后把 T_I 加上,根据需要可再加上 T_D。

4) 最后把 δ 放回到计算值,并做一次扰动试验,适当调整比例使系统处于希望的状态。

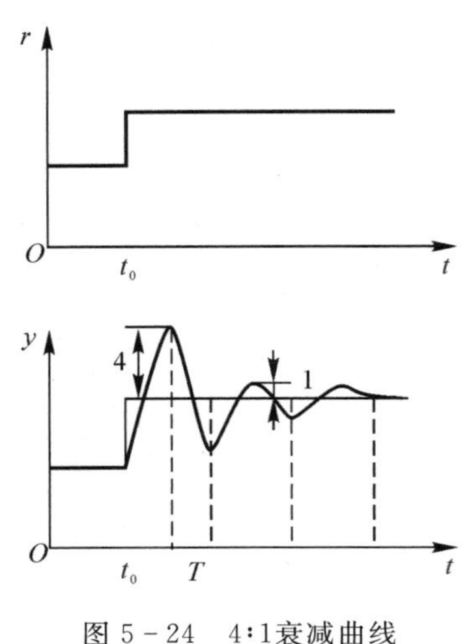

图 5-24　4:1衰减曲线

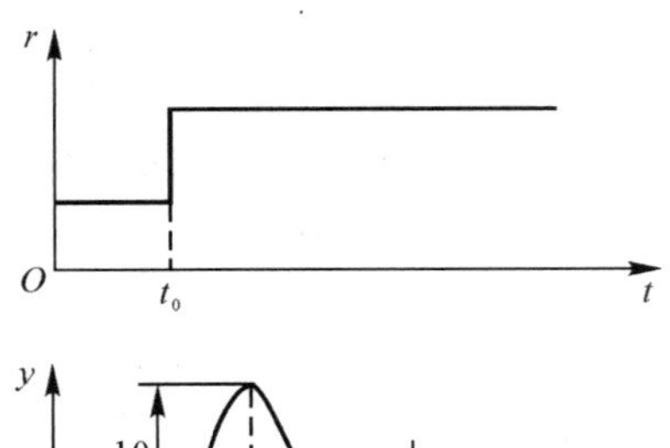

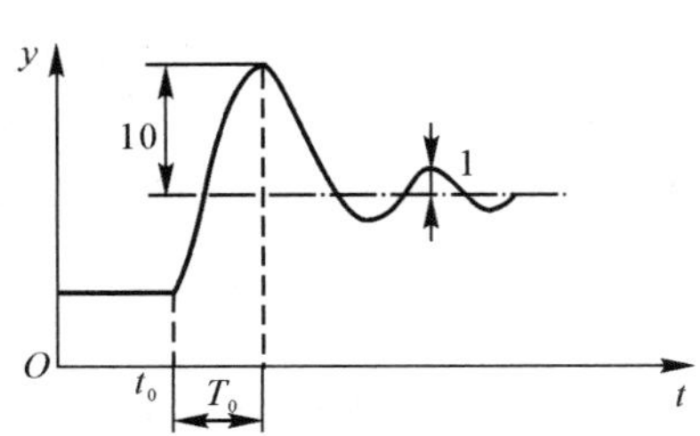

图 5-25　10:1衰减曲线

(2)10:1 衰减曲线法整定步骤。在实际应用时,若 4:1衰减过程不满足工艺要求,则可采用 10:1衰减的过程。因为 10:1衰减过程衰减很快,波动周期测不准,所以改用控制过程上升时间 T_0,如图 5-25 所示。

整定步骤如下:

1)控制系统按纯比例作用投入运行,逐步减小比例度,观察控制过程曲线,直至出现 10:1 的衰减过程为止,记下这时的比例度 δ 和过程上升时间 T_0。

2)根据 δ 和 T_0,按表 5-4 的经验公式求出不同类型的控制器的参数。

表 5-4　10:1衰减曲线法整定参数表

控制器类型	δ/(%)	T_I/min	T_D/min
P	δ		
PI	1.2δ	$2T_0$	
PID	0.88δ	$1.2T_0$	$0.4T_0$

4.响应曲线法

这种方法首先要经过实验测定开环系统阶跃输入信号的响应曲线。具体步骤如下:

(1)手动调节控制器断开反馈通道后,改变输出信号幅值,给被控对象加入阶跃信号。

(2)记录被控对象的输出特性曲线,如图 5-26 所示。

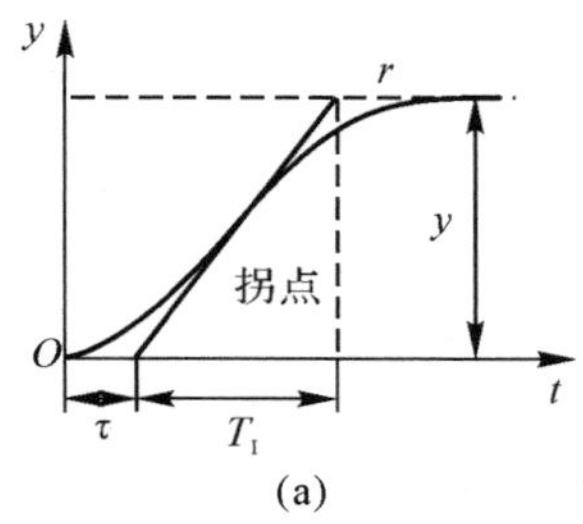

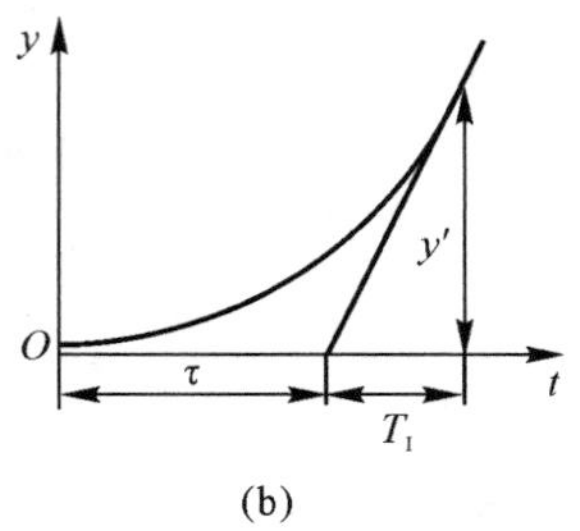

图 5-26　开环系统对阶跃输入信号的响应曲线

(a)有自平衡的对象;(b)无自平衡的对象

(3)对有自平衡对象的开环系统可从图 5－26(a)求得 τ,T_I 和 Δy；对无自平衡对象的开环系统则可从图 5－26(b)求得 τ,T_I 和 $\Delta y'$(为曲线上切点到横坐标的距离)。

(4)根据上述参数计算上升速度 ε。对有自平衡的开环系统

$$\varepsilon=\frac{K}{T_I},\quad K=\frac{\dfrac{\Delta y}{y_{max}-y_{min}}}{\dfrac{\Delta r}{r_{max}-r_{min}}}$$

式中,Δr 为控制器手动输出信号的阶跃值；r_{max} 和 r_{min} 分别为控制器手动输出信号的最大值和最小值；y_{max} 和 y_{min} 分别为广义对象输出的最大值和最小值。

对无自衡对象的开环系统

$$\varepsilon=\frac{\dfrac{\dfrac{\Delta y}{y_{max}-y_{min}}}{\dfrac{\Delta r}{r_{max}-r_{min}}}}{T_I}$$

(5)根据 τ 和 ε，按表 5－5 的经验公式求出不同类型的控制器的参数。

表 5－5　响应曲线法整定参数表(4∶1衰减)

控制器类型	δ/(%)	T_I/min	T_D/min
P	$\varepsilon\tau$		
PI	$1.1\varepsilon\tau$	3.3τ	
PID	$0.85\varepsilon\tau$	2τ	0.5τ

经过实验，总结出了比较精确的计算关系，见表 5－6。

表 5－6　响应曲线法整定参数表(4∶1衰减)

整定参数	对象特征	整定计算公式		
		P	PI	PID
δ	$\frac{\tau}{T_I}\leqslant 0.2$	$\varepsilon\tau$	$1.5\varepsilon\tau$	$0.8\varepsilon\tau$
	$0.2\leqslant\frac{\tau}{T_I}\leqslant 1.5$	$2.6\varepsilon\tau\dfrac{\frac{\tau}{T_I}-0.08}{\frac{\tau}{T_I}+0.7}$	$2.6\varepsilon\tau\dfrac{\frac{\tau}{T_I}-0.08}{\frac{\tau}{T_I}+0.6}$	$3.7\varepsilon\tau\dfrac{\frac{\tau}{T_I}-0.12}{\frac{\tau}{T_I}+1.5}$
	$\frac{\tau}{T_I}>1.5$	$2\varepsilon\tau$	$2\varepsilon\tau$	$1.7\varepsilon\tau$
T_I	$\frac{\tau}{T_I}\leqslant 0.2$		$3.3\varepsilon\tau$	$2.5\varepsilon\tau$
	$0.2\leqslant\frac{\tau}{T_I}\leqslant 1.5$		$0.8\tau/T_I$	τ/T_I
	$\frac{\tau}{T_I}>1.5$		$0.6\varepsilon\tau$	$0.7\varepsilon\tau$
T_D				$0.15T_I$

整定方法比较：

经验法简单可靠，能广泛用于各种控制系统，特别适用于干扰频繁、记录曲线重复性差的控制系统，但花费时间长，还需要整定人员具有较丰富的经验。

临界比例度法简便，易于掌握，过渡过程曲线易于判别，适用于一般流量、压力、温度控制系统，但δ很小的系统不适用，因为δ小，整定后的控制器放大系数大，会使控制器输出信号变化大，造成被控参数的大幅度变化，影响正常运行甚至造成事故。

衰减曲线法能使用于各种控制系统，但对外界干扰大而频繁的系统不适用，因为这时记录曲线很不规则，很难得到正确的 4∶1衰减曲线。此外，对大波动周期长的系统，试验费时也是其缺点。

响应曲线法只要做几次开环扰动实验，就能求出响应曲线，由响应曲线很容易求得对象特性参数τ，T，K和ε，从而求得整定参数。实验较省时，但是有些过程不允许作开环扰动实验，此外，干扰强烈而频繁的系统，由于响应曲线测不准，因此也不宜采用此法。

5.4.3 数字 PID 控制器参数整定和采样周期选择

1. 数字 PID 控制器的参数整定

计算机控制系统一般都有较大的时间常数，采样周期与它相比往往要小得多，因此上述模拟 PID 控制器的参数整定原则都适用于数字 PID 控制器。扩充时首先要选定控制度。控制度就是以模拟控制器为基础，定量衡量数字控制器与模拟控制器对同一对象的控制效果。控制效果和评价函数通常采用$\min\int_0^{\infty} e^2(t)\mathrm{d}t$（最小误差二次方积分），也即

$$控制度=\frac{\left[\min\int_0^{\infty} e^2(t)\mathrm{d}t\right]_{\mathrm{DDC}}}{\left[\min\int_0^{\infty} e^2(t)\mathrm{d}t\right]_{\mathrm{ANA}}}=\frac{\min(\mathrm{ISE})_{\mathrm{DDC}}}{\min(\mathrm{ISE})_{\mathrm{ANA}}} \tag{5-43}$$

式中，下标 DDC 和 ANA 分别表示直接数字控制器和模拟控制器的控制。对于模拟系统，其误差二次方积分可由记录仪上的图形直接计算。对于数字系统则可用计算机采集计算。采样周期T_s长短会影响系统控制品质，同样是最佳整定，DDC 系统的控制品质要低于模拟系统的控制品质，即控制度总是大于 1。控制度越大，相应的 DDC 系统控制品质越差。如控制度为 1.05 时，表示 DDC 系统与模拟系统效果相当；若控制度为 2 时，表明数字控制效果比模拟控制差一半。

（1）扩充临界比例度方法。扩充临界比例度法是对模拟控制器中使用的临界比例度法的扩充，用它来整定数字控制器的参数T_s，K_c，T_I，T_D。整定步骤如下：

1）选择足够短的采样周期T_{smin}。所谓足够短，具体说就是取采样周期为对象纯滞后时间的 1/10 以下。

2）将数字控制器选为纯比例控制，投入运行，从较小的比例系数K_P开始逐步增大比例系数，使系统达到临界振荡状态，从而求得T_r和K_r。

3）选择控制度，按表 5-7 求出T_s，K_P，T_D的值。

4）按求得的参数运行，并观察控制效果，用试凑法进一步寻求更为满意的数值。

（2）扩充响应曲线法。如同在模拟控制系统中用响应曲线法来代替临界比例度法一样，

在数字控制系统中可用扩充响应曲线法来代替扩充临界比例度法。应用此法时，先要在对象动态响应曲线上求出等效纯滞后时间 τ 和等效时间常数 T_I 以及它们的比值 τ/T_I，其余步骤与上述扩充临界比例度法相同。该法要用到的经验数据见表 5-8。

表 5-7　扩充临界比例度法确定采样周期及数字控制器参数

控制度	控制规律	T_s	K_P	T_I	T_D
1.05	PI	$0.03T_r$	$0.53K_r$	$0.88T_r$	
	PID	$0.014T_r$	$0.63K_r$	$0.49T_r$	$0.14T_r$
1.2	PI	$0.05T_r$	$0.49K_r$	$0.91T_r$	
	PID	$0.043T_r$	$0.47K_r$	$0.47T_r$	$0.16T_r$
1.5	PI	$0.14T_r$	$0.42K_r$	$0.99T_r$	
	PID	$0.09T_r$	$0.34K_r$	$0.43T_r$	$0.2T_r$
2.0	PI	$0.22T_r$	$0.36K_r$	$1.05T_r$	
	PID	$0.16T_r$	$0.27K_r$	$0.4T_r$	$0.22T_r$

表 5-8　扩充响应曲线法确定采样周期及数字控制器参数

控制度	控制规律	T_s	K_P	T_I	T_D
1.05	PI	0.1τ	$0.84T_I/\tau$	3.4τ	
	PID	0.05τ	$1.15T_I/\tau$	2.0τ	0.45τ
1.2	PI	0.2τ	$0.78T_I/\tau$	3.6τ	
	PID	0.16τ	$1.0T_I/\tau$	1.9τ	0.55τ
1.5	PI	0.5τ	$0.68T_I/\tau$	3.9τ	
	PID	0.34τ	$0.85T_I/\tau$	1.62τ	0.65τ
2.0	PI	0.8τ	$0.57T_I/\tau$	5.2τ	
	PID	0.6τ	$0.6T_I/\tau$	1.5τ	0.82τ

以上两种方法对可近似看作“纯滞后加一阶惯性”环节的被控对象特别适合。如果对象的特性不能用这种形式近似，则应参考有关文献寻求别的方法。

(3) PID 归一参数整定法。控制器参数的整定是一项烦琐而又费时的工作。当一台计算机控制数十乃至数百个控制回路时，整定参数是十分烦琐的工作。因此近年来，国外在数字 PID 参数的工程整定方面做了许多研究工作。PID 归一参数整定法就是一种简单的整定方法。下面简单介绍其思路。

重写 PID 增量算式如下：

$$\Delta u(k) = K_P\left\{e(k) - e(k-1) + \frac{T_s}{T_I}e(k) + \frac{T_D}{T_s}[e(k) - 2e(k-1) + e(k-2)]\right\} \tag{5-44}$$

按 $e(k)$，$e(k-1)$，$e(k-2)$ 合并同类项，则可写为

$$\begin{aligned}\Delta u(k) &= K_P\left[\left(1 + \frac{T_s}{T_I} + \frac{T_D}{T_s}\right)e(k) - \left(1 + \frac{2T_D}{T_s}\right)e(k-1) + \frac{T_D}{T_s}e(k-2)\right] \\ &= K_P[d_0e(k) + d_1e(k-1) + d_2e(k-2)]\end{aligned} \tag{5-45}$$

式中

$$d_0 = \left(1 + \frac{T_s}{T_I} + \frac{T_D}{T_s}\right) \qquad d_1 = -\left(1 + \frac{2T_D}{T_s}\right) \qquad d_2 = \frac{T_D}{T_s} \tag{5-46}$$

数字 PID 控制器需要整定的参数有四个，即 T_s,K_P,T_I 和 T_D，为了减少在线整定参数的数目，可以假设约束条件以减少独立变量数。例如取约束条件

$$T_s = 0.1T_r \qquad T_I = 0.5T_r \qquad T_D = 0.125T_r \tag{5-47}$$

式中，T_r 为在纯比例控制下的临界振荡周期。

将约束条件式(5－47)代入式(5－46)，可求得 $d_0 = 2.45$，$d_1 = -3.5$，$d_2 = 1.25$，将此数据代入式(5－45)，此时增量型 PID 算式就成为

$$\Delta u(k) = K_P[2.45e(k) - 3.5e(k-1) + 1.25e(k-2)] \tag{5-48}$$

由式(5－48)看出，由于人为规定了约束条件式(5－47)，对四个参数的整定（T_s,K_P,T_I 和 T_D）简化为对一个参数（K_P）的整定，使整定工作明显简化了。

(4)基于偏差积分指标最小的整定参数法。由于计算机的运算速度快，这就为使用偏差积分指标整定 PID 控制参数提供了可能，这类指标形式主要有三种：ISE 指标、IAE 指标和 ITAE 指标，最佳整定参数应使这些积分指标为最小。一般情况下根据经验 ISE 指标的超调量大，上升时间快；IAE 指标的超调量适中，上升时间稍快；ITAE 指标的超调量小，调整时间也少。

采用偏差积分指标，可利用计算机参数寻优方法（如单纯形、梯度法等）在线寻求最佳 PID 参数，使系统性能处于满意的状态。

这里给出一种工程实用的基于偏差积分指标最小的整定参数计算公式：

$$K_P = \frac{A}{K}\left(\frac{\tau_c}{T_1}\right)^{-B} \qquad T_I = T_1 C\left(\frac{\tau_c}{T_1}\right)^{-D} \qquad T_D = TE\left(\frac{\tau_c}{T_1}\right)^{-F} \tag{5-49}$$

式中 τ_c,T_1 和 K 分别为被控对象的等效纯延迟时间、时间常数和放大系数，而 τ_c 也就是被控对象纯延迟时间 τ 加上采样周期之半，即 $\tau_c = \tau + \frac{T_s}{2}$。计算常数 A,B,C,D,E 和 F 可查表 5－9。

表 5－9　积分指标整定参数的计算常数

积分指标	控制规律	A	B	C	D	E	F
ISE	P	1.411	0.917				
IAE	P	0.902	0.985				
ITAE	P	0.490	1.084				
ISE	PI	1.305	0.959	2.033	0.739		
IAE	PI	0.984	0.986	0.644	0.707		
ITAE	PI	0.859	0.977	1.484	0.680		
ISE	PID	1.495	0.945	0.917	0.771	0.560	1.006
IAE	PID	1.435	0.921	1.139	0.749	0.482	1.137
ITAE	PID	1.357	0.947	1.176	0.738	0.381	0.995

2. 采样周期的选择

根据采样定理，为使采样信号能反映连续信号的变化规律，采样频率必须满足 $\omega_s \geqslant 2\omega_c$，即采样周期 $T_s \leqslant \frac{\pi}{\omega_c}$，其中 ω_c 为被采样信号截止频率。可以看出，采样定理给出了选择采样周期的上限。实际采样周期的选择还受诸多方面因素的影响，下面进行简要讨论。

(1)从对控制品质要求来看，应将采样周期取得小些，这样接近于连续控制，可按连续 PID

控制器选择整定参数，而且控制效果较好。

(2)从执行机构动态特性来看，因该功率部件有一定的频宽范围，也即有一定的响应速度，若响应速度比较慢，则采样周期不宜过短，否则执行机构来不及响应。

(3)从控制系统应有好的调节品质和抗干扰性好的要求看，则要求采样周期短些。若 T_s 选得较长，则这段时间区间内无法及时控制干扰的影响。

(4)从整个系统的经济性来看，一般要求在满足系统性能指标要求前提下，可使 T_s 长一些，因为虽然减小 T_s 对提高控制性能带来好处，但也相应提高了对计算机运算速度和 A/D，D/A 转换速度的要求，从而经济性变差。

(5)从计算机工作量来看，一般要求采样周期大一些，尤其当计算机用于多回路控制时，同一采样周期内，计算机必须完成的工作量增大，采样周期必须增大。

由以上分析可以看出，各方面的因素对采样周期的要求是不同的，甚至是互相矛盾的。实际工作中必须根据具体情况和主要要求作出折中选择。这方面的有关论述可参考计算机控制有关书籍。

5.5　先进 PID 控制算法

传统 PID 控制具有结构简单、稳定性好、可靠性高等优点，尤其适用于可获得被控对象精确数学模型的确定性控制系统。研究数据表明，在控制理论与控制技术飞速发展的今天，工业控制领域仍然有 90%的回路在应用 PID 控制。但是在实际应用中，大多数工业过程控制都不同程度地存在非线性、参数时变性以及模型不确定性，传统的 PID 控制以及本章第 5.3 节给出的改进 PID 算法往往很难获得满意的控制性能。为了解决这一问题，随着现代计算智能技术和计算机技术的发展，应用模糊控制、神经网络、遗传算法、免疫进化算法、粒子群优化算法等为代表的人工智能方法进行 PID 参数的优化整定算法也得到了快速的发展和应用。限于篇幅，本节重点介绍模糊控制、神经网络以及遗传算法在 PID 参数整定中的应用，至于其他先进 PID 控制整定方法，感兴趣的读者可参考相关文献。

5.5.1　模糊 PID 控制算法

模糊控制算法是近几十年来快速发展并成熟起来的以模糊集合论、模糊语言变量及模糊逻辑推理为基础的一种智能控制算法，其主要优点：

(1) 模糊控制是一种基于规则的控制，它直接采用语言型控制规则，出发点是现场操作人员的控制经验或相关专家的知识，在设计中不需要建立被控对象的精确的数学模型，因而使得控制机理和策略易于接受与理解，设计简单，便于应用。

(2)由工业过程的定性认识出发，比较容易建立语言控制规则，因而模糊控制对数学模型难以获取，动态特性不易掌握或变化非常显著的对象非常适用。

(3)模糊控制是基于启发性的知识及语言决策规则设计的，这有利于模拟人工控制的过程和方法，增强控制系统的适应能力，使之具有一定的智能水平。

(4)模糊控制系统的鲁棒性强，干扰和参数变化对控制效果的影响被大大减弱，尤其适合于非线性、时变及纯滞后系统的控制。

基于模糊控制的上述优点，并考虑到传统 PID 控制难以处理非线性、时变不确定系统的控制，因此把模糊控制和 PID 控制结合起来发挥各自的优势就具有重要理论和应用意义。一般地，模糊控制和 PID 控制结合的方式有以下几种：

1）模糊 PID 开关切换控制。大误差范围内采用模糊控制，小误差范围内转换成 PID 控制。

2）混合型模糊 PID 控制。把 PID 控制与模糊控制并联而成一种混合控制器。

3）自适应模糊 PID 控制。利用模糊控制器在线整定 PID 控制器参数形成一种新型的自适应控制器。即在设计 PID 控制器时，可运用模糊数学的基本理论和方法，将不易精确描述的操作人员的调整经验作为规则的条件、操作用的模糊集表示，并把这些模糊控制规则及有关信息(如评价指标、初始 PID 参数等)作为知识存入计算机知识库中，然后计算机根据控制系统的实际响应情况，运用模糊推理，自动实现对 PID 参数的最佳调整。以下重点介绍这种模糊 PID 控制结构。

1. 模糊控制的基本原理

模糊控制的基本原理框图如 5－27 所示，其核心为虚线框中的模糊控制器。模糊控制器的控制规律由计算机程序实现。实现模糊控制算法的过程描述如下：计算机经采样获取被控制量的精确值，然后与给定量比较得到误差信号 e，并作为模糊控制器的一个输入量。把 e 的精确值进行模糊化变成模糊量。误差 e 的模糊量可用模糊语言表示，得到误差 e 的模糊语言集合的一个子集 e_1（一个模糊矢量），再由 e_1 和模糊控制规则 R_1（模糊算子）根据推理的合成规则进行模糊决策，得到模糊控制量 u。

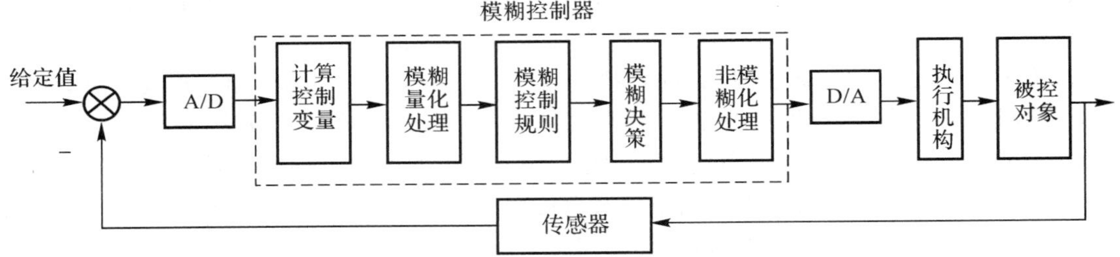

图 5－27 模糊控制的基本原理框图

模糊控制系统的性能优劣取决于模糊控制器的结构、所采用的模糊规则、合成推理算法，以及模糊决策的方法等因素。模糊控制器(Fuzzy Controller，FC)也称为模糊逻辑控制器(Fuzzy Logic Controller，FLC)，由于所采用的模糊控制规则是由模糊理论中模糊条件语句描述的，因此模糊控制器是一种语言型控制器。模糊控制器的组成框图如图 5－28 所示。

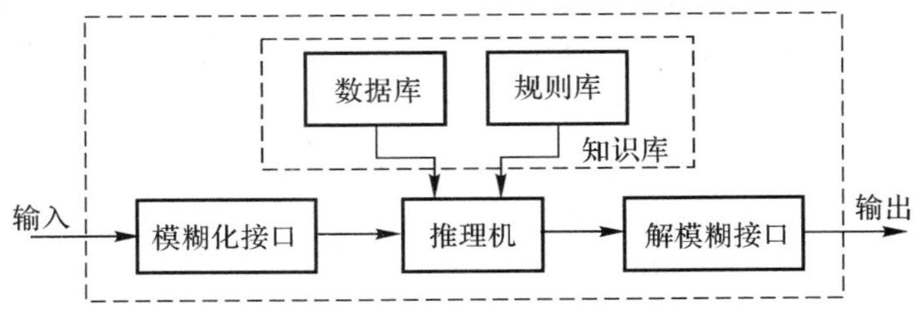

图 5－28 模糊控制器的组成框图

(1)模糊化接口(Fuzzy Interface)。模糊控制器的输入必须通过模糊化才能用于控制输出的求解,因此实际上它是模糊控制器的输入接口。其主要作用是将真实的确定量输入转换为一个个模糊矢量。对于一个模糊输入变量 e,其模糊子集通常可以进行如下划分:

e_1 ={负大,负小,零,正小,正大}={NB,NS,ZO,PS,PB}

e_2 ={负大,负中,负小,零,正小,正中,正大}={NB,NM,NS,ZO,PS,PM,PB}

e_3 ={负大,负中,负小,零负,零正,正小,正中,正大}={NB,NM,NS,NZ,PZ,PS,PM,PB}

用三角形隶属度函数(也可采用高斯函数等其他形式)表示,如图5-29所示。

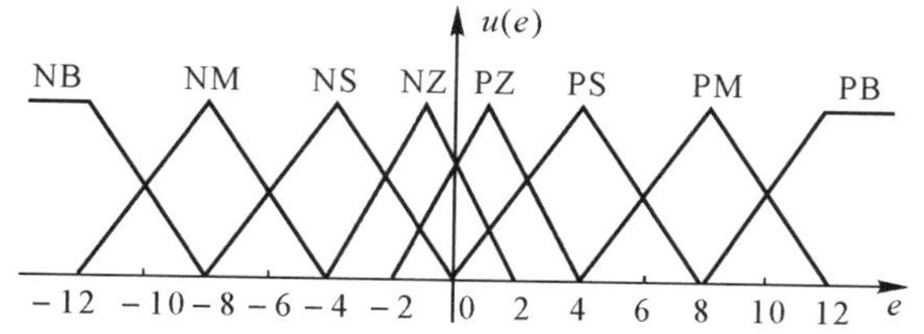

图5-29　模糊子集与模糊化等级

(2)知识库(Knowledge Base,KB)。知识库由数据库和规则库两部分构成。

1)数据库(Data Base,DB)。数据库所存放的是所有输入、输出变量的全部模糊子集的隶属度矢量值(经过论域等级离散化以后对应值的集合),若论域为连续域则为隶属度函数。在规则推理的模糊关系方程求解过程中,向推理机提供数据。

2)规则库(Rule Base,RB)。模糊控制器的规则基于专家知识或操作人员长期积累的经验,它是按人的直觉推理的一种语言表达形式。模糊规则通常由一系列的关系词连接而成,如if then,else,also,end,or 等,关系词必须经过"翻译"才能将模糊规则数值化。最常用的关系词为 if then,also,对于多变量模糊控制系统,还有 and 等。例如,某模糊控制系统输入变量为 e(误差)和 Δe(误差变化率),它们对应的语言变量为 E 和 ΔE,可以给出一组模糊规则:

R_1:if E is NB and ΔE is NB then U is PB

R_2:if E is NB and ΔE is NS then U is PM

通常把 if…部分称为"前提部",而 then…部分称为"结论部",其基本结构可归纳为 If A and B then C,其中 A 为论域 U 上的一个模糊子集,B 是论域 V 上的一个模糊子集。根据人工控制经验,可离线组织其控制决策表 R(R 是笛卡儿乘积 $U\times V$ 上的一个模糊子集),则某一时刻其控制量由下式给出:

$$C=(A\times B)\circ R$$

式中,×代表模糊直积运算;∘代表模糊合成运算。

规则库是用来存放全部模糊控制规则的,在推理时为"推理机"提供控制规划。由上述可知,规则条数和模糊变量的模糊子集划分有关,划分越细,规则条数越多,但并不代表规则库的准确度越高,规则库的"准确性"还与专家知识的准确度有关。

(3)推理与解模糊接口(Inference and Defuzzy - Interface)。推理是模糊控制器中,根据输入模糊量由模糊控制规则完成模糊推理来求解模糊关系,并获得模糊控制量的功能部分。在模糊控制中,考虑到推理时间,通常采用运算较简单的推理方法。最基本的有 Zadeh 近似推理,它包含有正向推理和逆向推理两类。正向推理常被用于模糊控制中,逆向推理一般用于知识工程学领域的专家系统中。

推理结果的获得，表示模糊控制的规则推理功能已经完成。但是，至此所获得的结果仍是个模糊矢量，不能直接用来作为控制量，还必须进行一次转换，求得清晰的控制量输出，即为解模糊。通常把输出端具有转换功能作用的部分称为解模糊接口。

2. 模糊自适应整定 PID 控制原理

自适应模糊 PID 控制器以误差 e 和误差变化率 Δe 作为输入，可以满足不同时刻的 e 和 Δe 对 PID 参数自整定的要求。利用模糊控制规则在线对 PID 参数进行修改，便构成了自适应模糊 PID 控制器，其结构如图 5－30 所示。

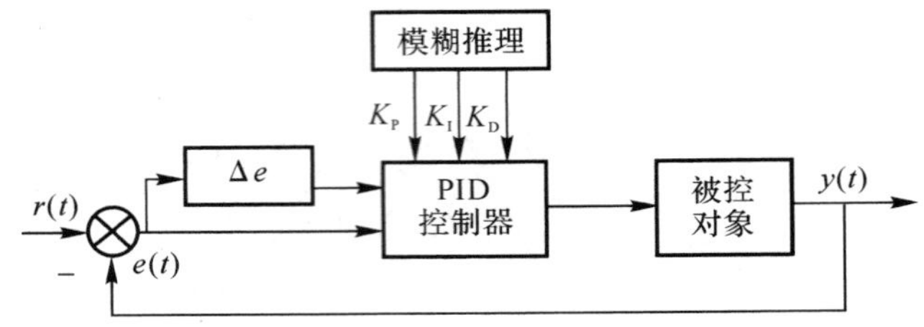

图 5－30　自适应模糊控制器结构

PID 参数模糊自整定是找出 PlD 三个参数与 e 和 Δe 之间的模糊关系，在运行中通过不断检测 e 和 Δe，根据模糊控制原理来对 K_P，K_I，K_D 三个参数进行在线修改，以满足不同 e 和 Δe 时对控制参数的不同要求，而使被控对象有良好的动、静态性能。

模糊控制设计的核心是总结工程设计人员的技术知识和实际操作经验，建立合适的模糊规则表，得到针对 K_P，K_I，K_D 三个参数分别整定的模糊控制表，分别给出某自适应模糊 PID 控制器的 K_P，K_I，K_D 模糊规则表，子集中元素 NB，NM，NS，ZO，PS，PM，PB 分别代表负大，负中，负小，零，正小，正中，正大，如表 5－11 到表 5－13 所示。

表 5－11　K_P 的模糊规则表

ΔK_P \ Δe / e	NB	NM	NS	ZO	PS	PM	PB
NB	PB	PB	PM	PM	PS	ZO	ZO
NM	PB	PB	PM	PS	PS	ZO	NS
NS	PM	PM	PM	PS	ZO	NS	NS
ZO	PM	PM	PS	ZO	NS	NM	NM
PS	PS	PS	ZO	NS	NS	NM	NM
PM	PS	ZO	NS	NM	NM	NM	NB
PB	ZO	ZO	NM	NM	NM	NB	NB

表 5－12　K_I 的模糊规则表

ΔK_I \ Δe / e	NB	NM	NS	ZO	PS	PM	PB
NB	NB	NB	NM	NM	NS	ZO	ZO
NM	NB	NB	NM	NS	NS	ZO	NS
NS	NB	NM	NS	NS	ZO	PS	PS

续表

ΔK_I \ Δe e	NB	NM	NS	ZO	PS	PM	PB
ZO	NM	NM	NS	ZO	PS	PM	PM
PS	NM	NS	ZO	PS	PS	PM	PB
PM	ZO	ZO	PS	PS	PM	PB	PB
PB	ZO	ZO	PS	PM	PM	PB	PB

表 5-13 K_D 的模糊规则表

ΔK_D \ Δe e	NB	NM	NS	ZO	PS	PM	PB
NB	PS	NS	NB	NB	NB	NS	PS
NM	ZO	NS	NB	NM	NM	NS	ZO
NS	ZO	NS	NM	NM	NS	NS	ZO
ZO	ZO	NS	NS	NS	NS	NS	ZO
PS	ZO	ZO	ZO	ZO	ZO	ZO	ZO
PM	PB	PS	PS	PS	PS	PS	PS
PB	PB	PM	PM	PM	PS	PS	PB

K_P, K_I, K_D 的模糊控制规则表建立好了后，可根据如下方法进行 K_p, K_I, K_D 的自适应校正。将系统误差 e 和误差变化率 Δe 变化范围定义为模糊集上的论域。

$$e, \Delta e = \{-5, -4, -3, -2, -1, 0, 1, 2, 3, 4, 5\} \tag{5-50}$$

其模糊子集为

$$e, \Delta e = \{\mathrm{NB}, \mathrm{NM}, \mathrm{NS}, \mathrm{ZO}, \mathrm{PS}, \mathrm{PM}, \mathrm{PB}\}$$

设 e，Δe 和 K_P, K_I, K_D 均服从正态分布，可得出各模糊子集的隶属度，根据模糊子集的隶属度赋值表和各模糊参数控制模型，应用模糊合成推理设计 PID 参数的模糊矩阵表，查出修正参数代入如下增量式修正计算：

$$\left.\begin{aligned} K_P^{(j+1)} &= K_P^{(j)} + \gamma^{(j)} \Delta K_P \\ K_I^{(j+1)} &= K_I^{(j)} + \gamma^{(j)} \Delta K_I \\ K_D^{(j+1)} &= K_D^{(j)} + \gamma^{(j)} \Delta K_D \end{aligned}\right\} \tag{5-51}$$

式中，上标(j)表示校正回数；γ 是一正的常量，用来控制 K_P, K_I, K_D 的速度。

在线运行过程中，控制系统通过对模糊逻辑规则的结果处理、查表和运算，完成对 PID 参数的在线自校正。

例 5-4 已知被控对象

$$G(s) = \frac{11.8}{1+24s} e^{-9t}$$

输入阶跃信号，其输出响应超调量 $\sigma = 0\%$，上升时间 $t_r = 70\mathrm{s}$，调节时间 $t_s = 81\mathrm{s}$，希望设计 PID 控制器，使闭环特性达到以下要求：超调量 $\sigma \leqslant 10\%$，上升时间 $t_r \leqslant 10\mathrm{s}$，调节时间 $t_s \leqslant$

40s,稳定误差 $e=0$。

解 利用式(5-51)参数自动修正法,γ 随校正次数逐渐减小,采用模糊逻辑控制的方法,建立如图 5-31 所示的修正方法,其中 4 个性能指标为输入,PID 参数的修正量为输出。

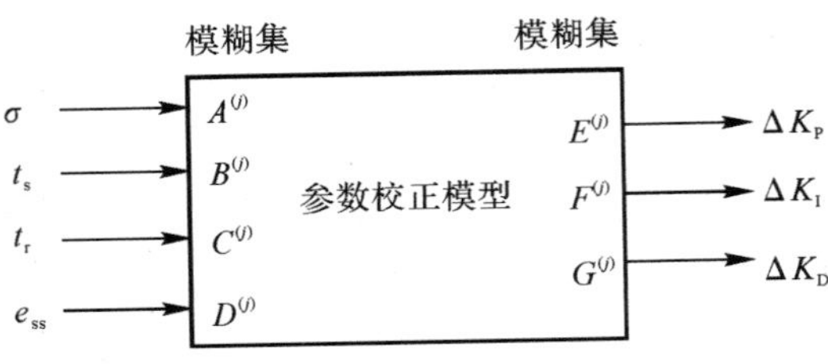

图 5-31 PID 参数模糊自校正模型

PID 参数校正的模糊规则如下:

如果 σ 是 $A^{(j)}$,t_s 是 $B^{(j)}$,t_r 是 $C^{(j)}$,e_{ss} 是 $D^{(j)}$,则 ΔK_P 是 $E^{(j)}$,ΔK_I 是 $F^{(j)}$,ΔK_D 是 $G^{(j)}$,其中 $A^{(j)} \to G^{(j)}$ 分别为对应的各模糊子集($j=1,2,3,\cdots,R$)。

如超调量 σ 的模糊子集(很好 A^1,好 A^2,可以 A^3,差 A^4,很差 A^5)如图 5-32 所示,其隶属函数的顶点可根据其重要性确定。如果比较重要使 X2,X4 向 X3 靠近。输出的模糊子集具有棒形的隶属函数,如图 5-33 所示。其工作流程图如图 5-34 所示。

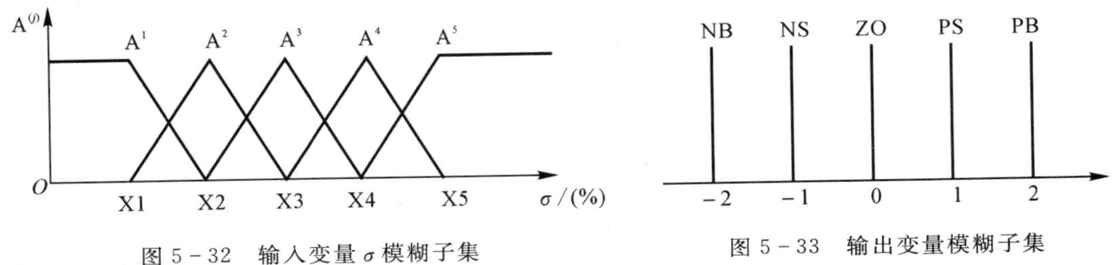

图 5-32 输入变量 σ 模糊子集

图 5-33 输出变量模糊子集

通过大量仿真,可得到一组调整 PID 参数的模糊规则(类似表 5-11~表 5-13),计算结果见表 5-14。

表 5-14 例 5-4 PID 参数和控制性能指标

状态	K_P	K_I	K_D	σ	t_r	t_s	e_{ss}	备注
校正前	0.246	0.015	0.98	50	7	52.5	0	采用归一化设计
校正后	0.165	0.006	0.33	9.7	10.5	39.5	0	采用模糊法

5.5.2 神经网络 PID 控制算法

PID 控制参数 K_P,K_I,K_D 的整定中,需要合理调整比例、积分和微分三种控制作用的关系以获得满意的控制效果,这种关系不一定是简单的“线性组合”关系,更可能是一种非线性组合关系。而神经网络具有任意非线性表达能力、并行处理能力,可以应用于对 PID 控制中这种非线性关系的学习和逼近以获得具有最优性能的 PID 控制器,在一定程度上解决传统 PID 控制器不易进行在线实时参数整定,难以对一些复杂的过程和参数慢时变系统进行有效控制等方面的缺陷。因此,可以说神经网络 PID 控制是神经网络应用于 PID 控制并与传统 PID 控制相结合而产生的一种新型 PID 控制方法。

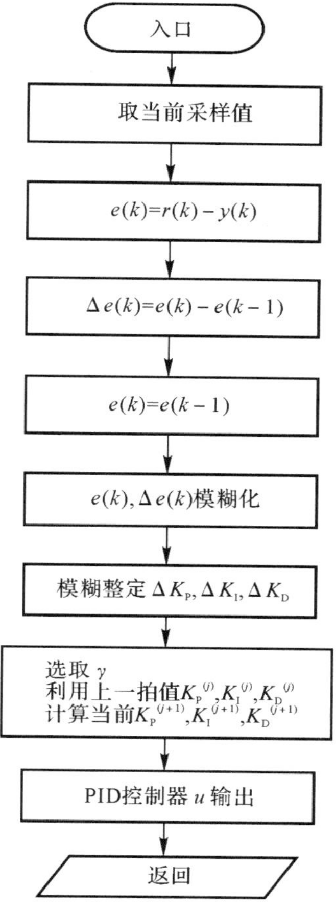

图 5-34　PID 控制器工作流程图

值得指出的是，神经网络有多种结构形式，如单神经元网络、BP(Back Propagation)网络、RBF(Radial Basis Function)网络、感知器、玻尔兹曼机、Hopfield 网络等，可应用于 PID 控制的也有多种结构，常见的有神经网络的权系数 PID 算法和基于 BP 神经网络的 PID 控制参数自整定法。本节主要基于 BP 网络对后一种结构进行阐述。

1. 基于 BP 神经网络的 PID 整定算法

BP 神经网络是一种单向传播的多层前向网络，将其应用于 PID 参数整定时，输入节点对应系统的运行状态量，如系统的偏差与偏差变化率。输入变量的个数取决于被控系统的复杂程度；输出节点对应的是 PID 的三个可调参数 K_P,K_I,K_D。由于输出不能为负，所以输出层活化函数取非负的 Sigmoid 函数，隐层取正负对称的 Sigmoid 函数。

图 5-35 给出了应用于 K_P,K_I,K_D 自学习的 BP 神经结构。图 5-36 所示为基于 BP 网络的 PID 控制器结构。

由图 5-36 可见，基于 BP 网络的 PID 自整定控制器由两部分构成：

(1)PID 控制器：直接对被控对象进行闭环控制，并且三个参数 K_P,K_I,K_D 为在线调整方式。

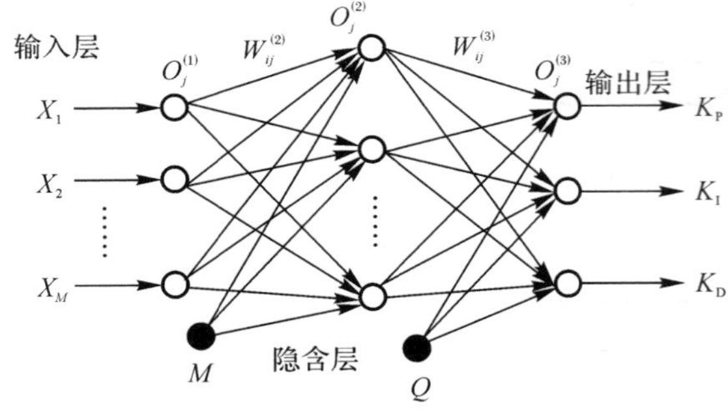

图 5-35　BP 神经网络结构

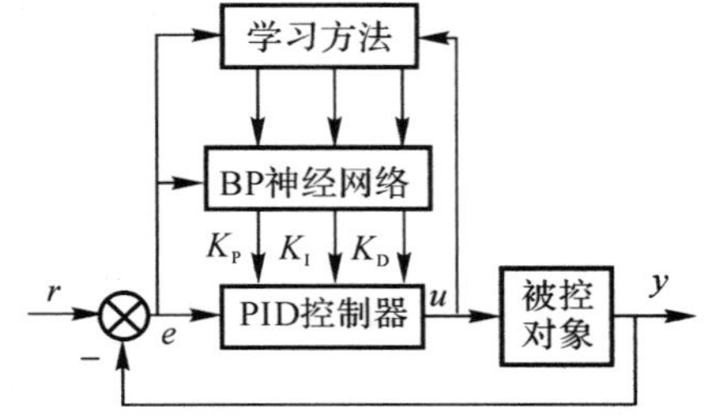

图 5-36　基于 BP 网络的 PID 自整定控制器

(2) 神经网络:根据系统的运行状态,调节 PID 控制器的参数,以期达到某种性能指标的最优化,使输出层神经元的输出状态对应于 PID 控制器的三个可调参数 K_P, K_I, K_D,通过神经网络的自学习、加权系数调整,使神经网络输出对应于某种最优控制律下的 PID 控制器参数。

其中数字 PID 的控制采用增量式算法,即

$$-u(k)=u(k-1)+K_P(e(k)-e(k-1))+K_Ie(k)+K_D[e(k)-2e(k-1)+e(k-2)] \tag{5-52}$$

神经网络采用三层 BP 网络。网络输入层的输入为

$$O_j^{(1)}=x(j) \qquad j=1,2,\cdots,M \tag{5-53}$$

式中,输入变量的个数 M 取决于被控制系统的复杂程度;上角标(1)表示输入层。

网络隐含层的输入、输出为

$$\left.\begin{aligned} \mathrm{net}_i^{(2)}(k) &= \sum_{j=0}^{M} w_{ij}^{(2)} O_j^{(1)} \\ O_i^{(2)}(k) &= f(\mathrm{net}_i^{(2)}(k)) \qquad (i=1,2,\cdots,Q) \end{aligned}\right\} \tag{5-54}$$

式中,$w_{ij}^{(2)}$ 为隐含层加权系数;上角标(2)代表隐含层。

隐层神经元的活化函数取正、负对称的 Sigmoid 函数

$$f(x)=\tanh(x)=\frac{e^x-e^{-x}}{e^x+e^{-x}} \tag{5-55}$$

网络输出层的输入、输出为

$$\left.\begin{aligned} \mathrm{net}_l^{(3)}(k) &= \sum_{j=0}^{Q} w_{li}^{(3)} O_i^{(2)}(k) \\ O_l^{(3)}(k) &= g(\mathrm{net}_l^{(3)}(k)) \quad (l=1,2,3) \\ O_1^{(3)}(k) &= K_P, O_2^{(3)}(k)=K_I, O_3^{(3)}(k)=K_D \end{aligned}\right\} \tag{5-56}$$

式中,上角标(3)代表输出层。

输出层输出节点分别对应三个可调参数 K_P, K_I, K_D。由于 K_P, K_I, K_D 不能为负值,所以输出层神经元的活化函数取非负的 Sigmoid 函数

$$g(x)=\frac{1}{2}(1+\tanh(x))=\frac{e^x}{e^x+e^{-x}} \tag{5-57}$$

取性能指标函数为

$$E(k)=\frac{1}{2}(r(k)-y(k))^2 \tag{5-58}$$

按照梯度下降法修正网络的权系数，即按 $E(k)$ 对加权系数的负梯度方向搜索调整，并附加一项使搜索快速收敛到全局极小的惯性项

$$\Delta w_{li}^{(3)}(k)=-\eta\frac{\partial E(k)}{\partial w_{li}^{(3)}}+\alpha\Delta w_{li}^{(3)}(k-1) \tag{5-59}$$

式中，η 为学习速率；α 为惯性系数。

$$\frac{\partial E(k)}{\partial w_{li}^{(3)}}=\frac{\partial E(k)}{\partial y(k)}\frac{\partial y(k)}{\partial u(k)}\frac{\partial u(k)}{\partial O_l^{(3)}(k)}\frac{\partial O_l^{(3)}(k)}{\partial net_i^{(3)}(k)}\frac{\partial \mathrm{net}_i^{(3)}(k)}{\partial w_{li}^{(3)}} \tag{5-60}$$

$$\frac{\partial \mathrm{net}_l^{(3)}(k)}{\partial w_{ji}^{(3)}(k)}=O_i^{(2)}(k) \tag{5-61}$$

由于 $\frac{\partial y(k)}{\partial u(k)}$ 未知，所以近似用符号函数 $\mathrm{sgn}\left(\frac{\partial y(k)}{\partial u(k)}\right)$ 取代。

由式(5－52)，可求得

$$\frac{\partial u(k)}{\partial O_1^{(3)}(k)}=e(k)-e(k-1) \tag{5-62}$$

$$\frac{\partial u(k)}{\partial O_2^{(3)}(k)}=e(k) \tag{5-63}$$

$$\frac{\partial u(k)}{\partial O_3^{(3)}(k)}=e(k)-2e(k-1)+e(k-2) \tag{5-64}$$

由上述分析可得网络输出层权的学习算法为

$$\Delta w_{ij}^{(3)}(k)=\alpha\Delta w_{ij}^{(3)}(k-1)+\eta\delta_j^{(3)}O_i^{(2)}(k) \tag{5-65}$$

$$\delta_i^{(3)}=e(k)\mathrm{sgn}\left(\frac{\partial y(k)}{\partial u(k)}\right)\frac{\partial u(k)}{\partial O_i^{(3)}(k)}g'(\mathrm{net}_i^{(3)}(k))\quad(i=1,2,3) \tag{5-66}$$

同理可得隐含层加权系数的学习算法

$$\Delta w_{ij}^{(2)}(k)=\alpha\Delta w_{ij}^{(2)}(k-1)+\eta\delta_i^{(2)}O_j^{(1)}(k) \tag{5-67}$$

$$\delta_i^{\ (2)}=f'(\mathrm{net}_j^{(2)}(k))\sum_{l=1}^{3}\delta_l^{(3)}w_{ji}^{(3)}(k)\quad(i=1,2,\cdots,Q) \tag{5-68}$$

式中

$$f'(x)=(1-f^2(x))/2 \tag{5-69}$$

2. 基于 BP 网络的自整定 PID 控制器计算步骤

基于 BP 网络的自整定 PID 控制器计算机求解步骤如下：

(1)确定 BP 网络的结构，即确定输入层节点数 M 和隐含层节点数 Q，并给出各层加权系数的初值 $w_{ij}^{(1)}(0)$ 和 $w_{ij}^{(2)}(0)$，选定学习速率 η 和惯性系数 α，此时 $k=1$。

(2)采样得到 $r(k)$ 和 $y(k)$，计算该时刻误差 $e(k)=r(k)-y(k)$。

(3)计算神经网络各层神经元的输入、输出，输出层的输出即为 PID 控制器的三个可调参数 K_P,K_I,K_D。

(4)根据式(5－52)计算 PID 控制器的输出 $u(k)$。

(5)进行神经网络学习，在线调整加权系数 $w_{ij}^{(1)}(0)$ 和 $w_{ij}^{(2)}(0)$，实现 PID 控制参数的自适应调整。

(6)置 $k=k+1$，返回到(1)。

5.5.3 基于遗传算法的PID参数优化算法

PID控制器设计中，K_P,K_I,K_D三个参数的整定可以看成是一个三维参数空间内最优参数的寻优问题，因此传统的优化算法如模拟退火算法、线性规划算法、爬山法、梯度法等以及启发式智能优化算法如遗传算法(Genetic Algorithms,GA)、免疫进化算法、粒子群算法、蚁群算法等均可应用于K_P,K_I,K_D三个参数的优化整定中，篇幅所限，本节主要介绍遗传算法在PID参数整定中的应用问题。

1.遗传算法的基本原理

遗传算法是1962年由美国Michigan大学的Holland教授提出的模拟自然界遗传机制和生物进化论而成的一种并行随机搜索最优化算法，具有并行性、启发性、对问题的依赖性小以及可得到全局最优解等优点，因而在参数优化领域得到了广泛应用。遗传算法将“优胜劣汰，适者生存”的生物进化原理引入优化参数形成的编码串联群体中，按所选择的适应度函数并通过遗传中的复制、交叉及变异对个体进行筛选，使适应度值高的个体被保留下来，组成新的群体，新的群体既继承了上一代的信息，又优于上一代。这样周而复始，群体中个体适应度不断提高，直到满足一定的迭代收敛条件。

遗传算法的基本操作为：

(1)复制(Reproduction Operator)。复制是从一个旧种群中选择生命力强的个体产生新种群的过程。复制一般通过随机概率匹配方法来实现，具有高适配值的个体在下一代中产生一个或多个子代的概率更高。它模仿了达尔文进化论中的适者生存现象。若用计算机程序来实现，首先可考虑产生0～1之间均匀分布的随机数，若某串复制概率为40%，则当产生的随机数在0～0.40之间时，该个体被复制，否则被淘汰。

(2)交叉(Crossover Operator)。复制操作能从旧种群中选择出优秀者，但不能创造新的染色体。而交叉模拟了生物进化过程的繁殖现象，通过两个染色体的交换组合，来产生新的优良品种。它的过程为：在匹配池中任选两个个体，随机选择一点或多点交换位置；交换双亲染色体交换点右边的部分，即可得到两个新的染色体数字串。交换体现了自然界中信息交换的思想。交叉有一点交叉、多点交叉，还有一致交叉、顺序交叉和周期交叉。一点交叉是最基本的方法，应用较广。它是指染色体切断点有一处，例如：

A：101100 1110 → 101100 0101

B：001010 0101 → 001010 1110

(3)变异(Mutation Operator)。变异运算用来模拟生物在自然界的遗传环境中由于各种偶然因素引起的基因突变，它以很小的概率随机地改变遗传基因(表示染色体的符号串的某一位)的值。在染色体以二进制编码的系统中，它随机地将染色体的某一个基因由1变为0，或由0变为1。为了在尽可能大的空间中获得质量较高的优化解，必须采用变异操作。

2.基于遗传算法的PID参数整定原理

(1)参数确定及编码。首先确定K_P,K_I,K_D参数范围，然后根据精度要求对其进行编码。编码方式有二进制编码、十进制编码等。实际使用中多采用二进制编码，编码时通常选取固定长度的一个二进制字串来表示K_P,K_I,K_D中的每一个参数，再把每个参数的二进制编码串顺序连接起来就组成一个长的二进制字串，也就是染色体。

(2)初始种群产生。根据优化问题的复杂程度选定种群规模,然后随机产生与种群规模数对应的染色体数目以形成初始种群。

(3)适应度函数的确定。适应度函数用于评价种群中个体的优劣程度,适应度越大的个体越好;反之,适应度越小则个体越差;根据适应度的大小对个体进行选择,以保证适应性能好的个体有更多的机会繁殖后代,使优良特性得以遗传。因此,遗传算法要求适应度函数值必须是非负数。

在 K_P,K_I,K_D 的参数整定中,即要求通过遗传算法寻找出一组使得控制系统性能最优的 K_P,K_I,K_D。而衡量一个控制系统的指标通常有三个方面,即稳定性、准确性和快速性。根据对控制系统的不同要求,可以选取不同的适应度函数,一般有如下几种:

1)为了获得满意的综合控制指标,可取适应度函数为

$$f(x)=1/J=1\bigg/\int_0^{\infty}e^2(t)\mathrm{d}t \tag{5-70}$$

2)为了获得满意的动态性能指标,可取适应度函数为

$$f(x)=1/J=1\bigg/\int_0^{\infty}te^2(t)\mathrm{d}t \tag{5-71}$$

3)为了获得满意的过渡过程动态特性,可取适应度函数为

$$f(x)=1/J=1\bigg/\int_0^{\infty}(w_1\mid e(t)\mid)\mathrm{d}t \tag{5-72}$$

4)为了防止控制能量过大,可在适应度函数中加入控制输入的二次方项,取适应度函数为

$$f(x)=1/J=1\bigg/\left[\int_0^{\infty}(w_1\mid e(t)\mid+w_2u^2(t))\mathrm{d}t+w_3t_u\right] \tag{5-73}$$

式中,J 为目标函数;$e(k)$ 为系统误差;$u(k)$ 为控制器输出;t_u 为上升时间;w_1,w_2,w_3 为权值。

此外,如果控制系统中还有其他约束条件,则可采用惩罚函数法在目标函数或适应度函数中加入惩罚项。比如为了避免超调,可将超调量的指标按照一定的权值加入目标函数中。

(4)遗传算法的操作。首先利用适应度比例法进行复制,即通过适应度函数求得适应值,进而求每个个体对应的复制概率。复制概率与每代个体的个数的乘积为该串在下一代中应复制的个数。复制概率大的在下一代中将有较多的子代,相反则会被淘汰。

其次进行单点交叉,交叉概率为 P_c。从复制后的成员里以 P_c 的概率选取个体组成匹配池,而后对匹配池的成员随机匹配,交叉的位置也是随机确定的。

最后以概率 P_m 进行变异。假如每代有 15 个字串,每个字串 12 位,则共有 $15\times12=180$ 个串位,期望的变异串位数为 $180\times0.01\approx2$ 位,即每代中有两个串位要由 1 变为 0 或由 0 变为 1。

初始种群通过复制、交叉及变异得到了新一代种群,而该代种群经解码后代入适配函数,观察是否满足结束条件,若不满足,则重复以上操作,直到满足为止。

结束条件由具体问题而定,只要各目标参数在规定范围内,则终止计算。

综上所述,利用遗传算法优化 K_P,K_I,K_D 的具体步骤如下:

1)确定每个参数的大致范围和编码长度并进行编码,确定复制概率、交叉概率、变异概率;

2)随机产生 n 个个体构成初始种群 $P(0)$;

3)将种群中各个体解码成对应的参数值,用此参数求代价函数值 J 及适应函数值 f,取 $f=1/J$;

4)应用复制、交叉和变异算子对种群 $P(t)$ 进行操作,产生下一代种群 $P(t+1)$;

5)重复步骤 3)和 4),直至参数收敛或达到预定的指标。

3. 应用

例 5-5 工业领域中的大多数被控对象一般用一阶或二阶环节来近似描述。假设某控制系统的受控对象传递函数为

$$G(s)=\frac{400}{s^2+50s}$$

其中采样时间为 $T_s=1\text{ms}$,输入为阶跃函数,采用遗传算法求 PID 控制器各放大参数。

解 目标函数 J 可以取为

$$J=\int_0^{\infty}(w_1\mid e(t)\mid+w_2u^2(t))\mathrm{d}t+w_3t_u$$

式中,$e(t)$ 为系统误差;$u(t)$ 为控制器输出;t_u 为上升时间;w_1,w_2,w_3 为权值。

为了避免超调,采用了惩罚功能,即一旦产生超调,将超调量作为最优指标的一项,此时最优指标为

$$J=\int_0^{\infty}[w_1\mid e(t)\mid+w_2u^2(t)+w_4\mid e_y(t)\mid]\mathrm{d}t+w_3t_u$$

式中,w_4 为权值,且 $w_4\gg w_1$;$e_y(t)=y(t)-y(t-1)$,$y(t)$ 为被控对象输出。

遗传算法中使用的样本个数为 30,交叉概率和变异概率分别为 $P_c=0.9$,$P_{cm}=0.033$。参数 K_P 的取值范围为[0,20],K_I,K_D 的取值范围为[0,1],取 $w_1=0.999$,$w_2=0.001$,$w_4=100$,$w_3=2.0$。采用实数编码方式,经过 100 代进化,获得的优化参数如下:PID 整定结果为 $K_P=19.082\,3$,$K_D=0.243\,4$,$K_I=0.008\,9$,性能指标 $J=23.993\,6$。代价函数 J 的优化过程和采用整定后的 PID 控制阶跃响应如图 5-37 所示。

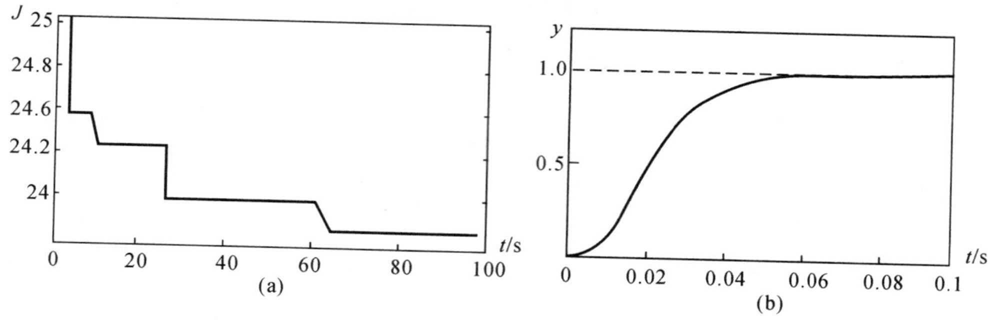

图 5-37 例 5-5 控制与输出曲线

图 5-37(a)所示为代价函数 J 的优化过程,图 5-37(b)所示是整定后的 PID 阶跃响应。在应用遗传算法时,为了避免参数选取范围过大,可以先按经验选取一组参数,然后在这组参数的周围利用遗传算法进行设计,从而大大减小初始寻优的盲目性,节约计算量。

5.6 本章小结

PID 控制由于具有不要求被控对象的精确的数学模型、控制算法简单实用、控制效果好的特点，故在各个实际控制过程的计算机 PID 控制器中得到广泛的使用。

(1)一般 PID 控制器选取，针对被控制对象特性可以选择不同构型的位置式 PID，当被控对象含有积分作用时可选择增量式 PID，需根据被控对象特点设计 PID 参数。

(2) 积分饱和可选择积分分离，微分过激可改进微分或采用微分加滤波等不同改进算法。

(3)PID 参数整定，被控对象安全性能要求比较高的则采用衰减比值法，被控对象具有控制容忍度，则可采用临界比例度法，参数整定专家经验非常重要。

(4)随着人工智能控制的兴起，模糊 PID、神经网络 PID、遗传算法 PID 都是比较好的 PID 参数整定方法。

习　　题

5-1　什么是位置式和增量式 PID 数字控制算法？试比较它们的优缺点。

5-2　PI 控制器有什么特点？为什么加入积分作用可以消除静差？

5-3　某温度控制系统方案如图 5-38 所示，其中 $K_1=5.4$，$K_D=0.8/5.4$，$T_1=5\text{min}$。

(1)作出积分速度 S_0 分别为 0.21 和 0.92，$D=10$ 的系统阶跃响应 $\theta(t)$；

(2)作出相应的 $r=2$ 的设定值阶跃响应；

(3)分析控制器积分速度 S_0 对设定值阶跃响应和扰动阶跃响应的影响；

(4)比较比例控制系统、积分控制系统各自的特点。

(注：此题可用数字仿真求解。)

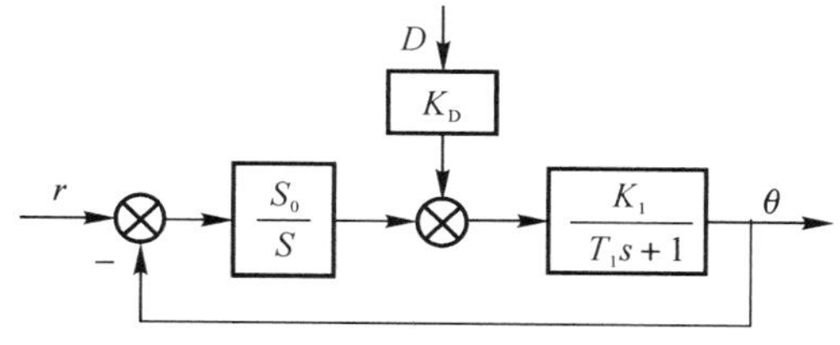

图 5-38　温度控制系统方案

5-4　PID 控制器有何特点？为什么加入微分作用可以改善系统的动态性能？

5-5　什么叫积分饱和作用？它是怎样引起的？可以采取什么办法消除积分饱和？

5-6　已知模拟控制器的传递函数 $D_c(s)=\frac{1+0.17s}{0.085s}$，若用数字 PID 算式实现，试分别写出相应的位置型和增量型 PID 算式，采样周期 $T_s=0.2\text{s}$。

5-7　已知控制器 $D_{c1}(s)=\frac{1+0.15s}{0.05s}$，$D_{c2}(s)=18+2s$，试分别写出相应的数字式的位置型和增量型 PID 算式，采样周期 $T_s=1\text{s}$。

5-8 在对象有精确数学模型的情况下，PID 调节参数也可通过系统综合的方法予以确定。对于较简单的对象，通常期望闭环传递函数为具有阻尼系数 $\xi=0.707$ 的二阶环节

$$G(s)=\frac{\omega_n^2}{s^2+\sqrt{2}\omega_n s+\omega_n^2}$$

它有较小的超调，且当 ω_n 较大时有快速的响应。若对象的传递函数为

$$G_0(s)=\left(\frac{K_1}{T_1 s+1}\right)\left(\frac{K_2}{T_2 s+1}\right)\left(\frac{K_3}{T_3 s+1}\right)$$

其中 $T_1 \gg T_2 \gg T_3$，试设计一模拟控制器，使闭环系统具有上述 $G(S)$ 的形式，在采样周期为 T_s 的情况下，写出其位置式 PID 控制算式。

5-9 已知对象传递函数 $G(s)=\dfrac{1}{(5s+1)(10s+1)}$，测量传感器传递函数 $H_m(s)=\dfrac{1}{2s+1}$，若控制器采用 PI 控制律，试用稳定边界法整定控制器的参数。

5-10 已知 DDC 系统如图 5-39 所示。$D_c(z)$ 采用 PI 或 PID 控制算式。给定采样周期 $T_s=2\text{min}$，控制度选取为 1.2，试用扩充响应曲线法，分别求出数字 PI 和 PID 算式的整定参数。

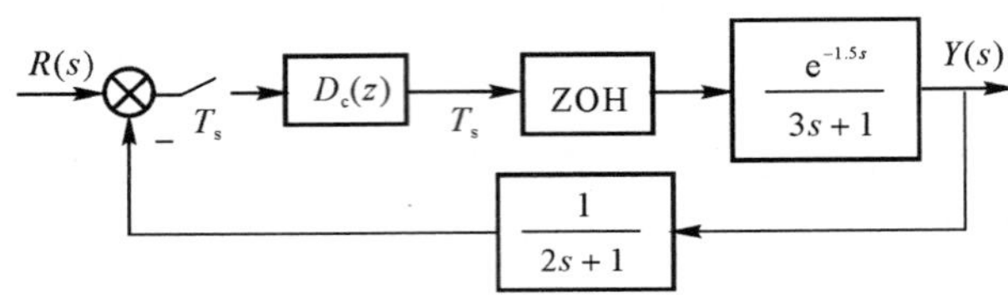

图 5-39 控制系统方框图

5-11 计算机控制系统如图 5-40 所示，采用数字 PI 校正，$D(z)=K_P+K_I\dfrac{1}{1-z^{-1}}$，采样周期 $T=0.1\text{s}$，试分析积分作用及参数的选择。

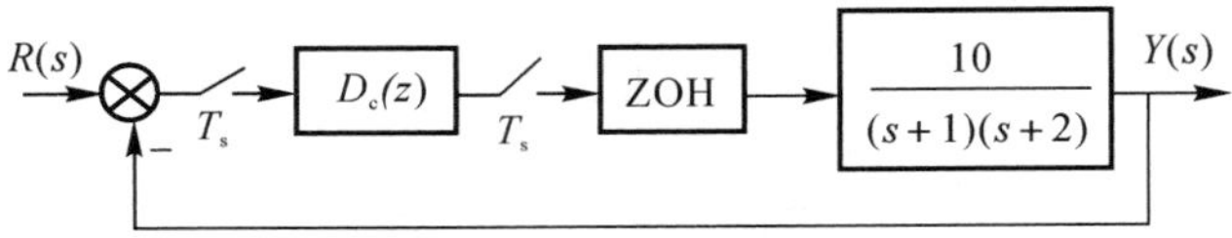

图 5-40 控制系统方框图

5-12 计算机控制系统仍如图 5-40 所示，采用数字 PID 控制，采样周期 $T=0.1\text{s}$，$D(z)=K_P+K_I\dfrac{1}{1-z^{-1}+K_D(1-z^{-1})}$，试分析微分作用及参数的选择。

5-13 设被控制对象为如下二阶传递函数，取采样时间为 1ms，输入指令为阶跃信号。要求采用二进制编码应用遗传算法来求取最优 K_P，K_I，K_D。

$$G(s)=\frac{400}{s^2+50s}$$

第 6 章　计算机控制系统的状态空间设计

状态空间设计方法，是建立在矩阵理论的基础上，对多输入多输出系统进行描述、分析与设计的方法。通过状态变量可以得到更多的系统信息，使得系统控制过程不但控制了输出量，同时对中间变量进行控制。状态变量通过状态方程的描述，使得对于多变量系统、复杂的非线性系统和时变系统的分析与设计更为方便。它可以支持多数现代控制理论设计方法，如多变量线性或非线性控制、最优控制、自适应控制、鲁棒控制等方法，但不能代替传统的传递函数方法。

连续系统的状态方程是一组一阶微分方程，而离散系统的状态方程也是以一阶差分方程组来描述的。计算机控制系统中既有计算机的纯数字离散部分，也有被控对象的连续部分，在建立差分方程组时，需将连续部分离散化，统一到离散域内构建一组差分方程，建立统一的离散系统状态方程来讨论系统的可控性和可观性。

在可控性和可观性的基础上，介绍脉冲函数的控制器转化为状态空间的控制器方程，在状态空间完成计算机系统控制；随后在离散系统状态方程可控的基础上介绍最少拍设计、状态空间状态反馈和极点配置法、状态观测器的设计、调节器与伺服器的设计等。

6.1　离散系统的可控、可达及可观性

可控性指的是控制作用对被控系统影响的可能性。如果在一个有限的时间间隔里，可以用一个无约束的控制向量，使得系统由初始状态 $x(k_0)$ 转移到终点状态 $x(k_f)$，那么系统就称作在时间 t_0 是可控的。若任一状态变量与控制量无关，那么就无法用一些控制措施在有限的时间内把这个特殊的状态变量驱动到所要求的状态，则称这个特殊的状态变量为不可控的状态变量，而这个系统为不可控的系统。如图 6－1(a) 所示，一个具有两个状态变量的被控系统，输入 $\boldsymbol{u}(k)$ 只影响状态变量 $x_2(k)$，对 $x_1(k)$ 不起作用，就称 $x_2(k)$ 状态可控，但 $x_1(k)$ 是不可控的状态变量，整个系统为不完全可控系统。

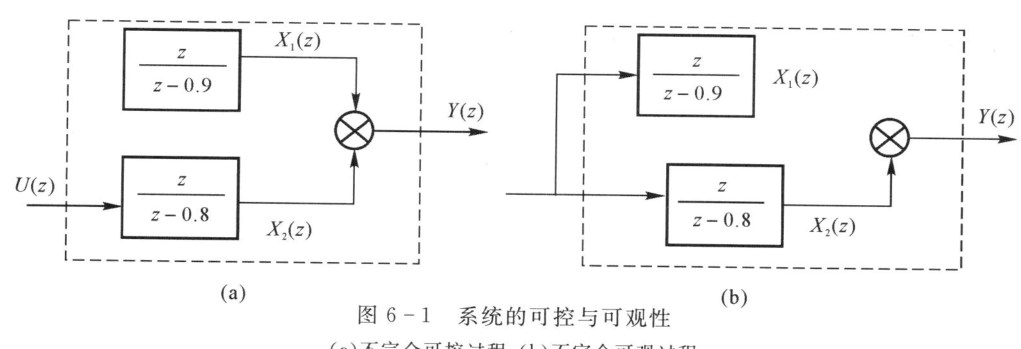

图 6－1　系统的可控与可观性

(a)不完全可控过程；(b)不完全可观过程

与可控性相对偶的概念是可观性。可观性反映了通过量测系统确定系统状态的可能性。如果系统在状态 $x(0)$，在一个有限的时间 kT 间隔内，由输出量观测值可反映内状态变化，那么就称系统在时间 kT 是可观的。图 6－1(b) 表示了一系统的状态图，由图可见，状态变量 $x_1(k)$ 与输出 $y(k)$ 毫无联系。因此一旦测得 $y(k)$，则由测量结果只可观测到状态变量 $x_2(k)$，因为 $y(k)=x_2(k)$，而不能从 $y(k)$ 的信息中观测到状态变量 $x_1(k)$。这样所描述的系统就是不完全可观的。

上面对于可控性和可观性的描述，实际上带有普遍性，不论对连续系统还是对离散系统都是适用的，只是线性系统的可控性和可观测性通常只靠观察是鉴别不了的，必须采用一些数学检验准则。

6.1.1　离散系统的可控性判定

假设给定离散系统状态方程和输出方程为

$$\left.\begin{aligned} \boldsymbol{x}(k+1) &= \boldsymbol{F}\boldsymbol{x}(k)+\boldsymbol{G}\boldsymbol{u}(k) \\ \boldsymbol{y}(k) &= \boldsymbol{C}\boldsymbol{x}(k)+\boldsymbol{D}\boldsymbol{u}(k) \end{aligned}\right\} \tag{6-1}$$

可控性定义：在式(6－1) 的系统中，若可以找到控制序列 $\boldsymbol{u}(k)$，在有限时间 NT 内驱动系统从任意初始状态 $\boldsymbol{x}(0)$ 到达期望状态 $\boldsymbol{x}(N)$，则称该系统是状态完全可达的。如果这个期望的状态 $\boldsymbol{x}(N)=\boldsymbol{0}$，则称该状态是完全可控的，简称是可控的。

应当指出，可控性并不等于可达性，由定义知，可控实质上是可达的一个特例，即可达一定可控，但可控不一定可达。对连续系统，这两个概念是一致的。而对于离散系统来说，这两个概念是不同的。

例 6－1　讨论某一离散系统的可控性及可达性。系统的状态方程为

$$\boldsymbol{x}(k+1)=\begin{bmatrix}0 & 1\\ 0 & 0\end{bmatrix}\begin{bmatrix}x_1(k)\\ x_2(k)\end{bmatrix}+\begin{bmatrix}1\\ 0\end{bmatrix}\boldsymbol{u}(k)$$

初始条件：$x_1(0)$，$x_2(0)=0$。

解　采用迭代法求。

当 $k=0$ 时：

$$\begin{bmatrix}x_1(1)\\ x_2(1)\end{bmatrix}=\begin{bmatrix}0 & 1\\ 0 & 0\end{bmatrix}\begin{bmatrix}x_1(0)\\ x_2(0)\end{bmatrix}+\begin{bmatrix}1\\ 0\end{bmatrix}\boldsymbol{u}(0)=\begin{bmatrix}x_2(0)+\boldsymbol{u}(0)\\ 0\end{bmatrix}=\begin{bmatrix}0\\ 0\end{bmatrix}$$

当 $k=1$ 时：
$$\begin{bmatrix}x_1(2)\\ x_2(2)\end{bmatrix}=\begin{bmatrix}0 & 1\\ 0 & 0\end{bmatrix}\begin{bmatrix}x_1(1)\\ x_2(1)\end{bmatrix}+\begin{bmatrix}1\\ 0\end{bmatrix}\boldsymbol{u}(1)=\begin{bmatrix}x_2(1)+\boldsymbol{u}(1)\\ 0\end{bmatrix}=\begin{bmatrix}\boldsymbol{u}(1)\\ 0\end{bmatrix}$$

当 $k=2$ 时：
$$\begin{bmatrix}x_1(3)\\ x_2(3)\end{bmatrix}=\begin{bmatrix}0 & 1\\ 0 & 0\end{bmatrix}\begin{bmatrix}x_1(2)\\ x_2(2)\end{bmatrix}+\begin{bmatrix}1\\ 0\end{bmatrix}\boldsymbol{u}(2)=\begin{bmatrix}x_2(2)+\boldsymbol{u}(2)\\ 0\end{bmatrix}=\begin{bmatrix}\boldsymbol{u}(2)\\ 0\end{bmatrix}$$

……

类推该系统，若控制序列当 $k\geqslant 2$ 时，$\boldsymbol{u}(k)=\boldsymbol{0}$，则 $\boldsymbol{x}(k)=\boldsymbol{0}$，系统是可控的，但系统是不可达的，即对任意的控制作用 $\boldsymbol{u}(k)$，在 $x_1(0)\neq 0$，$x_2(0)=0$ 时，$\boldsymbol{x}(2)$ 恒等于零，所以系统是可控的。但该系统是不可达的，对该系统，$x_2(k)\equiv 0$，$k\geqslant 1$，因此不存在一个控制序列 $\boldsymbol{u}(k)$，使系统可以从任意初始状态 $\boldsymbol{x}(0)$ 到达任意给定的不为零的终止状态 $\boldsymbol{x}(N)$。

对于计算机控制系统，通常是由连续系统经采样形成的，它的系统转移矩阵 $\boldsymbol{F}$ 等于 $\mathrm{e}^{\boldsymbol{A}T}$（这

里 $\boldsymbol{A}$ 是连续系统的系统矩阵），由于

$$\det(\mathrm{e}^{\boldsymbol{A}T}) = \mathrm{e}^{\mathrm{tr}(\boldsymbol{A}T)} > 0 \tag{6-2}$$

式中，$\mathrm{tr}(\boldsymbol{A}T)$ 是矩阵 $\boldsymbol{A}T$ 的迹。所以 $\boldsymbol{F}$ 总是非奇异的，因此，计算机控制系统的可控性与可达性是一致的。

计算机系统可控性应满足的条件是什么？假设 $u(k)$ 是一维标量，利用状态方程迭代求解方法，从式(6－1)可得

$$\left.\begin{aligned}
&\boldsymbol{x}(1) = \boldsymbol{F}\boldsymbol{x}(0) + \boldsymbol{G}\boldsymbol{u}(0)\\
&\boldsymbol{x}(2) = \boldsymbol{F}\boldsymbol{x}(1) + \boldsymbol{G}\boldsymbol{u}(1) = \boldsymbol{F}^2\boldsymbol{x}(0) + \boldsymbol{F}\boldsymbol{G}\boldsymbol{u}(0) + \boldsymbol{G}\boldsymbol{u}(1)\\
&\qquad\cdots\cdots\\
&\boldsymbol{x}(N) = \boldsymbol{F}^N\boldsymbol{x}(0) + \sum_{i=0}^{N-1}\boldsymbol{F}^{N-i-1}\boldsymbol{G}\boldsymbol{u}(i)
\end{aligned}\right\} \tag{6-3}$$

或

$$\boldsymbol{x}(N) - \boldsymbol{F}^N\boldsymbol{x}(0) = \boldsymbol{F}^{N-1}\boldsymbol{G}\boldsymbol{u}(0) + \boldsymbol{F}^{N-2}\boldsymbol{G}\boldsymbol{u}(1) + \cdots + \boldsymbol{F}\boldsymbol{G}\boldsymbol{u}(N-2) + \boldsymbol{G}\boldsymbol{u}(N-1) \tag{6-4}$$

将式(6－4)写成矩阵形式为

$$\boldsymbol{X}(N) - \boldsymbol{F}^N\boldsymbol{X}(0) = [\boldsymbol{F}^{N-1}\boldsymbol{G}\quad \boldsymbol{F}^{N-2}\boldsymbol{G}\quad \cdots\quad \boldsymbol{F}\boldsymbol{G}\ \boldsymbol{G}]\begin{bmatrix}\boldsymbol{u}(0)\\ \boldsymbol{u}(1)\\ \vdots\\ \boldsymbol{u}(N-1)\end{bmatrix} \tag{6-5}$$

由式(6－5)解出要寻找的控制序列为

$$\begin{bmatrix}\boldsymbol{u}(0)\\ \boldsymbol{u}(1)\\ \vdots\\ \boldsymbol{u}(N-1)\end{bmatrix} = [\boldsymbol{F}^{N-1}\boldsymbol{G}\quad \boldsymbol{F}^{N-2}\boldsymbol{G}\quad \cdots\quad \boldsymbol{F}\boldsymbol{G}\quad \boldsymbol{G}]^{-1}[\boldsymbol{X}(N) - \boldsymbol{F}^N\boldsymbol{X}(0)] \tag{6-6}$$

式(6－6)成立的充分必要条件应该是：

(1) 由于 $\boldsymbol{x}$ 是 n 维向量，所以方程式(6－4)必须是 n 维线性方程，即 $N = n$。面对任何 n 维系统，为使系统从 $\boldsymbol{x}(0)$ 转移到 $\boldsymbol{x}(N)$，必须经过 n 步控制，即有 $\boldsymbol{u}(0)$，$\boldsymbol{u}(1)$，…，$\boldsymbol{u}(N-1)$ 控制序列存在。

(2) 该 n 维线性方程组系数矩阵必须是满秩的，即

$$\mathrm{rank}\boldsymbol{W}_{\mathrm{R}} = \mathrm{rank}[\boldsymbol{F}^{N-1}\boldsymbol{G}\quad \boldsymbol{F}^{N-2}\boldsymbol{G}\quad \cdots\quad \boldsymbol{F}\boldsymbol{G}\quad \boldsymbol{G}] = n \tag{6-7}$$

或者说 $\boldsymbol{W}_{\mathrm{R}} = [\boldsymbol{F}^{N-1}\boldsymbol{G}\quad \boldsymbol{F}^{N-1}\boldsymbol{G}\quad \cdots\quad \boldsymbol{F}\boldsymbol{G}\quad \boldsymbol{G}]$ 是非奇异矩阵，式(6－6)才成立。此时称矩阵 $\boldsymbol{W}_{\mathrm{R}}$ 为可达性矩阵。式(6－6)可改写为

$$[\boldsymbol{u}(0)\quad \boldsymbol{u}(1)\quad \cdots\quad \boldsymbol{u}(N-1)]^{\mathrm{T}} = \boldsymbol{W}_{\mathrm{R}}^{-1}[\boldsymbol{u}(N) - \boldsymbol{F}^N\boldsymbol{u}(0)] \tag{6-8}$$

任意给定的初状态 $\boldsymbol{u}(0)\neq\boldsymbol{0}$，而终值状态 $\boldsymbol{u}(N)=\boldsymbol{0}$，则由式(6－8)可知

$$\boldsymbol{F}^N\boldsymbol{X}(0) = -[\boldsymbol{F}^{N-1}\boldsymbol{G}\quad \boldsymbol{F}^{N-2}\boldsymbol{G}\quad \cdots\quad \boldsymbol{F}\boldsymbol{G}\quad \boldsymbol{G}]\begin{bmatrix}\boldsymbol{u}(0)\\ \boldsymbol{u}(1)\\ \vdots\\ \boldsymbol{u}(N-1)\end{bmatrix} \tag{6-9}$$

即

$$\boldsymbol{X}(0) = -[\boldsymbol{F}^{-1}\boldsymbol{G}\quad \boldsymbol{F}^{-2}\boldsymbol{G}\quad \cdots\quad \boldsymbol{F}^{-N}\boldsymbol{G}][\boldsymbol{u}(0)\quad u(1)\quad \cdots\quad \boldsymbol{u}(N-1)]^{\mathrm{T}} \tag{6-10}$$

为使上述线性方程组有解，除应使 $N=n$ 外，还必须使

$$W_c = [F^{-1}G \quad F^{-2}G \quad \cdots \quad F^{-N}G] \tag{6-11}$$

式(6-11)是非奇异的，即 $\mathrm{rank}W_c=n$。W_c称为可控性矩阵。这就是系统完全可控的充分必要条件。

从式(6-11)可见，为使可控矩阵 W_c有意义，F 必须是非奇异矩阵(即 F 的逆阵存在且有意义)。当系统的 F 阵为非奇异矩阵时，必然会有下式成立：

$$W_c = F^{-N}W_R \tag{6-12}$$

$$W_R = F^N W_c \tag{6-13}$$

这就是说，当系统矩阵 F 为非奇异矩阵时，如果系统是可达的，则必然也是可控的。在这种条件下，离散系统的可控性与可达性就是一致的。

系统的可控性及可达性是由系统的结构决定的。简单地改变状态变量的选取并不能改变系统的可控性。实际上，系统的状态变量通过非奇异变换 T 可以改变为 $\tilde{x}=Tx$ 在新的状态空间里，因为 $\tilde{F}=TFT^{-1}$，$\tilde{G}=TG$，所以

$$\tilde{W}_c = [\tilde{F}^{N-1}\tilde{G}\cdots\tilde{F}\tilde{G}\tilde{G}] = TW_c$$

如果系统是不可控的，即 $\mathrm{rank}W_c\neq n$，根据矩阵理论，$\tilde{W}_c=TW_c$ 的秩也不等于 n，所以改变状态变量的选取并不会改变系统原有的可控性。如果已知系统是不可控的，那么也就没有必要去寻求控制作用。因为对于不可控的系统，即使增加控制步数也不能使系统变成是可控的。

例 6-2 证明对于 n 阶不可控系统，若将其控制增加计算步长仍是不可控的。

证明 设一控制序列 $u(k)$是不可控的，对于 n 阶系统，若将其控制增加 1 步，则控制序列 $u(k)$存在的条件是 $\mathrm{rank}W_c=n$，即

$$\mathrm{rank}W_c = \mathrm{rank}W_R = \mathrm{rank}[F^{N-1}G \quad F^{N-2}G \quad \cdots \quad FG \quad G] = n \tag{6-14}$$

但从凯莱-哈密尔顿定理可得

$$F^N + a_1F^{N-1} + a_2F^{N-2} + \cdots + a_nF^{N-n} = 0$$

即

$$F^N = -(a_1F^{N-1} + a_2F^{N-2} + \cdots + a_nF^{N-n})$$

若将 F^N 表达式代入式(6-7)，则

$$\begin{aligned}\mathrm{rank}W_R &= \mathrm{rank}[-(a_1F^{N-1} + a_2F^{N-2} + \cdots + a_nF^{N-n})G \quad F^{N-1}G \quad \cdots \quad G] = n+1 \\ &= \mathrm{rank}[F^{N-1}G \quad F^{N-2}G \quad \cdots \quad G] \neq n\end{aligned}$$

由此可见，控制步数增加 1 步，系统是不可控的。

对于不可控系统的唯一办法就是修改系统的结构及参数，使得 F，G 构成可控对。

可控性反映了系统的状态向量从初始状态转移到所希望的状态的可能性。同样，能否使输出向量 $y(k)$转移到所希望的数值也是一个很重要的问题，由于输出向量和状态向量之间存在如下关系(当式(6-1)中的 $D=0$ 时)：

$$y(k) = Cx(k) \tag{6-15}$$

所以由式(6-15)可以证明，输出的可控性条件是

$$\mathrm{rank}[CG \quad CFG \quad \cdots \quad CF^{m-1}G] = p \tag{6-16}$$

式中，p 是输出向量的维数。

如果控制向量 $u(k)$是 m 维向量，对于输入输出系统的可控性仍可由上述类似的条件决定。

6.1.2　离散系统的可观性

利用状态空间方法设计时主要用状态反馈来构成控制规律，但是能否测量和重构全部状态，就要判断系统的可观性，也就是在有限的步数内（与初始状态无关）分析测量和重构所有状态的可能性。

1. 可观性及可观阵定义

对于式(6-15)所示系统，如果可以利用系统输出 $\boldsymbol{y}(k)$，在有限的时间 NT 内确定系统的初始状态 $\boldsymbol{x}(0)$，则称该系统是可观的。

讨论系统的可观性时，仅从考察系统的自由运动入手就可以了，即

$$\left.\begin{aligned}\boldsymbol{x}(k+1) &= \boldsymbol{F}\boldsymbol{x}(k)+\boldsymbol{G}\boldsymbol{u}(k)\\ \boldsymbol{y}(k) &= \boldsymbol{C}\boldsymbol{x}(t)\end{aligned}\right\}\tag{6-17}$$

依据定义，可观性的问题是，给定了一系列输出测量值 $\boldsymbol{y}(0),\boldsymbol{y}(1),\cdots,\boldsymbol{y}(k)$，能否在有限的时间 NT 内求得初始状态 $\boldsymbol{x}(0)$。递推求解式(6-17)可得

$$\left.\begin{aligned}\boldsymbol{y}(0) &= \boldsymbol{C}\boldsymbol{x}(0)\\ \boldsymbol{y}(1) &= \boldsymbol{C}\boldsymbol{x}(1) = \boldsymbol{C}\boldsymbol{F}\boldsymbol{x}(0)\\ &\cdots\cdots\\ \boldsymbol{y}(k) &= \boldsymbol{C}\boldsymbol{F}^{k}\boldsymbol{x}(0)\end{aligned}\right\}\tag{6-18}$$

将上式写成矩阵形式为

$$\begin{bmatrix}\boldsymbol{y}(0)\\ \boldsymbol{y}(1)\\ \vdots\\ \boldsymbol{y}(k)\end{bmatrix}=\begin{bmatrix}\boldsymbol{C}\\ \boldsymbol{C}\boldsymbol{F}\\ \vdots\\ \boldsymbol{C}\boldsymbol{F}^{k}\end{bmatrix}\boldsymbol{x}(0)\tag{6-19}$$

若已知 $\boldsymbol{y}(0),\boldsymbol{y}(1),\cdots,\boldsymbol{y}(k)$，为使

$$\boldsymbol{x}(0)=\begin{bmatrix}\boldsymbol{C}\\ \boldsymbol{C}\boldsymbol{F}\\ \vdots\\ \boldsymbol{C}\boldsymbol{F}^{k}\end{bmatrix}^{-1}\begin{bmatrix}\boldsymbol{y}(0)\\ \boldsymbol{y}(1)\\ \vdots\\ \boldsymbol{y}(k)\end{bmatrix}$$

有解，则要求式(6-19)代数方程组一定是 n 维的，系数矩阵应是非奇异的。为此，若令 $k=n-1$，则下式应成立：

$$\mathrm{rank}\boldsymbol{W}_{\mathrm{O}} = \mathrm{rank}\begin{bmatrix}\boldsymbol{C} & \boldsymbol{C}\boldsymbol{F} & \cdots & \boldsymbol{C}\boldsymbol{F}^{N-1}\end{bmatrix}^{\mathrm{T}} = n\tag{6-20}$$

式中，$\boldsymbol{W}_{\mathrm{O}}=\begin{bmatrix}\boldsymbol{C} & \boldsymbol{C}\boldsymbol{F} & \cdots & \boldsymbol{C}\boldsymbol{F}^{N-1}\end{bmatrix}^{\mathrm{T}}$ 被称为可观阵。

2. 系统可观性特点

(1)式(6-20)的可观阵说明系统的可观性只与系统结构及输出信息的特性有关，即取决于系统的特性 $\boldsymbol{F}$ 和 $\boldsymbol{C}$，而与控制矩阵 $\boldsymbol{G}$ 无关。

(2)与可控性类似，可观性也是由系统性质决定的，如要系统不可观，那么增加测量值也不能使系统变为可观。

(3)系统可观性与系统状态可重构性的概念与系统可达性和系统可控性对应。

可重构性的基本问题是，能否利用有限个过去测量值 $\boldsymbol{y}(N-1)$，$\boldsymbol{y}(N-2),\cdots,\boldsymbol{y}(0)$ 求得系统当今状态 $\boldsymbol{x}(N)$。同样也可以得到，如果系统转移矩阵 $\boldsymbol{F}$ 是可逆的，可观性与可重构性也是一致的，所以，对由连续系统采样而形成的计算机控制系统也不再区分这两个概念。

例 6-3 设系统的运动方程为

$$\frac{\mathrm{d}^2\theta}{\mathrm{d}t^2}=\frac{M}{J}$$

试讨论系统的可观性。

解 设 $x_1=\theta, x_2=\dot{\theta}, M/J=u(t)$，如图 6-2 所示，系统的状态方程为

$$\begin{bmatrix}\dot{x}_1\\ \dot{x}_2\end{bmatrix}=\begin{bmatrix}0&1\\0&0\end{bmatrix}\begin{bmatrix}x_1\\x_2\end{bmatrix}+\begin{bmatrix}0\\1\end{bmatrix}\boldsymbol{u}$$

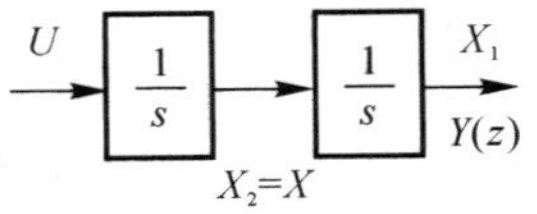

图 6-2 例 6-3 连续函数结构图

离散化以后，得
$$\boldsymbol{F}=\mathrm{e}^{\boldsymbol{A}T}=\begin{bmatrix}1&T\\0&1\end{bmatrix}$$

$$\begin{bmatrix}x_1(k+1)\\x_2(k+1)\end{bmatrix}=\begin{bmatrix}1&T\\0&1\end{bmatrix}\begin{bmatrix}x_1(k)\\x_2(k)\end{bmatrix}+\boldsymbol{Gu}(k)$$

式中，T 是采样周期。如果 θ 是可测量的，则

$$\boldsymbol{y}(k)=\boldsymbol{C}\begin{bmatrix}x_1(k)\\x_2(k)\end{bmatrix}$$

这里 $\boldsymbol{C}=[1\quad 0]$。

离散系统的可观阵为

$$\begin{bmatrix}\boldsymbol{C}\\ \boldsymbol{CF}\end{bmatrix}=\begin{bmatrix}1&0\\1&T\end{bmatrix}$$

因此，$\mathrm{rank}\begin{bmatrix}\boldsymbol{C}\\ \boldsymbol{CF}\end{bmatrix}=\mathrm{rank}\begin{bmatrix}1&0\\1&T\end{bmatrix}=2$，这说明 $\boldsymbol{W}_\mathrm{O}$ 的秩等于系统的维数，$n=2$，所以系统是可观的。

如果 $\dot{\theta}$ 是可以测量的，θ 是不能测量的，则 $\boldsymbol{C}=[0\quad 1]$，

$$\boldsymbol{y}(k)=[0\quad 1]\begin{bmatrix}x_1(k)\\x_2(k)\end{bmatrix}$$

此时可观阵的秩为

$$\mathrm{rank}\begin{bmatrix}\boldsymbol{C}\\ \boldsymbol{CF}\end{bmatrix}=\mathrm{rank}\begin{bmatrix}0&1\\0&1\end{bmatrix}=1\neq n$$

所以系统是不可观的。

由上所述，如果 θ 能够测量，则在有限步数内(取决于精度的要求)可观测到 $\dot{\theta}$。若仅有 $\dot{\theta}$ 可测量，则状态 θ 是不能够测量的。这是因为为了求 θ 值必须知道初始值和 $\dot{\theta}$ 的时间函数，否则，只根据有限的 $\dot{\theta}$ 测量值是不能估计 θ 状态的，故系统是不可观的。

6.1.3 可控性、可观性与脉冲传递函教的关系

1. 系统可控与可观分解

在如图 6-3 所示的系统中，按照定义观察四个传递函数的可控与可观性，与输入作用有关的则可控，与输出有关的则可观，即可以由图 6-1 得到：

$G_1(z)$ ——脉冲传递函数是可控可观的；

$G_2(z)$ ——脉冲传递函数是不可控也不可观的；

$G_3(z)$ ——脉冲传递函数是可控但不可观的；

$G_2(z)$ ——脉冲传递函数是不可控但可观的。

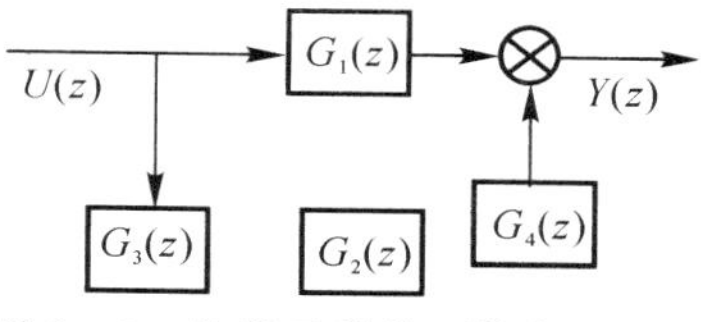

图 6-3　传递函数的可控与可观性

这样可以得到如下结论：输出输入脉冲传递函数 $G(z)$ 只反映了系统中可控可观的那部分状态的特性，只有系统完全可控及可观时，所有脉冲传递函数才能完全反映系统的特性。

2. 系统内有零极点对消则对消部分既不可控也不可观

例 6-4　检查下述系统的可控性及可观性。

$$\begin{bmatrix} x_1(k+1) \\ x_2(k+1) \end{bmatrix} = \begin{bmatrix} a & 0 \\ -1 & b \end{bmatrix} \begin{bmatrix} x_1(k) \\ x_2(k) \end{bmatrix} + \begin{bmatrix} 1 \\ 1 \end{bmatrix} \boldsymbol{u}(k)$$

$$\boldsymbol{y}(k) = \begin{bmatrix} -1 & 1 \end{bmatrix} \begin{bmatrix} x_1(k) \\ x_2(k) \end{bmatrix} + \boldsymbol{u}(k) \tag{6-21}$$

解　可控性矩阵 $\boldsymbol{W}_c$ 为

$$\boldsymbol{W}_c = [\boldsymbol{FG} \quad \boldsymbol{G}] = \left[\begin{bmatrix} a & 0 \\ -1 & b \end{bmatrix} \begin{bmatrix} 1 \\ 1 \end{bmatrix} \quad \begin{bmatrix} 1 \\ 1 \end{bmatrix} \right] = \begin{bmatrix} a & 1 \\ b-1 & 1 \end{bmatrix}$$

如果系统是可控的，要求 $\text{rank}\boldsymbol{W}_c = 2$，为此其行列式不能为零，即

$$\det\boldsymbol{W}_c = \det\begin{bmatrix} a & 1 \\ b-1 & 1 \end{bmatrix} \neq 0$$

即

$$b-1-a \neq 0$$

若令 $a=-0.2, b=0.8$，则 $(b-1-a)=0$，此时系统是不可控的。

可观阵 $\boldsymbol{W}_O$ 为

$$\boldsymbol{W}_O = [\boldsymbol{C} \quad \boldsymbol{CF}]^{\mathrm{T}} = \left[\begin{bmatrix} -1 & 1 \end{bmatrix} \quad \begin{bmatrix} -1 & 1 \end{bmatrix} \begin{bmatrix} a & 0 \\ -1 & b \end{bmatrix} \right]^{\mathrm{T}} = \begin{bmatrix} -1 & 1 \\ -a-1 & b \end{bmatrix}$$

如果系统是可观的，要求 $\text{rank}\boldsymbol{W}_O = 2$，为此可观阵的行列式不为零，即

$$\det\boldsymbol{W}_O = \det\begin{bmatrix} -1 & 1 \\ -a-1 & b \end{bmatrix} \neq 0$$

即

$$b-1-a \neq 0$$

若条件与可控性条件相同，系统亦不可观。

由式(6-21)可求得系统结构图，如图 6-4 所示。

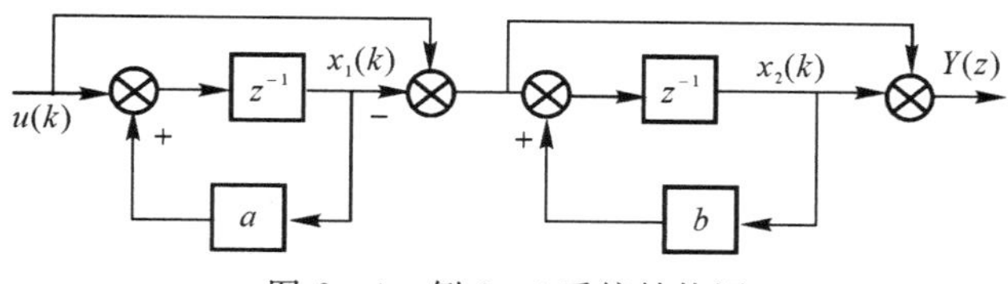

图 6-4　例 6-4 系统结构图

由该图可求得系统传递函数为

$$G(z) = \frac{Y(z)}{U(z)} = \left(1 - \frac{z^{-1}}{1-az^{-1}}\right)\left(1 + \frac{z^{-1}}{1-bz^{-1}}\right) = \frac{[1-(a+1)z^{-1}]}{1-az^{-1}} \frac{[1+(1-b)z^{-1}]}{1-bz^{-1}}$$

若取 $a=-0.2, b=0.8$，则有

$$G(z)=\frac{Y(z)}{U(z)}=\frac{[1-0.8z^{-1}]}{1+0.2z^{-1}}\frac{[1+0.2z^{-1}]}{1-0.8z^{-1}}=1 \qquad u\rightarrow y$$

系统发生了全部零、极点对消现象。进一步还可求得

可控性：
$$\frac{X_2(z)}{U(z)}=\frac{[1-0.8z^{-1}]}{1+0.2z^{-1}}\frac{z^{-1}}{1-0.8z^{-1}}=\frac{z^{-1}}{1+0.2z^{-1}}$$

该式表明 $X_2(z)$作为输出，其中模态$(0.8)^k$并不受$\boldsymbol{u}(k)$的控制，所以是不可控的。

可观性：如求 $Y(z)/X_1(z)$，则

$$\frac{Y(z)}{X_1(z)}=\frac{Y(z)}{U(z)}\frac{U(z)}{X_1(z)}=\frac{1+0.2z^{-1}}{z^{-1}}$$

可见模态$(-0.2)^k$并不出现在输出 $Y(z)$中，所以是不可观的。

这个例题表明了描述系统输出 $Y(z)$与输入 $U(z)$关系的脉冲传递函数 $G(z)$，只反映了系统中可控可观那部分状态的特性，只有当系统是完全可控及可观时，脉冲传递函数才能完全反映系统的特性，否则就不能全面反映系统的特性。究其原因，是系统脉冲传递函数中发生了零点和极点相对消的现象。

定理 如果在线性定常离散系统的输入-输出的脉冲传递函数中有零、极点对消，那么，系统状态是不可控的，或不可观的，或者两者都是，视系统如何定义状态变量而定。如果输入-输出的脉冲传递函数中没有零、极点对消，那么该系统总可用离散状态方程表示完全可控及完全可观的系统。

3. 系统模态可控与可观的表示方法

如果能将式(6-17)所表示的离散系统进行状态解耦，则可直接由解耦系统的输入阵与输出阵中的元素值，判断系统各模态的可控与可观性，也就确定了系统的可控性与可观性。

设系统有相异特征根 $\lambda_1,\lambda_2,\cdots,\lambda_n$，通过非奇异变换 $\boldsymbol{T}$，可以将 $\boldsymbol{F}$ 阵变换为对角阵。令

$$\tilde{\boldsymbol{x}}(k)=\boldsymbol{T}^{-1}\boldsymbol{x}(k)$$

$$\boldsymbol{\Lambda}=\boldsymbol{T}^{-1}\boldsymbol{F}\boldsymbol{T}=\mathrm{diag}(\lambda_1,\lambda_2,\cdots,\lambda_n)\boldsymbol{\Gamma}=\boldsymbol{T}^{-1}\boldsymbol{G},\boldsymbol{H}=\boldsymbol{T}^{-1}\boldsymbol{C}$$

经线性变换后的方程为

$$\left.\begin{aligned}\tilde{\boldsymbol{x}}(k+1)&=\boldsymbol{\Lambda}\tilde{\boldsymbol{x}}(k)+\boldsymbol{\Gamma}\boldsymbol{u}(k)\\ \boldsymbol{y}(k)&=\boldsymbol{H}\tilde{\boldsymbol{x}}(k)\end{aligned}\right\} \tag{6-22}$$

由于 $\boldsymbol{\Lambda}$ 是对角矩阵，$\tilde{\boldsymbol{x}}$ 是解耦的，若 $\boldsymbol{\Gamma}$ 中的任一行全为零，对应的模态不受 $\boldsymbol{u}(k)$的影响，所以该模态是不可控的。若 $\boldsymbol{\Gamma}$ 中没有全为零的行，系统全部模态都是可控的。

若系统有相同的特征根，通过非奇异变换 $\boldsymbol{T}$，可以将 $\boldsymbol{F}$ 阵变为约当阵，例如：

$$\boldsymbol{\Lambda}=\begin{bmatrix}\lambda_1 & & & \\ & \lambda_2 & & \\ & & \lambda_3 & 1\\ & & 0 & \lambda_3\end{bmatrix}$$

式中，λ_3 是双重根，由于每个约当块中只含一个特征根，所以，系统完全可控的条件是，$\boldsymbol{\Gamma}$ 阵中所有对应每个约当块最后一行的元素应不全为零。

类似地，如果系统每一个模态都通过输出阵 $\boldsymbol{C}$ 与输出 $\boldsymbol{y}(k)$相关，则系统是完全可观的。

采用状态解耦表示方法，可以由 $\boldsymbol{\Gamma}$ 及 $\boldsymbol{H}$ 阵中各元素判断哪些状态是可控及可观的。同时依据各元素值的大小了解可控及可观的程度。这对组成反馈控制系统的结构是极为有利的。

6.1.4　离散系统可控可观性与采样周期的关系

计算机控制系统通常是由连续系统采样得到的，采样后系统的控制作用及输出均是原连续系统控制及输出的子集，为了使采样后所得系统是可控及可观的，原连续系统必须是可控及可观的。但是，如果连续系统是可控可观的，采样后得到的离散系统，由于它的状态方程中的 $\boldsymbol{F}$ 及 $\boldsymbol{G}$ 阵均是采样周期 T 的函数，所以，采样周期要影响系统的可控性及可观性，并且可能使系统变成不可控及不可观的。对于采样系统的可控性及可观性与采样周期的关系，给出如下定理。

定理　连续系统 $\begin{cases}\dot{\boldsymbol{x}}(t)=\boldsymbol{A}\boldsymbol{x}(t)+\boldsymbol{B}\boldsymbol{u}(t)\\ \boldsymbol{y}(t)=\boldsymbol{C}\boldsymbol{x}(t)\end{cases}$，选取任意采样周期 T，离散化后得到

$$\begin{cases}\boldsymbol{x}(k+1)=\boldsymbol{F}\boldsymbol{x}(k)+\boldsymbol{G}\boldsymbol{u}(k)\\ \boldsymbol{y}(k)=\boldsymbol{C}\boldsymbol{x}(t)\end{cases}$$

如果连续系统 $\{\boldsymbol{A},\ \boldsymbol{B},\ \boldsymbol{C}\}$ 不可控，则离散后的系统 $\{\boldsymbol{F},\boldsymbol{G},\boldsymbol{C}\}$ 也是不可控的；如果原连续系统 $\{\boldsymbol{A},\ \boldsymbol{B},\ \boldsymbol{C}\}$ 是可控的，则离散后的系统也不一定可控；要保证离散后的系统也可控，则必须满足如下必要条件：$2k\pi\mathrm{j}/T$ 不是 $\boldsymbol{A}$ 的特征值，其中 k 是非零整数。

例 6-5　试分析系统 $\boldsymbol{A}=\begin{bmatrix}0 & 1\\ 1 & 0\end{bmatrix}$，$\boldsymbol{B}=\begin{bmatrix}1\\ 0\end{bmatrix}$，$\boldsymbol{C}=[0\quad 1]$ 及相应离散系统的可控性。

解　连续系统的可控阵为

$$\boldsymbol{W}_{\mathrm{c}}=[\boldsymbol{B}\quad \boldsymbol{A}\boldsymbol{B}\quad \cdots\quad \boldsymbol{A}^{N-1}\boldsymbol{B}]$$

对本题而言，$\mathrm{rank}\boldsymbol{W}_{\mathrm{c}}=\mathrm{rank}\begin{bmatrix}0 & 1\\ 1 & 0\end{bmatrix}=2$，故连续系统可控。

离散化后：

$$\boldsymbol{F}=\mathrm{e}^{\boldsymbol{A}T}=\boldsymbol{I}+\boldsymbol{A}T+\frac{\boldsymbol{A}^2T^2}{2!}+\cdots$$

$$\boldsymbol{F}=\begin{bmatrix}0 & 1\\ 1 & 0\end{bmatrix}+\begin{bmatrix}0 & T\\ -T & 0\end{bmatrix}+\begin{bmatrix}-\dfrac{T^2}{2} & 0\\ 0 & -\dfrac{T^2}{2}\end{bmatrix}+\begin{bmatrix}0 & -\dfrac{T^3}{3!}\\ \dfrac{T^3}{3!} & 0\end{bmatrix}+\cdots\quad=\begin{bmatrix}\cos T & \sin T\\ -\sin T & \cos T\end{bmatrix}$$

$$\boldsymbol{G}=\int_0^T\mathrm{e}^{\boldsymbol{A}T}\boldsymbol{B}\,\mathrm{d}t=\int_0^T\begin{bmatrix}\cos t\\ -\sin t\end{bmatrix}\mathrm{d}t=\begin{bmatrix}\sin T\\ \cos T-1\end{bmatrix}$$

离散系统可控阵

$$\boldsymbol{W}_{\mathrm{c}}=[\boldsymbol{F}^{-1}\boldsymbol{G}\quad \boldsymbol{F}^{-2}\boldsymbol{G}]$$

$$\det\boldsymbol{W}_{\mathrm{c}}=-2\sin T(1-\cos T)$$

当采用周期 $T=2k\pi(k=\pm1,\pm2,\cdots)$ 时，$\det\boldsymbol{W}_{\mathrm{c}}=0$，即 $\mathrm{rank}\boldsymbol{W}_{\mathrm{c}}<2$，故离散系统是不可控的。

现在观察一下连续系统 $\{\boldsymbol{A},\ \boldsymbol{B},\ \boldsymbol{C}\}$ 的 $\boldsymbol{A}$ 阵的特征值：

特征方程为 $|\boldsymbol{S}\boldsymbol{I}-\boldsymbol{A}|=0$，即

$$\left|\begin{bmatrix}s & 0\\ 0 & s\end{bmatrix}-\begin{bmatrix}0 & 1\\ -1 & 0\end{bmatrix}\right|=\left|\begin{bmatrix}s & -1\\ 1 & s\end{bmatrix}\right|=s^2+1=0$$

故 $\boldsymbol{A}$ 的特征值为

$$s_{1,2}=\sqrt{-1}=\pm\mathrm{j}$$

当 $T=2k\pi$ 时

$$s_{1,2}=\pm\frac{2k\pi}{T}\mathrm{j}\qquad(k\text{ 是非零整数})$$

此例说明了当 $2k\pi\mathrm{j}/T$(k 是非零整数)是原连续系统 $\boldsymbol{A}$ 的特征值时,尽管$\{\boldsymbol{A},\boldsymbol{B},\boldsymbol{C}\}$连续系统是可控的,其离散后$(\boldsymbol{F},\boldsymbol{G},\boldsymbol{C}\}$系统也不可控。换句话说,$2k\pi\mathrm{j}/T$($k=\pm1$, ±2,…为非零整数)不是 $\boldsymbol{A}$ 的特征值可保证离散后系统$\{\boldsymbol{F},\boldsymbol{G},\boldsymbol{C}\}$可控的必要条件。

结论:

(1)若原连续系统是可控及可观的,经过采样后,系统可控及可观的充分条件是,对连续系统任意 2 个相异特征根 λ_p,λ_q,下式应成立:

$$\lambda_p-\lambda_q\neq\mathrm{j}\,\frac{2\pi k}{T}=\mathrm{j}k\omega_s\qquad(k=\pm1,\pm2,\cdots)\tag{6-23}$$

(2)如果采样系统是可控可观的,则连续系统一定也是可控可观的。

6.2 脉冲函数控制器的状态空间转换

单输入单输出计算机系统中,控制器的数学模型通常用 z 域传递函数 $D(z)$或离散脉冲传递函数(见以下两式)来描述,计算机控制结构如图 6-5 所示。

$$D(z)=\frac{U(z)}{E(z)}=\frac{b_0z^n+b_1z^{n-1}+\cdots+b_n}{a_0z^n+a_1z^{n-1}+\cdots+a_n}=\frac{\sum_{i=0}^{n}b_iz^{n-i}}{\sum_{i=0}^{n}a_iz^{n-i}}\tag{6-24}$$

$$D(z)=\frac{U(z)}{E(z)}=\frac{b_0+b_1z^{-1}+\cdots+b_{m-1}z^{-m+1}+b_mz^{-m}}{1+a_1z^{-1}+\cdots+a_{n-1}z^{-n+1}+a_nz^{-n}}=\frac{\sum_{i=0}^{m}b_iz^{-i}}{1+\sum_{j=1}^{n}a_jz^{-j}}\tag{6-25}$$

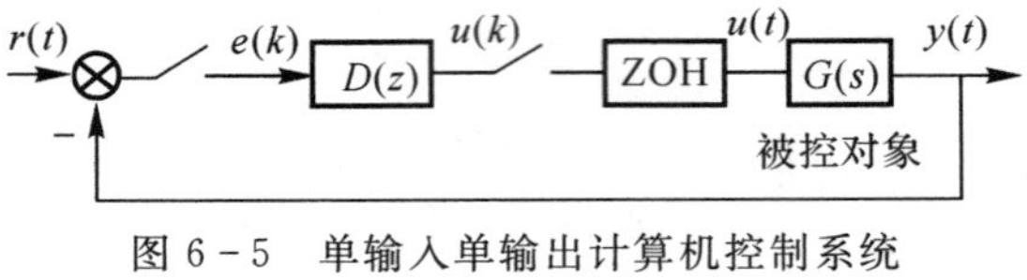

图 6-5 单输入单输出计算机控制系统

被控对象采用第 3 章状态空间数学描述,把 $G(s)$转换为状态空间描述:

$$\left.\begin{aligned}\boldsymbol{X}(k+1)&=\boldsymbol{F}(k)+\boldsymbol{Gu}(k)\\\boldsymbol{Y}(k)&=\boldsymbol{CX}(k)+\boldsymbol{Du}(k)\end{aligned}\right\}\tag{6-26}$$

而数字控制器 $D(z)$也可以通过以下三种结构转换为数字控制器状态方程的模式。

6.2.1 直接型

直接型结构可以直接按高阶 z 传递函数画框图,如按式(6-25) 直接画出图 6-6。图 6-6

(a) 按分子在前、分母在后的零极点形式编排，图 6 - 6 (b) 所示的把算子放在中间称少算子零极点型；图 6 - 6(a) 也可以取分母在前、分子在后的极零点形式编排。

图 6 - 6(a) 结构中，左半部为 $D(z)$ 传递函数分子各项之和，右半部为 $D(z)$ 传递函数分母各项之和。图 6 - 6(b) 中的延迟算子 z^{-1} 数量与图 6 - 6(c) 相同，而比图 6 - 6(a) 要少得多，所以称图 6 - 6(a) 为多算子零极点型。以图 6 - 6(b) 和图 6 - 6(c) 结构建立状态方程就比较容易，以延迟算子 z^{-1} 为节点，在 z^{-1} 之后设 $x_i(k)$，则 z^{-1} 之前是 $x_i(k+1)$ $(i=1,2,3,\cdots,n)$。

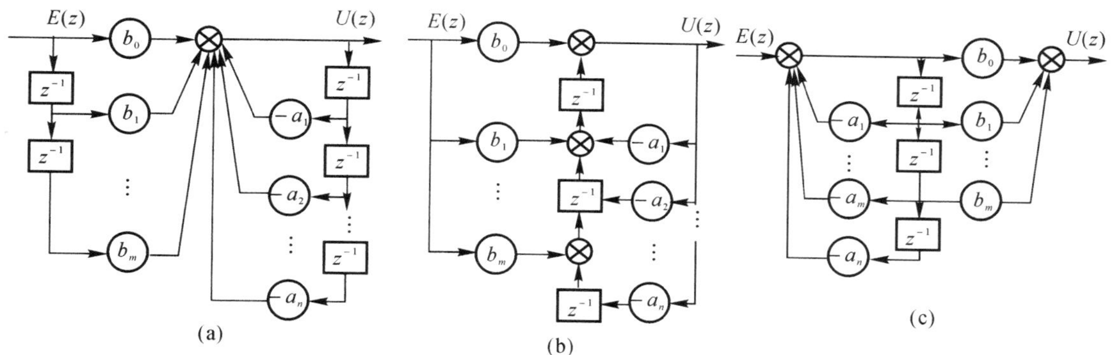

图 6 - 6 直接型

(a) 多算子零极点型；(b) 少算子零极点型；(c) 极零点型

例 6 - 6 设一控制器的 z 脉冲传递函数 $D(z)$，用直接型画图，并写出状态方程

$$D(z)=\frac{U(z)}{E(z)}=\frac{0.3+0.36z^{-1}+0.06z^{-2}}{1+0.1z^{-1}-0.2z^{-2}} \quad ①$$

解 (1) 直接画出 $D(z)$ 的直接型如图 6 - 7 所示。这里脉冲传递函数 $D(z)$ 的分母项

$$E(z)=1+0.1z^{-1}-0.2z^{-2}$$

式①分母表示 1 加后两项的负反馈，把负号直接代入图中反馈数字中。

(2)针对图 6 - 7(b)(c)设状态变量 x_i。

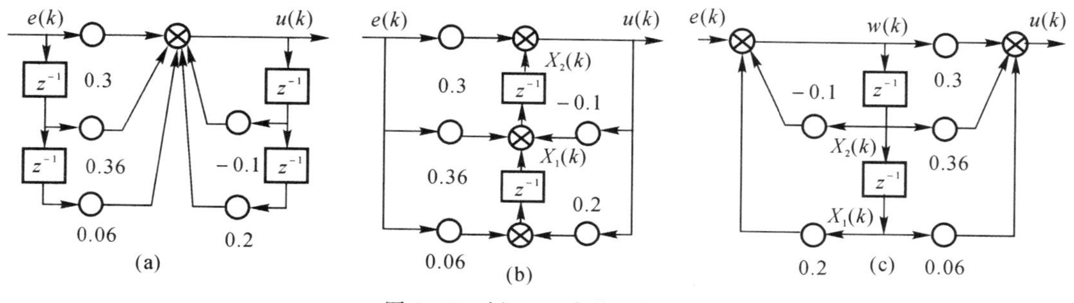

图 6 - 7 例 6 - 6 直接型结构

由图 6 - 7 (b)可列出差分方程：

$$u(k)=0.3e(k)+0.36e(k-1)+0.06e(k-2)-0.1u(k-1)+0.2u(k-2) \quad (6-27)$$

或

$$u(k)+0.1u(k-1)-0.2u(k-2)=0.3e(k)+0.36e(k-1)+0.06e(k-2)$$

由图 6 - 7 (b) 可列出状态方程和输出方程：

$$\begin{bmatrix} X_1(k+1) \\ X_2(k+1) \end{bmatrix} = \begin{bmatrix} 0 & 0.2 \\ 1 & -0.1 \end{bmatrix} \begin{bmatrix} X_1(k) \\ X_2(k) \end{bmatrix} + \begin{bmatrix} 0.06+0.3\times 0.2 \\ 0.36-0.3\times 0.1 \end{bmatrix} e(k)$$

$$u(k) = \begin{bmatrix} 0 & 1 \end{bmatrix} \begin{bmatrix} X_1(k) \\ X_2(k) \end{bmatrix} + 0.3e(k)$$

通常称图 6-7(b) 为可观标准型。对于该二阶脉冲传递函数可以写出通式：

$$\begin{bmatrix} X_1(k+1) \\ X_2(k+1) \end{bmatrix} = \begin{bmatrix} 0 & -a_2 \\ 1 & -a_1 \end{bmatrix} \begin{bmatrix} X_1(k) \\ X_2(k) \end{bmatrix} + \begin{bmatrix} b_2 - b_0 \times a_2 \\ b_1 - b_0 \times a_1 \end{bmatrix} e(k) \tag{6-28}$$

$$u(k) = \begin{bmatrix} 0 & 1 \end{bmatrix} \begin{bmatrix} X_1(k) \\ X_2(k) \end{bmatrix} + b_0 e(k) \tag{6-29}$$

(3) 针对图 6-7(c) 写出差分方程和状态方程。由图 6-7(c) 可列出差分方程，在输入求和点后设中间变量 $w(k)$。

差分方程组：

$$w(k) = e(k) - 0.1w(k-1) + 0.2w(k-2)$$

$$u(k) = 0.3w(k) + 0.36w(k-1) + 0.06w(k-2)$$

状态方程：

$$\begin{bmatrix} X_1(k+1) \\ X_2(k+1) \end{bmatrix} = \begin{bmatrix} 0 & 1 \\ 0.2 & -0.1 \end{bmatrix} \begin{bmatrix} X_1(k) \\ X_2(k) \end{bmatrix} + \begin{bmatrix} 0 \\ 1 \end{bmatrix} e(k)$$

$$u(k) = \begin{bmatrix} 0.06+0.3\times 0.2 & 0.36-0.3\times 0.1 \end{bmatrix} \begin{bmatrix} X_1(k) \\ X_2(k) \end{bmatrix} + 0.3e(k)$$

通常称图 6-7(c) 为可控标准型。对于该二阶脉冲传递函数有

$$\begin{bmatrix} X_1(k+1) \\ X_2(k+1) \end{bmatrix} = \begin{bmatrix} 0 & 1 \\ -a_2 & -a_1 \end{bmatrix} \begin{bmatrix} X_1(k) \\ X_2(k) \end{bmatrix} + \begin{bmatrix} 0 \\ 1 \end{bmatrix} e(k) \tag{6-30}$$

$$u(k) = \begin{bmatrix} b_2 - b_0 a_2 & b_1 - b_0 a_1 \end{bmatrix} \begin{bmatrix} X_1(k) \\ X_2(k) \end{bmatrix} + b_0 e(k) \tag{6-31}$$

6.2.2 串联型结构(迭代法)

将式(6-25)分子、分母进行因式分解，得

$$D(z) = \frac{U(z)}{E(z)} = b_0 \left(\frac{1+\beta_1 z^{-1}}{1+a_1 z^{-1}} \right) \cdots \left(\frac{1+\beta_{11} z^{-1} + \beta_{12} z^{-1}}{1+a_{11} z^{-1} + a_{12} z^{-1}} \right) \cdots \tag{6-32}$$

式(6-32)串联型结构图如图 6-8 所示。串联型结构同样有零极点型和极零点型两种结构形式。

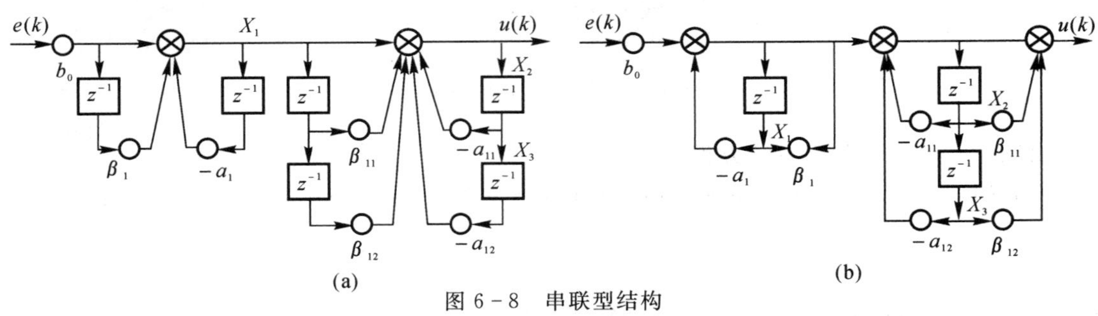

图 6-8 串联型结构

(a)零极点型；(b)极零点型

串联型结构实现时虽不如直接结构简单，但有一定的优点，如控制器中某一系数产生误差时，只会使其相应环节的零极点发生变化，对其他环节的零极点无影响。当然，高阶 $D(z)$的因式分解是很困难的，但对于由一阶、二阶环节串联的控制器来说，处理过程比较简单。

例 6-7 将例 6-6 表示成串联型结构。

解 (1)对 $D(z)$的分子、分母进行因式分解，得

$$D(z)=\frac{U_1(z)}{E(z)}\frac{U(z)}{U_1(z)}=0.3\left(\frac{1+z^{-1}}{1+0.5z^{-1}}\right)\left(\frac{1+0.2z^{-1}}{1+0.4z^{-1}}\right)$$

串联型结构图如图 6-9 所示。图 6-9(a)表示多算子极零型结构。

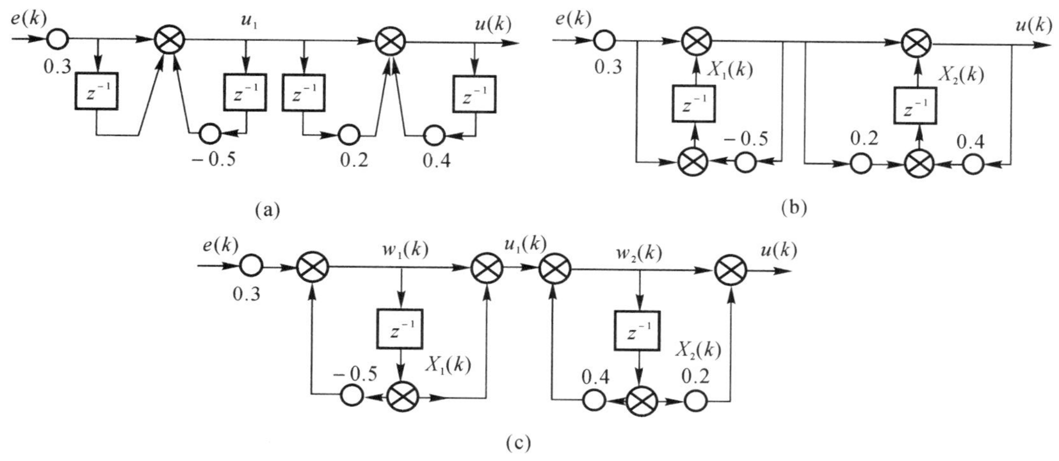

图 6-9 例 6-7 串联型结构

(2)根据图 6-9(a)可列出串联零极点型结构的差分方程：

$$u_1(k)=0.3[e(k)+e(k-1)]-0.5u_1(k-1)$$

$$u(k)=u_1(k)+0.2u_1(k-1)+0.4u(k-1)$$

(3)根据图 6-9 (b)可列出串联零极点型结构的状态方程和输出方程：

$$\begin{bmatrix}x_1(k+1)\\x_2(k+1)\end{bmatrix}=\begin{bmatrix}-0.5 & 0\\0.6 & 0.4\end{bmatrix}\begin{bmatrix}x_1(k)\\x_2(k)\end{bmatrix}+\begin{bmatrix}0.15\\0.18\end{bmatrix}e(k)$$

$$u(k)=\begin{bmatrix}1 & 1\end{bmatrix}\begin{bmatrix}x_1(k)\\x_2(k)\end{bmatrix}+0.3e(k)$$

(4)根据图 6-9(c)可列出串联极零点型结构的差分方程：

$$W_1(k)=0.3e(k)-0.5W_1(k-1) \qquad u_1(k)=W_1(k)+W_1(k-1)$$

$$W_2(k)=u_1(k)+0.4W_2(k-1) \qquad u(k)=W_2(k)+0.2W_2(k-1)$$

状态方程和输出方程：

$$\begin{bmatrix}x_1(k+1)\\x_2(k+1)\end{bmatrix}=\begin{bmatrix}-0.5 & 0\\0.5 & 0.4\end{bmatrix}\begin{bmatrix}x_1(k)\\x_2(k)\end{bmatrix}+\begin{bmatrix}0.3\\0.3\end{bmatrix}e(k)$$

$$u(k)=\begin{bmatrix}0.5 & 0.6\end{bmatrix}\begin{bmatrix}x_1(k)\\x_2(k)\end{bmatrix}+0.3e(k)$$

6.2.3 并联型结构

将式(6－27)分子、分母进行因式分解，得

$$D(z)=\frac{U(z)}{E(z)}=c_0+\frac{c_1}{1+a_1z^{-1}}+\cdots+\frac{c_{10}+c_{11}z^{-1}}{1+a_{11}z^{-1}+a_{12}z^{-1}}+\cdots \qquad (6-33)$$

其并联型结构如图 6－10 所示。

并联型结构有较大的优点，各通道是彼此独立的，一个环节的运算误差只影响本环节的输出，对其他环节的输出无影响。某一系数产生误差只影响对应环节的零、极点，对其他环节无影响。比较麻烦的是必须将传递函数分解成部分分式。

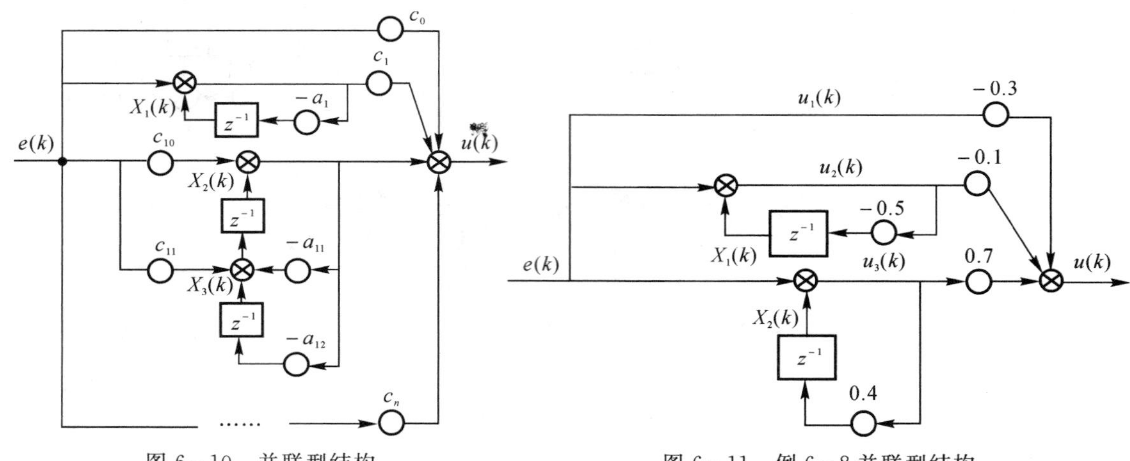

图 6－10 并联型结构

图 6－11 例 6－8 并联型结构

例 6－8 将例 6－6 表示成并联型结构。

解 (1)分解 $D(z)$ 为多项式之和，并知是两个单实根 $p_1=-0.5$，$p_2=0.4$。

$$D(z)=\frac{U(z)}{E(z)}=\frac{U_1(z)}{E(z)}-\frac{U_2(z)}{E(z)}+\frac{U_3(z)}{E(z)}=-0.3+\frac{-0.1}{1+0.5z^{-1}}+\frac{0.7}{1-0.4z^{-1}}$$

作并联型结构图如图 6－11 所示。

(2)差分方程：

$$u_1(k)=e(k)$$

$$u_2(k)=e(k)-0.5u_2(k-1)$$

$$u_2(k)=e(k)+0.4u_3(k-1)$$

$$u(k)=-0.3u_1(k)-0.1u_2(k)+0.7u_3(k)$$

(3)根据图 6－11 可写出状态方程和输出方程：

$$\begin{bmatrix}x_1(k+1)\\x_2(k+1)\end{bmatrix}=\begin{bmatrix}-0.5 & 0\\0 & 0.4\end{bmatrix}\begin{bmatrix}x_1(k)\\x_2(k)\end{bmatrix}+\begin{bmatrix}-0.5\\0.4\end{bmatrix}e(k)$$

$$u(k)=\begin{bmatrix}-0.1 & 0.7\end{bmatrix}\begin{bmatrix}x_1(k)\\x_2(k)\end{bmatrix}+(-0.3-0.1+0.7)e(k)$$

(4)通常称图 6－11 为对角性标准型，由式(6－33)可写出通式状态方程：

$$\begin{bmatrix} x_1(k+1) \\ x_2(k+1) \end{bmatrix} = \begin{bmatrix} a_1 & 0 \\ 0 & a_2 \end{bmatrix} \begin{bmatrix} x_1(k) \\ x_2(k) \end{bmatrix} + \begin{bmatrix} 1 \\ 1 \end{bmatrix} e(k) \tag{6-34}$$

$$u(k) = \begin{bmatrix} c_1 & c_2 \end{bmatrix} \begin{bmatrix} x_1(k) \\ x_2(k) \end{bmatrix} + (c_0 + c_1 + c_2) e(k) \tag{6-35}$$

6.3　状态空间最少拍设计

6.3.1　状态空间最少拍递推设计法

设多输入多输出系统如图 6-12 所示，状态空间设计法的目标是利用状态空间表达式，设计出数字调节器 $D(z)$，使得计算机控制系统满足或者达到性能指标。

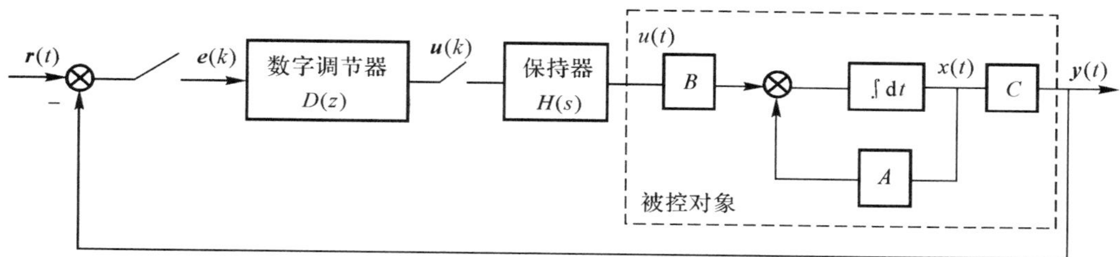

图 6-12　多输入多输出系统框图

被控对象连续系统状态方程与输出方程为

$$\left.\begin{aligned} \dot{\boldsymbol{x}}(t) &= \boldsymbol{A}\boldsymbol{x}(t) + \boldsymbol{B}\boldsymbol{u}(t) \\ \boldsymbol{y}(t) &= \boldsymbol{C}\boldsymbol{x}(t) \end{aligned}\right\} \tag{6-36}$$

式中，$\boldsymbol{x}(t)$为 n 维状态变量；$\boldsymbol{u}(t)$为 m 维控制向量；$\boldsymbol{y}(t)$ 是 p 维输出向量；$\boldsymbol{A}$ 是 $n\times n$ 维状态矩阵；$\boldsymbol{B}$ 为 $n\times m$ 维输入矩阵；$\boldsymbol{C}$ 为 $p\times n$ 维输出矩阵。

设计时首先把被控对象离散化，用离散状态空间表达式表征被控对象。

状态空间设计法的步骤：

(1)对连续对象离散化。设采样周期为 T，被控对象的离散状态空间表达式为

$$\left.\begin{aligned} \boldsymbol{x}(k+1) &= \boldsymbol{F}\boldsymbol{x}(k) + \boldsymbol{G}\boldsymbol{u}(k) \\ \boldsymbol{y}(k) &= \boldsymbol{C}\boldsymbol{x}(k) \end{aligned}\right\} \tag{6-37}$$

式中，$\boldsymbol{x}(k)$为 n 维状态变量；$\boldsymbol{u}(k)$为 m 维控制向量；$\boldsymbol{y}(k)$ 是 p 维输出向量；$\boldsymbol{F}$ 是 $n\times n$ 维状态矩阵；$\boldsymbol{G}$ 为 $n\times m$ 维输入矩阵；$\boldsymbol{C}$ 为 $p\times n$ 维输出矩阵。

$\boldsymbol{F}$,$\boldsymbol{G}$ 与 $\boldsymbol{A}$,$\boldsymbol{B}$ 有关的状态矩阵为

$$\boldsymbol{F} = \mathrm{e}^{\boldsymbol{A}T} \tag{6-38}$$

$$\boldsymbol{G} = \int_0^T \mathrm{e}^{\boldsymbol{A}T}\,\mathrm{d}t\boldsymbol{B} \tag{6-39}$$

(2)确定对输入信号实现无波纹跟踪的系统性能指标，满足性能要求的控制序列项数 N 及计算能使输出 $\boldsymbol{y}(t)$经过 N 个采样周期单调地达到稳态的数字调节器的输出序列 $\boldsymbol{u}(k)$。

(3)计算误差序列 $\boldsymbol{e}(k)$。

$$\boldsymbol{e}(k)=\boldsymbol{r}(k)-\boldsymbol{y}(k) \tag{6-40}$$

式中,$\boldsymbol{r}(k)$为输入信号离散序列。

(4)分别对 $\boldsymbol{u}(k)$,$\boldsymbol{e}(k)$取 z 变换,取两者之比,即可求得数字调节器的脉冲传递函数$D(z)$:

$$D(z)=\frac{Z[\boldsymbol{u}(k)]}{Z[\boldsymbol{e}(k)]} \tag{6-41}$$

6.3.2 单位阶跃输入作用下单变量系统的状态空间设计法

例 6-9 设单输入单输出系统如图 6-13 所示。

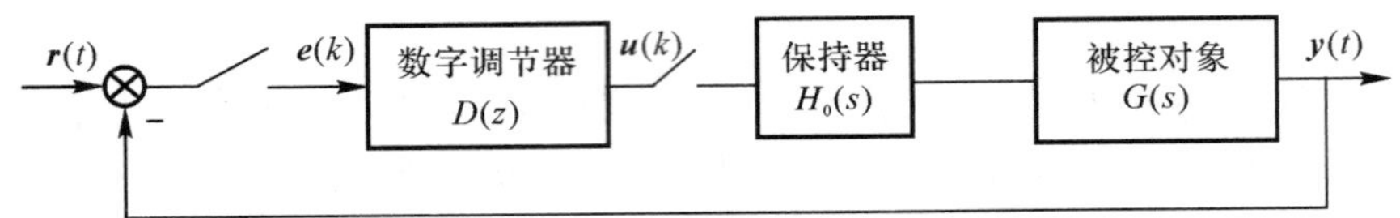

图 6-13 单输入单输出系统方框图

控制对象:$G(s)=\dfrac{1}{s(s+1)}$,采样周期 $T=1\text{s}$,要求设计数字调节器 $D(z)$,使过渡过程在最少拍时间内结束。

解 第一步:写出连续的广义被控对象的离散状态表达式。

取状态变量为 $x_1(t)$,$x_2(t)$,得被控对象的状态空间方程为

$$\left.\begin{aligned}\begin{bmatrix}\dot{x}_1(t)\\ \dot{x}_2(t)\end{bmatrix}&=\begin{bmatrix}1 & 0\\ 1 & 0\end{bmatrix}\begin{bmatrix}x_1(t)\\ x_2(t)\end{bmatrix}+\begin{bmatrix}0\\ 1\end{bmatrix}\boldsymbol{u}(t)\\ \boldsymbol{y}(t)&=\begin{bmatrix}0 & 1\end{bmatrix}\begin{bmatrix}x_1(t)\\ x_2(t)\end{bmatrix}\end{aligned}\right\} \tag{6-42}$$

控制量 $\boldsymbol{u}(t)$是将控制器的输出序列 $\boldsymbol{u}(k)$由经零阶保持以后得到分段不变的阶跃值。式(6-42)离散化后得到广义被控对象的离散状态方程:

$$\left.\begin{aligned}\begin{bmatrix}x_1(k+1)\\ x_2(k+1)\end{bmatrix}&=\begin{bmatrix}0.368 & 0\\ 0.632 & 1\end{bmatrix}\begin{bmatrix}x_1(k)\\ x_2(k)\end{bmatrix}+\begin{bmatrix}0.632\\ 0.368\end{bmatrix}\boldsymbol{u}(k)\\ \boldsymbol{y}(k)&=\begin{bmatrix}0 & 1\end{bmatrix}\begin{bmatrix}x_1(k)\\ x_2(k)\end{bmatrix}\end{aligned}\right\} \tag{6-43}$$

第二步:确定系统的无波纹跟踪的性能指标,$\boldsymbol{u}(k)$ 的项数 N 及控制序列 $\boldsymbol{u}(k)$。

首先确定跟踪的性能指标。

由于要求系统输出能在 $0<t_e<t$ 时跟上系统的输入 $\boldsymbol{r}(t)$,即保证稳态误差为零,所以 $\boldsymbol{y}(t)=\boldsymbol{r}(t)$,如果要保证这个跟踪过程无波纹,则必须有 $\dot{\boldsymbol{y}}(t)=\boldsymbol{0}$。

对于计算机系统来说,这个性能指标应按离散形式给出,即

$$\left.\begin{aligned}\boldsymbol{y}(N)&=\boldsymbol{CX}(N)=\boldsymbol{r}_0\\ \dot{\boldsymbol{y}}(N)&=\boldsymbol{0}\end{aligned}\right\} \tag{6-44}$$

式中,当系统输入为单位阶跃函数时,$r_0=1$。

根据状态方程式(6-43)及式(6-44),则

$$\left.\begin{aligned}x_2(N)=1\\x_1(N)=0\end{aligned}\right\}\quad(N>0)\tag{6-45}$$

下面讨论 N 为何值时,式(6-45)成立。

(1)设 $N=1$。令 $k=0$,由式(6-43)得到

$$\begin{bmatrix}x_1(1)\\x_2(1)\end{bmatrix}=\begin{bmatrix}0.368&0\\0.632&1\end{bmatrix}\begin{bmatrix}x_1(0)\\x_2(0)\end{bmatrix}+\begin{bmatrix}0.632\\0.368\end{bmatrix}u(0)$$

当初始条件 $x_1(0)=x_2(0)=0$,且 $\boldsymbol{u}(k)$ 不受约束时,有

$$\begin{bmatrix}x_1(1)\\x_2(1)\end{bmatrix}=\begin{bmatrix}0.632\\0.368\end{bmatrix}u(0)\tag{6-46}$$

考虑到性能指标式(6-45),则有

$$\left.\begin{aligned}x_1(1)=0=0.632u(0)\\x_2(1)=1=0.368u(0)\end{aligned}\right\}\tag{6-47}$$

显然式(6-47)中的 $u(0)$ 不可能同时满足两式,说明一个采样周期达不到要求的目的。由式(6-47)可得

$$u(0)=\frac{1}{0.368}=2.718\tag{6-48}$$

$$\begin{bmatrix}x_1(1)\\x_2(1)\end{bmatrix}=\begin{bmatrix}1.718\\1\end{bmatrix}\tag{6-49}$$

对于式(6-43),令 $k=1$,得

$$\begin{bmatrix}x_1(2)\\x_2(2)\end{bmatrix}=\begin{bmatrix}0.368&0\\0.632&1\end{bmatrix}\begin{bmatrix}x_1(1)\\x_2(1)\end{bmatrix}+\begin{bmatrix}0.632\\0.368\end{bmatrix}u(1)$$

$$=\begin{bmatrix}0.632\\2.086\end{bmatrix}+\begin{bmatrix}0.632\\0.368\end{bmatrix}u(1)$$

为使 $x_2(2)=1$,由上式可得

$$u(1)=\frac{1-2.086}{0.368}=-2.951$$

因此,可以得到

$$\begin{bmatrix}x_1(2)\\x_2(2)\end{bmatrix}=\begin{bmatrix}-1.233\\1\end{bmatrix}$$

可见,当 $N=1$,即 $k=1$ 时,第二个采样周期仍不满足性能指标式(6-45)要求。若再继续考察下去的话,取 $k=2,3,4,\cdots$,都会得到同样的结果。这说明对于阶跃输入,只用一拍控制是不能得到完全跟踪的无波纹系统的。

(2)当 $N=2$ 时(相当于控测序列是由两拍组成的),由式(6-43)计算两拍($k=0,1$)。

$$\begin{bmatrix}x_1(2)\\x_2(2)\end{bmatrix}=\begin{bmatrix}0.368&0\\0.632&1\end{bmatrix}^2\begin{bmatrix}x_1(0)\\x_2(0)\end{bmatrix}+\begin{bmatrix}0.368&0\\0.632&1\end{bmatrix}\begin{bmatrix}0.632\\0.368\end{bmatrix}u(0)+\begin{bmatrix}0.632\\0.368\end{bmatrix}u(1)$$

根据设计要求式(6-45)和初始条件可得

$$\begin{bmatrix}x_1(2)\\x_2(2)\end{bmatrix}=\begin{bmatrix}0\\1\end{bmatrix}=\begin{bmatrix}0.233&0.632\\0.768&0.368\end{bmatrix}\begin{bmatrix}u(0)\\u(1)\end{bmatrix}\tag{6-50}$$

解式(6-50),可得

$$\begin{bmatrix} u(0) \\ u(1) \end{bmatrix} = \begin{bmatrix} 1.58 \\ -0.58 \end{bmatrix} \tag{6-51}$$

数值 $u(0)$,$u(1)$ 唯一地规定了所要求的控制序列的前两项,在它们的驱动下,系统从状态 $X(0)=0$ 转移到了新的要求的状态:

$$\begin{bmatrix} x_1(2) \\ x_2(2) \end{bmatrix} = \begin{bmatrix} 0 \\ 1 \end{bmatrix}$$

系统在单位阶跃输入作用下,经过二拍输出与输入相等,且输出导数为 0,系统是最少拍无波纹控制。因为经过二拍输出响应已消除误差,所以

$$u(k)=0, \quad k \geqslant 2$$

控制序列只有两项:

$$U(z)=1.58-0.58z^{-1} \tag{6-52}$$

(3) 计算误差序列 $e(k)$,确定 $E(z)$。

已知 $r(k)=1$,$y(k)=x_2(k)$,而 $e(k)=r(k)-y(k)=r(k)-x_2(k)$。

当 $k=0$ 时,$e(0)=r(0)-x_2(0)=1$。

当 $k=1$ 时,$e(1)=r(1)-x_2(1)=1-0.368u(0)=1-0.368\times 1.58=0.419$。

当 $k\geqslant 2$ 时,有 $e(k)=0$。

所以

$$E(z)=1+0.419z^{-1}$$

(4) 求数字调节器 $D(z)$。

由图 6-13 可知

$$D(z)=\frac{U(z)}{E(z)}=\frac{1.58-0.58z^{-1}}{1+0.419z^{-1}} \tag{6-53}$$

最少拍无波纹系统的输入、输出及控制作用如图 6-14 所示。

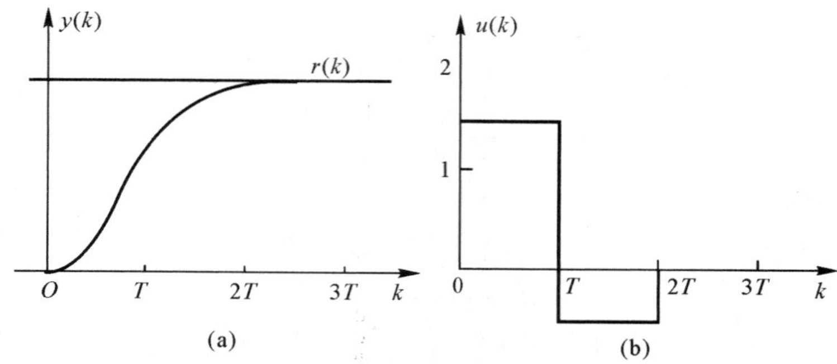

图 6-14　最少拍无波纹系统的输入、输出及控制作用

(a) 输入和输出响应;(b) 控制作用

以上讨论是在控制不受约束的条件下进行的。在实际的控制系统中由于装置的容量和额定值等的限制,控制作用 $\boldsymbol{u}(k)$ 是受约束的。在这种系统中,可以由延长调整时间来实现最少拍控制。

假设前面讨论的控制 $\boldsymbol{u}(k)$ 是受约束的,即

$$|\boldsymbol{u}(k)| \leqslant M=1, \quad k=0,1,2,\cdots$$

经过二拍,系统达到了稳定,但由式(6-51)知,$u(0)=1.58>1$,控制量超过了约束条件。为

此设 $u(0)=1$，$k=1$ 时由状态方程和初始条件可得

$$\begin{bmatrix} x_1(1) \\ x_2(1) \end{bmatrix} = \begin{bmatrix} 0.632 \\ 0.368 \end{bmatrix} u(0)$$

$$\begin{bmatrix} x_1(2) \\ x_2(2) \end{bmatrix} = \begin{bmatrix} 0.368 & 0 \\ 0.632 & 1 \end{bmatrix} \begin{bmatrix} 0.632 \\ 0.368 \end{bmatrix} u(0) + \begin{bmatrix} 0.632 \\ 0.368 \end{bmatrix} u(1)$$

现在延长调整时间，假设系统经过三拍达到稳定，则

$$\begin{bmatrix} x_1(3) \\ x_2(3) \end{bmatrix} = \begin{bmatrix} 0.368 & 0 \\ 0.632 & 1 \end{bmatrix}^2 \begin{bmatrix} 0.632 \\ 0.368 \end{bmatrix} u(0) + \begin{bmatrix} 0.368 & 0 \\ 0.632 & 1 \end{bmatrix} \begin{bmatrix} 0.632 \\ 0.368 \end{bmatrix} u(1) + \begin{bmatrix} 0.632 \\ 0.368 \end{bmatrix} u(2) \overset{令}{=} \begin{bmatrix} 0 \\ 1 \end{bmatrix} \tag{6-54}$$

解式(6-54)得到

$$\begin{bmatrix} u(1) \\ u(2) \end{bmatrix} = \begin{bmatrix} 0.215 \\ -0.215 \end{bmatrix} \tag{6-55}$$

由式(6-55)可见控制量 $u(1)$，$u(2)$均已满足约束条件，因此控制序列为

$$\{\boldsymbol{u}(k)\} = \{1, 0.215, -0.215, \cdots\} \tag{6-56}$$

或

$$U(z) = Z[\boldsymbol{u}(k)] = 1 + 0.215z^{-1} - 0.215z^{-2} \tag{6-57}$$

误差序列为

$$\begin{cases} e(0) = r(0) - x_2(0) = 1 - 0 = 1 \\ e(1) = r(1) - x_2(1) = 1 - 0.368 = 0.632 \\ e(2) = r(2) - x_2(2) = 1 - [0.632^2 + 0.368 + 0.368 \times 0.215] \\ \qquad = 1 - 0.847 = 0.153 \\ e(k) = 0, \quad k \geqslant 3 \end{cases}$$

所以

$$E(z) = Z[e(k)] = 1 + 0.632z^{-1} + 0.153z^{-2} \tag{6-58}$$

由式(6-57)与式(6-58)可得数字调节器的脉冲传递函数为

$$D(z) = \frac{U(z)}{E(z)} = \frac{1 + 0.215z^{-1} - 0.215z^{-2}}{1 + 0.632z^{-1} + 0.153z^{-2}} \tag{6-59}$$

控制作用受约束时，$D(z)$可以保证系统在单位阶跃作用下是无波纹输出，调节时间为$3T$。系统的输出响应和控制作用如图 6-15 所示。

当输入信号为单位速度输入或单位加速度输入时，其设计方法是类似的，只是完全跟踪的性能指标的表示形式不同。例如，对单位速度输入信号完全跟踪的性能指标应写为

$$\left.\begin{aligned} y(N) = x_2(N) = N \\ x_1(N) = 1 \end{aligned}\right\} \quad （其对象仍是\frac{1}{s(s+1)}时）$$

并且，调整时间通常要加长。

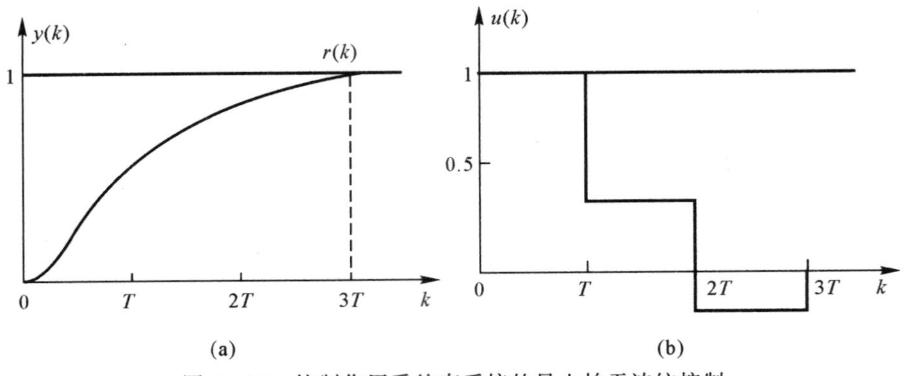

图 6-15　控制作用受约束系统的最少拍无波纹控制

(a)输入和输出响应;(b)控制作用

6.3.3　单位阶跃输入作用下多输入-多输出系统的状态空间设计

设多变量系统框图如图 6-12 所示。对于多输入-多输出系统,其状态空间设计方法与单输入单输出系统的状态空间设计法是类似的。下面给出有关的公式。

设连续对象的状态空间表达式及相应的离散状态空间表达式在形式上分别同式(6-36)和式(6-37),设初始状态 $x(0)=0$,则由递推法可推出:

$$\boldsymbol{x}(k) = \sum_{i=0}^{k-1} \boldsymbol{F}^{k-i-1}\boldsymbol{GU}(i) \tag{6-60}$$

$$\boldsymbol{y}(k) = \boldsymbol{Cx}(k) = \sum_{l=0}^{k-1} \boldsymbol{CF}^{k-l-1}\boldsymbol{Gu}(l) \tag{6-61}$$

若系统经过 N 拍使输出 $\boldsymbol{y}(k)$ 与阶跃输入 $\boldsymbol{r}(k)=\boldsymbol{r}$ 一致,则应满足的完全跟踪条件如下:

位置量:
$$\boldsymbol{y}(N) = \sum_{l=0}^{N-1} \boldsymbol{CF}^{N-l-1}\boldsymbol{Gu}(l) = \boldsymbol{r}(N) = \boldsymbol{r}_0 = \boldsymbol{I} \tag{6-62}$$

速度量:
$$\dot{\boldsymbol{y}}(N) = \boldsymbol{C}\dot{\boldsymbol{x}}(N) = \boldsymbol{C}[\boldsymbol{Ax}(N) + \boldsymbol{Bu}(N)] = \boldsymbol{0} \qquad t = NT$$

即有

$$[\boldsymbol{Ax}(N) + \boldsymbol{Bu}(N)] = \boldsymbol{0} \tag{6-63}$$

将式(6-60)代入式(6-63)可得

$$\boldsymbol{A}\Big[\sum_{i=0}^{N-1} \boldsymbol{F}^{N-i-1}\boldsymbol{GU}(i)\Big] + \boldsymbol{Bu}(N) = \boldsymbol{0} \tag{6-64}$$

将式(6-79)与式(6-81)合并,并用矩阵表示,则

$$\begin{bmatrix} \boldsymbol{CF}^{N-1}\boldsymbol{G} & \boldsymbol{CF}^{N-2}\boldsymbol{G} & \cdots & \boldsymbol{CG} & \boldsymbol{0} \\ \boldsymbol{AF}^{N-1}\boldsymbol{G} & \boldsymbol{CAF}^{N-2}\boldsymbol{G} & \cdots & \boldsymbol{AG} & \boldsymbol{B} \end{bmatrix} \begin{bmatrix} \boldsymbol{u}(0) \\ \boldsymbol{u}(1) \\ \vdots \\ \boldsymbol{u}(N-1) \\ \boldsymbol{u}(N) \end{bmatrix} = \begin{bmatrix} \boldsymbol{I} \\ \boldsymbol{0} \end{bmatrix} \tag{6-65}$$

由式(6-65)可以求出调节器的控制序列 $\boldsymbol{u}(0),\boldsymbol{u}(1),\cdots,\boldsymbol{u}(N)$。对于线性系统 $\boldsymbol{u}(k)$ 与 $\boldsymbol{r}(k)$ 成正比,所以可写为

$$\boldsymbol{u}(k)=\boldsymbol{p}(k)\boldsymbol{r}(k) \tag{6-66}$$

对于误差序列，考虑到式(6-66)有

$$\boldsymbol{e}(k)=\boldsymbol{r}(k)-\boldsymbol{y}(k)=\boldsymbol{r}(k)-\sum_{l=0}^{k-1}\boldsymbol{CF}^{K-1-l}\boldsymbol{Gu}(l) \tag{6-67}$$

$$\boldsymbol{e}(k)=\left[\boldsymbol{I}-\sum_{l=0}^{k-1}\boldsymbol{CF}^{K-1-l}\boldsymbol{Gp}(l)\right]\boldsymbol{r}(k) \tag{6-68}$$

对式(6-68)作 z 变换，并考虑到当 $k>N-1$ 时，$\boldsymbol{e}(k)=\boldsymbol{0}$，可得

$$\boldsymbol{e}(z)=\sum_{k=0}^{\infty}e(k)z^{-k}=\sum_{k=0}^{N-1}\left\{\boldsymbol{I}-\sum_{l=0}^{k-1}\left[\boldsymbol{CF}^{k-1-l}\boldsymbol{Gp}(l)\right]\right\}\boldsymbol{r}(k)z^{-k} \tag{6-69}$$

对式(6-66)式作 z 变换，并考虑到 N 拍之后，被控对象输出 $\boldsymbol{u}(k)$ 保持不变而有

$$\begin{aligned}\boldsymbol{U}(z)&=\sum_{k=0}^{\infty}\boldsymbol{p}(k)\boldsymbol{r}(k)z^{-k}=\sum_{k=0}^{N-1}\boldsymbol{p}(k)\boldsymbol{r}(k)z^{-k}+\sum_{k=N}^{\infty}\boldsymbol{p}(k)z^{-k}\boldsymbol{r}\\&=\left[\sum_{k=0}^{N-1}\boldsymbol{p}(k)\boldsymbol{r}(k)z^{-k}+\boldsymbol{p}(N)\frac{z^{-N}}{1-z^{-1}}\boldsymbol{r}\right]\end{aligned} \tag{6-70}$$

由式(6-69)、式(6-70)可得多变量最少拍系统的数字调节器

$$\boldsymbol{D}(z)=\frac{\boldsymbol{U}(z)}{\boldsymbol{E}(z)}=\frac{\displaystyle\sum_{k=0}^{N-1}\boldsymbol{p}(k)z^{-k}+\boldsymbol{p}(N)\frac{z^{-N}}{1-z^{-1}}}{\displaystyle\sum_{k=0}^{N-1}\left\{\boldsymbol{I}-\sum_{l=0}^{k-1}\left[\boldsymbol{CF}^{k-1-l}\boldsymbol{Gp}(l)\right]\right\}z^{-k}} \tag{6-71}$$

例 6-10　设四阶多输入多输出系统，即 $n=4$，$m=p=2$，被控对象状态方程式为

$$\left.\begin{aligned}\begin{bmatrix}\dot{x}_1\\\dot{x}_2\\\dot{x}_3\\\dot{x}_4\end{bmatrix}&=\begin{bmatrix}0&1&-5&-1\\0&-2&0&0\\2&1&-6&-1\\-2&-1&2&3\end{bmatrix}\begin{bmatrix}x_1\\x_2\\x_3\\x_4\end{bmatrix}+\begin{bmatrix}1&1\\0&2\\0&2\\0&-1\end{bmatrix}\begin{bmatrix}u_1\\u_2\end{bmatrix}\\\begin{bmatrix}y_1\\y_2\end{bmatrix}&=\begin{bmatrix}3&2&-3&2\\1&2&1&3\end{bmatrix}\begin{bmatrix}x_1\\x_2\\x_3\\x_4\end{bmatrix}\end{aligned}\right\} \tag{6-72}$$

试设计最少拍调节器 $\boldsymbol{D}(z)$，设采样周期 $T=0.1\text{s}$。

解　连续对象式(6-72)的系数矩阵 $\boldsymbol{A}$，$\boldsymbol{B}$ 在离散状态方程的系数矩阵 $\boldsymbol{F}$，$\boldsymbol{G}$ 为

$$\boldsymbol{F}=\begin{bmatrix}1.0&0.0779&-0.398&-0.0705\\0&0.819&0&0\\0.164&0.0779&0.506&-0.0705\\-0.164&-0.0779&0.164&0.741\end{bmatrix} \tag{6-73}$$

$$\boldsymbol{G}=\begin{bmatrix}0.104&0.0734\\0&0.1813\\0.0088&0.169\\-0.0088&-0.0861\end{bmatrix} \tag{6-74}$$

由于系统是双输入双输出，所以取 $N=2$，则完全跟踪条件式(6－65)可得

$$\begin{bmatrix} \boldsymbol{CFG} & \boldsymbol{CG} & \boldsymbol{0} \\ \boldsymbol{AFG} & \boldsymbol{AG} & \boldsymbol{B} \end{bmatrix} \begin{bmatrix} \boldsymbol{u}(0) \\ \boldsymbol{u}(1) \\ \boldsymbol{u}(2) \end{bmatrix} = \begin{bmatrix} \boldsymbol{r}_0 \\ \boldsymbol{0} \end{bmatrix} \tag{6-75}$$

将 $\boldsymbol{F},\boldsymbol{G},\boldsymbol{C},\boldsymbol{A},\boldsymbol{B}$ 代入式(6－75)后可得

$$\begin{bmatrix} 0.214 & -0.086 & 0.268 & 0.095 & 0 & 0 \\ 0.064 & 0.259 & 0.086 & 0.346 & 0 & 0 \\ 0.019 & -0.346 & 0.068 & -0.501 & 1 & 1 \\ 0 & -2.297 & 0 & -0.362 & 0 & 2 \\ 0.106 & -0.432 & 0.164 & -0.597 & 0 & 2 \\ -0.106 & 0.211 & -0.164 & -0.267 & 0 & -1 \end{bmatrix} \begin{bmatrix} u_1(0) \\ u_2(0) \\ u_1(1) \\ u_2(1) \\ u_1(2) \\ u_2(2) \end{bmatrix} = \begin{bmatrix} r_{01} \\ r_{02} \\ 0 \\ 0 \\ 0 \\ 0 \end{bmatrix} \tag{6-76}$$

解式 (6－76)可得

$$\begin{bmatrix} \boldsymbol{p}(0) \\ \boldsymbol{p}(1) \\ \boldsymbol{p}(2) \end{bmatrix} = \begin{bmatrix} 24.01 & 1.575 \\ -1.969 & 9.843 \\ \hdashline -15.75 & 0.195 \\ 0.962 & -4.814 \\ \hdashline 0.529 & 0.353 \\ -0.118 & 0.588 \end{bmatrix} \tag{6-77}$$

根据式(6－77) 的数字调节器输出的 z 变换为

$$\boldsymbol{U}(z) = \left\{ \begin{bmatrix} 24.01 & 1.575 \\ -1.969 & 9.843 \end{bmatrix} + \begin{bmatrix} -15.75 & 0.195 \\ 0.962 & -4.814 \end{bmatrix} z^{-1} + \begin{bmatrix} 0.529 & 0.353 \\ -0118 & 0.588 \end{bmatrix} \frac{z^{-2}}{1-z^{-1}} \right\} \begin{bmatrix} r_{01} \\ r_{02} \end{bmatrix} \tag{6-78}$$

由式(6－69)，误差 $e(k)$ 的 z 变换为

$$\begin{aligned} \boldsymbol{E}(z) &= \{\boldsymbol{I} + [\boldsymbol{I} - \boldsymbol{CFG}p(0)]z^{-1}\}\boldsymbol{r} \\ &= \left\{ \begin{bmatrix} 1 & 0 \\ 0 & 1 \end{bmatrix} + \left[\begin{bmatrix} 1 & 0 \\ 0 & 1 \end{bmatrix} - \begin{bmatrix} 0.268 & -0.095 \\ 0.086 & 0.0346 \end{bmatrix} \begin{bmatrix} 24.01 & 1.575 \\ -1.969 & 9.843 \end{bmatrix} \right] z^{-1} \right\} \begin{bmatrix} r_1 \\ r_2 \end{bmatrix} \\ &= \begin{bmatrix} 2-6.622z^{-1} & 0.513z^{-1} \\ -1.38z^{-1} & 2-3.541z^{-1} \end{bmatrix} \begin{bmatrix} r_1 \\ r_2 \end{bmatrix} \end{aligned} \tag{6-79}$$

式(6－78)和式(6－79)数字调节器的脉冲传递函数为

$$\boldsymbol{D}(z) = \frac{\boldsymbol{U}(z)}{\boldsymbol{E}(z)} = \begin{bmatrix} D_{11}(z) & D_{12}(z) \\ D_{21}(z) & D_{22}(z) \end{bmatrix} \tag{6-80}$$

$$D_{11}(z) = \frac{24.01 - 39.76z^{-1} + 16.34z^{-2}}{1 - 6.621z^{-1} - 1.08z^{-2}}$$

$$D_{12}(z) = \frac{1.575 - 1.38z^{-1} + 0.582z^{-2}}{0.513z^{-1} - 0.515z^{-2}}$$

$$D_{22}(z) = \frac{9.843 - 3.542z^{-1} + 25.402z^{-2}}{1 - 3.541z^{-1} + 2.542z^{-2}}$$

$$D_{21}(z) = \frac{-1.969 + 2.931z^{-1} + 1.8z^{-2}}{1.384z^{-1} - 1.398z^{-2}}$$

6.4　状态空间状态反馈和极点配置法

6.4.1　状态反馈控制对系统的影响

设有一离散系统状态方程为

$$\left.\begin{aligned} \boldsymbol{x}(k+1) &= \boldsymbol{F}\boldsymbol{x}(k) + \boldsymbol{G}\boldsymbol{u}(k) \\ \boldsymbol{y}(k) &= \boldsymbol{C}\boldsymbol{x}(k) + \boldsymbol{D}\boldsymbol{u}(k) \end{aligned}\right\} \tag{6-81}$$

若采用状态线性反馈控制，其控制作用可表示为

$$\boldsymbol{u}(k) = -\boldsymbol{K}\boldsymbol{x}(k) + \boldsymbol{L}\boldsymbol{r}(k) \tag{6-82}$$

式中，$\boldsymbol{r}(k)$ 是 p 维参考输入向量；$\boldsymbol{K}$ 是 $m \times n$ 维状态反馈增益矩阵；$\boldsymbol{L}$ 是 $m \times p$ 维输入矩阵。由式(6-81)及式(6-82)可得系统结构图，如图 6-16 所示。若令 $\boldsymbol{L} = \boldsymbol{I}$，则离散闭环系统状态方程为

$$\left.\begin{aligned} \boldsymbol{x}(k+1) &= (\boldsymbol{F} - \boldsymbol{G}\boldsymbol{K})\boldsymbol{x}(k) + \boldsymbol{G}\boldsymbol{r}(k) \\ \boldsymbol{y}(k) &= (\boldsymbol{C} - \boldsymbol{D}\boldsymbol{K})\boldsymbol{x}(k) + \boldsymbol{D}\boldsymbol{r}(k) \end{aligned}\right\} \tag{6-83}$$

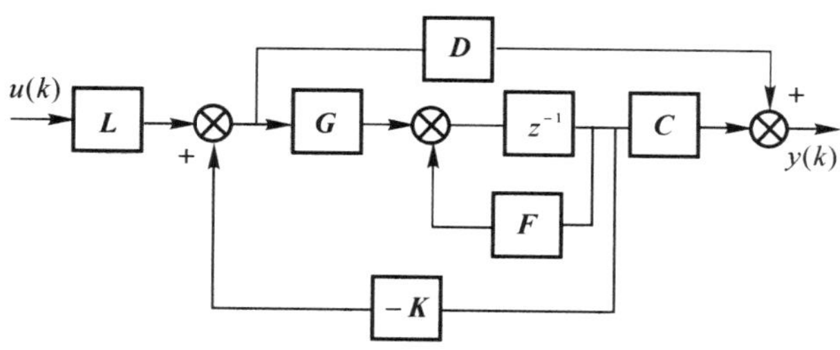

图 6-16　状态反馈控制系统结构图

由于引入了状态反馈，整个闭环系统特性发生了变化。从式(6-83)可得出如下几点结论：

(1)状态反馈不改变系统的可控性。

原闭环系统的可控性由($\boldsymbol{F}-\boldsymbol{G}\boldsymbol{K}$)及 $\boldsymbol{G}$ 决定，可以证明，如果原开环系统是可控的，闭环系统也可控，反之亦然。

事实上，原系统的可控矩阵为

$$\boldsymbol{W}_c = [\boldsymbol{F}^{N-1}\boldsymbol{G} \quad \boldsymbol{F}^{N-2}\boldsymbol{G} \quad \cdots \quad \boldsymbol{F}\boldsymbol{G} \quad \boldsymbol{G}]$$

引入状态反馈后闭环系统的可控矩阵为

$$\widetilde{W}_c = [(F-GK)^{N-1}G \quad (F-GK)^{N-2}G \quad \cdots \quad (F-GK)G \quad G] \tag{6-84}$$

对矩阵 $\widetilde{W}_c$ 作初等列变换，可以把 $\widetilde{W}_c$ 中的附加项减为零，这意味着

$$\mathrm{rank}\widetilde{W}_c = \mathrm{rank}W_c$$

所以，状态反馈不改变系统的可控性。

(2)对于可控的系统，通过适当选择反馈增益矩阵 K，可以改变系统的稳定性与动态特性。

由于闭环系统的特征方程由($F-GK$)决定，对于可控的系统，当选择 K 阵，可使该闭环系统的特征根满足系统稳定性与动态特性的要求。其结果虽然系统的特征根变了，但系统的阶次没变。这就是说，对于完全可控的系统，可以通过选择 K 阵，来任意配置闭环系统的特征根，从而保证系统满足给定的性能指标的要求。若单输入单输出系统是可控的，则该系统可用下述可控标准型描述：

$$X(k+1) = \begin{bmatrix} 0 & 1 & 0 & \cdots & 0 \\ 0 & 0 & 1 & \cdots & 0 \\ \vdots & \vdots & \vdots & & \vdots \\ -a_n & -a_{n-1} & -a_n-2 & \cdots & -a_1 \end{bmatrix} X(x) + \begin{bmatrix} 0 \\ \vdots \\ 0 \\ 1 \end{bmatrix} u(k) \tag{6-85}$$

它的特征方程是

$$\det[zI-F] = z^n + a_1 z^{n-1} + \cdots a_{n-1} z + a_n = 0 \tag{6-86}$$

若状态反馈控制为

$$u(k) = r(k) - Kx(k) \tag{6-87}$$

式中，$K = [k_1 \ \ k_2 \ \ \cdots \ \ k_N]$。

则有状态反馈系统的可控标准型

$$\det[zI-F+GK] \tag{6-88}$$

$$GK = \begin{bmatrix} 0 \\ \vdots \\ 0 \\ 1 \end{bmatrix} [k_1 \quad k_2 \quad \cdots \quad k_n] = \begin{bmatrix} 0 & 0 & \cdots & 0 \\ 0 & 0 & \cdots & 0 \\ \vdots & \vdots & & \vdots \\ k_1 & k_2 & \cdots & k_n \end{bmatrix} \tag{6-89}$$

此时闭环系统状态方程为

$$X(k+1) = \begin{bmatrix} 0 & 1 & 0 & \cdots & 0 \\ 0 & 0 & 1 & \cdots & 0 \\ \vdots & \vdots & \vdots & & \vdots \\ -(a_n+k_1) & -(a_{n-1}+k_2) & -(a_{n-2}+k_3) & \cdots & -(a_1+k_n) \end{bmatrix} X(x) + \begin{bmatrix} 0 \\ \vdots \\ 0 \\ 1 \end{bmatrix} r(k) \tag{6-90}$$

闭环系统特征方程为

$$\det[zI-F+GK] = z^n + (a_1+k_n)z^{n-1} + \cdots + (a_{n-1}+k_2)z + (a_n+k_1) = 0 \tag{6-91}$$

由于 K 可以任意取值，所以闭环特征方程系数可以为任意值，因此，由方程系数决定的特征根即可以取任意值。对多输入多输出系统，上述结论也是成立的，但问题较复杂。

(3)加入状态反馈控制后，可以改变原系统的可观测性。

闭环系统的可观性是由($F-GK$)及($C-DK$)决定的。如果开环系统是可控可观的，加入状态反馈控制，由于 K 的不同选择，闭环系统可能失去可观性。

实际上，开环系统的可观阵为

$$W_O = [C^T \quad F^TC^T \quad \cdots \quad (F^{n-1})^TC^T] \tag{6-92}$$

闭环系统的可观阵为

$$\widetilde{W}_O = [(C-DK)^T \quad (F-GK)^T(C-DK)^T \quad \cdots \quad ((F-GK)^{n-1})^T(C-DK)^T] \tag{6-93}$$

如果系统无前馈输入，即 $D=0$，此时不能保证 $\text{rank}\widetilde{W}_O = \text{rank}W_O$ 一定成立，这是因为，若使上述两个可观矩阵秩相等，必定要求 $K^TG^TC^T$ 与 C^T 线性无关，但该条件与 K 的选择有关。如果 $D \neq 0$ 且选择 $C = DK$，由于 $\text{rank}\widetilde{W}_O \neq 0$，而使闭环系统失去了可观性。

例 6-11　给定下述离散系统，试讨论线性状态反馈时闭环系统的可控性及可观性。

$$X(k+1) = \begin{bmatrix} 0 & 2 \\ -4 & -6 \end{bmatrix}\begin{bmatrix} x_1(k) \\ x_2(k) \end{bmatrix} + \begin{bmatrix} 2 \\ 2 \end{bmatrix}u(k) \tag{6-94}$$

$$Y(k) = [0.5 \quad 1]\begin{bmatrix} x_1(k) \\ x_2(k) \end{bmatrix} \quad D = 0 \tag{6-95}$$

解　容易证明该系统是可控及可观的。若实现

$$u(k) = r(k) - Kx(k) \tag{6-96}$$

式中，$K = [k_1 \quad k_2]$。将式(6-96)代入式(6-94)，则闭环系统状态方程为

$$x(k+1) = (F-GK)x(k) + Gr(k) = F_cx(k) + Gr(k) \tag{6-97}$$

式中
$$F_c = F - GK = \begin{bmatrix} -2k_1 & 2(1-k_2) \\ -2(2+k_1) & -2(3+k_2) \end{bmatrix}$$

闭环系统可控矩阵为

$$W_c = [F_cG \quad G] = \begin{bmatrix} 4(1-k_1-k_2) & 2 \\ -4(5+k_1+k_2) & 2 \end{bmatrix} \qquad \det[W_c] = 48 \neq 0 \tag{6-98}$$

因此，可控矩阵 W_c 是非奇异的，闭环系统是可控的并且可控矩阵 W_c 的秩与反馈增益 K 无关。现计算可观阵 W_O：

$$W_O = [C \quad CF_c]^T = \begin{bmatrix} 0.5 & 1 \\ -4-3k_1 & -5-3k_2 \end{bmatrix} \tag{6-99}$$

由式(6-99)知 $\det W_O = 1.5 + 3k_1 - 1.5k_2$，可见 W_O 的秩与 k_1，k_2 的选择有关，只有选取 k_1，k_2 使 $\det W_O \neq 0$，才能保证闭环系统是可观的。即若 $k_1 = k_2 = 1$，则 $\det W_O \neq 0$，可观测；若 $k_1 = 1$，$k_2 = 3$，则 $\det W_O = 0$，不可观测。

(4)引入状态反馈控制，不改变原系统的零点。

系统传递函数 $G(z)$ 的零点定义是系统有非零状态及输入时，系统输出仍为零值的 z_0 值，所以由式(6-97)可得闭环系统零点应满足下述方程(假定 $D=0$)：

$$\begin{bmatrix} zI - F + GK & -G \\ C & 0 \end{bmatrix}\begin{bmatrix} x(z_0) \\ r(z_0) \end{bmatrix} = 0 \tag{6-100}$$

通过变量置换，可将上式改写为

$$\begin{bmatrix} zI - F & -G \\ C & 0 \end{bmatrix}\begin{bmatrix} x(z_0) \\ r(z_0) - Kx(z_0) \end{bmatrix} = 0 \tag{6-101}$$

该方程的系数矩阵与 K 无关，它的解不受 K 影响，所以状态反馈不能改变或配置系统的

零点。

由于状态反馈可以任意配置系统的极点，因而为控制系统的设计提供了有效的方法。状态反馈增益矩阵可以依不同的要求，采用不同方法确定。根据给定的极点位置，确定反馈增益矩阵是最简单常用的方法。

6.4.2 单输入单输出系统的极点配置

极点配置法的基本思想是，由系统性能要求确定闭环系统的期望极点位置，然后依据期望的极点位置确定反馈增益矩阵 $\boldsymbol{K}$。对于式(6-82)系统，由于系统是 n 维的，控制输入矩阵是 m 维的，反馈增益矩阵 $\boldsymbol{K}$ 将是 $m\times n$ 维的，它包含有 $m\times n$ 个元素。由于 n 阶系统仅有 n 个极点，所以 $\boldsymbol{K}$ 阵中的 $m\times n$ 个元素不能唯一地由 n 个极点确定；其中 $[(m\times n)-n]$ 个元素可任意选定。若系统是单输入系统，$m=1$，反馈增益矩阵 $\boldsymbol{K}$ 是一行向量，仅包含 n 个元素，所以可由 n 个极点唯一确定。可以采用下面两种方法求得反馈增益矩阵 $\boldsymbol{K}$。

1. 系数匹配法

若给定闭环系统期望特征根为

$$z_i=\beta_i \qquad (i=1,2,\cdots,n) \tag{6-102}$$

则它的期望特征方程为

$$d_c(z)=(z-\beta_1)(z-\beta_2)\cdots(z-\beta_n)=0 \tag{6-103}$$

状态反馈闭环系统特征方程为

$$\det[z\boldsymbol{I}-\boldsymbol{F}+\boldsymbol{GK}]=0 \tag{6-104}$$

使式(6-103)与式(6-104)各项系数相等，可得 n 个代数方程，从而求得 n 个未知系数 k_i。

例 6-12 给定二阶系统状态方程为

$$\begin{bmatrix}x_1(k+1)\\x_2(k+1)\end{bmatrix}=\begin{bmatrix}1 & 0.1\\0 & 1\end{bmatrix}\begin{bmatrix}x_1(k)\\x_2(k)\end{bmatrix}+\begin{bmatrix}0.005\\0.1\end{bmatrix}\boldsymbol{u}(k) \tag{6-105}$$

试确定反馈增益矩阵 $\boldsymbol{K}$，使闭环系统极点位于

$$z_{1,2}=0.8\pm \mathrm{j}0.25 \tag{6-106}$$

解 根据式(6-105)可得闭环系统特征方程为

$$\det[z\boldsymbol{I}-\boldsymbol{F}+\boldsymbol{GK}]=\det\left\{\begin{bmatrix}z & 0\\0 & z\end{bmatrix}-\begin{bmatrix}1 & 0.1\\0 & 1\end{bmatrix}+\begin{bmatrix}0.005k_1 & 0.005k_2\\0.1k_1 & 0.1k_2\end{bmatrix}\right\}$$

$$=\det\begin{bmatrix}z-1+0.005k_1 & -0.1+0.005k_2\\0.1k_1 & z-1+0.1k_2\end{bmatrix}=0 \tag{6-107}$$

展开式(6-107)可得

$$z^2-(0.005k_1+0.1k_2-2)z+(0.005k_1+0.1k_2+1)=0 \tag{6-108}$$

根据给定的期望极点，可得期望特征方程为

$$(z-0.8-\mathrm{j}0.25)(z-0.8+\mathrm{j}0.25)=z^2-1.6z+0.7=0 \tag{6-109}$$

由式(6-108)及式(6-109)对应项系数相等，可得下述代数方程组：

$$\left.\begin{aligned}0.005k_1+0.1k_2-2&=-1.6\\0.005k_1+0.1k_2+1&=0.7\end{aligned}\right\} \tag{6-110}$$

解该方程组，得

$$K=[10,3.5] \tag{6-111}$$

最后作图如图6-17所示。

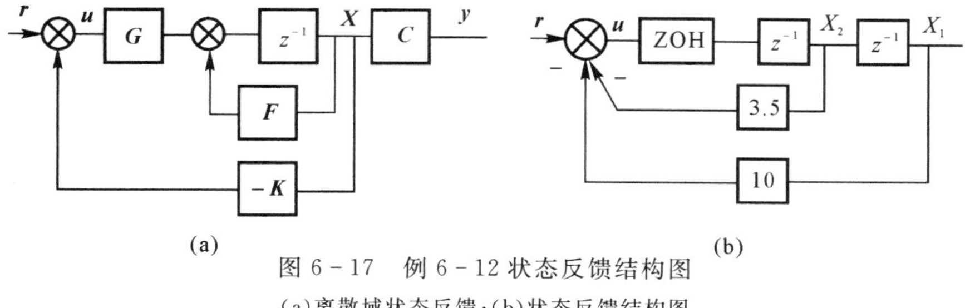

图6-17 例6-12状态反馈结构图

(a)离散域状态反馈；(b)状态反馈结构图

2. 可控标准型法

当系统阶次较高时，行列式展开比较困难，利用系数匹配法就不够方便了，若系统状态方程由可控标准型给定，闭环系统特征方程很容易求得为

$$\det[z\boldsymbol{I}-\boldsymbol{F}+\boldsymbol{GK}]=z^n+(a_1+k_n)z^{n-1}+\cdots+(a_{n-1}+k_2)z+(a_n+k_1)=0 \tag{6-112}$$

闭环系统期望特征方程由式(6-103)给定为

$$\begin{aligned} d_c(z) &= (z-\beta_1)(z-\beta_2)\cdots(z-\beta_n) \\ &= z^n+\alpha_1 z^{n-1}+\alpha_2 z^{n-2}+\cdots+\alpha_n \end{aligned} \tag{6-113}$$

由上述两个特征方程系统系数相等即可求得状态反馈增益 k_i。

$$k_1=a_n-\alpha_n,\quad k_2=a_{n-1}+\alpha_{n-1},\quad \cdots,\quad k_n=a_1-\alpha_1 \tag{6-114}$$

通常，系统不是由可控标准型给定的。但一个完全可控的系统，通过非奇异变换 $\tilde{\boldsymbol{x}}=\boldsymbol{Tx}$，总可以将其变换为可控标准型。因此，理论上可得下述计算步骤：

(1) 给定系统矩阵 $\boldsymbol{F}$,$\boldsymbol{G}$ 以及期望特征方程 $d_c(z)=0$；

(2) 由非奇异变换将 $\boldsymbol{F}$,$\boldsymbol{G}$ 转换为可控标准型(即状态变量重新定义)；

(3) 利用式(6-114)求反馈增益 k_i；

(4) 若非可控标准型，则通过上述非奇异变换 $\tilde{\boldsymbol{x}}=\boldsymbol{Tx}$，求得反馈增益 $\tilde{\boldsymbol{K}}$，再转换为原状态空间的增益 $\boldsymbol{K}$。

3. Ackerman 公式

基于可控标准型法计算反馈增益 $\boldsymbol{K}$ 的思想，推出了一般的计算公式，这就是，如果单输入系统是可控的，则使闭环系统特征方程为 $d_c(z)=0$ 的反馈增益矩阵 $\boldsymbol{K}$ 可由下式求得：

$$\left.\begin{aligned} \boldsymbol{K} &= [0\quad \cdots\quad 0\quad 1]\boldsymbol{W}_c^{-1}\boldsymbol{d}_c(\boldsymbol{F}) \\ \boldsymbol{W}_c &= [\boldsymbol{G}\quad \boldsymbol{FG}\quad \cdots] \end{aligned}\right\} \tag{6-115}$$

式中，$\boldsymbol{W}_c$ 是系统可控矩阵；$\boldsymbol{d}_c(\boldsymbol{F})$ 是给定的期望特征多项式中变量 z 用 $\boldsymbol{F}$ 代替后所得的矩阵多项式，即

$$\boldsymbol{d}_c(\boldsymbol{F})=\boldsymbol{F}^n+\alpha_1\boldsymbol{F}^{n-1}+\cdots+\alpha_{n-1}\boldsymbol{F}+\alpha_n\boldsymbol{F}^0 \tag{6-116}$$

例6-13 利用 Ackerman 公式计算例6-12所示系统的反馈增益矩阵。

解 由式(6-105)可知

$$F = \begin{bmatrix} 1 & 0.1 \\ 0 & 1 \end{bmatrix} \qquad G = \begin{bmatrix} 0.005 \\ 0.1 \end{bmatrix}$$

所以，可控矩阵为

$$W_c = [G \quad FG] = \begin{bmatrix} 0.005 & 0.015 \\ 0.1 & 0.1 \end{bmatrix} \qquad W_c^{-1} = \begin{bmatrix} -100 & 15 \\ 100 & -5 \end{bmatrix}$$

将期望特征方程式(6-113)代入式(6-116)得

$$d_c(F) = F^2 + \alpha_1 F + \alpha_2 = F^2 - 1.6F + 0.7I$$

$$d_c(F) = \begin{bmatrix} 0.1 & 0.04 \\ 0 & 0.1 \end{bmatrix}$$

由式(6-115)可得

$$K = [k_1 \quad k_2] = [0 \quad 1]\begin{bmatrix} -100 & 15 \\ 100 & -5 \end{bmatrix}\begin{bmatrix} 01 & 0.04 \\ 0 & 0.1 \end{bmatrix} = [10 \quad 3.5] \tag{6-117}$$

式(6-117)与例6-12所得结果相同。

在实际使用极点配置方法时，应注意以下几个问题：

(1) 可控性问题。系统完全可控是求解的充分必要条件。若系统有不可控模态，利用状态反馈不能移动该模态所对应的极点。

(2) 求解域问题。实际应用时，首先应把闭环系统希望特征值转化为 z 平面上的极点位置，通常可利用系统时间响应特性与系统零极点对应关系来解决。

(3) 反馈增益可实现性问题。通常加大反馈增益可以提高系统的频带，加快系统的响应。若误差信号一定时，过大的反馈增益，必须增大控制作用 $u(k)$ 的幅值，但控制信号的幅值受物理条件的限制，不能无限增大。因此，在工程设计中，要考虑到所求反馈增益物理实现的可能性。

(4) 方法的选择。系统阶次较低时，可以直接利用系数匹配法；系统阶次较高时，选Ackerman公式。考察式(6-115)可见，利用计算机求解直接计算 K，需要矩阵多次相乘，由于计算机的计算积累误差，将会产生较严重的数值计算误差，从数值计算的角度来说，极点配置应寻求最佳的计算方法。

6.4.3 多输入多输出系统的极点配置

将单输入系统的极点配置法稍加修改就可用于多输入系统。

设多输入系统

$$x(k+1) = Fx(k) + Gu(k) \tag{6-118}$$

式中，$x(k)$ 为 n 维向量；$u(k)$ 是 m 维控制向量；G 是 $n \times m$ 维输入向量。若系统完全可控，寻求状态反馈控制

$$u(k) = -Kx(k) \tag{6-119}$$

能任意配置闭环系统 $[F-GK]$ 的极点，式中 K 是 $m \times n$ 维反馈增益矩阵。

构造一个单输入系统

$$x(k+1) = Fx(k) + G^* u(k) \tag{6-120}$$

令 G^* 是 $n\times 1$ 维矩阵，它由下式定义：

$$G^* = GW \tag{6-121}$$

$\boldsymbol{W}$ 是 $m\times1$ 维矩阵，它应保证系统$[\boldsymbol{F},\boldsymbol{G}^*]$是可控的。此时反馈控制为

$$\boldsymbol{u}(k)=-\boldsymbol{K}^*\boldsymbol{x}(k) \tag{6-122}$$

它应配置闭环系统 $[\boldsymbol{F}-\boldsymbol{G}^*\boldsymbol{K}^*]$ 的极点位于 $[\boldsymbol{F}-\boldsymbol{GK}]$ 的极点位置。由于式(6-120)已是单输入系统，可以利用前述各种方法，根据给定的极点确定反馈增益矩阵 $\boldsymbol{K}^*$。由于 $\boldsymbol{GK}=\boldsymbol{G}^*\boldsymbol{K}^*$，又考虑到式(6-121)，所以可以求得反馈增益

$$\boldsymbol{K}=\boldsymbol{WK}^* \tag{6-123}$$

例 6-14　有一多输入数字控制系统

$$\begin{bmatrix}x_1(k+1)\\x_2(k+1)\end{bmatrix}=\begin{bmatrix}0&1\\-1&2\end{bmatrix}\begin{bmatrix}x_1(k)\\x_2(k)\end{bmatrix}+\begin{bmatrix}1&0\\0&1\end{bmatrix}\boldsymbol{u}(k) \tag{6-124}$$

要求确定反馈控制 $\boldsymbol{u}(k)=-\boldsymbol{Kx}(k)$，使闭环系统的特征根位于 $z_1=0.1,z_2=0.2$。

解　降维定义

$$\boldsymbol{G}^*_{2x1}=\boldsymbol{G}_{2x2}\boldsymbol{W}_{2x1}=\begin{bmatrix}1&0\\0&1\end{bmatrix}\begin{bmatrix}w_1\\w_2\end{bmatrix}=\begin{bmatrix}w_1\\w_2\end{bmatrix} \tag{6-125}$$

为使$(\boldsymbol{F},\boldsymbol{G}^*)$对可控，要求矩阵$[\boldsymbol{G}^*\quad \boldsymbol{FG}^*]$是非奇异的，则要求

$$\det[\boldsymbol{FG}^*\quad \boldsymbol{G}^*]=\det\begin{bmatrix}w_2&w_1\\-w_1-2w_2&w_2\end{bmatrix}=-(w_1+w_2)^2\neq0 \tag{6-126}$$

选择：$w_1\neq-w_2$。

单输入系统$(\boldsymbol{F},\boldsymbol{G}^*)$的反馈增益可以利用系数匹配法求得。由给定的希望极点，可得期望特征多项式

$$d_c(z)=(z-0.1)(z-0.2)=z^2-0.3z+0.02$$

闭环系统特征方程式为

$$\det[z\boldsymbol{I}-\boldsymbol{F}-\boldsymbol{G}^*\boldsymbol{K}^*]=\det\begin{bmatrix}z+w_1k_1^*&-1+w_1k_2{}^*\\1+w_2k_1^*&z+2+w_2k_2^*\end{bmatrix}=0 \tag{6-127}$$

用系数匹配法求 $\boldsymbol{K}^*$，要求$(z-0.1)(z-0.2)=z^2-0.3z+0.02=0$。

若选择 $w_1=w_2=1$，则闭环系统特征方程为

$$(z+k_1^*)(z+k_2^*+2)-(-1+k_2^*)(k_1^*+1)=0$$

化简后可得

$$z^2+(k_1^*+k_2^*+2)z+(3k_1^*-k_2^*+1)=0$$

与期望特征方程比较，可得下述代数方程组：

$$\begin{cases}k_1^*+k_2^*+2=-0.3\\3k_1^*-k_2^*+1=0.02\end{cases}$$

由此可得

$$\boldsymbol{K}^*=[k_1^*\quad k_2^*]=[-0.82\quad -1.48]$$

由式(6-123)可得多输入系统的反馈增益矩阵

$$\boldsymbol{K}=\boldsymbol{WK}^*=\begin{bmatrix}1\\1\end{bmatrix}[-0.82\quad -1.48]=-\begin{bmatrix}0.82&1.48\\0.82&1.48\end{bmatrix} \tag{6-128}$$

可以验证，此时闭环系统特征方程根位于给定的位置。尽管 $\boldsymbol{W}$ 是任意选择的，反馈增益 $\boldsymbol{K}$ 也不是唯一的，但可以保证闭环系统特征根都位于给定的位置。

6.4.4 利用不完全状态反馈或输出反馈的极点配置

对于实际系统，并非所有的状态变量都是可取得的。从经济方面考虑，反馈所有状态变量未必是可行的，特别是对高阶系统。因此有必要考虑不完全状态反馈或输出反馈。

1. 不完全状态反馈

设有数字控制系统

$$x(k+1)=Fx(k)+Gu(k) \tag{6-129}$$

式中，$x(k)$为 n 维向量；$u(k)$为 m 维向量。状态反馈由下式描述：

$$u(k)=-Kx(k) \tag{6-130}$$

若在n个状态变量中有r个状态不适于反馈，则由$(m\times n)$个元素组成的反馈阵K中，对应于 $x_i(k)(i=1,2,\cdots,r)$ 列的元素必全为零，余下的$[m\times(n-r)]$个元素不为零。如果$[m\times(n-r)]\geqslant n$，则可以通过选择这些不为零的元素的值来配置 n 个特征值于期望的极点上。但是，当$[m\times(n-r)]<n$时，K中不为零元素的个数少于n个，就无法通过选择这少于n个的$[\mathrm{m}\times(\mathrm{n}-\mathrm{r})]$个元素值来配置系统的$n$个特征值于期望的极点上。换句话说，对于单输入系统，用不完全状态反馈无法实现 n 维系统的极点任意配置。

例 6-15 设有系统

$$x(k+1)=Fx(k)+Gu(k)$$

式中
$$F=\begin{bmatrix}0 & 1\\ 1 & -2\end{bmatrix}\quad G=\begin{bmatrix}-1\\ 1\end{bmatrix}$$

若状态 $x_1(k)$不能反馈，试问该系统能否用不完全状态反馈来任意配置该系统的极点？如果修改 $G=\begin{bmatrix}1 & 0\\ 0 & 1\end{bmatrix}$后，情况又如何？

解 取该系统的状态反馈控制为

$$u(k)=-Kx(k)$$

已知 $x_1(k)$是不可反馈的状态，所以当 $G=\begin{bmatrix}-1\\ 1\end{bmatrix}$时有 $K=[0\quad k_2]$，于是得到闭环系统的特征方程式为

$$[zI-F+GK]=z^2+(2+k_2)z+(1+k_2)=0$$

上述方程的根轨迹绘制时可利用下述方程：

$$1+\frac{k_2(z+1)}{z^2+2z+1}=0$$

$$1+\frac{k_2}{z+1}=0$$

绘出 k_2改变时的系统根轨迹图如图 6-18 所示。

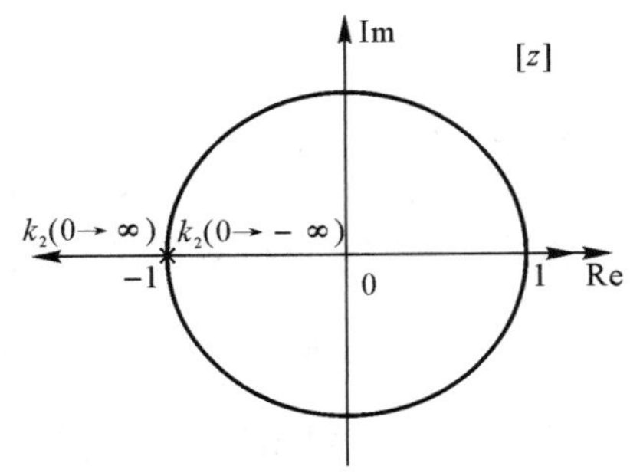

图 6-18 例 6-15 系统根轨迹

由图 6-18 可见，在 $z=-1$ 处的开环极点不能移动。当k_2 在$-\infty$ 到$+\infty$ 之间变化时，其他根在 z 平面实轴上由 $z\to+\infty$ 移到 $z\to-\infty$。这样，我们看到，对于单输入系统来说，不仅闭环系统的特征值不能用不完全状态的反

馈任意配置,而且系统也是不稳定的。

在修正 $\boldsymbol{G}=\begin{bmatrix}1 & 0\\0 & 1\end{bmatrix}$后,反馈矩阵为 $\boldsymbol{K}=\begin{bmatrix}0 & k_{12}\\0 & k_{22}\end{bmatrix}$。

闭环系统特征方程为

$$[z\boldsymbol{I}-\boldsymbol{F}+\boldsymbol{GK}]=z^2+(2+k_{22})z+(1+k_{12})=0$$

由于上式中有两个独立参数 k_{12} 与 k_{22},所以 $\boldsymbol{F}-\boldsymbol{GK}$ 的两个特征值可任意配置。

2. 输出反馈

由于系统的输出总是可量测的,因此总能反馈这些信号,通过常数增益达到控制目的。这样,输出反馈亦可认为是另一种不完全状态反馈。

设有系统

$$\boldsymbol{x}(k+1)=\boldsymbol{F}\boldsymbol{x}(k)+\boldsymbol{G}\boldsymbol{u}(k) \tag{6-131}$$

$$\boldsymbol{y}(k)=\boldsymbol{C}\boldsymbol{x}(k) \tag{6-132}$$

式中,$\boldsymbol{x}(k)$为 n 维向量;$\boldsymbol{u}(k)$为 m 维向量;$\boldsymbol{y}(k)$为 p 维向量。输出反馈定义为

$$\boldsymbol{u}(k)=-\widetilde{\boldsymbol{K}}\boldsymbol{y}(k) \tag{6-133}$$

式中,$\widetilde{\boldsymbol{K}}$ 为 $m\times p$ 输出反馈矩阵。设计目标是求出 $\widetilde{\boldsymbol{K}}$,以使闭环系统的特征值达到期望值。然而,由于通常 $p\leqslant m\leqslant n$,并非所有 n 个特征值都能任意指定。下面将证明,能够任意指定的特征值数目将由 $\boldsymbol{C}$ 和 $\boldsymbol{G}$ 的秩来定。

输出反馈控制的设计类似于状态反馈设计。首先考虑输入的情况。将式(6-132)代入式(6-133),然后再代入式(6-131),得到

$$\boldsymbol{x}(k+1)=(\boldsymbol{F}-\boldsymbol{G}\widetilde{\boldsymbol{K}}\boldsymbol{C})\boldsymbol{x}(k) \tag{6-134}$$

上述方程等效于带状态反馈增益 $\widetilde{\boldsymbol{F}}\boldsymbol{C}$ 的闭环系统状态方程。如果($\boldsymbol{F}$,$\boldsymbol{G}$)是完全可控的,则 $\widetilde{\boldsymbol{F}}_c$ 可按状态反馈极点配置法或不完全状态反馈(当满足极点配置的必要条件时)的极点配置法来确定。

对于单输入系统,$\widetilde{\boldsymbol{K}}$ 为 $1\times p$ 维,$\boldsymbol{C}$ 为 $p\times n$ 维,$\boldsymbol{G}$ 为 $n\times 1$ 维,故 $\widetilde{\boldsymbol{K}}\boldsymbol{C}$ 总是 $1\times n$ 的行矩阵。$\widetilde{\boldsymbol{K}}$ 中有 p 个增益元素,但其中仅有 r 个自由或独立参数可用于设计目的,其中 r 为 $\boldsymbol{C}$ 阵的秩,且 $r\leqslant p$ 。

例 6-16　若对例 6-15 中采用输出反馈,输出矩阵 $\boldsymbol{C}$ 为

$$\boldsymbol{C}=\begin{bmatrix}1 & 0 & 0\\0 & 1 & 0\\0 & 2 & 0\end{bmatrix}$$

求输出反馈极点配置设计。

解　根据输出反馈定义

$$\boldsymbol{u}(k)=-\widetilde{\boldsymbol{K}}\boldsymbol{y}(k)$$

输出矩阵 $\boldsymbol{C}$ 为 3×3 阶,它的秩为 $\mathrm{rank}\boldsymbol{C}=2$,非满秩,令 $\widetilde{\boldsymbol{K}}=[\tilde{k}_1,\tilde{k}_2,\tilde{k}_3]$,则 $\widetilde{\boldsymbol{K}}_c=[\tilde{k}_1,\tilde{k}_2+2\tilde{k}_3,0]$,即 $\widetilde{\boldsymbol{K}}_c$ 中仅有两个独立参数 $\tilde{k}_1$ 与($\tilde{k}_2+2\tilde{k}_3$),这表示系统中仅有两个特征值可以用输出反馈任意配置。

对单输入的情况,如果 $\boldsymbol{C}$ 阵的秩等于 n(即系统的阶次),则输出反馈就和完全状态反馈相同,而且如果($\boldsymbol{F}$,$\boldsymbol{B}$)对是可控的,则系统的全部特征值可任意配置。

对于多输入系统，$\boldsymbol{G}$ 为 $n\times m$ 维，同样构造

$$\boldsymbol{G}^{*}=\boldsymbol{GW} \tag{6-135}$$

式中，$\boldsymbol{W}$ 为具有 m 个参数的 $m\times 1$ 矩阵，于是 $\boldsymbol{G}^{*}$ 为 $n\times 1$ 维。同理

$$\widetilde{\boldsymbol{K}}=\boldsymbol{W}\widetilde{\boldsymbol{K}}^{*} \tag{6-136}$$

式中

$$\widetilde{\boldsymbol{K}}^{*}=[\tilde{k}_1^{*},\tilde{k}_2^{*},\cdots,\tilde{k}_n^{*}]_{1\times n} \tag{6-137}$$

则有

$$\boldsymbol{G}\widetilde{\boldsymbol{K}}\boldsymbol{C}=\boldsymbol{GW}\widetilde{\boldsymbol{K}}^{*}\boldsymbol{C}=\boldsymbol{G}^{*}\widetilde{\boldsymbol{K}}^{*}\boldsymbol{C} \tag{6-138}$$

闭环系统特征方程为

$$|z\boldsymbol{I}-\boldsymbol{F}+\boldsymbol{G}\widetilde{\boldsymbol{K}}\boldsymbol{C}|=|z\boldsymbol{I}-\boldsymbol{F}+\boldsymbol{G}^{*}\widetilde{\boldsymbol{K}}^{*}\boldsymbol{C}|=0 \tag{6-139}$$

于是按极点配置法可确定 $\widetilde{\boldsymbol{K}}\boldsymbol{C}$。

与带输出反馈的单输入情况不同，现在的反馈增益阵又依赖于 $\boldsymbol{C}$ 和 $\boldsymbol{G}$ 的秩。通常，如果 $\boldsymbol{C}$ 的秩大于或等于 $\boldsymbol{G}$ 的秩，$\boldsymbol{W}$ 元素可任意选择，当然，一定要满足 $(\boldsymbol{F},\boldsymbol{G})$ 对可控性条件。然而，如果 $\boldsymbol{G}$ 的秩大于 $\boldsymbol{C}$ 的秩，且又希望任意指定闭环系统特征值的最大数目，则不能任意指定 $\boldsymbol{W}$ 的所有元素。设计带状态反馈的系统不存在这一问题，因为 $\boldsymbol{C}$ 的秩总为 n，$\boldsymbol{C}$ 是一个 n 维的单位阵，其秩不可能超过 n。

6.5 状态空间状态观测器设计法

用状态反馈法设计控制系统时，经常遇到一个实际问题，即并非所有的状态变量是可取得的。而且，对高阶系统来说，应用状态反馈需要大量测量状态变量的传感器，也不经济。为了实现状态反馈，除了可以利用不完全状态反馈或输出反馈外，最常用的方法是利用观测器（估计器）来观测，估计系统的状态。

6.5.1 状态观测器的设计

构造观测器就是要给出一个算法，通过实测的输入和输出算出这个系统的状态。为了根据输入和输出确定系统的状态，系统必须是完全能观测的。下面给出不同的计算系统状态的方法。

1. 状态变量的直接计算法

设系统状态方程和输出方程为

$$\left.\begin{aligned}\boldsymbol{x}(k+1)&=\boldsymbol{Fx}(k)+\boldsymbol{Gu}(k)\\ \boldsymbol{y}(k)&=\boldsymbol{Cx}(k)\end{aligned}\right\} \tag{6-140}$$

经 n 步递推：

$$\begin{cases}\boldsymbol{x}(k+1-n)=\boldsymbol{Fx}(k-n)+\boldsymbol{Gu}(k-n)\\ \boldsymbol{y}(k+1-n)=\boldsymbol{Cx}(k+1-n)\end{cases}$$

$$\begin{cases}\boldsymbol{x}(k+2-n)=\boldsymbol{Fx}(k+1-n)+\boldsymbol{Gu}(k+1-n)\\ \boldsymbol{y}(k+2-n)=\boldsymbol{Cx}(k+2-n)=\boldsymbol{CFx}(k+1-n)+\boldsymbol{CGu}(k+1-n)\end{cases}$$

$$\begin{cases}\boldsymbol{x}(k+3-n)=\boldsymbol{Fx}(k+2-n)+\boldsymbol{Gu}(k+2-n)\\ \boldsymbol{y}(k+3-n)=\boldsymbol{Cx}(k+3-n)=\boldsymbol{CFx}(k+2-n)+\boldsymbol{CGu}(k+2-n)\\ \qquad\qquad\quad=\boldsymbol{CF}^2\boldsymbol{x}(k+1-n)+\boldsymbol{CFGu}(k+1-n)+\boldsymbol{CGu}(k+2-n)\end{cases}$$

$$\cdots\cdots$$

则有

$$\begin{aligned}\boldsymbol{y}(k)&=\boldsymbol{Cx}(k)=\boldsymbol{CFx}(k-1)+\boldsymbol{CGu}(k-1)\\&=\boldsymbol{CF}^{n-1}\boldsymbol{x}(k+1-n)+\boldsymbol{CF}^{n-2}\boldsymbol{Gu}(k+1-n)+\cdots+\boldsymbol{CGu}(k-1)\end{aligned}\tag{6-141}$$

可以把上述方程写成矩阵形式：

$$\begin{bmatrix}\boldsymbol{y}(k+1-n)\\ \boldsymbol{y}(k+2-n)\\ \boldsymbol{y}(k+3-n)\\ \vdots\\ \boldsymbol{y}(k)\end{bmatrix}_{n\times1}=\begin{bmatrix}\boldsymbol{C}\\ \boldsymbol{CF}\\ \boldsymbol{CF}^2\\ \vdots\\ \boldsymbol{CF}^{n-1}\end{bmatrix}_{n\times1}\boldsymbol{x}(k+1-n)+$$

$$\begin{bmatrix}0&0&0&0\\ \boldsymbol{CG}&0&0&0\\ \boldsymbol{CFG}&\boldsymbol{CG}&\cdots&0\\ \vdots&\vdots&&\vdots\\ \boldsymbol{CF}^{n-2}\boldsymbol{G}&\boldsymbol{CF}^{n-3}\boldsymbol{G}&\cdots&\boldsymbol{CG}\end{bmatrix}_{n\times p}\begin{bmatrix}u(k+1-n)\\ u(k+2-n)\\ u(k+3-n)\\ \vdots\\ u(k-1)\end{bmatrix}_{p\times1}$$

定义：

$$\begin{bmatrix}\boldsymbol{y}(k+1-n)\\ \boldsymbol{y}(k+2-n)\\ \vdots\\ \boldsymbol{y}(k)\end{bmatrix}=\boldsymbol{W}_{\mathrm{O}}\boldsymbol{x}(k+1-n)+\boldsymbol{\Omega}\begin{bmatrix}\boldsymbol{u}(k+1-n)\\ \boldsymbol{u}(k+2-n)\\ \vdots\\ \boldsymbol{u}(k-1)\end{bmatrix}$$

这里$\boldsymbol{W}_{\mathrm{O}}$是可观阵，如果系统式(6－141)能观测，那么状态向量 $\boldsymbol{x}(k+1-n)$可由下式确定：

$$\boldsymbol{x}(k+1-n)=\boldsymbol{W}_{\mathrm{O}}{}^{-1}\begin{bmatrix}y(k+1-n)\\ y(k+2-n)\\ \vdots\\ y(k)\end{bmatrix}-\boldsymbol{W}_{\mathrm{O}}{}^{-1}\boldsymbol{\Omega}\begin{bmatrix}u(k+1-n)\\ u(k+2-n)\\ \vdots\\ u(k-1)\end{bmatrix}$$

由式(6－141)，两边除以 $\boldsymbol{C}$ 可得到

$$\begin{aligned}\boldsymbol{x}(k)&=\boldsymbol{F}^{n-1}\boldsymbol{x}(k+1-n)+\boldsymbol{F}^{n-2}\boldsymbol{Gu}(k+1-n)+\cdots+\boldsymbol{Gu}(k-1)\\&=\boldsymbol{F}^{n-1}\boldsymbol{x}(k+1-n)+[\boldsymbol{F}^{n-2}\boldsymbol{G}\quad\boldsymbol{F}^{n-3}\boldsymbol{G}\quad\cdots\quad\boldsymbol{G}]\begin{bmatrix}\boldsymbol{u}(k+1-n)\\ \boldsymbol{u}(k+2-n)\\ \vdots\\ \boldsymbol{u}(k-1)\end{bmatrix}\end{aligned}$$

则记

$$\boldsymbol{x}(k)=\boldsymbol{F}^{n-1}\boldsymbol{W}_{\mathrm{O}}{}^{-1}\begin{bmatrix}\boldsymbol{y}(k+1-n)\\ \boldsymbol{y}(k+2-n)\\ \vdots\\ \boldsymbol{y}(k)\end{bmatrix}-\boldsymbol{\psi}\begin{bmatrix}\boldsymbol{u}(k+1-n)\\ \boldsymbol{u}(k+2-n)\\ \vdots\\ \boldsymbol{u}(k-1)\end{bmatrix}\tag{6-142}$$

式中
$$\boldsymbol{\Psi} = [\boldsymbol{F}^{n-2}\boldsymbol{G} \quad \boldsymbol{F}^{n-3}\boldsymbol{G} \quad \cdots \quad \boldsymbol{G}] - \boldsymbol{F}^{n-1}\boldsymbol{W}_0{}^{-1}\boldsymbol{\Omega}$$

这样，状态向量是 $\boldsymbol{y}(k),\boldsymbol{y}(k-1),\cdots,\boldsymbol{y}(k-n+1)$ 和 $\boldsymbol{u}(k-1),\boldsymbol{u}(k-2),\cdots,\boldsymbol{u}(k-n+1)$ 的线性组合。

式(6－142)表明，在一个扰动之后，最多经历 n 步就能得到正确的估计。可把观测器式(6－142)称为有限拍观测器。把这个结果概括为定理如下：

定理 考虑系统式(6－140)，假设它是完全能观测的，那么可根据式(6－142)计算状态向量。

例 6－17 考虑由两个积分器构成的系统

$$\begin{bmatrix} x_1(k+1) \\ x_2(k+1) \end{bmatrix} = \begin{bmatrix} 1 & T \\ 0 & 1 \end{bmatrix} \begin{bmatrix} x_1(k) \\ x_2(k) \end{bmatrix} + \begin{bmatrix} \dfrac{T^2}{2} \\ T \end{bmatrix} \boldsymbol{u}(k)$$

$$\boldsymbol{y}(k) = [1 \quad 0] \begin{bmatrix} x_1(k) \\ x_2(k) \end{bmatrix}$$

试用直接方法计算状态 $\boldsymbol{x}(k)$ 的表达式。

解 给定系统的可观测阵为

$$\boldsymbol{W}_{\mathrm{O}} = [\boldsymbol{C} \quad \boldsymbol{CF}]^{\mathrm{T}} = \begin{bmatrix} 1 & 0 \\ 1 & T \end{bmatrix}$$

所以
$$\boldsymbol{W}_{\mathrm{O}}{}^{-1} = \frac{1}{T} \begin{bmatrix} T & 0 \\ -1 & 1 \end{bmatrix}$$

取 $n=2$，则

$$\boldsymbol{F}^{n-1}\boldsymbol{W}_{\mathrm{O}}{}^{-1} = \begin{bmatrix} 1 & T \\ 0 & 1 \end{bmatrix} \begin{bmatrix} 1 & 0 \\ -\dfrac{1}{T} & \dfrac{1}{T} \end{bmatrix} = \begin{bmatrix} 0 & 1 \\ -\dfrac{1}{T} & \dfrac{1}{T} \end{bmatrix}$$

$$\boldsymbol{\Omega} = \begin{bmatrix} 0 \\ \boldsymbol{CG} \end{bmatrix} = \begin{bmatrix} 0 \\ \dfrac{T^2}{2} \end{bmatrix}$$

$$\boldsymbol{\Psi} = [\boldsymbol{F}^{n-2}\boldsymbol{G} \quad \boldsymbol{F}^{n-3}\boldsymbol{G} \quad \cdots \quad \boldsymbol{G}] - \boldsymbol{F}^{n-1}\boldsymbol{W}_{\mathrm{O}}{}^{-1}\boldsymbol{\Omega} = \boldsymbol{G} - \boldsymbol{F}\boldsymbol{W}_{\mathrm{O}}{}^{-1}\boldsymbol{\Omega}$$
$$= \begin{bmatrix} \dfrac{T^2}{2} \\ T \end{bmatrix} - \begin{bmatrix} 1 & T \\ 0 & 1 \end{bmatrix} \begin{bmatrix} 1 & 0 \\ -\dfrac{1}{T} & \dfrac{1}{T} \end{bmatrix} \begin{bmatrix} 0 \\ \dfrac{T^2}{2} \end{bmatrix} = \begin{bmatrix} 0 \\ \dfrac{T}{2} \end{bmatrix}$$

于是由式(6－142)导出

$$\begin{bmatrix} x_1(k) \\ x_2(k) \end{bmatrix} = \begin{bmatrix} 0 & 1 \\ -\dfrac{1}{T} & \dfrac{1}{T} \end{bmatrix} \begin{bmatrix} \boldsymbol{y}(k-1) \\ \boldsymbol{y}(k) \end{bmatrix} + \begin{bmatrix} 0 \\ \dfrac{T}{2} \end{bmatrix} \boldsymbol{u}(k-1)$$
$$= \begin{bmatrix} 1 \\ \dfrac{1}{T} \end{bmatrix} \boldsymbol{y}(k) - \begin{bmatrix} 0 \\ \dfrac{1}{T} \end{bmatrix} \boldsymbol{y}(k-1) + \begin{bmatrix} 0 \\ \dfrac{T}{2} \end{bmatrix} \boldsymbol{u}(k-1)$$

从上式可见，$x_1(k)$ 可直接由 $\boldsymbol{y}(k)$ 测得，而 $x_2(k)$ 是通过

$$\hat{\boldsymbol{x}}_2(k) = \frac{1}{T}[\boldsymbol{y}(k) - \boldsymbol{y}(k-1)] + \frac{T}{2}\boldsymbol{u}(k-1)$$

得到的。可以预料，当 $T \to 0$ 时 $\hat{x}_2 \to \dot{y}$。不过，在这种情况下直接计算比使用一般公式更简单。

直接计算状态向量的优点在于最多经过 n 步就可得到状态向量，这个方法的缺点是它对

扰动可能很敏感。

2. 用构造一个系统的动态模型来估计系统的状态

对于式(6-140)所给系统，构造一个系统模型

$$\hat{\boldsymbol{x}}(k+1)=\boldsymbol{F}\hat{\boldsymbol{x}}(k)+\boldsymbol{G}\boldsymbol{u}(k) \tag{6-143}$$

显然，当 $\boldsymbol{F}$,$\boldsymbol{G}$ 和输入 $\boldsymbol{u}(k)$ 均为已知时，且当模型系统初值 $\hat{\boldsymbol{x}}(0)$ 与原给定系统初值 $\boldsymbol{x}(0)$ 相等时，则从式(6-143)所确定的状态 $\hat{\boldsymbol{x}}(k)$ 就可作为 $\boldsymbol{x}(k)$ 的估计值。这种估计器的结构图如图 6-19 所示。

这种观测器的特点是只利用原系统的输入 $\boldsymbol{u}(k)$，而不利用原系统的输出量 $\boldsymbol{y}(k)$，也没有利用状态的估计误差进行反馈修正，所以称为开环估计。对于这种估计器，要使估计的状态准确，模型的参数及初始条件必须和真实系统一致。

若令 $\widetilde{\boldsymbol{X}}$ 为估计误差，则有

$$\tilde{\boldsymbol{x}}(k)=\boldsymbol{x}(k)-\hat{\boldsymbol{x}}(k)$$

观测误差的状态方程为

$$\tilde{\boldsymbol{x}}(k+1)=\boldsymbol{F}\tilde{\boldsymbol{x}}(k) \tag{6-144}$$

由该式可见，在开环估计时，观测误差 $\tilde{\boldsymbol{x}}(k)$ 的转移矩阵就是原系统的转移矩阵 $\boldsymbol{F}$，这是不希望的。因为在实际系统中，观测误差 $\tilde{\boldsymbol{x}}(K)$ 总是存在的，如果原系统是不稳定的，那么观测误差 $\tilde{\boldsymbol{x}}(k)$ 也将不稳定，观测值 $\hat{\boldsymbol{x}}(k)$ 将不能收敛到 $\boldsymbol{x}(k)$ 值。为了弥补这个不足，利用原系统输出与估计器输出之间的误差，修正模型的输入，这样就构造了一个闭环估计器，如图 6-20 所示。

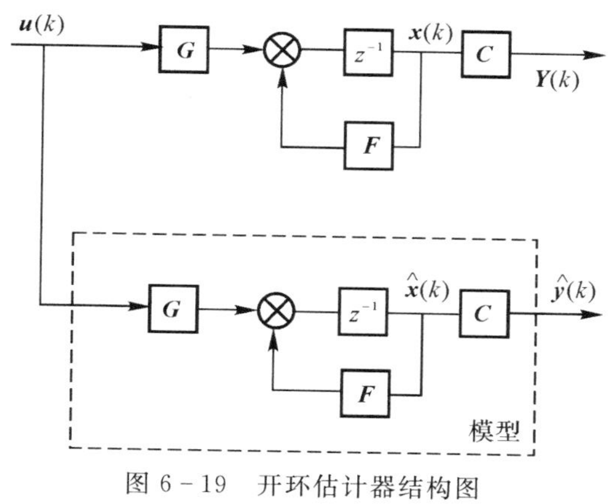

图 6-19　开环估计器结构图

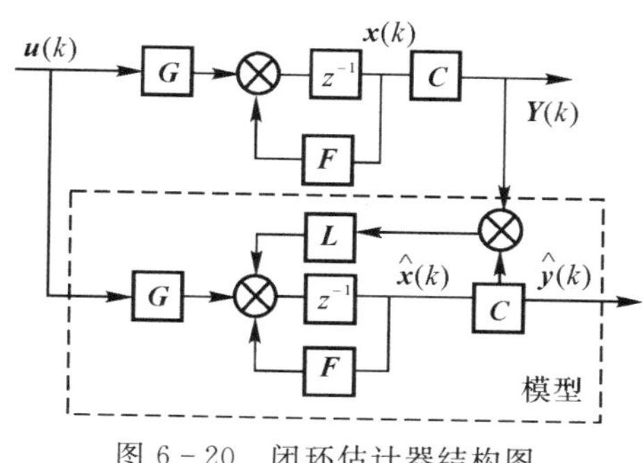

图 6-20　闭环估计器结构图

6.5.2　全阶状态观测器设计

由于利用系统输出值的不同，对于闭环状态估计有两种实现方法。一种方法是利用 $\boldsymbol{y}(k-1)$ 值来估计状态 $\boldsymbol{x}(k)$ 值；另一种方法是利用当今测量值 $\boldsymbol{y}(k)$ 估计 $\boldsymbol{x}(k)$ 值。

1. 预测状态估计器的设计

根据测量的输出值 $\boldsymbol{y}(k)$ 去预估下一时刻的状态 $\boldsymbol{x}(k+1)$。根据图 6-20，可得观测器方程

$$
\begin{aligned}
\hat{\boldsymbol{x}}(k+1) &= \boldsymbol{F}\hat{\boldsymbol{x}}(k)+\boldsymbol{G}\boldsymbol{u}(k)+\boldsymbol{L}[\boldsymbol{y}(k)-\hat{\boldsymbol{y}}(k)] \\
&= \boldsymbol{F}\hat{\boldsymbol{x}}(k)+\boldsymbol{G}\boldsymbol{u}(k)+\boldsymbol{L}\boldsymbol{y}(k)-\boldsymbol{L}\boldsymbol{C}\hat{\boldsymbol{x}}(k) \\
&= [\boldsymbol{F}-\boldsymbol{L}\boldsymbol{C}]\hat{x}(k)+\boldsymbol{G}\boldsymbol{u}(k)+\boldsymbol{L}\boldsymbol{y}(k)
\end{aligned}
\tag{6-145}
$$

式中,$\boldsymbol{L}$ 是观测器的 $n\times r$ 维反馈增益矩阵。因观测值 $\hat{\boldsymbol{x}}(k+1)$是在测量值 $\boldsymbol{y}(k)$之前求得的,故称为预测观测器。

由原系统方程式(6-140)及式(6-145)可得观测误差方程

$$\tilde{\boldsymbol{x}}(k+1)=[\boldsymbol{F}-\boldsymbol{L}\boldsymbol{C}]\tilde{\boldsymbol{x}}(k) \tag{6-146}$$

这是一个齐次方程,它表明观测误差与输入 $\boldsymbol{u}(k)$无关,它的动态特性由$[\boldsymbol{F}-\boldsymbol{L}\boldsymbol{C}]$决定。如果$[\boldsymbol{F}-\boldsymbol{L}\boldsymbol{C}]$的特性是快速收敛的,那么对任何初始误差 $\tilde{\boldsymbol{x}}(0)$经 k 步 $\tilde{\boldsymbol{x}}(k)$将快速收敛于零,即观测值 $\hat{\boldsymbol{x}}(k)$快速收敛于 $\boldsymbol{x}(k)$。

(1) 观测误差 $\tilde{\boldsymbol{x}}(k)$迅速收敛于零的条件。状态观测器里的观测误差主要是由以下几个方面的原因造成的:

首先,构造观测器所用的模型参数与真实系统的参数不可能完全一致,这将引起较大的观测误差。采用精确的模型将可以得到一个好的观测器。

其次,对象真实的初始状态是未知的,所以计算时观测器的初始值通常只能设为零,这样,观测器的初始条件与对象的真实初始状态很难一致,所以,观测器的初始观测误差总是存在的。

此外,对象经常受到各种干扰的影响,对象的可测输出中也经常包含各种测量噪声。考虑到这些干扰,对象完整的状态方程可写为

$$
\left.
\begin{aligned}
\boldsymbol{x}(k+1) &= \boldsymbol{F}\boldsymbol{x}(k)+\boldsymbol{G}\boldsymbol{u}(k)+\boldsymbol{G}_1\boldsymbol{\eta}(k) \\
\boldsymbol{y}(k) &= \boldsymbol{C}\boldsymbol{x}(k)+\boldsymbol{\gamma}(k)
\end{aligned}
\right\}
\tag{6-147}
$$

式中,$\boldsymbol{\eta}(k)$为干扰;$\boldsymbol{\gamma}(k)$为测量噪声。如果观测方程不变,观测误差方程为

$$\tilde{\boldsymbol{x}}(k+1)=[\boldsymbol{F}-\boldsymbol{L}\boldsymbol{C}]\tilde{\boldsymbol{x}}(k)+\boldsymbol{G}_1\boldsymbol{\eta}(k)-\boldsymbol{L}\boldsymbol{y}(k) \tag{6-148}$$

由该式可见,尽管观测器的动态特性$[\boldsymbol{F}-\boldsymbol{L}\boldsymbol{C}]$可以保证观测误差动态很快消失,但对象上的干扰及测量噪声将使观测误差不能趋于零。

为了求得状态的精确估计值,也就是要使观测误差能尽快地趋于零或最小值。从式(6-148)可见,决定观测误差的全部参数中,只有观测器的反馈增益 $\boldsymbol{L}$ 是设计者可以选择的,所以合理地确定增益 $\boldsymbol{L}$ 就成为观测误差 $\tilde{\boldsymbol{x}}$ 迅速收敛于零或最小值的条件。

(2)观测器设计的基本定理。设计观测器就是合理地确定增益度 $\boldsymbol{L}$,使观测器的动态响应满足给定的要求,即要主观测器系统的极点位于给定的位置。

观测器系统的转移矩阵是$[\boldsymbol{F}-\boldsymbol{L}\boldsymbol{C}]$。如果将$[\boldsymbol{F}-\boldsymbol{L}\boldsymbol{C}]$转置为$[\boldsymbol{F}^{\mathrm{T}}-\boldsymbol{C}^{\mathrm{T}}\boldsymbol{L}^{\mathrm{T}}]$,它的特征值不变。此时$[\boldsymbol{F}^{\mathrm{T}}-\boldsymbol{C}^{\mathrm{T}}\boldsymbol{L}^{\mathrm{T}}]$在形式上就与 6.4 节讨论状态反馈极点配置时的转移矩阵$[\boldsymbol{F}-\boldsymbol{G}\boldsymbol{K}]$一致了。依据 6.4 节讨论的极点配置法可以得出,如果

$$[\boldsymbol{C}^{\mathrm{T}} \quad \boldsymbol{F}^{\mathrm{T}}\boldsymbol{C}^{\mathrm{T}} \quad \cdots \quad (\boldsymbol{F}^{n-1})^{\mathrm{T}}\boldsymbol{C}^{\mathrm{T}}]=\boldsymbol{W}_{\mathrm{O}} \tag{6-149}$$

是非奇异的,那么通过选择增益 $\boldsymbol{L}^{\mathrm{T}}$,就可以任意配置$[\boldsymbol{F}^{\mathrm{T}}-\boldsymbol{C}^{\mathrm{T}}\boldsymbol{L}^{\mathrm{T}}]$的极点。而式(6-149)正是

原系统的可观测矩阵，于是得到如下定理：

定理　若系统式(6－140)存在观测器式(6－145)，则观测器的极点可以任意配置的充要条件是原系统式(6－140)完全能观测。

显然，为原系统式(6－140)设计观测器的问题等价于对它的对偶系统

$$\left.\begin{aligned} \boldsymbol{x}(k+1) &= \boldsymbol{F}^{\mathrm{T}}\boldsymbol{x}(k)+\boldsymbol{G}^{\mathrm{T}}\boldsymbol{u}(k) \\ \boldsymbol{y}(k) &= \boldsymbol{C}^{\mathrm{T}}\boldsymbol{x}(k) \end{aligned}\right\} \tag{6-150}$$

配置极点问题，当然原系统必是可观测的。这个结论就称为极点配置问题与观测器设计问题的对偶性。

如果经坐标变换，不改变方阵 $\boldsymbol{F}$ 的特征值。不失一般性，假设原系统式(6－140)具有如下观测结构形式：

$$\left.\begin{aligned} \boldsymbol{x}(k+1) &= \begin{bmatrix} F_{11} & F_{12} \\ 0 & F_{22} \end{bmatrix}\boldsymbol{x}(k)+\begin{bmatrix} G_1 \\ G_2 \end{bmatrix}\boldsymbol{u}(k) \\ \boldsymbol{y}(k) &= \begin{bmatrix} 0 & C_2 \end{bmatrix}\boldsymbol{x}(k) \end{aligned}\right\} \tag{6-151}$$

(C_2, F_{22})能观测。将反馈阵 $\boldsymbol{L}$ 按相应的维数记为分块形式 $\boldsymbol{L}=\begin{bmatrix} L_1 \\ L_2 \end{bmatrix}$，则有

$$[\boldsymbol{F}-\boldsymbol{LC}] = \begin{bmatrix} F_{11} & F_{12}-L_1C_2 \\ 0 & F_{22}-L_2C_2 \end{bmatrix}$$

因而$[\boldsymbol{F}-\boldsymbol{LC}]$的特征值集合由 F_{11} 的全部特征值与 $F_{22}-L_2C_2$ 的全部特征值构成。而 $\boldsymbol{L}$ 的选择只能影响 $F_{22}-L_2C_2$ 的特征值，F_{11} 的特征值由原系统 $\boldsymbol{F}$ 阵决定，不依赖于 $\boldsymbol{L}$ 的选择，所以存在观测器式(6－145)，并且使观测误差 $\lim\limits_{k\to\infty}\widetilde{\boldsymbol{X}}(k)=0$ 或有最小值的充要条件是 F_{11} 的特征值全部在复平面的单位圆内。在这种情况下，称式(6－140)系统能检测，即$(\boldsymbol{C},\boldsymbol{F})$能检测。于是前面给出的观测器定理又可叙述如下：

定理　系统式(6－140)存在观测器式(6－145)的充要条件是$(\boldsymbol{C},\boldsymbol{F})$能检测。

(3) 预测观测器设计中的 Ackerman 公式。由于观测器设计问题与状态反馈系统的极点配置问题的对偶性，所以，在 6.4 节给出的 Ackerman 公式式(6－115)的控制器可用于预测观测器设计，可作如下替换：

$$\boldsymbol{K}\to\boldsymbol{L}^{\mathrm{T}},\quad \boldsymbol{W}_{\mathrm{c}}\to\boldsymbol{W}_{\mathrm{O}}^{\mathrm{T}},\quad \boldsymbol{F}\to\boldsymbol{F}^{\mathrm{T}}$$

此时可得下述公式：

$$\boldsymbol{L}^{\mathrm{T}} = \begin{bmatrix} 0 & 0 & \cdots & 1 \end{bmatrix}(\boldsymbol{W}_{\mathrm{O}}^{\mathrm{T}})^{-1}\boldsymbol{d}_{\mathrm{c}}(\boldsymbol{F}^{\mathrm{T}}) \tag{6-152}$$

$$\boldsymbol{L} = \boldsymbol{d}_{\mathrm{c}}(\boldsymbol{F})\boldsymbol{W}_{\mathrm{O}}^{-1}\begin{bmatrix} 0 & 0 & \cdots & 1 \end{bmatrix}^{\mathrm{T}} \tag{6-153}$$

式中，$\boldsymbol{d}_{\mathrm{c}}(\boldsymbol{F})$是观测器期望特征多项式。令 $\boldsymbol{F}$ 替代 z 算子，它由给定的希望极点确定。

2. 现今估计器的设计

用预测估计器估计系统状态，将要产生一步的延迟，也就是，如果将估计的状态 $\hat{\boldsymbol{x}}(k)$用于产生当前的控制 $\boldsymbol{u}(k)$，那么 $\boldsymbol{u}(k)$与当前的观测误差无关，因此精度较差，为此可以采用构造一个现今估计器的方法来估计系统的状态。这种估计器的具体算法如下：

若已有了 k 时刻的观测值 $\hat{\boldsymbol{x}}(k)$，根据系统模型可以预侧下一时刻的状态为

$$\tilde{\boldsymbol{x}}(k+1)=\boldsymbol{F}\tilde{\boldsymbol{x}}(k)+\boldsymbol{G}\boldsymbol{u}(k) \tag{6-154}$$

测量$(k+1)$时刻的系统输出值 $\boldsymbol{y}(k+1)$，用观测误差$[\boldsymbol{y}(k+1)-\boldsymbol{C}\hat{\boldsymbol{x}}(k+1)]$修正预测值并参与估计，从而得到$(k+1)$时刻的观测值为

$$\begin{aligned}\hat{\boldsymbol{x}}(k+1)&=\boldsymbol{F}\hat{\boldsymbol{x}}(k)+\boldsymbol{G}\boldsymbol{u}(k)+\boldsymbol{L}[\boldsymbol{y}(k+1)-\boldsymbol{C}\hat{\boldsymbol{x}}(k+1)]\\&=[\boldsymbol{F}-\boldsymbol{LCF}]\hat{\boldsymbol{x}}(k)+[\boldsymbol{G}-\boldsymbol{LCG}]\boldsymbol{u}(k)+\boldsymbol{L}\boldsymbol{y}(k+1)\end{aligned} \tag{6-155}$$

式中，$\boldsymbol{L}$ 仍是观测器增益；$\hat{\boldsymbol{x}}(k)$是 $\boldsymbol{x}(k)$的现今观测器。现今观测器的结构如图 6-21 所示。

现今观测器的观测误差方程是

$$\tilde{\boldsymbol{X}}(k+1)=[\boldsymbol{F}-\boldsymbol{LCF}]\tilde{\boldsymbol{X}}(k) \tag{6-156}$$

式中，观测器增益 $\boldsymbol{L}$ 仍可利用预侧观测器方法求取，所不同的是，式(6-156)的转移矩阵是$[\boldsymbol{F}-\boldsymbol{LCF}]$，所以观测器极点的配置不是由$(\boldsymbol{F},\boldsymbol{C})$的可观性决定，而是由$(\boldsymbol{F},\boldsymbol{CF})$的可观性决定。分析表明，如果$(\boldsymbol{F},\boldsymbol{C})$是可观的，那么$(\boldsymbol{F},\boldsymbol{CF})$也必定是可观的。因此，选择反馈增益 $\boldsymbol{L}$ 亦可任意配置现今观测器的极点。

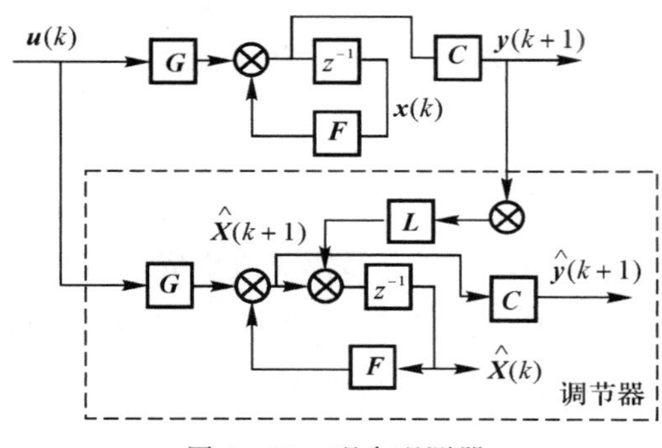

图 6-21　现今观测器

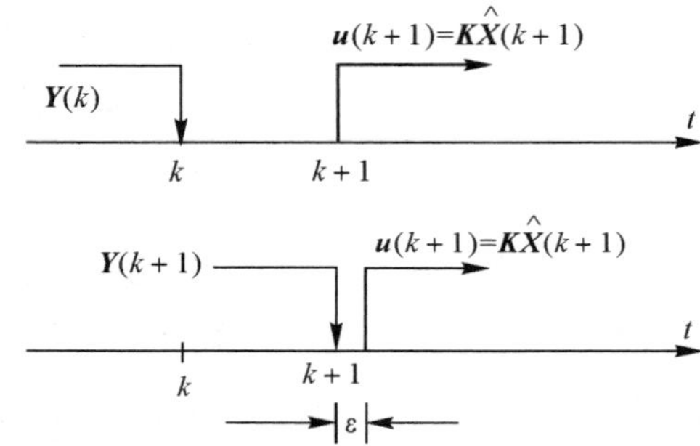

图 6-22　预测观测与现今观测器的区别

3. 现今值观测器与预测观测器的对比

现今值观测器与预测观测器的主要差别是，预测观测器利用陈旧的测量值 $\boldsymbol{y}(k)$产生观测值 $\hat{\boldsymbol{x}}(k+1)$，而现今值观测器则利用当前测量值 $\boldsymbol{y}(k+1)$产生 $\hat{\boldsymbol{x}}(k+1)$并进而计算控制作用。这种差别表现在时间轴上的不同，如图 6-22 所示。图中 ε 是计算所需时间，由于 ε 不能等于零，所以，现今值观测器也是不能非常准确地估计，但采用这种观测器，仍可使控制作用的计算减少时间延迟，比预测观测器更为合理些。

例 6-18　取例 6-17 中的二阶系统状态方程为

$$\begin{bmatrix}x_1(k+1)\\x_2(k+1)\end{bmatrix}=\begin{bmatrix}1&T\\0&1\end{bmatrix}\begin{bmatrix}x_1(k)\\x_2(k)\end{bmatrix}+\begin{bmatrix}\frac{T^2}{2}\\T\end{bmatrix}\boldsymbol{u}(k)$$

$$\boldsymbol{y}(k)=[1\quad 0]\boldsymbol{x}(k)$$

T 为采用周期。设计全阶状态观测器，使其期望的特征方程为

$$z^2+a_1z+a_2=0$$

求预测观测器和现今观测器。

解　(1) 计算预测观测器。对该系统

$$\boldsymbol{F}=\begin{bmatrix}1 & T\\0 & 1\end{bmatrix},\quad \boldsymbol{G}=\begin{bmatrix}\dfrac{T^2}{2}\\T\end{bmatrix},\quad \boldsymbol{C}=[1\quad 0]$$

由于

$$[\boldsymbol{F}-\boldsymbol{LC}]=\begin{bmatrix}1 & T\\0 & 1\end{bmatrix}-\begin{bmatrix}L_1\\L_2\end{bmatrix}[1\quad 0]=\begin{bmatrix}1-L_1 & T\\-L_2 & 1\end{bmatrix}$$

所以观测器特征方程为

$$[z\boldsymbol{I}-\boldsymbol{F}+\boldsymbol{LC}]=\begin{bmatrix}z-(1-L_1) & -T\\L_2 & z-1\end{bmatrix}=0$$

得

$$z^2-(2-L_1)z+(1-L_1+L_2T)=0$$

已知希望特征根方程为

$$z^2+a_1z+a_2=0$$

由上两个方程对应系数相等,可求得预测观测器

$$\begin{cases}L_1=2+a_1\\L_2=(1+a_1+a_2)/T\end{cases}$$

(2)计算现今观测器。根据现今观测器状态方程

$$[\boldsymbol{F}-\boldsymbol{LCF}]=\begin{bmatrix}1 & T\\0 & 1\end{bmatrix}-\begin{bmatrix}L_1\\L_2\end{bmatrix}[1\quad 0]\begin{bmatrix}1 & T\\0 & 1\end{bmatrix}=\begin{bmatrix}1-L_1 & T-L_1T\\-L_2 & 1-L_2T\end{bmatrix}$$

得观测器特征方程为

$$z^2-(L_1+L_2T-2)z+(1-L_1)=0$$

若观测器期望的特征方程仍为 $z^2+a_1z+a_2=0$,则最后可求得现今观测器

$$\begin{cases}L_1=1-a_2\\L_2=(1-a_1+a_2)/T\end{cases}$$

在本例中,若观测器的期望特征方程式的系数 $a_1=0$, $a_2=0$,即特征方程式为

$$z^2=0 \tag{6-157}$$

式(6-157)说明,观测器期望的极点均在 z 平面的原点。此时,所设计的观测器的反馈增益为:对预测观测器,$L_1=2$,$L_2=1/T$;对现今值观测器,$L_1=1$,$L_2=1/T$。

由于观测器的特征方程为 $z^2=0$,观测误差 $\tilde{\boldsymbol{x}}(k)$ 将在两个周期内衰减到零,过渡过程时间最短,故称这种观测器为最少拍观测器。

6.5.3　降维观测器

全阶观测器是利用输出测量值来观测系统的全部状态,此时观测器的阶次与系统的阶次相同。但实际上,测量值本身就包含了系统的某些状态。为什么不直接利用这些状态而要观测全部状态呢？主要的原因是,测量值常常受到比较严重的噪声污染,采用观测器(它相当于一个动态系统)可以起到一种滤波作用。如果噪声干扰不严重,当然应该直接利用测得的状

态，此时只需观测其中的部分状态，使观测器简化，这种观测器称为降维观测器。

假设系统有 p 个状态可直接测量，那么仅有 $q=n-p$ 个状态需要观测。现将状态变量分成两部分，一部分是可以直接测量的，用 $\boldsymbol{x}_1$ 表示，另一部分是需要观测的，用 $\boldsymbol{x}_2$ 表示。此时状态 $\boldsymbol{x}(k)$ 可表示为

$$\boldsymbol{x}(k)=\begin{bmatrix}\boldsymbol{x}_1(k)\\ \hdashline \boldsymbol{x}_2(k)\end{bmatrix}\begin{matrix}\text{—}p\text{ 个可直接测量的状态}\\ \text{—}q\text{ 个需要观测的状态}\end{matrix} \tag{6-158}$$

整个的系统状态方程可表示为

$$\begin{bmatrix}\boldsymbol{x}_1(k+1)\\ \hdashline \boldsymbol{x}_2(k+1)\end{bmatrix}=\begin{bmatrix}\boldsymbol{F}_{11} & \boldsymbol{F}_{12}\\ \boldsymbol{F}_{21} & \boldsymbol{F}_{22}\end{bmatrix}\begin{bmatrix}\boldsymbol{x}_1(k)\\ \hdashline \boldsymbol{x}_2(k)\end{bmatrix}+\begin{bmatrix}\boldsymbol{G}_1\\ \hdashline \boldsymbol{G}_2\end{bmatrix}\boldsymbol{u}(k) \tag{6-159}$$

$$\boldsymbol{y}(k)=[1\quad 0]\begin{bmatrix}\boldsymbol{x}_1(k)\\ \hdashline \boldsymbol{x}_2(k)\end{bmatrix}$$

由式(6－159)可得

$$\boldsymbol{x}_2(k+1)=F_{22}\boldsymbol{x}_2(k)+\boldsymbol{F}_{21}\boldsymbol{x}_1(k)+\boldsymbol{G}_2\boldsymbol{u}(k) \tag{6-160}$$

式中，后两项 $(\boldsymbol{F}_{21}\boldsymbol{x}_1(k)+\boldsymbol{G}_2\boldsymbol{u}(k))$ 可直接测得，可以看作是输入作用。由方程式(6－159)又可得

$$\boldsymbol{x}_1(k+1)=\boldsymbol{F}_{11}\boldsymbol{x}_1(k)+\boldsymbol{F}_{12}\boldsymbol{x}_2(k)+\boldsymbol{G}_1\boldsymbol{u}(k)$$

或

$$\underbrace{\boldsymbol{x}_1(k+1)-\boldsymbol{F}_{11}\boldsymbol{x}_1(k)-\boldsymbol{G}_1\boldsymbol{u}(k)}_{\text{看作输出量}}=\boldsymbol{F}_{12}\boldsymbol{x}_2(k) \tag{6-161}$$

式(6－161)左端各项均已知，可以看作是输出量。由此可见，式(6－160)及式(6－161)组成了一个降维系统，式(6－160)为动态方程，式(6－161)为输出方程，因此，可以利用全阶观测器的结果。该系统与全阶预测观测器各变量及矩阵对应关系见表 6－1。

表 6－1　系统与全阶预测观测器各变量及矩阵的对应关系

全阶的	降维的
$\boldsymbol{x}(k)$	$\hat{\boldsymbol{x}}_2(k)$
$\boldsymbol{F}$	$\boldsymbol{F}_{22}$
$\boldsymbol{GU}(k)$	$\boldsymbol{F}_{21}\boldsymbol{x}_1(k)+\boldsymbol{G}_2\boldsymbol{u}(k)$
$\boldsymbol{y}(k)$	$\boldsymbol{x}_1(k+1)-\boldsymbol{F}_{11}\boldsymbol{x}_1(k)-\boldsymbol{G}_1\boldsymbol{u}(k)$
$\boldsymbol{C}$	$\boldsymbol{F}_{12}$
$\hat{\boldsymbol{x}}(k+1)=\boldsymbol{F}\hat{\boldsymbol{x}}(k)+\boldsymbol{GU}(k)$ $\boldsymbol{y}(k)=\boldsymbol{Cx}(k)$	$\hat{\boldsymbol{x}}_2(k+1)=\boldsymbol{F}_{22}\hat{\boldsymbol{x}}_2(k)+\boldsymbol{F}_{21}\boldsymbol{x}_1(k)+\boldsymbol{G}_2\boldsymbol{u}(k)$ $\boldsymbol{x}_1(k+1)-\boldsymbol{F}_{11}\boldsymbol{x}_1(k)-\boldsymbol{G}_1\boldsymbol{u}(k)=\boldsymbol{F}_{12}\hat{\boldsymbol{x}}_2(k)$
预测观测器方程	降维观测器方程
$\hat{\boldsymbol{x}}(k+1)=[\boldsymbol{F}-\boldsymbol{LC}]\hat{\boldsymbol{x}}(k)+$ $\boldsymbol{GU}(k)+\boldsymbol{LY}(k)$	$\hat{\boldsymbol{x}}_2(k+1)=[\boldsymbol{F}_{22}-\boldsymbol{LF}_{12}]\hat{\boldsymbol{x}}_2(k)+[\boldsymbol{F}_{21}-\boldsymbol{LF}_{11}]\boldsymbol{y}(k)+$ $[\boldsymbol{G}_2-\boldsymbol{LG}_1]\boldsymbol{u}(k)$

续表

全阶的	降维的
$\boldsymbol{y}(k) \rightarrow \hat{\boldsymbol{x}}(k)$	$\boldsymbol{y}(k+1) \rightarrow \hat{x}_2(k+1)$
观测误差	
$\tilde{\boldsymbol{x}}(k+1) = \boldsymbol{x}(k+1) - \hat{\boldsymbol{x}}(k+1) = [\boldsymbol{F} - \boldsymbol{LC}]\tilde{\boldsymbol{x}}(k)$	$\tilde{\boldsymbol{x}}_2(k+1) = \boldsymbol{x}_2(k+1) - \hat{\boldsymbol{x}}_2(k+1) = [\boldsymbol{F}_{22} - \boldsymbol{LF}_{12}]\tilde{\boldsymbol{x}}_2(k)$
$\tilde{\boldsymbol{x}}(k+1) = \boldsymbol{x}(k+1) - \hat{\boldsymbol{x}}(k+1) = [\boldsymbol{F} - \boldsymbol{LCF}]\tilde{\boldsymbol{x}}(k)$	
单输入 Ackerman 公式	
$\boldsymbol{K} = [0 \ \cdots \ 0 \ 1]\boldsymbol{W}_c^{-1}\boldsymbol{d}_c(\boldsymbol{F})$ $\boldsymbol{L} = \boldsymbol{d}_c(\boldsymbol{F})\boldsymbol{W}_c^{-1}[0 \ \cdots \ 0 \ 1]^{\mathrm{T}}$	$\boldsymbol{L} = \boldsymbol{d}_c(\boldsymbol{F}_{22})\begin{bmatrix} \boldsymbol{F}_{22} \\ \boldsymbol{F}_{12}\boldsymbol{F}_{22} \\ \vdots \\ \boldsymbol{F}_{12}\boldsymbol{F}_{22}^{q-1} \end{bmatrix}^{-1}\begin{bmatrix} 0 \\ \vdots \\ 0 \\ 1 \end{bmatrix} = \boldsymbol{d}_c(\boldsymbol{F}_{22})\boldsymbol{W}_O^{-1}[0 \ \cdots \ 0 \ 1]^{\mathrm{T}}$

由式(6－159)对应关系可得降维观测器方程

$$\begin{aligned}\hat{\boldsymbol{x}}_2(k+1) &= \boldsymbol{F}_{22}\hat{\boldsymbol{x}}_2(k) + \boldsymbol{F}_{21}\boldsymbol{x}_1(k) + \boldsymbol{G}_2\boldsymbol{u}(k) + \boldsymbol{L}[\boldsymbol{x}_1(k+1) - \boldsymbol{F}_{11}\boldsymbol{x}_1(k) - \boldsymbol{G}_1\boldsymbol{u}(k) - \boldsymbol{F}_{12}\hat{\boldsymbol{x}}_2(k)] \\ &= [\boldsymbol{F}_{22} - \boldsymbol{LF}_{12}]\hat{\boldsymbol{x}}_2(k) + [\boldsymbol{F}_{21} - \boldsymbol{LF}_{11}]\boldsymbol{y}(k) + [\boldsymbol{G}_2 - \boldsymbol{LG}_1]\boldsymbol{u}(k) + \boldsymbol{Ly}(k+1)\end{aligned} \tag{6-162}$$

由式(6－160)及式(6－162)，可得观测误差方程

$$\tilde{\boldsymbol{x}}_2(k+1) = \boldsymbol{x}_2(k+1) - \hat{\boldsymbol{x}}_2(k+1) = [\boldsymbol{F}_{22} - \boldsymbol{LF}_{12}]\tilde{\boldsymbol{x}}_2(k) \tag{6-163}$$

对单输入系统，Ackerman 公式为

$$\boldsymbol{L} = \boldsymbol{d}_c(\boldsymbol{F}_{22})\begin{bmatrix} \boldsymbol{F}_{22} \\ \boldsymbol{F}_{12}\boldsymbol{F}_{22} \\ \vdots \\ \boldsymbol{F}_{12}\boldsymbol{F}_{22}^{q-1} \end{bmatrix}^{-1}\begin{bmatrix} 0 \\ \vdots \\ 0 \\ 1 \end{bmatrix} = \boldsymbol{d}_c(\boldsymbol{F}_{22})\boldsymbol{W}_O^{-1}[0 \ \cdots \ 0 \ 1]^{\mathrm{T}} \tag{6-164}$$

对离散系统，式(6－163)可以直接由全阶观测器方程推得。

实际上，若选择 $\boldsymbol{L}=[\boldsymbol{L}_1 \quad \boldsymbol{L}_2]^{\mathrm{T}}$，其中 $\boldsymbol{L}_1$ 是 $p \times p$ 维矩阵，$\boldsymbol{L}_2$ 是 $(n-p) \times p$ 维矩阵，此时式(6－159)的全阶现今观测器方程为

$$\begin{bmatrix} \hat{\boldsymbol{x}}_1(k+1) \\ \vdots \\ \hat{\boldsymbol{x}}_2(k+1) \end{bmatrix} = [\boldsymbol{F} - \boldsymbol{LCF}]\begin{bmatrix} \hat{\boldsymbol{x}}_1(k) \\ \vdots \\ \hat{\boldsymbol{x}}_2(k) \end{bmatrix} + [\boldsymbol{G} - \boldsymbol{LCG}]\boldsymbol{u}(k) + \begin{bmatrix} \boldsymbol{L}_1 \\ \vdots \\ \boldsymbol{L}_2 \end{bmatrix}\boldsymbol{y}(k+1) \tag{6-165}$$

将式(6－159)的 $\boldsymbol{F}, \boldsymbol{G}, \boldsymbol{C}$ 代入式(6－165)，得

$$\begin{bmatrix} \hat{\boldsymbol{x}}_1(k+1) \\ \hat{\boldsymbol{x}}_2(k+1) \end{bmatrix} = \begin{bmatrix} \boldsymbol{F}_{11} - L_1\boldsymbol{F}_{11} & \boldsymbol{F}_{12} - L_1\boldsymbol{F}_{12} \\ \boldsymbol{F}_{21} - L_2\boldsymbol{F}_{11} & \boldsymbol{F}_{22} - L_2\boldsymbol{F}_{12} \end{bmatrix}\begin{bmatrix} \hat{\boldsymbol{x}}_1(k) \\ \hat{\boldsymbol{x}}_2(k) \end{bmatrix} + \begin{bmatrix} \boldsymbol{G}_1 - L_1\boldsymbol{G}_1 \\ \boldsymbol{G}_2 - L_2\boldsymbol{G}_1 \end{bmatrix}\boldsymbol{u}(k) + \begin{bmatrix} \boldsymbol{L}_1 \\ \boldsymbol{L}_2 \end{bmatrix}\boldsymbol{y}(k+1) \tag{6-166}$$

若选择 $\boldsymbol{L}_1 = \boldsymbol{I}$ ($p \times p$ 维单位阵)，式(6－166)即为

$$\left.\begin{aligned}\hat{\boldsymbol{x}}_1(k+1) &= \boldsymbol{y}(k+1) \\ \hat{\boldsymbol{x}}_2(k+1) &= [\boldsymbol{F}_{22}-\boldsymbol{L}_2\boldsymbol{F}_{12}]\hat{\boldsymbol{x}}_2(k)+[\boldsymbol{F}_{21}-L_2\boldsymbol{F}_{11}]\hat{\boldsymbol{x}}_1(k)+[\boldsymbol{G}_2-L_2\boldsymbol{G}_1]\boldsymbol{u}(k)+\boldsymbol{L}_2\boldsymbol{y}(k+1)\end{aligned}\right\} \tag{6-167}$$

考虑到 $\hat{\boldsymbol{x}}_1(k)=\boldsymbol{y}(k)$，可见上式与式(6-162)完全相同。

应当说明，上述这种推导仅对离散系统是正确的，连续系统不具备这种特性。

从推导中还可看到，如果系统全阶观测器存在，那么降维观测器也一定存在，因此也可以通过选择 $\boldsymbol{L}$ 来任意配置观测器的极点。

6.6 状态空间的调节器设计法

为了改善给定系统的特性，人们常常用状态反馈构造系统的控制规律来调节系统。而为了保证状态反馈的实现，在实际应用中常用观测器来估计要反馈的系统状态，于是就把状态反馈控制规律与状态观测器组合起来构成一个完整的控制系统，称为调节器系统。

正如6.4节所述，设计反馈控制律时，使用的是真实系统状态。而现在要采用的是观测的状态，这是否能满足系统控制要求？组合系统又有些什么特征？其次，调节器解决系统消除扰动以及驱动系统从初始状态归零的动态响应问题，如果要求系统的状态或输出跟踪某一输入信号又该采取什么办法？本节将对这些问题逐一展开讨论。

6.6.1 分离定理

定理 被控对象的动态特性与观测器的动态特性无关，反之亦然。因此，状态反馈控制器与观测器可以分开设计。

证明 设被控对象的状态方程为

$$\begin{aligned}\boldsymbol{x}(k+1) &= \boldsymbol{F}\boldsymbol{x}(k)+\boldsymbol{G}\boldsymbol{u}(k) \\ \boldsymbol{y}(k) &= \boldsymbol{C}\boldsymbol{x}(k)\end{aligned}$$

对象的控制作用规律写为

$$\boldsymbol{u}(k)=-\boldsymbol{K}\hat{\boldsymbol{x}}(k)$$

式中，反馈状态 $\hat{\boldsymbol{x}}(k)$ 由观测器产生，它可表示为

$$\hat{\boldsymbol{x}}(k)=\boldsymbol{x}(k)-\tilde{\boldsymbol{x}}(k)$$

若采用预测观测器，预测观测误差的状态方程为

$$\tilde{\boldsymbol{x}}(k+1)=(\boldsymbol{F}-\boldsymbol{L}\boldsymbol{C})\tilde{\boldsymbol{x}}(k)$$

联立上述各方程，可得组合系统状态方程

$$\begin{bmatrix}\tilde{\boldsymbol{x}}(k+1)\\ \boldsymbol{x}(k+1)\end{bmatrix}=\begin{bmatrix}\boldsymbol{F}-\boldsymbol{L}\boldsymbol{C} & \boldsymbol{0}\\ \boldsymbol{G}\boldsymbol{K} & \boldsymbol{F}-\boldsymbol{G}\boldsymbol{K}\end{bmatrix}\begin{bmatrix}\tilde{\boldsymbol{x}}(k)\\ \boldsymbol{x}(k)\end{bmatrix} \tag{6-168}$$

$$\boldsymbol{y}(k)=[\boldsymbol{0}\quad \boldsymbol{C}]\begin{bmatrix}\tilde{\boldsymbol{x}}(k)\\ \boldsymbol{x}(k)\end{bmatrix} \tag{6-169}$$

该系统的特征方程是

$$\det\begin{bmatrix} z\boldsymbol{I}-\boldsymbol{F}+\boldsymbol{LC} & \boldsymbol{0} \\ -\boldsymbol{GK} & z\boldsymbol{I}-\boldsymbol{F}+\boldsymbol{GK} \end{bmatrix}=0 \tag{6-170}$$

由于式(6-170)行列式右上角为零，所以

$$\det[z\boldsymbol{I}-\boldsymbol{F}+\boldsymbol{LC}]\det[z\boldsymbol{I}-\boldsymbol{F}+\boldsymbol{GK}]=0 \tag{6-171}$$

式(6-171)表明，组合系统的阶次为 $2n$(若原系统的阶次为 n 阶的话)，它的特征方程分别由观测器特征方程及原闭环系统的特征方程组成。反馈增益 $\boldsymbol{K}$ 只影响原反馈系统的特征根，而观测器反馈增益 $\boldsymbol{L}$ 则只影响观测器系统的特征根。这说明，控制律与观测器可以分开单独设计，组合后各自的极点不变。从而定理得证。

把观测器系统与控制律组合起来，如图 6-23 中虚线部分所示。它的状态方程可表示为

$$\left.\begin{aligned} \hat{\boldsymbol{x}}(k+1)&=[\boldsymbol{F}-\boldsymbol{GK}-\boldsymbol{LC}]\hat{\boldsymbol{x}}(k)+\boldsymbol{Ly}(k) \\ \boldsymbol{u}(k)&=-\boldsymbol{K}\hat{\boldsymbol{x}}(k) \end{aligned}\right\} \tag{6-172}$$

它的特征方程为

$$\det[z\boldsymbol{I}-\boldsymbol{F}+\boldsymbol{GK}+\boldsymbol{LC}]=0 \tag{6-173}$$

对单输入单输出系统，控制器可以看作是一个数字滤波器，如图 6-24 所示。

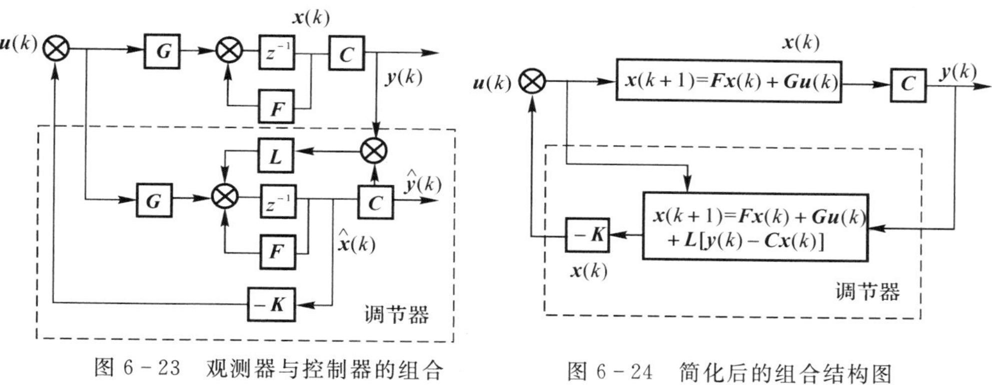

图 6-23　观测器与控制器的组合　　图 6-24　简化后的组合结构图

6.6.2　观测器的初始条件与增益 L 对系统动态特性的形响

当把观测器与被控对象组合在一起时，则有系统状态方程为

$$\boldsymbol{x}(k+1)=\boldsymbol{Fx}(k)+\boldsymbol{G}(-\boldsymbol{K}\hat{\boldsymbol{x}}(k))=\boldsymbol{Fx}(k)-\boldsymbol{GK}\hat{\boldsymbol{x}}(k) \tag{6-174}$$

观测器方程为

$$\begin{aligned} \hat{\boldsymbol{x}}(k+1)&=\boldsymbol{F}\hat{\boldsymbol{x}}(k)+\boldsymbol{G}(-\boldsymbol{K}\hat{\boldsymbol{x}}(k))+\boldsymbol{L}[\boldsymbol{Cx}(k)-\boldsymbol{C}\hat{\boldsymbol{x}}(k)] \\ &=(\boldsymbol{F}-\boldsymbol{GK}-\boldsymbol{LC})\hat{\boldsymbol{x}}(k)+\boldsymbol{LCx}(k) \end{aligned} \tag{6-175}$$

对上述两式作 z 变换，得

$$[z\boldsymbol{I}-\boldsymbol{F}]\boldsymbol{X}(z)=z\boldsymbol{X}(0)-\boldsymbol{GK}\hat{\boldsymbol{X}}(z) \tag{6-176}$$

$$(z\boldsymbol{I}-\boldsymbol{F}+\boldsymbol{GK}+\boldsymbol{LC})\hat{\boldsymbol{X}}(z)=z\hat{\boldsymbol{X}}(0)+\boldsymbol{LCX}(z) \tag{6-177}$$

若初值 $\boldsymbol{X}(0)=\hat{\boldsymbol{X}}(0)$，两式相减，可得

$$(z\boldsymbol{I}-\boldsymbol{F}+\boldsymbol{LC})\hat{\boldsymbol{x}}(z)=(z\boldsymbol{I}-\boldsymbol{F}+\boldsymbol{LC})\boldsymbol{X}(z) \tag{6-178}$$

由此可得 $\boldsymbol{X}(k)=\hat{\boldsymbol{X}}(k)$，此时方程式(6-177)变为

$$(z\boldsymbol{I}-\boldsymbol{F}+\boldsymbol{GK})\boldsymbol{X}(z)=z\boldsymbol{X}(0) \tag{6-179}$$

这个结果说明，若观测器和系统的初始状态相同，则系统的动态响应与观测器无关。若 $\boldsymbol{X}(0)\neq\hat{\boldsymbol{X}}(0)$，系统的动态响应将受观测器动态的影响。通常，在实际系统中，观测器和系统的初始状态是没有差的，观测器的动态对系统的动态响应将产生一定的影响。为了减少这种影响，必须合理地选择观测器的动态特性。

$$T_{观\max}=\left(\frac{1}{4}\sim\frac{1}{10}\right)T_{K\min}\rightarrow \boldsymbol{L} \tag{6-180}$$

观测器的动态特性是由它的极点决定的。为了减少观测器对系统动态特性的影响，通常在控制系统的反馈增益 $\boldsymbol{K}$ 或系统动态特性确定之后，选择观测器极点的最大时间常数是控制系统最小时间常数的 1/4～1/10，如图 6－25 所示，并由此确定观测器增益 $\boldsymbol{L}$。观测器极点时间常数越小，观测值可以越快地收敛到真实值，但要求观测器增益 $\boldsymbol{L}$ 越大。但过大的增益 $\boldsymbol{L}$ 将增大测量噪声，降低观测器平滑滤波的能力，增大观测误差。所以观测器增益 $\boldsymbol{L}$ 应根据系统具体情况适当选择。

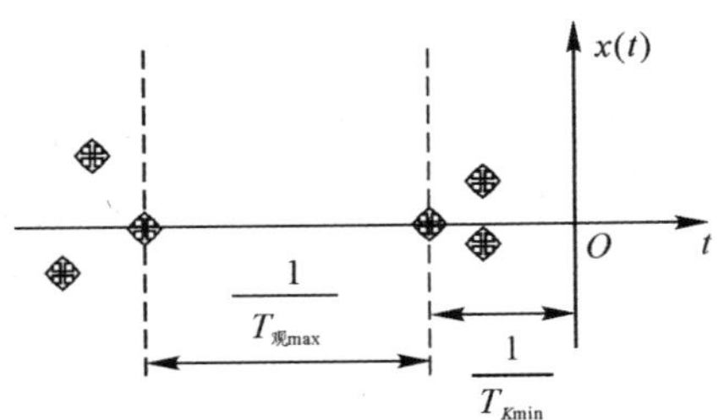

图 6－25　观测器极点配置

观测器增益 $\boldsymbol{L}$ 的主要作用是，根据观测误差对观测器的对象模型提供一定的修正作用，所以，它可以根据状态估计过程中修正作用的重要程度来适当选取。

如果观测器输出与对象输出十分接近，观测值 $\hat{\boldsymbol{x}}$ 主要由控制输入 $\boldsymbol{u}(k)$ 决定，$\boldsymbol{L}$ 的修正作用较小，故 $\boldsymbol{L}$ 可以取得小些。

如果对象参数不准或对象上的干扰使观测值与真实值偏差较大，为增大修正作用，$\boldsymbol{L}$ 应取得大些。

如果对象输出 $\boldsymbol{y}(0)$ 的测量值中噪声干扰严重，那么在产生状态的观测值时就不能过多地依赖测量值 $\boldsymbol{y}(k)$，此时 $\boldsymbol{L}$ 应取得小些。

由于 $\boldsymbol{L}$ 的大小受很多因素影响，实际系统设计中，最好的方法是采用较真实的模型进行仿真研究，在模型中应包括作用于对象上的干扰及测量噪声。

例 6－19　给定可控可测离散系统状态方程与输出方程为

$$\begin{bmatrix}\boldsymbol{x}_1(k+1)\\ \boldsymbol{x}_2(k+1)\end{bmatrix}=\begin{bmatrix}1 & 0.1\\ 0 & 1\end{bmatrix}\begin{bmatrix}\boldsymbol{x}_1(k)\\ \boldsymbol{x}_2(k)\end{bmatrix}+\begin{bmatrix}0.005\\ 0.1\end{bmatrix}\boldsymbol{u}(k)$$

$$\boldsymbol{y}(k)=\begin{bmatrix}1 & 0\end{bmatrix}\begin{bmatrix}\boldsymbol{x}_1(k)\\ \boldsymbol{x}_2(k)\end{bmatrix}$$

采样周期 $T=0.1\text{s}$，该系统希望的闭环极点为 $z_{1,2}=\pm \text{j}0.25$，要求设计降维观测器，并组成完整的控制系统（调节器系统）。

解　由例 6－13 可知，系统希望闭环极点为

$$z_{1,2}=0.8\pm \text{j}0.25$$

计算求得的反馈增益为 $\boldsymbol{K}=[k_1\quad k_2]=[10\quad 3.5]$。

$$z_{1,2}\xrightarrow{z=\mathrm{e}^{Ts}}[s]\text{ 相应极点的实部}\xrightarrow{T_{观\max}\sim T_{K\min}}\text{观测器希望的极点}$$

由系统输出方程可知，状态 $\boldsymbol{x}_1(k)$ 可测，所以对此二阶系统只构造一维的降维观测器。根据前述讨论的观测器极点选择原则，考虑到闭环系统的极点要求，可以选择观测器极点比控制器极点快 4 倍，参考式(6－180)找到观测器希望极点为

$$z_{1,2}=0.8\pm \text{j}0.25=0.838\angle 17.35$$

所以

$$z = e^{Ts} = e^{\sigma T}\angle\omega T$$

由 $e^{\sigma T}\underline{\underline{T=0.1}}\ e^{0.1\sigma} = 0.838$，可得 $\sigma_k = -1.77$，所以 $\sigma_L = 4\sigma_k = -7.08$，可得 $z = e^{-0.1\times 7.08} = 0.5$。

希望特征方程为

$$d_c(z) = z - 0.5 \tag{6-181}$$

由降维观测器计算公式式(6-162)，$F_{11} = 1, F_{12} = 0.1$，$T = 0.1, F_{21} = 0, F_{22} = 1$，$G_2 = 0.1, G_1 = 0.1^2/2 = 0.005$，可得

$$\begin{aligned}\hat{\boldsymbol{x}}_2(k+1) &= [F_{22} - LF_{12}]\hat{\boldsymbol{x}}_2(k) + [F_{21} - LF_{11}]\boldsymbol{y}(k) + [G_2 - LG_1]\boldsymbol{u}(k) + L\boldsymbol{y}(k+1)\\ &= \hat{\boldsymbol{x}}_2(k) - 0.1L\hat{\boldsymbol{x}}_2(k) - L\boldsymbol{y}(k) + 0.1\boldsymbol{u}(k) - 0.005L\boldsymbol{u}(k) + L\boldsymbol{y}(k+1)\\ &= \hat{\boldsymbol{x}}_2(k) + 0.1\boldsymbol{u}(k) + L[\boldsymbol{y}(k+1) - \boldsymbol{y}(k) - 0.005\boldsymbol{u}(k) - 0.1\hat{\boldsymbol{x}}_2(k)]\end{aligned} \tag{6-182}$$

观测器增益 L 可利用系数匹配法确定，由式(6-162)和式(6-181)可得

$$\det[z - F_{22} + LF_{12}] = z - 1 + 0.1L = z - 0.5$$

由此可求得 $L=5$。

所以

$$\begin{aligned}\boldsymbol{u}(k) &= -\boldsymbol{K}\hat{\boldsymbol{x}}(k) = -\begin{bmatrix}k_1 & k_2\end{bmatrix}\begin{bmatrix}\boldsymbol{x}_1(k)\\ \hat{\boldsymbol{x}}_2(k)\end{bmatrix}\\ &= -10\boldsymbol{x}_1(k) - 3.5\hat{\boldsymbol{x}}_2(k) = 10\boldsymbol{y}(k) - 3.5\hat{\boldsymbol{x}}_2(k)\end{aligned} \tag{6-183}$$

把 $L=5$ 和式(6-183)代入式(6-182)，可得降维观测器方程为

$$\hat{\boldsymbol{x}}_2(k+1) = 0.238\hat{\boldsymbol{x}}_2(k) + 5\boldsymbol{y}(k+1) - 5.75\boldsymbol{y}(k) \tag{6-184}$$

由式(6-183)与式(6-184)构成系统的控制器。全系统结构图如图 6-26 所示。

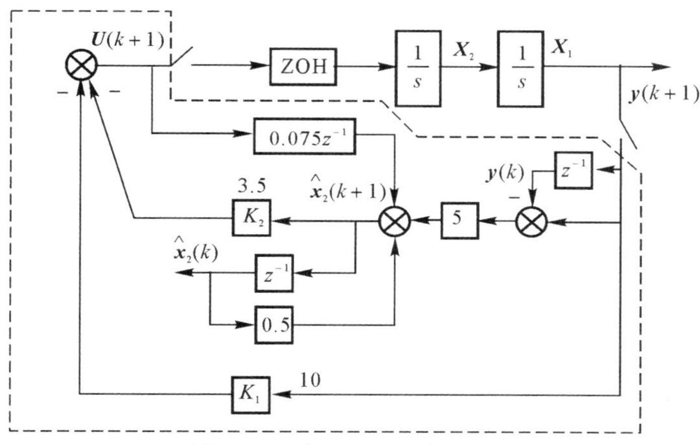

图 6-26　例 6-19 系统结构图

对式(6-183)及式(6-184)作 z 变换可得

$$\boldsymbol{U}(z) = -10\boldsymbol{Y}(z) - 3.5\hat{\boldsymbol{X}}_2(z) \tag{6-185}$$

$$z\hat{\boldsymbol{X}}_2(z) = 0.238\hat{\boldsymbol{X}}_2(z) + 5z\boldsymbol{Y}(z) - 5.75\boldsymbol{Y}(z) \tag{6-186}$$

由式(6-186)得

$$\hat{\boldsymbol{X}}_2(z) = \frac{5z - 5.75}{z - 0.238}\boldsymbol{Y}(z) \tag{6-187}$$

将式(6-187)代入式(6-185)得

$$U(z)=-10Y(z)-3.5\times\frac{5z-5.75}{z-0.238}Y(z) \tag{6-188}$$

最后可得

$$D(z)=\frac{U(z)}{Y(z)}=-27.5\times\frac{z-0.818}{z-0.238}$$

6.7 状态空间的伺服器设计法

上面讨论的是观测器与控制器组合的一种调节器，它只解决消除扰动以及驱动系统从初始状态回零的动态响应问题。而要解决系统状态或输出跟踪系统的输入信号的向题，就必须对输入信号完成控制系统的零点配置的设计。从控制理论知道线性系统的极点(特征值)反映系统的内部耦合，说明系统处于自由状态时性能如何，而零点则反映系统与其环境的耦合情况。在系统中引入指令信号，意味着使该系统与其环境结合起来，这里包括了对系统零点所作的变换，称之伺服器的设计。这里需解决如何引入指令信号来影响系统的零点，下面从两个方面进行论述。

6.7.1 没有观测器的单输入单输出系统的伺服器设计

已知被控系统状态方程为

$$\left.\begin{aligned}\boldsymbol{x}(k+1)&=\boldsymbol{F}\boldsymbol{x}(k)+\boldsymbol{G}\boldsymbol{u}(k)\\ \boldsymbol{y}(k)&=\boldsymbol{C}\boldsymbol{x}(k)\end{aligned}\right\} \tag{6-189}$$

考虑到输入指令参考信号，控制作用修改为

$$\boldsymbol{u}(k)=\boldsymbol{K}_{\mathrm{r}}\boldsymbol{r}(k)-\boldsymbol{K}\boldsymbol{x}(k) \tag{6-190}$$

式中，$\boldsymbol{K}_{\mathrm{r}}$是指令信号增益。此时闭环系统方程为

$$\boldsymbol{x}(k+1)=(\boldsymbol{F}-\boldsymbol{G}\boldsymbol{K})\boldsymbol{x}(k)+\boldsymbol{G}\boldsymbol{K}_{\mathrm{r}}\boldsymbol{r}(k) \tag{6-191}$$

闭环系统传递函数为

$$\boldsymbol{\Phi}(z)=\frac{\boldsymbol{Y}(z)}{\boldsymbol{R}(z)}=\boldsymbol{C}[z\boldsymbol{I}-\boldsymbol{F}+\boldsymbol{G}\boldsymbol{K}]^{-1}\boldsymbol{G}\boldsymbol{K}_{\mathrm{r}} \tag{6-192}$$

系统结构图如图 6－27 所示。由于系统引进状态反馈增益 $\boldsymbol{K}$ 影响系统闭环极点，而反映系统对外偶合情况的传递函数零点不受状态反馈的影响。由指令信号引入的标量增益是 $\boldsymbol{K}_{\mathrm{r}}$，只改变输入输出之间的比例关系，并不会改变系统动态响应，所以只通过状态反馈难以解决系统跟踪输入信号问题。

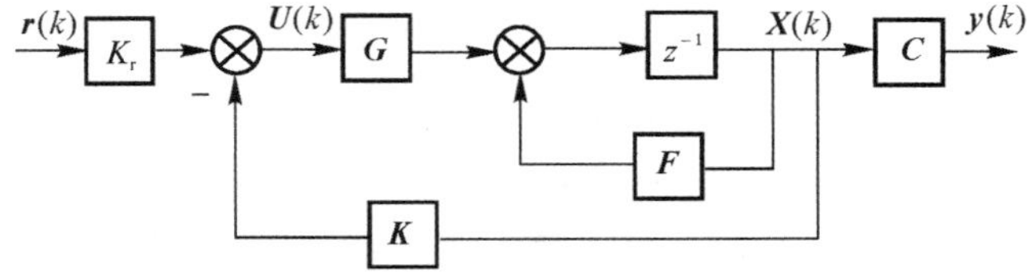

图 6－27 加入输入信号的系统结构图

为了解决跟踪问题，一种方法是通过反馈设计，配置系统的极点对消系统不希望的零点，以满足对指令信号的跟踪要求。这种方法一般较难满足要求。

另一种方法是,在指令信号与控制作用 $u(k)$ 之间引入动态环节 $\Gamma(z)$,此时闭环传递函数为

$$\frac{\boldsymbol{Y}(z)}{\boldsymbol{R}(z)}=\boldsymbol{C}[z\boldsymbol{I}-\boldsymbol{F}+\boldsymbol{G}\boldsymbol{K}]^{-1}\boldsymbol{G}\boldsymbol{K}_r\boldsymbol{\Gamma}(z) \tag{6-193}$$

选择 $\boldsymbol{\Gamma}(z)$的分母对消原闭环传递函数不希望的零点,并配置新的零点。这种设计,基本上还是在古典传递函数基础上进行的。

6.7.2　系统采用状态观测器的伺服器设计

如果系统采用状态观测器观测系统的状态,这时设计伺服器,其指令输入信号可以加到控制输入端,也可以加到观测器的输入端,如图6-28所示。若被控对象方程仍以式(6-189)表示,则控制器方程(以预测观测器为例)为

$$\hat{\boldsymbol{x}}(k+1)=[\boldsymbol{F}-\boldsymbol{G}\boldsymbol{K}-\boldsymbol{L}\boldsymbol{C}]\hat{\boldsymbol{x}}(k)+\boldsymbol{L}\boldsymbol{y}(k)+\boldsymbol{M}\boldsymbol{r}(k) \tag{6-194}$$

$$\boldsymbol{u}(k)=-\boldsymbol{K}\hat{\boldsymbol{x}}(k)+\boldsymbol{N}\boldsymbol{r}(k) \tag{6-195}$$

式中,$\boldsymbol{M}$ 是 $n\times 1$ 维矩阵。引入 $\boldsymbol{M},\boldsymbol{N}$ 不会改变系统的特征方程,它只改变 $\boldsymbol{r}(k)$与 $\boldsymbol{y}(k)$之间传递函数的零点。

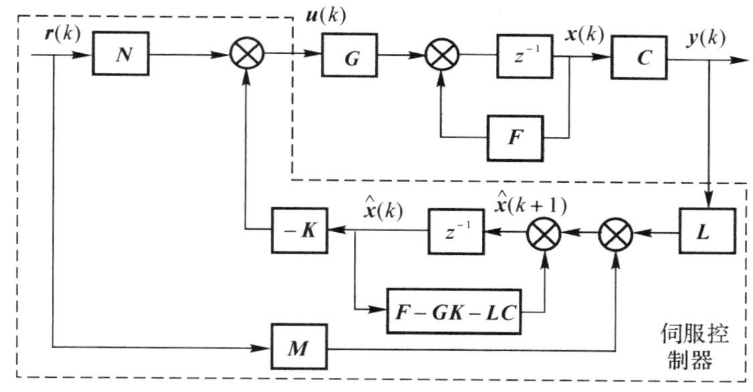

图6-28　带观测器的伺服系统结构图

采用以下三种方式选择 $\boldsymbol{M},\boldsymbol{N}$ 的数值:

(1)选择 $\boldsymbol{M},\boldsymbol{N}$ 使状态观测误差与 $\boldsymbol{r}(k)$无关;

(2)选择 $\boldsymbol{M},\boldsymbol{N}$ 使控制作用 $\boldsymbol{u}(k)$中只包含输出误差 $\boldsymbol{e}=(\boldsymbol{r}-\boldsymbol{y})$;

(3)选择 $\boldsymbol{M},\boldsymbol{N}$ 使设计者可以任意调整系统的性能(动态,静态),即任意配置传递函数零点。

1. 选择 $\boldsymbol{M},\boldsymbol{N}$,使状态观测误差与输入信号 $\boldsymbol{r}(k)$无关

由式(6-191)与式(6-194),可得系统估计误差为

$$\begin{aligned}\tilde{\boldsymbol{x}}(k+1)&=\boldsymbol{x}(k+1)-\hat{\boldsymbol{x}}(k+1)\\&=\boldsymbol{F}\boldsymbol{x}(k)+\boldsymbol{G}[-\boldsymbol{K}\hat{\boldsymbol{x}}(k)+\boldsymbol{N}\boldsymbol{r}(k)]-[\boldsymbol{F}-\boldsymbol{G}\boldsymbol{K}-\boldsymbol{L}\boldsymbol{C}]\hat{\boldsymbol{x}}(k)-\boldsymbol{L}\boldsymbol{C}\boldsymbol{x}(k)-\boldsymbol{M}\boldsymbol{r}(k)\\&=[\boldsymbol{F}-\boldsymbol{L}\boldsymbol{C}]\tilde{\boldsymbol{x}}(k)+[\boldsymbol{G}\boldsymbol{N}-\boldsymbol{M}]\boldsymbol{r}(k)\end{aligned} \tag{6-196}$$

要使观测误差 $\hat{\boldsymbol{X}}(k)$与输入信号 $\boldsymbol{r}(k)$无关,则上式最后两项之和应为零,即

$$[\boldsymbol{G}\boldsymbol{N}-\boldsymbol{M}]\boldsymbol{r}(k)=\boldsymbol{0}$$

即

$$\boldsymbol{M}=\boldsymbol{G}\boldsymbol{N}\quad 或\quad \boldsymbol{G}=\frac{\boldsymbol{M}}{\boldsymbol{N}} \tag{6-197}$$

则

$$\tilde{\boldsymbol{x}}(k+1)=[\boldsymbol{F}-\boldsymbol{LC}]\tilde{\boldsymbol{x}}(k)$$

其特征方程为

$$\det[z\boldsymbol{I}-\boldsymbol{F}+\boldsymbol{LC}]=\gamma_1(z)=0$$

当输入矩阵 $\boldsymbol{G}$ 为已知时，$\boldsymbol{M}/\boldsymbol{N}$ 值就被确定了，在增益 $\boldsymbol{N}$ 确定的条件下，$\boldsymbol{M}$ 可由式(6-197)给出。

2. 选择 $\boldsymbol{M},\boldsymbol{N}$，使控制作用只包括输入误差 $\boldsymbol{e}=(\boldsymbol{r}-\boldsymbol{y})$

从观测方程式(6-194)和式(6-195)中可知，要满足仅可测误差 $\boldsymbol{e}=(\boldsymbol{r}-\boldsymbol{y})$，应使

$$\boldsymbol{N}=\boldsymbol{0}\quad \boldsymbol{M}=-\boldsymbol{L} \tag{6-198}$$

在这种情况下，式(6-194)观测器方程为

$$\begin{aligned}\hat{\boldsymbol{X}}(k+1)&=[\boldsymbol{F}-\boldsymbol{GK}-\boldsymbol{LC}]\hat{\boldsymbol{X}}(k)+\boldsymbol{L}[\boldsymbol{y}(k)-\boldsymbol{r}(k)]\\&=[\boldsymbol{F}-\boldsymbol{GK}-\boldsymbol{LC}]\hat{\boldsymbol{X}}(k)+\boldsymbol{Le}(k)\\\boldsymbol{u}(k)&=-\boldsymbol{K}\hat{\boldsymbol{x}}(k)\end{aligned} \tag{6-199}$$

在式(6-199)中，按输出误差 $\boldsymbol{e}(k)$ 来选择 $\boldsymbol{M},\boldsymbol{N}$ 值的方法，对于只能测到系统的误差信号，而测不到系统输出的绝对信号 $\boldsymbol{y}(k)$ 的系统来讲是非常有用的。

式(6-199)的特征根方程为

$$\det[z\boldsymbol{I}-\boldsymbol{F}+\boldsymbol{GK}+\boldsymbol{LC}]=\gamma_2(z)=0$$

3. 选择 $\boldsymbol{M},\boldsymbol{N}$ 值，使系统可以任意配置传递函数的零点

在式(6-194)式和式(6-195)中，从指令信号 $\boldsymbol{r}(k)$ 到控制作用 $\boldsymbol{u}(k)$ 之间的零点，必然也是 $\boldsymbol{r}(k)$ 到输出 $\boldsymbol{y}(k)$ 之间的零点(假设没有发生对消现象)。

(1)不含预估器零点方程。

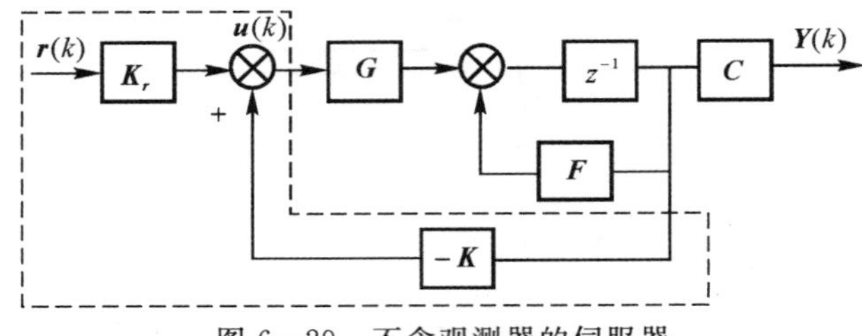

图 6-29 不含观测器的伺服器

由图 6-31 可得

$$\begin{cases}\boldsymbol{x}(k+1)=[\boldsymbol{F}-\boldsymbol{GK}]\boldsymbol{x}(k)+\boldsymbol{GK}_r\boldsymbol{r}(k)\\\boldsymbol{y}(k)=\boldsymbol{Cx}(k)\end{cases}$$

z 变换后得

$$\begin{cases}z\boldsymbol{X}(z)=[\boldsymbol{F}-\boldsymbol{GK}]\boldsymbol{X}(z)+\boldsymbol{GK}_r\boldsymbol{R}(z)\\\boldsymbol{Y}(z)=\boldsymbol{CX}(z)\end{cases}$$

$\boldsymbol{r}$ 到 $\boldsymbol{u}$ 之间的零点即 $\boldsymbol{r}$ 到 $\boldsymbol{y}$ 的零点，$\boldsymbol{Y}(z_0)=\boldsymbol{0}$。

得闭环系统零点方程为

$$\begin{bmatrix}z\boldsymbol{I}-\boldsymbol{F}+\boldsymbol{GK} & -\boldsymbol{GK}_r\\\boldsymbol{C} & 0\end{bmatrix}\begin{bmatrix}\boldsymbol{X}(z_0)\\\boldsymbol{R}(z_0)\end{bmatrix}=\boldsymbol{0} \tag{6-200}$$

若式(6-200)成立，要求

$$\det\begin{bmatrix} z\boldsymbol{I}-\boldsymbol{F}+\boldsymbol{GK} & -\boldsymbol{GK}_{\mathrm{r}} \\ \boldsymbol{C} & 0 \end{bmatrix}=0$$

(2)含预估器零点方程。在图 6-28 中，由式(6-194)和式(6-195)可得

$$\hat{\boldsymbol{x}}(k+1)=[\boldsymbol{F}-\boldsymbol{GK}-\boldsymbol{LC}]\hat{\boldsymbol{x}}(k)+\boldsymbol{Ly}(k)+\boldsymbol{Mr}(k)$$
$$\boldsymbol{u}(k)=-\boldsymbol{K}\hat{\boldsymbol{x}}(k)+\boldsymbol{Nr}(k)$$

z 变换后得

$$\left.\begin{aligned} z\hat{\boldsymbol{X}}(z)&=[\boldsymbol{F}-\boldsymbol{GK}-\boldsymbol{LC}]\hat{\boldsymbol{X}}(z)+\boldsymbol{LY}(z)+\boldsymbol{MR}(z) \\ [z\boldsymbol{I}-(\boldsymbol{F}-\boldsymbol{GK}-\boldsymbol{LC})]\hat{\boldsymbol{X}}(z)-\boldsymbol{MR}(z)&=\boldsymbol{LY}(z) \\ \boldsymbol{U}(z)&=-\boldsymbol{K}\hat{\boldsymbol{X}}(z)+\boldsymbol{NR}(z) \end{aligned}\right\}\tag{6-201}$$

由上式 $\boldsymbol{r}\to\boldsymbol{u}$ 的零点对应 $\boldsymbol{r}\to\boldsymbol{y}$ 间的零点，得零点方程：

$$\begin{bmatrix} z\boldsymbol{I}-\boldsymbol{F}+\boldsymbol{GK}+\boldsymbol{LC} & -\boldsymbol{M} \\ -\boldsymbol{K} & \boldsymbol{N} \end{bmatrix}\begin{bmatrix} \hat{\boldsymbol{X}}(z_0) \\ \boldsymbol{R}(z_0) \end{bmatrix}=\boldsymbol{0}$$

$$\begin{bmatrix} z\boldsymbol{I}-\boldsymbol{F}+\boldsymbol{GK}+\boldsymbol{LC} & -\boldsymbol{M}/\boldsymbol{N} \\ -\boldsymbol{K} & 1 \end{bmatrix}\begin{bmatrix} \hat{\boldsymbol{X}}(z_0) \\ \boldsymbol{NR}(z_0) \end{bmatrix}=\boldsymbol{0}\tag{6-202}$$

若上式成立，要求

$$\det\begin{bmatrix} z\boldsymbol{I}-\boldsymbol{F}+\boldsymbol{GK}+\boldsymbol{LC} & -\boldsymbol{M}/\boldsymbol{N} \\ -\boldsymbol{K} & 1 \end{bmatrix}=0$$

进一步变换上式(第二列乘 $\boldsymbol{K}$ 加到第一列)得

$$\det\begin{bmatrix} z\boldsymbol{I}-\boldsymbol{F}+\boldsymbol{GK}+\boldsymbol{LC}-(\boldsymbol{M}/\boldsymbol{N})K & -\boldsymbol{M}/\boldsymbol{N} \\ 0 & 1 \end{bmatrix}=0$$

根据分块行列式展开定理，可得

$$\det[z\boldsymbol{I}-\boldsymbol{F}+\boldsymbol{GK}+\boldsymbol{LC}-(\boldsymbol{M}/\boldsymbol{N})\boldsymbol{K}]=\gamma(z)=0\tag{6-203}$$

式中，$\gamma(z)$ 由 $\boldsymbol{M},\boldsymbol{N}$ 确定。

由此可见，按式(6-203)选择 $\boldsymbol{M},\boldsymbol{N}$ 值，就可以根据伺服系统的要求来任意配置所需的零点。

(3)通用式描述。参考图 6-30，假定把整个系统闭环传递函数表示为

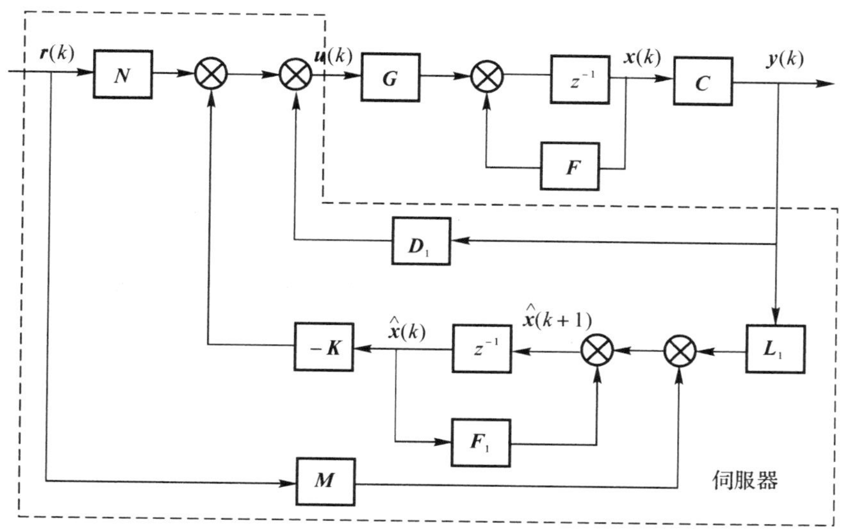

图 6-30　通用带观测器的伺服系统结构图

$$\frac{\boldsymbol{Y}(z)}{\boldsymbol{R}(z)} = \frac{\gamma(z)\beta(z)}{d_c(z)d_e(z)} \tag{6-204}$$

式中，$d_c(z) = [z\boldsymbol{I} - \boldsymbol{F} + \boldsymbol{GK}]$ 为状态反馈系统的特征多项式；$d_e(z) = [z\boldsymbol{I} - \boldsymbol{F} + \boldsymbol{LC}]$ 为状态观测器的特征多项式；$\beta(z) = \det(z\boldsymbol{I} - \boldsymbol{F})$ 为被控对象原有的零点。

$\gamma(z) = \det\left[z\boldsymbol{I} - \boldsymbol{F} - \boldsymbol{GK} + \boldsymbol{LC} - \left(\dfrac{\boldsymbol{M}}{\boldsymbol{N}}\right)\boldsymbol{K}\right]$引入附加零点，它的数值由 $\boldsymbol{M}/\boldsymbol{N}$ 确定。

可验证：在第一种方法选择 $\boldsymbol{M},\boldsymbol{N}$ 中，要求 $\boldsymbol{M} = \boldsymbol{GN}$，将其代入式(6-203)，可得

$$\det[z\boldsymbol{I} - \boldsymbol{F} + \boldsymbol{GK} + \boldsymbol{LC} - (\boldsymbol{M}/\boldsymbol{N})\boldsymbol{K}] = \gamma(z) = 0$$

得

$$\det[z\boldsymbol{I} - \boldsymbol{F} + \boldsymbol{LC}] = \gamma_1(z) = 0$$

可见，由指令信号引入的零点正好等于观测器的极点，从而相互对消，式(6-204)为

$$\frac{\boldsymbol{Y}(z)}{\boldsymbol{R}(z)} = \frac{\gamma_1(z)\beta(z)}{d_c(z)d_e(z)} = \frac{\beta(z)}{d_c(z)}$$

在第二种方法选择 $\boldsymbol{M},\boldsymbol{N}$，要求 $\boldsymbol{N}=\boldsymbol{0},\boldsymbol{M}=-\boldsymbol{L}$，由式(6-201)可得

$$z\hat{\boldsymbol{X}}(z) = [\boldsymbol{F} - \boldsymbol{GK} - \boldsymbol{LC}]\hat{\boldsymbol{X}}(z) + \boldsymbol{L}[\boldsymbol{Y}(z) - \boldsymbol{R}(z)]$$

$$\boldsymbol{U}(z) = -\boldsymbol{K}\hat{\boldsymbol{X}}(z)$$

零点方程为

$$\begin{bmatrix} z\boldsymbol{I} - \boldsymbol{F} + \boldsymbol{GK} + \boldsymbol{LC} & \boldsymbol{L} \\ -\boldsymbol{K} & 0 \end{bmatrix}\begin{bmatrix} \hat{\boldsymbol{X}}(z_0) \\ \boldsymbol{R}(z_0) \end{bmatrix} = \boldsymbol{0} \tag{6-205}$$

通过变换可得

$$\begin{bmatrix} z\boldsymbol{I} - \boldsymbol{F} + \boldsymbol{GK} & \boldsymbol{L} \\ -\boldsymbol{K} & 0 \end{bmatrix}\begin{bmatrix} \hat{\boldsymbol{X}}(z_0) \\ \boldsymbol{R}(z_0) + \boldsymbol{C}\hat{\boldsymbol{X}}(z_0) \end{bmatrix} = \boldsymbol{0}$$

最后可得零点多项式为

$$\det\begin{bmatrix} z\boldsymbol{I} - \boldsymbol{F} + \boldsymbol{GK} & \boldsymbol{L} \\ -\boldsymbol{K} & 0 \end{bmatrix} = \gamma_2(z) = 0 \tag{6-206}$$

该式表明，若只用误差控制，按式(6-206)构造零点，它相当于输入矩阵为 $\boldsymbol{L}$，输出矩阵为 $\boldsymbol{K}$ 的系统零点。

输入信号分别通过 $\boldsymbol{M},\boldsymbol{N}$ 加到观测器输入端与控制输入端，此时系统要实现对输入信号的跟踪，其零点与 $\boldsymbol{M}$ 值有关，与 $\boldsymbol{N}$ 值也有关，$\boldsymbol{N}$ 值的大小可以依输入信号指令到控制作用之间比例要求决定。常用的方法是，使 $\boldsymbol{r}$ 到 $\boldsymbol{u}$ 之间的增益等于 $\boldsymbol{y}$ 到 $\boldsymbol{u}$ 的增益，即

$$\left.\frac{\boldsymbol{U}(z)}{\boldsymbol{R}(z)}\right|_{z=1} = -\left.\frac{\boldsymbol{U}(z)}{\boldsymbol{Y}(z)}\right|_{z=1} \tag{6-207}$$

从图 6-30 输入 $\boldsymbol{r}(k)$到 $\boldsymbol{u}(k)$，令输出 $\boldsymbol{y}(k)=0$，则

$$\hat{\boldsymbol{x}}(k+1) = \boldsymbol{\theta}\hat{\boldsymbol{x}}(k) + \boldsymbol{Mr}(k)$$

$$\boldsymbol{u}(k) = -\boldsymbol{K}\hat{\boldsymbol{x}}(k) + \boldsymbol{Nr}(k)$$

这里：$\boldsymbol{\theta} = \boldsymbol{F} - \boldsymbol{GK} - \boldsymbol{LC}$。

z 变换后得

$$\begin{cases} z\hat{\boldsymbol{X}}(z) = \boldsymbol{\theta}\hat{\boldsymbol{X}}(z) + \boldsymbol{MR}(z) \\ \boldsymbol{U}(z) = -\boldsymbol{K}\hat{\boldsymbol{X}}(z) + \boldsymbol{NR}(z) \end{cases}$$

$$\frac{\boldsymbol{U}(z)}{\boldsymbol{R}(z)}=[\boldsymbol{I}-\boldsymbol{K}(z-\boldsymbol{\theta})^{-1}\boldsymbol{M}/\boldsymbol{N}]\boldsymbol{N} \tag{6-208}$$

从输出 $\boldsymbol{y}(k)$ 到 $\boldsymbol{u}(k)$，令输入 $\boldsymbol{r}(k)=0$，由式(6-201)得

$$\begin{cases}\hat{\boldsymbol{x}}(k+1)=\boldsymbol{\theta}\hat{\boldsymbol{x}}(k)+\boldsymbol{L}\boldsymbol{y}(k)\\ \boldsymbol{u}(k)=-\boldsymbol{K}\hat{\boldsymbol{x}}(k)\end{cases}$$

z 变换后得

$$\begin{cases}z\hat{\boldsymbol{X}}(z)=\boldsymbol{\theta}\hat{\boldsymbol{X}}(z)+\boldsymbol{L}\boldsymbol{Y}(z)\\ \boldsymbol{U}(z)=-\boldsymbol{K}\hat{\boldsymbol{X}}(z)\end{cases}$$

$$\frac{\boldsymbol{U}(z)}{\boldsymbol{Y}(z)}=-\boldsymbol{K}(z-\theta)^{-1}\boldsymbol{L} \tag{6-209}$$

把式(6-208)和式(6-209)代入式(6-207)，可得

$$\boldsymbol{N}=\frac{\boldsymbol{K}(1-\boldsymbol{\theta})^{-1}\boldsymbol{L}}{1-\boldsymbol{K}(1-\boldsymbol{\theta})^{-1}\overline{\boldsymbol{M}}} \tag{6-210}$$

式中，$\overline{\boldsymbol{M}}=\boldsymbol{M}/\boldsymbol{N}$。

以上结果是由预测观测器推得的。为了推广到其他类型的观测器，假定一般形式的控制方程是

$$\left.\begin{aligned}\boldsymbol{x}_c(k+1)&=\boldsymbol{F}_1\boldsymbol{x}_c(k)+\boldsymbol{L}_1\boldsymbol{y}(k)+\boldsymbol{M}\boldsymbol{r}(k)\\ \boldsymbol{u}(k)&=\boldsymbol{C}_1\boldsymbol{x}_c(k)+\boldsymbol{D}_1\boldsymbol{y}(k)+\boldsymbol{N}\boldsymbol{r}(k)\end{aligned}\right\} \tag{6-211}$$

可推导：

预测观测器：

$$\boldsymbol{F}_1=\boldsymbol{F}-\boldsymbol{G}\boldsymbol{K}-\boldsymbol{L}\boldsymbol{C},\quad \boldsymbol{L}_1=\boldsymbol{L},\quad \boldsymbol{C}_1=-\boldsymbol{K},\quad \boldsymbol{D}_1=\boldsymbol{0}$$

现今值观测器：

$$\boldsymbol{F}_1=[\boldsymbol{I}-\boldsymbol{L}\boldsymbol{C}][\boldsymbol{F}-\boldsymbol{G}\boldsymbol{K}],\quad \boldsymbol{L}_1=[\boldsymbol{I}-\boldsymbol{L}\boldsymbol{C}][\boldsymbol{F}-\boldsymbol{G}\boldsymbol{K}]\boldsymbol{L}$$
$$\boldsymbol{C}_1=-\boldsymbol{K},\quad \boldsymbol{D}_1=-\boldsymbol{K}\boldsymbol{L}$$
$$\hat{\boldsymbol{x}}(k)=\boldsymbol{x}_c(k)+\boldsymbol{L}\boldsymbol{y}(k)$$

降维观测器：

$$\boldsymbol{F}_1=\boldsymbol{F}_{22}-\boldsymbol{G}_2\boldsymbol{K}_2+\boldsymbol{L}\boldsymbol{G}_1\boldsymbol{K}_2-\boldsymbol{L}\boldsymbol{F}_{12}$$
$$\boldsymbol{L}_1=\boldsymbol{F}_{21}-\boldsymbol{G}_2\boldsymbol{K}_1-\boldsymbol{L}\boldsymbol{F}_{11}+\boldsymbol{L}\boldsymbol{G}_1\boldsymbol{K}_1+\boldsymbol{F}_1\boldsymbol{L}$$
$$\boldsymbol{C}_1=-\boldsymbol{K}_1,\quad \boldsymbol{D}_1=-\boldsymbol{K}_2\boldsymbol{L}-\boldsymbol{K}_1$$
$$\hat{\boldsymbol{X}}_2(k)=\boldsymbol{X}_c(k)+\boldsymbol{L}\boldsymbol{y}(k)$$

$\boldsymbol{M},\boldsymbol{N}$ 引入的系统零点，由下式确定：

$$\gamma(z)=\det[z\boldsymbol{I}-\boldsymbol{F}_1+\frac{\boldsymbol{M}\boldsymbol{C}_1}{\boldsymbol{N}}]=0$$

将式(6-211)及各矩阵代入式(6-210)得

$$\boldsymbol{N}=-\frac{\boldsymbol{D}_1+\boldsymbol{C}_1(\boldsymbol{L}-\boldsymbol{F}_1)^{-1}\boldsymbol{L}_1}{1+\boldsymbol{C}_1(\boldsymbol{I}-\boldsymbol{F}_1)^{-1}\boldsymbol{M}/\boldsymbol{N}} \tag{6-212}$$

按第二种选择 $\boldsymbol{M},\boldsymbol{N}$ 时，取 $\boldsymbol{M}=-\boldsymbol{L}_1$，由式(6-212)得 $\boldsymbol{N}=-\boldsymbol{D}_1$。

按第一种选择 $\boldsymbol{M},\boldsymbol{N}$ 时，根据 $\gamma(z)=d_e(z)$，可得

预测观测器：　　$\boldsymbol{M}/\boldsymbol{N}=\boldsymbol{G}$

现今值观测器：　　　　　　　　$\boldsymbol{M/N}=[\boldsymbol{L}-\boldsymbol{LC}]\boldsymbol{G}$

降维观测器：　　　　　　　　$\boldsymbol{M/N}=\boldsymbol{G}_2-\boldsymbol{LG}_1$

例 6-20　对例 6-19 系统引入输入指令，并选择系统零点，使观测误差与输入作用无关。

解　(1)采用降维观测器设计伺服控制器。设控制器方程具有式(6-159)给出的形式，对照例 6-19 所给出的原系统方程与降维观测器设计中的有关参数而有如下结果：

$$\boldsymbol{F}=\begin{bmatrix}F_{11} & F_{12}\\ F_{21} & F_{22}\end{bmatrix}=\begin{bmatrix}1 & T\\ 0 & 1\end{bmatrix}=\begin{bmatrix}1 & 0.1\\ 0 & 1\end{bmatrix},\quad \boldsymbol{G}=\begin{bmatrix}G_1\\ G_2\end{bmatrix}=\begin{bmatrix}0.005\\ 0.1\end{bmatrix}$$

$$\boldsymbol{C}=[1\quad 0],\quad \boldsymbol{K}=[k_1\quad k_2]=[10\quad 3.5],\quad L=5$$

所以，降维观测器的 F_1, L_1, C_1, D_1 分别为

$$F_1=F_{22}-G_2k_2+LG_1k_2-LF_{12}$$
$$=1-0.1\times 3.5+5\times 0.005\times 3.5-5\times 0.1=0.2375$$
$$L_1=F_{21}-G_2k_1-LF_{11}+LG_1k_1+F_1L$$
$$=0-0.1\times 10-5+5\times 0.005\times 10+0.2375\times 5=-4.563$$
$$C_1=-k_2=-3.5$$
$$D_1=-k_2L-k_1=-3.5\times 5-10=-27.5$$

由于要求选择系统零点，使观测误差与输入作用无关，所以按第一种方法来选择 $\boldsymbol{M},\boldsymbol{N}$ 值。由于系统中的观测器是降维观测器，所以应取

$$\overline{M}=\frac{M}{N}=G_2-LG_1=0.1-5\times 0.005=0.075$$

又由式(6-212)可得

$$N=-\frac{D_1+C_1\ (I-F_1)^{-1}L_1}{1+C_1\ (1-F_1)^{-1}M/N}=-\frac{-27.5+(-3.5)\ (1-0.2375)^{-1}(-4.563)}{1+(-3.5)\ (1-0.2375)^{-1}\times 0.075}=10$$

所以 $M=\overline{M}N=0.075\times 10=0.75$，得到整个系统结构图如图 6-31 所示。

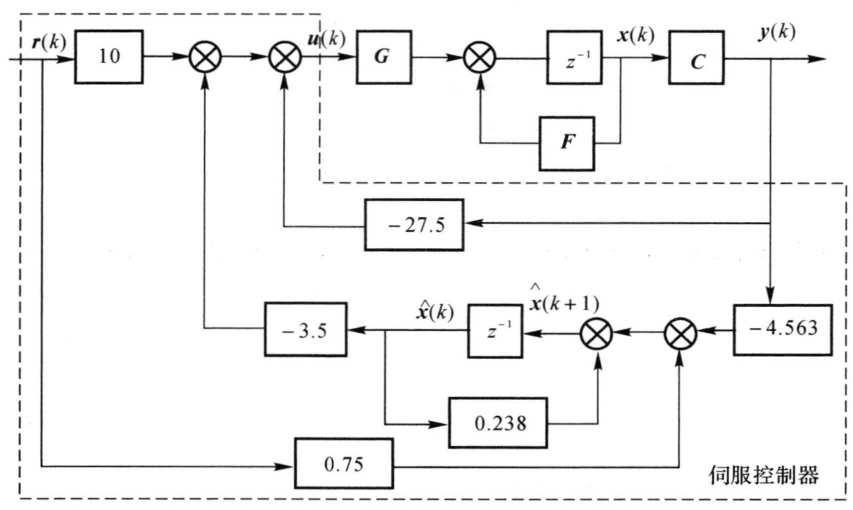

图 6-31　例 6-20 带观测器的伺服控制器

(2)简化伺服控制器构型。对图 6－31 简化控制器方程。

在式(6－211) 中,令 $\boldsymbol{r}=\boldsymbol{0}$,进行 z 变换,可得

$$\left.\begin{aligned}\boldsymbol{X}_c(z)&=(z\boldsymbol{I}-\boldsymbol{F}_1)^{-1}\boldsymbol{L}_1\boldsymbol{Y}(z)\\ \boldsymbol{U}(z)&=\boldsymbol{C}_1\boldsymbol{X}_c(z)+\boldsymbol{D}_1\boldsymbol{Y}(z)\end{aligned}\right\}\tag{6-213}$$

得
$$G_1(z)=\frac{\boldsymbol{U}(z)}{\boldsymbol{Y}(z)}=\boldsymbol{D}_1+\boldsymbol{C}_1[z\boldsymbol{I}-\boldsymbol{F}_1]^{-1}\boldsymbol{L}_1=-27.5\times\frac{z-0.817}{z-0.238}$$

在式(6－211)中,若令 $\boldsymbol{y}=\boldsymbol{0}$,则

$$\left.\begin{aligned}\boldsymbol{X}_c(z)&=(z\boldsymbol{I}-\boldsymbol{F})^{-1}\boldsymbol{M}\boldsymbol{R}(z)\\ \boldsymbol{U}(z)&=\boldsymbol{C}_1[z\boldsymbol{I}-\boldsymbol{F}_1]^{-1}\boldsymbol{M}\boldsymbol{R}(z)+\boldsymbol{N}\boldsymbol{R}(z)\end{aligned}\right\}\tag{6-214}$$

有

$$G_2(z)=\frac{\boldsymbol{U}(z)}{\boldsymbol{R}(z)}=\boldsymbol{N}+\boldsymbol{C}_1[z\boldsymbol{I}-\boldsymbol{A}]^{-1}\boldsymbol{M}=10\times\frac{z-0.5}{z-0.238}$$

线性系统运用叠加原理,有

$$\boldsymbol{U}(z)=G_2(z)\boldsymbol{R}(z)+G_1(z)\boldsymbol{Y}(z)$$

可得

$$\boldsymbol{U}(z)=10\times\frac{z-0.5}{z-0.238}\boldsymbol{R}(z)-27.5\times\frac{z-0.817}{z-238}\boldsymbol{Y}(z)\tag{6-215}$$

由式(6－215)可见,该系统相当于古典理论中带有前馈及并联反馈校正的闭合系统,其相应的系统结构图如图 6－32 所示。

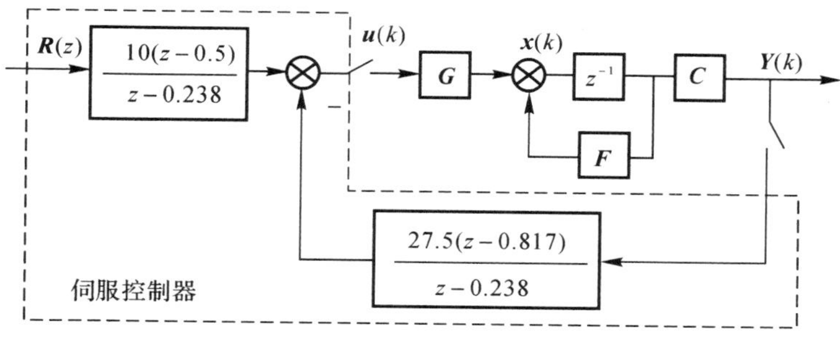

图 6－32　例 6－20 简化结构图

如果取

$$\boldsymbol{E}(z)=\boldsymbol{R}(z)-\boldsymbol{Y}(z)$$

$$\boldsymbol{U}(z)=G_2(z)\boldsymbol{R}(z)+G_1(z)\boldsymbol{Y}(z)=G_2(z)\boldsymbol{E}(z)+[G_1(z)+G_2(z)]\boldsymbol{Y}(z)$$

$$G_1(z)+G_2(z)=10\times\frac{z-0.5}{z-0.238}-27.5\times\frac{z-0.814}{z-0.238}=-17.5\times\frac{z-1}{z-238}$$

可得

$$\boldsymbol{U}(z)=10\times\frac{z-0.5}{z-0.238}\boldsymbol{E}(z)-17.5\times\frac{z-1}{z-238}\boldsymbol{Y}(z)$$

由上式画出系统另一种结构图形式如图 6－33 所示。由该图可见,这样选择 N 值,确实实现了误差及反馈的微分控制。

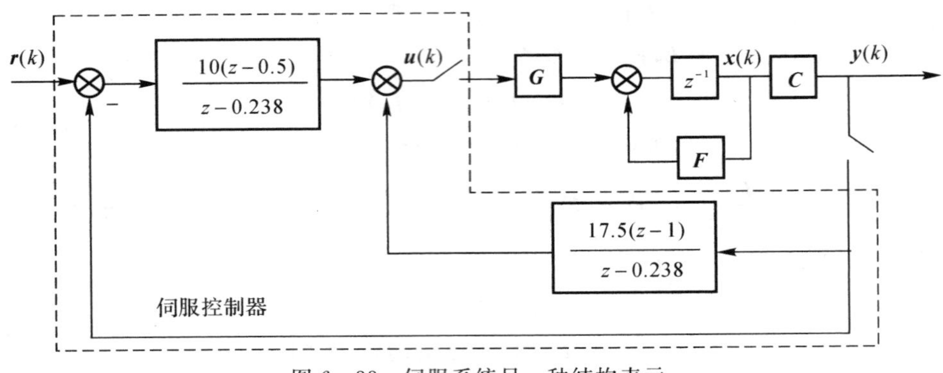

图 6－33　伺服系统另一种结构表示

6.8　状态反馈控制抗干扰补偿

图 6－34 所示系统可能受到的输入干扰 $\boldsymbol{\eta}_r$，$\boldsymbol{\eta}_y$，模型干扰 $\boldsymbol{\eta}_p$，模型偏差干扰 $\boldsymbol{\eta}_{pm}$，这里仅考虑模型偏差干扰

$$\left.\begin{aligned}\boldsymbol{X}(k+1) &= \boldsymbol{FX}(k)+\boldsymbol{Gu}(k)+\boldsymbol{G}_\eta\boldsymbol{\eta}_{pm}(k)\\ \boldsymbol{Y}(k) &= \boldsymbol{CX}(k)\end{aligned}\right\} \tag{6-216}$$

补偿干扰影响：　　$\boldsymbol{u}(k)=-\boldsymbol{KX}(k)-\boldsymbol{K}_\eta\boldsymbol{\eta}_{pm}(k)$

得

$$\boldsymbol{X}(k+1)=[\boldsymbol{F}-\boldsymbol{GK}]\boldsymbol{X}(k)+[\boldsymbol{G}_\eta-\boldsymbol{GK}_\eta]\boldsymbol{\eta}_{pm}(k)$$

令 $\boldsymbol{G}_\eta=\boldsymbol{GK}_\eta$，若干扰不可测，干扰特性可以看成零输入及非初始条件的动态响应。动态模型：

$$\left.\begin{aligned}\boldsymbol{\xi}(k+1) &= \boldsymbol{F}_\xi\boldsymbol{\xi}(k)\\ \boldsymbol{\eta}_{pm}(k) &= \boldsymbol{C}_\xi\boldsymbol{\xi}(k)\end{aligned}\right\} \tag{6-217}$$

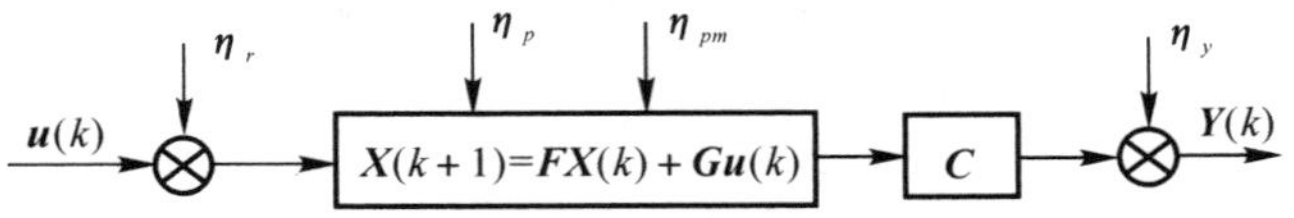

图 6－34　系统干扰

将式(6－217)代入式(6－216)，得到对象-干扰模型的增广系统。

$$\begin{bmatrix}\boldsymbol{x}(k+1)\\ \boldsymbol{\xi}(k+1)\end{bmatrix}=\begin{bmatrix}\boldsymbol{F} & \boldsymbol{G}_\eta\boldsymbol{C}_\xi\\ 0 & \boldsymbol{F}_\xi\end{bmatrix}\begin{bmatrix}\boldsymbol{x}(k)\\ \boldsymbol{\xi}(k)\end{bmatrix}+\begin{bmatrix}\boldsymbol{G}\\ 0\end{bmatrix}\boldsymbol{u}(k) \tag{6-128}$$

$$\boldsymbol{y}(k)=[\boldsymbol{C}\quad 0]\begin{bmatrix}\boldsymbol{x}(k)\\ \boldsymbol{\xi}(k)\end{bmatrix}$$

判断可控性：

$$\mathrm{rank}(\boldsymbol{W}_c)=[\boldsymbol{F}_c\boldsymbol{G}_c\quad \boldsymbol{G}_c]=\begin{bmatrix}\boldsymbol{FG} & \boldsymbol{G}\\ 0 & 0\end{bmatrix}\qquad \text{不可控}$$

可观性：

$$\mathrm{rank}(\boldsymbol{W}_O)=[\boldsymbol{C}_c\quad \boldsymbol{C}_c\boldsymbol{F}_c]^T=\begin{bmatrix}\boldsymbol{C} & 0\\ \boldsymbol{CF} & \boldsymbol{CG}_\eta\boldsymbol{C}_\xi\end{bmatrix}\qquad \text{满秩是可观的}$$

这说明干扰状态 $\boldsymbol{\xi}$ 是可观的，但不可控。

这样对干扰状态可估计，并将观测的干扰状态用于前馈补偿控制。

例 6-21　取二阶系统。假设有一不可测阶跃干扰作用在控制输入端，要求设计最小拍降阶观测器，观测系统 $\boldsymbol{x}_2(k)$ 状态及干扰，同时设计最少拍控制器。

$$\begin{bmatrix}\boldsymbol{x}_1(k+1)\\ \boldsymbol{x}_2(k+1)\end{bmatrix}=\begin{bmatrix}1 & T\\ 0 & 1\end{bmatrix}\begin{bmatrix}\boldsymbol{x}_1(k)\\ \boldsymbol{x}_2(k)\end{bmatrix}+\begin{bmatrix}\dfrac{T^2}{2}\\ T\end{bmatrix}\boldsymbol{u}(k)$$

$$\boldsymbol{y}(k)=[1\quad 0]\begin{bmatrix}\boldsymbol{x}_1(k)\\ \boldsymbol{x}_2(k)\end{bmatrix}$$

取采样时间 $T=0.1$ s。

解　如图 6-35 所示，在阶跃干扰作用于系统输入：

$$\boldsymbol{\xi}(k+1)=\boldsymbol{\xi}(k)$$
$$\boldsymbol{\eta}(k)=\boldsymbol{\xi}(k)$$

则 $\boldsymbol{G}_\eta=\boldsymbol{G}_r$。

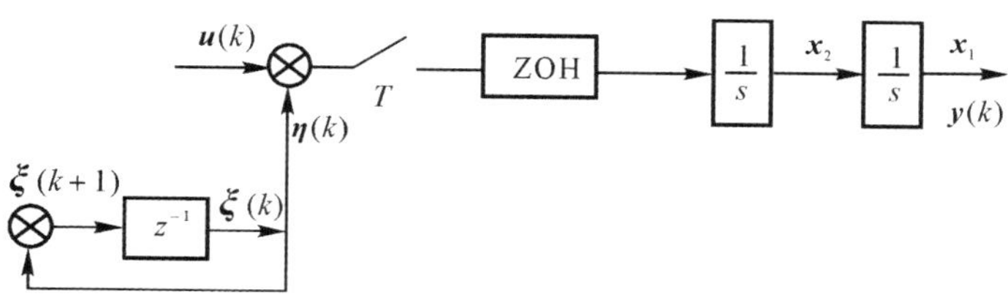

图 6-35　例 6-21 输入干扰

由式(6-218)整个增广系统状态方程为(取 $T=0.1$ s)

$$\begin{bmatrix}\boldsymbol{x}_1(k+1)\\ \boldsymbol{x}_2(k+1)\\ \boldsymbol{\xi}(k+1)\end{bmatrix}=\begin{bmatrix}\boldsymbol{F}_{2\times 2} & \boldsymbol{G}_\eta\boldsymbol{C}_\xi\\ 0 & \boldsymbol{F}_\xi\end{bmatrix}\begin{bmatrix}\boldsymbol{X}_{2\times 1}(k)\\ \boldsymbol{\xi}(k)\end{bmatrix}+\begin{bmatrix}\boldsymbol{G}_{r2\times 1}\\ 0\end{bmatrix}\boldsymbol{u}(k)$$

$$=\begin{bmatrix}1 & 0.1 & 0.005\\ 0 & 1 & 0.1\\ 0 & 0 & 1\end{bmatrix}\begin{bmatrix}\boldsymbol{x}_1(k)\\ \boldsymbol{x}_2(k)\\ \boldsymbol{\xi}(k)\end{bmatrix}+\begin{bmatrix}0.005\\ 0.1\\ 0\end{bmatrix}\boldsymbol{u}(k)$$

$$\boldsymbol{y}(k)=[\boldsymbol{C}\quad 0]\begin{bmatrix}\boldsymbol{x}(k)\\ \vdots\\ \boldsymbol{\xi}\end{bmatrix}=[1\quad 0\quad 0]\begin{bmatrix}\boldsymbol{x}_1(k)\\ \boldsymbol{x}_2(k)\\ \boldsymbol{\xi}(k)\end{bmatrix}$$

这里 $\boldsymbol{x}_1(k)$直接可测，估计 $\boldsymbol{x}_2(k)$和干扰 $\boldsymbol{\eta}(k)$。

降维观测器：

$$F_{11}=1 \quad \boldsymbol{F}_{22}=\begin{bmatrix}1 & 0.1\\0 & 1\end{bmatrix} \quad \boldsymbol{F}_{12}=[0.1 \quad 0.005]$$

$$\boldsymbol{F}_{21}=[0 \quad 0]^{\mathrm{T}} \quad G_1=0.005 \quad \boldsymbol{G}_2=[0.1 \quad 0]^{\mathrm{T}}$$

设计最少拍系统，希望降阶观测器特征方程为 $d(z)=z^2$。

由 Ackerman 公式求观测增益 $\boldsymbol{L}$：

$$\boldsymbol{L}=d(\boldsymbol{F}_{22})\begin{bmatrix}\boldsymbol{F}_{12}\\\boldsymbol{F}_{12}\boldsymbol{F}_{22}\end{bmatrix}^{-1}\begin{bmatrix}0\\1\end{bmatrix}=\begin{bmatrix}1 & 0.1\\0 & 1\end{bmatrix}^2\begin{bmatrix}0.1 & 0.005\\ [0.1 \quad 0.005] & \begin{bmatrix}1 & 0.1\\0 & 1\end{bmatrix}\end{bmatrix}^{-1}\begin{bmatrix}0\\1\end{bmatrix}=\begin{bmatrix}15\\100\end{bmatrix}$$

则降维观测器方程：

$$\begin{bmatrix}\boldsymbol{x}_2(k+1)\\\boldsymbol{\xi}(k+1)\end{bmatrix}=[\boldsymbol{F}_{22}-\boldsymbol{L}\boldsymbol{F}_{12}]\begin{bmatrix}\boldsymbol{x}_2(k)\\\boldsymbol{\xi}(k)\end{bmatrix}+[\boldsymbol{F}_{21}-\boldsymbol{L}\boldsymbol{F}_{11}]\boldsymbol{y}(k)+[\boldsymbol{G}_2-\boldsymbol{L}\boldsymbol{G}_1]\boldsymbol{u}(k)+\boldsymbol{L}\boldsymbol{y}(k+1)$$

$$=\begin{bmatrix}-0.5 & 0.025\\-10 & 0.5\end{bmatrix}\begin{bmatrix}\boldsymbol{x}_2(k)\\\boldsymbol{\xi}(k)\end{bmatrix}+\begin{bmatrix}0.025\\-0.5\end{bmatrix}\boldsymbol{u}(k)+\begin{bmatrix}15\\100\end{bmatrix}[\boldsymbol{y}(k+1)-\boldsymbol{y}(k)]$$

控制器输出：

$$\boldsymbol{u}(k)=-\boldsymbol{K}_1\boldsymbol{x}_1(k)-\boldsymbol{K}_2\hat{\boldsymbol{x}}_2(k)-\boldsymbol{K}_\eta\hat{\boldsymbol{\xi}}(k)$$

因为输入干扰不可控，只需根据极点设计反馈增益$[\boldsymbol{K}_1 \quad \boldsymbol{K}_2]$。

采用最少拍设计：

$$d(z)=z^2$$

Ackerman 公式：

$$\boldsymbol{K}=[0 \quad 1][\boldsymbol{F}\boldsymbol{G} \quad \boldsymbol{G}]^{-1}d(\boldsymbol{F})$$

$$=[0 \quad 1]\left[\begin{bmatrix}1 & 0.1\\0 & 1\end{bmatrix}\begin{bmatrix}0.005\\0.1\end{bmatrix} \quad \begin{bmatrix}0.005\\0.1\end{bmatrix}\right]^{-1}\begin{bmatrix}1 & 0.1\\0 & 1\end{bmatrix}^2=[100 \quad 15]$$

$$\boldsymbol{x}(k+1)=[\boldsymbol{F}-\boldsymbol{G}\boldsymbol{K}]\boldsymbol{x}(k)+[\boldsymbol{G}_\eta-\boldsymbol{G}\boldsymbol{K}_\eta]\boldsymbol{\eta}_{pm}(k)$$

令 $\boldsymbol{G}_\eta=\boldsymbol{G}\boldsymbol{K}_\eta$，要求控制系统完全补偿干扰系统的作用，应取

$$K_\eta=1$$

$$\boldsymbol{u}(k)=-\boldsymbol{K}_1\boldsymbol{x}_1(k)-\boldsymbol{K}_2\hat{\boldsymbol{x}}_2(k)-\boldsymbol{K}_\eta\hat{\boldsymbol{\xi}}(k)$$

$$\boldsymbol{u}(k)=-100\boldsymbol{x}_1(k)-15\hat{\boldsymbol{x}}_2(k)-\hat{\boldsymbol{\xi}}(k)$$

$$\hat{\boldsymbol{x}}(k+1)=\begin{bmatrix}\hat{\boldsymbol{x}}_2(k+1)\\\hat{\boldsymbol{\xi}}(k+1)\end{bmatrix}=\begin{bmatrix}-0.5 & 0.025\\-10 & 0.5\end{bmatrix}\begin{bmatrix}\hat{\boldsymbol{x}}_2(k)\\\hat{\boldsymbol{\xi}}(k)\end{bmatrix}+\begin{bmatrix}0.025\\-0.5\end{bmatrix}\boldsymbol{u}(k)+\begin{bmatrix}15\\100\end{bmatrix}[\boldsymbol{y}(k+1)-\boldsymbol{y}(k)]$$

$$\boldsymbol{u}(k+1)=-100\boldsymbol{x}_1(k+1)-15\hat{\boldsymbol{x}}_2(k+1)-\hat{\boldsymbol{\xi}}(k+1)$$

把各增广矩阵写成如图 6－36 所示的抗干扰系统总图结构。

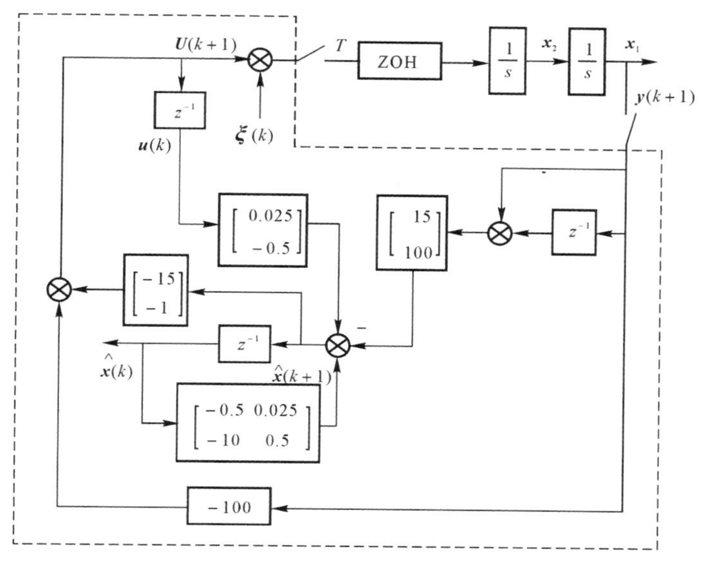

图 6-36　抗干扰系统总图

6.9　本章小结

在这一章里，讨论了状态空间设计法中的重要问题即离散系统的可控性和可观测性。然后，利用状态空间表达式，根据系统性能指标要求，设计出满足要求的计算机控制系统。接着在极点配置技术的基础上研究了控制系统设计的现代控制理论方法。研究了采用状态反馈的设计过程，讨论了在状态变量非实际变量的情况下采用状态反馈的可能性和采用输出反馈的极点配置问题，并应用估计作为状态反馈，以达到闭环控制的目的。同时分析了观测器的设计与反馈控制器的设计可以分开进行，观测器设计采用与状态反馈完全相类似的极点配置法。同时也指明了怎样使用极点配置方法和观测器来解决调节器和伺服器的设计问题。

习　　题

6-1　数字控制系统 z 传递函数为

$$D(z)=\frac{0.04}{(1-0.9z^{-1})(1-0.8z^{-1})}$$

(1)写出直接型，并联型的数学表达式；

(2)画出直接型，串型、并联型的结构。

6-2　试判断下述系统的可控性与可观性：

$$\begin{bmatrix}\boldsymbol{x}_1(k+1)\\ \boldsymbol{x}_2(k+1)\end{bmatrix}=\begin{bmatrix}0.5 & -0.5\\ 0 & 0.25\end{bmatrix}\begin{bmatrix}\boldsymbol{x}_1(k)\\ \boldsymbol{x}_2(k)\end{bmatrix}+\begin{bmatrix}6\\ 4\end{bmatrix}\boldsymbol{u}(k)$$

$$\boldsymbol{y}(k)=\begin{bmatrix}2 & -4\end{bmatrix}\begin{bmatrix}\boldsymbol{x}_1(k)\\ \boldsymbol{x}_2(k)\end{bmatrix}$$

6－3　图 6－37 所示为一数字控制系统的框图，试判断系统的能控性。

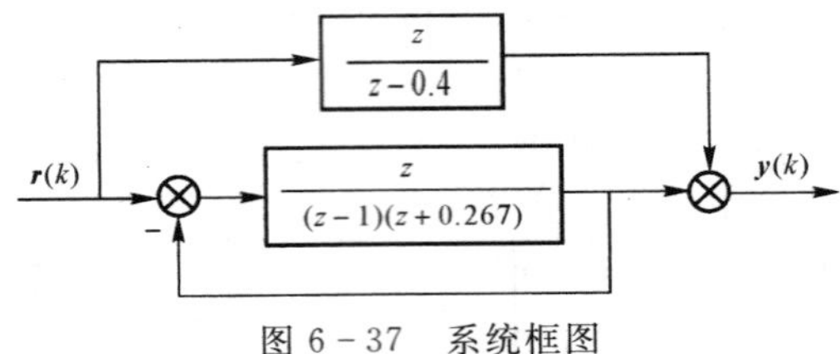

图 6－37　系统框图

6－4　数字控制过程用下列状态方程描述：

$$\boldsymbol{X}(k+1)=\boldsymbol{F}\boldsymbol{X}(k)+\boldsymbol{G}\boldsymbol{u}(k)$$

式中

$$\boldsymbol{F}=\begin{bmatrix}0 & 0 & 0\\0 & 0.5 & 0\\0 & 0 & 2\end{bmatrix}\quad \boldsymbol{G}=\begin{bmatrix}1\\0\\1\end{bmatrix}$$

(1) 试判断系统的状态能控性。

(2) 试问系统能否用 $\boldsymbol{u}(k)=-[g_1\quad g_2\quad g_3]\boldsymbol{X}(k)$（$g_1,g_2,g_3$ 为常量）形式的状态反馈加以稳定？

6－5　图 6－38 所示系统的输入信号 $r(t)=2\times1(t)$，试设计控制器 $D(z)$，使该系统是对阶跃输入信号的最少拍无波纹系统。

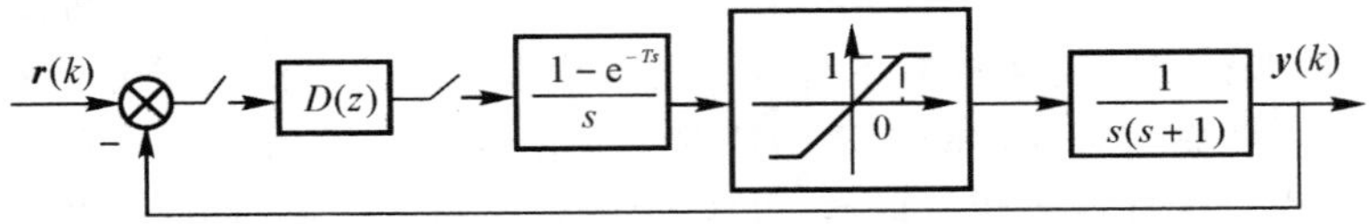

图 6－38　计算机控制系统框图

6－6　设四阶多输入多输出对象状态方程为

$$\begin{bmatrix}\dot{x}_1\\\dot{x}_2\\\dot{x}_3\\\dot{x}_4\end{bmatrix}=\begin{bmatrix}1 & 1 & -5 & -1\\0 & -2 & 0 & 0\\2 & 1 & -6 & -1\\-2 & -1 & 2 & -3\end{bmatrix}\begin{bmatrix}x_1\\x_2\\x_3\\x_4\end{bmatrix}+\begin{bmatrix}1 & 1\\0 & 2\\0 & 2\\0 & -1\end{bmatrix}\begin{bmatrix}u_1\\u_2\end{bmatrix}$$

$$\begin{bmatrix}y_1\\y_2\end{bmatrix}=\begin{bmatrix}3 & 2 & -3 & 2\\1 & 2 & 1 & 3\end{bmatrix}\begin{bmatrix}x_1\\x_2\\x_3\\x_4\end{bmatrix}$$

试设计最少拍调节器 $D(z)$，设采样周期 $T=0.1\text{s}$。

6－7　伺服系统状态方程为

$$\begin{bmatrix}x_1(k+1)\\x_2(k+1)\end{bmatrix}=\begin{bmatrix}1 & -0.0952\\0 & 0.905\end{bmatrix}\begin{bmatrix}x_1(k)\\x_2(k)\end{bmatrix}+\begin{bmatrix}0.00484\\0.0952\end{bmatrix}u(k)$$

试利用极点配置法求全状态反馈增益，使闭环极点在 s 平面上位于 $\xi=0.46$，$\omega=4.2\text{rad/s}$，假

定采样周期 $T = 0.1\text{s}$。

6-8　已知数字控制系统

$$\begin{bmatrix} \boldsymbol{x}_1(k+1) \\ \boldsymbol{x}_2(k+1) \end{bmatrix} = \begin{bmatrix} 1 & 1 \\ -1 & -2 \end{bmatrix} \begin{bmatrix} \boldsymbol{x}_1(k) \\ \boldsymbol{x}_2(k) \end{bmatrix} + \begin{bmatrix} 1 & 0 \\ 0 & 1 \end{bmatrix} \boldsymbol{u}(k)$$

(1)找出状态反馈 $\boldsymbol{u}(k) = -\boldsymbol{KX}(k)$，以使闭环反馈系统的特征值位于 $z_{1,2} = (0,0)$处。还要求反馈只送到 $\boldsymbol{u}_1(k)$而不送到 $\boldsymbol{u}_2(k)$。

(2)重做(1)，但要求反馈只送到 $\boldsymbol{u}_2(k)$。

(3)重做(1)，但要求对 $\boldsymbol{u}_1$ 反馈的权值比对 $\boldsymbol{u}_2$ 加大一倍。

6-9　给定数字控制系统

$$\boldsymbol{X}(k+1) = \boldsymbol{FX}(k) + \boldsymbol{Gu}(k)$$
$$\boldsymbol{Y}(k) = \boldsymbol{CX}(k)$$

若($\boldsymbol{F}$,$\boldsymbol{C}$)对是可观的，试证明通过输出反馈

$$\boldsymbol{u}(k) = -\boldsymbol{KY}(k) + \boldsymbol{r}(k)$$

闭环系统也是可观的。

6-10　对题 6-7 所示系统设计全阶预测观测器及现今观测器，要求观测器的特征根是相等实根，时间常数等于控制系统衰减速率的 1/4。若 $\boldsymbol{y}(k) = [1,0]\boldsymbol{x}(k)$，试设计降阶观测器，要求观测器极点位于原点，并求由观测器而引入系统的数字滤波器传递函数。

若 $\boldsymbol{y}(k) = [0,1]\boldsymbol{x}(k)$，试问能设计降阶观测器吗？

6-11　图 6-39 所示电炉的温度由下式描述：

$$\hat{\boldsymbol{X}}(t) = -\boldsymbol{X}(t) + \boldsymbol{u}(t) + \boldsymbol{W}_2$$

式中，$\boldsymbol{u}(t)$ 是控制作用；$\boldsymbol{W}_2$ 是未知的由于热量损失引起的常值扰动。希望使平衡温度设置为常值 $\boldsymbol{W}_1$，并要求闭环特征根在 $z = 0$ 处，当 $k \to \infty$ 时，$\boldsymbol{x}(k) \to \boldsymbol{W}_1$，采样周期 $T = 0.2\text{s}$，求全状态反馈增益。

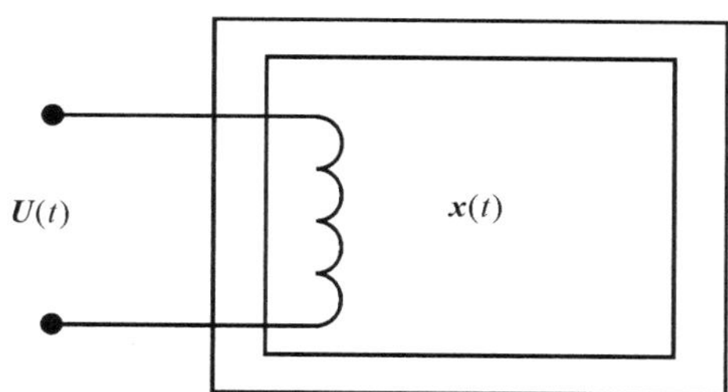

图 6-39　炉体温度控制体

第 7 章　复杂系统的计算机控制方法设计

单回路控制系统是最简单最基本的控制系统，它在多数情况下能满足单输入单输出过程控制要求。但如果在被控对象比较复杂、容量滞后较大、扰动因素又较多、控制精度要求高的控制场合，简单的单回路控制系统就难以满足控制要求，而需要采用新的控制手段，组成较为复杂的控制系统。本章将讨论串级计算机控制方法、计算机前馈控制和解耦控制方法，解决多参数变量、有干扰、多输入多输出复杂系统的控制问题。

7.1　计算机串级控制方法

7.1.1　串级控制原理

在飞机环控中，常用制冷机和换热器来保持飞机在不同飞行高度下机舱内温度的恒定。图 7-1 是一个飞机机舱环控调节示意图，其任务是利用发动机的余热进行热交换，对飞机舱内空气加热到一定温度，以满足舱内温控要求。加热的方法是将发动机燃气尾流通过导热管 6 导入热流量到换热器 5，与舱内冷气流经排管 7 在换热器中进行热交换，使舱内冷空气温度从 T_0 升高到 T_1，再输送到机舱内，要求 T_1 温度的控制波动范围不超过 ±1℃。

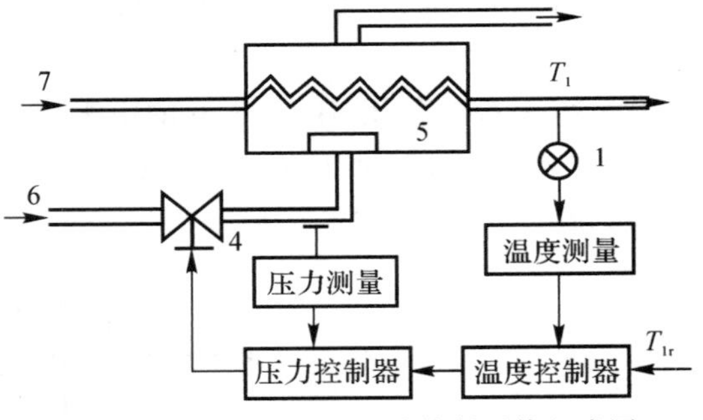

图 7-1　压力控制双回路控制系统组成图

按照通常反馈控制原理，可建立一个单回路控制系统（见图 7-2），即将温度检测变送器测得的出口温度 T_1，与温度给定值 T_r 相比较，其偏差通过温度控制器去控制热管道上的调节阀 4，从而改变热流量大小，以达到稳定 T_1 的目的。

实践证明，这种控制系统达不到控制指标所提出的温度波动范围要求。引起空气出口温度 T_1 的干扰因素很多，主要有：

(1) 被加热的冷气流的扰动 N_1（如进入的流量或入口温度的波动）；

(2) 燃气尾热流的扰动 N_2（如流量和温度的波动）；

(3) 调节阀前后压力的波动 N_3；

(4) 换热效率及壁面散热和换热壁温度变化等方面的扰动 N_4。

以上扰动进入控制系统的位置是不同的，可以用如图 7-2 所示框图说明。图中控制对象包括了换热管壁、被加冷空气、引气热量等三个热容积。当发生扰动 N_2，N_3 或 N_4 时，首先影响换热器出口热流温度 T_2，再经管壁和被加热体的传热才影响温度 T_1。上述传热过程反应很慢，而该信息反馈与给定值的偏差形成控制量作用于调节阀后，需经过一定时间才能控制。控制作用的滞后必然导致 T_1 的动态偏差较大，过渡过程时间也比较长。

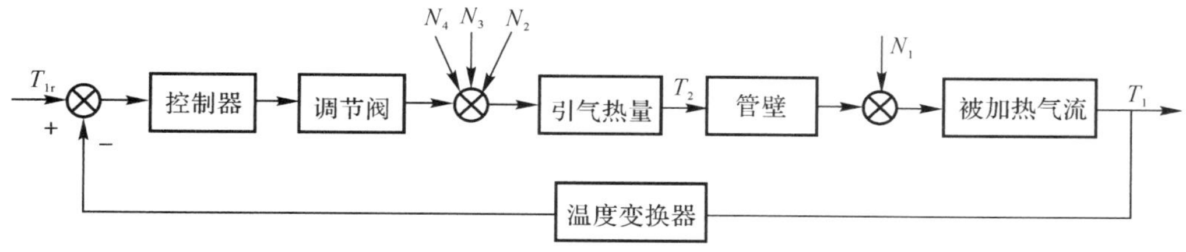

图 7-2　换热器单回路控制系统框图

由以上分析可见，动态品质较差的原因是 T_1 受扰动 N_2，N_3 和 N_4 的响应慢，因而调节阀的作用落后于扰动发生的时间。因此，解决问题的途径之一就是在扰动发生后，让调节阀的动作尽可能早一些。这样，可以采用多种方案提前对扰动进行控制，保证最终出口温度 T_1。

方案1：控制尾燃气的入口阀压力，如图 7-1 所示。

由于尾热气压力的波动 N_3 将会引起热流量波动，从而引起换热温度的波动，最终引发出口温度 T_1 的波动。把尾热气压力的控制作为内环，温度 T_1 控制量为外环，这样就可构成一种串级控制方式。

从串级系统的框图 7-3 中可以看出，它与简单控制系统的显著差别是具有两个闭合回路，里层的回路称为副控回路；外层的回路称为主控回路。主、副控回路各有其测量变送器和控制器，而调节阀只有一个。处于主回路中的控制器称为主控制器，处于副回路中的控制器称为副控制器。调节阀直接受副控制器的控制，而主控制器的输出作为副控制器的给定值。这样，串级系统的主回路是一个定值控制系统，而副回路可看作是一个随动控制系统。图 7-4 把控制框图写成数学传递函数描述形式，这样就可以很方便地写出系统的开环或闭环传递函数。

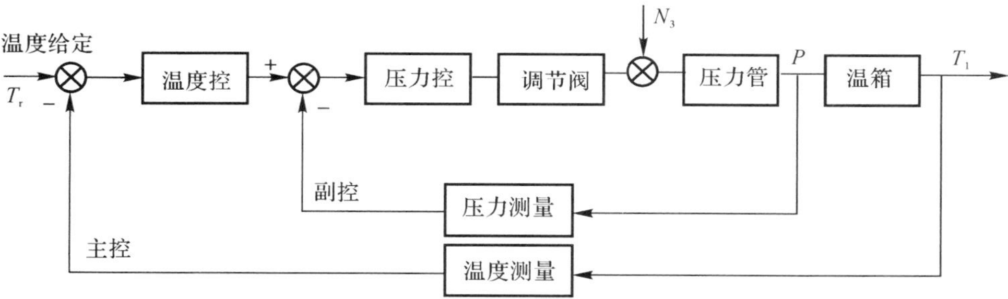

图 7-3　压力串级回路控制系统框图

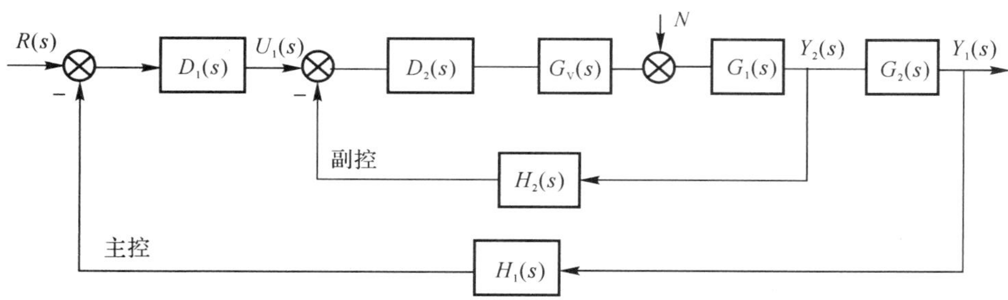

图 7-4　压力串级回路控制系统传递函数框图

方案 2：以换热器内温度 T_2 为内控制环。如图 7-5 所示，换热器内的温度 T_2 同样能反映扰动 N_2，N_3 和 N_4 的影响，而且它比 T_1 反映 N_2，N_3 和 N_4 的影响要快得多。因此，如果通过测量 T_2 来控制温度控制器（称副控制器），那么调节阀的控制作用同样就及时得多。

由于控制的目的是稳定出口温度 T_1，因此仅用副控制器稳定换热器的温度 T_2 是不够的，当发生被加热体方面的扰动 N_1 时，该方案就会无能为力。因此可采用两个温度控制器串联的方式共同控制，即根据 T_1 与其给定值 T_{1r} 的偏差来改变副控制器的给定值 T_{2r}，由温度副控制器去控制燃油调节阀。

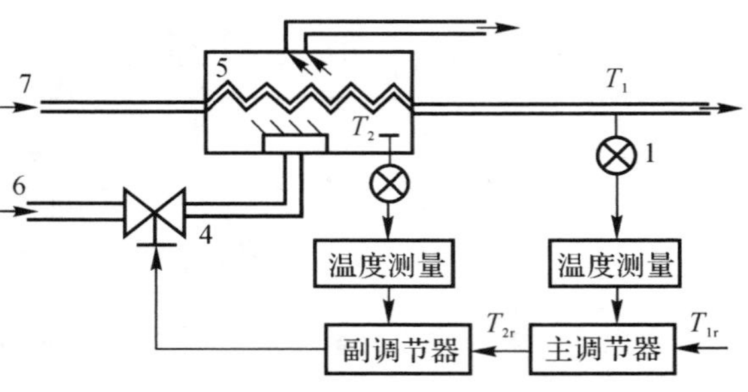

图 7-5　双温度串级控制系统组成图

在串级系统中有两个被控量，描述如图 7-6 中的 T_1 和 T_2。T_2 是副回路的被控量，称为副参数；T_1 是主回路的被控量，称为主参数。同样，副回路包围的对象（如图 7-5 中的换热器腔）称为副对象；主回路中的对象（如图 7-5 中的管壁和管内被加热的空气）称为主对象。此外，根据外部扰动作用位置的不同，可以分为一次扰动和二次扰动。被副回路包围的扰动称为二次扰动（如图 7-2 中的 N_2，N_3 和 N_4）；处于副回路之外的扰动称为一次扰动（如图 7-6 中 N_1 扰动）。

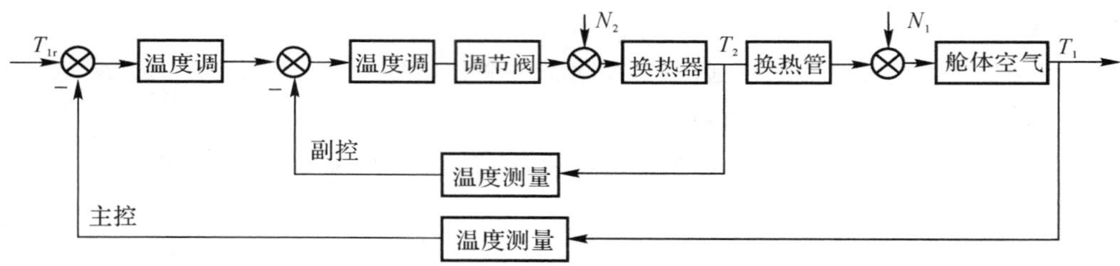

图 7-6　双温度串级控制方框图

7.1.2　串级控制的特点

串级控制系统（见图 7-7）在结构上比单回路控制系统多了一个副回路，因而在控制效果上和单回路系统相比具有如下特点。

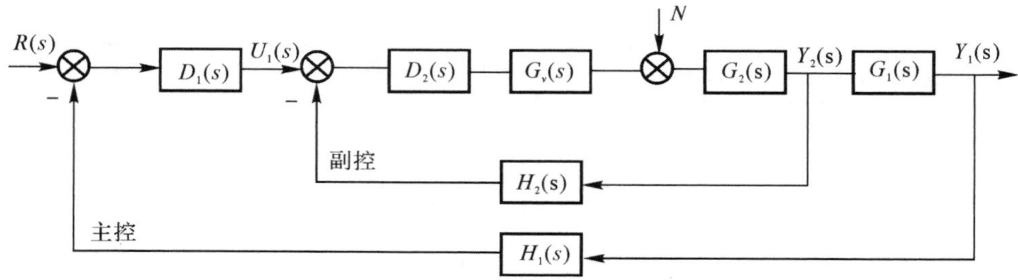

图 7-7　串级控制系统框图

1. 串级控制可减少副控对象的时间常数

取

$$G_1(s)=\frac{K_1}{1+T_1 s}\qquad G_2(s)=\frac{K_2}{1+T_2 s}\tag{7-1}$$

主控回路：

$$D_1(s)=K_{p1}\quad H_1(s)=K_{H1}\tag{7-2}$$

副控回路：

$$D_2(s)=K_{p2}\quad H_2(s)=K_{H2}\tag{7-3}$$

压力调节放大：

$$G_v(s)=K_v\tag{7-4}$$

则副控回路的闭环传递函数：

$$\begin{aligned}\frac{y_2(s)}{U_1(s)}=\Phi_2(s)&=\frac{D_2(s)G_v(s)G_2(s)}{1+H_2(s)D_2(s)G_v(s)G_2(s)}\\&=\frac{K_2K_v\dfrac{K_{p2}}{1+T_2 s}}{1+K_{H2}K_2K_v\dfrac{K_{p2}}{1+T_2 s}}=\frac{K_2K_vK_{p2}}{1+K_{H2}K_2K_vK_{p2}+T_2 s}=\frac{K_2'}{1+T_2' s}\end{aligned}\tag{7-5}$$

$$T'_2=\frac{T_2}{1+K_{H2}K_2K_vK_{p2}}<T_2\tag{7-6}$$

$$K'_2=\frac{K_2K_vK_{p2}}{1+K_{H2}K_2K_vK_{p2}}$$

由式(7－5)、式(7－6)可见，副回路可看作是等效副对象，它的时间常数 T_2' 比 T_2 小；当 $K_{H2}=1$ 时，若 $K_{p2}K_2K_v\gg 1$ 时，副回路可近似看成 1∶1 的放大环节。因此，可以得出结论，由于副回路的存在，相当于整个被控对象内放大量降低，时间常数变小，因此提高了系统的快速性，从而被控量动态偏差减小，过程的调节时间缩短，控制质量得到提高。

2. 串级控制可提高系统的工作频率

取一个双容对象为例说明。图 7－8 是双容对象采用纯比例控制时的单回路系统结构图。

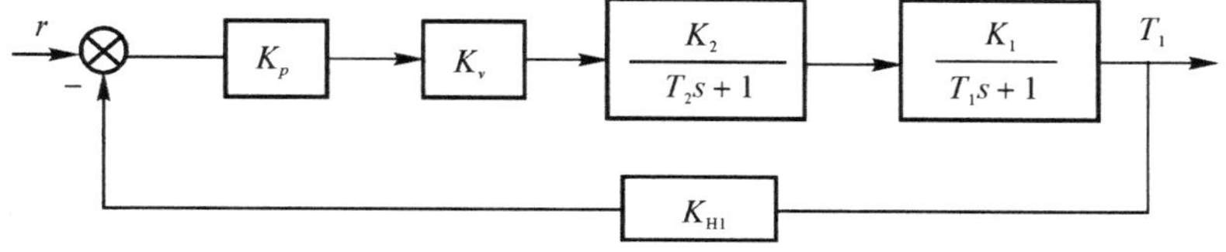

图 7－8　双容对象单回路控制

该控制系统的闭环传递函数为

$$\Phi(s)=\frac{K_{p1}K_vK_1K_2}{(T_1 s+1)(T_2 s+1)+K_{H1}K_{p1}K_vK_1K_2}\tag{7-7}$$

式中，K_1，K_2 和 T_1 和 T_2 分别为主、副对象的放大系统和时间常数；K_{p1} 为比例控制系数。单回路系统特征方程：

$$(T_1T_2)s^2+(T_1+T_2)s+1+K_{H1}K_{p1}K_vK_1K_2=0 \tag{7-8}$$

该系统的无阻尼自然频率为

$$\omega_{n1}^2=\frac{1+K_{H1}K_{p1}K_vK_1K_2}{T_1T_2} \tag{7-9}$$

设阻尼系数 ξ_1，则

$$2\xi_1\omega_{n1}=\frac{T_1+T_2}{T_1T_2}$$

系统的阻尼振荡频率为

$$\omega_{d1}=\omega_{n1}\sqrt{1-\xi_1{}^2}=\frac{T_1+T_2}{T_1T_2}\frac{\sqrt{1-\xi_1{}^2}}{2\xi_1} \tag{7-10}$$

如果采用串级控制，系统的结构图如图 7－9 所示。图中主、副控制器都采用纯比例控制。为了写出串级系统的特征方程式，首先把副回路简化为一个等效环节。

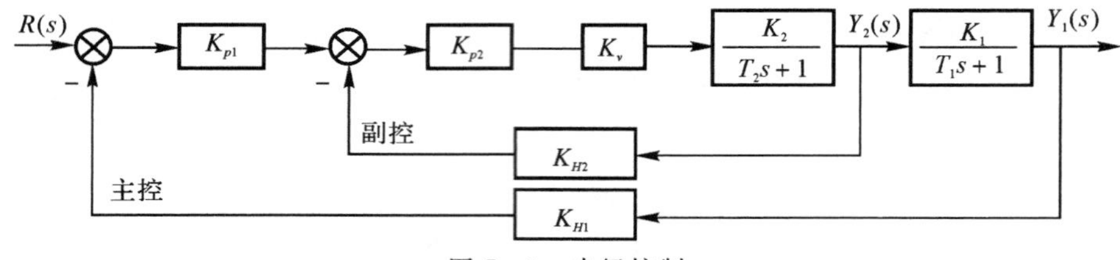

图 7－9　串级控制

副回路的等效传递函数为

$$\frac{Y_2(s)}{R_2(s)}=\frac{K_{p2}K_v\dfrac{K_2}{1+T_2s}}{1+K_{H2}K_{p2}K_v\dfrac{K_2}{1+T_2s}}=\frac{K_{p2}K_vK_2}{1+K_{H2}K_{p2}K_vK_2+T_2s}=\frac{K'_2}{1+T'_2s} \tag{7-11}$$

其中 $K'_2=\dfrac{K_2K_vK_{p2}}{1+K_{H2}K_2K_vK_{p2}}$　　$T'_2=\dfrac{T_2}{1+K_{H2}K_2K_vK_{p2}}$

这样，图 7－9 所示的串级系统可简化为图 7－10 所示的单回路系统。

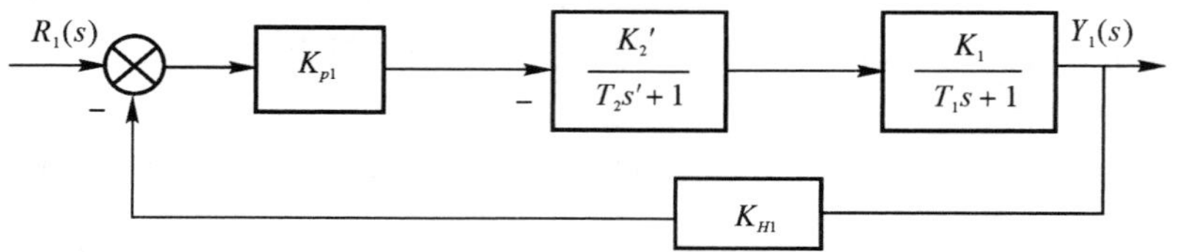

图 7－10　简化单回路系统

闭环传递函数：

$$\begin{aligned}\Phi(s)&=\frac{K_{p1}K_1K'_2}{(T'_2s+1)(T_1s+1)+K_{p1}K_1K'_2K_{H1}}\\&=\frac{K_{p1}K_1K'_2}{T'_2T_1s^2+(T_1+T'_2)s+1+K_{p1}K_1K'_2K_{H1}}\end{aligned} \tag{7-12}$$

因此，该串级系统的特征方程为

$$T'_2T_1s^2+(T_1+T'_2)s+1+K_{p1}K_1K'_2K_{H1}=0 \tag{7-13}$$

$$\begin{aligned}&(T_1T_2)s^2+(T_1+T_2+T_1K_{p2}K_vK_2K_{H2})s+1+\\&K_{H2}K_{p2}K_vK_2+K_{p1}K_{p2}K_vK_1K_2K_{H1}=0\end{aligned} \tag{7-14}$$

其自然频率为

$$\omega_{n2}^2 = \frac{1 + K_{H2}K_{p2}K_vK_2 + K_{p1}K_{p2}K_vK_1K_2K_{H1}}{T_1T_2} \tag{7-15}$$

阻尼系数为 ξ_2，阻尼振荡频率为

$$2\xi_2\omega_{n2} = \frac{T_1 + T'_2}{T_1T'_2}$$

$$\omega_{d2} = \omega_{n2}\sqrt{1-\xi_2{}^2} = \frac{T_1 + T'_2}{T_1T'_2}\frac{\sqrt{1-\xi_2{}^2}}{2\xi_2} \tag{7-16}$$

若使单回路和串级两种控制系统都具有相同的阻尼系数（由于衰减率和阻尼系数具有单值关系，因而相同的阻尼系数意味着同样的衰减率），即 $\xi_1 = \xi_2$，则比较：

单回路自然频率式(7－9)：　$\omega_{n1}^2 = \dfrac{1 + K_{H1}K_{p1}K_vK_1K_2}{T_1T_2}$

串回路自然频率式(7－15)：　$\omega_{n2}^2 = \dfrac{1 + K_{H2}K_{p2}K_vK_2 + K_{p1}K_{p2}K_vK_1K_2K_{H1}}{T_1T_2}$

显然有

$$\text{串}\ \omega_{n2}^2 > \text{单}\ \omega_{n1}^2 \tag{7-17}$$

由式(7－10)与式(7－16)式比较可得

$$\frac{\omega_{d2}}{\omega_{d1}} = \frac{\dfrac{T_1 + T'_2}{T_1T'_2}}{\dfrac{T_1 + T_2}{T_1T_2}} = \frac{\dfrac{1}{T_1} + \dfrac{1}{T'_2}}{\dfrac{1}{T_1} + \dfrac{1}{T_2}} = \frac{1 + \dfrac{T_1}{T'_2}}{1 + \dfrac{T_1}{T_2}}$$

由式(7－6)知道 $T'_2 < T_2$，即$\dfrac{1}{T_2} < \dfrac{1}{T'_2}$。

同理有工作频率：

$$\text{串}\ \omega_{d2} > \text{单}\ \omega_{d1} \tag{7-18}$$

也即由于引入副回路，提高了系统的工作频率。

在式(7－11)中若取 $(1 + K_{H2}K_2K_vK_{p2})T'_2 = 10T'_2 = T_2$，则

$$\frac{\omega_{d2}}{\omega_{d1}} = \frac{1 + 10\dfrac{T_1}{T_2}}{1 + \dfrac{T_1}{T_2}} \tag{7-19}$$

把式(7－19)绘成如图 7－11 所示关系曲线。

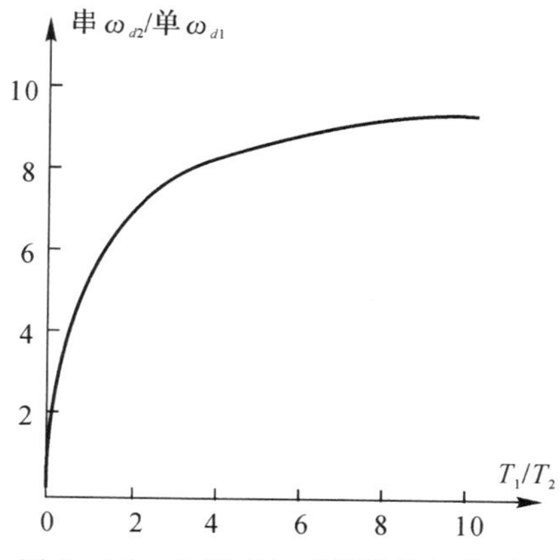

图 7－11　角频率与时间常数的关系

由图 7－11 的关系曲线可见，当 T_1/T_2 较小时，串级系统工作频率增加很快。随着 T_1/T_2 的增加，串级系统工作频率增长就缓慢了，而且 T_2 的减小意味着副控对象包括的干扰减少，所以主、副控对象时间常数应适当匹配，一般取 $T_1/T_2 = 3 \sim 10$ 较为合适。应该指出，主、副控对象时间常数的匹配问题，还应考虑到避免串级系统的共振问题。

3. 串级控制对进入副回路的干扰有很强的抑制能力

考虑如图 7－12 所示的串级控制系统框图。图中 $D_1(s) = K_{p1}$ 和 $D_2(s) = K_{p2}$ 分别为主、副控制器的传递函数，$H_1(s) = K_{H1}$ 和 $H_2(s) = K_{H2}$ 分别为主、副变送器的传递函数。

$G_v(s)=K_v$ 是驱动器传递函数，$G_1(s)=\dfrac{K_1}{T_1s+1}$ 和 $G_2(s)=\dfrac{K_2}{T_2s+1}$ 分别为主、副对象的传递函数，$N_2(s)$为加在副回路的二次干扰。

若把副回路看作一个等效环节 $G'_2(s)$，串级在输入函数 $R(s)$作用下：

$$G'_2(s)=\frac{Y_2(s)}{U_1(s)}=\frac{D_2(s)G_v(s)G_2(s)}{1+D_2(s)G_v(s)G_2(s)H_2(s)} \tag{7-20}$$

$$\begin{aligned}\Phi(s)=\frac{Y_1(s)}{R(s)}&=\frac{D_1(s)G'_2(s)G_1(s)}{1+D_1(s)G'_2(s)G_1(s)H_1(s)}\\&=\frac{D_1(s)D_2(s)G_v(s)G_2(s)G_1(s)}{1+D_2(s)G_v(s)G_2(s)H_2(s)+D_1(s)D_2(s)G_v(s)G_2(s)G_1(s)H_1(s)}\\&=\frac{K_{p1}K_{p2}K_vK_1K_2}{[(T_2S+1)+K_{H2}K_{p2}K_vK_2](T_1s+1)+K_{p1}K_{p2}K_vK_1K_2K_{H1}}\end{aligned} \tag{7-21}$$

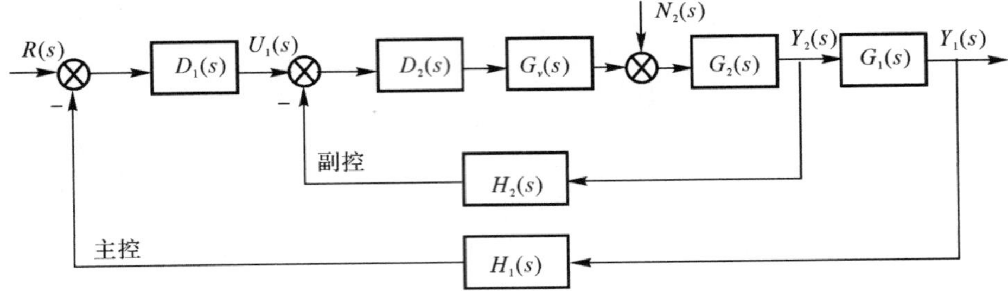

图 7-12　有干扰的串级控制系统框图

在干扰 N_2 的作用下可把图 7-12 所示系统等效为图 7-13 所示。由该图可以很容易地写出主参数对给定值和二次干扰的闭环传递函数。

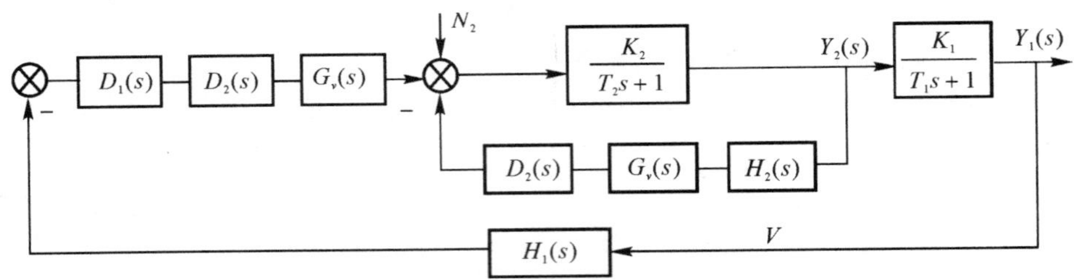

图 7-13　在干扰 N_2 作用下等效图

副参数 $Y_2(s)$受二次干扰 $N_2(s)$的传递函数为

$$G'_{2N}(s)=\frac{Y_2(s)}{N_2(s)}=\frac{G_2(s)}{1+D_2(s)G_v(s)G_2(s)H_2(s)} \tag{7-22}$$

参数 $Y_1(s)$对二次干扰 $N_2(s)$的传递函数为

$$\begin{aligned}\frac{Y_1(s)}{N_2(s)}&=\frac{G'_{2N}(s)G_1(s)}{1+D_1(s)D_2(s)G_v(s)G_{2N}(s)G_1(s)H_1(s)}\\&=\frac{G_2(s)G_1(s)}{1+D_2(s)G_v(s)G_2(s)H_2(s)+D_1(s)D_2(s)G_v(s)G_2(s)G_1(s)H_1(s)}\end{aligned} \tag{7-23}$$

式(7-23)与式(7-21)比较：

$$\frac{\dfrac{Y_1(s)}{R_1(s)}}{\dfrac{Y_1(s)}{N_2(s)}} = D_1(s)D_2(s)G_v(s) \tag{7-24}$$

$$A = \frac{Y_1(s)/R(s)}{Y_1(s)/N_2} = K_{p1}K_{p2}K_v \tag{7-25}$$

对于一个控制系统，在干扰作用和给定值作用两种情况下，$Y_1(s)/N_2(s)$ 的值越接近"0"，$Y_1(s)/R_1(s)$ 的值越接近"1"，则控制性能越好。因此串级控制系统克服二次干扰 $N_2(s)$ 的能力可用式(7－24) 表示，设主、副控制器均采用比例控制器，其放大系数分别为 K_{p1} 和 K_{p2}，则式(7－24) 可写为式(7－25)，该式说明主、副控制器的总放大倍数越大，则系统克服二次干扰 $N_2(s)$ 的能力越强。

与单回路控制系统进行比较，可绘出同样情况下的单回路系统框图，如图 7－14 所示，用同样的方法进行分析。

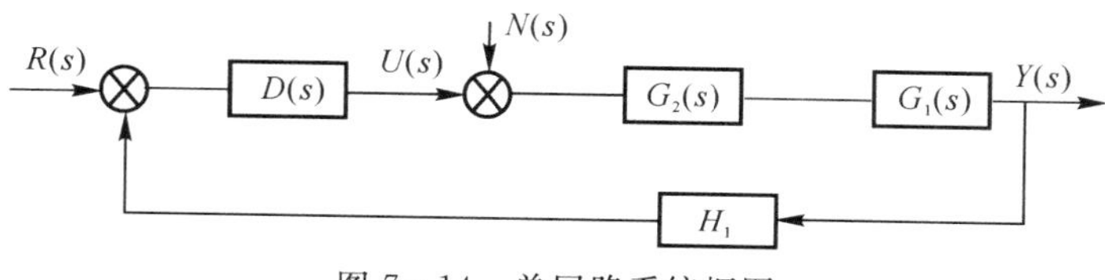

图 7－14　单回路系统框图

单回路系统输出对给定值 $R(s)$ 和干扰 $N(s)$ 的闭环传递函数分别为

$$\Phi(s) = \frac{Y_1(s)}{R(s)} = \frac{D_1(s)G_2(s)G_1(s)}{1+D_1(s)G_2(s)G_1(s)H_1(s)}$$

$$\frac{Y(s)}{N(s)} = \frac{G_2(s)G_1(s)}{1+D_1(s)G_1(s)G_2(s)H_1(s)}$$

同理，单回路系统克服干扰的能力可用下式表示：

$$\frac{\dfrac{Y_1(s)}{R(s)}}{\dfrac{Y_1(s)}{N(s)}} = D_1(s) \tag{7-26}$$

设单回路系统也采用比例控制器，控制器的放大倍数为 K_{p1}，则上式可写为

$$\text{单}\,A = \frac{\dfrac{Y_1(s)}{R(s)}}{\dfrac{Y_1(s)}{N(s)}} = K_{p1} \tag{7-27}$$

与式(7－25)比较：

$$\text{单}\,A < \text{串}\,A \tag{7-28}$$

由于在设计串级控制系统时，副回路的阶数一般都取得较低，K_{p2} 可以取得较大。另外，由于副回路的存在加快了主参数的响应速度，因此，主控制器的放大倍数 K_{p1} 可比单回路时取得更大，这样，在一般情况下有

$$K_{p1}K_{p2} > K_{p1} \tag{7-29}$$

由此可见，串级系统对进入副回路的二次干扰有较强的克服能力。据有关资料介绍，与单

回路控制系统相比，副回路克服二次干扰的能力往往可提高 10～100 倍。

此外，还应指出，虽然一次扰动没有被副回路包围，但由于副回路的存在改善了被控对象的动态特性，因此，对于一次扰动，串级控制比单回路控制也有明显改善。

4. 串级控制有一定的自适应能力

串级系统的主回路是一个定值控制系统，而副回路是一个随动系统。主控制器按负荷和操作条件的变化不断改变副控制器的给定值，造成副控对象的工作点经常变化。如果副对象有较大的非线性特性，则它的放大倍数 $K_2=\mathrm{d}y_2/\mathrm{d}u_2$ 将不断变化，如图 7－15 所示。在单回路控制系统中，若不采取其他措施，则难以保证控制质量要求。但对串级系统则不同，负荷变化引起副回路内的环节参数变化可以较少影响或不影响系统的控制质量。重画副回路框图如图 7－16所示，其等效传递函数为

$$\frac{Y_2(s)}{R_2(s)}=\frac{K_{p2}K_2/(1+s)}{1+K_{p2}K_2K_{H2}/(1+T_2s)}=\frac{K_2'}{1+T_2's} \qquad (7-30)$$

其中

$$K_2'=\frac{K_{p2}K_2}{1+K_{p2}K_2K_{H2}}, \qquad T_2'=\frac{T_2}{1+K_{p2}K_2K_{H2}}$$

因为 $K_{p2}K_2K_{H2}\gg 1$，因而等效副对象的放大倍数

$$K_2'\approx\frac{1}{K_{H2}} \qquad (7-31)$$

也就是说，副回路的特性仅与测量变送器的特性有关，与副对象的参数变化几乎无关。这样，如果对象存在较大的非线性，若把这部分包含到副回路中去，则它对整个系统的性能影响就不大了。从这个意义上讲，串级控制系统对负荷的变化或操作条件的改变适应性比较强。

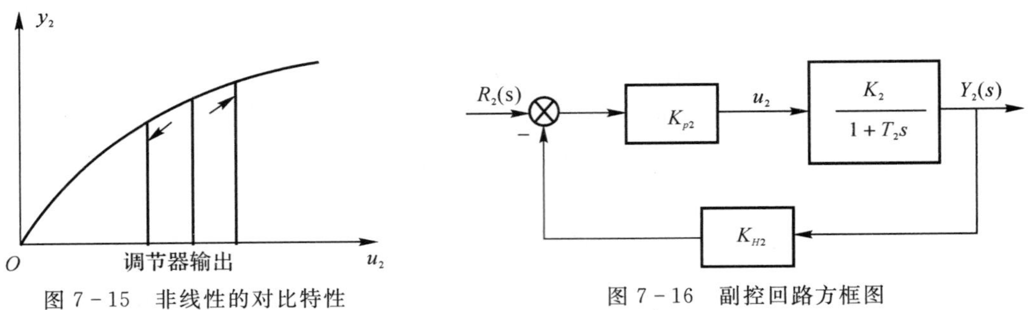

图 7－15　非线性的对比特性

图 7－16　副控回路方框图

根据上述分析，串级控制系统的抗干扰能力、快速性、适应性和控制质量都比单回路要好，但串级系统相对比较复杂，设备费用较高，控制器参数整定也比单回路麻烦，当单回路系统能满足控制质量要求时，就不使用串级系统。而串级系统一般只在下列情况下使用才较合理：

(1)控制通道纯延迟时间较长；

(2)对象容量滞后大；

(3)负荷变化大，被控对象又具有非线性；

(4)系统存在变化剧烈的干扰。

(5)内参数变化大于外控制参数。

7.1.3　计算机串级控制系统

用计算机来实现串级系统中的主、副控制器控制规律，称为计算机串级控制系统，如图 7-17 所示。图中，主、副控制器 $D_1(z)$ 和 $D_2(z)$ 采用计算机数字程序实现。$D_1(z)$ 通过 A/D 变换器采入给定值信号 r 和输出参数 y_1，作为主控制器的输入信号，它的输出 $u_1(k)$ 作为副回路的给定值。$D_2(z)$ 通过 A/D 变换器采入的副参数 y_2 并与 $u_1(k)$ 比较，其偏差作为副控制器的输入，$D_2(z)$ 的输出经过 D/A 变换器去控制连续的被控对象。T_{s1} 和 T_{s2} 分别为主回路和副回路的采样周期。

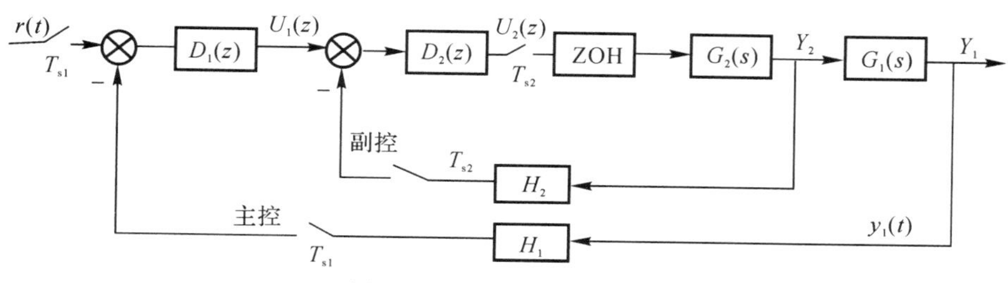

图 7-17　计算机串级控制

1. 串级控制的一般数字算法

以下分为两种情况讨论。一种是主回路和副回路采样周期相同，即 $T_s=T_{s1}=T_{s2}$，称为同步采样。另一种是主回路和副回路采样周期不同，即 $T_{s1}\neq T_{s2}$，称它为异步采样。异步采样处理将在第 8 章专项进行讨论，此处仅就同步采样 $T_{s1}=T_{s2}$ 情况开展讨论。

对于串级控制，数字算法的顺序是先计算最外面的回路，然后逐步向里面的回路进行计算。同步采样的计算步骤如下：

(1)计算主回路的偏差。

$$e_1(k)=r(k)-y_1(k)$$

(2)计算主控制器 $D_1(z)$的输出，采用 PID 控制。

$$\Delta u_1(k)=K_{p1}\Delta e_1(k)+K_I e_1(k)+K_D[\Delta e_1(k)-\Delta e_1(k-1)]$$
$$u_1(k)=u_1(k-1)+\Delta u_1(k)$$

(3)计算副回路的偏差。

$$e_2(k)=u_1(k)-y_2(k)$$

(4)计算副控制器 $D_2(z)$的输出。

若副回路采用的是比例调节规律，则

$$u_2(k)=K_{p2}e_2(k)$$

上述算法每个采样周期计算一次，并由副控制器输出控制信号 $u_2(k)$，经 D/A 变换器驱动执行部件和被控对象。

2. 副回路数字控制器设计

计算机控制和模拟控制器控制在设计原则上是一致的。但由于控制算法采用软件实现，不必再局限于简单的 PID 控制律，也可以作较多的其他控制方法，从而能更有效地提高控制质量。由于副回路是串级系统设计的关键，就副控制器的数字算法设计可采用常用的两种方法。

(1)按预期的闭环特性设计副控制器。设副回路如图 7-17 所示。由该图可知副回路闭

环系统的脉冲传递函数为

$$\Phi_2(z)=\frac{D_2(z)HG_2(z)}{1+D_2(z)HG_2(z)} \tag{7-32}$$

式中，$HG_2(z)$为广义对象的脉冲传递函数，即

$$HG_2(z)=Z\left[\frac{1-e^{-sT}}{s}G_2(s)\right] \tag{7-33}$$

由式(7-32)可得副控制器

$$D_2(z)=\frac{\Phi_2(z)}{HG_2(z)(1-\Phi_2(z))} \tag{7-34}$$

由式(7-34)可见，当 $HG(z)$和 $\Phi_2(z)$确定后便可按式(7-34)求得数字控制器 $D_2(z)$。

副控闭环传递函数 $\Phi_2(z)$的型式可由设计者给定，在 7.1.2 小节分析了当副控回路放大系数取得很大时，副控回路可近似看作 1∶1的比例环节，因此，可假设副回路闭环特性 $\Phi_2(z)=1$，它表示输出量 $Y_2(z)$随时与 $U_1(z)$近似相等。但这是理想情况下的假设，$\Phi_2(z)=1$ 意味着系统受到扰动或负荷变化时，控制装置必须提供给对象以无限大的能量，这在实际上对具有惯性或纯滞后的对象来说是无法实现的。

因此，必须根据对象特性，合理选择系统的闭环脉冲传递函数 $\Phi_2(z)$，考虑控制器 $D_2(z)$的物理可实现性，利用最小拍设计可选择

$$\Phi_2(z)=z^{-n} \tag{7-35}$$

式中，n 为 $HG_2(z)$有理多项式分子最高幂次。实际是要求副回路输出比副回路闭环输入变化延迟 n 个采样周期。但实际系统有可能超过规定的采样周期数，如由于控制量的饱和所引起的情况。这里可以降低一些对副回路输出的要求，延迟的步数可以再多一些。

例 7-1 设副对象特性为

$$G_2(s)=\frac{1}{T_{02}s+1}$$

试按上述方法设计副控制器。

解 先求带零阶保持器的广义对象的脉冲传递函数，设采样周期为 T 。

$$\begin{aligned}HG_2(z)&=Z\left[\frac{1-e^{-Ts}}{s}\frac{1}{T_{02}s+1}\right]=(1-z^{-1})Z\left[\frac{1}{s}-\frac{T_{02}}{T_{02}s+1}\right]\\&=(1-z^{-1})\left[\frac{1}{1-z^{-1}}-\frac{1}{1-z^{-1}e^{-T/T_{02}}}\right]=\frac{(1-e^{-T/T_{02}})z^{-1}}{1-z^{-1}e^{-T/T_{02}}}\end{aligned}$$

因为对象的传递函数为一阶，所以选择闭环特性为 $\Phi_2(z)=z^{-1}$，将 $\Phi_2(z)$ 和 $HG_2(z)$代入式(7-34)，求出副控制器的脉冲传递函数

$$D_2(z)=\frac{\Phi_2(z)}{HG_2(z)(1-\Phi_2(z))}=\frac{1-e^{-T/T_{02}}z^{-1}}{(1-e^{-T/T_{02}})(1-z^{-1})}$$

若 $T_{02}=10\text{s}, T=2\text{s}, e^{-T/T_{02}}=0.819$，则

$$D_2(z)=\frac{u_2(z)}{E_2(s)}=\frac{5.516-4.516z^{-1}}{1-z^{-1}}$$

由上式可写出差分方程

$$u_2(k)=u_2(k-1)+5.516e_2(k)-4.516e_2(k-1)$$

例 7-2 设 $G_2(s)=\dfrac{k_2e^{-\tau s}}{T_{02}s+1}$，试设计副控制器。

解 为计算方便，令被控对象的纯滞后时间是系统采样周期的整数倍，即 $\tau=NT$，N 为正

整数。

被控对象 z 变换：

$$HG_2(z)=Z\left[\frac{1-e^{-sT}}{s}\frac{k_2e^{-NTs}}{T_{02}s+1}\right]=(1-z^{-1})z^{-N}Z\left[\frac{k_2}{s(T_{02}s+1)}\right]$$

$$=k_2(1-z^{-1})z^{-N}\left(\frac{1}{1-z^{-1}}-\frac{1}{1-z^{-1}e^{-\frac{T}{T_{02}}}}\right)=\frac{k_2(1-e^{-\frac{T}{T_{02}}})z^{-(N+1)}}{1-z^{-1}e^{-\frac{T}{T_{02}}}}$$

则最高阶次为$(N+1)$，所以选择

$$\Phi_2(z)=z^{-(N+1)}$$

代入式(7－34)，得

$$D_2(z)=\frac{\Phi_2(z)}{HG_2(z)(1-\Phi_2(z))}=\frac{1}{k_2\dfrac{1-e^{-\frac{T}{T_{02}}}}{1-z^{-1}e^{-\frac{T}{T_{02}}}}(1-z^{-(N+1)})}$$

$$=\frac{1-z^{-1}e^{-\frac{T}{T_{02}}}}{k_2(1-e^{-\frac{T}{T_{02}}})(1-z^{-(N+1)})}=\frac{U(z)}{E(z)}$$

由上式可写出副控制器的差分方程为

$$u_2(k)=u_2[k-(N+1)]+\frac{1}{k_2(1-e^{-T/T_{02}})}e_2(k)-\frac{e^{-T/T_{02}}}{k_2(1-e^{-T/T_{02}})}e_2(k-1)$$

由以上两例可见，副控制器的控制规律虽然比过去常用的纯比例控制复杂些，但可望获得动态特性较好的副回路控制品质。

(2)微分先行结构的副控制器。在第 5 章中分析了在控制律中引入微分可以改善系统动态品质，但又会增加系统的高频干扰。因此在 PID 数字算法中常加入低通滤波器以改善微分特性。常用的微分改进方案在 5.3.2 小节中已给出。其中包括两种微分先行结构型式，即对偏差进行微分和只对输出量微分而对给定值不作微分。后者适用于给定值频繁变化的场合。对有些串级系统，为防止主控制器输出(即副控制器给定值)变化过大而引起副回路不稳定，同时也为了克服副对象惯性较大，而在副回路中引入只对输出量先行微分的结构，从而避免给定值微分而出现被控对象动作过于剧烈的振荡，使系统超调量增大甚至不稳定。

图 7－18 给出了副回路微分先行串级系统框图。图中 $D_{c2}(s)$表示输出量微分框，副控器 $D_2(z)$采用 PI 结构。微分作用框的传递函数为

$$D_{c2}(s)=\frac{U_2'(s)}{Y_2(s)}=\frac{(1+T_Ds)}{(1+rT_Ds)}\qquad r<1 \tag{7－36}$$

将上式转换成微分方程形式，并用差分代替微分可推得差分方程形式

$$rT_D\frac{u'_2(k)-u'_2(k-1)}{T_1}+u'_2(k)=T_D\frac{y_2(k)-y_2(k-1)}{T_1}+y_2(k)$$

整理上式，得

$$u'_2(k)=c_1u'_2(k-1)+c_2y_2(k)-c_2y_2(k-1) \tag{7－37}$$

式中

$$c_1=\frac{rT_D}{rT_D+T_1}\quad c_2=\frac{T_D+T_1}{rT_D+T_1}\quad c_3=\frac{T_D}{rT_D+T_1} \tag{7－38}$$

令比例和积分的传递函数为

$$D_2(s)=\frac{U_2(s)}{E_2(s)}=K_c(1+\frac{1}{T_1s}) \tag{7－39}$$

按同样的方法可推出 PI 的差分方程为

$$u_2(k)=u_2(k-1)+K_c\left(1+\frac{T_1}{T_1}\right)e_2(k)-K_ce_2(k-1) \tag{7-40}$$

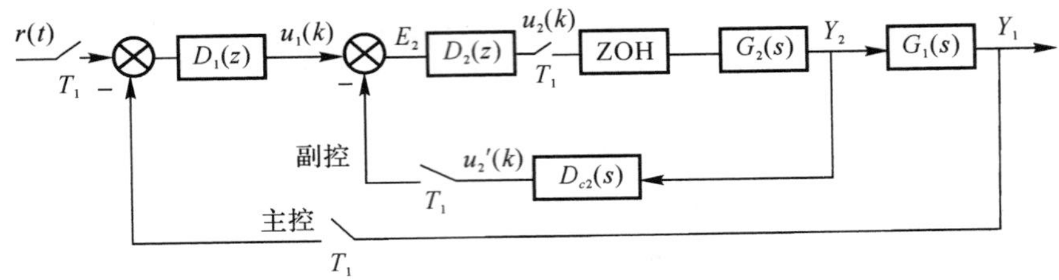

图 7-18　副控回路微分先行串级系统

式(7-37)和式(7-40)便是微分先行结构的数字算法。

副回路微分先行串级控制系统的算法步骤如下：

(1)计算主回路偏差

$$e_1(k)=r(k)-y_1(k)$$

(2)计算主控制器输出 $u_1(k)$。

(3)计算副控制器微分先行部分的输出

$$u'_2(k)=c_1u'_2(k-1)+c_2y_2(k)-c_3y_2(k-1)$$

(4)计算副回路偏差

$$e_2(k)=u_1(k)-u'_2(k)$$

(5)计算副控制器 PI 部分输出

$$u_2(k)=u_2(k-1)+K_c\left(1+\frac{T_1}{T_1}\right)e_2(k)-K_ce_2(k-1)$$

3. 多回路串级控制系统

上述主、副双回路控制系统是目前应用最广的串级控制系统。串级控制还可以推广到任意多回路，其系统框图如图 7-19 所示。

多回路串级控制系统的算法步骤仍与双回路的类似。在采样一批数据后，连续进行控制律运算。运算通常从最外面的回路开始，逐渐向里推进，遇到分叉点时，则按回路的优先权分先后处理。尽管各个回路计算之间有时间先后之别，但是因为计算机的运算速度很快，在同一采样周期内，这种计算先后的差别可以忽略不计。

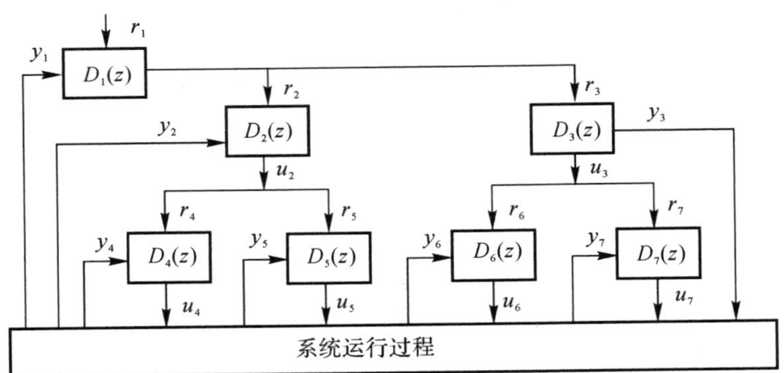

图 7-19　多回路计算机串级控制

7.2 前馈控制

7.2.1 前馈控制系统的原理和特点

1. 前馈控制

在有些场合往往采用一般的比例、积分、微分反馈控制系统难以满足控制指标的要求，这时采用前馈控制有时却很有效，这是因为反馈控制的闭环系统其特点是当被控过程受到扰动后，必须等到被控制量出现偏差时，控制器才开始动作以补偿扰动对被控制量的影响。而前馈控制方法则无须等到扰动量引起被控制量出现偏差时才去控制以补偿扰动对被控制量的影响。而是直接利用测量到的扰动量去补偿扰动对被控制量的影响。但这种方法只能用在扰动量可测的场合，具有有限的使用范围。

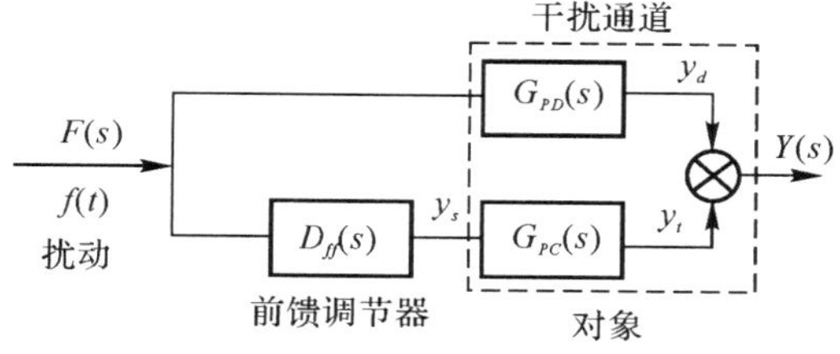

图 7 - 20　前馈控制方块图

前馈控制的基本原理是在测取了干扰量(包括外界干扰和设定值变化)，并按照其信号产生合适的控制作用去改变控制量，使被控制变量维持在设定值上。如图 7 - 20 所示，系统的传递函数可表示为

$$\frac{Y(s)}{F(s)} = G_{PD}(s) + G_{ff}(s)G_{PC}(s) \tag{7-41}$$

式中，$G_{PD}(s)$ 为干扰 $f(t)$ 对被控变量 $y(t)$ 的传递函数；G_{PC} 为控制量 y_s 对被控变量 $y(t)$ 的传递函数；$G_{ff}(s)$ 为前馈控制器(或称前馈补偿器)的传递函数。

系统对扰动 $f(t)$ 实现全补偿的条件是，在 $F(s) \neq 0$ 时，要求输出

$$Y(s) = 0 \tag{7-42}$$

将式(7 - 42)代入式(7 - 41)，可得前馈补偿

$$G_{ff}(s) = -\frac{G_{PD}(s)}{G_{PC}(s)} \tag{7-43}$$

满足式(7 - 43) 的前馈补偿装置能使被控制变量 $y(t)$ 不受扰动量 $f(t)$ 变化的影响。图 7 - 21 表示了这种全补偿过程。

$f(t)$ 阶跃变化下，$y_c(t)$ 和 $y_d(t)$ 的响应曲线方向相反，幅值相同。所以它们的合成结果，可使 $y(t)$ 达到理想的控制，并连续地维持在恒定的设定值上。显然，这种理想的控制性能反馈控制是做不到的，这是因为反馈控制系统是按被控制变量的偏差动作的。在干扰作用下，被控制变量总要经历一个偏离设定值的过渡过程。前馈控制的另一突出优点是，本身不形成闭合反馈回路，不存在闭环稳定性问题，因而也就不存在控制精度与稳定性矛盾。

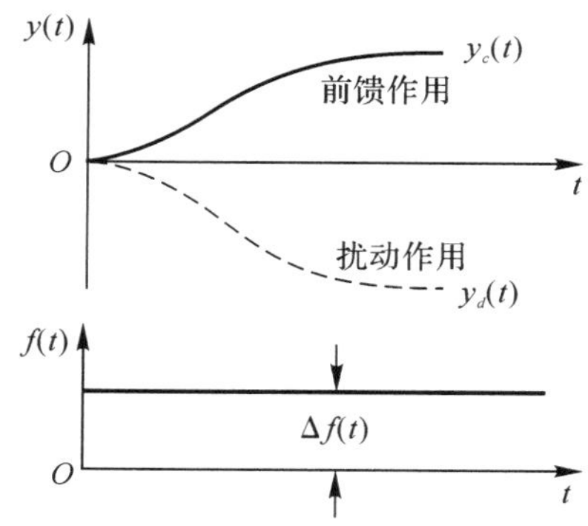

图 7 - 21　前馈控制系统的全补偿过程

2. 不变性原理

不变性原理或称扰动补偿原理是前馈控制的理论基础，其基本概念为“不变性”，是指控制系统的被控制量与扰动量完全无关，或在一定准确度下无关。然而进入控制系统中的扰动必须通过被控对象的内部联系，使被控量发生偏离其给定值的变化。而不变性原理是通过前馈控制器的校正作用，消除扰动对被控制量的这种影响。

对于任何一个系统，总是希望被控制量受扰动的影响越小越好。在图7-20所示系统中，扰动量 $f(t)$ 是系统的输入量，被控制量 $y(t)$ 是系统的输出量。

当 $f(t) \neq 0$ 时，该系统的不变性定义为

$$y(t) \equiv 0$$

即被控制量 $y(t)$ 与扰动量 $f(t)$ 无关。

按照控制系统输出变量与输入变量的不变性程度，存在着以下几种不变性类型。

(1)绝对不变性。所谓绝对不变性是指系统在扰动量 $f(t)$ 的作用下被控制量 $y(t)$ 在整个过渡过程中始终保持不变，即控制过程的动态和静态偏差均等于零。

(2)误差不变性。误差不变性实质上是指准确度有一定限制的不变性，或者说与绝对不变性存在一定误差为 ε 的不变性，即

$$|e(t)| \leqslant \varepsilon \qquad (y(t) \neq 0) \tag{7-44}$$

误差不变性在工程上具有现实意义。对于大量工程上应用的前馈或前馈-反馈控制系统，由于实际补偿的模型与理想的补偿模型间存在误差，以及测量变送装置精度的限制，有时难以实现绝对不变性控制。因此，总是按照控制要求提出一个允许的偏差 ε 值，使之满足一定误差，适合于工程领域的实际要求即可。

(3)稳态不变性。稳态不变性，是指系统在稳态工况下被控制量与扰动量无关，即系统在扰动量 $f(t)$ 作用下，稳态时被控制量 $y(t)$ 的偏差 $y(\infty)$ 恒为零，即

$$\lim_{t \to \infty} y(t) = 0 \qquad (f(t) \neq 0) \tag{7-45}$$

静态前馈系统就属于这种稳态不变性系统，工程上常将 ε 不变性与稳态不变性结合起来应用，这样构成的系统既能消除静态偏差，又能满足控制对动态偏差的要求。

(4)选择不变性。若被控制量受到多个干扰的作用，而系统采用被控制量仅对其中几个主要的干扰实现不变性处理，则称为选择不变性。

基于不变性原理组成的自动控制系统称为前馈控制系统，它实现了系统对全部干扰或部分干扰的不变性，实质上是一种按照扰动进行补偿的开环系统。

7.2.2 前馈控制系统的几种结构形式

1. 静态前馈

控制系统在稳态下，实现对扰动的补偿。令式(7-43)中的 s 为0(相对时间 $t \to \infty$)，即可得静态前馈控制算式：

$$G_{ff}(0) = -K_{ff} = -\frac{G_{PD}(0)}{G_{PC}(0)} = -\frac{K_{PD}}{K_{PC}} \tag{7-46}$$

式中，K_{PD}，K_{PC} 分别为干扰通道和控制通道的放大系数，它可以用试验的方法测量取得，也可以通过被控对象的有关静态方程确定。K_{ff} 可以由式(7-46)计算得到。

例7-3 图7-22所示的简化飞机舱体热交换过程，当舱体空气流量 $f(t)$ 与其入口温度

$T_0(t)$ 变化为系统的主要干扰量时，若忽略热损失，取热平衡关系可表述为

$$\frac{\mathrm{d}T}{\mathrm{d}t} = Q_{in} - Q_0 = y_s H - f(t) C_P [T_1(t) - T_0(t)]$$

静平衡时

$$f(t) C_P [T_1(t) - T_0(t)] = y_s H_s \tag{7-47}$$

式中，C_p 为物料比热容；H_s 为热源燃气潜热；y_s 为加热气质量；$T(t)$ 为加热气温度；$T_1(t)$ 为物料出口温度。

由式(7-47)可解得

$$y_s = f(t) \frac{C_P}{H_s} [T_1(t) - T_0(t)] \tag{7-48}$$

上式即为静态前馈控制算式。相应的控制系统见图 7-22。图中补偿器框表示了静态前馈控制装置。它是多输入的，能对物料的进口温度、流量和出口温度设定值作出静态前馈补偿。由于在(7-48)式中，$f(t)$ 与$[T(t) - T_0(t)]$是相乘关系，所以这是一个非线性算式。由此构成的静态前馈控制器也是一种静态非线性控制器。

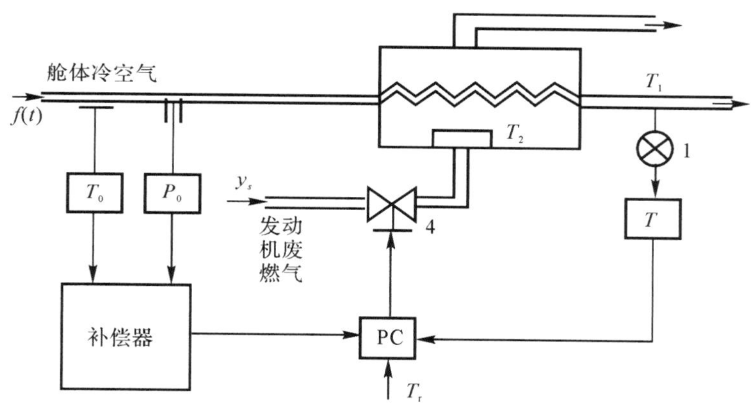

图 7-22　空气换热器的静态前馈控制

2. 动态前馈

静态前馈系统的结构简单，容易实现，它可以保证在稳态时消除扰动的影响，在一定程度上改善了过程系统的品质，但扰动作用的动态过程中偏差依然存在。

当控制通道和干扰通道的动态特性差异很大时，必须考虑动态前馈补偿。动态前馈的实现是基于绝对不变性原理。图 7-20 已表示了对单个扰动的动态前馈补偿的原理框图。其作用在于力求在任何时刻均实现对干扰的补偿，通过合适的前馈控制规律的选择，使干扰经过前馈控制器至被控变量这一通道的动态特性与对象干扰通道的动态特性完全一致，并使它们的符号相反，便可以达到控制作用完全补偿干扰对被控变量的影响。此时前馈控制器即为式(7-43)所示。

动态前馈控制系统的全补偿过程时域响应曲线如图 7-21 所示。

$$G_{ff}(s) = -\frac{G_{PD}(s)}{G_{PC}(s)} \tag{7-49}$$

比较式(7-46)和式(7-49)可见，静态前馈是动态前馈的一种特殊情况。动态前馈可以看作静态前馈和动态前馈补偿的两部分，它们结合在一起使用，可以进一步提高控制过程的动

态品质。

3. 前馈-反馈控制系统

在理论上，前馈控制可以实现被控制变量的不变性，但在工程实践中，由于下列原因前馈控制系统仍然会存在偏差：

(1)实际控制对象会存在多个扰动，若都设置前馈通道，势必增加控制系统投资费用和维护工作量。因而一般仅选择几个主要干扰加前馈控制。

(2)受前馈控制模型精度限制，需其他控制模式来补充。

(3) 当综合得到的前馈控制算式中包含有纯超前环节($e^{\tau s}$)或纯微分环节 ($T_D s+1$) 时，它们在物理上是不能实现的，构筑的前馈控制器只能是近似的。

前馈控制系统中，对于补偿的效果没有检验的手段，控制又无法消除被控制变量的偏差，前馈控制的效果具有了局限性，在工程上往往将前馈与反馈结合起来应用，构成前馈-反馈控制系统。这样既发挥了前馈校正作用及时的优点，又保持了反馈控制能克服多种扰动及对被控制变量最终检验的长处。

例 7-4　如图 7-23 所示换热器采用前馈-反馈控制系统控制输出到舱体的温度。

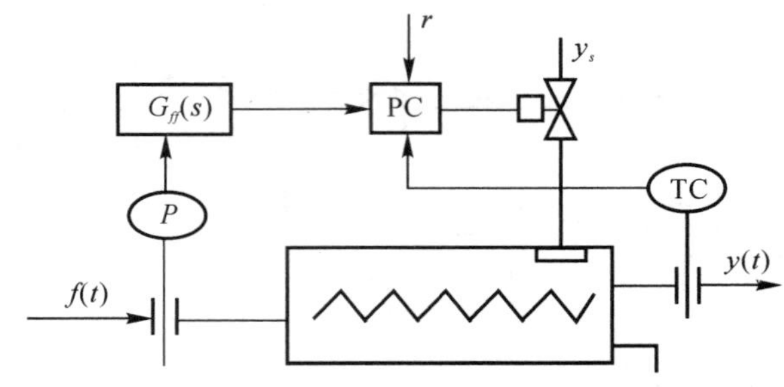

图 7-23　换热器的前馈-反馈控制系统

解　在图 7-23 中，舱体内空气流量的干扰 $f(t)$ 变化会引发输出温度控制量 $y(t)$ 的变化，若采用流量测量来估计扰动模型前馈到控制器 PC 对进口热燃气进行流量调节，其传递函数结构图如图 7-24 所示。

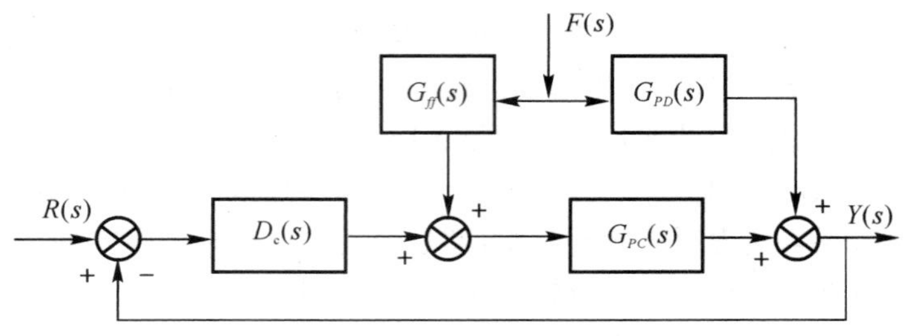

图 7-24　前馈-反馈系统的方块图

前馈-反馈系统的传递函数为

$$\frac{Y(s)}{F(s)}=\frac{G_{PD}(s)}{1+D_c(s)G_{PC}(s)}+\frac{G_{ff}(s)G_{PC}(s)}{1+D_c(s)G_{PC}(s)} \tag{7-50}$$

应用不变性条件：在干扰输入 $F(s)\neq 0$ 时，输出 $Y(s)=0$。

代入式(7-50)，可导出前馈控制器的传递函数为

$$G_{ff}(s)=-\frac{G_{PD}(s)}{G_{PC}(s)} \tag{7-51}$$

比较式(7－49)和式(7－51)可知，前馈-反馈控制与单纯前馈系统所实现“全补偿”的算式是相同的。

前馈-反馈系统具有下列优点：

(1)从前馈控制角度，由于增添了反馈控制，降低了对前馈控制模型精度的要求，并能对未选作前馈信号的干扰同样有抑制作用。

(2)从反馈控制角度，由于前馈控制的存在，对干扰作了及时粗调，大大减小了控制的负担。

4. 前馈-串级控制系统

在有些控制中，有的控制过程常受到多个变化频繁而又剧烈的扰动的影响，而被控制量的控制精度和稳定性要求又很高，这时就要考虑采用前馈-串级控制系统。

在串级控制系统分析中可知，系统对进入副回路的扰动 N_f 有较强的抑制能力，因此前馈-串级控制系统能同时克服进入主回路的系统主要扰动和进入副回路的扰动对被控制量的影响。另外，由于前馈控制器的输出不直接加在被控的驱动单元上，而是作为副调节器的给定值，因而可降低对驱动单元的要求。实践证明，这种复合控制系统的动、静态品质指标都较高。

例7－5　在图7－23所示的前馈-反馈控制系统上，为了提高前馈控制的精度，就可以增添一个燃气流量前馈闭合的内回路构成前馈-串级控制系统，如图7－25所示，试分析其特性。

解　内腔温度 T_2 与出口控制温度 T_1 构成串级控制，燃气波动干扰测量量 $f(t)$ 作为前馈加载在内回路的控制入口端。用前馈控制器的输出去改变燃气流量内回路的设定值。

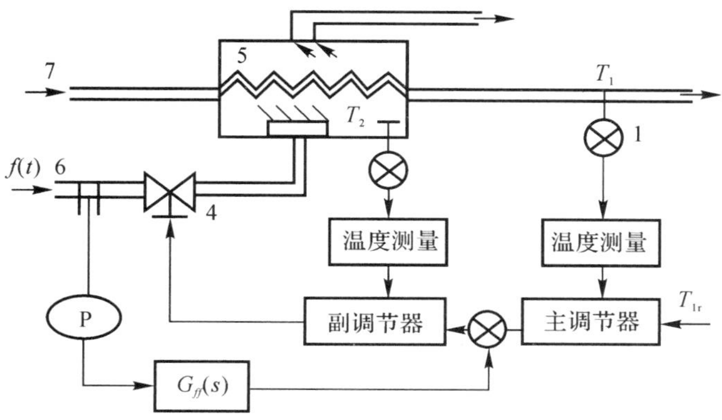

图7－25　前馈-双温度串级控制系统制图

将图7－25前馈-双温度串级控制系统等效为图7－26所示的前馈-串级系统方框图。

作用在内回路上的扰动 N_f 由副回路的反馈作用来消除。仅考虑进入主回路的主要扰动的情况下可将图7－26中的虚线框看成等效环节 $G'_{PC}(s)$，则利用式(7－51)可直接写出前馈补偿器的传递函数：

$$G_{ff}(s)=-\frac{G_{PD}(s)}{G'_{PC}(s)} \tag{7-52}$$

$$G'_{PC}(s)=\frac{D_{c2}(s)G_{P2}(s)}{1+D_{c2}(s)G_{P2}(s)G_{H2}(s)}G_{P1}(s) \tag{7-53}$$

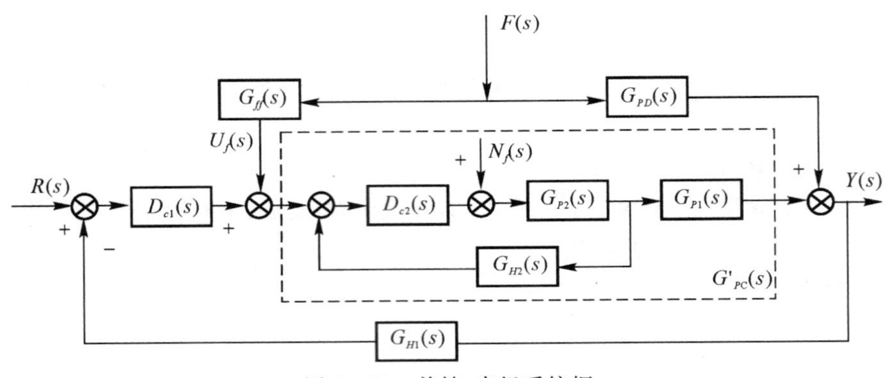

图 7-26　前馈-串级系统框

式(7-53)中 $G'_{PC}(s)$ 是包括燃气流量回路和 $G_{P1}(s)$ 在内的广义控制通道传递函数。若适当地选择 $D_{c2}(s)$ 使流量闭合回路的工作频率远大于主回路工作频率，副回路是个快速随动系统，其等效环节可近似看成“1”，这时 $G'_{PC}(s) \approx G_{P1}(s)$，则

$$G_{ff}(s) \approx -\frac{G_{PD}(s)}{G_{P1}(s)} \tag{7-54}$$

可见，在前馈-串级控制系统中前馈补偿器的数学模型由系统扰动通道与主回路特性之比决定。

7.2.3　用计算机实施前馈控制的方法

因为实际被控对象特性各异，若严格按算式(7-41)配置前馈控制器，那么前馈控制器会是多种多样的。为了力求模式具有一定的通用性，对大多数被控制对象，可用一阶或二阶加纯滞后来近似，如

$$G_{PD}(s)=\frac{K_2}{T_2 s+1}\mathrm{e}^{-\tau_2 s} \qquad G_{PC}(s)=\frac{K_1}{T_1 s+1}\mathrm{e}^{-\tau_1 s} \tag{7-55}$$

则

$$G_{ff}(s)=-\frac{G_{PD}(s)}{G_{PC}(s)}=-K_f\frac{T_1 s+1}{T_2 s+1}\mathrm{e}^{-\tau_f s} \tag{7-56}$$

式中，$K_f=K_2/K_1$，$\tau_f=\tau_2-\tau_1$。

由式(7-56)可见，多数工业被控对象用一个带有纯滞后的“一阶超前(一阶滞后)”环节来实现前馈补偿。当延迟 $\tau_2<\tau_1$ 时，$\tau_f<0$，则 $\mathrm{e}^{-\tau_f s}$ 成为纯超前环节，物理上不能实现。这时只能令 $\mathrm{e}^{-\tau_f s}=1$ 来设计前馈控制器。

式(7-56)是目前在工业控制中应用最广泛的前馈算式。对它进行离散化即能得到适用于计算机控制的离散算式。

假设 $f(t)$ 和 $u_f(t)$ 分别为前馈控制器的输入和输出，则式(7-56)相应的微分方程式可表示为

$$T_2\frac{\mathrm{d}u_f(t)}{\mathrm{d}t}+u_f(t)=-K_f\left[T_1\frac{\mathrm{d}f(t-\tau_f)}{\mathrm{d}t}+f(t-\tau_f)\right] \tag{7-57}$$

对微分方程的导数项，当采样周期 T_s 足够短的时候，用下面的前差分来代替微分项：

$$\frac{\mathrm{d}u_f(t)}{\mathrm{d}t}\Big|_{t=KT_s}\approx\frac{u_f(k+1)-u_f(k)}{T_s} \tag{7-58}$$

$$\frac{\mathrm{d}f(t-t_f)}{\mathrm{d}t}\bigg|_{t=kT_s}=\frac{f(k+1-d_f)-f(k-d_f)}{T_s} \tag{7-59}$$

式中

$$d_f=\frac{\tau_f}{T_s} \tag{7-60}$$

将上两式代入式(7-58)，得

$$T_2\frac{u_f(k+1)-u_f(k)}{T_s}+u_f(k)=-K_f\left[T_1\frac{f(k+1-d_f)-f(k-d_f)}{T_s}+f(k-d_f)\right] \tag{7-61}$$

整理后即得到前馈控制差分算式：

$$u_f(k+1)-a_2u_f(k)=H[f(k+1-d_f)-a_1f(k-d_f)] \tag{7-62}$$

式中，$H=-K_f\frac{T_1}{T_2}$；$a_2=1-\frac{T_s}{T_2}$；$a_1=1-\frac{T_s}{T_1}$。

建立离散前馈控制算式，除了对模拟算式离散化外，也可由各通道的离散算式，按被控变量的不变性要求来综合得到。

设干扰通道特性可用如下形式的差分方程表示：

$$y_f(k+1)-a_fy_f(k)=b_ff(k-k_f) \tag{7-63}$$

相应的脉冲传递函数为

$$G_{PD}=G_{fy}(z)=\frac{Y_f(z)}{F(z)}=\frac{b_fz^{-k_f}}{z-a_f} \tag{7-64}$$

设控制通道的差分方程是

$$y_u(k+1)-a_uy_u(k)=b_uu_f(k-k_u) \tag{7-65}$$

相应的脉冲传递函数为

$$G_{PC}=G_{uf}(z)=\frac{y_u(z)}{u_f(z)}=\frac{b_uz^{-K_u}}{z-a_u} \tag{7-66}$$

根据完全补偿的条件(如图 7-27 所示)，当 $F(z)\neq 0$ 时 $y_f(z)+y_u(z)=y(z)=0$，可得前馈控制器脉冲传递函数为

$$G_{ff}(z)=\left(-\frac{b_f}{b_u}\right)\frac{z-a_u}{z-a_f}z^{-(k_f-k_u)} \tag{7-67}$$

或

$$G_{ff}(z)=H_{ff}\frac{z-a_u}{z-a_f}z^{-k_{ff}} \tag{7-68}$$

式中，$H_{ff}=-b_f/b_u$，$k_{ff}=k_f-k_u$。

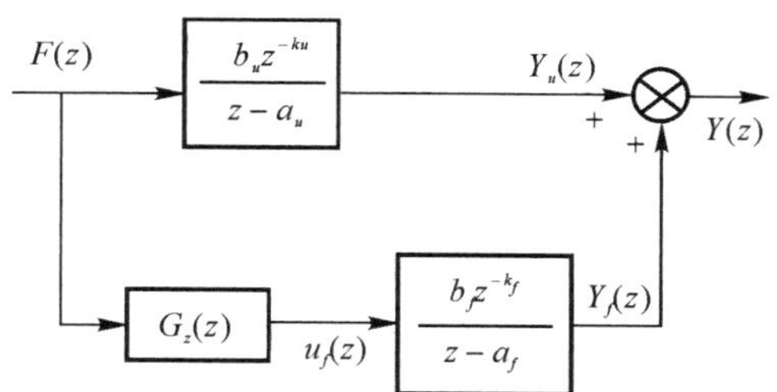

图 7-27　计算机前馈控制方框图

7.3 解耦控制

复杂控制系统的控制也将涉及多变量相对解耦，多变量的控制按照线性叠加原理可以独立设计各个单变量的控制，但会遇到各变量之间的互相关联和互相耦合，多变量系统控制指标的准确性将大打折扣，为了提高系统控制的准确性，首先需对各变量之间的耦合进行处理，然后再进行线性叠加控制的设计。

例 7-6 飞机的横滚运动与偏航运动是密接相关的，控制通道互相影响，在研究增稳时必须考虑相互交联。图 7-28 为某超声速飞机横侧向增稳系统框图。为航向通道控制中在航行增稳的基础上添加副翼交联信号$-K_{\delta y}$。

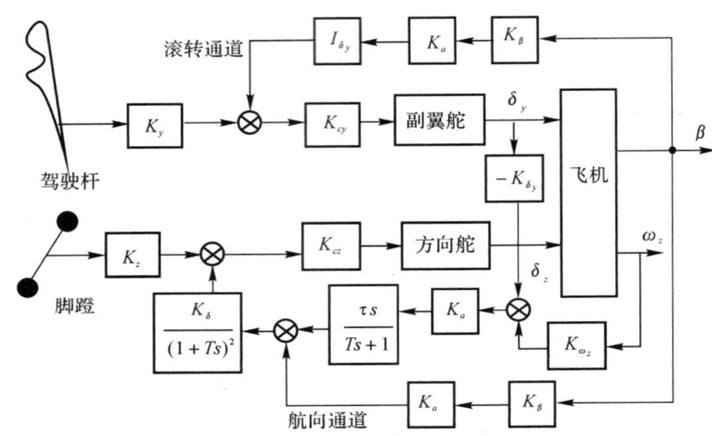

图 7-28 飞机横侧向稳定系统框图

在横侧向通道中，控制输出副翼舵偏角 δ_y，反馈量侧滑角 β；航向通道输出控制方向舵偏角 δ_z。在飞机转弯控制中，舵面控制采用了如下控制律：

$$Y_{\delta_z}=\left[\frac{\tau s}{Ts+1}(K_{\omega_z}\omega_z-K_{\delta_y}\delta_y)+K_\beta\beta)\right]\frac{K_aK_\delta}{(Ts+1)^2} \tag{7-69}$$

$$\delta_y=-I_\beta\beta \tag{7-70}$$

式中，K_{w_z}，K_{δ_y}，K_β 分别表示速度陀螺、副翼舵、侧滑速度到方向舵的传动比；I_β 表示侧滑加速度到副翼的传动比；$1/(Ts+1)^2$ 表示低通滤波器。

从式(7-69)可知：

(1)为减少或消除进入滚转产生有害的侧滑角，使副翼操纵具有转弯机动性，在航向通道中加入了一个极性与副翼相反的比例信号，即$-K_{\delta_y}\delta_y$。副翼正偏时，此信号使方向舵负偏，机头左转，减少侧滑，达到自动协调控制。

(2)飞机飞行中，会由于各种原因造成不平衡，出现小的滚转角速度。为了保持飞机平衡，飞行员必须操纵副翼。方向舵由于存在于副翼的交联信号，对出现偏转，使飞机偏航。采用 $\tau s/(Ts+1)$ 网络滤波过滤了常值或低频的副翼交联信号，从而避免了不希望的偏航。

从上述的例子中可以得出这样的结论，有耦合的对象在过程控制中是普遍存在的。对于这种对象，为了达到稳定的、高质量的控制，必须进行解耦设计与控制。

目前，国内外研究多变量耦合系统解耦的方法主要有两种，一种是用状态空间来表达的时域解耦法（即状态反馈解耦法）；另一种是利用现代频率法的所谓对角优势解耦法，它借助于逆奈奎斯特判据来设计解耦控制系统。

比较实用的解耦设计的方法有相对增益分析法、对角矩阵解耦法等。这些方法简单、明了、易于计算机实现，本章将讨论这类方法。

7.3.1　相对增益分析法

相对增益分析法即毕里斯托尔（Bristol）-辛斯基（Shinskey）法，它是一种被控制变量与操作变量的配对选择方法。下面先根据框图来分析变量配对时，它对耦合效果的影响。

下面就关联系统的稳定性分析进行讨论。

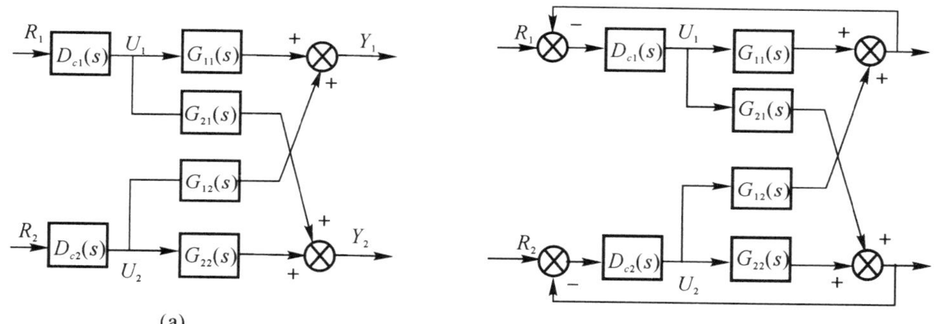

图 7-29　系统的关联

（a）开环关联；（b）闭环关联

从图 7-29 中可以看到，回路 1 对回路 2 有影响，同样回路 2 对回路 1 也有影响，图 7-29（a）的开环系统的传递函数可写为

$$Y(s)=\begin{bmatrix}Y_1(s)\\Y_2(s)\end{bmatrix}=\begin{bmatrix}G_{11}(s) & G_{12}(s)\\G_{21}(s) & G_{22}(s)\end{bmatrix}\begin{bmatrix}U_1(s)\\U_2(s)\end{bmatrix}\tag{7-71}$$

（1）若传递函数 $G_{12}(s)$ 和 $G_{21}(s)$ 都等于零，两个控制回路各自独立，不存在关联，系统间无耦合。

$$Y_1(s)=G_{11}(s)U_1(s)\tag{7-72}$$

$$Y_2(s)=G_{22}(s)U_2(s)\tag{7-73}$$

（2）如果 $G_{12}(s)$ 和 $G_{21}(s)$ 有一个不等于零，则称系统为半耦合或称单方向关联系统。

（3）如果 $G_{12}(s)$ 和 $G_{21}(s)$ 都不等于零，则称系统为耦合或双向关联系统。

就如图 7-29（b）所示的闭环关联系统讨论如下：

1. 单输入回路受到的关联

假设 $R_2(s)=0, Y_2=0$，另一输出不等于零，则有

$$\begin{bmatrix}Y_1(s)\\0\end{bmatrix}=\begin{bmatrix}G_{11}(s) & G_{12}(s)\\G_{21}(s) & G_{22}(s)\end{bmatrix}\begin{bmatrix}U_1(s)\\U_2(s)\end{bmatrix}\tag{7-74}$$

$$U_2(s)=-\frac{G_{21}(s)}{G_{22}(s)}U_1(s)\tag{7-75}$$

将式（7-75）代入输出方程，则有

$$Y_1(s)=G_{11}(s)\left[\frac{G_{11}(s)G_{22}(s)-G_{12}(s)G_{21}(s)}{G_{11}(s)G_{22}(s)}\right]U_1(s) \tag{7-76}$$

这里 $\left[\frac{G_{11}(s)G_{22}(s)-G_{12}(s)G_{21}(s)}{G_{11}(s)G_{22}(s)}\right]$ 反映了回路 2 中 $u_1\to y_1$ 的影响。

2.对于两个闭环控制回路之间的关联定量分析

在图 7-29(b)中：

$$\begin{bmatrix}Y_1(s)\\Y_2(s)\end{bmatrix}=\begin{bmatrix}G_{11}(s) & G_{12}(s)\\G_{21}(s) & G_{22}(s)\end{bmatrix}\begin{bmatrix}U_1(s)\\U_2(s)\end{bmatrix} \tag{7-77}$$

$$\left.\begin{aligned}U_1(s)&=D_{c1}(s)[R_1(s)-Y_1(s)]\\U_2(s)&=D_{c2}(s)[R_2(s)-Y_2(s)]\end{aligned}\right\} \tag{7-78}$$

将式(7-78)代入式(7-77)得

$$\begin{bmatrix}Y_1(s)\\Y_2(s)\end{bmatrix}=\begin{bmatrix}P_{11}(s) & P_{12}(s)\\P_{21}(s) & P_{22}(s)\end{bmatrix}\begin{bmatrix}R_1(s)\\R_2(s)\end{bmatrix} \tag{7-79}$$

其中

$$P_{11}(s)=\frac{G_{11}(s)D_{c1}(s)+D_{c1}(s)D_{c2}(s)[G_{11}(s)G_{22}(s)-G_{12}(s)G_{21}(s)]}{Q(s)}$$

$$P_{12}(s)=\frac{G_{12}(s)D_{c2}(s)}{Q(s)}$$

$$P_{21}(s)=\frac{G_{21}(s)D_{c1}(s)}{Q(s)}$$

$$P_{22}(s)=\frac{G_{22}(s)D_{c2}(s)+D_{c1}(s)D_{c2}(s)[G_{11}(s)G_{22}(s)-G_{12}(s)G_{21}(s)]}{Q(s)}$$

$$Q(s)=[1+G_{11}(s)D_{c1}(s)][1+G_{22}(s)D_{c2}(s)]-G_{12}(s)G_{21}(s)D_{c1}(s)D_{c2}(s)$$

讨论：

(1)当两个控制回路间无关联时，$G_{12}(s)=0$，$G_{21}(s)=0$，则闭环控制回路的输出式：

$$Y_1(s)=\frac{G_{11}(s)D_{c1}(s)}{1+G_{11}(s)D_{c1}(s)}R_1(s) \tag{7-80}$$

$$Y_2(s)=\frac{G_{22}(s)D_{c2}(s)}{1+G_{22}(s)D_{c2}(s)}R_2(s) \tag{7-81}$$

其闭环稳定性取决于闭环特征方程的根

$$\left.\begin{aligned}1+G_{11}(s)D_{c1}(s)&=0\\1+G_{22}(s)D_{c2}(s)&=0\end{aligned}\right\} \tag{7-82}$$

若根为负实部时，则两个非关联回路是稳定的。

(2)两个回路有关联时，则闭环稳定性由特征方程。

$$Q(s)=[1+G_{11}(s)D_{c1}(s)][1+G_{22}(s)D_{c2}(s)]-G_{12}(s)G_{21}(s)D_{c1}(s)D_{c2}(s) \tag{7-83}$$

的根决定，若根具有负实部，则两个关联回路是稳定的。

(3) 控制器 $D_{c1}(s)$ 和 $D_{c2}(s)$ 的整定。

1) $D_{c1}(s)$ 和 $D_{c2}(s)$ 各自单独整定。

2)根同时具有负实部来整定两个控制器的参数。

例 7-7 设有一耦合控制系统如图 7-30(a)所示，确定其耦合程度和减小耦合程度的方法。

解 (1)系统的稳定性分析。

1)当系统无关联时,由式(7-82)计算特征根

$$1+G_{11}(s)D_{c1}(s)=1+\frac{2}{s+1}=\frac{s+3}{s+1}=0$$

$$1+G_{22}(s)D_{c2}(s)=1+\frac{4s+1}{s+1}=\frac{5s+2}{s+1}=0$$

所以根在左半平面系统是稳定的。

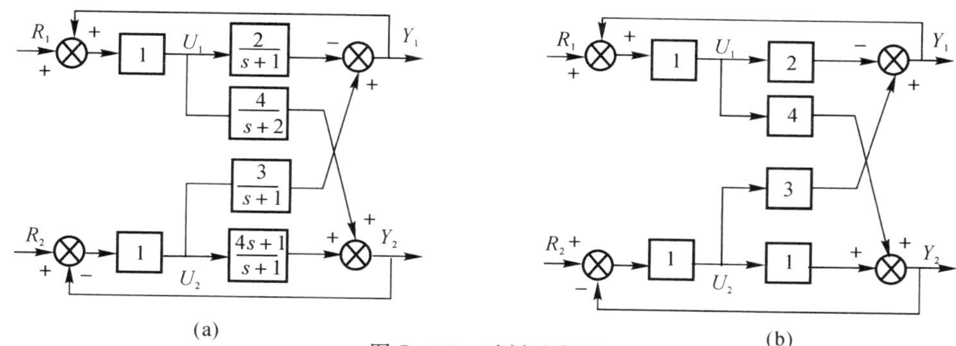

图 7-30　时刻示意图

(a)动态耦合系统;(b)静态耦合系统

2)当系统有关联时计算特征根:

$$Q(s)=[1+G_{11}(s)D_{c1}(s)][1+G_{22}(s)D_{c2}(s)]-G_{12}(s)G_{21}(s)D_{c1}(s)D_{c2}(s)$$

$$Q(s)=\left(\frac{s+3}{s+1}\right)\left(\frac{5s+2}{s+1}\right)-\frac{3}{s+1}\times\frac{4}{s+1}=\frac{5s^2+17s-6}{(s+1)^2}=0$$

由上式可看出闭环系统的特征方程的根也在 s 左半平面内,故闭环系统也是稳定的。

(2) 分析系统耦合的程度。在考虑稳态情况时,此系统中没有积分环节,在动态耦合时,当 $t\to\infty$ 有 $s\to 0$,取静态解耦,见图 7-30(b)。静态耦合

$$U_1=R_1+Y_1$$

$$U_2=R_2-Y_2$$

$$Y_1=-2U_1+3U_2$$

$$Y_2=4U_1+U_2$$

把 U_1,U_2 消掉可得

$$Y_1=-\frac{8}{9}R_1+\frac{1}{6}R_2 \qquad Y_2=\frac{2}{9}R_1+\frac{5}{6}R_2 \tag{7-84}$$

从式(7-84)可以看出,在静态时各输入量对各输出的影响比例。如果不进行解耦设计,也可以通过调整控制器参数和改变变量配对的办法来减小系统的耦合程度。

方法 1:调整控制器参数来减小耦合程度。

取静态增益 K,如图 7-31(a)所示。取 $K_1=k_1$,$K_2=k_2$。

$$U_1=k_1R_1+k_1Y_1$$

$$U_2=k_2R_2-k_2Y_2$$

$$Y_1=-2U_1+3U_2=-2k_1R_1-2k_1Y_1+3k_2R_2-3k_2Y_2$$

$$Y_2=4U_1+U_2=4k_1R_1+4k_1Y_1+k_2R_2-k_2Y_2$$

$$(1+2k_1)Y_1+3k_2Y_2=-2k_1R_1+3k_2R_2$$

$$-4k_1Y_1+(1+k_2)Y_2=4k_1R_1+k_2R_2$$

当 $k_1=1$,$k_2=1$ 时,有

$$\begin{bmatrix} Y_1 \\ Y_2 \end{bmatrix} = \begin{bmatrix} -\frac{8}{9} & -\frac{1}{6} \\ \frac{2}{9} & \frac{5}{6} \end{bmatrix} \begin{bmatrix} R_1 \\ R_2 \end{bmatrix}$$

主对角线具有一定优势但不非常明显。

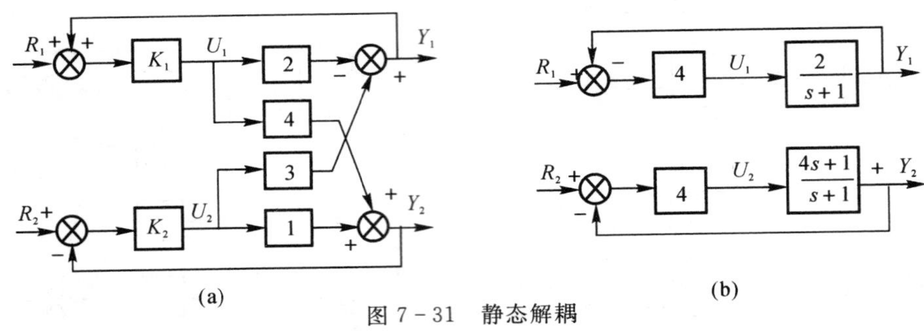

图 7-31　静态解耦

(a)静态增益 K 耦合；(b)当 $k=4$ 时闭环控制

当 $k_1=4,k_2=4$ 时，有

$$\begin{bmatrix} Y_1 \\ Y_2 \end{bmatrix} = \begin{bmatrix} -\frac{232}{237} & \frac{12}{237} \\ \frac{16}{237} & \frac{228}{237} \end{bmatrix} \begin{bmatrix} R_1 \\ R_2 \end{bmatrix}$$

主对角线的优势特别明显，副对角影响减弱，故可近似忽略副对角的耦合作用，如图 7-31(b)所示。

$$Y_1 \approx R_1$$
$$Y_2 \approx R_2$$

方法 2:采用适当的变量配对来减小耦合程度。

重新配置关系构成闭环系统，如图 7-32(a)所示。

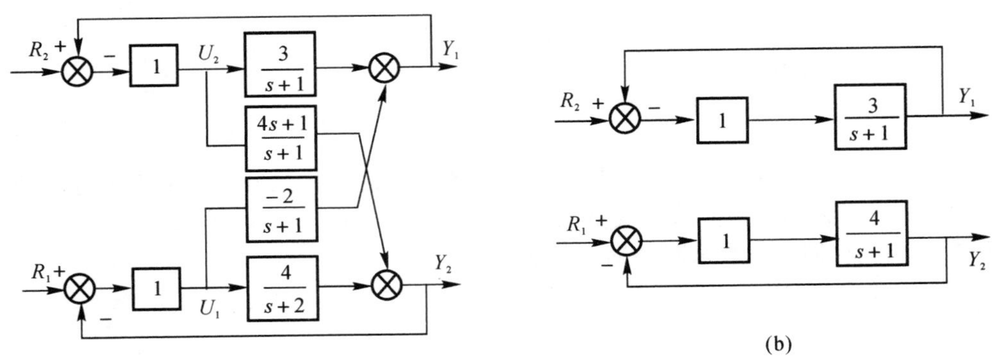

图 7-32　重新调整后闭环系统解耦

(a)重新调整后闭环系统；(b)调整后优势解等效图

同理可得静态优势解：

$$\begin{bmatrix} Y_1 \\ Y_2 \end{bmatrix} = \begin{bmatrix} -\dfrac{2}{22} & \dfrac{17}{22} \\ \dfrac{18}{22} & \dfrac{1}{22} \end{bmatrix} \begin{bmatrix} R_1 \\ R_2 \end{bmatrix}$$

有

$$\begin{cases} Y_1 \approx \dfrac{17}{22}R_2 \\ Y_2 \approx \dfrac{18}{22}R_1 \end{cases}$$

如图 7 - 32(b) 所示为调整后的优势解。

从上述例题分析计算可见：

(1)在一个多变量耦合系统中，可能存在着各变量之间的不同配对关系，且不同变量配对又会引起不同的耦合效果。

(2)对于一个耦合系统，如果能解析地或定量地确定系统中各变量之间的耦合程度，找出最佳配对关系，使某个被控变量在本质上由某一操作变量所决定，其他操作变量对它的影响可忽略不计，从而保证耦合系统的控制质量。

7.3.2　对角阵解耦法

对于耦合比较严重的对象，即使采用最好的变量配对，也不会有满意的控制效果。特别是当各回路的相对增益和响应时间都彼此比较接近时，问题就更加难办，因而有必要进行解耦设计。

所谓对角解耦，就是设计一个计算网络，用它去抵消本来就存在于过程中的关联，以便进行独立的单回路控制。也就是设计一个解耦器，使系统的闭环传递函数矩阵为一个对角阵。

要成功地构成一个解耦器，就应该非常确切地知道过程的模型或频率响应，否则就应使解耦器具有适应性。

1. 耦合对象的耦合形式及其数学描述

多变量控制对象，从本质上说存在着两种不同的耦合形式，其一是输入量与其他通道输入量之间的耦合，如图 7 - 33 所示；其二是输出量与其他通道输入量之间的耦合，如图 7 - 34 所示。至于说输入量或输出量自身之间的耦合，总可以设法将它们转化为上述两种耦合之一。

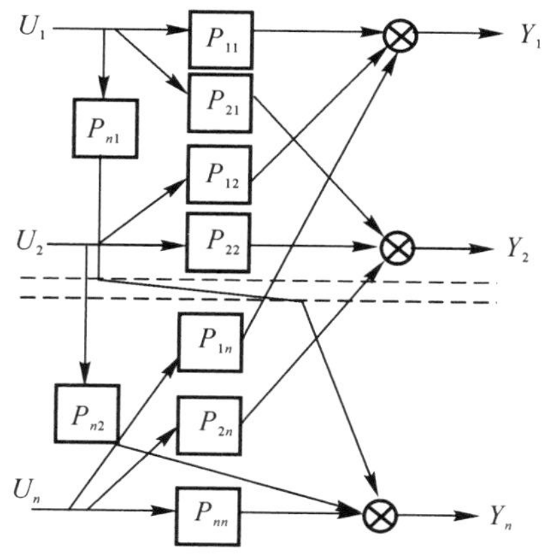

图 7 - 33　输入量与其他通道输入量的耦合

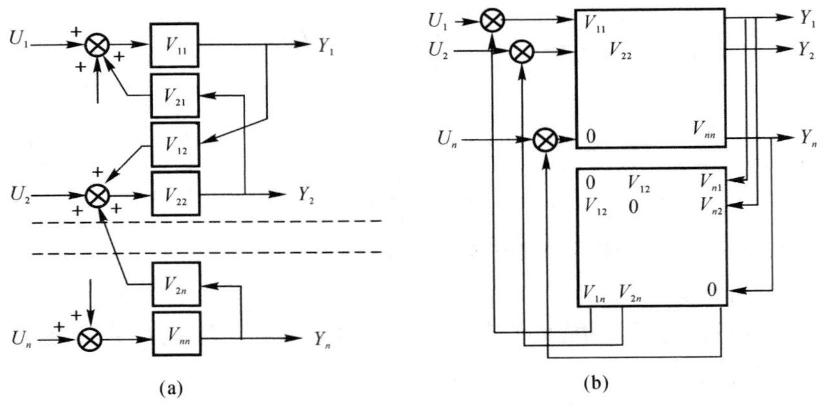

图 7-34　输出量与其他通道输入量之间的耦合

图 7-33 的耦合对象具有 n 个输入和 n 个输出，其每一个输出变量 $Y_i(i=1,2,3,\cdots,n)$ 都受所有输入变量 $U_i(i=1,2,3,\cdots,n)$ 的影响，Mesarovic 称它为 P 规范对象，等效于图 7-35。显然，它具有如下的数学描述：

$$\left.\begin{aligned} Y_1 &= P_{11}U_1 + P_{12}U_2 + \cdots + P_{1n}U_n \\ Y_2 &= P_{21}U_1 + P_{22}U_2 + \cdots + P_{2n}U_n \\ &\cdots\cdots \\ Y_n &= P_{n1}U_1 + P_{n2}U_2 + \cdots + P_{nn}U_n \end{aligned}\right\} \tag{7-85}$$

写成矩阵形式为

$$\boldsymbol{Y}=\boldsymbol{PU} \tag{7-86}$$

式中

$$\boldsymbol{P}=\begin{bmatrix} P_{11} & P_{12} & \cdots & P_{1n} \\ P_{21} & P_{22} & \cdots & P_{2n} \\ \vdots & \vdots & & \vdots \\ P_{n1} & P_{n2} & \cdots & P_{nn} \end{bmatrix}$$

图 7-35　输入量间耦合等效果

图 7-34 的耦合对象也具有 n 个输入和 n 个输出，但它的每一个输出量 Y_i 不但受其本通道的输入量影响，而且受其他所有的输出量经过第 j 通道带来的影响，Mesarovic 称之为 V 规范对象。这种对象的数学描述如下：

$$\left.\begin{aligned} Y_1 &= V_{11}(U_1 + V_{12}Y_2 + \cdots + V_{1n}Y_n) \\ Y_2 &= V_{22}(U_2 + V_{21}Y_1 + \cdots + V_{2n}Y_n) \\ &\cdots\cdots \\ Y_n &= V_{nn}(U_n + V_{n1}Y_1 + \cdots + V_{nn-1}Y_{n-1}) \end{aligned}\right\} \tag{7-87}$$

其一般形式为

$$Y_i = V_{ii}(U_i + \sum_n V_{ik}Y_k) \quad (i = 1,2,\cdots,n \text{ 且 } k \neq i) \tag{7-88}$$

若令

$$\boldsymbol{H} = \begin{bmatrix} V_{11} & & & \\ & V_{22} & & \\ & & \ddots & \\ & & & V_{nn} \end{bmatrix} \tag{7-89}$$

$$\boldsymbol{K} = \begin{bmatrix} 0 & V_{12} & \cdots & V_{1n} \\ V_{21} & 0 & \cdots & V_{2n} \\ \vdots & \vdots & & \vdots \\ V_{n1} & V_{n2} & \cdots & 0 \end{bmatrix} \tag{7-90}$$

则式(7-87)可写成

$$\boldsymbol{Y} = \boldsymbol{HU} + \boldsymbol{HKY} \tag{7-91}$$

可见，这种对象本身就含有反馈的意义。

上述两种耦合形式可以等效地相互转化。对于式(7-88)，可得其输入量的表达式：

$$U_i = \frac{Y_i}{V_{ii}} - \sum_n V_{ik}Y_k$$

写成矩阵形式为

$$\boldsymbol{U} = \boldsymbol{TY} \tag{7-92}$$

式中，$\boldsymbol{U}$ 为 n 维输入向量；$\boldsymbol{Y}$ 为 n 维输出向量；$\boldsymbol{T}$ 为 $n \times n$ 维矩阵，且

$$\boldsymbol{T} = \begin{bmatrix} \dfrac{1}{V_{11}} & -V_{12} & \cdots & -V_{1n} \\ -V_{21} & \dfrac{1}{V_{22}} & \cdots & V_{2n} \\ \vdots & \vdots & & \vdots \\ -V_{n1} & -V_{n2} & \cdots & \dfrac{1}{V_{nn}} \end{bmatrix} \tag{7-93}$$

若 $\boldsymbol{T}$ 为非奇异矩阵，则由式(7-86)有

$$\boldsymbol{Y} = \boldsymbol{T}^{-1}\boldsymbol{U} \tag{7-94}$$

此式类似于 P 规范控制对象表达式，这时

$$\boldsymbol{P} = \boldsymbol{T}^{-1} = \frac{\mathrm{adj}\boldsymbol{T}}{\det\boldsymbol{T}}$$

$$P_{ij}=\frac{(-1)^{i+1}\det\boldsymbol{T}_{ji}}{\det\boldsymbol{T}} \tag{7-95}$$

式中，$\boldsymbol{T}_{ji}$ 是由矩阵 $\boldsymbol{T}$ 中删去第 j 行第 i 列所得的矩阵。

同样，对于一个 P 规范对象，若 $\boldsymbol{P}$ 是非奇异矩阵，则该对象一定可用 V 规范来表示，转换形式如下：

$$V_{ii}=\frac{\det\boldsymbol{P}}{\det p_{ii}} \quad V_{ij}=\frac{\det P_{ij}}{\det p} \quad (j\neq i;i=1,2,\cdots,n;j=1,2,\cdots,n) \tag{7-96}$$

2. 解耦器的结构形式及其在系统中的配置

与对象的耦合形式相对应，解耦器的结构形式也有 P 规范和 V 规范两种，现以两变量系统为例，如图 7－36 所示。

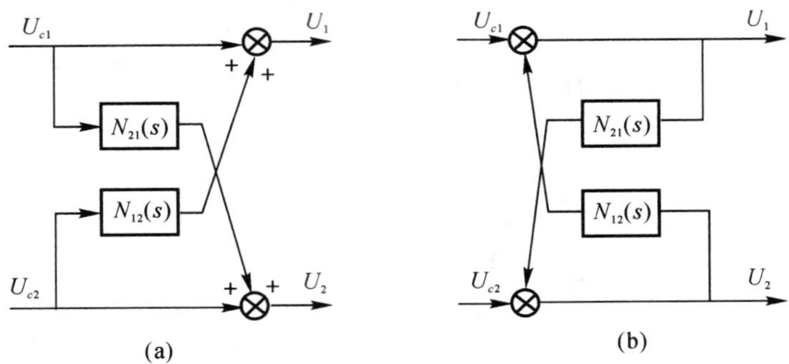

图 7－36　解耦合的两种结构形式

对于图 7－36(a)的结构可以写出其一般表达式

$$\left.\begin{aligned}U_1&=U_{c1}+N_{12}U_{c2}+\cdots+N_{1n}U_{cn}\\U_2&=n_{21}U_{c1}+U_{c2}+N_{23}U_{c3}\cdots+N_{2n}U_{cn}\\&\cdots\cdots\\U_n&=N_{n1}U_{c1}+N_{n2}U_{c2}+\cdots+U_{cn}\end{aligned}\right\} \tag{7-97}$$

写成矩阵形式为

$$\boldsymbol{U}=\boldsymbol{N}_p\boldsymbol{U}_c$$

$$\boldsymbol{N}_p=\begin{bmatrix}1 & N_{12} & \cdots & N_{1n}\\N_{21} & 1 & \cdots & N_{2n}\\\vdots & \vdots & & \vdots\\N_{n1} & N_{n2} & \cdots & 1\end{bmatrix} \tag{7-98}$$

对于图 7－36(b)的结构形式，其一般表达式如下：

$$\left.\begin{aligned}U_1&=U_{c1}+N_{12}U_2+\cdots+N_{1n}U_n\\U_2&=U_{c2}+N_{21}U_1+N_{23}U_3\cdots+N_{2n}U_n\\&\cdots\cdots\\U_n&=U_{cn}+N_{n1}U_1+N_{n2}U_2+\cdots+N_{n(n-1)}U_{n-1}\end{aligned}\right\} \tag{7-99}$$

写成矩阵形式为

$$\boldsymbol{U}=\boldsymbol{U}_c+\boldsymbol{N}\boldsymbol{U}$$

$$\boldsymbol{N}=\begin{bmatrix}0 & N_{12} & \cdots & N_{1n}\\ N_{21} & 0 & \cdots & N_{2n}\\ \vdots & \vdots & & \vdots\\ N_{n1} & N_{n2} & \cdots & 0\end{bmatrix}$$

解耦器在多变量控制系统中配置主要有以下四种形式：

(1)接在控制器和对象之间，如图 7-37 所示；

(2)接在控制器之前，如图 7-38 所示；

(3)与控制器结合在一起，如图 7-39 所示；

(4)接在反馈通道中，如图 7-40 所示。

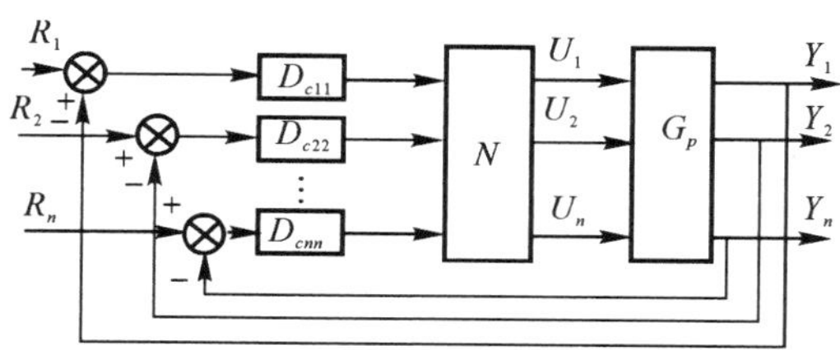

图 7-37　解耦器接在控制器与对象之间

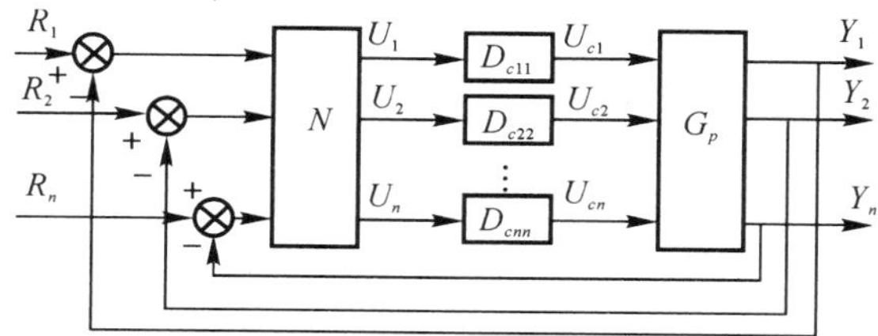

图 7-38　解耦器接在控制器前

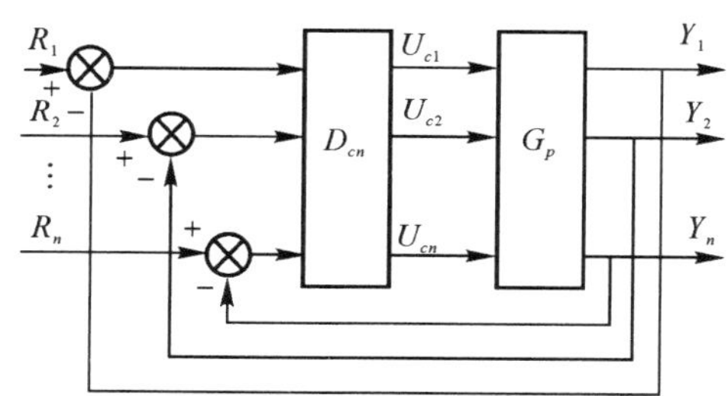

图 7-39　解耦器与控制器结合在一起

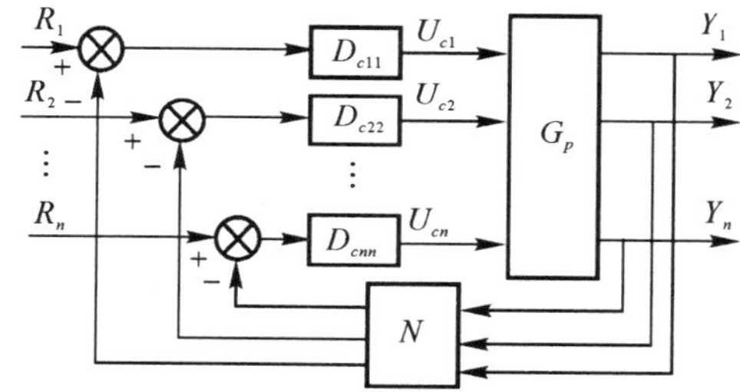

图 7-40　解耦器接在反馈通道中

图 7-37～图 7-40 中，G_p 为被控对象的传递函数，当对象为 P 规范时，$G_p=P$；当对象为 V 规范时，$G_p=\boldsymbol{T}^{-1}$($\boldsymbol{T}$ 的定义见式(7-93))。

$\boldsymbol{N}$ 为解耦环节阵，当解耦环节为 P 规范时，用 $\boldsymbol{N}_p$ 表示；当为 V 规范时，用 $\boldsymbol{N}_v$ 表示；

$\boldsymbol{D}_c$ 为控制器的传递函数阵，是对角元素为 D_{cij} 的对角阵。

3. 对角阵解耦设计法

由于我们经常遇到的是如图 7-37 所示的耦合形式，且 V 规范与 P 规范可互相转换，所以下面以讨论 P 规范对象为主。

(1)静态解耦设计。设被控的耦合对象的传递函数阵为

$$\boldsymbol{G}_p(s)=\begin{bmatrix}G_{p11}(s) & G_{p12}(s) & \cdots & G_{p1n}(s)\\ G_{p21}(s) & G_{p22}(s) & \cdots & G_{p2n}(s)\\ \vdots & \vdots & & \vdots\\ G_{pn1}(s) & G_{p2n}(s) & \cdots & G_{pnn}(s)\end{bmatrix}\tag{7-100}$$

当对象 $\boldsymbol{G}_p(s)$的各控制通道 $G_{pii}(s)$与耦合支路的传递函数 $G_{pij}(s)$有比较相近的动态特性时，或者这些通道的动态部分的等效时间常数均较小时，静态解耦具有相当好的效果。所谓静

态解耦是指只对系统静态响应解耦，解耦环节的传递函数为常数矩阵，具体设计方法如下。

设 K_{ij} 为 $\boldsymbol{G}_p(s)$ 中相应各元素 $G_{pij}(s)$ 的静态增益，则

$$K_{ij} = \lim_{s\to 0} G_{pij}(s)$$

此时，被控对象的静态增益阵为

$$\boldsymbol{K} = \begin{bmatrix} K_{11} & K_{12} & \cdots & K_{1n} \\ K_{21} & K_{22} & \cdots & N_{2n} \\ \vdots & \vdots & & \vdots \\ K_{n1} & K_{n2} & \cdots & K_{nn} \end{bmatrix}$$

根据解耦条件有

$$\boldsymbol{D} = \boldsymbol{KN} \tag{7-101}$$

式中，$\boldsymbol{N}$ 为解耦环节矩阵；$\boldsymbol{D}$ 为解耦后的目标矩阵，它具有如下形式：

$$\boldsymbol{D} = \begin{bmatrix} D_{11} & & & 0 \\ & D_{22} & & \\ & & \ddots & \\ 0 & & & D_{nn} \end{bmatrix}$$

其中 D_{ii} 为常数，它是根据各通道的静态要求确定的。

解式(7－101)，得解耦器的传递函数矩阵为

$$\boldsymbol{N} = \boldsymbol{K}^{-1}\boldsymbol{D} \tag{7-102}$$

由上述分析可见，实现静态解耦应满足如下的条件：

1)控制对象 $\boldsymbol{G}_p(s)$ 各个动态部分小到可以忽略的程度；

2)控制对象 $\boldsymbol{G}_p(s)$ 的各元素不包含有 $s=0$ 的一阶或多阶极点；

3)控制对象 $\boldsymbol{G}_p(s)$ 的静态增益矩阵 $\boldsymbol{K}$ 必须是非奇异的。

静态解耦设计过程简单，且所得静态解耦器总是物理可实现时，所以目前应用较多的还是按静态解耦方法设计解耦控制系统。

例 7－8 设被控耦合对象的传递函数矩阵为

$$\boldsymbol{G}_p(s) = \begin{bmatrix} \dfrac{2.582}{2.7s+1} & \dfrac{-1.582}{2.7s+1} \\ \dfrac{1}{4.5s+1} & \dfrac{1}{4.5s+1} \end{bmatrix}$$

要求的目标矩阵为

$$\boldsymbol{D}(s) = \begin{bmatrix} \dfrac{2.582}{2.7s+1} & 0 \\ 0 & \dfrac{1}{4.5s+1} \end{bmatrix}$$

试进行静态解耦设计。

解 $\boldsymbol{G}_p(s)$ 对象的静态增益矩阵为

$$\boldsymbol{K} = \begin{bmatrix} 2.582 & -1.582 \\ 1 & 1 \end{bmatrix}$$

目标矩阵的静态值为

$$D = \begin{bmatrix} 2.582 & 0 \\ 0 & 1 \end{bmatrix}$$

根据式(7－102)有

$$N = K^{-1}D = \begin{bmatrix} 2.582 & -1.582 \\ 1 & 1 \end{bmatrix}^{-1} \begin{bmatrix} 2.582 & 0 \\ 0 & 1 \end{bmatrix} = \begin{bmatrix} 0.620 & 0.380 \\ -0.620 & 0.620 \end{bmatrix}$$

若按 $N(s) = G_p^{-1}(s)D(s)$ 求动态解耦环节，必得同样的结果。读者可自行验证。

(2)单位矩阵解耦设计。所谓单位矩阵解耦设计是指控制对象特性矩阵与解耦环节矩阵的乘积为单位阵。设解耦控制系统的框图如图 7－41 所示。

由图 7－41 可得

$$Y = (I + G_pND_cF)^{-1}G_pND_cR \tag{7-103}$$

若采用单位矩阵解耦，则

$$G_pN = I \tag{7-104}$$

此时

$$Y = (I + D_cF)^{-1}D_cR \tag{7-105}$$

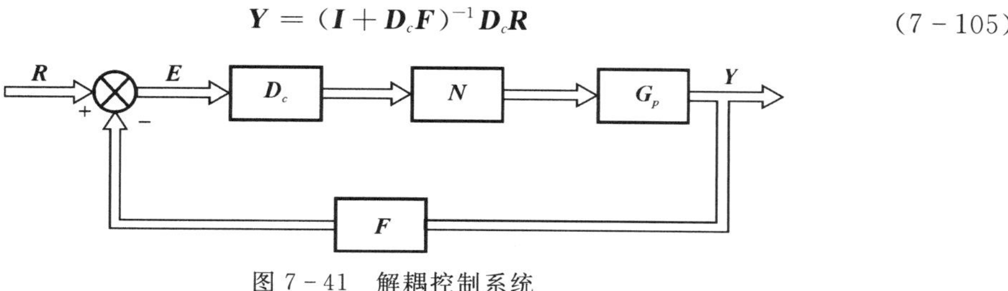

图 7－41　解耦控制系统

若 D_c，F 为对角阵，则式(7－105)所表示的结构就实现了输出量 Y 对输入量 R 的解耦。根据式(7－104)，可求得解耦环节的矩阵 N 为

$$N = G_p^{-1} \tag{7-106}$$

单位矩阵法是对角矩阵法的一种特殊情况，它的突出优点是把解耦环节矩阵与控制对象合并成一个单位矩阵，在控制系统中，这个矩阵又可看作是广义对象矩阵，而这个广义对象阵中，对角元素均为 1。因此，在解耦后的单回路系统中，控制对象都变为 1，当要求解耦后的系统具有不同的控制特性时，可以很方便地用改变调节器特性的方法得到，因此，本方法具有很大的灵活性。

式(7－103)表明，解耦环节特性与控制对象之间可采用完全的零点一极点对消，由于对象矩阵 G_p 总是物理可实现的，但其逆 N 在物理上不一定可实现。

从单位矩阵法的一些特点来看，它适用于控制对象不存在纯延迟环节和没有右半平面的零点的情况。

(3)按给定要求设计。假设一个 P 规范对象，解耦环节是结合调节器的结构形式，如图 7－37所示，要求解耦后的闭环传递函数矩阵为

$$\varphi(s) = \begin{bmatrix} \varphi_{11} & & & 0 \\ & \varphi_{22} & & \\ & & \ddots & \\ 0 & & & \varphi_{nn} \end{bmatrix}$$

这时 $\boldsymbol{Y}=\boldsymbol{\varphi}(s)\boldsymbol{R}$。设该系统的开环传递函数阵为 $\boldsymbol{W}(s)$，则

$$\boldsymbol{\varphi}(s)=[\boldsymbol{I}+\boldsymbol{W}(s)]^{-1}\boldsymbol{W}(s) \tag{7-107}$$

式中

$$\boldsymbol{W}(s)=\boldsymbol{G}_p(s)\boldsymbol{D}_{cn}(s)$$

$$\boldsymbol{D}_{cn}(s)=\boldsymbol{G}_p^{-1}(s)\boldsymbol{\varphi}(s)[\boldsymbol{I}-\boldsymbol{\varphi}(s)]^{-1} \tag{7-108}$$

因此，当控制对象的特性为 $\boldsymbol{G}_p(s)$ 时，解耦环节与调节器结合的特性 $\boldsymbol{D}_{cn}(s)$ 可由式(7-108)求得。

由上可见，所谓按给定要求设计，就是预先给出单变量控制系统的控制要求，在解耦设计中一次进行考虑。也就是说把多变量控制系统的解耦设计与解耦后的单变量控制系统设计一次完成。下面举例说明设计过程。

例 7-9 对于一个如图 7-42 所示的非全耦合的双变量系统，要求解耦后的系统特性为

$$\boldsymbol{\Phi}(s)=\begin{bmatrix}\dfrac{1}{s+1} & 0\\ 0 & \dfrac{1}{s+1}\end{bmatrix}$$

试决定调节器及解耦环节的参数。

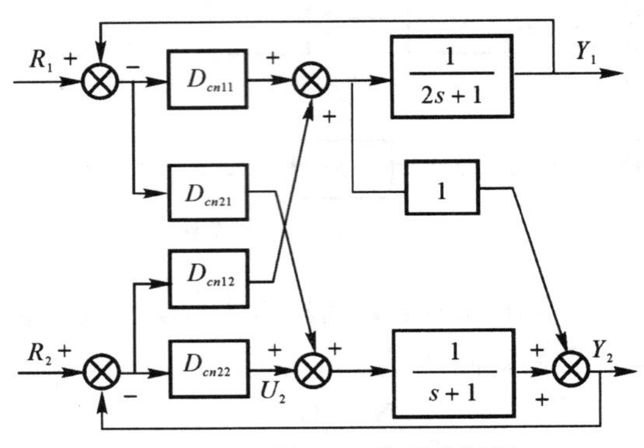

图 7-42 例 7-9 的系统框图

解

$$\boldsymbol{W}(s)=\boldsymbol{\varphi}(s)[\boldsymbol{I}-\boldsymbol{\varphi}(s)]^{-1}$$

$$=\begin{bmatrix}\dfrac{1}{s+1} & 0\\ 0 & \dfrac{1}{s+1}\end{bmatrix}\begin{bmatrix}\dfrac{s+1}{s} & 0\\ 0 & \dfrac{s+1}{s}\end{bmatrix}=\begin{bmatrix}\dfrac{1}{s} & 0\\ 0 & \dfrac{1}{s}\end{bmatrix}$$

由式(7-108)得

$$\boldsymbol{D}_{cn}(s)=\boldsymbol{G}_p^{-1}(s)\boldsymbol{W}(s)=\begin{bmatrix}\dfrac{1}{2s+1} & 1\\ 0 & \dfrac{1}{s+1}\end{bmatrix}^{-1}\begin{bmatrix}\dfrac{1}{s} & 0\\ 0 & \dfrac{1}{s}\end{bmatrix}$$

$$\boldsymbol{D}_{cn}(s)=\begin{bmatrix}2s+1 & 0\\ -(2s+1)(s+1) & s+1\end{bmatrix}\begin{bmatrix}\dfrac{1}{s} & 0\\ 0 & \dfrac{1}{s}\end{bmatrix}=\begin{bmatrix}\dfrac{2s+1}{s} & 0\\ -\dfrac{(2s+1)(s+1)}{s} & \dfrac{s+1}{s}\end{bmatrix}$$

(4)理想解耦设计。若一个解耦环节能使控制对象恢复其开环的主通道特性，则称这样的解耦设计为理想解耦设计。

设控制对象的传递函数阵为

$$\boldsymbol{G}_p=\boldsymbol{P}=\begin{bmatrix}P_{11} & P_{12} & \cdots & P_{1n}\\ P_{21} & P_{22} & \cdots & P_{2n}\\ \vdots & \vdots & & \vdots\\ P_{n1} & P_{n2} & \cdots & P_{nn}\end{bmatrix} \tag{7-109}$$

要求解耦后的目标矩阵为

$$\boldsymbol{D}=\begin{bmatrix}P_{11} & & & 0\\ & P_{22} & & \\ & & \ddots & \\ 0 & & & P_{nn}\end{bmatrix} \tag{7-110}$$

就图 7-42 而言，有

$$\boldsymbol{G}_p\boldsymbol{N}=\boldsymbol{D}\qquad \boldsymbol{N}=\boldsymbol{G}_p^{-1}\boldsymbol{D} \tag{7-111}$$

此法的优点是可以不改变原先根据主通道设计的调节器的特性，即不需要重新设计$\boldsymbol{D}_{c(s)}$。实际上，有许多控制系统调节器已经在没有解耦的情况下设计好了，这样利用理想解耦设计便可直接应用设计好的调节器。

例 7-10　设对象的传递函数阵为

$$\boldsymbol{G}_p(s)=\begin{bmatrix}\dfrac{1}{10s+1} & \dfrac{0.42}{10s+1}\\ \dfrac{-28.4}{(15s+1)(5s+1)} & \dfrac{27.7}{(20s+1)(5s+1)}\end{bmatrix}$$

解耦器接在调节器和对象之间。试按理想解耦设计解耦矩阵 $\boldsymbol{N}$。

解　由 $\boldsymbol{G}(s)$可知解耦后的目标矩阵为

$$\boldsymbol{D}(s)=\begin{bmatrix}\dfrac{1}{10s+1} & 0\\ 0 & \dfrac{27.7}{(20s+1)(5s+1)}\end{bmatrix}$$

根据式(7-111)，有

$$\boldsymbol{N}=\boldsymbol{G}_p^{-1}\boldsymbol{D}=\begin{bmatrix}\dfrac{1}{10s+1} & \dfrac{0.42}{10s+1}\\ \dfrac{-28.4}{(15s+1)(5s+1)} & \dfrac{27.7}{(20s+1)(5s+1)}\end{bmatrix}^{-1}\begin{bmatrix}\dfrac{1}{10s+1} & 0\\ 0 & \dfrac{27.7}{(20s+1)(5s+1)}\end{bmatrix}$$

$$\boldsymbol{N}=\begin{bmatrix}\dfrac{0.7(15s+1)(10s+1)}{16.5s+1} & -\dfrac{0.0106(5s+1)(15s+1)(20s+1)}{16.5s+1}\\ \dfrac{0.715(20s+1)(10s+1)}{16.5s+1} & \dfrac{0.025(20s+1)(15s+1)(5s+1)}{16.5s+1}\end{bmatrix}\times$$

$$\begin{bmatrix}\dfrac{1}{10s+1} & 0\\ 0 & \dfrac{27.7}{(20s+1)(5s+1)}\end{bmatrix}=\begin{bmatrix}\dfrac{0.7(15s+1)}{16.5s+1} & -\dfrac{0.294(15s+1)}{16.5s+1}\\ \dfrac{-0.715(20s+1)}{16.5s+1} & \dfrac{0.603(15s+1)}{16.5s+1}\end{bmatrix}$$

7.3.3 计算机解耦控制系统设计

前面讨论了多种连续域设计解耦控制系统的方法，这里讨论如何用连续域-离散化设计法设计计算机解耦控制系统。

连续域-离散化设计法，就是先在连续域（s 域）中设计一个符合性能指标要求的模拟式解耦控制系统（要考虑 ZOH 和前置滤波器带来的相位滞后），然后选择一个合适的采样频率和合适的离散化方法，将控制器离散化，最后用数字仿真等方法进行校验。

设被控对象传递函数阵为

$$\boldsymbol{P}(s)=\begin{bmatrix}P_{11}(s) & P_{12}(s)\\ P_{21}(s) & P_{22}(s)\end{bmatrix}$$

若解耦器接在控制器和被控对象之间，如图 7－43，可得

$$\begin{bmatrix}Y_1(s)\\ Y_2(s)\end{bmatrix}=\begin{bmatrix}P_{11}(s)N_{11}(s)+P_{12}(s)N_{21}(s) & P_{11}(s)N_{12}(s)+P_{12}(s)N_{22}(s)\\ P_{21}(s)N_{11}(s)+P_{22}(s)N_{21}(s) & P_{21}(s)N_{12}(s)+P_{22}(s)N_{22}(s)\end{bmatrix}\begin{bmatrix}U_{c1}(s)\\ U_{c2}(s)\end{bmatrix} \tag{7-112}$$

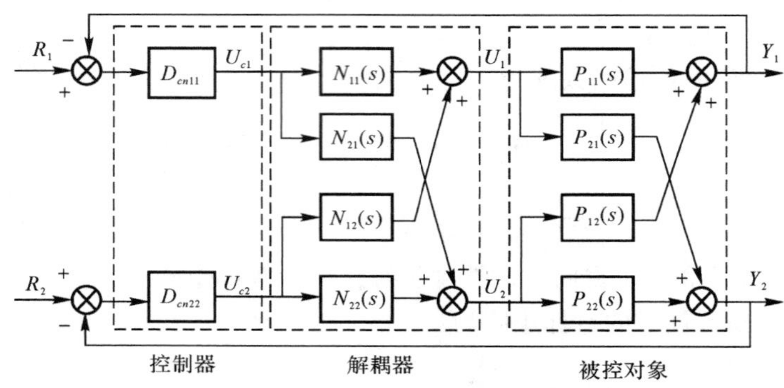

图 7－43　解耦控制系统方框图

要使系统实现对角阵解耦，必须满足

$$\left.\begin{aligned}P_{11}(s)N_{11}(s)+P_{12}(s)N_{21}(s)&=P_{11}(s)\\ P_{11}(s)N_{12}(s)+P_{12}(s)N_{22}(s)&=0\\ P_{21}(s)N_{11}(s)+P_{22}(s)N_{21}(s)&=0\\ P_{21}(s)N_{12}(s)+P_{22}(s)N_{22}(s)&=P_{22}(s)\end{aligned}\right\} \tag{7-113}$$

显然

$$\left.\begin{aligned}N_{12}(s)&=-\frac{P_{12}(s)}{P_{11}(s)}N_{22}(s)\\ N_{21}(s)&=-\frac{P_{21}(s)}{P_{22}(s)}N_{11}(s)\end{aligned}\right\} \tag{7-114}$$

可见，解耦阵不是唯一的，这对设计带来了方便。通过 N_{11}，N_{22} 的合理选定，总可以使解耦阵物理可实现，从而达到解耦的目的。

耦合系统解耦后，设计时就可看作是两个无耦合的单回路系统。

例7-11 若乃以例7-8的对象为例，则

$$P_{11}(s)=\frac{2.582}{2.7s+1}\quad P_{12}(s)=\frac{-1.582}{2.7s+1}$$

$$P_{21}(s)=\frac{1}{4.5s+1}\quad P_{22}(s)=\frac{1}{4.5s+1}$$

可见被控对象本身具有严重的耦合关系，其特性曲线如图7-44所示。

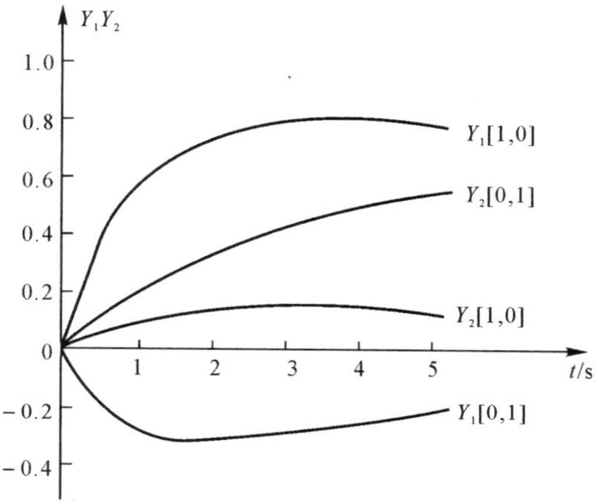

图7-44 耦合对象特性

根据式(7-102)可得

$$N_{11}(s)=0.62\qquad N_{12}(s)=0.38$$

$$N_{21}(s)=-0.62\qquad N_{22}(s)=0.62$$

设控制器为PI调节规律

$$D_{c11}(s)=K_{c1}+\frac{K_{11}}{s}$$

$$D_{c22}(s)=K_{c2}+\frac{K_{12}}{s}$$

通过设计，选

$$K_{c1}=4.01;\quad K_{c2}=17.9$$

$$K_{11}=9.415;\quad K_{12}=40.5$$

则两变量解耦系统的具体结构如图7-45所示。其输出为

$$Y_1(s)=\frac{2.582(4.01s+9.415)}{2.7s^2+11.35s+24.31}R_1(s)$$

$$Y_2(s)=\frac{17.9(s+2.26)}{4.5s^2+18.9s+40.5}R_2(s)$$

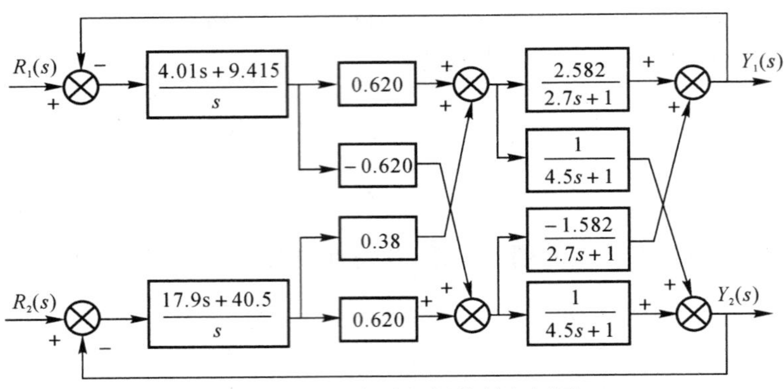

图 7-45　两变量解耦控制方框图

对图 7-45 的模拟式解耦控制系统进行数字仿真，结果如图 7-46 所示。可见，系统达到了解耦的目的。

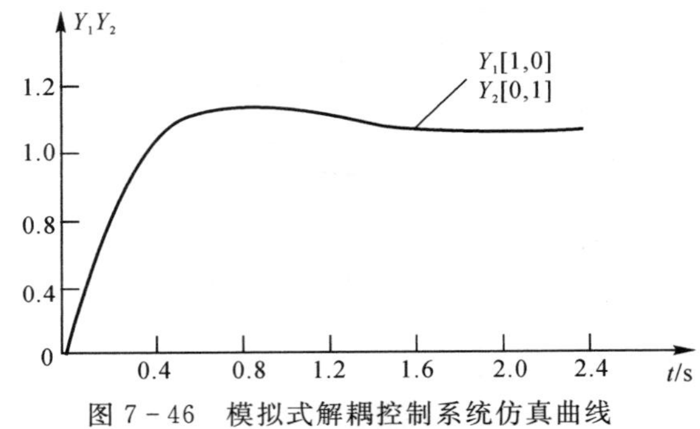

图 7-46　模拟式解耦控制系统仿真曲线

选择采样频率 $f=50\text{Hz}$，将图 7-45 中的控制器和解耦器的各个环节用双线性变换法进行离散化，便可得到计算机解耦控制系统结构图如图 7-47 所示。

$$\frac{2.48(s+2.348)}{s} \to \frac{2.54(1-0.954z^{-1})}{1-z^{-1}}$$

$$-\frac{2.48(s+2.348)}{s} \to -\frac{2.54(1-0.954z^{-1})}{1-z^{-1}}$$

$$\frac{6.80(s+2.263)}{s} \to \frac{6.954(1-0.956z^{-1})}{1-z^{-1}}$$

$$\frac{11.06(s+2.263)}{s} \to \frac{11.327(1-0.956z^{-1})}{1-z^{-1}}$$

为了对计算机解耦控制系统进行校验，将图 7-47 中的 ZOH 和对象传递函数一起用脉冲响应不变法进行离散化，得

$$P_{11}(z)=(1-z^{-1})Z\left[\frac{2.582}{s(2.7s+1)}\right]=\frac{0.019\,1z^{-1}}{1-0.993z^{-1}}$$

$$P_{12}(z)=(1-z^{-1})Z\left[\frac{-1.582}{s(2.7s+1)}\right]=\frac{0.011\,7z^{-1}}{1-0.993z^{-1}}$$

$$P_{21}(z)=(1-z^{-1})Z\left[\frac{1}{s(4.5s+1)}\right]=\frac{0.004\,43z^{-1}}{1-0.996z^{-1}}$$

$$P_{22}(z)=P_{21}(z)$$

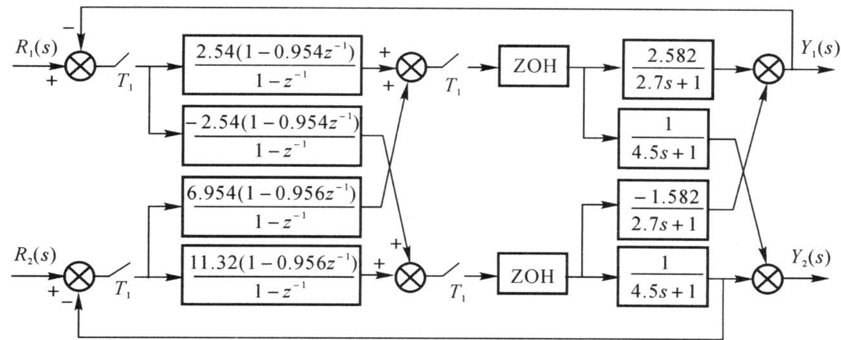

图 7 - 47　计算机解耦控制系统

计算机解耦系统仿真结构图如图 7 - 48 所示，数字仿真曲线如图 7 - 49 所示。图 7 - 49 的仿真曲线与图 7 - 46 的曲线非常接近，可见离散化设计是成功的。

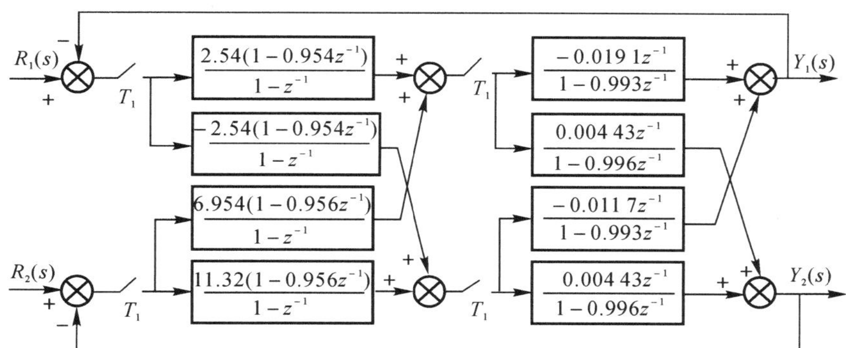

图 7 - 48　计算机解耦控制系统仿真结构图

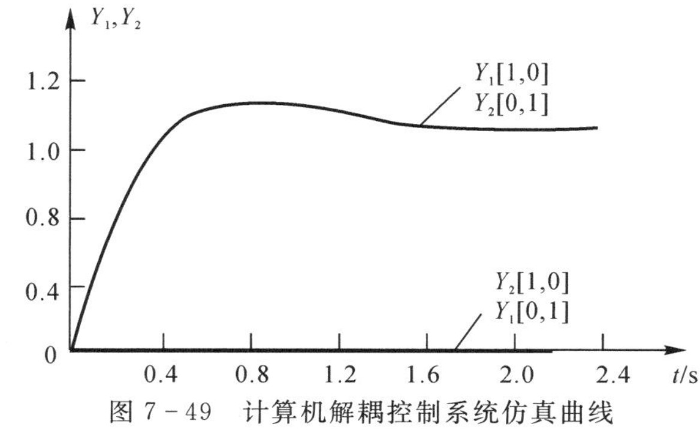

图 7 - 49　计算机解耦控制系统仿真曲线

7.4　本章小结

对一些复杂控制系统，简单的单闭环控制结构已无法完成控制的指标要求，则需构建更加复杂的控制结构。本章介绍了针对具有多变化参数、易干扰被控对象采用串级控制、前馈控制，具有耦合的被控制对象采用解耦控制的三种计算机控制系统的设计。

(1)在复杂被控对象中,若系统内参数对最终输出的控制参数影响较大,则需考虑双回路的串级控制或多回路的串级控制,快速抑制内参数变化,保障最终输出结果的达标。

(2)当被控制对象易受外界干扰时,则需要考虑前馈控制方法。前馈利用特定干扰噪声影响输出,估计出前馈器来快速抑制干扰噪声影响。由于设计控制器是建立在“不变性”假设条件上的,若干扰噪声随机变化,则不适用该方法。

(3)若两回路控制互相之间有耦合,任何一方的控制会影响到另一方,则需考虑解耦控制;若复杂控制回路既有内参数影响严重,多控制回路又互相耦合,同时受干扰比较严重,则需三种方法进行组合,构成对复杂系统的控制结构。

习　题

7-1　串级控制系统与单回路控制系统各有什么特点?分别适用于什么场合?

7-2　图7-50中可采用串级控制系统,副控参数应如何选择?主、副控制器的控制规律应如何选择?

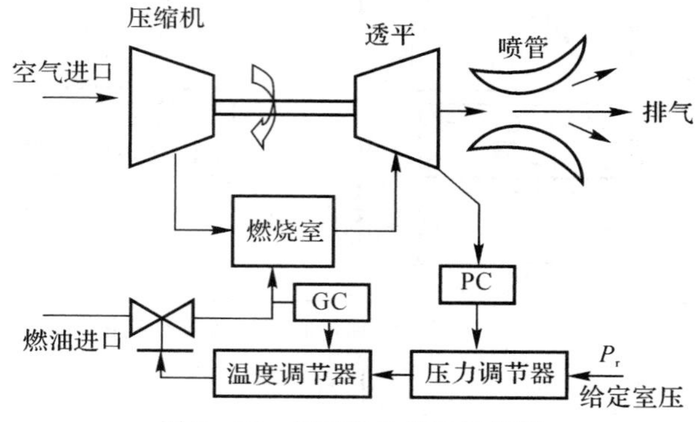

图7-50　航空发动机串级控制

7-3　在题图7-2中采用计算机数字控制,若已知各传递函数如下,试按预期最小拍闭环特性设计方法设计副控制器 $D_{c2}(z)$,采样周期 $T_s=2\text{s}$。分别设计 $D_{c2}(z)$ 和 $u_2(k)$ 的输出,写出副控输出函数 $y_2(t)$(有干扰 N_2 作用)。

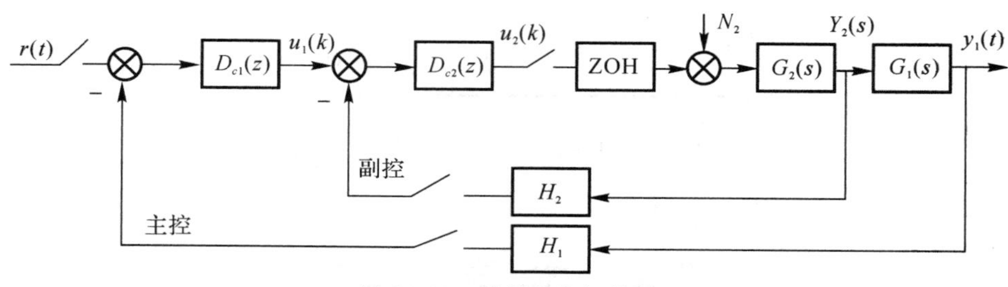

图7-51　计算机串级控制

已知各环节传递函数如下:

$$G_1(s)=\frac{1}{(30s+1)(3s+1)}\qquad G_2(s)=\frac{1}{10s+1}$$

$$D_{c1}(s)=K_{c1}\left(1+\frac{1}{T_i s}\right)\qquad H_1(s)=H_2(s)=1$$

7－4　飞机舵机系统可看作数字伺服控制系统，其特性曲线如图 7－52 所示，其被控对象如下：

伺服放大器传递函数：$G_V(s)=\dfrac{K_G(1+sT_2)}{1+T_1 s}$（$K_G$ 为伺服放大系数，T_1，T_2 为时间常数）。

电机伺服系统：$G_2(s)=\dfrac{K_E}{T_M s+1}$（$K_E$ 为电机反电动势常数，T_M 为电机时间常数）。

舵机的舵面负载：$G_L(s)=\dfrac{T_L(s)}{\omega(s)}=sJ_L+\dfrac{D(s)}{\omega(s)}$（$T_L$ 为负载扭矩；J_L 为负载转动惯量；D 为摩擦力（静摩擦力＋动摩擦力）；ω 为角速度）。

试建立计算机位置角度串行控制系统，并写出速度副控回路和舵偏角控制回路数字闭环脉冲传递函数。

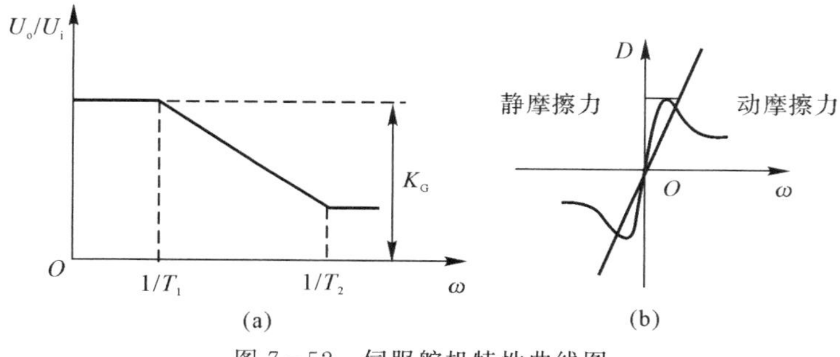

图 7－52　伺服舵机特性曲线图

7－5　前馈控制和反馈控制各有什么特点？为什么采用前馈-反馈复合系统将能较大地改善系统的控制品质？

7－6　在什么条件下，静态前馈和动态前馈在克服干扰影响方面具有相同的效果？

7－7　试用下述过程设计一个前馈控制系统。已知被控对象的传递函数为

$$G_p(s)=\frac{Y(s)}{U(s)}=\frac{(s+1)}{(s+2)(2s+3)}\qquad G_N(s)=\frac{Y(s)}{N(s)}=\frac{5}{s+2}$$

要求该前馈系统既能克服干扰 $N(s)$ 对系统的影响，又能跟踪被调量设定值 r 的变化。

7－8　有一个两变量耦合对象，其输入为 U_i，输出为 Y_i。主通道环节和耦合通道环节为 $P_{ij}(i=1,2,j=1,2)$，试写出其 P 规范和 V 规范的数学表达式。

7－9　有一耦合对象如图 7－53 所示，试将其化为 P 规范和 V 规范型。

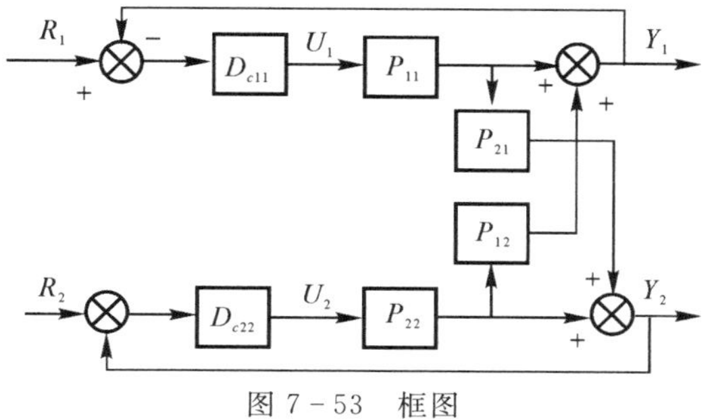

图 7－53　框图

7-10　设对象的传递函数矩阵为

$$\boldsymbol{G}_p(s)=\begin{bmatrix}\dfrac{1}{(s+1)^2} & \dfrac{-1}{2s+1}\\ \dfrac{1}{3s+1} & \dfrac{1}{s+1}\end{bmatrix}$$

给定的闭环传递函数阵为

$$\boldsymbol{\Phi}(s)=\begin{bmatrix}\dfrac{1}{s+1} & 0\\ 0 & \dfrac{1}{s+1}\end{bmatrix}$$

试用给定要求设计法设计调节器解耦环节参数，并写出计算机解耦控制器。

7-11　如图 7-54 所示的系统，设对象特性 P_{11}，P_{12}，P_{21}，P_{22}已知，求解耦环节 N。试比较图 7-54(a)(b)两解耦环节的复杂性，并从物理概念上解释之。

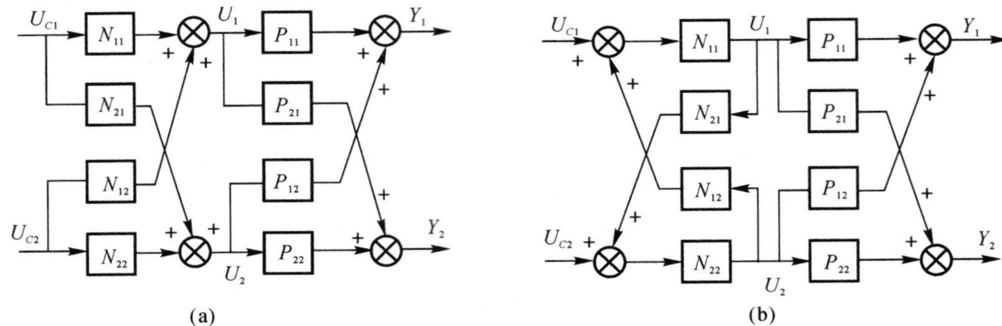

图 7-54　方框图

第8章　多采样频率系统的分析与设计

在一个计算机控制系统中，若有多个不同的采样频率，则不能简单地使用前述各章所讨论的分析和设计方法，需要采用特殊的处理方法。若一个计算机同时具有多个采样速率而且控制不同的独立系统，系统不存在相互交联，那么仍可认为每个系统是单速率系统，可以采用单速率系统的分析和设计方法进行处理，反之则需采用多速率系统的分析和处理方法。

一般情况下，应设法把多速率采样系统转换为等效的单速率采样系统，然后再利用通常的计算机控制系统分析设计方法进行分析与设计。

多速率采样系统的等效变换方法主要有：

(1)采样信号频域分解法；

(2)时域采样信号分解法；

(3)状态矩阵法；

(4)向量采样开关分解法等。

本章将在下面各节对上述各方法展开讨论。

8.1　多采样速率的配置

8.1.1　概述

为了充分发挥计算机的作用，单台计算机经常要同时控制多个系统或同一系统中多个变量，这些系统的变量、特性或控制要求都有可能不相同，采用相同的采样频率已不能满足多个系统或多变量的控制要求。因此，工程上将会根据不同系统与变量的要求，选择合适的不同采样速率，形成多采样速率系统。如图8-1所示串级控制系统结构，副控回路对快速变化变量选取采样频率 T_2，而外控回路控制变量相对内环的变化速度较慢，则采用 T_1 采样频率，既减少了计算机计算工作量，又可达到预期效果。

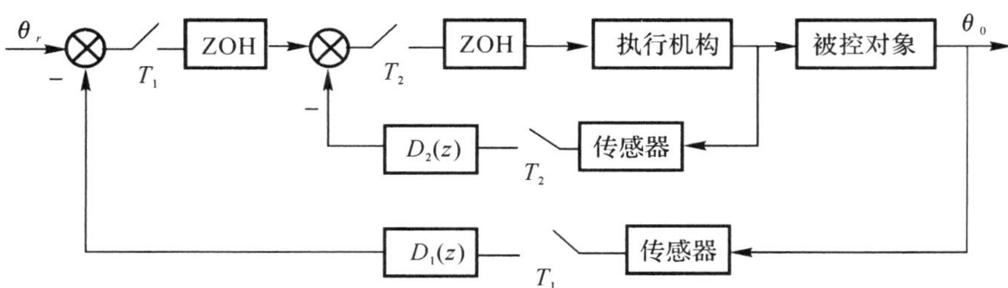

图8-1　多采样频率的数字式导弹自动驾驶仪控制系统

8.1.2 工业控制基本配置

在工业控制系统中被控量自身变化频率往往各不相同,快的可达几十赫兹变化率,慢的可低至 0.001Hz,根据第 2 章所推导的采样定理要求,选择采样频率会相差非常大,这就需要根据被测控对象特性选择不同的采样频率。从控制经验上讲可以分类为以下几项。

(1)工业被测量的通常计算机采样速率选取:根据采样定理需采样频率应大于被测回路最高频率的 2 倍以上,而实际应用上一般选取采样频率是被测量最快变化率的 6~10 倍。

(2)工业常用的过程控制参数采样频率取值:在工业过程控制中,通常有流量、压力、液位、温度等常规控制过程,其变化过程并非非常快,若采用计算机控制,则采样频率通常取值见表 8-1。

表 8-1 工业过程控制计算机采样频率取值

被调参数	流量控制流量测量	压力控制压力测量	液面控制液位测量	温度控制温度测量
采样周期/s	1	5	10	30
采样频率/Hz	1	0.2	0.1	0.03

(3)在航空飞行器计算机的控制中,各个控制环节采样频率的经验取值,对不同的控制参数的控制环节,则采用频率可以是不一样的,见表 8-2。

表 8-2 航空飞行器通常控制参数的采样频率最小经验取值

被控参量	俯仰速率	向心加速度	俯仰杆力	俯仰角度	高度	飞行速度	油门杆位移	可变增益	滚转速率	航向角速率	侧向加速度	滚转杆力	脚蹬
采样周期/ms	12.5	25	25	25	200	100	100	100	12.5	25	25	25	25
采样频率/Hz	80	40	40	40	5	10	10	10	80	40	40	40	40

由于飞行控制各个系统相互关联,要求它们之间采样频率最好是等倍数关系,如图 8-2 所示,如:$n=2, 4, 6, \cdots$;n 最好尽可能选低或尽可能选高。

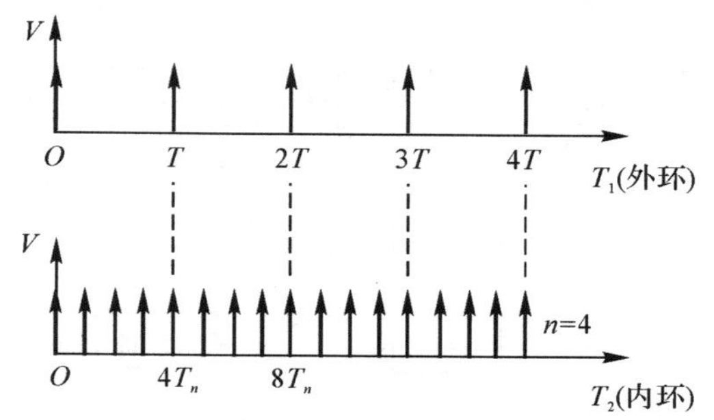

图 8-2 内环与外环采样频率选取

8.2　多采样信号频率分析与等效变换

8.2.1　采样信号频域分解法描述

具有多速率采样的开环系统主要有两种基本类型，如图 8-3(a) 所示，连续系统中输入端是慢采样器，而输出端是快速采样器。这种类型的系统被称为慢-快多速采样系统；图 8-3(b)表示连续系统中的输入端是快速采样器，而输出端是慢速采样器。这种类型的系统称快-慢多速采样系统；图 8-3(c)所示多采样数字系统其脉冲传递函数是数字计算机软件，同样输入与输出数据可以具有不同的采样频率。通常选取采样速率 $T_1=nT_n$，而 n 为大于 1 的正整数。

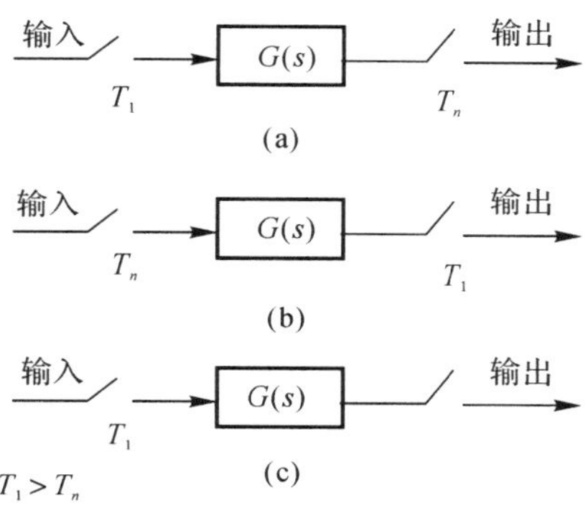

图 8-3　多采样频率开环系统

由慢速采样输入到快速采样输出，或由快速采样输入到慢速采样输出这类多频率采样系统不同于单一速率采样系统，信号传递方式与脉冲传递函数的描述方式都有所不同，需对这两类系统作相应的等效变换后方可建立其开环脉冲传递函数。下面就分别讨论这两种模式。

8.2.2　开环环节的等效变换

1. 慢速采样输入，快速采样输出信号传递特性

图 8-4(a)表示了对输入信号慢速采样，图 8-4 (b)表示了对输出信号的快速采样，假设 $T_1=nT_n$，则

$$z_1=\mathrm{e}^{sT_1}=\mathrm{e}^{snT_n}=(z_n)^n=z_n^n \tag{8-1}$$

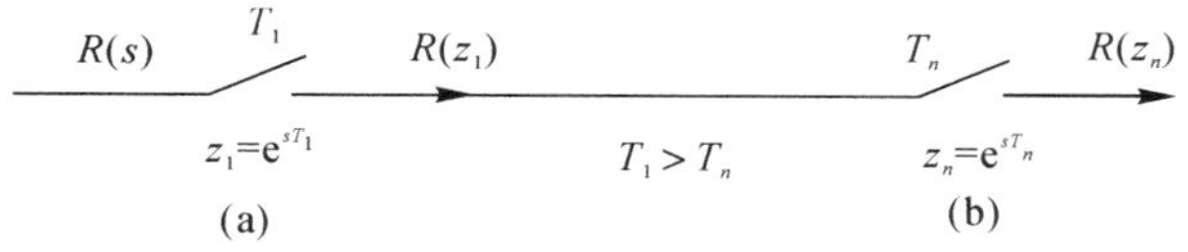

图 8-4　慢-快多采样环节的变换

对输入信号 z 变换有

$$R(z_1)\mid_{Z_1=Z_n^n} = R(z_n^n) = R(z_n) \tag{8-2}$$

式(8-2)说明在两个不同速率的采样过程中，只要满足采样速率的等倍数关系，采样信号传递特性可保持不变。因此，采样频率域的分解法要求多速率的采样过程必须采用等倍数关系式(8-1)使式(8-2)成立。

例 8-1 已知有一慢-快多速率采样系统，如同图 8-3(a)所示，当 $r(t)=1$ 单位阶跃输入，$n=2$ 时，满足 $T_1=2T_2$，求 $R(z_2)$ 输出。

解 根据题意作出图 8-5(a)所示的由慢到快的采样过程，在图 8-5(a)中取 $n=2$，有

$$R(z_1) = \frac{1}{1-z_1^{-1}} = 1 + z_1^{-1} + z_1^{-2} + \cdots$$

$$R(z_2) = 1 + z_2^{-2} + z_2^{-4} + \cdots$$

$$R(z_1)\mid_{z_1=(z_2^2)} = R(z_2^2) = R(z_2)$$

时域波形描述如图 8-5(b) 所示。说明先慢再快采样，快是在慢的基础上再加密采样点输出，并保持 T_1 采样点的值，同时新增采样点处于 T_1 采样时未采样的中间值为零状态，采集信号传递特性并未变化。

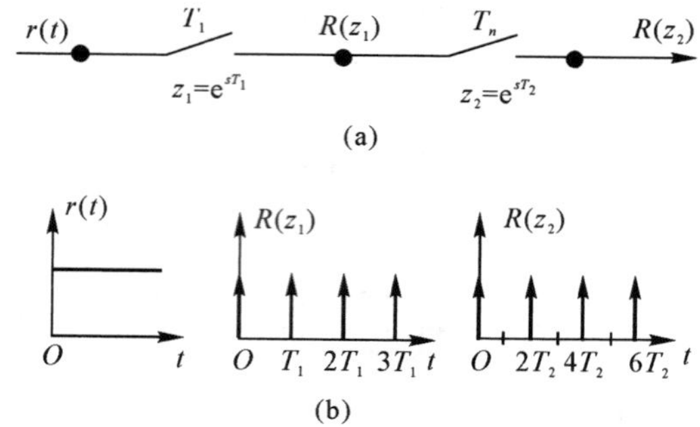

图 8-5 慢-快采样时域描述

2.慢-快多速率采样开环系统的等效变换

如图 8-6(a)所示，连续开环采样慢速采样输入，快速采样输出的多速采样系统，其等效变换如图 8-6(b)所示。在慢速采样器后人为地引入快速虚拟采样器，把慢采样频率信号变为快采样频率信号，根据采样信号的传递特性保持不变，即 $R'(z_n)=R(z_1)$，其中设计 $z_1=e^{T_1 s}$，$z_n=e^{T_n s}$，$T_n=T_1/n$ 为整倍数，因而有

$$Y(z_n) = G(z_n)R'(z_n) = G(z_n)R(z_1) = G(z_n)R(z_n^n) \tag{8-3}$$

其中，$G(z_n) = Z[G(s)]\mid_{z=z_n,T=T_n}$。

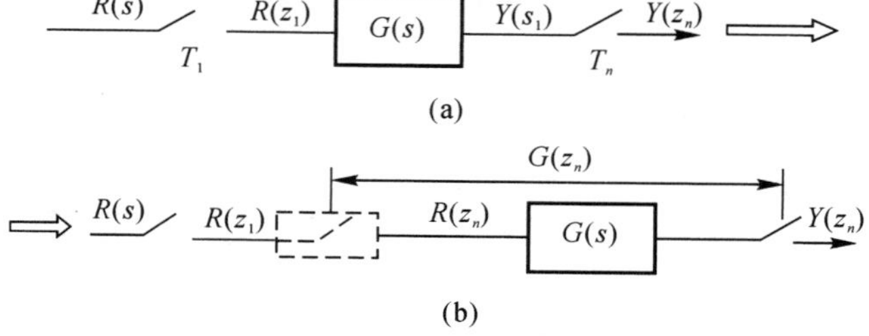

图 8-6 慢-快多采样环节的变换

在式(8-3)中，通过把快速采样开关前移到传递函数之前，系统就分解为两部分，前部分描述是通道由慢到快的采样变化，可保证信号传递不变，后部分传递函数输入输出都是同样采样速率，可以通过单一速率下的 z_n 变换，获得脉冲传递函数。

例 8-2　已知一慢-快多速率开环系统，如图 8-7(a)所示，其中

$$G(s)=\frac{a}{s+a}\quad T_1=2T_2\quad \mathrm{ZOH}=\frac{1-\mathrm{e}^{-T_1 s}}{s}\quad R(s)=\frac{1}{s}$$

求系统的输出 $Y(z_2)$ 和描述单位阶跃输入时各点波形变化。

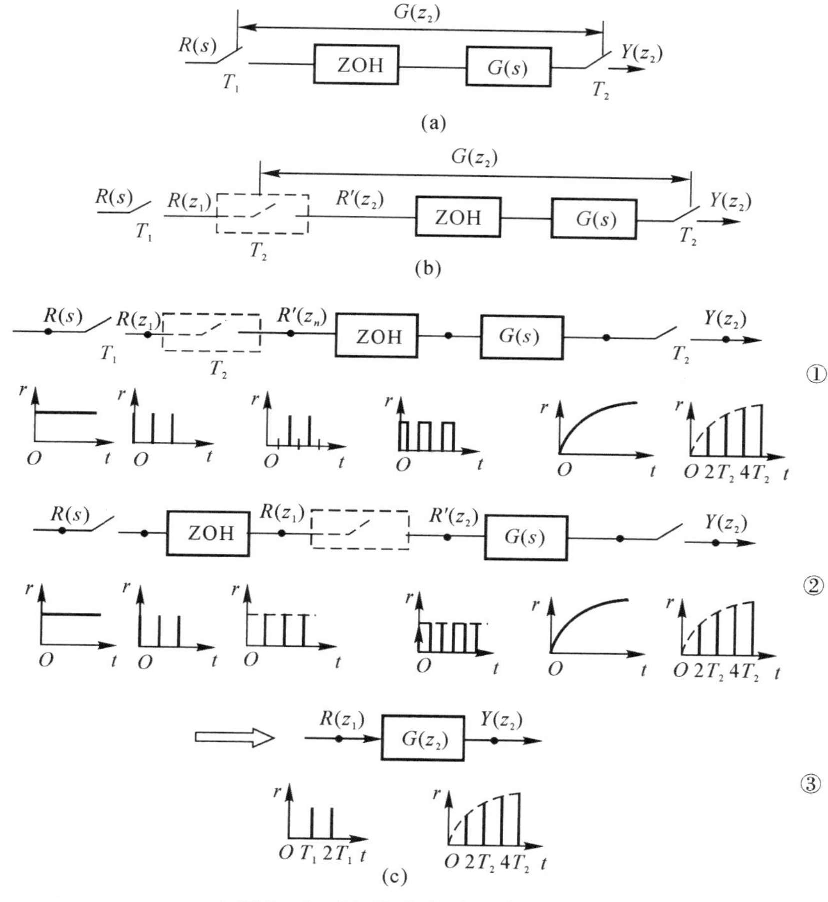

图 8-7　慢-快多速开环采样系统

解　对单位阶跃输入 z 变换：

$$R(z_1)=Z_1[R(s)]=\frac{1}{1-z_1^{-1}}=1+z_1^{-1}+z_1^{-2}\cdots$$

对图 8-7(a) 进行等效变换，在输入通道增设一虚拟采样开关 T_2，如图 8-7(b)所示。

$$R'(z_2)=R(z_1)=R(z_2^2)=1+z_2^{-2}+z_2^{-4}\cdots=\frac{1}{1-z_2^{-2}}$$

$$
\begin{aligned}
G(z_2) &= Z_2\left[\frac{1-\mathrm{e}^{-sT_1}}{s}\frac{a}{s+a}\right] = (1-z_1^{-1})Z_2\left[\frac{1}{s}\frac{a}{(s+a)}\right] \\
&= (1-z_2^{-2})Z_2\left[\frac{1}{s}-\frac{1}{(s+a)}\right] \\
&= (1-z_2^{-2})\frac{(1-\mathrm{e}^{-aT_2})z_2^{-1}}{(1-z_2^{-1})(1-\mathrm{e}^{-aT_2}z_2^{-1})} \\
&= (1+z_2^{-1})\frac{(1-\mathrm{e}^{-aT_2})z_2^{-1}}{(1-\mathrm{e}^{-aT_2}z_2^{-1})}
\end{aligned}
$$

所以

$$
\begin{aligned}
Y(z_2) &= G(z_2)R(z_2^2) \\
&= (1+z_2{}^{-1})\frac{(1-\mathrm{e}^{-aT_2})z_2^{-1}}{1-\mathrm{e}^{-aT_2}z_2^{-1}}\frac{1}{1-z_2^{-2}} \\
&= \frac{(1-\mathrm{e}^{-aT_2})z_2^{-1}}{1-\mathrm{e}^{-aT_2}z_2^{-1}}\frac{1}{1-z_2^{-1}} \\
&= (1-\mathrm{e}^{-aT_2})z_2^{-1}+(1-\mathrm{e}^{-2aT_2})z_2^{-2}+(1-\mathrm{e}^{-3aT_2})z_2^{-3}+\cdots
\end{aligned}
$$

等效变换后信号传递关系如图 8－7(c) 所示，分解为三种描述结构图，图 ① 描述了等效开关迁移到零阶保持器前，而零阶保持器是对 T_1 采样信号的保持，其输出是单位 1 的直线，无论在任何点取值都是单位 1。图 ② 描述了等效开关迁移到零阶保持器后，其后的采样波形在任何点是单位 1 的输入，对零阶保持器又是一慢-快速环节，求解还需等效变换到图 ①。图 ③ 描述了离散域的数字开环系统，各点的时域信号波形传递应该相同于以上两种输出状态。图8－7 中各点"•"处的下端描述了该点处的时域采样曲线。

3. 快-慢多速率采样开环系统的等效变换

快-慢多速率采样开环系统如图 8－8(a)所示，这种环节等效图如图 8－8(b) 所示等效变换后的信号传递关系，即在输出端的慢速率采样器之前引入虚拟高频快速采样器，同样多采样开环系统分解为两部分，前部分为快速采样开环系统，是单采样开环系统，后部分为快速输入，慢速输出，需使得采样信号的传递按照慢速采样特性输出。

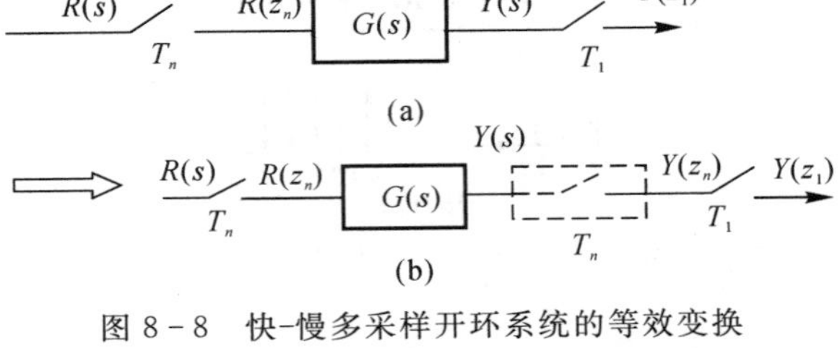

(a)

(b)

图 8－8　快-慢多采样开环系统的等效变换

因而在前段单速率采样的开环系统：

$$
Y(z_n) = G(z_n)R(z_n) \tag{8-4}
$$

取图 8－8(b) 后段分析，为了求得 $Y(z_1)$ 与 $Y(z_n)$ 之间的关系，在选取频域中进行采样信号的分解。

在第 2 章分析中，采用采样信号频域分解法求得

$$
Y^*(\mathrm{j}\omega) = Y(z_1)\mid_{z_1=\mathrm{e}^{\mathrm{j}\omega T_1}} = \frac{1}{T_1}\sum_{m=-\infty}^{\infty}Y(\mathrm{j}\omega+\mathrm{j}\frac{2\pi}{T_1}m) \tag{8-5}
$$

令式中 $m=k+nl$，其中 $-\infty\leqslant l\leqslant+\infty$，$k=0,1,2,\cdots,n-1$，则

$$
\begin{aligned}
Y(z_1)\big|_{z_1=\mathrm{e}^{\mathrm{j}\omega T_1}} &= \frac{1}{T_1}\sum_{k+nL=-\infty}^{\infty} Y\left(\mathrm{j}\omega+\mathrm{j}\frac{2\pi}{T_1}k+\mathrm{j}\frac{2\pi}{T_1}nL\right) \\
&= \frac{1}{T_1}\sum_{k=0}^{n-1}\sum_{L=-\infty}^{\infty} Y\left(\mathrm{j}\omega+\mathrm{j}\frac{2\pi}{T_1}k+\mathrm{j}\frac{2\pi}{T_1}nL\right)
\end{aligned}
$$

$$
Y(z_1)\big|_{z_1=\mathrm{e}^{\mathrm{j}\omega T_1}} \xlongequal{T_1=nT_n} \frac{1}{n}\sum_{k=0}^{n-1}\left[\frac{1}{T_n}\sum_{L=-\infty}^{\infty} Y\left(\mathrm{j}\omega+\mathrm{j}\frac{2\pi}{T_1}k+\mathrm{j}\frac{2\pi}{T_1}nL\right)\right] \tag{8-6}
$$

为了进一步说明采样信号频域分解的物理概念，可将式(8－6)以图形来说明其意义。若取 $n=4$，则对应式(8－5)的采样信号频谱分解如图 8－9 所示。

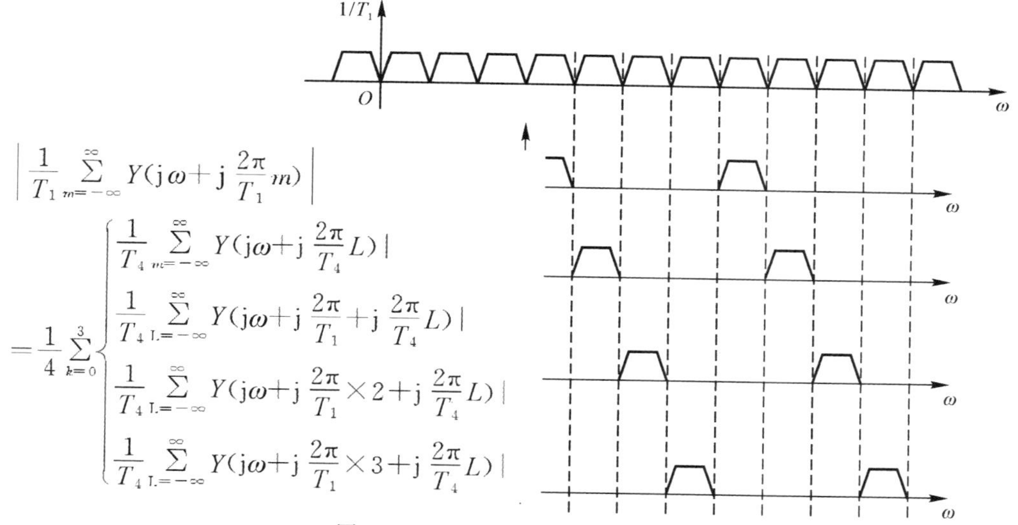

图 8－9　采样信号的频谱分析

由图 8－9 可见，慢采样频率信号的频谱可分解成 n 个快采样频率信号的频谱之平均和，而各个快采样频率信号的频谱逐次移位的一个慢采样频率：

$$
\omega_{s1}=\frac{2\pi}{T}
$$

如果用 z 变换式表达 $Y(z_1)$ 与 $Y(z_n)$ 之间的关系，则可先用复移位定理，将式(8－6) 改写为

$$
Y^*(s)=\frac{1}{n}\sum_{k=0}^{n-1}\left[\frac{1}{T_n}\sum_{L=-\infty}^{\infty} Y\left(s+\mathrm{j}\frac{2\pi}{T_1}k+\mathrm{j}\frac{2\pi}{T_1}nL\right)\right]
$$

记

$$
Y'(s)=\frac{1}{T_n}\sum_{L=-\infty}^{\infty} Y\left(s+\mathrm{j}\frac{2\pi}{T_1}nL\right)
$$

将上式写成

$$
Y^*(s)=\frac{1}{n}\sum_{k=0}^{n-1}\left[Y'\left(s+\mathrm{j}\frac{2\pi}{T_1}k\right)\right]_{T_n}
$$

用复移位定理

$$
Z[F(s\pm a)]=F(\mathrm{e}^{\pm aT}z)
$$

有

$$
Y(z_1)=\frac{1}{n}\sum_{k=0}^{n-1}\left[Y^*\left(\mathrm{e}^{\mathrm{j}\frac{2\pi}{n}k}z_n\right)\right]=\frac{1}{n}\sum_{k=0}^{n-1}Y^*(\boldsymbol{a}_k z_n) \tag{8-7}
$$

式中，$\boldsymbol{a}_k = e^{j\frac{2\pi}{n}k}$ 为模为1、相角为 $\frac{2\pi}{n}k$ 的单位矢量。

由于 $Y^*(z_n) = G(z_n)R(z_n)$ 或 $Y^*(a_n z_n) = G(a_n z_n)R(a_n z_n)$

因而
$$Y(z_1) = \frac{1}{n}\sum_{k=0}^{n-1} G(\boldsymbol{a}_k z_n)R(\boldsymbol{a}_k z_n)$$

式中，$\boldsymbol{a}_k$ 也可用复数表示为

$$\boldsymbol{a}_k = e^{j\frac{2\pi}{n}k} \overset{n=2}{=\!=} \cos\pi k + j\sin\pi k \mid_{k=0,1}$$

若 $n=2$，则 $\boldsymbol{a}_k = [a_0 \quad a_1] = [1 \quad -1]$，如图 8-10(a)所示。

$$Y(z_1) = \frac{1}{2}[G(z_2)R(z_2) + G(-z_2)R(-z_2)] \tag{8-8}$$

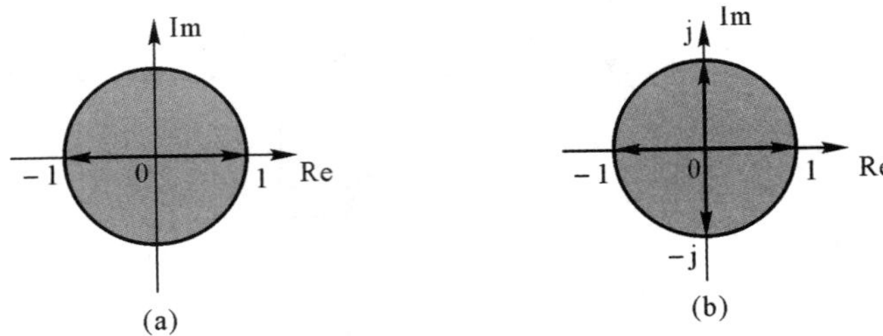

图 8-10 快-慢采样频率分析

(a)$n=2$ 时极点分布；(b)$n=4$ 时极点分布

同样，若 $n = 4$，则 $\boldsymbol{a}_k = [a_0 \quad a_1 \quad a_2 \quad a_3] = [1 \quad j \quad -1 \quad -j]$，如图 8-10(b)所示。

$$Y(z_1) = \frac{1}{2}\{\frac{1}{2}[G(z_2)R(z_2) + G(-z_2)R(-z_2)] +$$

$$\frac{1}{2}[G(jz_2)R(jz_2) + G(-jz_2)R(-jz_2)]\} \tag{8-9}$$

其传递函数结构图如图 8-11 所示。

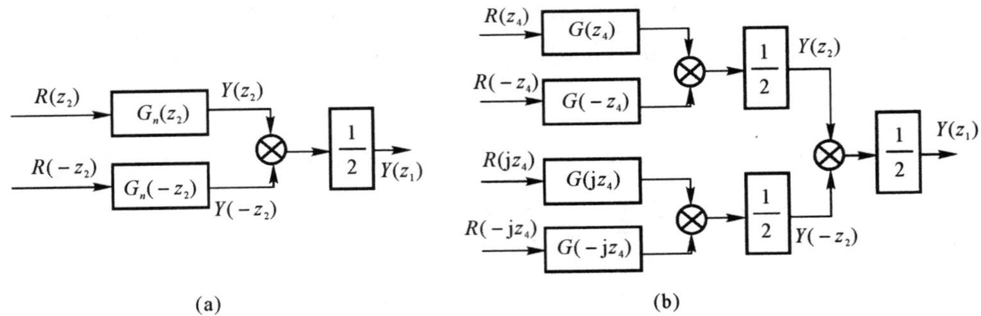

图 8-11 传递函数等效结构图

(a)$n = 2$；(b)$n = 4$

例 8-3 已知快-慢多速率系统如同 8-8(a)所示，其中

$$G(s) = \frac{1-e^{-T_2 s}}{s}\frac{a}{s+a}, \quad R(s) = \frac{1}{s}, \quad T_2 = \frac{1}{2}T_1$$

当 $n = 2$ 时，求系统的输出 $Y(z_1)$。

解 (1) $R(z_2) = Z\left[\frac{1}{s}\right] = \frac{1}{1-z_2^{-1}} = 1 + z_2^{-1} + z_2^{-2} + z_2^{-3}\cdots$

$$R(-z_2)=\frac{1}{1+z_2^{-1}}=1-z_2^{-1}+z_2^{-2}-z_2^{-3}\cdots$$

$$G(z_2)=Z\left[\frac{1-e^{-aT_2s}}{s}\frac{a}{s+a}\right]=\frac{(1-e^{-aT_2})z_2^{-1}}{1-e^{-2aT_2}z_2^{-1}}$$

$$Y(z_2)=\frac{(1-e^{-aT_2})z_2^{-1}}{1-e^{-aT_2}z_2^{-1}}\frac{1}{1-z_2^{-1}}=(1-e^{-aT_2})z_2^{-1}+(1-e^{-2aT_2})z_2^{-2}+(1-e^{-3aT_2})z_2^{-3}+\cdots$$

$$Y(-z_2)=\frac{-(1-e^{-aT_2})z_2^{-1}}{1+e^{-aT_2}z_2^{-1}}\frac{1}{1+z_2^{-1}}=-(1-e^{-aT_2})z_2^{-1}+(1-e^{-2aT_2})z_2^{-2}-(1-e^{-3aT_2})z_2^{-3}+\cdots$$

所以

$$\begin{aligned}Y(z_1)&=\frac{1}{2}[Y(z_2)+Y(-z_2)]\\&=(1-e^{-2aT_2})z_2^{-2}+(1-e^{-4aT_2})z_2^{-4}+(1-e^{-6aT_2})z_2^{-6}+\cdots\\&=(1-e^{-aT_1})z_1^{-1}+(1-e^{-2aT_1})z_1^{-2}+\cdots\end{aligned}$$

(2)开环传递函数信号传递关系。图 8－12 为快-慢开环传递函数等效变化信号图。

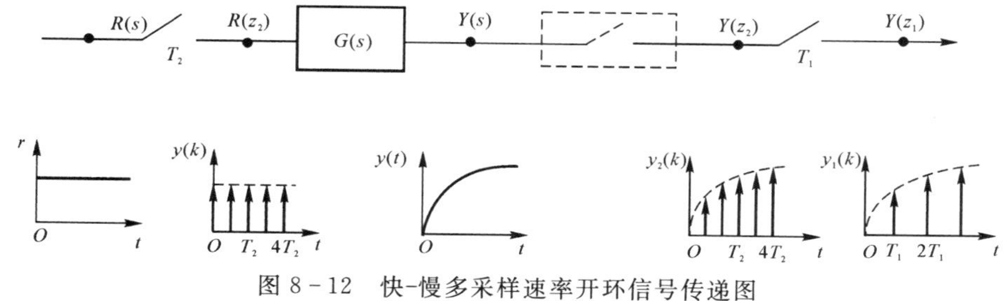

图 8－12　快-慢多采样速率开环信号传递图

(3)等效传递图与信号图。按照式(8－8)和图 8－11(a)可画出图 8－13 所示的快-慢多采样速率等效信号传递图。

由图可 8－13 所示知，快采样频率输入到慢采样频率输出的开环系统(或环节)的等效变换，在 $n=2$ 时能获得明显的物理概念，在基本环节 $G(z_2)$ 信号通道外，构造另一个辅助环节 $G(-z_2)$ 信号通道，$R(z_2)$ 与 $Y(z_2)$ 信号各点采样值均为正值，而 $R(-z_2)$ 与 $Y(-z_2)$ 信号在各点采样值则随采样点正负交替，两者相加除 2，即将中间点的采样值抵消，从而获得相应的低采样频率信号。

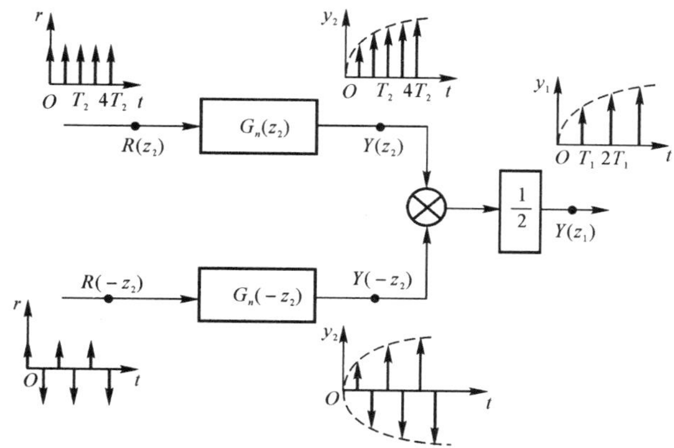

图 8－13　快-慢多速率采样系统等效信号传递图

8.2.3 开环系统中的数字保持器等效变换

在系统的等效变换中需要解决以下两个问题：

(1)在不同采样频率信号连接或综合时，需在慢采样频率信号中引入数字保持器，然后再进行快速率的采样，以相同采样频率的信号相互连接或综合。

(2)在构成快-慢速输出的等效变换时，需延伸补助环节并构成系统的补助通道。

下面分别讨论这两个问题。

1. 数字保持器的等效变换

这里数字保持器都选取零阶保持器来描述，应位于慢速率到快速率信号采样开关之间，如图 8-14 所示。其实质是将慢速率信号先变成连续信号，然后再进行快速采样。

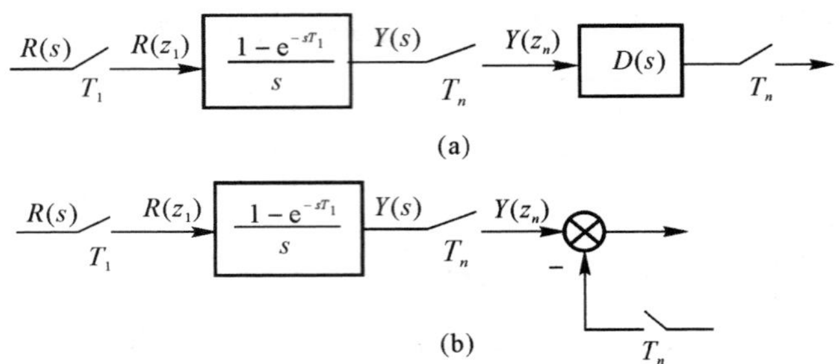

图 8-14 不同采样信号的链接与综合

图 8-14(a)描述了开环系统在慢采样器与快采样器之间加入的数字保持器；图 8-14(b)表示串级控制内环是快速采样，外环是慢采样，在进入内环快采样开关前加入数字保持器。

由图 8-14 可得

$$Y(z_n)=G_{\mathrm{ZOH}}(z_n)R(z_1)$$

则

$$Y(z_n)=Z_n\left[\frac{1-\mathrm{e}^{-sT_1}}{s}\right]R(z_1)=\frac{1-z_1^{-1}}{1-z_n^{-1}}R(z_1)=\frac{1-z_n^{-n}}{1-z_n^{-1}}R(z_1) \tag{8-10}$$

$$=(1+z_n^{-1}+z_n^{-2}+\cdots+z_n^{-(n-1)})R(z_1)$$

所以

$$G_{\mathrm{ZOH}}(z_n)=\frac{1-z_n^{-n}}{1-z_n^{-1}}=(1+z_n^{-1}+z_n^{-2}+\cdots+z_n^{-(n-1)}) \tag{8-11}$$

若 $n=2$，则

$$Y(z_2)=(1+z_2^{-1})R(z_1)$$

若 $n=4$，则

$$Y(z_4)=(1+z_4^{-1}+z_4^{-2}+z_4^{-3})R(z_1)$$

例 8-4 参考图 8-14，设 $n=2$，$R(s)=\dfrac{1}{s^2}$，分析有或无数字保持器的作用与特性。

解 输入函数的 z 变换为

$$R(z_1)=\frac{T_1z_1^{-1}}{(1-z_1^{-1})^2}=R(z_2^2)=\frac{T_1z_2^{-2}}{(1-z_2^{-2})^2}$$

代入式(8-10)得

$$Y(z_2)=(1+z_2^{-1})\frac{T_1z_2^{-2}}{(1-z_2^{-2})^2}=\frac{T_1z_2^{-2}}{(1+z_2^{-1})(1-z_2^{-1})^2}$$
$$=T_1z_2^{-2}+T_1z_2^{-3}+2T_1z_2^{-4}+3T_1z_2^{-5}+\cdots$$

加有数字保持器的输入输出波形如图 8-15(b)所示。从图 8-15(a)中可见，若无数字保持器，则在 $t=(k+1)T_n$ 处将发生信号幅值的跳动。加入数字保持器后则使信号变化平滑。数字保持器是以慢速率进行保持信号，由软件实现的。设计实施时，只需将慢速率信号存于内存中，并保持一个慢速率周期，快速采样只是按快速率周期从内存中多次取数。数字保持器的输出仍为离散输出，因而数字保持器的传递函数为脉冲传递函数，其频率具有周期重复特性，并且在系统中引入了相位滞后。

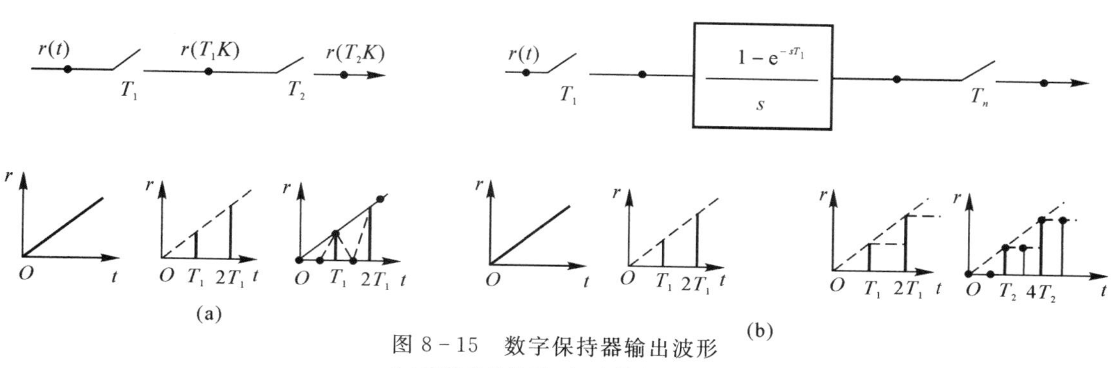

图 8-15　数字保持器输出波形

(a)无数字保持器；(b)有数字保持器

快速率信号向慢速率信号转换时并不需要数字保持器，只需从快速率信号中提取慢速采集的信号。

2. 零阶数字保持器频率特性分析

由式(8-11)知零阶数字保持器：

$$G_{ZOH}(z_n)=\frac{1-z_n^{-n}}{1-z_n^{-1}}$$

若 $n=2$，则

$$G_{ZOH}(z_2)=\frac{1-z_2^{-2}}{1-z_2^{-1}}$$

在频域中有

$$G_{ZOH}(e^{j\omega T_2})=\frac{1-e^{-j2\omega T_2}}{1-e^{-j\omega T_2}}=\frac{\sin\omega T_2}{\sin(\omega T_2/2)}e^{-j\omega T_2/2}$$
$$=2\cos\left[\frac{\omega T_2}{2}\right]\angle\left[-\frac{\omega T_2}{2}\right] \tag{8-12}$$

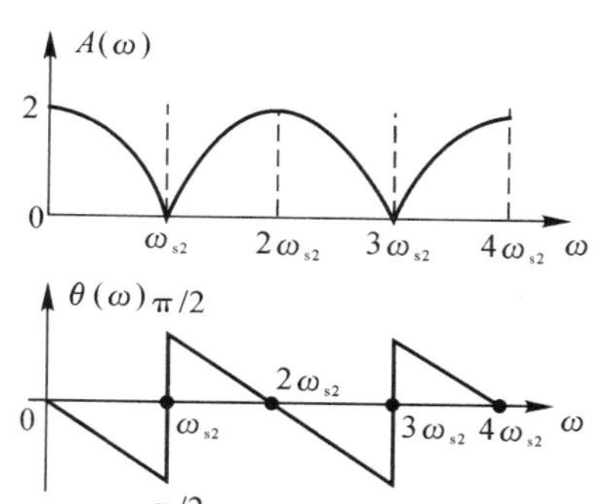

图 8-16　数字保持器的频率特性

其频率特性曲线如图 8-16 所示。从图中可知，数字保持器是一个周期函数，最大幅值是 2，幅相频都是 ω_s 奇数倍周期函数，相频在周期内是线性函数。

3. 补助通道的构成

开环系统补助通道的等效变换，是快速率输入到慢速率输出分解所要求的，由于低采样频率信号 $E(z_1)=E(z_2^2)=E[(-z_2)^2]$，因此必须将补助通道延伸到慢速率信号点开始。

系统回路的复杂程度取决于 n 的大小，当 $n=2$ 时，有两个并联通道；$n=4$ 时，有四个并联通道。

例 8-5　开环系统如图 8-17 所示，在数字保持器后由快-慢多采样开环环节组成，试对 $n=2$ 和 $n=4$ 两种情况作补充辅助通道，并作等效变换分析。

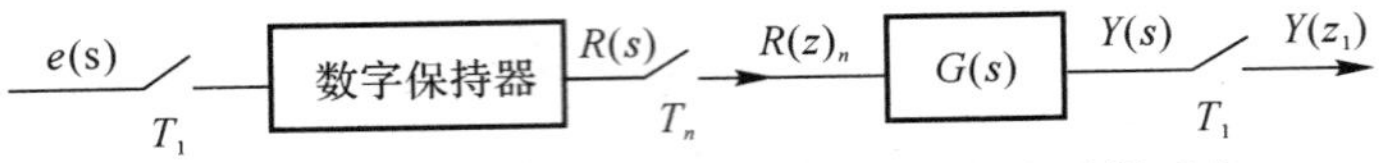

e(s) T_1 数字保持器 R(s) T_n $R(z)_n$ G(s) Y(s) T_1 $Y(z_1)$

图 8-17　开环通道有数字保持器的快-慢多采样系统

解　由式(8-11)可知

$$G_{\mathrm{ZOH}}(z_n)=\frac{1-z_n^{-n}}{1-z_n^{-1}}=(1+z_n^{-1}+z_n^{-2}+\cdots+z_n^{-(n-1)})$$

(1)当 $n=2$ 时，有

$$G_{\mathrm{ZOH}}(z_2)=1+z_2^{-1}$$

$$y(z_1)=\frac{1}{2}[G(z_2)R(z_2)+G(-z_2)R(-z_2)]$$

$$e(z_1)=e(z_2^2)=e(-z_2^2)$$

图 8-18(a)所示为对加有数字保持器快速采样开关前后迁移的等效变换；图 8-18(b)所示为对保持器后端快采样作补助通道，求解快-慢速采样输出补助通道模式，并同时对补助通道等效变化进行了各个点上的时域信号波形描述。从信号图示可看出，补助通道的正信号与原通道正信号相加除 2 输出，补助通道奇次方的负信号与原通道的奇次方正信息相加为零输出，这样就从快输出中提取了慢速输出的信号。

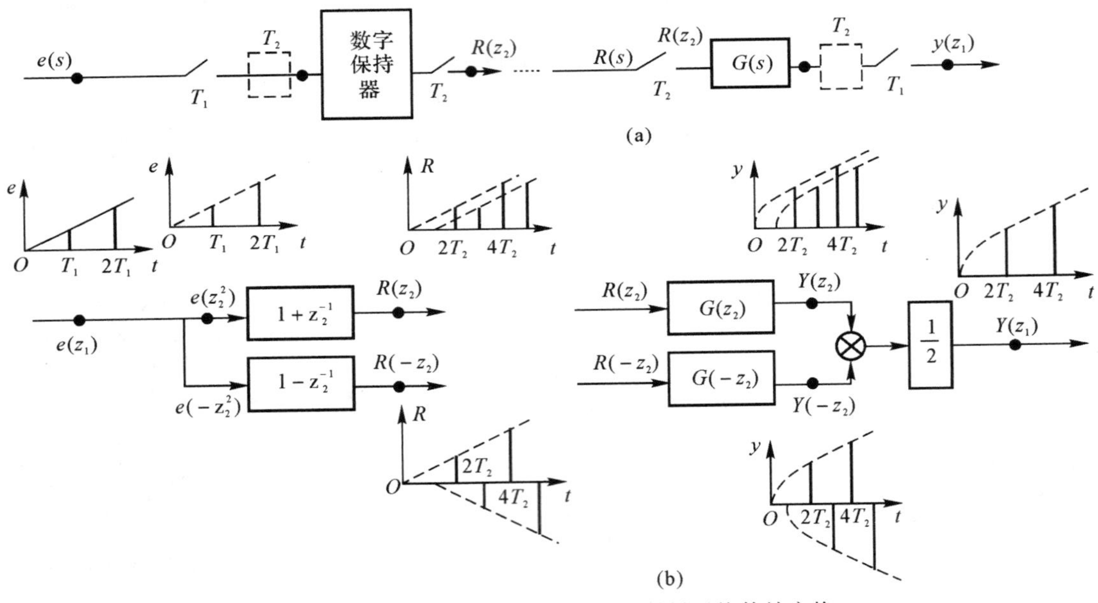

图 8-18　$n=2$ 加辅助通道快-慢多采样系统等效变换

(2)当 $n=4$ 时，由式(8-11)有

$$G_{\mathrm{ZOH}}(z_4)=1+z_4^{-1}+z_4^{-2}+z_4^{-3}$$

同理分解输入量

$$e(z_1)=e(z_4^4)=e(-z_4^4)=e(\mathrm{j}z_4^4)=e(-\mathrm{j}z_4^4)$$

作补助通道数字保持器：

$$G_{\mathrm{ZOH}}(-z_4)=1-z_4^{-1}+z_4^{-2}-z_4^{-3}$$

$$G_{\mathrm{ZOH}}(\mathrm{j}z_4)=1+\mathrm{j}z_4^{-1}-z_4^{-2}-\mathrm{j}z_4^{-3}$$

$$G_{\mathrm{ZOH}}(-\mathrm{j}z_4)=1-\mathrm{j}z_4^{-1}+z_4^{-2}+\mathrm{j}z_4^{-3}$$

取 $n=4$ 的采样补助通道如图 8－19 所示。

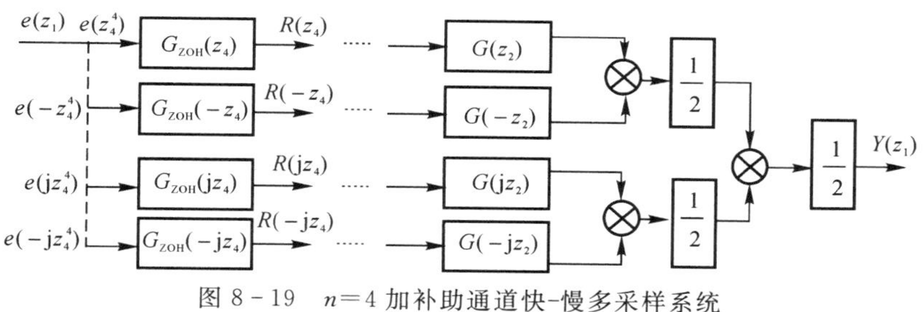

图 8－19　$n=4$ 加补助通道快-慢多采样系统

8.2.4　闭环系统中的补助通道的构成

在闭环系统的等效变换所构成的补助通道类似上节开环系统的补助通道设计，同样是在建立补助通道中针对快速率输入到慢速率输出分解所要求的。在形成闭环系统时，必须将其延伸到慢速率信号点，补助通道应从慢速率信号点开始。

例 8－6　飞机纵向数字电控系统结构如图 8－20 所示，试设计等效变换结构。其中，pf 为前置滤波器，N 为非线性死区函数，ZOH_1 为数字保持器。

D/A 硬件零阶保持器：

$$\mathrm{ZOH}_2=\frac{1-\mathrm{e}^{-sT_2}}{s}$$

外环控制器 $D_1(s)$：修正微分乘以 PI 控制律为

$$\frac{K(\tau s+1)}{Ts+1}\left(1+\frac{K_{\mathrm{I1}}}{s}\right)$$

内环控制器 $D_2(s)$：PI 控制律为

$$1+\frac{K_{\mathrm{I2}}}{s}$$

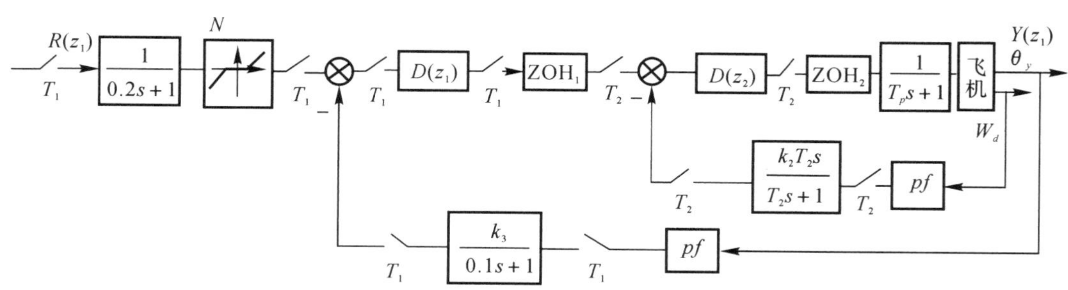

图 8－20　纵向数字控制系统结构图

解　外环数字控制器：$$D_1(z_1)=Z_1\left[\frac{1-\mathrm{e}^{sT_1}}{s}\frac{K(\tau s+1)}{Ts+1}\left(1+\frac{K_{\mathrm{I1}}}{s}\right)\right]$$

内环数字控制器：$$D_2(z_2)=Z_2\left[\frac{1-\mathrm{e}^{-sT_2}}{s}\left(1+\frac{K_{\mathrm{I2}}}{s}\right)\right]$$

角度传感器脉冲函数：$$H_1(z_1)=Z_1\left[\frac{1-\mathrm{e}^{-s\mathrm{T}_1}}{s}\frac{K_3}{0.1s+1}\right]$$

角速度传感器脉冲函数：$$H_2(z_2)=Z_2\left[\frac{1-\mathrm{e}^{-sT_2}}{s}\frac{K_2T_2s}{T_2s+1}\right]$$

舵回路传递函数：$\dfrac{1}{T_p s+1}$；舵回路输入到俯仰角速率输出之间的传递函数：$G_{\delta_c}^{\omega_D}(s)$。

其脉冲传递函数：

$$G_{\delta_c}^{\omega_D}(z_2)=Z_2\left[\frac{1-\mathrm{e}^{sT_2}}{s}\,\frac{1}{T_p s+1}G_{\delta_c}^{\omega_D}(s)(pf)\right]$$

舵回路输入到俯仰角输出之间的传递函数：$G_{\delta_c}^{Q_y}(s)$。

其脉冲传递函数：

$$G_{\delta_c}^{\theta_z}(z_2)=Z_2\left[\frac{1-\mathrm{e}^{sT_2}}{s}\,\frac{1}{T_p s+1}G_{\delta_c}^{\theta_y}(s)(pf)\right]$$

指令过渡函数：

$$\frac{1}{0.2s+1}$$

指令脉冲传递函数：

$$P(z_1)=Z_1\left[\frac{1-\mathrm{e}^{-sT_1}}{s}\,\frac{1}{0.2s+1}\right]$$

等效变换后的结构图如图 8－21 所示。

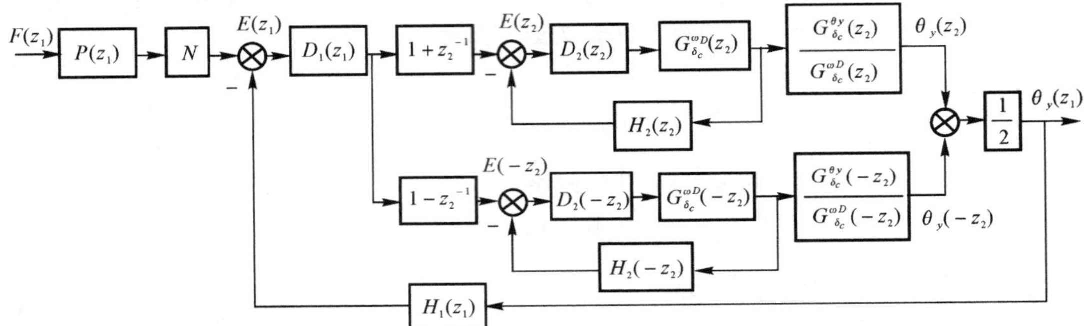

图 8－21　给向数字控制系统的等效变换结构图

8.3　时域采样信号分解法

时域采样信号分解法的基本原理是把采样时间分解为不同时间差的采样，然后再求和，以获取慢速率采样输出或快速采样输出的方式。这种结构设计方法对多采样频率是否是等倍数间隔不作要求。在控制工程中，可以出现多路采样而采用不同周期，或在执行一个控制周期内，从连续采样、控制律计算、结果信息输出，对每个单采样周期并没有变化，但每个周期内各个采样点却不同。这里同样分别讨论时域慢-快速采样和快-慢速采样两个过程。

8.3.1　时域开环分解的等效变换

1. 慢速采样输入-快速采样输出分解

环节如图 8－22(a) 所示。将系统中的快速采样开关 T_n 分解成 T/n 个并联却不同步的慢速采样开关的输出。如图 8－22(b) 所示，当 $n=2$ 时，T_2 分解为两路单路 T_{00} 和 T_{01} 采样输出，T_{00}

相当于超前了一个 $T/2$ 量，然后再按 T 输出到第 2 采样点 $3T/2$，相当延迟了一个 $T/2$ 量；T_{01} 路则无延迟输出第 1 点 T，第 2 点 $2T$，最后叠加使输入输出的效果不变。这种设计可以是不同步的采样，但会对分析带来困难，实际应用在满足工程所需要的精度范围内最好将其近似变为同步的采样开关。为此，可以先将 T_1 的信号选取超前 $T/2$ 采样，然后等周期 T，再延迟 $T/2$ 采样，同采样周期内的采样开关是同步动作的。如图 8－23 所示，y_0^* 表示无延迟的采样 T，$y_1^* \sim y_{(n-1)}^*$ 则表示了对 T_n 的分解为 $1 \sim (n-1)$ 个超前因子 $e^{\frac{K}{n}T}$ 和迟后因子 $e^{\frac{-K}{n}T}$，两者之间采样周期保持 T 时间。

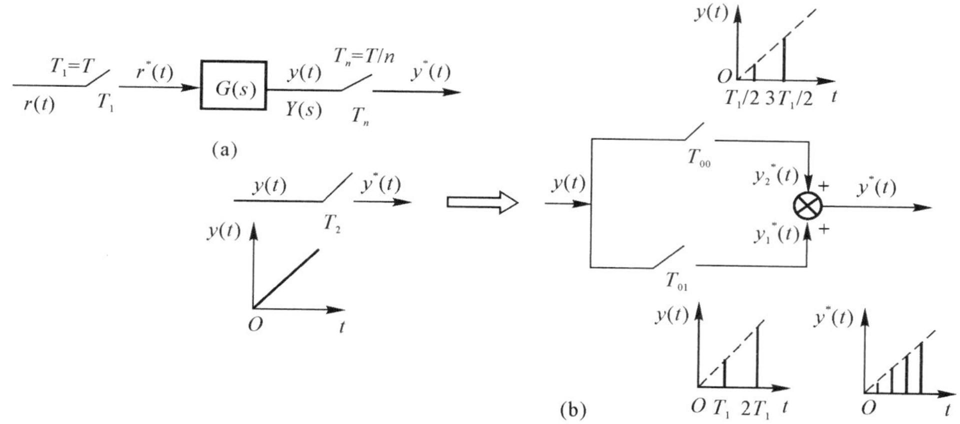

图 8－22　慢-快多采样开环系统采样器分解

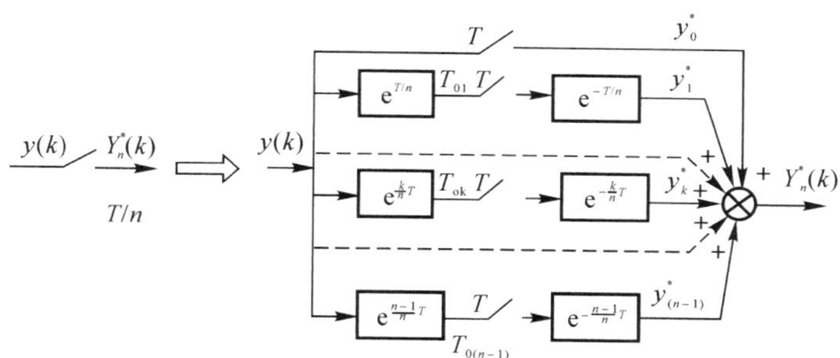

图 8－23　同步采样开关的变换

由 z 变换定义，对采样周期为 T 的信号 $y(t)$ 脉冲输出函数：

$$Y(z) = Z[y(t)] = Z[y^*(t)] = \sum_{k=0}^{\infty} y(kT)z^{-k} \qquad (8-13)$$

对采样周期为 T/n 的信号 $y_n(t)$，有

$$Y_n(z) = Z_n[y(t)] = Z_n[y_n^*(t)] = \sum_{k=0}^{\infty} y(kT/n)z^{-k/n} \qquad (8-14)$$

令 $z_n = z^{1/n}$，则

$$Y_n(z_n) = \sum_{k=0}^{\infty} y(kT/n)z_n^{-k} \qquad (8-15)$$

在图 8－23 中，总输出为

$$y_n^*(t) = y_0^*(t) + \sum_{i=1}^{n-1} y_i^*(t) \tag{8-16}$$

进行 z 变换：

$$\begin{aligned} Y_n(z) &= Z[y_n^*(t)] = Y_0(z) + \sum_{i=1}^{n-1} Z[y_i^*(t)] \\ &= Y_0(z) + \sum_{i=1}^{n-1} Z[T_{0i}(s)\mathrm{e}^{-\mathrm{i}T/n}] = Y_0(z) + \sum_{i=1}^{n-1} z^{-\mathrm{i}/n} Z[T_{0i}(s)] \\ &= Y_0(z) + \sum_{i=1}^{n-1} z^{-i/n} Z[\mathrm{e}^{isT/n} Y(s)] \end{aligned} \tag{8-17}$$

式(8－17) 中 $Z[\mathrm{e}^{\frac{\mathrm{i}T}{n}}Y(s)]$是超前广义 z 变换求得的。

依超前广义 z 变换法：

$$Y(z,m_1)_{m_1=\frac{k}{n}} = Z[\mathrm{e}^{m_1 T}Y(s)] = zZ_{m=m_1}[y(t)]_{m_1=k/n} = zF(z,m)$$

迟后广义 z 变换法： $Y(z,\Delta) = Z[\mathrm{e}^{-\Delta sT}Y(s)] = Z_{m=m_1}[y(t)]_{m_1=1-\Delta}$

可通过附录中的广义 z 变换表查找 $Y(z,m)$ 。

从图 8－22(a)中得

$$\begin{aligned} Y(s) &= G(s)R^*(s) \\ Y(z) &= G(z)R(z) \end{aligned} \tag{8-18}$$

所以

$$Y_n(z) = [G(z) + \sum_{i=1}^{n-1} z^{(1-i/n)} G(z, m = i/n)]R(z) \tag{8-19}$$

代换 $z=z_n^n$,则对采样周期 $T/\ n$ 的 z 变换为

$$Y_n(z_n) = [G(z_n^n) + \sum_{i=1}^{n-1} z_n^{\ (n-i)} G(z_n^n, m)]R(z_n^n) \tag{8-20}$$

$Y_n(z)$或 $Y(z_n)$的反变换即为系统在 $t=KT/n$ 时刻的输出值。

例 8－7 如图 8－24(a)所示，已知慢-快环节，$G(s)=1/s(s+1)$，$R(z)=z/(z-1)$，取 $T_1=T=1\mathrm{s}$，$T_n=T/3$，求 $n=3$ 时的快速输出值。

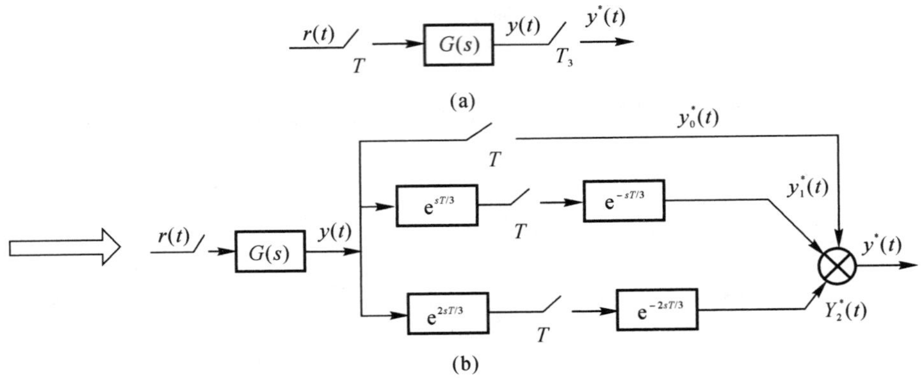

图 8－24 快速采样输出的采样开关分解法

解　采用快速采样开关分解法，如图 8－24 所示。

(1)计算无延迟初值 z 变换：

$$G(z)=Z\left[\frac{1}{s(s+1)}\right]=\frac{z(1-\mathrm{e}^{-T})}{(z-1)(z-\mathrm{e}^{-T})}=0.632\frac{z}{(z-1)(z-0.368)}$$

(2)时域分解为 $n=3$，由初慢采样时间 $T_1=T=1$，到快采样 $T_3=T/3$，则采用广义 z 变换求分量：

$$G_m(z)=Z\left[\frac{\mathrm{e}^{msT}}{s(s+1)}\right]=Z_m\left[\frac{1}{s}-\frac{1}{s+1}\right]=\frac{1}{z-1}-\frac{\mathrm{e}^{-mT}}{z-\mathrm{e}^{-T}}$$

$$=\frac{z-\mathrm{e}^{-1}-z\mathrm{e}^{-m}+\mathrm{e}^{-m}}{(z-1)(z-0.368)}=\frac{z(1-\mathrm{e}^{-m})-(0.368-\mathrm{e}^{-m})}{(z-1)(z-0.368)}$$

(3)根据式(8－19)求 T_1 分量的 z 变换输出：

$$Y_3(z)=\{G(z)+G_{m=1/3}(z)+G_{m=2/3}(z)\}R(z)$$

$$=\left\{\frac{0.632z}{(z-1)(z-0.368)}+z^{2/3}\left[\frac{0.283z+0.349}{(z-1)(z-0.368)}\right]+z^{1/3}\left[\frac{0.487z+0.145}{(z-1)(z-0.368)}\right]\right\}\frac{z}{z-1}$$

(4)根据式(8－20)，若 T_3 为采样输出，令 $z=z_3^3$，则

$$Y_3(z_3)=\frac{(0.283z_3^5+0.487z_3^4+0.632z_3^3+0.347z_3^2+0.144z_3)z_3^3}{(z_3^3-1)(z_3^3-0.369)(z_3^3-1)}$$

对 $Y_3(z_3)$ 进行反变换即求得 $y^*(\frac{kT}{3})$。

2. 快速率采样输入-慢速率采样输出分解

与前述类似，将快速率采样器分解为 n 个慢速采样器，如图 8－25 所示。

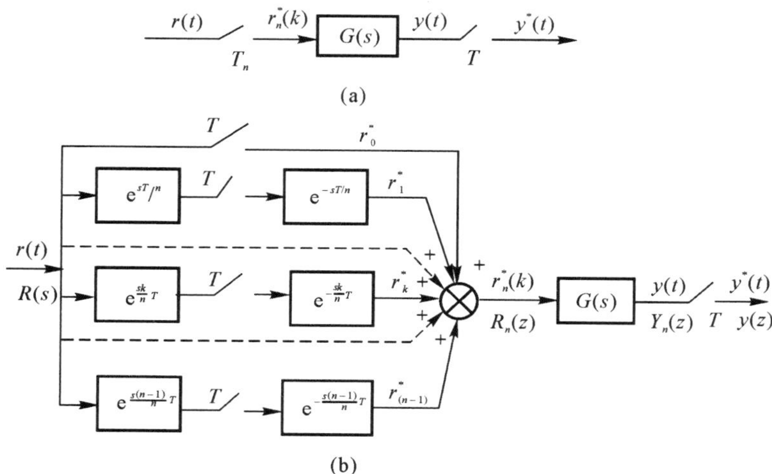

图 8－25　快-慢多采样开环系统采样器分解法

由图 8－25(b)可得总输出：

$$y^*(t)=y_0^*(t)+\sum_{i=1}^{n-1}y_i^*(t) \tag{8-21}$$

总项 z 变换：

$$Y(z)=Y_0(z)+\sum_{i=1}^{n-1}Y_i(z) \tag{8-22}$$

图 8－25(b)中没有延迟项,故:

$$Y_0(z)=Z[G(s)]Z[r^*(t)]=G(z)R(z) \tag{8-23}$$

在图 8－25 中的各分项 k 分解为前移超前因子 $e^{\frac{k}{n}T}$ 和后移迟因子 $e^{\frac{-k}{n}T}$ 的等采样周期 T 的单项输出:

$$Y_k(z)=Z[y_k^*(t)]=Z[y(t)]=Z[e^{skT/n}R(s)]Z[e^{-skT/n}G(s)] \tag{8-24}$$

将式(8－23)与式(8－24)代入式(8－22)得

$$Y(z)=G(z)R(z)+\sum_{i=1}^{n-1}Z[e^{isT/n}R(s)]Z[e^{-isT/n}G(s)] \tag{8-25}$$

延迟广义 z 变换:

$$Z[e^{-isT/n}G(s)]=G(z,\Delta)\big|_{\Delta=i/n}=G(z,m)\big|_{m=1-i/n}=Z_{m=1-\Delta}[G(s)] \tag{8-26}$$

超前广义 z 变换:

$$Z[e^{isT/n}R(s)]=R(z,i/n)=R(z,m)\big|_{m=i/n}=Z_{m=i/n}[R(s)] \tag{8-27}$$

将式(8－26)与式(8－27)代入式(8－25)得

$$Y(z)=G(z)R(z)+\sum_{i=1}^{n-1}G(z,1-i/n)zR(z,i/n) \tag{8-28}$$

例 8－8 已知快-慢采样环节,$G(s)=\dfrac{1}{s+1}$,$R(s)=\dfrac{1}{s}$,$T_1=T=1\text{s}$,$T_n=T/3$,求 $n=3$ 时的慢速输出值,如图 8－25(a) 所示。

解 在图 8－25(b) 求解 $n=3$ 各分量。

(1) 计算无延迟初值 z 变换:取 $T=1$,则

$$G(z)=Z\left[\frac{1}{s+1}\right]=\frac{z}{z-0.368}$$

$$R(z)=Z\left[\frac{1}{s}\right]=\frac{z}{z-1}$$

(2)求广义 z 变换的分量:根据式(8－26)得延迟广义 z 变换:

$$G_m(z)=Z\left[\frac{e^{-\Delta sT}}{(s+1)}\right]=Z_{m=1-\Delta}\left[\frac{1}{s+1}\right]=\frac{e^{-mT}}{z-e^{-T}}=\frac{e^{-m}}{z-0.368}$$

根据式(8－27)得超前广义 z 变换

$$R_m(z)=Z\left[\frac{e^{msT}}{s}\right]=Z_m\left[\frac{1}{s}\right]=\frac{1}{z-1}$$

(3)根据式(8－28)求 T 的 z 变换输出:

$$Y(z)=G(z)R(z)+G(z,2/3)zR(z,1/3)+G(z,1/3)zR(z,2/3)$$

$$Y(z)=\frac{z}{z-0.368}\frac{z}{z-1}+\frac{e^{-2/3}z}{z-0.368}\frac{1}{z-1}+\frac{e^{-1/3}z}{z-0.368}\frac{1}{z-1}=\frac{z(z+e^{-2/3}+e^{-1/3})}{(z-1)(z-0.368)}$$

8.3.2 闭环系统时域分解法的等效变换

时域分解法在闭环系统的应用,是根据系统快速采样速率的分布,通过对快速采样开关进行分解,从而形成新的结构图,然后通过系统新构型图再合并,最后求得系统的输出。

例 8-9　如图 8-26(a)所示系统，已知 $G(s)=1/(s+2)$，$R(s)=1/s$，$H(s)=1/(s+1)$，$T_1=T=1\ \mathrm{s}$，$T_2=T/2$，求 $n=2$ 时慢速率脉冲输出函数 $Y(z)$。

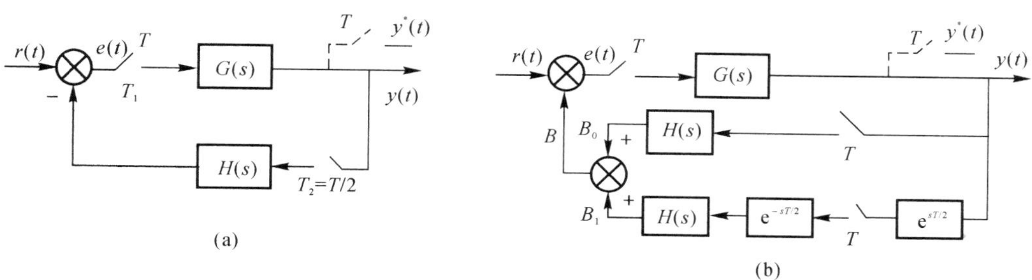

图 8-26　时域分解双速率闭环控制系统

解　(1)闭环系统时域分解：图 8-26(a)所示是在测量反馈信号由快到慢的输出，同时要求 Y 输出是慢采样输出，将 $T/2$ 快速开关分解为如图 8-26(b)等效系统形式，在新的结构图 8-26(b)中有

$$E(z)=R(z)-B(z)\qquad\qquad Y(z)=G(z)E(z)$$

$$\begin{aligned}B(z)&=B_0(z)+B_1(z)=H(z)Y(z)+Z[\mathrm{e}^{-sT/2}H(s)]Z[\mathrm{e}^{sT/2}Y(s)]\\&=\{H(z)G(z)+Z[\mathrm{e}^{-sT/2}H(s)]Z[\mathrm{e}^{sT/2}G(s)]\}E(z)\\&=\{H(z)G(z)+Z_{m=1-T/2}[H(s)]zZ_{m=T/2}[G(s)]\}E(z)\end{aligned}$$

最后可得

$$Y(z)=\frac{G(z)R(z)}{1+G(z)H(z)+H(z,1/2)zG(z,1/2)}\tag{8-29}$$

(2)计算无延迟 z 变换：取 $T=1\ \mathrm{s}$

$$\begin{aligned}G(z)&=Z\left[\frac{1-\mathrm{e}^{-sT}}{s}\,\frac{1}{s+2}\right]=\frac{(1-z^{-1})}{2}\left[\frac{1}{1-z^{-1}}-\frac{1}{1-\mathrm{e}^{-2T}z^{-1}}\right]\\&=\frac{(1-\mathrm{e}^{-2T})z^{-1}}{2(1-\mathrm{e}^{-2T}z^{-1})}\end{aligned}$$

$$H(z)=Z\left[\frac{1}{s+1}\right]=\frac{1}{1-\mathrm{e}^{-T}z^{-1}}$$

$$R(z)=Z\left[\frac{1}{s}\right]=\frac{z}{z-1}$$

(3)求广义 z 变换的分量。

超前广义 z 变换：

$$G_m(z)=G(z,1/2)=Z\left[\frac{\mathrm{e}^{sT/2}}{s+2}\right]=\frac{\mathrm{e}^{-2T/2}z^{-1}}{1-\mathrm{e}^{-2T}z^{-1}}$$

迟后广义 z 变换：

$$H_m(z)=H(z,1-1/2)=Z\left[\frac{\mathrm{e}^{sT/2}}{s+1}\right]=Z_{m=T/2}\left[\frac{1}{s+1}\right]=\frac{\mathrm{e}^{-T/2}z^{-1}}{1-\mathrm{e}^{-T}z^{-1}}$$

(4)多采样频率输出。把各相关项代入式(8-29)得

$$Y(z)=\frac{\dfrac{(1-\mathrm{e}^{-2T})z^{-1}}{2(1-\mathrm{e}^{-2T}z^{-1})}\dfrac{1}{1-z^{-1}}}{1+\dfrac{(1-\mathrm{e}^{-2T})z^{-1}}{2(1-\mathrm{e}^{-2T}z^{-1})}\dfrac{1}{(1-\mathrm{e}^{-T}z^{-1})}+\dfrac{\mathrm{e}^{-T/2}}{(1-\mathrm{e}^{-T}z^{-1})}\dfrac{\mathrm{e}^{-2T/2}z^{-1}}{(1-\mathrm{e}^{-2T}z^{-1})}z}$$

$$=\frac{(1-\mathrm{e}^{-2T})z^{-1}}{2(1-\mathrm{e}^{-2T}z^{-1})(1-z^{-1})+(1-\mathrm{e}^{-2T})z^{-1}\dfrac{1-z^{-1}}{(1-\mathrm{e}^{-T}z^{-1})}+\dfrac{\mathrm{e}^{-3T/2}(1-z^{-1})}{(1-\mathrm{e}^{-T}z^{-1})}}$$

$$=\frac{(1-\mathrm{e}^{-2T})z^{-1}(1-\mathrm{e}^{-T}z^{-1})}{[2(1-\mathrm{e}^{-2T}z^{-1})(1-\mathrm{e}^{-T}z^{-1})+(1-\mathrm{e}^{-2T})z^{-1}+\mathrm{e}^{-3T/2}](1-z^{-1})}$$

8.4 多采样系统的状态矩阵法

多采样频率系统应用频率采样信号分解法可以等效变换单采样频率系统，对于这种变换方法也可以推广到状态空间描述：

状态方程：

$$\left.\begin{aligned}\boldsymbol{x}(k+1)&=\boldsymbol{F}\boldsymbol{x}(k)+\boldsymbol{G}\boldsymbol{u}(k)\\\boldsymbol{y}(k)&=\boldsymbol{C}\boldsymbol{x}(k)+\boldsymbol{D}\boldsymbol{u}(k)\end{aligned}\right\}\tag{8-30}$$

1. 慢→快采样

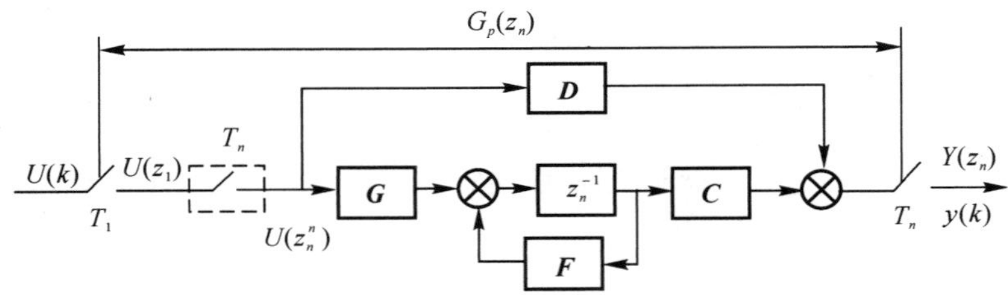

图 8-27　慢-快速采样状态空间表达式结构

由图 8-27 可知，其等效变换式为输出函数：

$$\boldsymbol{Y}(z_n)=\boldsymbol{G}_p(z_n)\boldsymbol{U}(z_1)\tag{8-31}$$

由式(8-30)z 变换得

$$\boldsymbol{X}(z_n)=(z_n\boldsymbol{I}-\boldsymbol{F})^{-1}\boldsymbol{G}\boldsymbol{U}(z_1)$$

$$\begin{aligned}\boldsymbol{Y}(z_n)&=[\boldsymbol{C}(z_n\boldsymbol{I}-\boldsymbol{F})^{-1}\boldsymbol{G}+\boldsymbol{D}]\boldsymbol{U}(z_1)\\&=[\boldsymbol{C}(z_n\boldsymbol{I}-\boldsymbol{F})^{-1}\boldsymbol{G}+\boldsymbol{D}]\boldsymbol{U}(z_n^n)\end{aligned}$$

则

$$\boldsymbol{G}_p(z_n)=\boldsymbol{C}(z_n\boldsymbol{I}-\boldsymbol{F})^{-1}\boldsymbol{G}+\boldsymbol{D}\tag{8-32}$$

2. 快→慢采样

由图 8-28 写出输出函数描述：

$$\boldsymbol{Y}(z_1)=\frac{1}{n}\sum_{k=0}^{n-1}\boldsymbol{G}_p(\boldsymbol{a}_k z_n)\boldsymbol{U}(\boldsymbol{a}_k z_n) \tag{8-33}$$

将式(8-32)代入得

$$\boldsymbol{Y}(z_1)=\frac{1}{n}\sum_{k=0}^{n-1}[\boldsymbol{C}(\boldsymbol{a}_k z_n\boldsymbol{I}-\boldsymbol{F})^{-1}\boldsymbol{G}+\boldsymbol{D}]\boldsymbol{U}(\boldsymbol{a}_k z_n) \tag{8-34}$$

其中 $\boldsymbol{a}_k=\mathrm{e}^{\mathrm{j}\frac{2\pi k}{n}}$ 是模为 1、幅角为 $\frac{2\pi}{n}k$ 的单位矢量，也可以用复数表示。

对于等效变换，仍以例 8-6 为例($n=2$)，其传递函数描述的结构描述如图 8-29 所示，脉冲传递函数结构可方便地转换成状态空间表达形式。

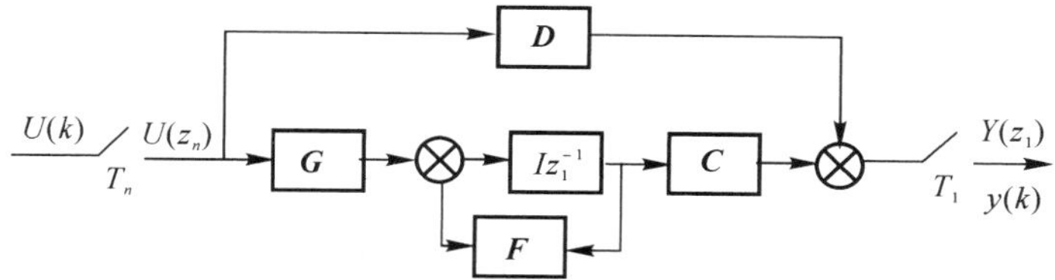

图 8-28　快-慢速采样状态空间表达式结构

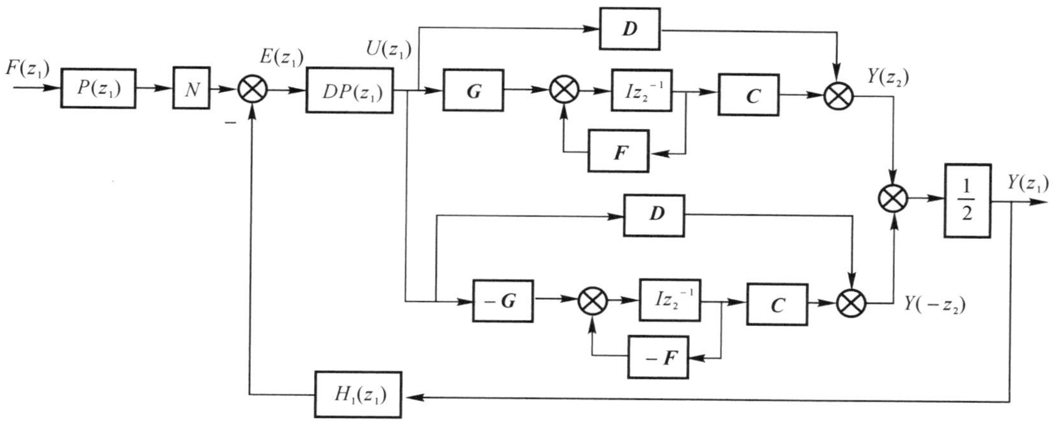

图 8-29　状态空间表达式的等效变换结构

在 $n=2$ 的情况下，基本通道如同[$\boldsymbol{G},\boldsymbol{F},\boldsymbol{C},\boldsymbol{D}$]表达，则补助通道可用[$-\boldsymbol{G},-\boldsymbol{F},\boldsymbol{C},\boldsymbol{D}$]表达。补助通道与基本通道的差别只体现在 $\boldsymbol{G}$ 阵多增加一个负号，$\boldsymbol{C}$ 与 $\boldsymbol{D}$ 阵完全相同。

8.5　多采样频率系统的性能分析

对于多速率采样系统，当采用频域信号分解法将其等效变换为单速率系统后，就可以按照前几章所讨论的方法，对该系统进行性能分析。

1. 多速采样系统的极点特性

现通过一对简单的 $n=2$ 系统的分析来说明这个问题。

例 8-10　如图 8-30(a) 给出的一个简单多速率系统，其中 ZOH_1 是连接不同采样开关的数字保持器，K/s 是该系统的被控对象，$\frac{1}{s+1}$ 是系统的控制器，ZOH_2 是 D/A 中的零阶保持器，试分析系统离散特性。

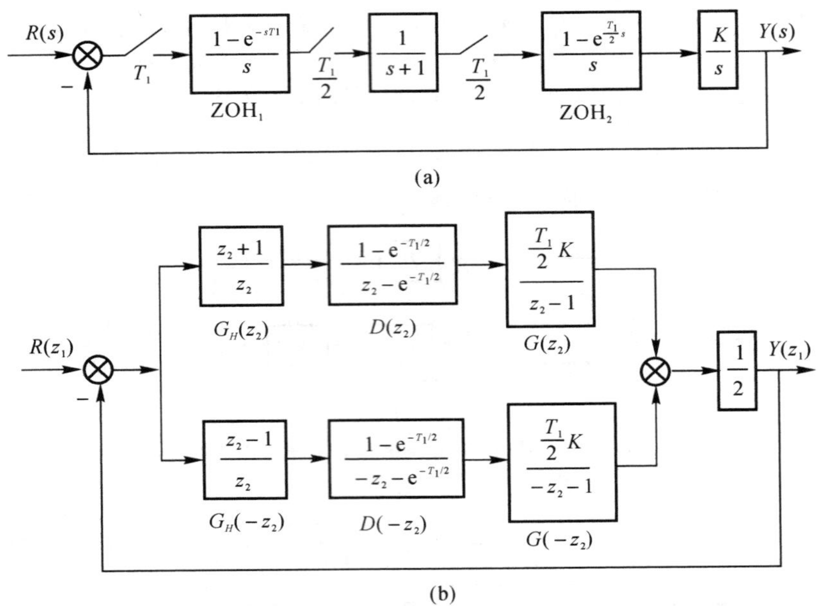

图 8－30　简单系统及其等效变换结构

解　作系统的补助通道的等效变换，将图 8－30(a) 加补助通道后等效如图 8－30(b) 所示。由图 8－30(b) 可得开环传递函数：

$$W(z_2)\big|_{n=2}=\frac{1}{2}\left[\frac{\frac{T_1}{2}K(z_2+1)(1-\mathrm{e}^{-\frac{T_1}{2}})}{z_2(z_2-\mathrm{e}^{-\frac{T_1}{2}})(z_2-1)}+\frac{(z_2-1)(1-\mathrm{e}^{-\frac{T_1}{2}})\left(\frac{T_1}{2}K\right)}{z_2(z_2+\mathrm{e}^{-\frac{T_1}{2}})(z_2+1)}\right]$$

$$W(z_2)\big|_{n=2}=\frac{\frac{T_1}{2}K(z_2^2+1+2\mathrm{e}^{-\frac{T_1}{2}})(1-\mathrm{e}^{-\frac{T_1}{2}})}{(z_2^2-1)(z_2^2-\mathrm{e}^{-T_1})}\overset{z_1=z_2^2}{=\!=}\frac{\frac{T_1}{2}K(z_1+1+2\mathrm{e}^{-\frac{T_1}{2}})(1-\mathrm{e}^{-\frac{T_1}{2}})}{(z_1-1)(z_1-\mathrm{e}^{-T_1})}\tag{8-35}$$

若是同一个采样频率 T_1，则输出函数为

$$W(z_1)\big|_{n=1}=\frac{T_1K(1-\mathrm{e}^{-T_1})}{(z_1-1)(z_1-\mathrm{e}^{-T_1})}\tag{8-36}$$

从式(8－35)和式(8－36)的开环传递函数可看出，两式的分母一样，也即说明选用多速率采样后，系统的极点并不发生变化，只是增加了零点。

2. 多速采样系统的增益变化特性

在图 8－30(a)中若以单速率 T_1 采样，则开环传递函数：

$$W(z)\big|_{n=1}=Z_1\left[\frac{1-\mathrm{e}^{sT_1}}{s}\,\frac{1}{s+1}\right]Z_1\left[\frac{1-\mathrm{e}^{sT_1}}{s^2}K\right]=(1-z^{-1})\left[\frac{(1-\mathrm{e}^{-T_1})z^{-1}}{(1-z^{-1})(1-\mathrm{e}^{-T_1}z^{-1})}\right]\times$$

$$(1-z^{-1})K\frac{T_1z^{-1}}{(1-z^{-1})^2}=\frac{1-\mathrm{e}^{-T_1}}{1-\mathrm{e}^{-T_1}z^{-1}}\,\frac{KT_1z^{-2}}{1-z^{-1}}=\frac{1-\mathrm{e}^{-T_1}}{z-\mathrm{e}^{-T_1}}\,\frac{KT_1}{z-1}$$

当去除积分因子

$$\lim_{z\to 1} W(z)\mid_{n=1} = \lim_{z\to 1} \frac{(1-\mathrm{e}^{-T_1})}{(z-\mathrm{e}^{-T_1})} KT_1 = KT_1$$

多速采样开环传递函数由式(8－35)可得

$$\lim_{z\to 1} W(z_2) = \lim_{z\to 1} \frac{\frac{T_1}{2}K(z_2^2+1+2\mathrm{e}^{-\frac{T_1}{2}})(1-\mathrm{e}^{-\frac{T_1}{2}})}{z_2^2-\mathrm{e}^{-T_1}} = \frac{\frac{T_1}{2}K(2+2\mathrm{e}^{-\frac{T_1}{2}})(1-\mathrm{e}^{-\frac{T_1}{2}})}{1-\mathrm{e}^{-T_1}} = KT_1$$

比较上两式，说明除去积分因子后的稳定增益 KT_1 不变，也即采用阶跃响应不变法的离散化可使其增益保持不变。

3. 零点的变化

比较式(8－35)与式(8－36)开环函数分子项，多速率系统在 z_1 平面上增加新的零点，相当于引进了超前补偿。所增加的零点为 $z_1=-(1+2\mathrm{e}^{-\frac{T_2}{2}})$，若令 $T_2=1$，$K=0.5$，对图 8－30(a)输入为单位阶跃，则输出过程如图 8－31 所示。

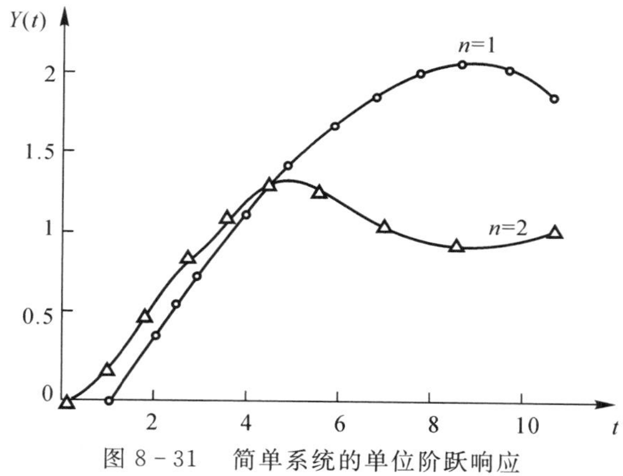

图 8－31　简单系统的单位阶跃响应

由此可见，采用多采样频率，即在系统某一局部网络采用快采样频率，系统稳定储备增加，超调减少，上升时间加快，因而动态品质得到改善。

8.6　多速率系统的控制器设计

多速率系统的分析与设计比单速率系统复杂得多，但由于前节所述的各种等效变换可以将多速率系统变换为单速率系统，这就为多速率系统设计提供了方法。原则上前几章讲述的连续域-离散化控制系统设计方法、离散域控制器直接设计均可推广应用到多速率系统的控制器设计中。

8.6.1　连续域-离散化设计

对于单回路系统，可根据系统的要求，设计连续控制器 $D(s)$，然后构成多速率系统，并选用一定的离散化方法将 $D(s)$ 离散化。

例 8-11 如图 8-32(a) 所示为在连续域通过校正网络完成的连续闭环控制系统的控制器设计。原未校正系统的传递函数为一型系统 $G(s)=\dfrac{K}{s(s+1)}$，要求位置输出稳态误差 $e_{ss}\leqslant 0.1$，开环系统截止频率 $\omega''_c=44\ \mathrm{rad/s}$，相角裕度 $\gamma\geqslant 45°$，幅值裕度 $h\geqslant 10\ \mathrm{dB}$。

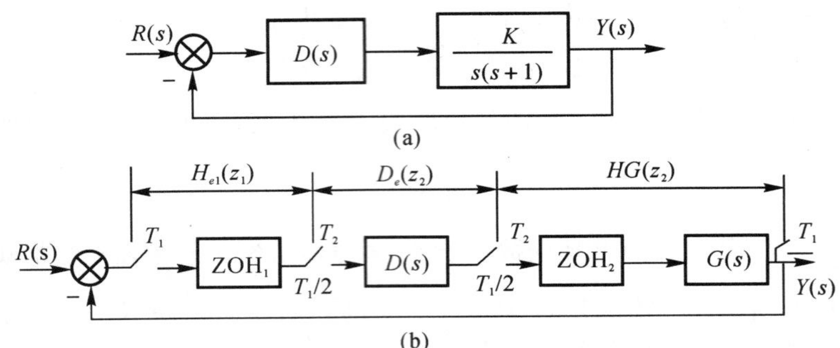

图 8-32 连续系统及其对应的多速率采样系统

解 (1) 连续域中分析。在未校正原一型系统的开环增益 K 的求取：

$$e_{ss}=\frac{1}{K}\leqslant 0.1$$

则可求得放大系数 $K=10$ 满足稳态误差要求。

其未校正系统的传递函数

$$G(s)=\frac{10}{s(s+1)}$$

通过对数幅频分析，未校正系统截至频率 $\omega'_c=3.1\ \mathrm{rad/s}$，未校正系统相角裕度：

$$\gamma=180°-90°-\arctan\omega'_c=17.9°$$

截止频率和相角裕度均不满足设计指标要求。故采样串联超前校正网络：

选取超前校正网：

$$D(s)=\frac{s+\dfrac{1}{aT}}{s+\dfrac{1}{T}}$$

试选截止频率： $\omega_c=\omega''_c=4.4(\mathrm{rad/s})$

带入幅频对数图可查得原开环幅频 $L'(\omega''_c)=-6$，于是需幅频值提高 $20\lg a=12\ \mathrm{dB}$，即得 $a=4$，而

$$T=\frac{1}{\omega_c\sqrt{a}}=0.114\ \mathrm{s}$$

这样在连续域内设计的无源相角超前网络的控制器 $D(s)$ 是

$$D(s)=\frac{s+\dfrac{1}{aT}}{s+\dfrac{1}{T}}=\frac{1}{a}\frac{aTs+1}{Ts+1}=\frac{1}{4}\frac{0.456s+1}{0.114s+1}$$

这样开环传递函数： $D(s)G(s)=\dfrac{1}{4}\dfrac{(0.456s+1)}{(0.114s+1)}\dfrac{10}{s(s+1)}$

为了补偿无源超前网络产生的幅频增益衰减，放大器增益需提高 4 倍，而保证输出稳态误

差 $e_{ss}<0.1$。故经校正系统的开环传递函数为

$$D(s)G(s)=\frac{10(0.456s+1)}{s(0.114s+1)(s+1)}$$

经校核，校正后的截止频率 $\omega_c=4.4\ \text{rad/s}$，相角裕度：

$$\gamma''=180^\circ-90^\circ-\arctan\omega'_c=\varphi_m+\gamma(\omega''_c)$$

这里未校正系统在 $\omega''_c=4.4\ \text{rad}$ 的相角裕度 $\gamma(\omega''_c)=12.8^\circ$，超前网 $a=4$ 产生的提前角 $\varphi_m=37^\circ$，这样相角裕度 $\gamma''=\varphi_m+\gamma(\omega''_c)=37+12.8=49.8^\circ$。此时连续域设计的指标满足系统控制指标。

(2) 离散化设计。可以将 $D(s)$ 采用在第 4 章所展开的离散化设计，如双线性变换（Tustin 变换）或修正的双线性变换（修正 Tustin 变换），对连续域控制器进行设计，最好对离散控制器与连续控制器进行稳态校核，使其幅值在 $s\to0, z\to1$ 处相等。这里选择多采样结构，如图 8-32(b) 所示。采样阶跃响应不变离散控制器，慢采样后加数字保持器 ZOH_1，并进行 $T_1/2$ 周期控制律计算，以 D/A 快速 $T_1/2$ 时间输出。零阶保持器（ZOH_2）为硬件保持，是一单回路的多采样频率的构型。作快慢速开关移位，如图 8-33(a) 所示。

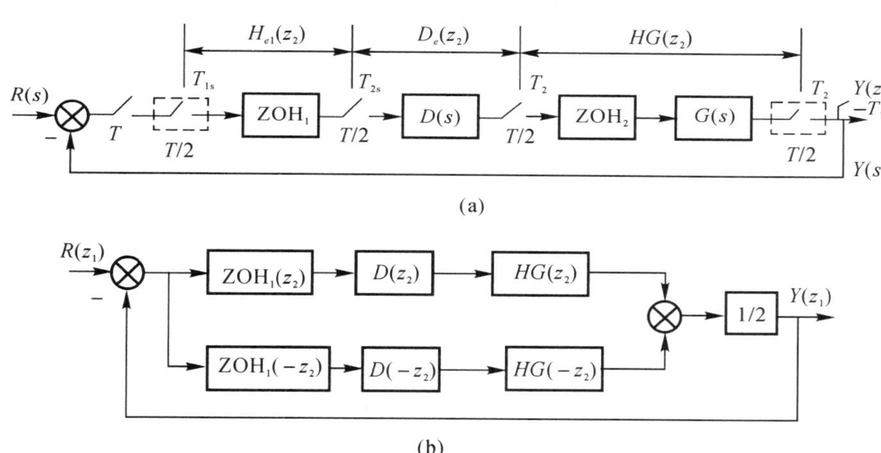

图 8-33　连续系统及其对应的多速率采样系统

$$D(z_2)=Z_2\left[\frac{1-e^{-T_2s}}{s}\frac{(4Ts+1)}{a(Ts+1)}\right]=\frac{(1-z_2^{-1})}{a}Z_2\left[\frac{1}{s}+\frac{3T}{Ts+1}\right]$$

$$=\frac{(1-z_2^{-1})}{a}\left[\frac{1}{1-z_2^{-1}}+\frac{3}{1-z_2^{-1}e^{-T_1/2T})}\right]=\frac{4-(3+e^{-T_1/2T})z_2^{-1}}{a(1-z_2^{-1}e^{-T_1/2T})}$$

这里采样频率 $T_1=0.1\ \text{s}$；超前校正网络时间常数 $T=0.114$，$a=4$。

校核：

$$D(s)\big|_{s=0}=\left.\frac{s+\frac{1}{aT}}{s+\frac{1}{T}}\right|_{s=0}=\frac{1}{a}=\frac{1}{4}$$

$$D(z_2)\big|_{z_2=1}=\left[\frac{4-(3+e^{-T_1/2T})}{a(1-e^{-T_1/2T})}\right]=\frac{1}{a}=\frac{1}{4}$$

则离散后控制器

$$D(z_2)=\frac{4-(3+e^{-T_1/2T})z_2^{-1}}{4(1-z_2^{-1}e^{-T_1/2T})}$$

(3)采用频域分解法作等效结构图。如图 8-33(b)所示,从数字保持器作补助通道:

$$\mathrm{ZOH}_1(z_2) = (1 + z_2^{-1})$$

$$\mathrm{ZOH}_1(-z_2) = (1 - z_2^{-1})$$

$$D(-z_2) = \frac{4 + (3 + \mathrm{e}^{-T_1/2T})z_2^{-1}}{4(1 + z_2^{-1}\mathrm{e}^{-T_1/2T})}$$

$$G(z_2) = Z_2\left[\frac{1 - \mathrm{e}^{sT_2}}{s}\frac{10}{s(s+1)}\right] = 10(1 - z_2^1)Z_2\left[\frac{1}{s^2} - \frac{1}{s} + \frac{1}{s+1}\right]$$

$$= 10(1 - z_2^{-1})\left[\frac{Tz_2^{-1}}{(1 - z_2^{-1})^2} - \frac{1}{(1 - z_2^{-1})} + \frac{1}{1 - \mathrm{e}^{-T}z_2^{-1})}\right]$$

$$G(-z_2) = 10\left[\frac{-Tz_2^{-1}}{(1 + z_2^{-1})} + \frac{1 + z_2^{-1}}{1 + \mathrm{e}^{-T}z_2^{-1})} - 1\right]$$

开环脉冲传递函数:

$$W(z_1) = \frac{1}{2}[\mathrm{ZOH}_1(z_2)D(z_2)G(z_2) + \mathrm{ZOH}_1(-z_2)D(-z_2)G(-z_2)]$$

脉冲输出函数:

$$Y(z_1) = \frac{W(z_1)}{1 + W(z_1)}R(z_1)$$

8.6.2 离散域直接设计

离散域直接设计时,常用的方法仍是 w' 变换。对于单回路的多速率系统,设计时应首先将其转化为单速率系统,并将其转换到 w' 平面,进而在 w' 平面上设计求得 $D(w')$,然后再转换为 $D(z)$。对多速率多回路系统,可以先在 w' 域设计内回路,求取 $D_2(w')$,然后再转换为 $D_2(z_i)$。设计外回路时,必须利用多速率等效变换,将系统转换为单速率系统再进行外回路 $D_1(z)$ 设计。当速比 $n = 2$ 时,这种变换不太复杂,当 $n = 4$ 时,就要复杂得多。但当 $n \geqslant 8$ 时,则可以近似处理,此时,内回路可以作为连续系统处理,从而可以直接在 w' 域设计 $D_1(w')$,然后再转换成 $D_1(z)$ 。

多速率系统的设计比较复杂,特别是多回路系统,通常需要借助于计算机进行设计。

8.7 本章小结

本章首先介绍了组成多采样频率系统时其各采样频率配置的原则,为了便于多采样频率系统的分析和设计,系统中采样频率之比通常采用整数倍,而且其倍数尽可能低或尽可能高。为了便于用单采样频率系统的分析和设计方法来研究多采样频率系统,本章介绍了采样频率系统的频域采样信号分解法、对环节或系统的等效变换的方法,以及经等效变换后对系统性能的分析,介绍了多采样系统的在时域分析、状态空间分析及相应域中多采样频率下的等效描述和脉冲传递函数的描述。

习　　题

8-1　如 $R(s)$ 为斜坡信号，试比较图 8-34(a)(b) 各点的波形，并说明数字保持器的作用。

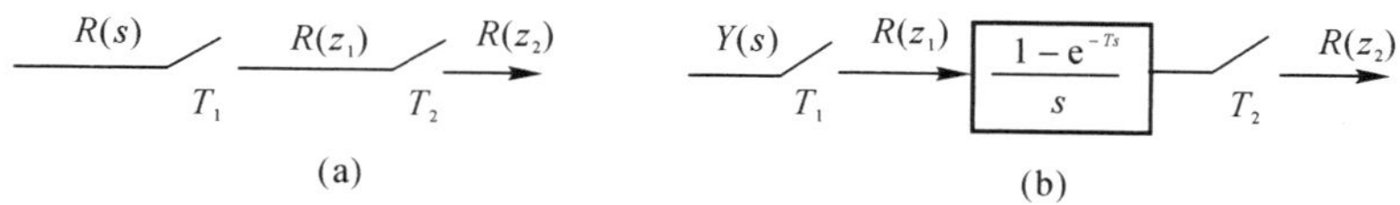

图 8-34　两种信号传递形式

8-2　试画出图8-35中 $Y(s)$，$Y(z_2)$，$Y(z_1)$ 的频谱，并进行比较。说明采样信号频域分解的含义。

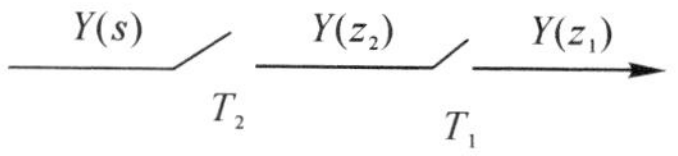

图 8-35　信号的传递形式

8-3　画出数字保持器和 D/A 零阶保持器的频率特性，并加以比较，说明各自的特点，以及数字保持器与 D/A 零阶保持器各是如何实现的。

8-4　某数字控制系统，控制器 $D(z_1)$ 的输出信号经过变换，将采样频率提高了一倍，如图 8-36 所示，试分析其作用。

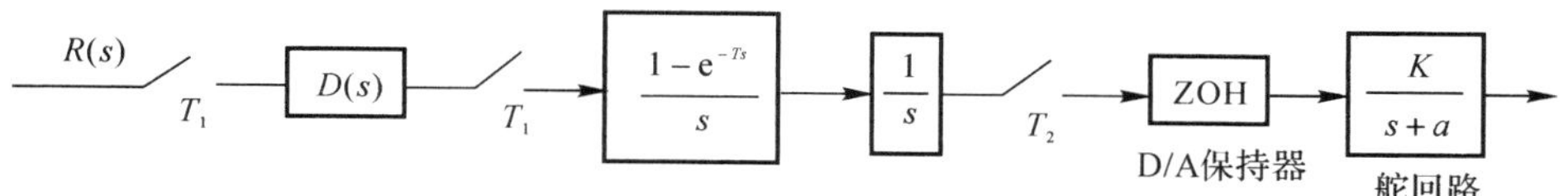

图 8-36　某数字控制系统开环回路

8-5　有一闭环多采样频率系统如题图 8-37 所示，试用采样器分解法画出该系统的等效变换后的结构图，并求闭环脉冲传递函数 $Y(z)/R(z)$ 。这里 $T_2 = T_1/2$ 。

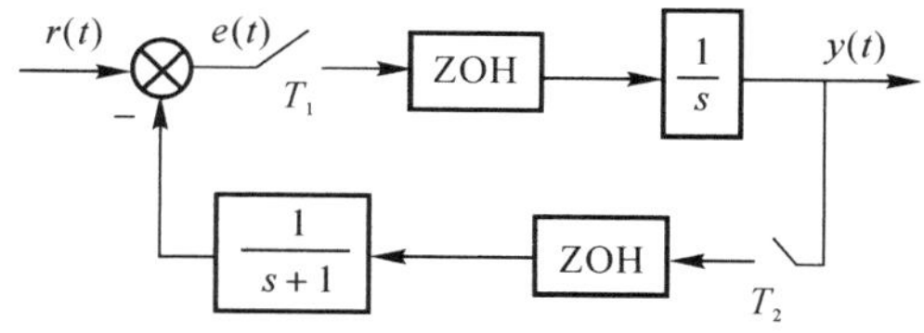

图 8-37　闭环多采样频率数字系统

8-6　已知双速率系统结构图如图 8-38 所示。图中 $D(s) = (1 + K_1/s)$。试用突斯汀变换进行离散化，并用频域法进行分析，画出等效变换结构图，求闭环传递函数。

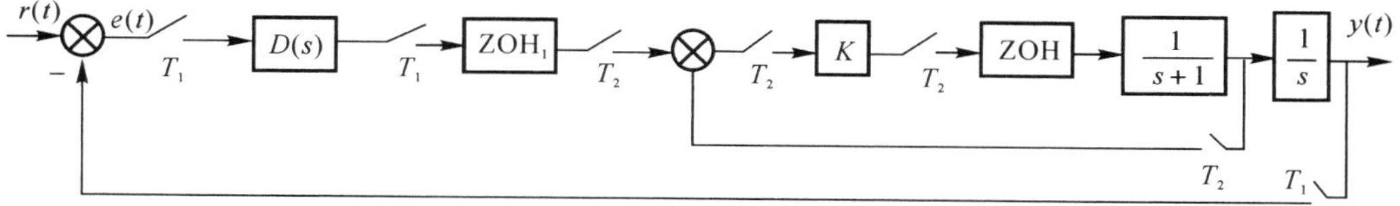

图 8-38　双闭环多采样频率数字系统

第 9 章　计算机网络控制系统分析与设计

网络控制是综合自动化技术发展的必然趋势，是控制技术、计算机技术和通信技术相结合的产物，强调的是在通信网络上建立闭环控制回路。本章针对网络控制系统进行分析和建模，参考航空飞行器内的计算机网络控制，如飞行器内总线构架，飞管计算机、飞控计算机、导航计算机、机电综合管理计算机、航电和任务综合管理计算机等所构成网络测控系统所出现的大延迟、数据包丢失等现象展开讨论，建立基本的针对计算机的网络控制的基本方法。

9.1　计算机网络控制系统分析

9.1.1　计算机网络控制的概念

计算机网络控制系统又称网络控制系统（Network Control System，NCS）是一种通过实时网络在传统计算机控制系统中传输数据或接收数据并与被控对象构成反馈控制的系统，系统中各部件如传感器、执行器和控制器之间的信息交换都需通过网络完成，它是一种分布式的网络化的实时反馈控制系统，是某个区域现场传感器、执行机构与控制器的通信网络的集合。

1. 单闭环网络控制回路

单网络用户控制如图 9－1 所示，控制输出通道通过网络通道传输到现场被控对象，接受通道的信息来自现场被控对象经信息变换后经网络通道传入控制单元，网络通道的作用是为该信息提供传输。

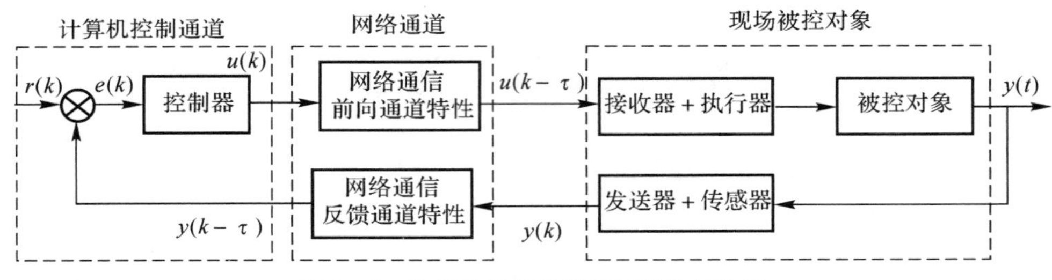

图 9－1　计算机网络控制系统简化结构图

2. 多用户共享通信线路

在被控对象多个参变量发生变化分别需要控制时，在网络环境下用户将共享通信线路，且流量变化不规则，路径又不可能唯一，这就会导致网络诱导时延，使得计算机控制系统的分析变得更加复杂。

如图9-2所示，该网络控制是利用总线网完成各个单元的独立控制。由于多控制单元同时在一个网络中，将会出现数据流的堵塞，造成控制体的时序延时、时序混乱或数据丢包现象，所以在网络控制中特意设计网络管理服务单元，完成对网络各个用户的信息统一调度，监测流量，调整数据流向通道。在图9-2中各个节点将配置收发器，接收网络管理单元统一管理数据流向和流动时间，如以太网、1553B总线网等。

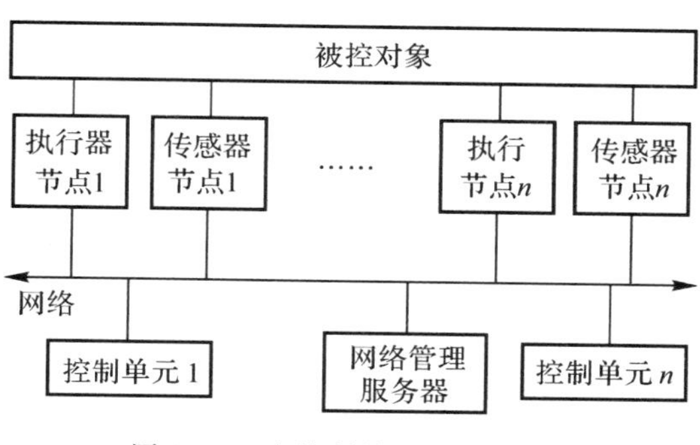

图9-2　多控制单元网络构型

3. 集中控制分布检测

分量控制在现场，但系统的总监控与各个现场控制单元的协调控制来自网络端的总监控单元，如图9-3所示。

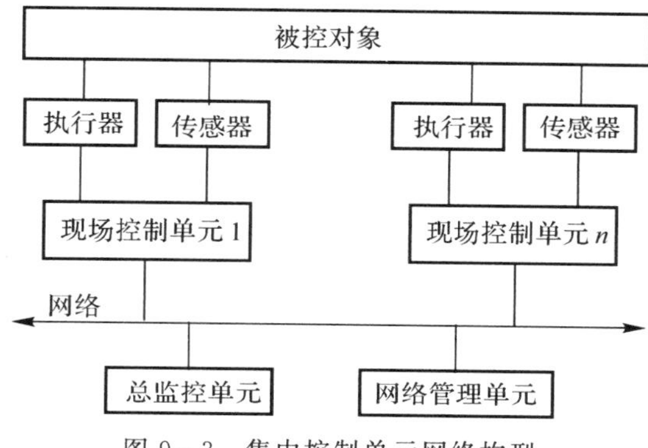

图9-3　集中控制单元网络构型

实际上现场控制可能有自己小单元的现场控制网，称第一层控制单元，如生产线的某单元的控制；而总监控单位为网络的第二层，是顶层的控制点，是对整个生产线各个环节的协调总控单元。

9.1.2　网络研究中存在的问题

尽管网络带来了计算机控制的多样化和应用范围的扩大，具有众多的优点，但在实际的计算机网络控制系统设计中仍有许多亟待解决的问题，比如网络数据的时延、数据传输中的丢包以及多包传输等问题。这些问题导致系统的控制品质下降，严重时会导致系统不稳。主要有以下几点：

1. 时变传输周期的不一致性

在本书第2章信号分析中提到，为了计算方便，计算机控制系统都假设了对被控对象的采样为等周期采样，这种假设使得系统分析可大大简化。然而在网络控制系统中这种周期采样的假设在通常网络通信中不再成立，对采样数据的传输可以是周期的，也可以是非周期的，完全取决于控制网络的介质存取控制协议。如MAC协议(Medium Access Control Protocol)是随机存取和调度，载波帧以多路数据存取，是一种随机存取的网络协议；而 ControlNet 的令牌总线网或环形网采用轮询技术，通过任务调度来满足周期数据的不同实时性要求。

2. 网络控制中的调度

在计算机网络控制中，控制器的性能不仅依赖于控制算法，还依赖于对共享的网络源的调度。网络控制调度算法所关心的是被控对象数据传输的快慢和被传输数据所具有的优先权，而不关心数据如何更有效地从出发点到达目的地，以及当线路堵塞时应采用何种措施。这些问题在网络层由线路优化和堵塞算法来考虑。另外，若发生同时刻数据传输，在用户层的调度控制中，可调整采样周期或采样时刻点，以尽量避免网络中冲突现象的发生，从而最大限度地减少数据传输时延。如 CAN 总线，采用所有网上用户的任务进行优先级排队，通过每个节点包含的仲裁场内的优先级标示符与网络数据比较的方法，优先级高的通过，低的退出仲裁，不再发送，从而保证网络最多只能被一个节点传送的数据占据，这样就不会造成堵塞，但会引起实时控制中优先级低的数据时延问题。

3. 网络诱导的时延

在网络环境下，被传输的数据流经众多网络计算机和网上通信设备且路径并不唯一，在实时计算机控制系统中必然会导致数据包传输中的时序错乱，可以划分两种状态：

(1)单包情况下，每一包数据便是一个完整的数据帧，此时数据包的时序错乱是指原来有一组先后完好次序的多个顺序数据组，在从源节点发送到目标节点时，其到达的时序与原来时序不同了。

(2)多包情况下，一个数据被分成多个数据包进行传输，当这些数据包从源节点到达目标节点时，其到达的时序与原来的时序不同。

这两类问题在计算机网络控制设计中应分别给予相应的处理。

4. 数据包的丢失

在网络中由于不可避免地存在网络堵塞或链接中断，这必然会导致数据包的丢失。虽然大多数网络具有重新传输的机制，但它们也只能在有限的时间内传输，尤其在实时网络控制中，当超出控制周期，数据就会丢失，这可以看成网络结构和参数发生了变化。在传统的点对点的控制结构中，控制器基本可以保持与被控参数同步和定时触发，它可以要求控制系统设计对控制参数和未建模动态被控体具有一定的鲁棒性，但可能完全不能容忍数据网络的结构和参数的改变。

5. 节点的驱动方式

网络控制的节点驱动方式可分两种，即时钟驱动和事件驱动。在实时网络控制中，传感器一般采用时钟驱动，而控制器和执行器既可以时钟驱动，也可以事件驱动。而事件驱动可以避免控制器为时钟驱动的数据等待被采样的时间，客观上减少了网络诱导时延，同时减少控制器与传感器时钟同步的困难，也避免了控制器为时钟驱动出现无效采样和数据丢失，提供反馈数据的利用率，但带来的是传感器采样时间与控制输出节点的时间不一致。

9.1.3 时延定义

在网络控制的时延分析中，基本包含两部分的时延。

(1)在网络控制中，将从传感器采样获取数据的时刻起到数据开始被控制器处理的这段时

间称为传感器 控制器时延，记为 τ_{sc}^{k}。

(2)在网络控制中，将从控制器产生某控制信号的时刻到该控制信号被执行器处理的这段时间称为控制器-执行器时延 τ_{ca}^{k}。

另外还存在控制器的计算时延 τ_c，可以把计算时延并入 τ_{sc}^{k} 和 τ_{ca}^{k} 任何一方中，如图 9-4 所示。

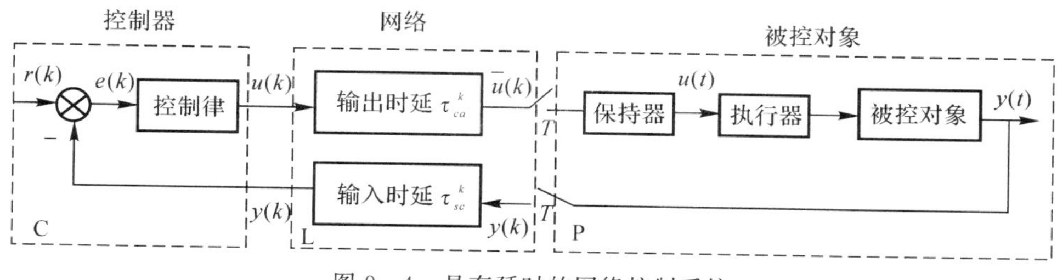

图 9-4　具有延时的网络控制系统

被控对象是连续变化量，经离散转换后，其内延时同样都可归类到这两个时延中。

9.2　计算机网络控制数学模型

在计算机网络控制分析中，通信网络使得数据传输变得不确定，相当于计算机控制系统中增加了时变的不确定的被控对象。因此在计算机网络控制系统的设计中，不仅要考虑直接的被控对象，而且要考虑所选的网络要素的影响，也就是说要在计算机控制闭环中引入网络以后，被控对象需扩展，需建立包含直接被控对象和具有通信网络要素的广义被控对象。对广义被控对象进行分析和建模是计算机网络控制器分析和设计的基础。当传输数据可以单一地具有完整帧，在一个采样时刻进行传输时，称单包传输网络；当传输数据量大于单包容量，需要分多包分时间段来传输时，称多包传输网。引入网络系统后的计算机网络控制数学模型可以由不同的广义被控对象模型描述，一类是被控对象与网络要素合一构成广义被控网络数学模型，利用该被控网络模型进行网络控制律设计；另一类是将控制器模型、网络要素模型和被控对象数学模型合一建立闭环广义模型，按照闭环控制指标设计计算机网络控制律。

9.2.1　网络控制系统定长时延广义模型

一般来说，网络所引起的时延是时变的，可以看作某种随机过程。但从控制角度来看，具有变化的时延系统不再是时不变系统，这就给计算机闭环控制系统设计带来更复杂的设计问题。这里我们可以通过数据存储引入缓冲区的方法，把随机变化的时变时延系统变成定长时延系统。如图 9-5 所示具有定长时延的网络控制系统，假设网络控制中没有丢包，时延 τ_{sc}^{k} 和 τ_{ca}^{k} 在网络接收器都加入缓冲单位，简化定常时延 τ。

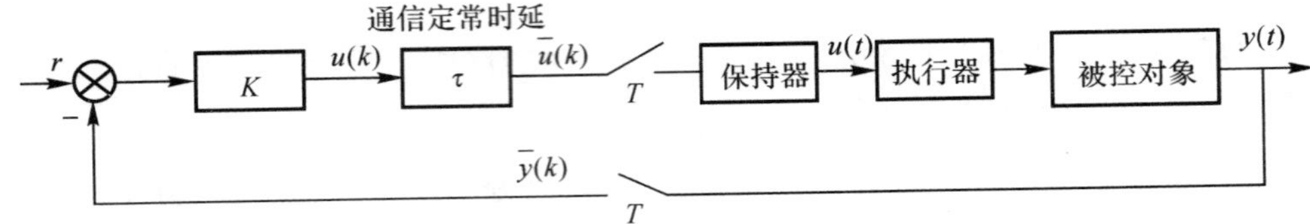

图 9-5　具有定时网络时延的网络控制系统

则被控对象状态方程：　$\dot{\boldsymbol{X}}(t)=\boldsymbol{AX}(t)+\boldsymbol{Bu}(t)$　(9-1)

输出方程：　$\boldsymbol{y}(t)=\boldsymbol{CX}(t)$

控制输出：　$\bar{\boldsymbol{u}}(t^{*})=-\boldsymbol{K}\bar{\boldsymbol{y}}(t-\tau)$

$$t\in[kT+\tau,(k+1)T]\quad \tau<T\quad (k=0,1,2\cdots)$$

$$\boldsymbol{X}(k+1)=\boldsymbol{FX}(k)+\boldsymbol{G}_0\boldsymbol{U}(k)+\boldsymbol{G}_1\boldsymbol{U}(k-1)\tag{9-2}$$

这里：$\boldsymbol{F}=\mathrm{e}^{\boldsymbol{A}T},\boldsymbol{G}_0=\int_0^{T-\tau}\mathrm{e}^{\boldsymbol{A}s}\boldsymbol{B}\mathrm{d}s,G_1=\int_{T-\tau}^{T}\mathrm{e}^{\boldsymbol{A}s}\boldsymbol{B}\mathrm{d}s$。

传感器输出方程：　$\bar{\boldsymbol{y}}(k)\approx\boldsymbol{y}(k)=\boldsymbol{CX}(k)$

状态反馈控制器：　$\bar{\boldsymbol{u}}(k)=-\boldsymbol{KX}(kT-\tau)$

例 9-1　线性化简化模型状态模型为

$$\dot{\boldsymbol{x}}(t)=\begin{bmatrix}0&1\\1&0\end{bmatrix}\boldsymbol{x}(t)+\begin{bmatrix}1\\1\end{bmatrix}\boldsymbol{u}(t)$$

$$\boldsymbol{y}(t)=[1\quad 0]\boldsymbol{x}$$

取采样周期 $T=1\mathrm{s}$，网络时延 $\tau=0.5\mathrm{s}$，求传输时网络控制系统模型。

解　已知式(9-1)的被控对象模型的 $\boldsymbol{A},\boldsymbol{B},\boldsymbol{C}$ 阵值：

$$\boldsymbol{A}=\begin{bmatrix}0&1\\1&0\end{bmatrix}\quad \boldsymbol{B}=\begin{bmatrix}1\\1\end{bmatrix}\quad \boldsymbol{C}=[1\quad 0]$$

设网络延时 $\tau<T$，定常网络延时，根据式(9-2)离散化，可得

$$\boldsymbol{F}=\mathrm{e}^{\boldsymbol{A}T}=\boldsymbol{I}+\boldsymbol{A}T+\frac{1}{2!}(\boldsymbol{A}T)^2+\frac{1}{3!}(\boldsymbol{A}T)^3+\cdots=\begin{bmatrix}1.54&1.176\\1.176&1.543\end{bmatrix}$$

$$\boldsymbol{G}_0=\int_0^{T-\tau}\mathrm{e}^{\boldsymbol{A}s}\boldsymbol{B}\mathrm{d}s=\begin{bmatrix}0.6487\\0.6487\end{bmatrix}\quad \boldsymbol{G}_1=\int_{T-\tau}^{T}\mathrm{e}^{\boldsymbol{A}s}\boldsymbol{B}\mathrm{d}s=\begin{bmatrix}1.0696\\1.0696\end{bmatrix}$$

则网络诱导时延并进行离散化后的模型为

$$\boldsymbol{x}(k+1)=\begin{bmatrix}1.54&1.176\\1.175&1.543\end{bmatrix}\boldsymbol{x}(k)+\begin{bmatrix}0.6487\\0.6487\end{bmatrix}\boldsymbol{u}(k)+\begin{bmatrix}1.0696\\1.0696\end{bmatrix}\boldsymbol{u}(k-1)$$

$$\boldsymbol{y}(k)=[1\quad 0]\boldsymbol{x}(k)$$

状态反馈：　$\bar{\boldsymbol{u}}(k)=-\boldsymbol{Kx}(k-0.5)$

9.2.2　网络诱导下的随机时延模型

当传感器-控制器时延 τ_{ca}^{k} 和控制器-执行器时延 τ_{sc}^{k} 是随机变量，如图 9-6 所示，这里用上标 k 表示是随机 k 时网络时延，假设系统被控对象 p 的状态方程为

$$\left.\begin{aligned}\dot{\boldsymbol{X}}_p(t)&=\boldsymbol{A}_p\boldsymbol{X}_p(t)+\boldsymbol{B}_p\bar{\boldsymbol{u}}(t)\\ \boldsymbol{y}(t)&=\boldsymbol{C}_p\boldsymbol{X}_p(t)\end{aligned}\right\}\tag{9-3}$$

式中，连续系统状态变量 $\boldsymbol{X}_p(t)$，$\bar{\boldsymbol{u}}(t)$ 和 $\boldsymbol{y}(t)$ 的维数分别是，$n\times1$，$m\times1$，$m\times1$ 的单输出，$\boldsymbol{A}_p$，$\boldsymbol{B}_p$，$\boldsymbol{C}_p$ 为具有相应维数的矩阵。

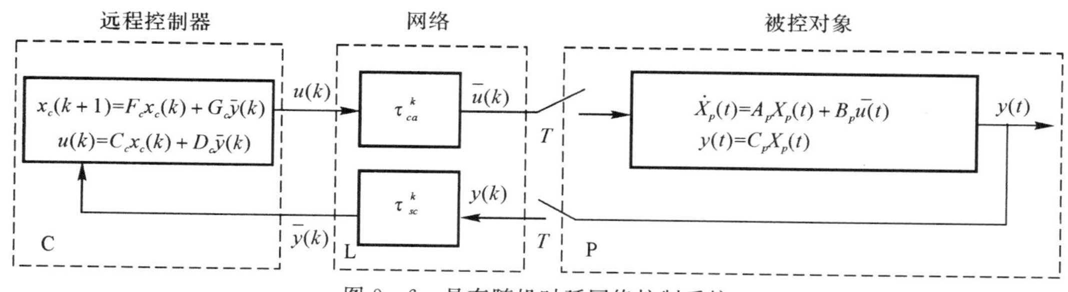

图 9-6　具有随机时延网络控制系统

被控对象离散化状态方程：

$$\left.\begin{aligned}\boldsymbol{X}_p(k+1)&=\boldsymbol{F}_p\boldsymbol{X}_p(k)+\boldsymbol{G}_pu(k)\\ \boldsymbol{y}(k)&=\boldsymbol{C}_p\boldsymbol{X}_p(k)\end{aligned}\right\}\tag{9-4}$$

系统控制器的状态方程：

$$\begin{aligned}\boldsymbol{x}_c(k+1)&=\boldsymbol{F}_c\boldsymbol{x}_c(k)+\boldsymbol{G}_c\bar{\boldsymbol{y}}(k)\\ \boldsymbol{u}(k)&=\boldsymbol{C}_c\boldsymbol{x}_c(k)+\boldsymbol{D}_c\bar{\boldsymbol{y}}(k)\end{aligned}\tag{9-5}$$

式中，$\boldsymbol{x}_c$ 为控制器的状态变量；$\boldsymbol{u}(k)$ 为控制量输出；$\bar{\boldsymbol{y}}(k)$ 为控制器接收到的传感器的输出信号；$\boldsymbol{F}_c$，$\boldsymbol{G}_c$，$\boldsymbol{C}_c$，$\boldsymbol{D}_c$ 为具有相应维数的控制器矩阵。

在图 9-6 中的网络状态方程输出

输出量：
$$\bar{\boldsymbol{n}}(k)=[\bar{y}(k)\quad \bar{u}(k)]^{\mathrm{T}}\tag{9-6}$$
输入量：
$$\boldsymbol{n}(k)=[y(k)\quad u(k)]^{\mathrm{T}}$$

则网络诱导误差表示为

$$\bar{\boldsymbol{e}}(k)=[\bar{y}(k)\quad \bar{u}(k)]^{\mathrm{T}}-[y(k)\quad u(k)]^{\mathrm{T}}=[\bar{e}_y(k)\quad \bar{e}_u(k)]\tag{9-7}$$

则定义增广闭环网络控制矩阵

$$\boldsymbol{Z}(k)=[x_p(k)\quad x_c(k)\quad u(k-1)\quad \bar{e}_y(k)\quad \bar{e}_u(k)]^{\mathrm{T}}\tag{9-8}$$

这里增广网络控制矩阵式(9-8)中含有控制器方程(以下标 c 标示)，是将控制律设计后转换为状态式(9-5)与网络状态方程式(9-7)和被控对象状态方程按照图 9-6 结构构成系统的闭环状态方程。

若假设传感器为时钟驱动，控制器为事件驱动；传感器按采样次序先后发送数据；初始时刻 t_0，对应离散控制量的传输 $u^*(t_0)=u(t_0)$ 连续控制量输出。

在分析网络控制时，可以把网络时延 τ_{sc}^k 和 τ_{ca}^k 相加看作一个 τ^k，这样把图 9-6 简化为图9-7。

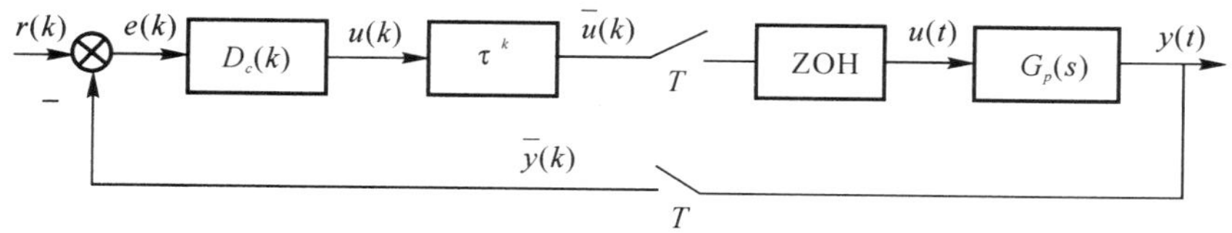

图 9-7　具有时延相加的网络控制系统

这样 $\bar{y}(k)=y(k)$，$\bar{u}(k)=u(k-\tau^k)$，基于被控对象为线性定常系统，式(9-3)可简化为广

义连续方程：

$$\left.\begin{aligned}\boldsymbol{X}(t) &= \boldsymbol{AX}(t)+\boldsymbol{Bu}(t-\tau^k)\\ \boldsymbol{y}(t) &= \boldsymbol{CX}(t)\end{aligned}\right\} \tag{9-9}$$

假设随机时延 τ^k 有界，设 $0<\tau^k<NT$(N 为正整数)，当 $N>1$ 时表示时延可大于一个采样周期 T，时延可以表示为

$$\tau^k = NT+\Delta T \quad , \quad 0<\Delta\leqslant T \tag{9-10}$$

这里表示，随机时延 τ^k 可以是采样周期的整数倍 $NT(\Delta=0)$，可以是采样周期的整数倍 NT 的输出控制量再加入在一个采样周期内$[NT,(N+1)T]$内 ΔT 延时控制量 $u(\Delta T)$。设定最多有 $N+1$ 个不同的值；控制量 $u(t)$ 输出发生在每一时刻$[kT,kT+t_1^k,kT+t_2^k,\cdots,kT+t_{n-1}^k,kT+t_N{}^k]=kT+t_i^k,i=0.1,\cdots,N$。这样在 $t_i^k\in(0,NT)$ 周期内进行区间积分。

$$\left.\begin{aligned}\boldsymbol{X}(k+1)&=\boldsymbol{F}_p\boldsymbol{X}(k)+\sum_{i=0}^{N}\boldsymbol{G}_i^k\boldsymbol{u}(k-i)\\ \bar{\boldsymbol{y}}(t)&=\boldsymbol{C}_p\boldsymbol{X}(t)\end{aligned}\right\} \tag{9-10}$$

式中，$\boldsymbol{F}_p=\mathrm{e}^{\boldsymbol{A}T}$，$\boldsymbol{G}_i^k=\int_{t_i^k}^{t_i^k+1}\mathrm{e}^{\boldsymbol{A}s}\boldsymbol{B}\mathrm{d}s$，$t_0^k=0$，$t_N^K=T$，$i=0,1\cdots,N$。

令 $\boldsymbol{Z}(k)=[\boldsymbol{X}^{\mathrm{T}}(k)\quad \boldsymbol{u}^{\mathrm{T}}(k-1)\quad\cdots\quad \boldsymbol{u}^{\mathrm{T}}(k-N)]^{\mathrm{T}}$，则得被控对象网络增广状态模型：

$$\left.\begin{aligned}\boldsymbol{Z}(k+1)&=\boldsymbol{\Phi}^k\boldsymbol{Z}(k)+\boldsymbol{\Gamma}_0^k\boldsymbol{u}(k)\\ \boldsymbol{y}(k)&=\boldsymbol{\Gamma}_1^k\boldsymbol{Z}(k)\end{aligned}\right\} \tag{9-11}$$

式中

$$\boldsymbol{\Phi}^k=\begin{bmatrix}\boldsymbol{F}_p & \boldsymbol{G}_1^k & \boldsymbol{G}_2^k & \cdots & \boldsymbol{G}_{N-1}^k & G_N^k\\ 0&0&0&\cdots&0&0\\ 0&\boldsymbol{I}&0&\cdots&0&0\\ \vdots&\vdots&\vdots&&\vdots&\vdots\\ 0&0&0&\cdots&\boldsymbol{I}&0\end{bmatrix}\qquad \boldsymbol{\Gamma}_0^k=\begin{bmatrix}\boldsymbol{G}_0^k\\ \boldsymbol{I}\\ 0\\ \vdots\\ 0\end{bmatrix}$$

$$\boldsymbol{\Gamma}_1^k=[\boldsymbol{C}\quad 0\quad 0\quad\cdots\quad 0]$$

由式(9-11)可知，当 $N=1$ 时，表示 $0<\tau^k<T$ 时延小于一个采样周期，则时延 $\tau^k=\Delta T$ 的被控对象网络模型：

$$\left.\begin{aligned}\boldsymbol{X}(k+1)&=\boldsymbol{F}_p\boldsymbol{X}(k)+\boldsymbol{G}_0^k\boldsymbol{u}(k)+\boldsymbol{G}_1^k\boldsymbol{u}(k-1)\\ \bar{\boldsymbol{y}}(t)&=\boldsymbol{C}_p\boldsymbol{X}(t)\end{aligned}\right\} \tag{9-12}$$

这里：$\boldsymbol{F}=\mathrm{e}^{\boldsymbol{A}T}$，$\boldsymbol{G}_0^k=\int_0^{T-\tau^k}\mathrm{e}^{\boldsymbol{A}t}\boldsymbol{B}\mathrm{d}t$，$\boldsymbol{G}_1^k=\int_{T-\tau^k}^{T}\mathrm{e}^{\boldsymbol{A}t}\boldsymbol{B}\mathrm{d}t$。

则被控模型的增广网络控制模型：

$$\left.\begin{aligned}\begin{bmatrix}\boldsymbol{X}(k+1)\\ \boldsymbol{u}(k)\end{bmatrix}&=\begin{bmatrix}\boldsymbol{F}_p & \boldsymbol{G}_1^k\\ 0 & 0\end{bmatrix}\begin{bmatrix}\boldsymbol{x}(k)\\ \boldsymbol{u}(k-1)\end{bmatrix}+\begin{bmatrix}\boldsymbol{G}_0^k\\ 1\end{bmatrix}\boldsymbol{u}(k)\\ \boldsymbol{y}(k)&=[\boldsymbol{C}\quad 0]\begin{bmatrix}\boldsymbol{X}(k)\\ \boldsymbol{u}(k-1)\end{bmatrix}\end{aligned}\right\} \tag{9-13}$$

记

$$\begin{cases}\boldsymbol{Z}(k+1)=\boldsymbol{\Phi}^k\boldsymbol{Z}(k)+\boldsymbol{\Gamma}_0^k\boldsymbol{u}(k)\\ \boldsymbol{y}(k)=\boldsymbol{\Gamma}_1^k\boldsymbol{Z}(k)\end{cases}$$

例 9-2　设被控对象的连续模型为

$$\begin{bmatrix}\dot{x}_1(t)\\ \dot{x}(t)\end{bmatrix}=\begin{bmatrix}0 & 5\\ 0 & 0\end{bmatrix}\begin{bmatrix}x_1(t)\\ x_2(t)\end{bmatrix}+\begin{bmatrix}0\\ 1\end{bmatrix}\boldsymbol{u}(k)$$

$$\boldsymbol{y}(k)=[1\quad 0]\begin{bmatrix}x_1(t)\\ x_2(t)\end{bmatrix}$$

采样周期 $T=0.05\text{s}$，网络随机时延 $0<\tau^k<T$，单包传输无数据包丢失，试写出增广状态模型。

解　已知

$$\boldsymbol{A}=\begin{bmatrix}0 & 5\\ 0 & 0\end{bmatrix}\quad \boldsymbol{B}=\begin{bmatrix}0\\ 1\end{bmatrix}\quad \boldsymbol{C}=[1\quad 0]$$

根据式(9-12)得

$$\boldsymbol{F}_p=\mathrm{e}^{\boldsymbol{A}T}=[I+\boldsymbol{A}T+\frac{1}{2!}(\boldsymbol{A}T)^2+\frac{1}{3!}(\boldsymbol{A}T)^3+\cdots]$$

$$=\begin{bmatrix}1 & 0\\ 0 & 1\end{bmatrix}+\begin{bmatrix}0 & 5\\ 0 & 0\end{bmatrix}\times 0.05=\begin{bmatrix}1 & 0.25\\ 0 & 1\end{bmatrix}$$

$$\boldsymbol{G}_0^k=\int_0^{T-\tau^k}\mathrm{e}^{\boldsymbol{A}t}\boldsymbol{B}\,\mathrm{d}t=[\boldsymbol{A}(T-\tau^k)+\frac{1}{2!}\boldsymbol{A}^2(T-\tau)^2+\frac{1}{3!}\boldsymbol{A}^3(T-\tau)3+\cdots]\boldsymbol{A}^{-1}\boldsymbol{B}$$

$$\approx[\boldsymbol{A}(T-\tau^k)+\frac{1}{2!}\boldsymbol{A}^2(T-\tau)^2]\boldsymbol{A}^{-1}\boldsymbol{B}$$

$$=(T-\tau^k)\left\{\begin{bmatrix}0\\ 1\end{bmatrix}+0.5(T-\tau^k)\times\begin{bmatrix}0 & 5\\ 0 & 0\end{bmatrix}\begin{bmatrix}0\\ 1\end{bmatrix}\right\}=\begin{bmatrix}0.25\,(T-\tau^k)^2\\ (T-\tau^k)\end{bmatrix}$$

$$\boldsymbol{G}_1^k=\int_{T-\tau^k}^{T}\mathrm{e}^{\boldsymbol{A}t}\boldsymbol{B}\,\mathrm{d}t=[\mathrm{e}^{\boldsymbol{A}T}-\mathrm{e}^{\boldsymbol{A}(T-\tau^k)}]\boldsymbol{A}^{-1}\boldsymbol{B}$$

$$\approx[\tau^k\boldsymbol{I}+\frac{1}{2!}(2T\tau^k-(\tau^k)^2\boldsymbol{A}]\boldsymbol{B}$$

$$=\tau^k\left\{\begin{bmatrix}0\\ 1\end{bmatrix}+0.5(2T-\tau^k)\times\begin{bmatrix}0 & 5\\ 0 & 0\end{bmatrix}\begin{bmatrix}0\\ 1\end{bmatrix}\right\}=\begin{bmatrix}2.5(2T-\tau^k)\tau^k\\ \tau^k\end{bmatrix}$$

根据式(9-14)、式(9-15)得

$$\begin{cases}\begin{bmatrix}x_1(k+1)\\ x_2(k+1)\\ u(k)\end{bmatrix}=\begin{bmatrix}1 & 0.25 & 2.5(2T-\tau^k)\tau^k\\ 0 & 1 & \tau^k\\ 0 & 0 & 0\end{bmatrix}\begin{bmatrix}x_1(k)\\ x_2(k)\\ u(k-1)\end{bmatrix}+\begin{bmatrix}2.5\,(T-\tau^k)^2\\ (T-\tau^k)\\ 1\end{bmatrix}\boldsymbol{u}(k)\\ \boldsymbol{y}(k)=[1\quad 0\quad 0]\begin{bmatrix}x_1(k)\\ x_2(k)\\ u(k-1)\end{bmatrix}\end{cases}$$

即有三阶增广状态方程：

$$\begin{cases}\boldsymbol{Z}(k+1)=\boldsymbol{\Phi}^k\boldsymbol{Z}(k)+\boldsymbol{\Gamma}_0^k\boldsymbol{u}(k)\\ \boldsymbol{y}(k)=\boldsymbol{\Gamma}_1^k Z(k)\end{cases}$$

9.3 基于连续域-离散化设计的闭环增广网络模型

9.3.1 单包传输时延闭环增广模型

当传输数据在一帧内完成，网络延时 τ^k 将影响完整的一帧数据，时延小于一拍周期，根据图 9-7 结构，将控制器状态方程式(9-4)代入式(9-13)有：

被控对象状态方程：

$$\begin{aligned}\boldsymbol{x}(k+1) &= \boldsymbol{F}_p\boldsymbol{x}(k)+\boldsymbol{G}_0[\boldsymbol{C}_c\boldsymbol{x}_c(k)+\boldsymbol{D}_c\boldsymbol{y}(k)]+\boldsymbol{G}_1\boldsymbol{u}(k-1)\\ &= \boldsymbol{F}_p\boldsymbol{x}(k)+\boldsymbol{G}_0\boldsymbol{C}_c x_c(k)+\boldsymbol{G}_0\boldsymbol{D}_c[\boldsymbol{C}_p\boldsymbol{x}(k)]+\boldsymbol{G}_1\boldsymbol{u}(k-1)\\ &= (\boldsymbol{F}_p+\boldsymbol{G}_0\boldsymbol{D}_c\boldsymbol{C}_p)\boldsymbol{x}(k)+\boldsymbol{G}_0\boldsymbol{C}_c\boldsymbol{x}_c(k)+\boldsymbol{G}_1\boldsymbol{u}(k-1)\end{aligned}$$

控制器状态方程：

$$\begin{aligned}\boldsymbol{x}_c(k+1) &= \boldsymbol{F}_c\boldsymbol{x}_c(k)+\boldsymbol{G}_c\boldsymbol{y}(k) = \boldsymbol{F}_c\boldsymbol{x}_c(k)+\boldsymbol{G}_c[\boldsymbol{C}_p\boldsymbol{x}(k)]\\ &= \boldsymbol{G}_c\boldsymbol{C}_p\boldsymbol{x}(k)+\boldsymbol{F}_c\boldsymbol{x}_c(k)\end{aligned}$$

已知输出控制方程：

$$\begin{aligned}\boldsymbol{u}(k) &= \boldsymbol{C}_c\boldsymbol{x}_c(k)+\boldsymbol{D}_c\boldsymbol{y}(k) = \boldsymbol{C}_c\boldsymbol{x}_c(k)+\boldsymbol{D}_c[\boldsymbol{C}_p\boldsymbol{x}(k)]\\ &= \boldsymbol{D}_c\boldsymbol{C}_p\boldsymbol{x}(k)+\boldsymbol{C}_c\boldsymbol{x}_c(k)\end{aligned}$$

则单包传输时网络控制闭环增广模型为

$$\begin{bmatrix}\boldsymbol{x}(k+1)\\ \boldsymbol{x}_c(k+1)\\ \boldsymbol{u}(k)\end{bmatrix} = \begin{bmatrix}\boldsymbol{F}_p+\boldsymbol{G}_0\boldsymbol{D}_c\boldsymbol{C}_p & \boldsymbol{G}_0\boldsymbol{C}_c & \boldsymbol{G}_1\\ \boldsymbol{G}_c\boldsymbol{C}_p & \boldsymbol{F}_c & 0\\ \boldsymbol{D}_c\boldsymbol{C}_p & \boldsymbol{C}_c & 0\end{bmatrix}\begin{bmatrix}\boldsymbol{x}(k)\\ \boldsymbol{x}_c(k)\\ \boldsymbol{u}(k-1)\end{bmatrix}$$

记

$$\boldsymbol{Z}(k+1)=\boldsymbol{\Phi}_{st}\boldsymbol{Z}(k) \tag{9-14}$$

其中

$$\boldsymbol{Z}(k)=\begin{bmatrix}\boldsymbol{x}(k)\\ \boldsymbol{x}_c(k)\\ \boldsymbol{u}(k-1)\end{bmatrix}$$

例 9-3 被控对象广义状态方程模型为

$$\boldsymbol{x}(k+1) = \begin{bmatrix}1.543 & 1.176\\ 1.176 & 1.543\end{bmatrix}\boldsymbol{x}(k)+\begin{bmatrix}0.521\\ 0.128\end{bmatrix}\boldsymbol{u}(k)+\begin{bmatrix}0.654\\ 0.415\end{bmatrix}\boldsymbol{u}(k-1)$$

$$\boldsymbol{y}(k) = [1 \quad 0]\boldsymbol{x}(k)$$

若控制器的模型为

$$\boldsymbol{x}_c(k+1) = \begin{bmatrix}0 & 1\\ 1 & 0\end{bmatrix}\boldsymbol{x}_c(k)+\begin{bmatrix}1\\ 0\end{bmatrix}\bar{\boldsymbol{y}}(k)$$

$$\boldsymbol{u}(t) = [1 \quad 0]\boldsymbol{x}_c(k)+2\bar{\boldsymbol{y}}(k)$$

取采样周期 $T=1\text{s}$，网络时延 $\tau=0.5\text{s}$，求单包传输时的网络控制系统闭环增广模型。

解 由被控对象广义状态方程模型可知：

$$\boldsymbol{F}_p = \begin{bmatrix}1.543 & 1.175\\ 1.175 & 1.543\end{bmatrix} \qquad \boldsymbol{G}_0 = \begin{bmatrix}0.521\\ 0.128\end{bmatrix} \qquad \boldsymbol{G}_1 = \begin{bmatrix}0.654\\ 0.415\end{bmatrix}$$

$$C_p = [1 \quad 0]$$

已知控制器数学模型

$$x_c(k+1) = \begin{bmatrix} 0 & 1 \\ 1 & 0 \end{bmatrix} x_c(k) + \begin{bmatrix} 1 \\ 0 \end{bmatrix} \bar{y}(k)$$

$$u(t) = [1 \quad 0] x_c(k) + 2\bar{y}(k)$$

有 $\quad F_c = \begin{bmatrix} 0 & 1 \\ 1 & 0 \end{bmatrix} \quad G_c = \begin{bmatrix} 1 \\ 0 \end{bmatrix} \quad C_c = [1 \quad 0] \quad D_c = 2$

则由单包传输时的网络控制系统的闭环模型定义式(9－13)得

$$Z(k) = \begin{bmatrix} x(k) \\ x_c(k) \\ u(k-1) \end{bmatrix} = [x_{p1}(k) \quad x_{p2}(k) \quad x_{c1}(k) \quad x_{c2}(k) \quad u(k-1)]^{\mathrm{T}}$$

$$\Phi_{ST} = \begin{bmatrix} F_p + G_0 D_c C_p & G_0 C_c & G_1 \\ G_c C_p & F_c & 0 \\ D_c C_p & C_c & 0 \end{bmatrix} = \begin{bmatrix} 2.585 & 1.175 & 0.521 & 0 & 0.654 \\ 1.430 & 1.543 & 0.128 & 0 & 0.415 \\ 1 & 0 & 0 & 1 & 0 \\ 0 & 0 & 1 & 0 & 0 \\ 2 & 0 & 1 & 0 & 0 \end{bmatrix} \times$$

$$\begin{bmatrix} x_{p1}(k+1) \\ x_{p2}(k+1) \\ x_{c1}(k+1) \\ x_{c2}(k+1) \\ u(k) \end{bmatrix} = \begin{bmatrix} 2.585 & 1.175 & 0.521 & 0 & 0.654 \\ 1.430 & 1.543 & 0.128 & 0 & 0.415 \\ 1 & 0 & 0 & 1 & 0 \\ 0 & 0 & 1 & 0 & 0 \\ 2 & 0 & 1 & 0 & 0 \end{bmatrix} \begin{bmatrix} x_{p1}(k) \\ x_{p2}(k) \\ x_{c1}(k) \\ x_{c2}(K) \\ u(k-1) \end{bmatrix}$$

即

$$Z(k+1) = \Phi_{ST} Z(k)$$

9.3.2　多包传输时延的闭环增广模型

在网络通信中，当一组数据大于一个通信帧字节数的定义范围时，需通过多包传输完成网络数据的传输，时延将延续到多包数据传输结束，这里假设多包传输在一个采样周期内完成，网络时延小于一个采样周期。假设传感器传输次序 $S_1, S_2, \cdots, S_n$，当开关打到 S_i 位置，$i = 1, 2, \cdots, n$，表示第 i 包数据包在网上传输，共有 n 包数据构成完整传感器数据。如图 9－8 所示定义，经多包分路传输，$\bar{y}(k)$ 每一时刻导通一路，并只可接收一包数据，其他各路输入保持上一拍数据。

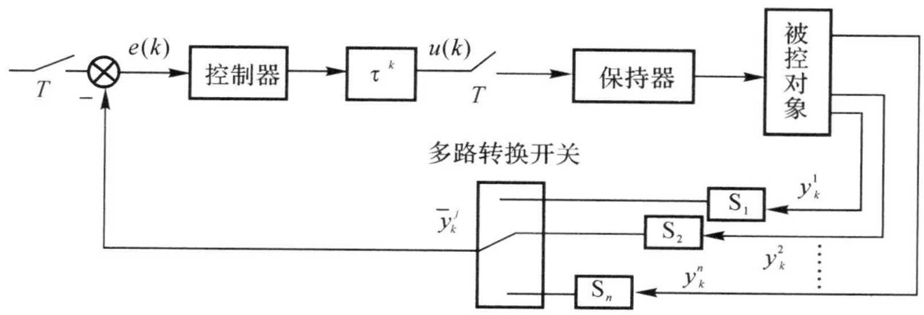

图 9－8　多包传输时延的闭环增广模型

记

$$\boldsymbol{y}(k)=[y_k^1\quad y_k^2\quad \cdots\quad y_k^n]^{\mathrm{T}},\quad \bar{\boldsymbol{y}}(k)=[\bar{y}_k^1\quad \bar{y}_k^2\quad \cdots\quad \bar{y}_k^n]^{\mathrm{T}} \tag{9-15}$$

即 S_1 的通道导通时，仅 1 通道数据更新，其他保持上一拍：

$$\bar{y}_k^1=y_k^1,\bar{y}_k^2=y_{k-1}^2,\bar{y}_k^3=y_{k-1}^3,\cdots,\bar{y}_k^n=y_{k-1}^n$$

S_i的通道导通时，i 通道数据更新，其他保持上一拍：

$$\bar{y}_k^1=y_{k-1}^1,\bar{y}_k^2=y_{k-1}^2,\cdots,\bar{y}_k^i=y_k^i,\cdots,\bar{y}_k^n=y_{k-1}^n$$

S_n的通道导通时，则 n 通道数据更新，其他保持上一拍：

$$\bar{y}_k^1=y_{k-1}^1,\bar{y}_k^2=y_{k-1}^2,\cdots,\bar{y}_k^i=y_{1-k}^i,\cdots,\bar{y}_k^n=y_k^n$$

则当 S_1导通时网络控制模型为

$$\begin{aligned}\boldsymbol{x}(k+1)&=\boldsymbol{F}_p\boldsymbol{x}(k)+\boldsymbol{G}_0[\boldsymbol{C}_c\boldsymbol{x}_c(k)+\boldsymbol{D}_c\bar{\boldsymbol{y}}^1(k)]+\boldsymbol{G}_1\boldsymbol{u}(k-1)\\&=\boldsymbol{F}_p\boldsymbol{x}(k)+\boldsymbol{G}_0\boldsymbol{C}_c\boldsymbol{x}_c(k)+\boldsymbol{G}_0\boldsymbol{D}_c\bar{\boldsymbol{y}}^1(k)+\boldsymbol{G}_1\boldsymbol{u}(k-1)\end{aligned}$$

$$\boldsymbol{x}_c(k+1)=\boldsymbol{F}_c\boldsymbol{x}_c(k)+\boldsymbol{G}_c\bar{\boldsymbol{y}}^1(k)$$

$$\bar{\boldsymbol{y}}(k)=\begin{bmatrix}\bar{\boldsymbol{y}}_k^1\\ \bar{\boldsymbol{y}}_k^2\\ \vdots\\ \bar{\boldsymbol{y}}_k^n\end{bmatrix}=\begin{bmatrix}\boldsymbol{y}_k^1\\ \boldsymbol{y}_{k-1}^2\\ \vdots\\ \boldsymbol{y}_{k-1}^n\end{bmatrix}\qquad (\text{这里 } \bar{\boldsymbol{y}}_k^1=\bar{\boldsymbol{y}}^1(k)=\boldsymbol{C}_p\boldsymbol{x}(k)) \tag{9-16}$$

$$\boldsymbol{u}(k)=\boldsymbol{C}_c\boldsymbol{x}_c(k)+\boldsymbol{D}_c\bar{\boldsymbol{y}}^1(k)$$

则可以写出在 S_1开关导通下，闭环增广模型

$$\begin{bmatrix}\boldsymbol{x}(k+1)\\ \boldsymbol{x}_c(k+1)\\ \bar{\boldsymbol{y}}_k^1(k+1)\\ \boldsymbol{u}(k)\end{bmatrix}=\begin{bmatrix}\boldsymbol{F}_p & \boldsymbol{G}_0\boldsymbol{C}_c & \boldsymbol{G}_0\boldsymbol{D}_c & \boldsymbol{G}_1\\ 0 & \boldsymbol{F}_c & \boldsymbol{G}_c & 0\\ \boldsymbol{C}_p\boldsymbol{F}_p & \boldsymbol{C}_p\boldsymbol{G}_0\boldsymbol{C}_c & \boldsymbol{C}_p\boldsymbol{G}_0\boldsymbol{D}_c & \boldsymbol{C}_p\boldsymbol{G}_1\\ 0 & \boldsymbol{C}_c & \boldsymbol{D}_c & 0\end{bmatrix}\begin{bmatrix}\boldsymbol{x}(k)\\ \boldsymbol{x}_c(k)\\ \bar{\boldsymbol{y}}_k^1(k)\\ \boldsymbol{u}(k-1)\end{bmatrix} \tag{9-17}$$

记

$$\boldsymbol{Z}(k+1)=\boldsymbol{\Phi}_{M_r}Z(k)$$

例 9-4 设在例 9-3 中，设计两个传输包发送，求当开关打在 S_2时的系统闭环模型。

解

$$\boldsymbol{x}(k+1)=\boldsymbol{F}_p\boldsymbol{x}(k)+\boldsymbol{G}_0\boldsymbol{C}_c\boldsymbol{x}_c(k)+\boldsymbol{G}_0\boldsymbol{D}_c\bar{\boldsymbol{y}}^2(k)+\boldsymbol{G}_1\boldsymbol{u}(k-1)$$

$$\boldsymbol{x}_c(k+1)=\boldsymbol{F}_c\boldsymbol{x}_c(k)+\boldsymbol{G}_c\bar{\boldsymbol{y}}^2(k)$$

$$\bar{\boldsymbol{y}}_k^2=\boldsymbol{y}^2(k)=\boldsymbol{C}_p\boldsymbol{x}(k)$$

$$\boldsymbol{u}(k)=\boldsymbol{C}_c\boldsymbol{x}_c(k)+\boldsymbol{D}_c\bar{\boldsymbol{y}}^2(k)$$

则

$$\begin{bmatrix}\boldsymbol{x}(k+1)\\ \boldsymbol{x}_c(k+1)\\ \bar{\boldsymbol{y}}^2(k+1)\\ \boldsymbol{u}(k)\end{bmatrix}=\begin{bmatrix}\boldsymbol{F}_p & \boldsymbol{G}_0\boldsymbol{C}_c & \boldsymbol{G}_0\boldsymbol{D}_c & \boldsymbol{G}_1\\ 0 & \boldsymbol{F}_c & \boldsymbol{G}_c & 0\\ \boldsymbol{C}_p\boldsymbol{F}_p & C_p\boldsymbol{G}_0\boldsymbol{C}_c & C_p\boldsymbol{G}_0\boldsymbol{D}_c & C_p\boldsymbol{G}_1\\ 0 & \boldsymbol{C}_c & \boldsymbol{D}_c & 0\end{bmatrix}\begin{bmatrix}\boldsymbol{x}(k)\\ \boldsymbol{x}_c(k)\\ \bar{\boldsymbol{y}}^2(k)\\ \boldsymbol{u}(k-1)\end{bmatrix}$$

已知例 9-3 各系数矩阵值：

$$\boldsymbol{F}_p=\begin{bmatrix}1.543 & 1.175\\ 1.175 & 1.543\end{bmatrix}\qquad \boldsymbol{G}_0=\begin{bmatrix}0.521\\ 0.128\end{bmatrix}\qquad \boldsymbol{G}_1=\begin{bmatrix}0.654\\ 0.415\end{bmatrix}$$

$$\boldsymbol{C}_p=[1\quad 0]$$

控制器数学模型系数矩阵：

$$\boldsymbol{F}_c=\begin{bmatrix}0&1\\1&0\end{bmatrix}\quad \boldsymbol{G}_c=\begin{bmatrix}1\\0\end{bmatrix}\quad \boldsymbol{C}_c=[1\quad 0]\quad \boldsymbol{D}_c=2$$

将以上系数矩阵代入式(9-17),得

$$\begin{bmatrix}\boldsymbol{x}(k+1)\\ \boldsymbol{x}_c(k+1)\\ \bar{\boldsymbol{y}}^2(k+1)\\ \boldsymbol{u}(k)\end{bmatrix}=\begin{bmatrix}\begin{bmatrix}1.543&1.175\\1.175&1.543\end{bmatrix}&\begin{bmatrix}0.521&0\\0.128&0\end{bmatrix}&\begin{bmatrix}1.042\\0.256\end{bmatrix}&\begin{bmatrix}0.654\\0.415\end{bmatrix}\\ \begin{bmatrix}0&0\\0&0\end{bmatrix}&\begin{bmatrix}0&1\\1&0\end{bmatrix}&\begin{bmatrix}1\\0\end{bmatrix}&\begin{bmatrix}0\\0\end{bmatrix}\\ [1.543\quad 1.175]&[0.521\quad 0]&1.042&0.654\\ 0&[1\quad 0]&2&0\end{bmatrix}\begin{bmatrix}\boldsymbol{x}(k)\\ \boldsymbol{x}_c(k)\\ \bar{\boldsymbol{y}}^2(k)\\ \boldsymbol{u}(k-1)\end{bmatrix}$$

即

$$\boldsymbol{Z}(k+1)=\boldsymbol{\Phi}_{M\tau}\boldsymbol{Z}(k)$$

9.3.3 单包传输有数据丢失闭环系统增广模型

系统如图 9-9 所示,当开关打在 S_1 时表示信号传输正常,$\bar{y}_k=y_k$,获取当前传感器的值;当开关拨转下,则表示丢包发生,$\bar{y}_k=y_{k-1}$,测量保持上一拍的值。

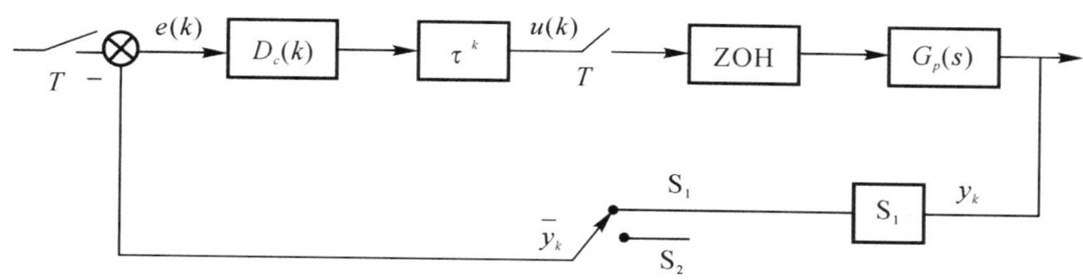

图 9-9　单包传输丢帧网络控制

由 9.3.2 节知,被控对象状态方程:

$$\boldsymbol{x}(k+1)=(\boldsymbol{F}_p+\boldsymbol{G}_0\boldsymbol{D}_c\boldsymbol{C}_p)\boldsymbol{x}(k)+\boldsymbol{G}_0\boldsymbol{C}_c\boldsymbol{x}_c(k)+\boldsymbol{G}_1\boldsymbol{u}(k-1)$$

控制器状态方程:　$\boldsymbol{x}_c(k+1)=\boldsymbol{G}_c\boldsymbol{C}_p\boldsymbol{x}(k)+\boldsymbol{F}_c\boldsymbol{x}_c(k)$

单包传输失帧方程:　$\bar{\boldsymbol{y}}(k+1)=\bar{\boldsymbol{y}}(k)=\boldsymbol{C}_p\boldsymbol{x}(k)$

控制输出方程:　$\boldsymbol{u}(k)=\boldsymbol{D}_c\boldsymbol{C}_p\boldsymbol{x}(k)+\boldsymbol{C}_c\boldsymbol{x}_c(k)$

此时单包传输丢帧的闭环网络控制增广模型:

$$\begin{bmatrix}\boldsymbol{x}(k+1)\\ \boldsymbol{x}_c(k+1)\\ \bar{\boldsymbol{y}}(k+1)\\ \boldsymbol{u}(k)\end{bmatrix}=\begin{bmatrix}\boldsymbol{F}_p&\boldsymbol{G}_0\boldsymbol{C}_c&\boldsymbol{G}_0\boldsymbol{D}_c&\boldsymbol{G}_1\\ 0&\boldsymbol{F}_c&\boldsymbol{G}_c&0\\ 0&0&\boldsymbol{I}&0_1\\ 0&\boldsymbol{C}_c&\boldsymbol{D}_c&0\end{bmatrix}\begin{bmatrix}\boldsymbol{x}(k)\\ \boldsymbol{x}_c(k)\\ \bar{\boldsymbol{y}}(k)\\ \boldsymbol{u}(k-1)\end{bmatrix}\tag{9-18}$$

记

$$\boldsymbol{Z}(k+1)=\boldsymbol{\Phi}_{Los}\boldsymbol{Z}(k)\tag{9-19}$$

9.3.4 多包传输有数据丢失闭环系统增广模型

如图 9-10 所示多包传输时丢包数学模型描述。当开关处于 S_1 位置,若丢帧,保持上一拍采集值,则 $\bar{y}_k=y_{k-1}^1$,同样当开关处于 S_2 位置,若丢第 2 包帧,同样保持上一拍值 $\bar{y}_k=y_{k-1}^1$。当

开关悬空时，两包都丢失，有

$$\bar{y}_k = \bar{y}_{k-1}^2 \tag{9-20}$$

故有网络控制闭环模型(类同式(9-18)为

$$\begin{bmatrix} \boldsymbol{x}(k+1) \\ \boldsymbol{x}_c(k+1) \\ \bar{\boldsymbol{y}}(k+1) \\ \boldsymbol{u}(k) \end{bmatrix} = \begin{bmatrix} \boldsymbol{F}_p & \boldsymbol{G}_0\boldsymbol{C}_c & \boldsymbol{G}_0\boldsymbol{D}_c & \boldsymbol{G}_1 \\ 0 & \boldsymbol{F}_c & \boldsymbol{G}_c & 0 \\ 0 & 0 & \boldsymbol{I} & 0_1 \\ 0 & \boldsymbol{C}_c & \boldsymbol{D}_c & 0 \end{bmatrix} \begin{bmatrix} \boldsymbol{x}(k) \\ \boldsymbol{x}_c(k) \\ \bar{\boldsymbol{y}}(k) \\ \boldsymbol{u}(k-1) \end{bmatrix} \tag{9-21}$$

$$\boldsymbol{Z}(k+1) = \boldsymbol{\Phi}_{MLos} \cdot \boldsymbol{Z}(k) \tag{9-22}$$

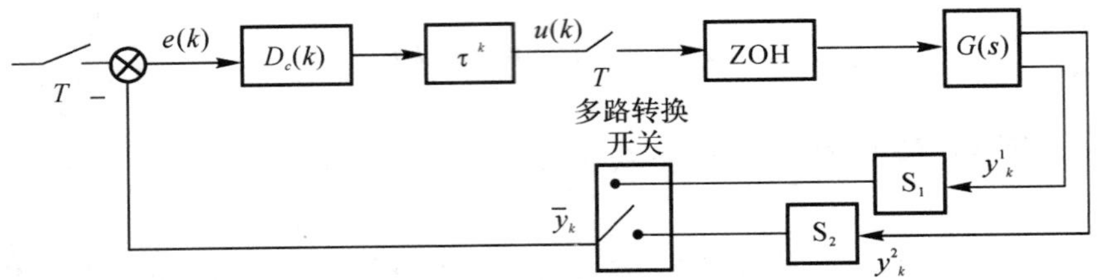

图 9-10　多包传输时丢帧模型

例 9-5　设例 9-3 的网络数据信息分两个传输包发送，当开关打在 S_1 时数据丢包，求系统的模型。

解　如在例 9-4 中，被控数学模型系数矩阵、控制器系数矩阵和控制量输出方程根据式(9-20)有丢包网络控制闭环模型为

$$\begin{bmatrix} \boldsymbol{x}(k+1) \\ \boldsymbol{x}_c(k+1) \\ \bar{\boldsymbol{y}}(k+1) \\ \boldsymbol{u}(k) \end{bmatrix} = \begin{bmatrix} \begin{bmatrix} 1.543 & 1.175 \\ 1.175 & 1.543 \end{bmatrix} & \begin{bmatrix} 0.521 & 0 \\ 0.128 & 0 \end{bmatrix} & \begin{bmatrix} 1.042 \\ 0.256 \end{bmatrix} & \begin{bmatrix} 0.654 \\ 0.415 \end{bmatrix} \\ \begin{bmatrix} 0 & 0 \\ 0 & 0 \end{bmatrix} & \begin{bmatrix} 0 & 1 \\ 1 & 0 \end{bmatrix} & \begin{bmatrix} 1 \\ 0 \end{bmatrix} & \begin{bmatrix} 0 \\ 0 \end{bmatrix} \\ \begin{bmatrix} 0 & 0 \end{bmatrix} & \begin{bmatrix} 0 & 0 \end{bmatrix} & 1 & 0 \\ 0 & \begin{bmatrix} 1 & 0 \end{bmatrix} & 2 & 0 \end{bmatrix} \begin{bmatrix} \boldsymbol{x}(k) \\ \boldsymbol{x}_c(k) \\ \bar{\boldsymbol{y}}(k) \\ \boldsymbol{u}(k-1) \end{bmatrix}$$

即有

$$\boldsymbol{Z}(k+1) = \boldsymbol{\Phi}_{MLos}\boldsymbol{Z}(k)$$

9.4　基于 PID 网络控制器的设计

9.4.1　网络控制中的 PID 控制器设计

在第 4 章中介绍了 PID 的控制器的设计，而理想模拟 PID 控制器的传递函数为

$$D(s) = \frac{U(s)}{E(s)} = K_P + K_I\frac{1}{s} + K_D s \tag{9-23}$$

式中，K_P 为比例系数；K_I 为积分系数；K_D 为微分系数。

离散化的位置式 PID 控制器：

$$u(k)=K_{\mathrm{P}}e(k)+K_{\mathrm{I}}T\sum_{i=0}^{k}e(i)+K_{\mathrm{D}}\frac{1}{T}[e(k)-e(k-1)] \tag{9-24}$$

离散化的增量式 PID 控制器：

$$\begin{aligned}\Delta u(k)&=K_{\mathrm{P}}[e(k)-e(k-1)]+K_{\mathrm{I}}Te(k)+K_{\mathrm{D}}\frac{1}{T}[e(k)-2e(k-1)+e(k-2)]\\&=\left[K_{\mathrm{P}}+K_{\mathrm{I}}T+K_{\mathrm{D}}\frac{1}{T}\right]e(k)-\left[K_{\mathrm{P}}+K_{\mathrm{I}}\frac{2}{T}\right]e(k-1)+K_{\mathrm{D}}\frac{1}{T}e(k-2)\end{aligned} \tag{9-25}$$

若对式(9-23)积分项采用双线性变换 z 变换，微分项采用后差分进行 z 变换，则离散化后的 PID 控制器：

$$D(z)=\frac{U(z)}{E(z)}=K_{\mathrm{P}}+K_{\mathrm{I}}\frac{T}{2}\frac{1-z^{-1}}{1+z^{-1}}+K_{\mathrm{D}}\frac{1}{T}(1-z^{-1}) \tag{9-26}$$

常规 PID 控制器应用在网络控制系统环境时，由于网络特性的影响，PID 控制器所控制的是一个增广对象(包括网络通信与被控对象)，具有时变特性，因此需对 PID 的三个参数进行在线实时修正，以适应网络控制系统要求，即在第 5 章中 PID 设计不考虑网络的时延，设计了 K_{P}，K_{I}，K_{D} 三个参数。而在实际网络控制中再加入时延，通过选定控制目标函数，对 K_{P}，K_{I}，K_{D} 三个参数进行在线修正，也称直接参数修正法。

如选取增量式 PID 式(9-25) 得

$$u(k)=u(k+1)+K_{\mathrm{D}}[e(k)-e(k-1)]+K_{\mathrm{I}}Te(k)+K_{\mathrm{D}}\frac{1}{T}[e(k)-2e(k-1)+e(k-2)] \tag{9-27}$$

目标函数

$$J(k)=e^2(k) \tag{9-28}$$

$J(k)$起到对网络反应时间和收敛速度的瞬时惩罚作用。控制参数的调整采用速度下降算法：

$$\left.\begin{aligned}K_{\mathrm{P}}(k+1)&=K_{\mathrm{P}}(k)-\lambda_1\nabla J(K_{\mathrm{P}})\\K_{\mathrm{I}}(k+1)&=K_{\mathrm{I}}(k)-\lambda_2\nabla J(K_{\mathrm{I}})\\K_{\mathrm{D}}(k+1)&=K_{\mathrm{D}}(k)-\lambda_3\nabla J(K_{\mathrm{D}})\end{aligned}\right\} \tag{9-29}$$

这里 λ_1，λ_2，λ_3 分别是比例、积分、微分三参数下降速率修正量的加权系数，取值范围[1，-1]，可根据实际控制状态修正三参数修正力度。

$$\left.\begin{aligned}\nabla J(K_{\mathrm{P}})&=\frac{\partial J(k)}{\partial e(k)}\frac{\partial e(k)}{\partial u(k)}\frac{\partial u(k)}{\partial K_{\mathrm{P}}(k)}\\\nabla J(K_{\mathrm{I}})&=\frac{\partial J(k)}{\partial e(k)}\frac{\partial e(k)}{\partial u(k)}\frac{\partial u(k)}{\partial K_{\mathrm{I}}(k)}\\\nabla J(K_{\mathrm{D}})&=\frac{\partial J(k)}{\partial e(k)}\frac{\partial e(k)}{\partial u(k)}\frac{\partial u(k)}{\partial K_{\mathrm{D}}(k)}\end{aligned}\right\} \tag{9-30}$$

式(9-30)是分别对式(9-27)、式(9-28)求偏导获得

$$\nabla J(K_{\mathrm{P}})=2e(k)\frac{1}{\left[K_{\mathrm{P}}+K_{\mathrm{I}}T+K_{\mathrm{D}}\frac{1}{T}\right]}[e(k)-e(k-1)]$$

$$\nabla J(K_{\mathrm{I}})=2e(k)\frac{1}{\left[K_{\mathrm{P}}+K_{\mathrm{I}}T+K_{\mathrm{D}}\frac{1}{T}\right]}Te(k)$$

$$\nabla J(K_D) = 2e(k)\frac{1}{\left[K_P + K_I T + K_D \frac{1}{T}\right]}\frac{1}{T}[e(k) - 2e(k-1) + e(k-2)] \quad (9-31)$$

经整理可得

$$\left.\begin{aligned} K_P(k+1) &= K_P(k) - \lambda_1 \frac{2e(k)[e(k)-e(k-1)]}{\left[K_P + K_I T + K_D \frac{1}{T}\right]} \\ K_I(k+1) &= K_I(k) - \lambda_2 \frac{2Te^2(k)}{\left[K_P + K_I T + K_D \frac{1}{T}\right]} \\ K_D(k+1) &= K_D(k) - \lambda_3 \frac{Te(k)[e(k)-e(k-1)]}{\left[K_P + K_I T + K_D \frac{1}{T}\right]} \end{aligned}\right\} \quad (9-32)$$

例 9-6 某无人机的综合机电管理控制系统需对飞机起落架进行收放控制，如图 9-11 所示，飞机内部控制系统分三个部分：中心控制单元的机电管理计算机；现场控制单元，包括微控制器，伺服驱动器，压力、位置传感器等；飞机总线网络，实现上下连接。

现场控制单元主控是直流伺服电机（驱动起落架移动），负载是机轮，动态模型为

$$G(s) = \frac{200}{(s+26.3)(s+2.29)}$$

通信速率：(4 800,9 600,19 200,38 400)b/s。

通信控制帧由 10 个字节组成。

求：PID 控制参数和采样周期。

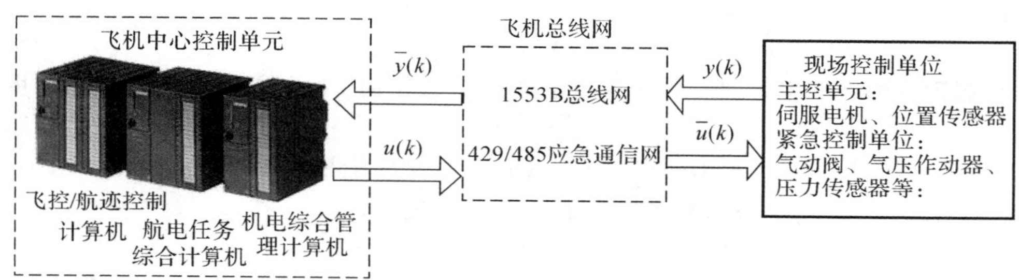

图 9-11 无人机机电综合网络控制系统结构

解 (1)采样周期选择。

$$T > \tau_{sc} + \tau_{ca} + \tau_{pc} + \tau_{pr} \quad (9-33)$$

这里现场传感信号通过网线传输到机电控制器，通信时延为 τ_{sc}；机电控制器控制指令通过总线网到现场控制单位，指令时延为 τ_{ca}；机电控制单元控制计算时延为 τ_{pc}，现场伺服驱动控制器数据计算时延为 τ_{pr}。

根据网络最大传送速度 V_{sc}=(4 800,9 600,19 200,38 400)b/s。

每帧最大传输时间取 $\tau_{sc} = \tau_{ca} =$ 最大数据包长度(b)/V_{sc}。

10 个字节=80b，则时延为(16.7,8.33,4.17,2.08) ms；

机电控制单元控制计算需时延为 τ_{pc}=5 ms；

现场伺服驱动控制器数据计算延时 τ_{pr}=5 ms；

则网络控制系统综合时延：τ^k=(43.4,20.66,18.34,14.16) ms；

这样采样时间可以根据选择的波特率选取采样周期 T：(50，25，20，16) ms。

(2)被控对象＋网络时延的增广模型。

假设系统没有丢包，具有随机时延系统，如图 9-12 所示。

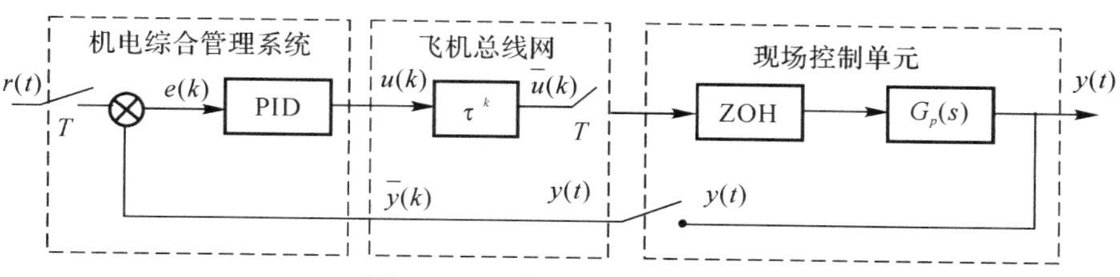

图 9-12 单包传输网络控制

广义被控模型：

$$G_{pL}(z)=Z\left[\frac{1-\mathrm{e}^{-sT}}{s}\frac{200\mathrm{e}^{-\tau^k s}}{(s+26.3)(s+2.29)}\right] \tag{9-34}$$

(3) 控制器设计。

选择式(9-27)，初仿真可以选择 PI 控制器，则

$$u(k)=u(k+1)+[K_{\mathrm{P}}+K_{\mathrm{I}}T]e(k)-[K_{\mathrm{P}}]\mathrm{e}(k-1)$$

目标函数：

$$J(k)=e^2(k)$$

则降速 PI 参数选择如下：

由式(9-32)可得

$$K_{\mathrm{P}}(k+1)=K_{\mathrm{P}}(k)-\lambda_1\frac{2e(k)[e(k)-e(k-1)]}{[K_{\mathrm{P}}+K_{\mathrm{I}}T]}$$

$$K_{\mathrm{I}}(k+1)=K_{\mathrm{I}}(k)-\lambda_2\frac{2Te^2(k)}{[K_{\mathrm{P}}+K_{\mathrm{I}}T]}$$

在无延迟时初值选择：$K_{\mathrm{P}}=1$，$K_{\mathrm{I}}=0.5$。

(4)仿真。

1)按照常规为修正的仿真，检查网络时延对控制系统性能的影响情况。

2)采样直接参数修正的 PI 控制器。

9.5 定常延迟网络控制系统的控制器设计

9.5.1 定常延迟网络控制系统的简化模型

在 9.2.1 小节中讨论网络控制系统的定常时延描述时，假设了网络时延 $\tau^k=\tau$ 是一个常数，采用了增广数学模型，并假设了时延可以利用网络收发器的缓存简化为等采样间隔 NT 来处理，即 τ 在该范围内($NT\leqslant\tau<(N+1)T$)(N 为整数)，用整数倍的 N 来处理时延。而本节将采用广义 z 变换的形式解决定常时延控制器的设计。

假设远程控制被控对象 $G_{\mathrm{P}}(s)$ 同时也具有纯延迟量，其通用函数表达式：

$$G_{\mathrm{P}}(s)=G_{\mathrm{P0}}\mathrm{e}^{-\tau_p s} \tag{9-35}$$

这里 $G_{P0}(s)$ 是不含有延迟因子的传递函数，τ_P 为被控对象内含的纯延迟量。在如图 9－13 所示的定时网络控制系统中定常时延包含两部分：网络时延 τ^k 和被控对象时延 τ_p，作用在主通道上，设：

$$\tau = \tau^k + \tau_p \tag{9-36}$$

这样增广被控模型为

$$G_P(s) = G_{P0}e^{-\tau s} \tag{9-37}$$

对于单包设计，采样周期 $0< \tau<T$；对于多包设计则 $0<\tau\leqslant(N+1)T$，N 取正的整数。

控制器设计分别介绍大林算法和 Smith 设计。

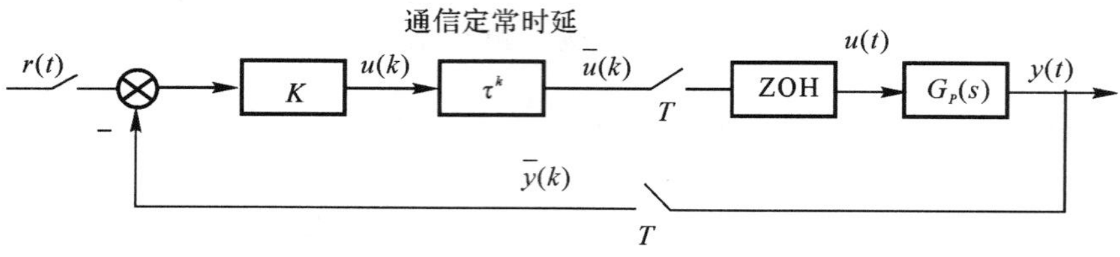

图 9－13　定时网络时延的控制系统

9.5.2　大林(Dalin)算法

早在 1968 年，美国 IBM 公司的大林就提出了一种不同于常规 PID 控制规律的新型算法。这一算法的最大特点是先将期望的闭环响应设计成一阶惯性加纯延迟，然后反过来设计综合能满足这种闭环响应的控制器。以后，人们习惯地称它为大林算法。

1. 大林算法的原理

常见的单回路数字控制系统如图 9－14 所示。

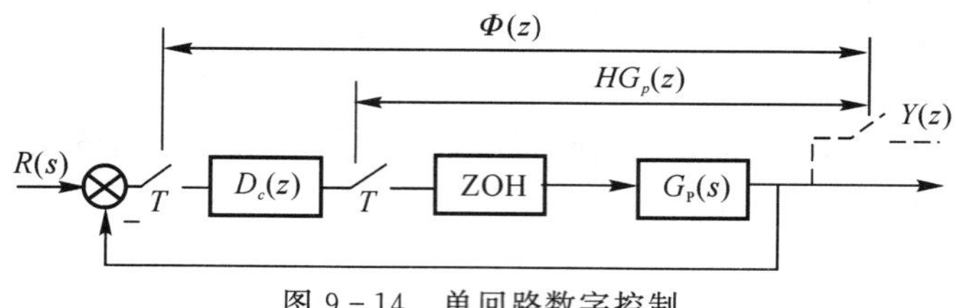

图 9－14　单回路数字控制

图中 $D_c(z)$ 是数字控制器，$HG_p(z)$ 是被控过程的脉冲传递函数(包括零阶保持器)。由图 9－14 可得系统闭环脉冲传递函数为

$$\Phi(z) = \frac{Y(z)}{R(z)} = \frac{D_c(z)HG_P(z)}{1 + D_c(z)HG_P(z)} \tag{9-38}$$

则

$$D_c(z) = \frac{U(z)}{E(z)} = \frac{1}{HG_P(z)} \frac{\Phi(z)}{[1 - \Phi(z)]} \tag{9-39}$$

如果能事先设定系统的闭环响应 $\Phi(z)$，则 $D_c(z)$ 可由式(9－39)求得。

设被控对象是具有纯延迟的一阶或二阶惯性环节，如以下两式之一描述：

$$G_P(s) = \frac{K_p e^{-\tau s}}{T_P s + 1} \qquad \tau = NT \tag{9-40}$$

$$G_P(s) = \frac{K_P e^{-\tau s}}{(T_{P1}s+1)(T_{P2}s+1)} \qquad \tau = NT \tag{9-41}$$

式中，T_{P1}，T_{P2} 为被控对象的时间常数；τ 为纯延迟时间。

为简便，假设延迟时间是采样时间 T 的整数 N 倍数。

对于 $\Phi(z)$ 可以有各种设计法，这里针对纯延迟环节大林算法指出，通常的期望闭环响应可以是一阶惯性加纯延迟形式，其纯延迟时间等于对象的纯延迟时间 τ。此时有

$$\Phi(s) = \frac{Y(s)}{R(s)} = \frac{e^{-\tau s}}{T_\Phi s+1} \tag{9-42}$$

式中，T_Φ 为闭环系统的时间常数。由此综合而得到的控制器算法称之为大林算法。

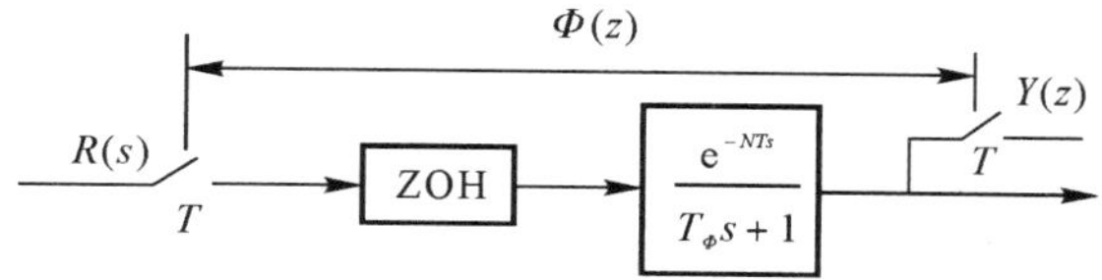

图 9-15　闭环脉冲传递函数

式(9-42)所表示的闭环响应的离散形式为

$$\Phi(z) = Z\left[\frac{1-e^{-T_s s}}{s}\,\frac{e^{-\tau s}}{T_\Phi s+1}\right] = \frac{(1-a)z^{-N-1}}{1-az^{-1}} \tag{9-43}$$

式中，$a = e^{-\frac{T_s}{T_\Phi}}$，$T_s$ 或 a 是可调参数。

被控对象简单地采用一阶惯性加延迟环节，如式(9-40)，则有

$$HG_P(z) = Z\left[\frac{1-e^{-Ts}}{s}\,\frac{K_P e^{-\tau s}}{T_P s+1}\right] = \frac{K_P(1-b)z^{-N-1}}{(1-bz^{-1})} \tag{9-44}$$

式中，$b = e^{-T/T_p}$。

则

$$D_c(z) = \frac{1}{HG(z)}\,\frac{\Phi(z)}{[1-\Phi(z)]}$$

$$D_c(z) = \frac{(1-a)(1-bz^{-1})}{K_P(1-b)[(1-az^{-1}-(1-a)z^{-N-1}]} \tag{9-45}$$

$$D_c(z) = \frac{u(z)}{E(z)} = \frac{A-Bz^{-1}}{1-Cz^{-1}-(1-C)z^{-(N+1)}} \tag{9-46}$$

式中

$$A = (1-e^{-T/T_\Phi})/K(1-e^{-T/T_p}) = (1-a)/K(1-b)$$

$$B = Ab \qquad C = a$$

写成差分形式：

$$u(k) = Ae(k) - Be(k-1) + Cu(k-1) + (1-C)u(k-N-1) \tag{9-47}$$

可见，控制器在 k 时刻的输出取决于 k 时刻与 $(k-1)$ 时刻的误差值、$(k-1)$ 时刻以及 $[k-(N+1)]$ 时刻的输出值。

若采用二阶惯性加纯延迟来近似：

$$G_P(s) = \frac{K_P e^{-\tau s}}{(T_{P1}s+1)(T_{P2}s+1)} \tag{9-48}$$

相应的离散形式：

$$HG_P(z) = Z\left[\frac{1-e^{-Ts}}{s}\,\frac{K_P e^{-\tau s}}{(T_{P1}s+1)(T_{P2}s+1)}\right] = \frac{K_P(c_1+c_2z^{-1})z^{-N-1}}{(1-b_1z^{-1})(1-b_2z^{-1})} \tag{9-49}$$

式中
$$b_1 = e^{-T/T_{P1}}$$
$$b_2 = e^{-T/T_{p2}}$$
$$c_1 = 1 + \frac{1}{T_{P1} - T_{P2}}(T_{P1}b_1 - T_{P2}b_2)$$
$$c_2 = b_1b_2 + \left(\frac{1}{T_{P2} - T_{P1}}T_{P1}b_2 - T_{P2}b_1\right)$$

将式(9－49)和式(9－43)代入式(9－39)可得二阶惯性加纯延迟过程的大林算法：

$$D_c(z) = \frac{(1-a)(1-b_1z^{-1})(1-b_2z^{-1})}{K_P(c_1+c_2z^{-1})[(1-az^{-1})-(1-a)z^{-N-1}]} \tag{9-50}$$

2. 大林算法的计算

由式(9－44)和式(9－49)可以看出，当已知参数 $K_P, T_P, T_{P1}, T_{P2}, \tau$，且采样周期 T 选定后，算法中的系数则仅仅取决于参数 T_Φ，闭环传递函数的时间常数 T_Φ 越小，系统的响应越快。但 T_Φ 的值不能任意减小，因为当 T_Φ 值取得太小时，控制量会产生饱和。因此，一般 T_Φ 可作为一个在线调整的参数，根据权衡各方面的因素而定，也可以将 T_Φ 作为整定参数，利用数字仿真进行寻优，也就是改变 T_Φ 值，使闭环系统品质达到最佳，即可确定 T_Φ 值。下面用一个实例来具体研究对某一过程进行计算机控制的大林算法的设计。

例 9－7 设该过程的传递函数为

$$G_P(s) = \frac{e^{-0.5s}}{0.4s+1}$$

选采样时间 $T=0.5$ min，采用大林算法，求控制器输出 $u(k)$。

解 由于采样时间 $T=0.5$ min，则 $N=1$，这时

$$HG_P(z) = Z\left[\frac{1-e^{-Ts}}{s}\frac{e^{-0.5s}}{0.4s+1}\right] = \frac{0.713\,5z^{-2}}{(1-0.286\,5z^{-1})}$$

为了选择一个合适的 T_Φ 值，假设一个试探值，然后在计算机上进行控制系统仿真。通过反复修改 T_Φ 和观察闭环响应，就可选定一个恰当的 T_Φ 值，设该 T_Φ 值为 0.15(系统输入为阶跃作用)。将上述 $HG_P(z)$ 代入式(9－45)得

$$H\Phi(z) = Z\left[\frac{1-e^{-Ts}}{s}\frac{e^{-0.5s}}{0.15s+1}\right] = \frac{0.964\,3z^{-2}}{(1-0.035\,7z^{-1})}$$

$$D_c(z) = \frac{U(z)}{E(z)} = \frac{1.351\,5-0.387\,2z^{-1}}{1-0.035\,7z^{-1}-0.962z^{-2}}$$

将上式等号两边交叉相乘后，再反变换到时域，得到在形式上适合于编程的算法：

$$u(k) = 1.351\,5e(k) - 0.387\,2e(k-1) + 0.035\,7u(k-1) + 0.964\,3u(k-2)$$

必须指出，大林算法是按某一特殊形式的输入(例如阶跃输入)来设计的。一个过程中，如果负荷发生变化，而所用的控制算法又是按给定值变化来设计的，那么过程的响应就不会像给定值发生变化时那样令人满意。因此，通常是针对给定值和负荷二者中可能出现的最不利的变化来进行设计。

3. 振铃现象及消除方法

大林算法设计在具有纯延迟过程的计算机控制系统中，可能会出现振铃(Ringing)现象。所谓振铃现象是指数字控制器的输出以二分之一的采样频率大幅度上下摆动，这种摆动实际

上是一种衰减振荡。它对系统输出几乎无影响，但它能使执行机构磨损，容易损坏。在有耦合的多变量系统中，可能会威胁到系统的稳定性。因此，在系统设计中，必须将它消除。下面先看一个例子。

例9-8　设被控对象的传递函数为

$$G_P(s)=\frac{e^{-1.46s}}{3.34s+1}$$

采样周期为 $T_s=1$ s，采用大林算法进行设计。

解　(1)求 $G_P(s)$ 的广义 z 变换（含零阶保持器）。

已知被控对象延迟：

$$\tau=1.46$$

$$\frac{\tau}{T}=\frac{1.46}{1}=1+0.46=N+\Delta$$

则

$$N=1, \Delta=0.46, m=1-\Delta=0.54$$

$$HG_P(z)=Z\left[\frac{1-e^{-TS}}{s}\frac{e^{-1.46s}}{3.34s+1}\right]=(1-z^{-1})z^{-1}Z\left[\frac{e^{-0.46s}}{s(3.34s+1)}\right]$$

$$=(1-z^{-1})z^{-1}Z\left[\frac{e^{-0.54s}}{s(3.34s+1)}\right]_m=(1-z^{-1})z^{-1}Z_{m=0.54}\left[\frac{1}{s}-\frac{3.34}{3.34s+1}\right]$$

$$=(1-z^{-1})z^{-1}\left[\frac{z^{-1}}{1-z^{-1}}-\frac{e^{\frac{-0.54}{3.34}}z^{-1}}{1-e^{\frac{-1}{3.34}}z^{-1}}\right]=\frac{0.1493z^{-2}(1+0.733z^{-1})}{1-0.7413z^{-1}}$$

(2)设计希望闭环传递函数。如果期望的闭环传递函数为

$$\Phi(s)=\frac{e^{-\tau_1 s}}{2s+1}\qquad（取整数倍近似\ \tau_1=2T_s）$$

$$H\Phi(z)=Z\left[\frac{1-e^{-T_sS}}{s}\frac{e^{-2T_ss}}{2s+1}\right]=(1-z^{-1})z^{-2}Z\left[\frac{1}{s(2s+1)}\right]$$

$$=(1-z^{-1})z^{-2}Z\left[\frac{1}{s}-\frac{2}{2s+1}\right]=(1-z^{-1})z^{-2}\left[\frac{1}{1-z^{-1}}-\frac{e^{\frac{-1}{2}}}{1+e^{\frac{-1}{2}}z^{-1}}\right]$$

则

$$H\Phi(z)=\frac{0.393z^{-3}}{1-0.606\,5z^{-1}}$$

(3)控制器。由式(9-39)得

$$D_c(z)=\frac{H\Phi(z)}{HG_P(z)[1-H\Phi(z)]}$$

$$=\frac{1-0.741\,3z^{-1}}{0.149\,3z^{-2}(1+0.733z^{-1})}\times\frac{0.393z^{-3}}{1-0.606\,5z^{-1}}\times\frac{1-0.606\,5z^{-1}}{1-0.606\,5z^{-1}-0.393z^{-3}}$$

$$=\frac{2.635(1-0.741\,3z^{-1})z^{-1}}{(1+0.733z^{-1})(1-z^{-1})(1+0.393\,5z^{-1})}$$

(4)闭环系统输出。当输入为单位阶跃时，闭环系统输出为

$$Y(z)=\frac{\Phi(z)}{(1-z^{-1})}=\frac{0.393\,5z^{-3}}{(1-z^{-1})(1-0.606\,5z^{-1})}$$

$$=0.393\,5z^{-3}+0.632\,2z^{-4}+0.776\,9z^{-5}+0.864\,7z^{-6}+\cdots$$

(5)控制器输出值的 z 变换为

$$U(z)=\frac{Y(z)}{HG(z)}=\frac{1}{HG(z)}\frac{\Phi(z)}{(1-z^{-1})}=\frac{2.6356(1-0.7413z^{-1})z^{-1}}{(1-0.6065z^{-1})(1-z^{-1})(1+0.733z^{-1})}$$

$$=2.6356z^{-1}+0.3484z^{-2}+1.8096z^{-3}+0.6078z^{-4}+1.4093z^{-5}+\cdots$$

(6)作图。$Y(z)$和 $U(z)$的时域曲线如图 9-16 所示。

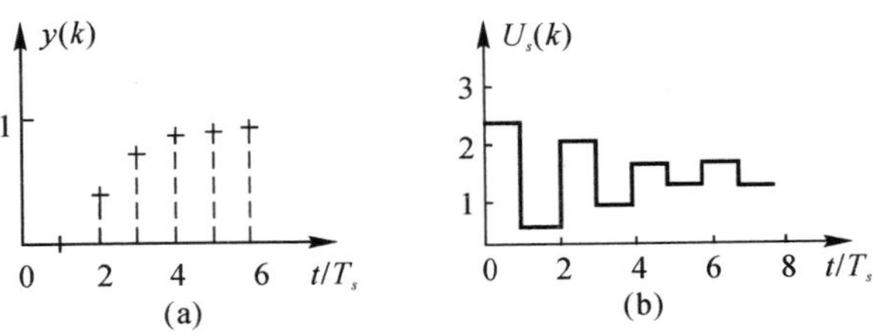

图 9-16 有振铃现象的控制

由图 9-16 可见,系统输出 $y(k)$ 在采样点上的值可按期望的指数形式变化,但控制器的输出 $u(k)$ 有很大幅度的摆动,摆动的频率为二分之一的采样频率。

振铃现象的产生是由于 $D_c(z)$ 中存在单位圆内接近 $z=-1$ 的极点,离 $z=-1$ 越近,振铃幅度就越大。在单位圆内右半平面上有零点时,会加剧振铃现象。而在右半平面上的极点则会减弱振铃现象。这个结论,根据零、极点在 z 平面上单位圆内的分布与系统输出响应的关系是不难理解的。

衡量振铃现象强弱程度的物理量是振铃幅度 RA(Ringing Amplitude)。其定义是:数字控制器 $D_c(z)$ 在单位阶跃输入的作用下,第零次输出幅度减去第一次输出的幅度所得的差值。

把大林算法数字控制器写成基本形式:

$$D_c(z)=K_c z^{-k}\frac{1+b_1z^{-1}+b_2z^{-2}+b_3z^{-3}+\cdots}{1+a_1z^{-1}+a_2z^{-2}+a_3z^{-3}+\cdots}=K_c z^{-k}Q(z) \tag{9-51}$$

式中
$$Q(z)=\frac{1+b_1z^{-1}+b_2z^{-2}+b_3z^{-3}+\cdots}{1+a_1z^{-1}+a_2z^{-2}+a_3z^{-3}+\cdots}$$

实际上数字控制器 $D_c(z)$的输出幅度变化仅取决于 $Q(z)$,而 $Q(z)$在单位阶跃函数作用下的输出为

$$\begin{aligned}U(z)&=Q(z)\frac{1}{1-z^{-1}}=\frac{1+b_1z^{-1}+b_2z^{-2}+b_3z^{-3}+\cdots}{(1-z^{-1})(1+a_1z^{-1}+a_2z^{-2}+a_3z^{-3}+\cdots)}\\&=\frac{1+b_1z^{-1}+b_2z^{-2}+b_3z^{-3}+\cdots}{1+(a_1-1)z^{-1}+(a_2-a_1)z^{-2}+\cdots}\\&=1+(b_1-a_1+1)z^{-1}+(b_2-a_2+a_1)z^{-2}+\cdots\end{aligned} \tag{9-52}$$

根据振铃幅度的定义,由式(9-52)的第一项减去第二项得

$$RA=K_c[1-(b_1-a_1+1)]=K_c(a_1-b_1)$$

对于由式(9-45)所决定的数字控制器 $D_c(z)$。根据式(9-45)可导出振铃幅度为

$$RA=(\mathrm{e}^{-T_s/T_P}-\mathrm{e}^{-T_s/T_\Phi})\frac{1-\alpha}{K_P(1-b)} \tag{9-53}$$

当 $T_\Phi \geqslant T_P$时,$RA\leqslant 0$,因此不会出现振铃现象。

当 $T_{\Phi} < T_{P}$ 时，$RA > 0$，有振铃现象。

结论很明显，如果期望的闭环系统的时间常数 T_{Φ} 小于对象的时间常数 T_{P}，就会出现振铃现象。

下面再分析一下采样周期 T_s 的大小与振铃现象有何关系。

将式(9-45)的分母进行分解，则 $D_c(z)$ 可表示为

$$D_c(z) = \frac{(1-e^{-T_s/T_{\Phi}})(1-e^{-T_s/T_{\Phi}}z^{-1})}{K_P(1-e^{-T_s/T_{\Phi}})(1-z^{-1})[1+(1-e^{-T_s/T_{\Phi}})(z^{-1}+z^{-2}+\cdots+z^{-N}]} \quad (9-54)$$

分析式(9-45)可知，在 $z=1$ 处的极点不会引起振铃现象，可能引起振铃的因子是

$$[1+(1-e^{-T_s/T_{\Phi}})(z^{-1}+z^{-2}+\cdots+z^{-N}]$$

当 $N=0$ 时，此因子不存在，不会出现振铃观象。

当 $N=1$ 时，有一个极点在 $z=-(1-e^{-T_s/T_{\Phi}})$，当 $T_{\Phi} \ll T_s$ 时，$z \to (-1)$，将有严重的振铃观象。

当 $N=2$ 时，极点为

$$z=-\frac{1}{2}(1-e^{-T_s/T_{\Phi}}) \pm j\frac{1}{2}\sqrt{4(1-e^{-T_s/T_{\Phi}})-(1-e^{-T_s/T_{\Phi}})^2}$$

$$|z| = \sqrt{(1-e^{-T_s/T_{\Phi}})}$$

当 $T_{\Phi} << T_s$ 时，$z \to -\frac{1}{2} \pm j\frac{\sqrt{3}}{2}$；$|z| \to 1$，故将有严重的振铃观象。

表 9-1 列出了在单位阶跃输入作用下，几种有代表性的振铃特性。

由表 9-1 可见：振铃现象是由于在 $z=-1$ 附近有极点；极点越远离[-1,0]点(靠近原点)振铃现象越弱；右零点使振铃现象加大；右极点使振铃现象减弱。

$$RA = e^{-T_s/T_P} - e^{-T_s/T_{\Phi}} \leqslant 0 \quad -\frac{T_s}{T_P} \leqslant -\frac{T_s}{T_{\Phi}} \quad T_{\Phi} > T_P \quad (9-55)$$

则不会出现振铃现象。

当 $RA>0$，即 $T_{\Phi}<T_P$ 时将出现振铃现象。

根据分析可以看出，要想不引起振铃现象，则必须 $T_{\Phi} \geqslant T_p$ 或 $T_{\Phi} \gg T_s$，而 T_s 和 T_{Φ} 是根据系统性能指标等综合因素考虑选定的，万一这一关系不能满足，就会引起振铃现象。如何消除振铃？大林提出了一个简单的方法，即先找出造成振铃现象的因子，然后令其中的 $z=1$，这样就取消了这个极点。而且根据终值定理，系统的稳态输出可保持不变。例如式(9-54)中引起振铃的因子用 $z=1$ 代替时为

$$[1+(1-e^{-T_s/T_{\Phi}})(z^{-1}+z^{-2}+\cdots+z^{-N}] = 1+(1-e^{-T_s/T_{\Phi}})N$$

当 $N=2$ 时

$$1+(1-e^{-T_s/T_{\Phi}})N = 3-2e^{-T_s/T_{\Phi}}$$

则式(9-54)变为

$$D_c(z) = \frac{(1-e^{-T_s/T_{\Phi}})(1-e^{-T_s/T_{\Phi}}z^{-1})}{K_P(1-e^{-T_s/T_{\Phi}})(1-z^{-1})[3-2e^{-T_s/T_{\Phi}}]} \quad (9-56)$$

显然，消除了振铃现象。

表 9-1　几种典型脉冲传递函数的振铃现象(单位阶跃输入)

$G_c(z)$	$U^*(t)$	RA
$\frac{1}{1+z^{-1}}$ 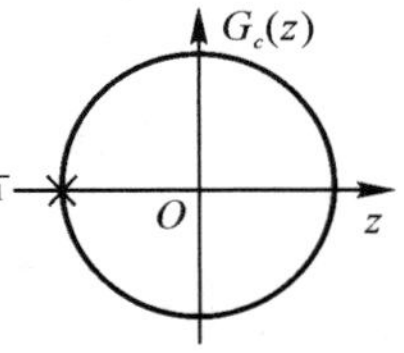	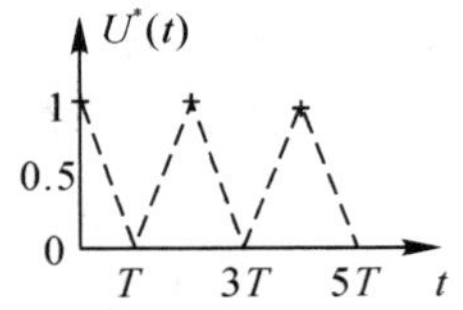	1
$\frac{1}{1+0.5z^{-1}}$ 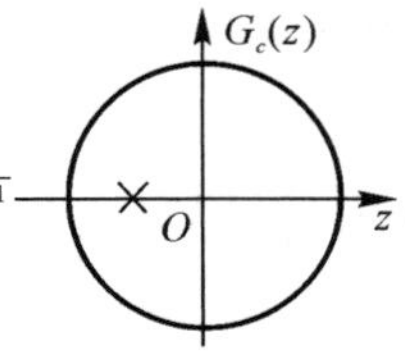	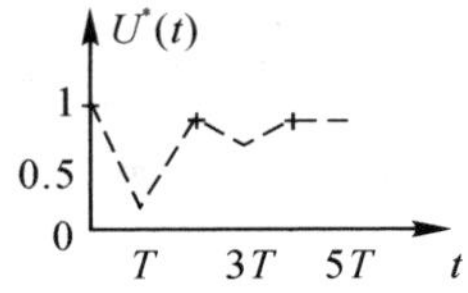	0.5
$\frac{1}{(1+0.5z^{-1})(1-0.2z^{-1})}$ 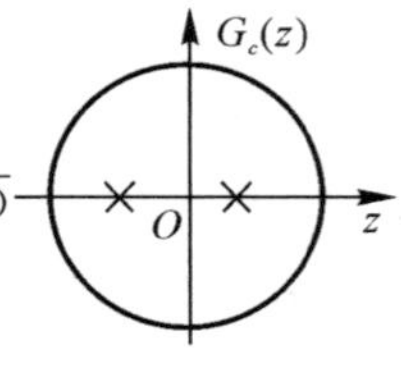	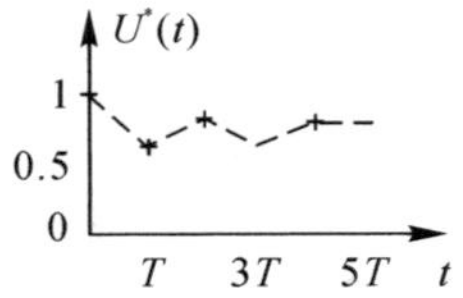	0.3
$\frac{(1-0.5z\ -1)}{(1+0.5z^{-1})(1-0.2z^{-1})}$ 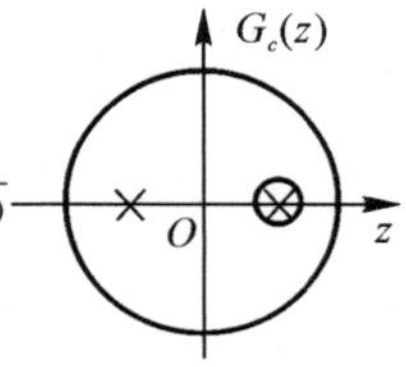	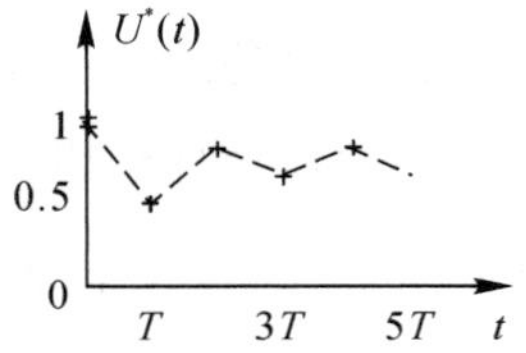	0.8

例 9-9　在例 9-8 中消除振铃现象。

解　(1)被控对象

$$HG_P(z)=Z\left[\frac{1-e^{-Ts}}{s}\frac{e^{-1.46s}}{3.34s+1}\right]=\frac{0.149\ 3z^{-2}(1+0.73\ 3z^{-1})}{1-0.741\ 3z^{-1}}$$

(2)希望闭环传递函数

$$\Phi(z)=Z\left[\frac{1-e^{-Ts}}{s}\frac{e^{-2Ts}}{2s+1}\right]=\frac{0.393z^{-2}}{1-0.606\ 5z^{-1}}$$

(3)控制器传递函数

$$D_c(z)=\frac{\Phi(z)}{HG_P(z)[1-\Phi(z)]}=\frac{2.635(1-0.7413z^{-1})}{(1+0.733z^{-1})(1-z^{-1})(1+0.393\ 5z^{-1})}$$

(4)判定振铃:因为 $T_\Phi<T_P$,所以有振铃，将极点$(1+0.733z^{-1})$最靠近 $z=-1$ 点。

(5)消振铃:当 $z=1$ 时$(1+0.733z^{-1})=1.723$,

$$D_c(z)=\frac{2.635(1-0.741\ 3z^{-1})}{1.733(1-z^{-1})(1+0.393\ 5z^{-1})}=\frac{1.520\ 8(1-0.741\ 3z^{-1})}{(1+0.393\ 5z^{-1})(1-z^{-1})}$$

(6)校核:闭环传递函数为

$$\Phi(z)=\frac{0.227z^{-2}(1+0.733z^{-1})}{1-0.6065z^{-1}-0.1664z^{-2}+0.1664z^{-3}}$$

在单位阶跃输入作用下,系统输出值的 z 变换为

$$y(z)=\Phi(z)\frac{1}{1-z^{-1}}=\frac{0.2271z^{-2}(1+0.733z^{-1})}{(1-z^{-1})(1-0.6065z^{-1}-0.1664z^{-2}+0.1664z^{-3})}$$
$$=0.2271z^{-2}+0.5312z^{-3}+0.753z^{-4}+0.9009z^{-5}+\cdots$$

控制器输出值的 z 变换为

$$U(z)=\frac{Y(z)}{HG(z)}=\frac{1.521z^{-2}(1-0.7413z^{-1})}{(1-z^{-1})(1-0.6065z^{-1}-0.1664z^{-2}+0.1664z^{-3})}$$
$$=1.521+1.316z^{-1}+1.4452z^{-2}+1.235z^{-3}+1.163z^{-4}+1.063z^{-5}+\cdots$$

$y(z)$和$U(z)$的时域波形如图 9-17 所示。

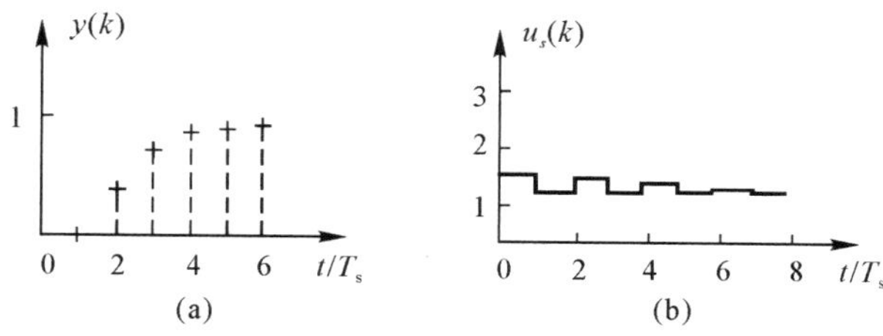

图 9-17　有振铃现象的控制

9.5.3　Smith 预估器算法

J. M. Smith 在 1957 年提出一种以模型为基础的方法,可用来改善纯延迟系统的控制品质,后人将这种方法称之为 Smith 预估器(预测器、补偿器)。这一新型控制策略虽是 1957 年提出的,但由于缺乏实现这一算法的实际硬件而一直被搁置起来(因为 e 是一超越函数,用模拟硬件很难实现)。集成电路和工业控制计算机的出现,为实现 Smith 算法提供了极为有利的条件。

1. Smith 预估器的模型补偿原理

(1)问题提出。假设有一单回路控制系统如图 9-18 所示。其闭环传递函数为

$$\Phi(s)=\frac{Y(s)}{R(s)}=\frac{D_c(s)G_0(s)e^{-\tau s}}{1+D_c(s)G_0(s)e^{-\tau s}} \tag{9-57}$$

其特征方程为

$$1+D_c(s)G_0(s)e^{-\tau s}=0 \tag{9-58}$$

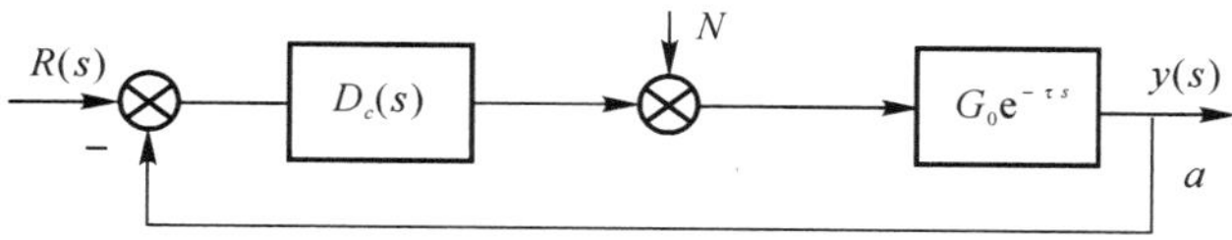

图 9-18　有纯延迟的单回路反馈控制系统

可见,特征方程中出现了纯延迟环节,使系统稳定性降低,如果 τ 足够大的话,系统将是不稳定的,这就是大纯延迟过程难以控制的本质。而 $e^{-\tau s}$ 之所以在特征方程中出现,是由于反馈信号是从系统的 a 点引出来的(见图 9-18)。若能将反馈信号从 b 点引出来(见图 9-19),则系统的闭环传递函数变为

$$\Phi(s)=\frac{Y(s)}{R(s)}=\frac{D_c(s)G_0(s)e^{-\tau s}}{1+D_c(s)G_0(s)}=\Phi_1(s)e^{-\tau s} \tag{9-59}$$

式中

$$\Phi_1(s)=\frac{D_c(s)G_0(s)}{1+D_c(s)G_0(s)}$$

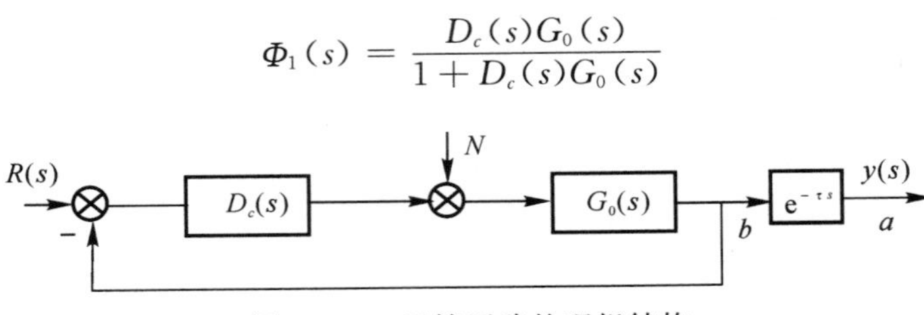

图 9-19　反馈回路的理想结构

这样便把纯延迟环节移到控制回路的外边。经过 τ 的延迟时间后,被调量 Y 将重复 X 同样的变化。由于反馈信号 X 没有延迟,所以系统的响应将会大大地改善。但在实际系统中,b 这个点或是不存在,或是受物理条件的限制,无法从 b 点引出反馈信号来。

(2)Smith 估计。

针对这种实际困难,Smith 采用人造模型的办法,构造一种如图 9-20 所示的控制系统。

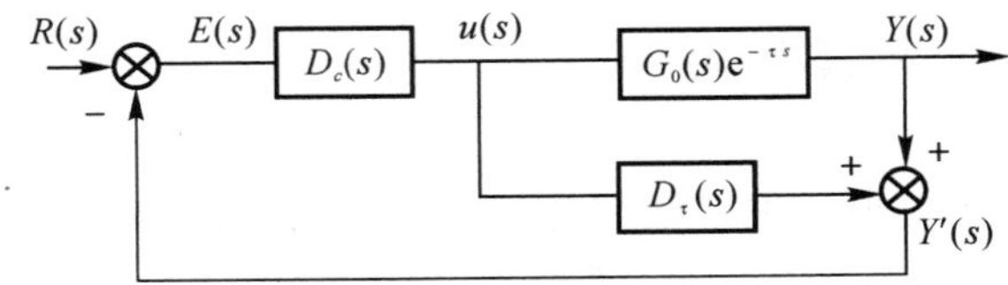

图 9-20　构想的反馈系统

构成补偿器使得

$$e(t)=r(t)-y'(t)\quad E(s)=R(s)-Y'(s)$$

$$\frac{Y'(s)}{U(s)}=G_0(s)e^{-\tau s}+D_\tau(s)=G_m(s) \tag{9-60}$$

若模型是准确的,即 $G_0(s)=G_m(s)$,则有

$$D_\tau(s)=G_0(s)(1-e^{-\tau s})=G_0(s)-G_0(s)e^{-\tau s} \tag{9-61}$$

这样闭环将不含延迟因子

$$\frac{Y'(s)}{R(s)}=\frac{D_c(s)Y'(s)/U(s)}{1+D_c(s)Y'(s)/U(s)}=\frac{D_c(s)G_0(s)}{1+D_c(s)G_0(s)}=\Phi_1 \tag{9-62}$$

这样就得到不存在负荷扰动($N=0$)时的无延迟输出 Y'。

(3)补偿器的实现。实际上预估模型不是并联在过程上的,而是反向联在控制器上的,幸而在输入输出的形式上仍保持图 9-20 的形式。因此,将图 9-20 作些简单的变换可得到图9-21。

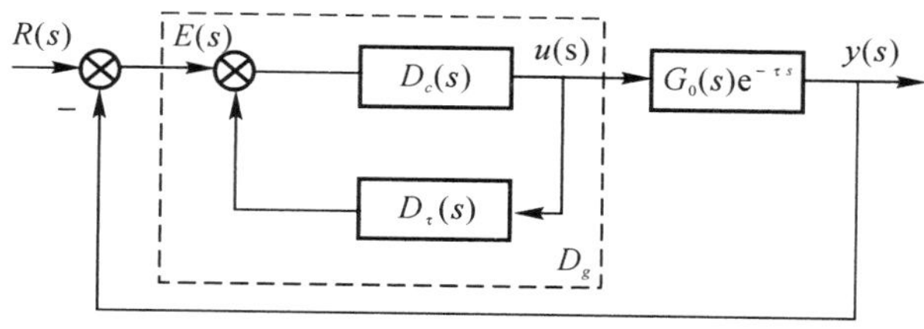

图 9-21　Smith 等效图

$$
\begin{aligned}
E'(s) &= R(s) - G_0(s)e^{-\tau s}u(s) - D_\tau(s)u(s) \\
&= R(s) - [G_0(s)e^{-\tau s} + G_0(s)(1 - e^{-\tau s})]u(s) \\
&= R(s) - G_0(s)u(s)
\end{aligned}
$$

Smith 控制器：

$$
D_g(s) = \frac{D_c(s)}{1 + D_c(s)D_\tau(s)} = \frac{D_c(s)}{1 + D_c(s)G_0(s)(1 - e^{-\tau s})} \tag{9-63}
$$

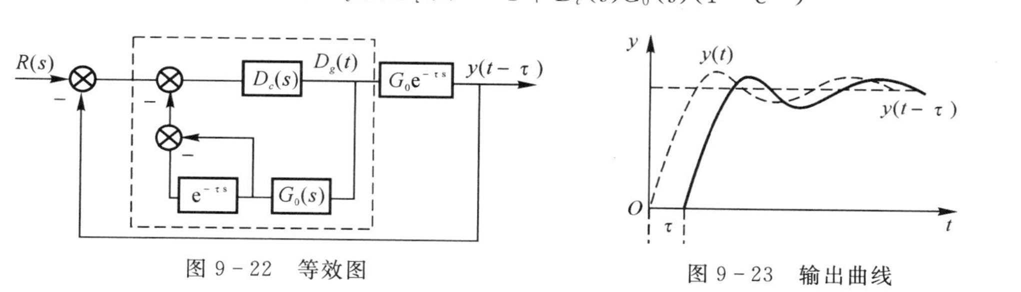

图 9-22　等效图　　　　图 9-23　输出曲线

$$
\Phi(s) = \frac{D_g(s)G_0(s)e^{-\tau s}}{1 + D_g(s)G_0(s)e^{-\tau s}} = \frac{D_c(s)G_0(s)e^{-\tau s}}{1 + D_c(s)G_0(s)} = \Phi_1(s)e^{-\tau s} \tag{9-64}
$$

系统在阶跃信号作用下的响应曲线如图 9-23 所示。

2. 数字 Smith 预估控制系统

这里主要研究有纯延迟的一阶过程在计算机控制时的 Smith 预估器算法设计。设该过程的传递函数为

$$
G_P(s) = \frac{Ke^{-\tau s}}{T_P s + 1} = G_0(s)e^{-\tau s} \tag{9-65}
$$

式中

$$
G_0(s) = \frac{K}{T_P s + 1}
$$

数字 Smith 预估控制系统的框图如图 9-24 所示。

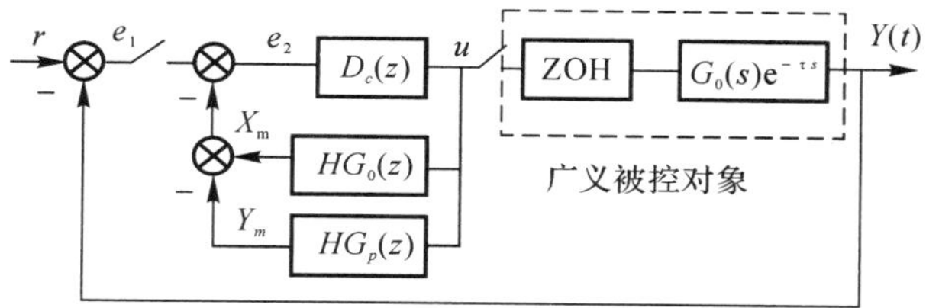

图 9-24　数字 Smith 预估控制系统

为了实现这一系统，必须建立 X_m，Y_m 与 u 之间的差分方程。设 $\tau_m=\tau$，$G_m(s)=G_0(s)$，则由图 9－24 可得

$$HG_P(z)=\frac{Y_m(z)}{U(z)}=Z\left[\frac{1-e^{-T_s s}}{s}\frac{K_P e^{-\tau s}}{T_P s+1}\right] \tag{9-66}$$

设

$$\tau=(N+\Delta)T \tag{9-67}$$

式中，N 为正整数，Δ 为 0 与 1 之间的小数。将式(9－67)代入式(9－66)得

$$HG_P(z)=\frac{Y_m(z)}{U(z)}=Z\left[\frac{1-e^{-T_s s}}{s}\frac{K_P e^{-(N+\Delta)T_s s}}{T_P s+1}\right] \tag{9-68}$$

对式(9－68)取广义 z 变换得

$$\begin{aligned}HG_P(z)=\frac{Y_m(z)}{U(z)}&=K_P(1-z^{-1})z^{-N}z^{-1}\left(\frac{1}{1-z^{-1}}-\frac{e^{-mT_s/T_P}}{1-e^{-T_s/T_P}z^{-1}}\right)\\&=K_P z^{-N-1}\frac{(1-e^{-mT_s/T_P})+(e^{-m)T_s/T_P}-e^{-T_s/T_P})z^{-1}}{1-e^{-T_s/T_P}z^{-1}}\end{aligned} \tag{9-69}$$

交叉相乘得

$$\begin{aligned}Y_m(z)=&\,e^{-T_s/T_P}z^{-1}Y_m(z)+K_P z^{-N-2}[e^{-mT_s/T_P}-e^{-T_s/T_P})U(z)+\\&K_P z^{-N-1}(1-e^{-mT_s/T_P})U(z)\end{aligned}$$

将上式进行 z 反变换得

$$\begin{aligned}y_m(k)=&\,A_1 y_m(k-1)+A_1K_P[1/A_2-1)u[k-(N+2)]+\\&K_P(1-A_1/A_2)u[k-(N+1)]\end{aligned} \tag{9-70}$$

式中，$A_1=e^{-T_s/T_P}$，$A_2=e^{-\Delta T_s/T_P}$。

对于不包含纯延迟环节的 $G_0(z)$，有

$$\begin{aligned}HG_0(z)=\frac{X_m(z)}{U(z)}&=Z\left[\frac{1-e^{-T_s s}}{s}\frac{K_P}{T_P s+1}\right]=K_P(1-z^{-1})Z\left[\frac{K_P}{s(T_P s+1)}\right]\\&=K_P(1-z^{-1})\left[\frac{1}{1-z^{-1}}-\frac{1}{1-e^{-T_s/T_P}z^{-1}}\right]=K_P\frac{(1-e^{-T_s/T_P})z^{-1}}{1-e^{-T_s/T_P}z^{-1}}\end{aligned} \tag{9-71}$$

将上式交叉相乘并进行反变换得

$$X_m(k)=K_P(1-A_1)U(k-1)+A_1X_m(k-1) \tag{9-72}$$

根据图 9－24，控制器输入端的偏差信号可按下式计算：

$$\begin{aligned}e_2(k)&=e_1(k)-x_m(k)+y_m(k)\\&=r(k)-y(k)-x_m(k)+y_m(k)\end{aligned} \tag{9-73}$$

若模型是精确的，则

$$y(k)=y_m(k) \tag{9-74}$$

因而，控制器的输入信号为

$$e_2(k)=r(k)-x_m(k) \tag{9-75}$$

这样，过程的纯延迟就被补偿了。数字控制器 $G_c(z)$ 只需一般的常规控制算法(即 P，PI，PID)就行了。若采用 PI 控制算法，则有

$$u(k)=u(k-1)+K_c\{[e_2(k)-e_2(k-1)+\left(\frac{T_s}{T_1}\right)e_2(k)]\} \tag{9-76}$$

式中，K_c 为控制器增益；T_1 为积分时间。

9.6　基于状态空间的网络控制系统设计

9.6.1　网络控制器状态反馈器设计

类似第6章状态控制器的设计方法，选取式(9-10)网络时延状态方程转换离散式(9-11)的数字网络增广模型

$$\left.\begin{aligned} \boldsymbol{Z}(k+1) &= \boldsymbol{\Phi}^k\boldsymbol{Z}(k) + \boldsymbol{\Gamma}_0^k\boldsymbol{u}(k) \\ \bar{\boldsymbol{y}}(k) &= \boldsymbol{\Gamma}_1^k\boldsymbol{Z}(k) + \boldsymbol{D}^k\boldsymbol{u}(k) \end{aligned}\right\} \tag{9-77}$$

这里状态变量 $\boldsymbol{\Phi}^k$，$\boldsymbol{\Gamma}_0^k$，$\boldsymbol{\Gamma}_1^k$ 是随网络时延 τ^k 而变化的量。若采用全状态线性反馈控制，其控制作用可以表示为

$$\boldsymbol{u}(k) = -\boldsymbol{K}^k\boldsymbol{z}(k) + \boldsymbol{N}_L\boldsymbol{r}(k) \tag{9-78}$$

式中，$\boldsymbol{r}(k)$ 为 p 维参考输入量；$\boldsymbol{K}^k$ 为 $m\times(n+r)$ 维状态反馈增益；$\boldsymbol{N}_L$ 为 $m\times p$ 维输入矩阵。

根据式(9-77)、式(9-78)可得系统结构图如图9-25所示。

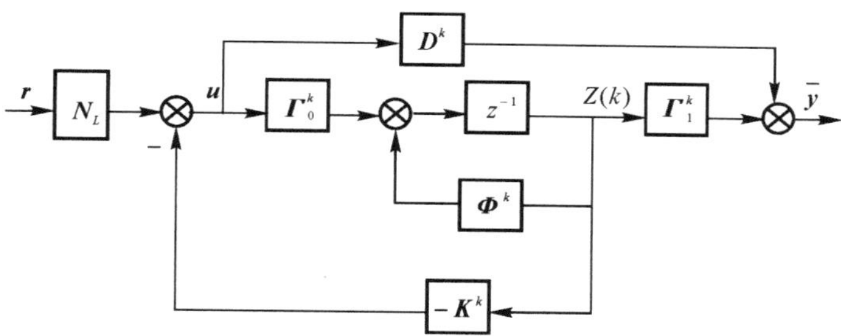

图9-25　网络控制系统的状态反馈结构图

设计全状态反馈量 $\boldsymbol{K}^k$，使得闭环系统具有所需要的极点配置。

若令输入矩阵 $\boldsymbol{N}_L=\boldsymbol{I}$，则离散闭环系统状态方程为

$$\left.\begin{aligned} \boldsymbol{Z}(k+1) &= (\boldsymbol{\Phi} - \boldsymbol{\Gamma}_0^k\boldsymbol{K}^k)\boldsymbol{Z}(k) + \boldsymbol{\Gamma}_0^k\boldsymbol{r}(k) \\ \bar{\boldsymbol{y}}(k) &= (\boldsymbol{\Gamma}_1^k - \boldsymbol{D}\boldsymbol{K}^k)\boldsymbol{Z}(k) + \boldsymbol{D}\boldsymbol{r}(k) \end{aligned}\right\} \tag{9-79}$$

闭环系统的特征方程：

$$|z\boldsymbol{I} - \boldsymbol{\Phi} + \boldsymbol{\Gamma}_0^K\boldsymbol{K}^k| = 0 \tag{9-80}$$

设给点闭环系统的极点为 $a_i(i=1,2,\cdots,n+r)$，则闭环系统的特征方程可以表示为

$$d_c(z) = (z-a_1)(z-a_2)\cdots(z-a_{n+r}) \tag{9-81}$$

所以有

$$|z\boldsymbol{I} - \boldsymbol{\Phi} + \boldsymbol{\Gamma}_0^K\boldsymbol{K}^k| = (z-a_1)(z-a_2)\cdots(z-a_{n+r}) \tag{9-82}$$

根据系数比较方法可求出所对应的反馈控制值 $\boldsymbol{K}^k=(k_1,k_2,\cdots,k_{n+r})$。

这里，具有时延网络控制系统的阶次已经不再是原来的 n 次，而转化为 $n+r$ 阶的离散系统，具有 $n+r$ 个特征值。其中 r 是增广维数，根据传输状态不同而定。

如果是单输入情况，方程(9-82)所示的广义被控对象完全可控的充要条件是可控阵满秩，即

$$\operatorname{rank}[\boldsymbol{\Phi}^{n+r-1}\boldsymbol{\Gamma}_0^k \quad \boldsymbol{\Phi}^{n+r-2}\boldsymbol{\Gamma}_0^k \quad \cdots \quad \boldsymbol{\Gamma}_0^k] = n+r \tag{9-83}$$

如果控制对象完全可控，根据 Ackerman 公式得到：

$$\left.\begin{aligned} \boldsymbol{K}^k &= [0 \quad \cdots \quad 0 \quad 1]\boldsymbol{w}_c^{-1}\boldsymbol{d}_c(\boldsymbol{\Phi}) \\ \boldsymbol{w}_c &= [\boldsymbol{\Gamma}_0^k \quad \boldsymbol{\Phi}\boldsymbol{\Gamma}_0^k \quad \cdots \quad \boldsymbol{\Phi}^{n+r-1}\boldsymbol{\Gamma}_0^k] \end{aligned}\right\} \tag{9-84}$$

例 9-10 给定增广状态方程

$$\left.\begin{aligned} \begin{bmatrix} \boldsymbol{x}_1(k+1) \\ \boldsymbol{x}_2(k+1) \\ \boldsymbol{u}(k) \end{bmatrix} &= \begin{bmatrix} 1 & 0.5 & 2.5(2T-\tau^k)\tau^k \\ 0 & 1 & \tau^k \\ 0 & 0 & 0 \end{bmatrix}\begin{bmatrix} \boldsymbol{x}_1(k) \\ \boldsymbol{x}_2(k) \\ \boldsymbol{u}(k-1) \end{bmatrix} + \begin{bmatrix} 0.25\,(T-\tau^k)^2 \\ (T-\tau^k) \\ 1 \end{bmatrix}\boldsymbol{u}(k) \\ \boldsymbol{y}(k) &= [1 \quad 0 \quad 0]\begin{bmatrix} \boldsymbol{x}_1(k) \\ \boldsymbol{x}_2(k) \\ u(k-1) \end{bmatrix} \end{aligned}\right\} \tag{9-85}$$

采样时间 $T=0.05$ s，网络时延 $0<\tau^k<T$，单包传输无数据包丢失，试采样极点配置法确定反馈增益矩阵 K，使闭环系统极点位于 $s_{1,2}=5\pm \mathrm{j}10$ 。

解 根据网络通信时延随机变化，这样在每个采样周期的模型都是不同的，已知在式(9-85)增广状态模型中，$\boldsymbol{\Phi}^k$，$\boldsymbol{\Gamma}_0^k$，$\boldsymbol{\Gamma}_1^k$ 是随网络通信每次采样时间内时延而变化的。

已知连续系统希望闭环极点 $s_{1,2}=-5\pm \mathrm{j}10$，在转化离散过程中，增广矩阵为三维，另外一个极点远离主导极点 4～10 倍，取 $s_3=20$，则增广被控对象模型经离散化后对应希望极点为 $z_{1,2}=0.684\pm \mathrm{j}0.374$，$z_3=0.368$。

希望闭环极点方程：

$$\begin{aligned} d_c(z) &= (z-0.684+\mathrm{j}0.374)(z-0.684-\mathrm{j}0.374)(z-0.368) \\ &= z^3-1.736z^2+1.111\,2z-0.223\,6 \end{aligned} \tag{9-86}$$

(1)采样系数比较法。设增广全状态反馈，设 $\boldsymbol{K}^k=[K_1 \quad K_2 \quad K_3]$，式(9-85)中令 $a_1=2T-\tau^k$，$b_1=T-\tau^k$，增广状态方程的特征方程为

$$\det[z\boldsymbol{I}-\boldsymbol{\Phi}+\boldsymbol{\Gamma}_0^k\boldsymbol{K}] = \det\left\{\begin{bmatrix} z & 0 & 0 \\ 0 & z & 0 \\ 0 & 0 & z \end{bmatrix} - \begin{bmatrix} 1 & 0.5 & 2.5a_1\tau^k \\ 0 & 1 & \tau^k \\ 0 & 0 & 0 \end{bmatrix} + \begin{bmatrix} 0.25b_1^2 \\ b_1 \\ 1 \end{bmatrix}[k_1 \quad k_2 \quad k_3]\right\}$$

$$= \det\begin{bmatrix} z-1-0.25b_1^2k_1 & -0.5+0.25b_1^2k_2 & -2.5a_1\tau^k+0.25b_1^2k_3 \\ b_1k_1 & z-1+b_1k_2 & -\tau^k+b_1k_3 \\ k_1 & k_2 & z+k_3 \end{bmatrix} = 0$$

展开上式与式(9-86)系数比较即可得 $\boldsymbol{K}^k=[K_1 \quad K_2 \quad K_3]$，而此时 $\boldsymbol{K}$ 是 τ^k 的函数。

(2)根据 Ackerman 公式式(9-84)求解。增广状态选择三阶系统：

$$\boldsymbol{K}^k = [0 \quad 0 \quad 1]\boldsymbol{w}_c^{-1}\boldsymbol{d}_c(\boldsymbol{\Phi})$$

$$\boldsymbol{w}_c = [\boldsymbol{\Gamma}_0^k \quad \boldsymbol{\Phi}\boldsymbol{\Gamma}_0^k \quad \boldsymbol{\Phi}^2\boldsymbol{\Gamma}_0^k]$$

$$\boldsymbol{d}_c(\boldsymbol{\Phi}) = \boldsymbol{\Phi}^3 - 1.736\boldsymbol{\Phi}^2 + 1.1111\boldsymbol{\Phi} - 0.2236\boldsymbol{I}$$

$$= \begin{bmatrix} 1 & 1.5 & (2.5a_1+1)\tau^k \\ 0 & 1 & \tau^k \\ 0 & 0 & 0 \end{bmatrix} - 1.736\begin{bmatrix} 1 & 1 & 0.5(5a_1+1)\tau^k \\ 0 & 1 & \tau^k \\ 0 & 0 & 0 \end{bmatrix} +$$

$$1.1112\begin{bmatrix} 1 & 0.5 & 2.5a_1\tau^k \\ 0 & 1 & \tau^k \\ 0 & 0 & 0 \end{bmatrix} - 0.2236\begin{bmatrix} 1 & 0 & 0 \\ 0 & 1 & 0 \\ 0 & 0 & 1 \end{bmatrix}$$

$$\boldsymbol{d}_c(\boldsymbol{\Phi}) = \begin{bmatrix} 0.1516 & 0.3195 & (0.936a_1+0.132)\tau^k \\ 0 & 0.1516 & 0.3752\tau^k \\ 0 & 0 & -0.2236 \end{bmatrix}$$

$$\boldsymbol{w}_c = [\boldsymbol{\Gamma}_0^k \quad \boldsymbol{\Phi}\boldsymbol{\Gamma}_0^k \quad \boldsymbol{\Phi}^2\boldsymbol{\Gamma}_0^k]$$

$$= \left[\begin{bmatrix} 0.25b_1^2 \\ b_1 \\ 1 \end{bmatrix} \quad \begin{bmatrix} 1 & 0.5 & 2.5a_1\tau^k \\ 0 & 1 & \tau^k \\ 0 & 0 & 0 \end{bmatrix}\begin{bmatrix} 0.25b_1^2 \\ b_1 \\ 1 \end{bmatrix} \quad \begin{bmatrix} 1 & 1 & 0.5(5a_1+1)\tau^k \\ 0 & 1 & \tau^k \\ 0 & 0 & 0 \end{bmatrix}\begin{bmatrix} 0.25b_1^2 \\ b_1 \\ 1 \end{bmatrix}\right]$$

$$= \begin{bmatrix} 0.25b_1^2 & b_2 & b_3 \\ b_1 & T & T \\ 1 & 0 & 0 \end{bmatrix}$$

其中

$$b_1 = T - \tau^k$$

$$a_1 = 2T - \tau^k$$

$$b_2 = 0.25b_1^2 + 0.5b_1 + 2.5a_1\tau^k = (0.25T^2 + 0.5T) + (4.5T - 0.5)\tau^k - 2.25\tau^2$$

$$b_3 = b_2 + 0.5\tau^k$$

可控阵的逆矩阵：

$$\boldsymbol{w}_c^{-1} = \frac{1}{0.5T\tau^k}\begin{bmatrix} 0 & 0 & 0.5T\tau^k \\ -T & b_3 & w_{23} \\ T & -b_2 & w_{33} \end{bmatrix}$$

$$w_{23} = 0.25b_1^2T - b_1b_3$$

$$w_{33} = -0.25b_1^2T + b_1b_2$$

将 $\boldsymbol{w}_c^{-1}$，$\boldsymbol{d}_c(\boldsymbol{\Phi})$代入则可得增广被控量的全状态反馈放大系统矩阵

$$\boldsymbol{K}^k = [0 \quad 0 \quad 1]\boldsymbol{w}_c^{-1}\boldsymbol{d}_c(\boldsymbol{\Phi})$$

$$= \frac{1}{0.5T\tau^k}[0 \quad 0 \quad 1]\begin{bmatrix} 0 & 0 & 0.5T\tau^k \\ -T & b_3 & w_{23} \\ T & -b_2 & w_{33} \end{bmatrix}\begin{bmatrix} 0.1516 & 0.3195 & (0.936a_1+0.132)\tau^k \\ 0 & 0.1516 & 0.3752\tau^k \\ 0 & 0 & -0.2236 \end{bmatrix}$$

$$= \frac{1}{\tau^k}[0.3036 \quad 0.639 - 0.3036b_2/T \quad (1.872a_1 + 0.264)\tau^k - 0.7504\tau^k b_2/T - 0.4472w_{33}/T]$$

(3)仿真计算。当采样时间选取 T=0.05s 时，有

$$b_1 = 0.05 - \tau^k \quad a_1 = 0.1 - \tau^k$$

$$b_2/T = (0.25T + 0.5) + (4.5 - 0.5/T)\tau^k - 2.25/T(\tau^k)^2 \approx 0.5125 - 5.5\tau^k - 45(\tau^k)^2$$

$w_{33}/T = -0.25b_1^2 + b_1(b_2/T) = (0.05 - \tau^k)[0.5 - 5.25\tau^k - 45(\tau^k)^2]$

由 $\boldsymbol{K}^k = [0 \quad 0 \quad 1]\boldsymbol{w}_c^{-1}\boldsymbol{d}_c(\boldsymbol{\Phi})$ 进行仿真计算可得状态反馈量：

$k_1 = 0.303\,6/\tau^k$

$k_2 = 0.639 - 0.303\,6(b_2/T)/\tau^k$

$k_3 = (1.872a_1 + 0.264) - 0.750\,4(b_2/T) - 0.447\,2(w_{33}/T)/\tau^k$

9.6.2 观测器设计

在实际控制系统中，同样控制器并不能得到所有对象的状态，而只能得到被控对象的输出，因此在网络控制器中设计观测器。类似 6.5 节观测器的设计，在增广状态 $z(k)$ 中，状态 $x(k)$ 是未知的，需要重构，而其他状态 $[u(k-1) \cdots u(k-N)]$ 都是过去时刻的控制值，是已知的，故在网络控制中可采用降维观测器来设计。

1. 网络控制系统的降维观测器

根据增广状态方程式：

$$\boldsymbol{Z}(k) = [x(k), u(k-1), \cdots, u(k-n)]^{\mathrm{T}}$$

$$\boldsymbol{\Phi} = \begin{bmatrix} \boldsymbol{F}_p & \boldsymbol{G}_1^k & \boldsymbol{G}_2^k & \cdots & \boldsymbol{G}_{n-1}^k & G_n^k \\ 0 & 0 & 0 & \cdots & 0 & 0 \\ 0 & \boldsymbol{I} & 0 & \cdots & 0 & 0 \\ \vdots & \vdots & \vdots & & \vdots & \vdots \\ 0 & 0 & 0 & \cdots & \boldsymbol{I} & 0 \end{bmatrix} \qquad \boldsymbol{\Gamma}_0^k = \begin{bmatrix} \boldsymbol{G}_0^k \\ \boldsymbol{I} \\ 0 \\ \vdots \\ 0 \end{bmatrix} \tag{9-87}$$

$$\boldsymbol{\Gamma}_1^k = [C \quad 0 \quad 0 \quad \cdots \quad 0]$$

设 $\boldsymbol{\Phi}_{11} = F_p$；$\boldsymbol{\Phi}_{12} = [\boldsymbol{G}_1^k \quad \boldsymbol{G}_2^k \quad \cdots \quad \boldsymbol{G}_{n-1}^k \quad \boldsymbol{G}_n^k]$；$\boldsymbol{\Phi}_{21} = [0 \quad 0 \quad \cdots \quad 0]^{\mathrm{T}}$，$\boldsymbol{\Phi}_{22}$ 是 $\boldsymbol{F}_p$ 的余子式。

$$\boldsymbol{\Gamma}_{0a}^k = \boldsymbol{G}_0^k \qquad \boldsymbol{\Gamma}_{0b}^k = [\boldsymbol{I} \quad 0 \quad \cdots \quad 0]^{\mathrm{T}}$$

$$\boldsymbol{\Gamma}_{1a}^k = \boldsymbol{C} \qquad \boldsymbol{\Gamma}_{1b}^k = [0 \quad \cdots \quad 0]$$

则原被控系统的增广状态方程：

$$\left.\begin{aligned} \begin{bmatrix} \boldsymbol{x}(k+1) \\ \boldsymbol{x}_b(k+1) \end{bmatrix} &= \begin{bmatrix} \boldsymbol{\Phi}_{11} & \boldsymbol{\Phi}_{12} \\ \boldsymbol{\Phi}_{21} & \boldsymbol{\Phi}_{22} \end{bmatrix} \begin{bmatrix} x(k) \\ x_b(k) \end{bmatrix} + \begin{bmatrix} \boldsymbol{\Gamma}_{0a}^k \\ \boldsymbol{\Gamma}_{0b}^k \end{bmatrix} \boldsymbol{u}(k) \\ \bar{\boldsymbol{y}}(k) &= [\boldsymbol{\Gamma}_{1a}^k \quad \boldsymbol{\Gamma}_{1b}^k] \begin{bmatrix} \boldsymbol{x}(k) \\ \boldsymbol{x}_b(k) \end{bmatrix} \end{aligned}\right\} \tag{9-88}$$

增广模型状态方程中，设 $\hat{\boldsymbol{x}}(k)$ 是 $\boldsymbol{x}(k)$ 的估计量，而 $\boldsymbol{x}_b$ 是已知量，则有

$$\left.\begin{aligned} \begin{bmatrix} \hat{\boldsymbol{x}}(k+1) \\ \boldsymbol{x}_b(k+1) \end{bmatrix} &= \begin{bmatrix} \boldsymbol{\Phi}_{11} & \boldsymbol{\Phi}_{12} \\ \boldsymbol{\Phi}_{21} & \boldsymbol{\Phi}_{22} \end{bmatrix} \begin{bmatrix} \hat{\boldsymbol{x}}(k) \\ \boldsymbol{x}_b(k) \end{bmatrix} + \begin{bmatrix} \boldsymbol{\Gamma}_{0a}^k \\ \boldsymbol{\Gamma}_{0b}^k \end{bmatrix} \boldsymbol{u}(k) \\ \bar{\boldsymbol{y}}(k) &= [\boldsymbol{\Gamma}_{1a}^k \quad \boldsymbol{\Gamma}_{1b}^k] \begin{bmatrix} \hat{\boldsymbol{x}}(k) \\ \boldsymbol{x}_b(k) \end{bmatrix} \end{aligned}\right\} \tag{9-89}$$

设降维状态观测器方程：

$$\hat{\boldsymbol{x}}(k+1) = \boldsymbol{\Phi}_{11}\hat{x}(k) + \boldsymbol{\Phi}_{12}x_b(k) + \boldsymbol{\Gamma}_{0a}^K u(k) + \boldsymbol{L}^k[\bar{y}(k) - \boldsymbol{\Gamma}_{1a}^K\hat{\boldsymbol{x}}(k) - \boldsymbol{\Gamma}_{1b}^K\boldsymbol{x}_b(k)] \tag{9-90}$$

这里 $\boldsymbol{L}^k$ 是状态观测器的反馈增益矩阵，修正状态观测值的输出。设估计误差：

$$\tilde{\boldsymbol{x}}(k+1)=\boldsymbol{x}(k+1)-\hat{\boldsymbol{x}}(k+1) \tag{9-91}$$

将式(9－88)、式(9－90)代入估计误差公式式(9－91)得

$$\begin{aligned}\tilde{\boldsymbol{x}}(k+1)&=\boldsymbol{\Phi}_{11}\boldsymbol{x}(k)+\boldsymbol{\Phi}_{12}\boldsymbol{x}_b(k)+\boldsymbol{\Gamma}_{0a}^K\boldsymbol{u}(k)-\{\boldsymbol{\Phi}_{11}\hat{\boldsymbol{x}}(k)+\boldsymbol{\Phi}_{12}\boldsymbol{x}_b(k)+\\&\quad\boldsymbol{\Gamma}_{0a}^K\boldsymbol{u}(k)+\boldsymbol{L}^k[\bar{\boldsymbol{y}}(k)-\boldsymbol{\Gamma}_{1a}^K-(k)-\boldsymbol{\Gamma}_{1b}^K\boldsymbol{x}_b(k)]\}\\&=\boldsymbol{\Phi}_{11}\tilde{\boldsymbol{x}}(k)-\boldsymbol{L}^k[\boldsymbol{\Gamma}_{1a}^K\boldsymbol{x}(k)-\boldsymbol{\Gamma}_{1a}^K\hat{\boldsymbol{x}}_a(k)]=\boldsymbol{\Phi}_{11}\tilde{\boldsymbol{x}}(k)-\boldsymbol{L}^k\boldsymbol{\Gamma}_{1a}^K\tilde{\boldsymbol{x}}(k)\end{aligned}$$

所以有

$$\tilde{\boldsymbol{x}}(k+1)=[\boldsymbol{\Phi}_{11}-\boldsymbol{L}^k\Gamma_{1a}^K]\tilde{\boldsymbol{x}}(k) \tag{9-92}$$

代入式(9－87)定义：

$$\tilde{\boldsymbol{x}}(k+1)=[\boldsymbol{F}_p-\boldsymbol{L}^k\boldsymbol{C}]\tilde{\boldsymbol{x}}(k) \tag{9-93}$$

则误差方程的特征方程为

$$\operatorname{del}[z\boldsymbol{I}-F_p+\boldsymbol{L}^k\boldsymbol{C}]=0$$

如果给定状态观测器的特征根方程为

$$d_c(z)=(z-\beta_1)(z-\beta_2)\cdots(z-\beta_n)$$

则有

$$\operatorname{del}[z\boldsymbol{I}-\boldsymbol{F}_p+\boldsymbol{L}^k\boldsymbol{C}]=d_c(z) \tag{9-94}$$

如果系统是单输入系统，对于方程式(9－94)唯一解，则方程充分必要条件是对于$(\boldsymbol{F}_p,\boldsymbol{C})$完全可观，即原被控对象的可观阵是满秩。

$$\operatorname{rank}(\boldsymbol{w}_0^k)=\operatorname{rank}\begin{bmatrix}\boldsymbol{C} & \boldsymbol{C}\boldsymbol{F}_p & \cdots & \boldsymbol{C}\boldsymbol{F}_p^{n-1}\end{bmatrix}^{\mathrm{T}}=n \tag{9-95}$$

2. 观测器设计中的 Ackerman 公式

同样类同网络控制系统的状态反馈求解的极点配置法，网络控制的观测器设计与状态反馈系统的极点的对偶性，所以网络控制的 Ackerman 公式

$$\boldsymbol{L}^k=d_c(\boldsymbol{F}_p)(\boldsymbol{w}_0^k)^{-1}\begin{bmatrix}0 & 0 & \cdots & 1\end{bmatrix}^{\mathrm{T}} \tag{9-96}$$

例 9－11　已知增广状态方程

$$\left.\begin{aligned}\begin{bmatrix}\hat{\boldsymbol{x}}_1(k+1)\\\hat{\boldsymbol{x}}_2(k+1)\\\boldsymbol{u}(k)\end{bmatrix}&=\begin{bmatrix}1 & 0.5 & 2.5(2T-\tau^k)\tau^k\\0 & 1 & \tau^k\\0 & 0 & 0\end{bmatrix}\begin{bmatrix}\hat{\boldsymbol{x}}_1(k)\\\hat{\boldsymbol{x}}_2(k)\\\boldsymbol{u}(k-1)\end{bmatrix}+\begin{bmatrix}0.25(T-\tau^k)^2\\(T-\tau^k)\\1\end{bmatrix}\boldsymbol{u}(k)\\\boldsymbol{y}(k)&=\begin{bmatrix}1 & 0 & 0\end{bmatrix}\begin{bmatrix}\hat{\boldsymbol{x}}_1(k)\\\hat{\boldsymbol{x}}_2(k)\\\boldsymbol{u}(k-1)\end{bmatrix}\end{aligned}\right\} \tag{9-97}$$

采样时间 $T=0.05\text{s}$，网络时延 $0<\tau^k<T$，单包传输无数据包丢失，试使用降维状态观测器求观测增益 $\boldsymbol{L}^k$，设闭环观测器离散系统极点为 $\beta_{1,2}=(-0.3,-0.3)$ 。

解　根据希望的增广被控对象的观测器离散后的希望极点为 $\beta_{1,2}=(-0.3,-0.3)$，极点特征根方程：

$$d_c(z)=(z+0.3)^2=z^2+0.6z+0.09$$

$$\boldsymbol{F}_p=\begin{bmatrix}1 & 0.5\\0 & 1\end{bmatrix}\quad \boldsymbol{C}=\begin{bmatrix}1 & 0\end{bmatrix}$$

则可观阵：

$$\boldsymbol{w}_0=\begin{bmatrix}\boldsymbol{C}\\\boldsymbol{C}\boldsymbol{F}_p\end{bmatrix}=\begin{bmatrix}1 & 0\\1 & 0.5\end{bmatrix}$$

可知：rank($\boldsymbol{w}_0$) = 2，是可观察的。

$$(\boldsymbol{w}_0)^{-1}=\frac{1}{0.5}\begin{bmatrix}0.5 & 0\\ -1 & 1\end{bmatrix}=\begin{bmatrix}1 & 0\\ -2 & 2\end{bmatrix}$$

根据希望观测器希望极点特征根方程：

$$d_c(\boldsymbol{F}_p)=\boldsymbol{F}_p{}^2+0.6\boldsymbol{F}_p+0.09\boldsymbol{I}$$

$$=\begin{bmatrix}1 & 0.5\\ 0 & 1\end{bmatrix}\begin{bmatrix}1 & 0.5\\ 0 & 1\end{bmatrix}+0.6\begin{bmatrix}1 & 0.5\\ 0 & 1\end{bmatrix}+0.09\begin{bmatrix}1 & 0\\ 0 & 1\end{bmatrix}=\begin{bmatrix}1.69 & 1.3\\ 0 & 1.69\end{bmatrix}$$

根据网络控制的 Ackerman 公式：

$$\boldsymbol{L}^k=d_c(\boldsymbol{F}_p)(\boldsymbol{w}_0^k)^{-1}\begin{bmatrix}0 & 1\end{bmatrix}^{\mathrm{T}}$$

$$=\begin{bmatrix}1.69 & 1.3\\ 0 & 1.69\end{bmatrix}\begin{bmatrix}1 & 0\\ -2 & 2\end{bmatrix}\begin{bmatrix}0\\ 1\end{bmatrix}=\begin{bmatrix}2.6\\ 3.38\end{bmatrix}$$

所以有降维观测状态方程：

$$\hat{\boldsymbol{x}}(k+1)=\boldsymbol{\Phi}_{11}\hat{\boldsymbol{x}}(k)+\boldsymbol{\Phi}_{12}\boldsymbol{x}_b(k)+\boldsymbol{\Gamma}_{0a}^K\boldsymbol{u}(k)+\boldsymbol{L}^k[\bar{\boldsymbol{y}}(k)-\boldsymbol{\Gamma}_{1a}^K\hat{\boldsymbol{x}}(k)-\boldsymbol{\Gamma}_{1b}^K\boldsymbol{x}_b(k)]$$

$$\begin{bmatrix}\hat{\boldsymbol{x}}_1(k+1)\\ \hat{\boldsymbol{x}}_2(k+1)\end{bmatrix}=\begin{bmatrix}1 & 0.5\\ 0 & 1\end{bmatrix}\begin{bmatrix}\hat{\boldsymbol{x}}_1(k)\\ \hat{\boldsymbol{x}}_2(k)\end{bmatrix}+\begin{bmatrix}2.5(2T-\tau^k)\tau^k\\ \tau^k\end{bmatrix}\boldsymbol{u}(k-1)+$$

$$\begin{bmatrix}0.25\,(T-\tau^k)^2\\ (T-\tau^k)\end{bmatrix}\boldsymbol{u}(k)+\begin{bmatrix}2.6\\ 3.38\end{bmatrix}\left[\bar{\boldsymbol{y}}(k)-\begin{bmatrix}1 & 0\end{bmatrix}\begin{bmatrix}\hat{\boldsymbol{x}}_1(k)\\ \hat{\boldsymbol{x}}_2(k)\end{bmatrix}\right]$$

9.6.3 状态空间的网络控制调解器设计

在设计反馈器时采用被控对象的状态来做反馈，当有些量没有测量到，则可采用估计方法来估计，而用估计器估计状态量作为实际状态反馈，这种把状态反馈与状态观测器结合构成的一个网络控制系统称为网络控制调解器系统，类似 6.6 节的状态空间的调解器设计。

分离原理：基于广义被控对象的控制器设计，控制律设计和观测器增益的设计依然遵循分离性原理，也就是说，闭环系统的极点由两部分组成，一部分是按照真实状态反馈设计控制规律时控制极点；另一部分是状态观测器的极点，两部分可以分别进行设计。

原广义状态方程：

$$\begin{bmatrix}\boldsymbol{x}(k+1)\\ \boldsymbol{x}_b(k+1)\end{bmatrix}=\begin{bmatrix}\boldsymbol{\Phi}_{11} & \boldsymbol{\Phi}_{12}\\ \boldsymbol{\Phi}_{21} & \boldsymbol{\Phi}_{22}\end{bmatrix}\begin{bmatrix}\boldsymbol{x}(k)\\ \boldsymbol{x}_b(k)\end{bmatrix}+\begin{bmatrix}\boldsymbol{\Gamma}_{0a}^k\\ \boldsymbol{\Gamma}_{0b}^k\end{bmatrix}\boldsymbol{u}(k)$$

$$\bar{\boldsymbol{y}}(k)=\begin{bmatrix}\boldsymbol{\Gamma}_{1a}^k & \boldsymbol{\Gamma}_{1b}^k\end{bmatrix}\begin{bmatrix}\boldsymbol{x}(k)\\ \boldsymbol{x}_b(k)\end{bmatrix}$$

降维估计方程：

令

$$\hat{\boldsymbol{Z}}(k)=\begin{bmatrix}\hat{\boldsymbol{x}}(k)\\ \boldsymbol{x}_b(k)\end{bmatrix},\quad \boldsymbol{u}(k)=-\boldsymbol{K}^k\hat{\boldsymbol{Z}}(k)=-\left[K_1^k\hat{\boldsymbol{x}}(k)\quad+K_2^k\boldsymbol{x}_b(k)\right]\tag{9-98}$$

则有

$$\boldsymbol{x}(k+1)=\boldsymbol{\Phi}_{11}\boldsymbol{x}(k)+\boldsymbol{\Phi}_{12}\boldsymbol{x}_b(k)-\boldsymbol{\Gamma}_{0a}^K\left[\boldsymbol{K}_1^k\hat{\boldsymbol{x}}(k)\quad+\boldsymbol{K}_2^k\boldsymbol{x}_b(k)\right]$$

$$=\boldsymbol{\Phi}_{11}\boldsymbol{x}(k)+[\boldsymbol{\Phi}_{12}-\boldsymbol{\Gamma}_{0a}^K\boldsymbol{K}_2^k]\boldsymbol{x}_b(k)-\boldsymbol{\Gamma}_{0a}^K\boldsymbol{K}_1^k\hat{\boldsymbol{x}}(k)\tag{9-99}$$

$$\begin{aligned}\boldsymbol{x}_b(k+1) &= \boldsymbol{\Phi}_{21}\boldsymbol{x}(k)+\boldsymbol{\Phi}_{22}\boldsymbol{x}_b(k)-\boldsymbol{\Gamma}_{0b}^K[\boldsymbol{K}_1^k\hat{\boldsymbol{x}}(k)\quad+\boldsymbol{K}_2^k\boldsymbol{x}_b(k)] \\ &= \boldsymbol{\Phi}_{21}\boldsymbol{x}(k)+[\boldsymbol{\Phi}_{22}-\boldsymbol{\Gamma}_{0b}^K K_2^k]\boldsymbol{x}_b(k)-\boldsymbol{\Gamma}_{0b}^K\boldsymbol{K}_1^k\hat{\boldsymbol{x}}(k)\end{aligned} \tag{9-100}$$

观测器的方程为

$$\begin{aligned}\hat{\boldsymbol{x}}(k+1) &= \boldsymbol{\Phi}_{11}\hat{\boldsymbol{x}}(k)+\boldsymbol{\Phi}_{12}\boldsymbol{x}_b(k)+\boldsymbol{\Gamma}_{0a}^K\boldsymbol{u}(k)+\boldsymbol{L}^k[\bar{\boldsymbol{y}}(k)-\boldsymbol{\Gamma}_{1a}^K\hat{\boldsymbol{x}}(k)-\boldsymbol{\Gamma}_{1b}^K\boldsymbol{x}_b(k)] \\ &= \boldsymbol{\Phi}_{11}\hat{\boldsymbol{x}}(k)+\boldsymbol{\Phi}_{12}\boldsymbol{x}_b(k)-\boldsymbol{\Gamma}_{0a}^K[\boldsymbol{K}_1^k\hat{\boldsymbol{x}}(k)\quad+\boldsymbol{K}_2^k\boldsymbol{x}_b(k)]+\boldsymbol{L}^k[\boldsymbol{\Gamma}_{1a}^K\boldsymbol{x}(k)-\boldsymbol{\Gamma}_{1a}^K\hat{\boldsymbol{x}}(k)] \\ &= \boldsymbol{L}^k\boldsymbol{\Gamma}_{1a}^K\boldsymbol{x}(k)+[\boldsymbol{\Phi}_{12}-\boldsymbol{\Gamma}_{0a}^K\boldsymbol{K}_2^k]\boldsymbol{x}_b(k)+[\boldsymbol{\Phi}_{11}-\boldsymbol{\Gamma}_{0a}^K K_1^k-\boldsymbol{L}^k\boldsymbol{\Gamma}_{1a}^K]\hat{\boldsymbol{x}}(k)\end{aligned} \tag{9-101}$$

设计闭环系统的状态为 $\bar{\boldsymbol{Z}}(k)=[\boldsymbol{x}(k)\quad \boldsymbol{x}_b(k)\quad \hat{\boldsymbol{x}}(K)]^{\mathrm{T}}$，由式(9－99)～式(9－101)，且 $\boldsymbol{\Phi}_{11}=\boldsymbol{F}_b$，$\boldsymbol{\Gamma}_{1a}^k=C$，$\boldsymbol{\Gamma}_{1b}^k=\boldsymbol{0}$ 可得

$$\begin{bmatrix}\boldsymbol{x}(k+1)\\ \boldsymbol{x}_b(k+1)\\ \hat{\boldsymbol{x}}(k+1)\end{bmatrix}=\begin{bmatrix}\boldsymbol{\Phi}_{11} & \boldsymbol{\Phi}_{12}-\boldsymbol{\Gamma}_{0a}^K K_2^k & -\boldsymbol{\Gamma}_{0a}^K\boldsymbol{K}_1^k\\ \boldsymbol{\Phi}_{21} & \boldsymbol{\Phi}_{22}-\boldsymbol{\Gamma}_{0b}^K K_2^k & -\boldsymbol{\Gamma}_{0b}^K\boldsymbol{K}_1^k\\ \boldsymbol{L}^k\boldsymbol{\Gamma}_{1a}^K & \boldsymbol{\Phi}_{12}-\boldsymbol{\Gamma}_{0a}^K K_2^k & \boldsymbol{\Phi}_{11}-\boldsymbol{\Gamma}_{0a}^K\boldsymbol{K}_1^k-\boldsymbol{L}^k\boldsymbol{\Gamma}_{1a}^K\end{bmatrix}\begin{bmatrix}\boldsymbol{x}(k)\\ \boldsymbol{x}_b(k)\\ \hat{\boldsymbol{x}}(k)\end{bmatrix}$$

$$\begin{bmatrix}\boldsymbol{x}(k+1)\\ \boldsymbol{x}_b(k+1)\\ \hat{\boldsymbol{x}}(k+1)\end{bmatrix}=\begin{bmatrix}\boldsymbol{F}_b & \boldsymbol{\Phi}_{12}-\boldsymbol{\Gamma}_{0a}^K\boldsymbol{K}_2^k & -\boldsymbol{\Gamma}_{0a}^K K_1^k\\ \boldsymbol{\Phi}_{21} & \boldsymbol{\Phi}_{22}-\boldsymbol{\Gamma}_{0b}^K\boldsymbol{K}_2^k & -\boldsymbol{\Gamma}_{0b}^K K_1^k\\ \boldsymbol{L}^k\boldsymbol{C} & \boldsymbol{\varphi}_{12}-\boldsymbol{\Gamma}_{0a}^K\boldsymbol{K}_2^k & \boldsymbol{F}_b-\boldsymbol{\Gamma}_{0a}^K\boldsymbol{K}_1^k-\boldsymbol{L}^k\boldsymbol{C}\end{bmatrix}\begin{bmatrix}\boldsymbol{x}(k)\\ \boldsymbol{x}_b(k)\\ \hat{\boldsymbol{x}}(k)\end{bmatrix}$$

记

$$\boldsymbol{Z}(k+1)=\boldsymbol{F}\boldsymbol{Z}(k) \tag{9-102}$$

则式(9－102)的特征方程为

$$\begin{aligned}[z\boldsymbol{I}-\boldsymbol{F}] &= \begin{bmatrix}z\boldsymbol{I}-\boldsymbol{F}_b & -\boldsymbol{\Phi}_{12}+\boldsymbol{\Gamma}_{0a}^K\boldsymbol{K}_2^k & \boldsymbol{\Gamma}_{0a}^K\boldsymbol{K}_1^k\\ -\boldsymbol{\Phi}_{21} & z\boldsymbol{I}-\boldsymbol{\Phi}_{22}+\boldsymbol{\Gamma}_{0b}^K\boldsymbol{K}_2^k & \boldsymbol{\Gamma}_{0b}^K\boldsymbol{K}_1^k\\ -\boldsymbol{L}^k\boldsymbol{C} & -\boldsymbol{\Phi}_{12}+\boldsymbol{\Gamma}_{0a}^K\boldsymbol{K}_2^k & z\boldsymbol{I}-\boldsymbol{F}_b+\boldsymbol{\Gamma}_{0a}^K\boldsymbol{K}_1^k+\boldsymbol{L}^k\boldsymbol{C}\end{bmatrix} \\ &= \begin{bmatrix}z\boldsymbol{I}-\boldsymbol{F}_b+\boldsymbol{\Gamma}_{0a}^K\boldsymbol{K}_1^k & -\boldsymbol{\Phi}_{12}+\boldsymbol{\Gamma}_{0a}^K\boldsymbol{K}_2^k & \boldsymbol{\Gamma}_{0a}^K\boldsymbol{K}_1^k\\ -\boldsymbol{\Phi}_{21}+\boldsymbol{\Gamma}_{0b}^K\boldsymbol{K}_1^k & zI-\boldsymbol{\Phi}_{22}+\boldsymbol{\Gamma}_{0b}^K\boldsymbol{K}_2^k & \boldsymbol{\Gamma}_{0b}^K\boldsymbol{K}_1^k\\ z\boldsymbol{I}-\boldsymbol{F}_b+\boldsymbol{\Gamma}_{0a}^K\boldsymbol{K}_1^k & -\boldsymbol{\Phi}_{12}+\boldsymbol{\Gamma}_{0a}^K\boldsymbol{K}_2^k & z\boldsymbol{I}-\boldsymbol{F}_b+\boldsymbol{\Gamma}_{0a}^K\boldsymbol{K}_1^k+\boldsymbol{L}^k\boldsymbol{C}\end{bmatrix} \\ &= \begin{bmatrix}z\boldsymbol{I}-\boldsymbol{F}_b+\boldsymbol{\Gamma}_{0a}^K\boldsymbol{K}_1^k & -\boldsymbol{\Phi}_{12}+\boldsymbol{\Gamma}_{0a}^K\boldsymbol{K}_2^k & \boldsymbol{\Gamma}_{0a}^K\boldsymbol{K}_1^k\\ -\boldsymbol{\Phi}_{21}+\boldsymbol{\Gamma}_{0b}^K\boldsymbol{K}_1^k & zI-\boldsymbol{\Phi}_{22}+\boldsymbol{\Gamma}_{0b}^K\boldsymbol{K}_2^k & \boldsymbol{\Gamma}_{0b}^K\boldsymbol{K}_1^k\\ 0 & 0 & z\boldsymbol{I}-\boldsymbol{F}_b+\boldsymbol{L}^k\boldsymbol{C}\end{bmatrix}\end{aligned}$$

$$\begin{aligned}[z\boldsymbol{I}-\boldsymbol{F}] &= \begin{bmatrix}z\boldsymbol{I}-\boldsymbol{F}_b+\boldsymbol{\Gamma}_{0a}^K\boldsymbol{K}_1^k & -\boldsymbol{\Phi}_{12}+\boldsymbol{\Gamma}_{0a}^K\boldsymbol{K}_2^k\\ -\boldsymbol{\Phi}_{21}+\boldsymbol{\Gamma}_{0b}^K\boldsymbol{K}_1^k & zI-\boldsymbol{\Phi}_{22}+\boldsymbol{\Gamma}_{0b}^K\boldsymbol{K}_2^k\end{bmatrix}[z\boldsymbol{I}-\boldsymbol{F}_b+\boldsymbol{L}^k\boldsymbol{C}] \\ &= [z\boldsymbol{I}-\boldsymbol{\Phi}+\boldsymbol{\Gamma}_{0a}^K\boldsymbol{K}^k][z\boldsymbol{I}-\boldsymbol{F}_b+\boldsymbol{L}^k\boldsymbol{C}]\end{aligned}$$

所以，系统特征方程是

$$\det[z\boldsymbol{I}-\boldsymbol{F}]=\det[z\boldsymbol{I}-\boldsymbol{\Phi}+\boldsymbol{\Gamma}_{0a}^K\boldsymbol{K}_1^k]\det[z\boldsymbol{I}-\boldsymbol{F}_b+\boldsymbol{L}^k\boldsymbol{C}]=0$$

这说明组合后特征方程是由网络控制器的特征方程与网络观测器的特征方程组成的，网络状态反馈增益 $\boldsymbol{K}^k$ 只影响原反馈系统的特征根，而观测器的反馈增益 $\boldsymbol{L}^k$ 则只影响观测器系统的特征根。这说明两个反馈增益可分别设计。闭环极点由 $n+r$ 个控制器极点和 n 个观测器极点组成。

9.7 本章小结

本章针对网络控制系统的网络通信中的时延、丢包的两个主要问题展开了讨论，建立了计算机网络控制的广义数学模型，包括开环增广网络模型和闭环增广网络模型，在此基础上设计网络控制律，包括 PID 网络控制器、定常时延网络控制的大林算法、Smith 算法、基于状态空间的网络控制系统的极点配置法等，解决了网络时延、数据丢包等现象的控制问题。

习　　题

9-1　网络控制系统的时延是由那些环节引起的？其时延过程如何？

9-2　采样性能指标的 PID 网络控制器如何设计？

9-3　试设计 Smith 网络控制器。

9-4　网络丢包特性的极点配置，其网络控制器如何设计？同时考虑网络时延和丢包特性的极点配置，其网络控制器如何设计？

9-5　设被控对象的连续模型为

$$\begin{bmatrix}\dot{\boldsymbol{x}}_1(t)\\ \dot{\boldsymbol{x}}(t)\end{bmatrix}=\begin{bmatrix}0 & 1\\ 0 & 0\end{bmatrix}\begin{bmatrix}\boldsymbol{x}_1(t)\\ \boldsymbol{x}_2(t)\end{bmatrix}+\begin{bmatrix}1\\ 0\end{bmatrix}\boldsymbol{u}(k)$$

$$\boldsymbol{y}(k)=\begin{bmatrix}1 & 0\end{bmatrix}\begin{bmatrix}\boldsymbol{x}_1(t)\\ \boldsymbol{x}_2(t)\end{bmatrix}$$

采样周期 $T=0.01\text{s}$，网络随机时延 $0<\tau^k<T$，单包传输无数据包丢失，试写出增广状态模型。

9-6　在例 9-5 设计中，采样通信速率为 34 600 波特率，采样单包通信，每帧为 64 个字节，计算机计算延时最大 1ms，问应该选取最大采样周期是多少？当网络通信时延是随机变量，试设计 PD 控制器，分析系统的单位阶跃的响应过程。

9-7　设被控对象传递函数为 $G(s)=\dfrac{\mathrm{e}^{-2.92s}}{6.6s+1}$，期望的闭环传递函数为 $\Phi(s)=\dfrac{\mathrm{e}^{-2.92s}}{4s+1}$，采样周期 $T_1=2\text{s}$。

(1)试问大林算法设计的控制算法是否会产生振铃现象？为什么？

(2)设计大林控制算法 $D(z)$，如有振铃，设法消除它。

9-8　设被控对象传递函数为 $G(s)=\dfrac{\mathrm{e}^{-1.46s}}{3.3s+1}$，期望的闭环传递函数，$\Phi(s)=\dfrac{\mathrm{e}^{-1.46s}}{2s+1}$，试用大林算法设计无振铃采样的控制器，采样周期 $T_1=2\text{s}$。

9-9　设被控对象传递函数为 $G(s)=\dfrac{\mathrm{e}^{-s}}{0.4s+1}$，控制器采用 PI 算法，$D(s)=0.3\left(1+\dfrac{1}{0.5s}\right)$，采样周期 $T_s=2\text{s}$。

(1)计算 Smith 预估器。

(2)画出 Smith 预估控制系统的结构图和程序框图。

(3)估算在单位阶跃干扰 $N_1=1$ 作用下的稳态误差。

9-10 如果 Smith 预估器采用了不准确的对象数学模型,将会对系统产生什么影响?有什么方法可以减轻或克服这种模型精度的影响?请举出设计方法。

9-11 根据题 9-5 的增广状态方程,若采样时间 $T=0.01\mathrm{s}$,网络时延 $0<\tau^k<T$,单包传输无数据包丢失,试用采样极点配置法确定反馈增益矩阵 $\boldsymbol{K}$,使闭环系统极点位于 $z_{1,2}=0.8\pm \mathrm{j}0.25$,另一个极点远离主导极点 4 倍。

第 10 章　自适应与智能控制分析与设计

10.1　自适应控制系统描述

10.1.1　自适应系统定义

目前，关于自适应系统有许多不同定义，众说不一，以下给出两种定义。

定义 10.1　自适应系统在工作过程中能不断检测系统参数或运行指标，根据参数或运行指标的变化，改变控制参数或控制作用，使系统工作于最优工作状态或接近于最优工作状态。

定义 10.2　自适应系统利用其中的可调系统的各种输入量、状态变量以及输出量来测量某种性能指标，根据所测得的性能指标与给定的性能指标的比较值，自适应机构修改可调系统的参数或者产生辅助输入量，以保持测得的性能指标接近于给定的性能指标，或者说使测得的性能指标处于可接受的性能指标的集合内。

10.1.2　自适应系统的基本结构

自适应系统的基本结构如图 10－1 所示，“可调系统”可以理解为这样一个被控系统，它能够调整它的内在系统的参数或可根据输入信号的方式来调整该系统的特性。该被控系统有来自于未知干扰和已知干扰的作用，综合得到系统输出量。

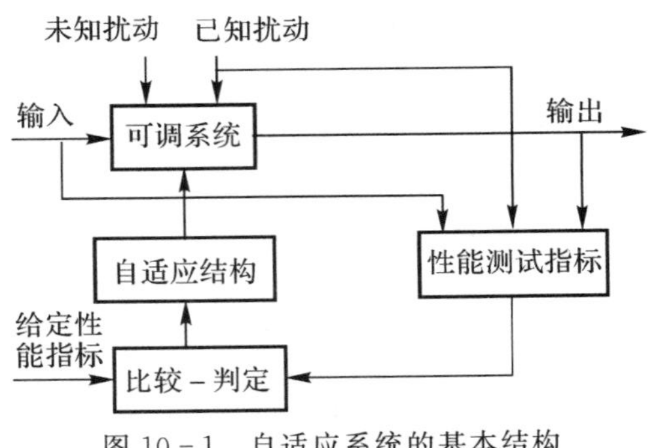

图 10－1　自适应系统的基本结构

“性能测试指标”的测量可以采用直接法或间接法，如通过系统动态参数的辨识来量测系统性能指标就是一种间接方法。

“比较-判定”模块是指在给定的性能指标与量测得到的性能指标之间做出比较，并判定所测得的性能指标是否处于可接受的指标集合内，如果不是，“自适应机构”就做出相应的动作，或者调整“可调系统”的内在参数，或者调整“可调系统”的输入信号，从而调整系统的特性。

应当注意，在图 10－1 中，性能测试指标、比较-判定和自适应机构三个基本模块的结构实施是非常复杂的；在有些情况下，要把一个自适应系统按照图 10－1 所示的基本结构图进行分解并不是一件容易的事。判断一个系统是否真正具有“自适应”的基本特征，关键看其是否存在一个对性能指标的闭环控制。

10.1.3　自适应系统的结构形式

1. 变增益自适应控制

自适应系统的结构图如图 10－2 所示，基本原理比较直观，调节器按被控对象的参数已知变化规律进行设计。当被控对象的参数因工作情况和环境等变化而变化时，通过能测量到的系统的某些变量，经过计算并按规定的程序来改变调节器的增益结构。这种系统虽然难以完全克服系统参数变化带来的影响以实现完善的自适应控制，但是由于系统结构简单，响应迅速，所以在实际应用方面经常采用。另外，可以指出，若调节器本身对系统参数变化不灵敏（例如某些非线性校正装置或变结构系统），那么这种自适应控制方案往往还能够得到较满意的控制结果。

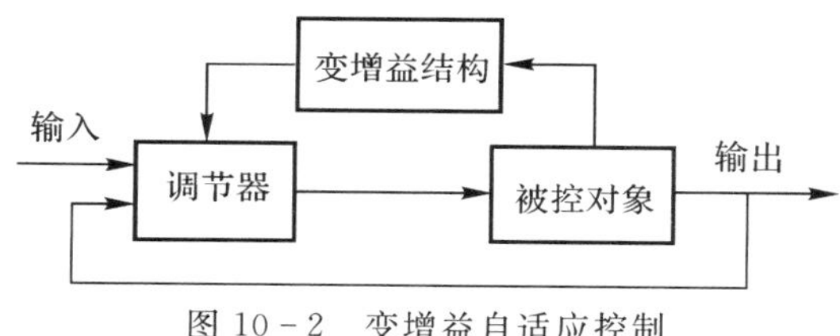

图 10－2　变增益自适应控制

在这种方案中调节器在接受变增益结构调整系统参数时处于开环之中，因此，有特定的处理和分析方法。

2. 模型参考自适应控制系统

模型参考自适应控制系统的基本结构如图 10－3 所示，它由两个环路组成，内环由调节器与被控对象组成可调系统，外环由参考模型与适应机构组成。当被控对象受到干扰的影响而使运行特性偏离了最优轨线，优化的参考模型的输出与被控对象的输出相比就产生了广义误差 e。广义误差 e 通过自适应机构，根据一定的自适应规律产生反馈作用，以修改调节器的参数或产生一个辅助的控制信号，促使可调系统与参考模型相一致，从而广义误差 e 趋向极小值或减少至零。

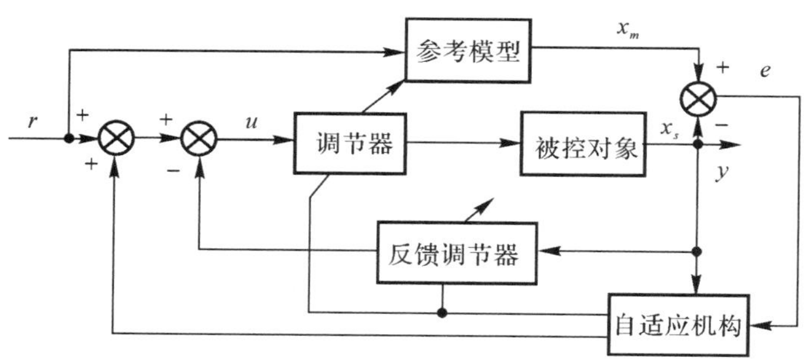

图 10－3　模型参考自适应控制

模型参考自适应控制的关键问题是如何选择自适应机构的自适应算法，以确保系统有足够的稳定性，同时又能使广义误差得以消除。这种自适应系统的本质是要使受控闭环系统的特性与参考模型的特性一致，这往往就需要在受控系统的闭环回路内实现零极点的对消，因此这类系统只能适用于自稳定系统。

3. 自校正控制系统

自校正控制系统亦称参数自适应系统，一般结构如图 10-4 所示。它也有两个环路，一个环路由调节器与被控制对象组成，称为内环，它类似于通常的反馈控制系统；另一个环路由递推参数辨识器与调节器参数计算机组成，称为外环。因此，自校正控制系统是将在线参数辨识与调节器的设计有机地结合在一起。在运行过程中，首先进行被控对象的参数在线辨识，然后根据参数辨识的结果，进行调节器参数的选择设计，并根据设计结果修改调节器参数以达到有效地消除被控对象参数扰动所造成的影响。

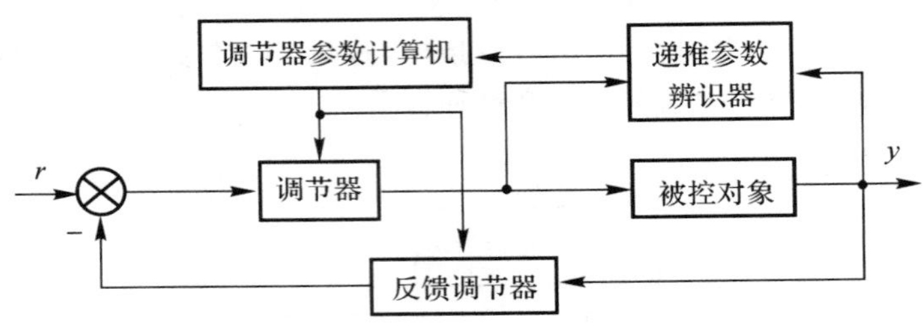

图 10-4　自校正控制系统

自校正控制系统中的参数估计，虽然可以采用各种不同的方法，例如随机逼近法、最小二乘法、辅助变量法以及最大似然法等等，但是应用比较普遍的主要是递推最小二乘法。在进行未知参数估计时，对输入输出观测数据使用此法可以有两种方式，一种是用来估计被控系统模型本身的未知参数，因此，从被控系统的方面来看，用这种参数估计的结果所构成的自适应算法，通常叫做显式算法，但从控制规律方面看，由于参数估计并不与它直接相关，所以又称为间接算法；另一种使用方法是直接用来估计控制规律中的未知参数，称为直接算法。这两种估计方式中直接算法比隐式算法多一道手续，更费时一些，因此，在自校正控制系统中，大多数都采用隐式算法。

自校正控制律的设计可以采用各种不同的方案，比较常用的有最小方差控制、二次型最优控制、极点配置等等，因此，系统的设计相对来说是比较灵活的。

4. 直接优化目标函数的自适应控制

直接优化目标函数的自适应控制是最近几年新出现的一种设计思想，虽然它和模型参考自适应系统、自校正控制系统有着密切的关系，但为了引起重视，不妨单列为一类形式。这种自适应控制系统是 Ljung 于 1981 年在国际自动控制联盟(IFAC)第八届国际大会上作的“基于显式判据极小化的自适应控制”的报告中所提出的设计。其基本思想是选定某指标函数：

$$J(\eta)=E\{g[y(t,\eta),u(t,\eta)]\}$$

式中，y 为输出；u 为控制信号；η 为调节器的可调参数；$E\{\}$ 表示取数学期望值。对此目标函数求极小，应用随机逼近法求得自适应控制的算法。可以认为这一类设计方案是一种更为直接的和概括性更强的设计方案。

除了以上介绍的四种类型之外，其他各种类型的自适应控制系统层出不穷，例如非线性自适应控制系统、模糊自适应控制系统、神经网络自适应控制系统等等，这里不再一一例举，本章重点讨论模型参考自适应系统的原理及设计方法。

10.2　模型参考自适应系统

在各种类型的自适应控制方案中，模型参考自适应控制由于其自适应速度快且便于实现而获得了广泛的应用，所以在这里针对性地讨论模型参考自适应控制系统。将图 10－3 引入图 10－5 所示的模型参考自适应控制结构图。

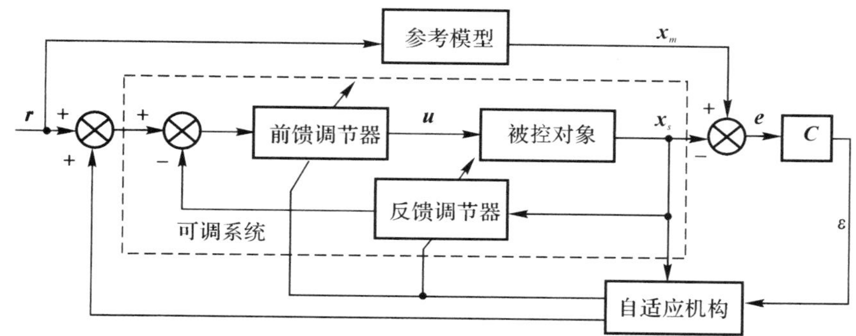

图 10－5　模型参考自适应控制

设可调系统方程为

$$\dot{\boldsymbol{x}}_s(t)=\boldsymbol{A}_s(t)\boldsymbol{x}_s(t)+\boldsymbol{B}_s(t)\boldsymbol{r}(t) \tag{10-1}$$

$$\boldsymbol{y}_s(t)=\boldsymbol{C}_{x_s}(t) \tag{10-2}$$

参考模型状态方程为

$$\dot{\boldsymbol{x}}_m(t)=\boldsymbol{A}_m\boldsymbol{x}_m(t)+\boldsymbol{B}_m\boldsymbol{r}(t) \tag{10-3}$$

$$\boldsymbol{y}_m(t)=\boldsymbol{C}\boldsymbol{x}_m(t) \tag{10-4}$$

式中，$\boldsymbol{x}_m$ 和 $\boldsymbol{x}_s$ 为 n 维状态向量；$\boldsymbol{r}$ 是 m 维输入向量；$\boldsymbol{y}_m$ 和 $\boldsymbol{y}_s$ 为 r 维输出向量；$\boldsymbol{A}_m$ 和 $\boldsymbol{B}_m$ 为适当维数的常值矩阵；$\boldsymbol{A}_s(t)$ 和 $\boldsymbol{B}_s(t)$ 为适当维数的时变矩阵；$\boldsymbol{C}$ 为适当维数的输出矩阵。不失一般性，这里对参考模型和可调系统采用了同一矩阵 $\boldsymbol{C}$。

广义状态误差 $\boldsymbol{e}$ 定义：表示参考模型的状态向量 $\boldsymbol{x}_m$ 与可调系统状态向量 $\boldsymbol{x}_s$ 之差的可变向量，即

$$\boldsymbol{e}=\boldsymbol{x}_m-\boldsymbol{x}_s \tag{10-5}$$

广义输出误差 $\boldsymbol{\varepsilon}$ 定义：参考模型的输出 $\boldsymbol{y}_m$ 与可调系统输出 $\boldsymbol{y}_s$ 之差的可变向量，即

$$\boldsymbol{\varepsilon}=\boldsymbol{y}_m-\boldsymbol{y}_s=\boldsymbol{C}\boldsymbol{e} \tag{10-6}$$

自适应控制律定义：广义误差与相应的参数修改量之间的关系或与加到可调系统输入的修改量之间的关系，称为自适应控制律或自适应算法。

自适应机构定义：用来执行自适应规律的一组相互连接的线性的、非线性的或时变的模块称为自适应机构。

则参考模型的自适应系统由下式描述：

$$\boldsymbol{y}_m = f_m(\boldsymbol{r},\theta_m,\boldsymbol{x}_m,t) \tag{10-7}$$

式中，θ_m 是参考模型的参数。

同时给出一个可调系统，即

$$\boldsymbol{y}_s = f_s(\boldsymbol{r},\theta_s,\boldsymbol{x}_s,t) \tag{10-8}$$

式中，θ_s 是可调系统的参数；$\boldsymbol{x}_s$ 是可调系统的状态。

自适应控制性能指标

$$J = f(\boldsymbol{\varepsilon},\theta_m-\theta_s,\boldsymbol{e},t) \tag{10-9}$$

它表示有参考模型规定的性能指标与可调系统性能指标之差。通过广义误差作为输入之一的自适应机构，采用参数自适应或信号综合自适应使性能指标 J 达到极小。这种系统称为模型参考自适应系统。

10.2.1 并联模型参考自适应系统

在如图 10－5 所示系统中，参考模型与实际系统为并联，因此也称图 10－5 为并联模型参考自适应控制系统。在连续域描述中可以采用状态方程或微分算子方程两种方式来描述模型参考自适应系统。

1. 状态方程描述

对于参考模型，选取线性状态方程式(10－1)的表示，描述为

$$\dot{\boldsymbol{x}}_m(t) = \boldsymbol{A}_m\boldsymbol{x}_m(t)+\boldsymbol{B}_m\boldsymbol{r}(t)$$

式中，$\boldsymbol{x}_m$是 n 维状态向量；$\boldsymbol{r}$ 为分段连续的 m 维输入向量；$\boldsymbol{A}_m$和 $\boldsymbol{B}_m$分别为 $n\times n$ 维和 $n\times m$ 维常值矩阵。选取参考模型是稳定且完全可控的。

对于参数自适应，可调系统的状态方程为

$$\dot{\boldsymbol{x}}_s(t) = \boldsymbol{A}_s(\boldsymbol{e},t)\boldsymbol{x}_s(t)+\boldsymbol{B}_s(\boldsymbol{e},t)\boldsymbol{u}(t) \tag{10-10}$$

式中，$\boldsymbol{x}_s$为可调系统的 n 维状态向量；$\boldsymbol{u}$ 为 m 维控制向量；$\boldsymbol{A}_s$和 $\boldsymbol{B}_s$分别为 $n\times n$ 维和 $n\times m$ 维时变矩阵。两个矩阵的元素通过自适应规律依赖于广义状态误差向量 $\boldsymbol{e}$ 和时间变量。

在参数自适应情况下的设计目标是寻找一种自适应规律来调整参数矩阵 $\boldsymbol{A}_s(\boldsymbol{e},t)$ 和 $\boldsymbol{B}_s(\boldsymbol{e},t)$，使得对于任何输入 $\boldsymbol{r}$ 均有误差 $\boldsymbol{e}\to 0$。如果我们希望自适应机构具有记忆，就要考虑在自适应机构中包含积分器，于是 t 时刻的可调参数值不仅依赖于 $\boldsymbol{e}(t)$，还依赖于它的过去值 $\boldsymbol{e}(\tau)$，$\tau\leqslant t$。因此，对于图 10－6 所示的前馈加反馈控制，在参数自适应情况下自适应规律的形式为

$$\boldsymbol{u}(t) = \boldsymbol{G}[\boldsymbol{r}(t)-\boldsymbol{F}\boldsymbol{x}_s(t)] \tag{10-11}$$

式中，$\boldsymbol{G}$ 和 $\boldsymbol{F}$ 为可调参数矩阵。于是式(10－10)可变为

$$\dot{\boldsymbol{x}}_s(t) = [\boldsymbol{A}_s(\boldsymbol{e},t)+\boldsymbol{B}_s(\boldsymbol{e},t)\boldsymbol{G}\boldsymbol{F}]\boldsymbol{x}_s(t)+\boldsymbol{B}_s(\boldsymbol{e},t)\boldsymbol{G}\boldsymbol{r}(t) \tag{10-12}$$

若存在常数矩阵 $\boldsymbol{G}^*$ 和 $\boldsymbol{P}^*$，使得下列矩阵方程成立：

$$\left.\begin{aligned}\boldsymbol{B}_s(\boldsymbol{e},t)\boldsymbol{G}^* &= \boldsymbol{B}_m\\ \boldsymbol{A}_s(\boldsymbol{e},t)+\boldsymbol{B}_s(\boldsymbol{e},t)\boldsymbol{G}^*\boldsymbol{F}^* &= \boldsymbol{A}_m\end{aligned}\right\} \tag{10-13}$$

则当 $\boldsymbol{G}=\boldsymbol{G}^*$，$\boldsymbol{F}=\boldsymbol{F}^*$ 时，称可调系统和参考模型完全匹配。设 $\boldsymbol{B}_m$和 $\boldsymbol{B}_s$为满秩矩阵，所以 $\boldsymbol{G}^*$ 也

是满秩矩阵，则 G^* 也是非奇异的。可以设变结构参数矩阵为

$$A_s(e,t)=F(e,\tau,t)+A_s(0),\quad 0\leqslant\tau\leqslant t \tag{10-14}$$

$$B_s(e,t)=G(e,\tau,t)+B_s(0),\quad 0\leqslant\tau\leqslant t \tag{10-15}$$

式中，F 和 G 分别表示 $A_s(e,t)$ 和 $B_s(e,t)$ 与向量 e 之间在区间 $0\leqslant\tau\leqslant t$ 上的函数关系。

定义状态误差

$$e=x_m(t)-x_s(t) \tag{10-16}$$

对式(10-16)求导，将式(10-3)、式(10-12)代入，可得状态误差方程：

$$\begin{aligned}\dot{e}&=\dot{x}_m(t)-\dot{x}_s(t)=A_m x_m(t)+B_m r(t)-[A_s(e,t)+B_s(e,t)GF]x_s(t)-B_s(e,t)Gr(t)\\&=A_m[x_m(t)-x_s(t)]+[A_m-A_s(e,t)-B_s(e,t)GF]x_s(t)+[B_m-B_s(e,t)G]r(t)\\&=A_m e+B_m[F^*-G^{*-1}GF]x_s(t)+B_m[G^{-1}-G^{*-1}]Gr(t)\\&=A_m e+B_m[F^*-F]x_s+B_m[F-G^{*-1}GF]x_s(t)+B_m[G^{-1}-G^{*-1}]Gr(t)\\&=A_m e+B_m[F^*-F]x_s(t)+B_m[G^{-1}-G^{*-1}]G[Fx_s(t)+r(t)]\end{aligned}$$

$$\dot{e}=A_m e+B_m[[F^*-F],[G^{-1}-G^{*-1}]]\begin{bmatrix}x_s(t)\\G[Fx_s(t)+r(t)]\end{bmatrix} \tag{10-18}$$

定义参数误差矩阵：

$$\Phi=[\widetilde{F},\widetilde{G}]$$

式中

$$\widetilde{F}=F^*-F$$

$$\widetilde{G}=G^{-1}-G^{*-1}$$

定义增广状态向量

$$\omega=[x_s(t)\quad [G(Fx_s(t)+r(t))]]^{\mathrm{T}}$$

则状态误差方程可进一步简化为

$$\dot{e}=A_m e+B_m\Phi\omega \tag{10-19}$$

定理 10.1 考虑误差方程式(10-19)，若选择参数调节规律为

$$\left.\begin{aligned}\widetilde{F}&=-B_m^{\mathrm{T}}Pex_s(t)\Gamma\\\widetilde{G}&=-B_m^{\mathrm{T}}Pe(Fx_s(t)+r(t))G\Gamma_2\end{aligned}\right\} \tag{10-20}$$

其中 Γ 为对称正定阵，且对于任意给定的对称正定阵 Q，对称正定阵 P 是如下矩阵方程的唯一解：

$$A_m^{\mathrm{T}}P+PA_m=-Q \tag{10-21}$$

则系统是全局一致稳定的，且当 $t\to\infty$，有 $e\to 0$ 。

例 10-1 设对象与参考模型的状态方程分别为

被控模型：$\dot{x}_s=\begin{bmatrix}a_1 & a_2\\a_3 & a_4\end{bmatrix}x_s+\begin{bmatrix}2\\4\end{bmatrix}u$　　参考模型：$\dot{x}_m=\begin{bmatrix}0 & 1\\-10 & -5\end{bmatrix}x_m+\begin{bmatrix}1\\2\end{bmatrix}r$

求：自适应控制器。

解 由已知被控模型和参考模型知 $\boldsymbol{B}_m=\boldsymbol{B}_s/2$，所以前馈增益阵只需一个可调参数 g，而针对 $\boldsymbol{A}_s$ 状态矩阵。设全状态反馈，则反馈增益阵需要两个可调参数 $[f_1,f_2]$，加入前馈和后馈控制器后，可调系统的状态方程由式(10-12)为

$$\dot{\boldsymbol{x}}_s=[\boldsymbol{A}_s+\boldsymbol{B}_s\boldsymbol{GF}]\boldsymbol{x}_s+\boldsymbol{B}_s\boldsymbol{G}\boldsymbol{r}\qquad \boldsymbol{F}=[f_1\quad f_2]^{\mathrm{T}}$$

由式(10-20)得调参律为

$$\begin{cases}\widetilde{\boldsymbol{F}}=-\boldsymbol{B}_m^{\mathrm{T}}\boldsymbol{Pe}\boldsymbol{x}_s\boldsymbol{\Gamma}_1\\ \widetilde{\boldsymbol{G}}=-\boldsymbol{B}_m^{\mathrm{T}}\boldsymbol{Pe}(\boldsymbol{F}\boldsymbol{x}_s+\boldsymbol{r})\boldsymbol{G}\boldsymbol{\Gamma}_2\end{cases}$$

其中：$\boldsymbol{P}=\begin{bmatrix}3 & 1\\1 & 1\end{bmatrix}$，$\boldsymbol{\Gamma}_1=\begin{bmatrix}4 & 0\\0 & 9\end{bmatrix}$，$\Gamma_2=9$。

代入式(10-21)经校验 $\boldsymbol{Q},\boldsymbol{A}_m^{\mathrm{T}}\boldsymbol{P}+\boldsymbol{P}^{\boldsymbol{A}}m$ 是对称负定阵。

自校正控制规律为

$$\boldsymbol{u}=\boldsymbol{G}(\boldsymbol{r}-\boldsymbol{F}\boldsymbol{x}_s)$$

对于任意参数 a_1,a_2,a_3,a_4，上述自适应控制方案都能使输出误差趋于零。

2. 微分算子方程描述

参考模型的微分算子方程为

$$A_m(p)y_m(t)=B_m(p)r\tag{10-22}$$

式中，p 为 $\mathrm{d}/\mathrm{d}t$，是微分算子；r 是标量输入；y_m 为参考模型的标量输出。

$$A_m(p)=\sum_{i=0}^{n}a_{mi}p^i\tag{10-23}$$

$$B_m(p)=\sum_{i=0}^{m}b_{mi}p^i\tag{10-24}$$

式中，a_{mi} 和 b_{mi} 为参考模型微分算子多项式的常系数。

在参数自适应的情况下，可调系统微分算子方程为

$$A_s(p,t)y_s=B_s(p,t)r\tag{10-25}$$

式中，y_s 为可调系统的标量输出，

$$A_s(p,t)=\sum_{i=0}^{n}a_{si}(\varepsilon,t)p^i\tag{10-26}$$

$$B_s(p,t)=\sum_{i=0}^{m}b_{si}(\varepsilon,t)p^i\tag{10-27}$$

式中，$a_{si}(\varepsilon,t)$ 和 $b_{si}(\varepsilon,t)$ 为微分算子多项式的时变系数，这些系数通过自适应规律依赖于广义输出误差 ε。所采用的自适应规律的形式为

$$a_{si}(\varepsilon,t)=f_i(\varepsilon,\tau,t)+a_{si}(0)\qquad \tau\leqslant t\tag{10-28}$$

$$b_{si}(\varepsilon,t)=g_i(\varepsilon,\tau,t)+b_{si}(0)\qquad \tau\leqslant t\tag{10-29}$$

在信号综合自适应情况下，可调系统的微分算子方程为

$$A_s(p)y_s=B_s(p)[r+\mu(\varepsilon,t)]\tag{10-30}$$

式中

$$A_s(p)=\sum_{i=0}^{n}a_{si}p^i$$

$$B_s(p)=\sum_{i=0}^{m}b_{si}p^i$$

a_{si} 和 b_{si} 为微分算子多项式的常系数。自适应规律的形式为

$$\mu(\varepsilon,t)=u(\varepsilon,\tau,t)+\mu(0),\quad \tau\leqslant t \tag{10-31}$$

10.2.2　串并联模型参考自适应系统

并联模型参考自适应系统的典型结构如图 10-6 和图 10-7 所示，现改造为如图 10-8 所示的串并联模型参考自适应系统。

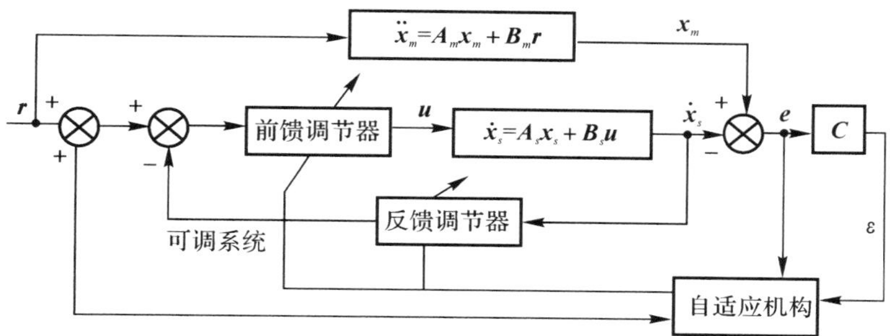

图 10-6　并联模型参考自适应控制(一)

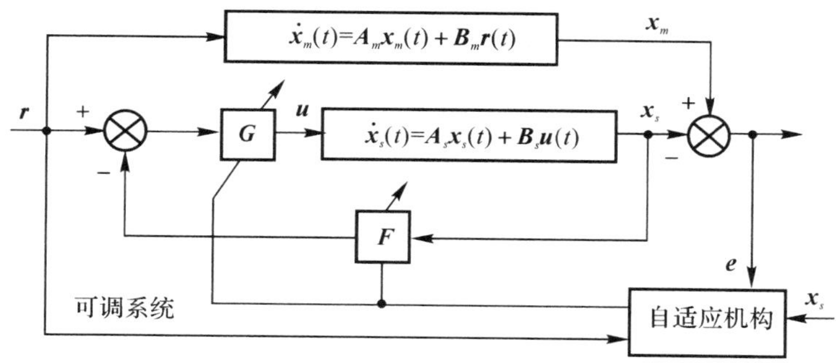

图 10-7　并联模型参考自适应控制(二)

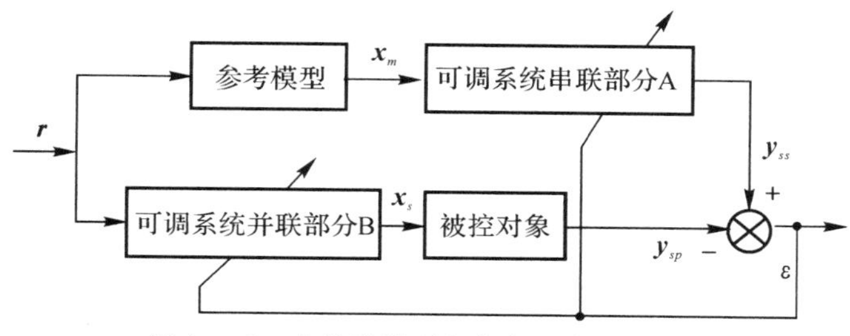

图 10-8　串并联模型参考自适应系统结构

在如图 10-8 所示的结构中，可调系统具有两部分，一部分是与参考模型可调系统串联的

部分 A,另一部分是与参考模型并联的可调系统的并联部分 B。当用状态方程描述时,参考模型状态方程式(10-3),可调系统状态方程为

$$\dot{\boldsymbol{x}}_s = \boldsymbol{A}_s(\boldsymbol{e},t)x_s + B_s(\boldsymbol{e},t)r, \quad \boldsymbol{x}_s(0) = \boldsymbol{x}_m(0) \tag{10-32}$$

式中,广义状态误差向量 $\boldsymbol{e} = \boldsymbol{x}_m - \boldsymbol{x}_s$,可调系统并联部分由 $\boldsymbol{B}_s(\boldsymbol{e},t)\boldsymbol{r}$ 给出,串联部分由 $\boldsymbol{A}_s(\boldsymbol{e},t)x_m$ 给出。

当采用微分算子方程描述时,对于图 10-8 有

$$\boldsymbol{\varepsilon} = \boldsymbol{y}_{ss} - \boldsymbol{y}_{sp} \tag{10-33}$$

式中

$$\boldsymbol{y}_{ss} = \left[\sum_{i=0}^{n} a_{si}(\boldsymbol{\varepsilon},t)p^i\right]\boldsymbol{y}_m \tag{10-34}$$

$$\boldsymbol{y}_{sp} = \left[\sum_{i=0}^{m} b_{si}(\boldsymbol{\varepsilon},t)p^i\right]\boldsymbol{r} \tag{10-35}$$

$$\boldsymbol{y}_s = \sum_{i=0}^{n} a_{si}(\boldsymbol{\varepsilon},t)p^i\boldsymbol{y}_m - \sum_{i=0}^{m} b_{si}(\boldsymbol{\varepsilon},t)p^i\boldsymbol{r} \tag{10-36}$$

对于图 10-9 所示的典型结构,可调系统的状态方程为式(10-1),参考模型状态方程为

$$\dot{\boldsymbol{x}}_m = \boldsymbol{A}_m\boldsymbol{x}_s + \boldsymbol{B}_m\boldsymbol{r}, \quad \boldsymbol{x}_m(0) = \boldsymbol{x}_s(0) \tag{10-37}$$

$$\boldsymbol{\varepsilon} = \boldsymbol{y}_m - \boldsymbol{y}_s$$

$$\boldsymbol{y}_m = -\sum_{i=0}^{n} a_{mi}(\boldsymbol{\varepsilon},t)p^i\boldsymbol{y}_s + \sum_{i=0}^{m} b_{mi}(\boldsymbol{\varepsilon},t)p^i\boldsymbol{r} \tag{10-38}$$

当 $a_{m0} = a_{s0} = 1$ 时,这两种典型结构的微分算子方程是等价的。

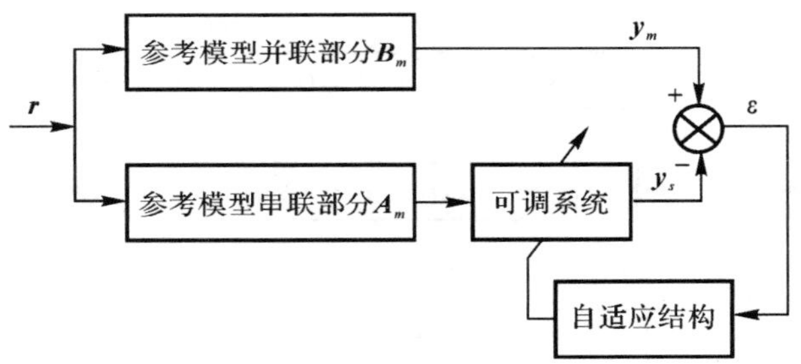

图 10-9　串并联模型参考自适应系统典型结构

由式(10-35)、式(10-36)和式(10-38)可以看到,要实现串并联模型参考自适应系统,需要有作用于 $\boldsymbol{y}_m$ 和 $\boldsymbol{r}$ 的纯微分运算,在系统的两条前向通路中都引入状态变量滤波器,这是一种渐进稳定的低通滤波器,使我们能够获得 $0 \sim n$ 阶滤波后的导数。

例 10-2　如图 10-10 所示,分析串联与串并联的参考自适应模型转换。

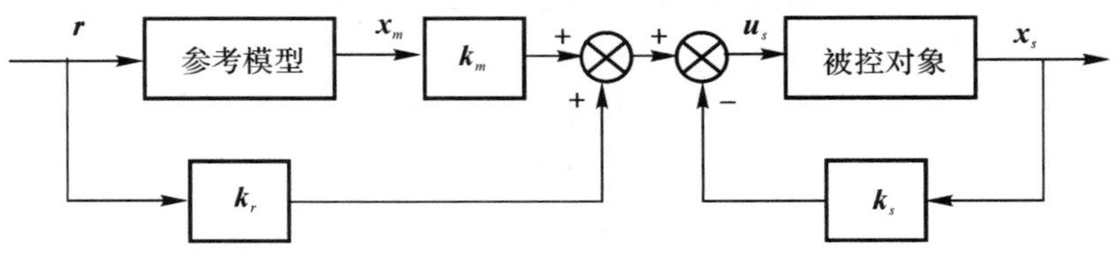

图 10-10　串联自适应系统

根据图 10 - 10 可以列出下列方程式：

$$\boldsymbol{u}_s = \boldsymbol{K}_r\boldsymbol{r} + \boldsymbol{K}_m\boldsymbol{x}_m - \boldsymbol{K}_s\boldsymbol{x}_s = \boldsymbol{K}_r\boldsymbol{r} + \boldsymbol{K}_m(\boldsymbol{x}_m - \boldsymbol{x}_s) + (\boldsymbol{K}_m - \boldsymbol{K}_s)\boldsymbol{x}_s \tag{10-39}$$

相应的串并联参考模型如图 10 - 11 所示。

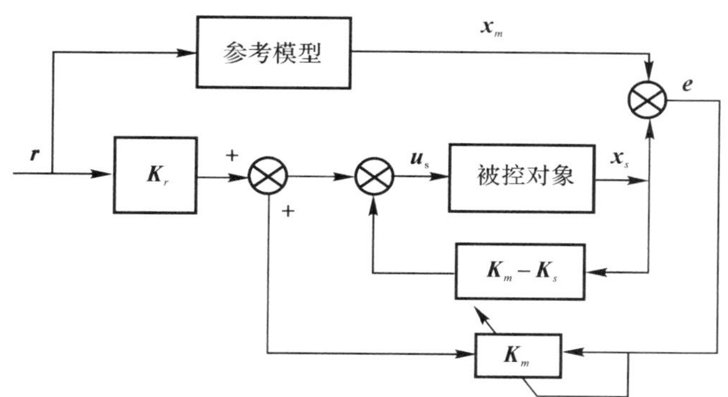

图 10 - 11　等效串并联模型自适应系统

10.2.3　串联模型参考自适应系统

串联模型参考自适应系统的实现受到参考模型可逆性的限制，这类问题对单输入单输出系统来说相对较为简单，而对于多变量系统来说却复杂得多，这里我们只限于讨论单输入单输出系统情况。在这种情况下，串联可调系统的微分算子方程为

$$\sum_{i=0}^{m} b_{si}(\varepsilon,t)p^i y_s = \sum_{i=0}^{n} a_{si}(\varepsilon,t)p^i y_m \tag{10-40}$$

广义误差为

$$\varepsilon = y_s - r \tag{10-41}$$

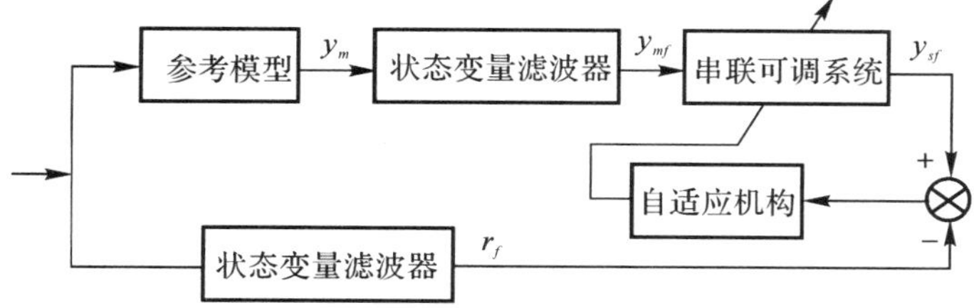

图 10 - 12　单输入单输出串联模型参考自适应系统

在实现这种类型的模型参考自适应系统时为避免使用纯微分运算，要像串并联情况那样在两条前向通道中都引入状态变量滤波器，整个系统的结构如图 10 - 12 所示。引入状态变量滤波器后，式(10 - 40)和式(10 - 41)形式不变，但 y_m 和 r 用它们相应的滤波后的值 y_{mf} 和 r_f，$\varepsilon = y_{sf} - r_f$，而这时串联可调系统的输出为 y_{sf}。

10.3 计算机的自适应控制设计

10.3.1 离散系统的数学模型

1. 确定性的离散系统数学模型

定常线性离散系统的状态方程可表示成

$$\left.\begin{aligned} \boldsymbol{x}(t+1) &= \boldsymbol{A}\boldsymbol{x}(t)+\boldsymbol{B}\boldsymbol{u}(t), \quad \boldsymbol{x}(0)=\boldsymbol{x}_0 \\ \boldsymbol{y}(t) &= \boldsymbol{C}\boldsymbol{x}(t)+\boldsymbol{D}\boldsymbol{u}(t) \end{aligned}\right\} \tag{10-42}$$

其中，$\boldsymbol{x}\in\mathbf{R}^n,\boldsymbol{y}\in\mathbf{R}^m,\boldsymbol{u}\in\mathbf{R}^m,t=0,1,\cdots$，为采样时刻，对于离散系统，仍用 t 表示时间函数，不过在离散系统中 t 取的是离散整数。

对上述系统可给出以下一些定理。

定理 10.2 若 $\boldsymbol{P}=[\boldsymbol{B}\quad \boldsymbol{AB}\quad \cdots\quad \boldsymbol{A}^{n-1}\boldsymbol{B}]$ 的秩为 n，则称系统式(10－42) 为完全可控(若 $\boldsymbol{A}$ 非奇异，则此条件也是必要条件)。

只有当 $\boldsymbol{P}$ 的秩为 n 时，系统式(10－42)为完全可达。

定理 10.3 当且仅当

$$\boldsymbol{Q}=[\boldsymbol{C}^{\mathrm{T}}\quad (\boldsymbol{CA})^{\mathrm{T}}\quad \cdots\quad (\boldsymbol{CA}^{n-1})^{\mathrm{T}}] \tag{10-43}$$

的秩为 n 时，系统式(10－42)为完全可观。

定理 10.4 对于系统式(10－42)，若有

$$\boldsymbol{Q}-\boldsymbol{AQA}^{\mathrm{T}}=\boldsymbol{M}=\boldsymbol{BB}^{\mathrm{T}} \tag{10-44}$$

则：

(1) $|\lambda_i(\boldsymbol{A})|<1, i=1,2,\cdots,n$，$\lambda_i(\boldsymbol{A})$表示 $\boldsymbol{A}$ 的特征值；

(2) $[\boldsymbol{A},\boldsymbol{B}]$完全能达，则式(10－44)存在唯一的正定解。

若系统(10－41)是稳定的，则以下定理给出了系统输入和输出之间的关系。

定理 10.5 对于系统式(10－42)有

(1)若 $|u_i(t)|<M_1;\quad 0\leqslant t\leqslant T, i=1,2,\cdots,m$，则下式成立：

$$\left.\begin{aligned} &|y_i(t)|\leqslant M_2M_1+M_3\lambda^t, \quad 0\leqslant t\leqslant T, i=1,\cdots,m \\ &0\leqslant M_2<\infty, \quad 0<M_3<\infty, \quad 0\leqslant\lambda<1 \end{aligned}\right\} \tag{10-45}$$

(2)

$$\left.\begin{aligned} &\sum_{t=1}^{N}\|y(t)\|^2\leqslant K_1\sum_{t=0}^{N}\|u(t)\|^2+K_2 \\ &0<K_1<\infty, \quad 0\leqslant K_2<\infty \end{aligned}\right\} \tag{10-46}$$

证明略。

用离散的输入输出量表达单输入单输出离散系统的输入输出关系，可得以下差分方程

$$y(t)=-\sum_{j=1}^{n_a}a_jy(t-j)+\sum_{j=0}^{n_b}b_ju(t-j-d) \tag{10-47}$$

其中，d 为正表示实滞时间。式(10－47) 中右边的 y 的各项称为自回归项，u 的各项称为滑动平均项。此模型统称为自回归滑动平均(ARMA) 模型。

记 q^{-1} 为单位后移算子,即 $q^{-1}y(t)=y(t-1)$,则式(10-47)可改写为

$$A(q^{-1})y(t)=q^{-d}B(q^{-1})u(t) \tag{10-48}$$

其中

$$A(q^{-1})=1+a_1q^{-1}+\cdots+a_{n_a}q^{-n_a} \tag{10-49}$$

$$B(q^{-1})=b_0+b_1q^{-1}+\cdots+b_{n_b}q^{-n_b} \tag{10-50}$$

注意,一般连续系统(由微分方程描述)化为离散系统(由差分方程描述)时会产生一步时延迟,因此系统式(10-48)的真正时滞为$(d-1)$步。

z 变换定义:

$$Z\{u(i)\}=U(z)=\sum_{i=-\infty}^{\infty}u(i)z^{-i} \tag{10-51}$$

若当 $i<0$ 时,$u(i)=0$,则由上式得到单边 z 变换

$$Z\{u(i)\}=U(z)=\sum_{i=0}^{\infty}u(i)z^{-i} \tag{10-52}$$

若初值为零,则式(10-48)经 z 变换后可得

$$A(z^{-1})Y(z)=z^{-d}B(z^{-1})U(z) \tag{10-53}$$

由此可见,若意义不会混淆,z^{-1} 和 q^{-1} 可相互代替。

2. 随机离散系统数学模型

线性随机离散系统在状态空间中可表为

$$\left.\begin{aligned}\boldsymbol{x}(t+1)&=\boldsymbol{Ax}(t)+\boldsymbol{Bu}(t)+\boldsymbol{\varepsilon}(t)\\ \boldsymbol{y}(t)&=\boldsymbol{Cx}(t)+\boldsymbol{Du}(t)+\boldsymbol{\xi}(t)\end{aligned}\right\} \tag{10-54}$$

若 $\boldsymbol{\varepsilon}(t)$ 和 $\boldsymbol{\xi}(t)$ 为零均值白色噪声,则其协方差为

$$E\left\{\begin{bmatrix}\boldsymbol{\varepsilon}(t)\\ \boldsymbol{\xi}(t)\end{bmatrix}\begin{bmatrix}\boldsymbol{\varepsilon}(t)^{\mathrm{T}}\boldsymbol{\xi}(t)^{\mathrm{T}}\end{bmatrix}\right\}=\begin{bmatrix}\boldsymbol{Q} & \boldsymbol{S}\\ \boldsymbol{S}^{\mathrm{T}} & \boldsymbol{R}\end{bmatrix}\boldsymbol{\delta}(t-s) \tag{10-55}$$

式中,$\boldsymbol{\delta}(t-s)$ 为 Kronecker delta 函数。若干扰为白色高斯随机过程,具有有理谱密度,则将状态扩展,式(10-55)的形式仍可采用。

对于随机系统,若采用自回归滑动平均模型,则 ARMA 模型转化为 ARMAX 模型,其形式为

$$y(t)=-\sum_{j=1}^{n_a}a_iy(t-j)+\sum_{j=0}^{n_b}b_ju(t-j-d)+\sum_{j=0}^{n_c}c_j\omega(t-j) \tag{10-56}$$

式中,$\{\omega(t)\}$ 为白色序列,即 $\omega(t)$,$\omega(t-1)$,… 均相互独立。

引入单位时滞算子 q^{-1},则式(10-56) 可改写为

$$A(q^{-1})y(t)=q^{-d}B(q^{-1})u(t)+C(q^{-1})\omega(t) \tag{10-57}$$

其中

$$C(q^{-1})=c_0+c_1q^{-1}+\cdots+c_{n_c}q^{-n_c} \tag{10-58}$$

$A(q^{-1})$ 和 $B(q^{-1})$ 则由式(10-49)和(10-50)表示。

10.3.2　离散时间模型参考自适应系统的设计

在进行系统设计时,有如下假设:

(1)参考模型是一个线性定常系统;

(2)参考模型与可调系统的维数相同;

(3)在参数自适应的情况下,可调系统的所有参数对于自适应作用来说是可达的;

(4)在自适应调整过程中可调系统的参数仅依赖于自适应机构；

(5)除输入信号 r 外没有其他外部信号作用到系统上或系统的局部上；

(6)参考模型参数与可调系统参数之间的初始差异是未知的；

(7)广义状态误差向量和广义输出误差向量是可测的。

上述假设称为理想情况或基本情况，因为这组假设使我们能够对模型参考自适应系统的设计直接进行解析处理。

许多实际问题完全符合理想情况，而且以理想情况所获得的结果还可以推广到某些非理想情况。实际问题中常遇到的非理想情况可归结如下：

(1)参考模型是一个非线性时变系统；

(2)可调系统包含有非线性；

(3)参考模型的维数不同于可调系统的维数；

(4)并非所有可调系统参数对于自适应作用可达；

(5)在自适应调整过程中，可调系统参数不仅依赖于自适应机构，而且受到外来参数扰动的影响；

(6)系统的其他不同部分也受到扰动作用；

(7)广义状态误差向量或广义输出误差向量的测量值受噪声污染。

这一组假设称为实际情况或普遍情况。实际情况比理想情况下的设计要困难得多，虽然近些年有了一些有价值的研究成果，但未解决的问题仍然很多。

用数字计算机实现参考模型自适应系统时，需要导出离散时间自适应规律。对于线性定常系统来说，离散化时一般不会遇到很大困难。但是，由于参考自适应模型具有如下特点，完成离散化时必须极为谨慎：

(1)参考模型自适应系统为时变非线性系统；

(2)由于离散化后会在自适应回路中出现一个一步采样的固有延迟，因而使自适应过程的实时性特点发生改变。

因此，不能简单地将连续时间系统的设计结果离散化后移植到离散时间系统，而应当对离散时间模型参考自适应系统直接建立一套自适应算法。另外，用于实现离散时间模型参考自适应系统的数字计算机比连续情况时所使用的模拟装置具有很多灵活性。下面以二阶单输入单输出系统为例，介绍离散时间模型参考自适应系统的设计步骤。

设参考模型为

$$y_m(k)=a_{m1}y_m(k-1)+a_{m2}y_m(k-2)+b_{m1}r(k-1) \tag{10-59}$$

式中，k 是采样周期数；$r(k)$ 是输入序列；$y_m(k)$ 是参考模型的输出；a_{m1}，a_{m2} 和 b_{m1} 是参考模型的参数。

并联可调系统为

$$y_s^0(k)=a_{s1}(k-1)y_s(k-1)+a_{s2}(k-1)y_s(k-2)+b_{s1}(k-1)r(k-1) \tag{10-60}$$

$$y_s(k)=a_{s1}(k)y_s(k-1)+a_{s2}(k)y_s(k-2)+b_{s1}(k)r(k-1) \tag{10-61}$$

式中，y_s^0 是可调系统的先验输出，它由$(k-1)$ 时刻的参数值计算；而 $y_s(k)$ 是可调系统的后验输出，它由k时刻的可调参数值计算。y_s^0和$y_s(k)$的计算公式不同，说明在使用离散自适应算法时会出现一个采样周期的延迟。这也说明，在离散时间自适应系统设计中引入先验变量是必要的。

广义输出误差

$$\varepsilon^0(k)=y_m(k)-y_s^0(k) \tag{10-62}$$

$$\varepsilon(k)=y_m(k)-y_s(k) \tag{10-63}$$

与连续时间情况相似，自适应机构将包含一个产生信号$v(k)$的线性补偿器，即

$$v^0(k)=\varepsilon^0(k)+\sum_{i=1}^{l}d_i\varepsilon(k-i) \tag{10-64}$$

$$v(k)=\varepsilon(k)+\sum_{i=1}^{l}d_i\varepsilon(k-i) \tag{10-65}$$

式中，阶数l和系数d_i将作为工作的一部分来确定，信号$v^0(k)$将用来构造自适应算法。

选取自适应算法的形式为

$$a_{si}(k)=a_{si}(k-1)+\Phi_i(v^0(k))=\sum_{j=0}^{k}\Phi_i(v^0(j))+a_{si}(-1) \tag{10-66}$$

$$b_{s1}(k)=b_{s1}(k-1)+\psi_1(v^0(k))=\sum_{j=0}^{k}\psi_1(v^0(j))+b_{s1}(-1) \tag{10-67}$$

在进行设计时，为了方便，使用修改形式的自适应算法，即

$$a_{si}(k)=a_{si}(k-1)+\Phi_1'(v(k)),\quad i=1,2 \tag{10-68}$$

$$b_{s1}(k)=b_{s1}(k-1)+\psi_1'(v(k)) \tag{10-69}$$

最后将分别建立$\Phi_i'(v(k))$与$\Phi_i(v^0(k))$及$\psi_1'(v(k))$与$\psi_1(v^0(k))$之间的关系，更确切地说是建立$v^0(k)$与$v(k)$之间的关系。

建立离散时间模型参考自适应系统的基本步骤如下：

(1)求出等价非线性时变系统反馈系统。

由式(10－59)、式(10－61)、式(10－63)可得

$$\begin{aligned}\varepsilon(k)=&a_{m1}\varepsilon(k-1)+a_{m2}\varepsilon(k-2)+[a_{m1}-a_{s1}(k)]y_s(k-1)\\&+[a_{m2}-a_{s2}(k)]y_s(k-2)+[b_{m1}-b_{s1}(k)]r(k-1)\end{aligned} \tag{10-70}$$

再利用式(10－65)、式(10－68)和式(10－69)可得等价反馈系统，即

$$\varepsilon(k)=a_{m1}\varepsilon(k-1)+a_{m2}\varepsilon(k-2)+\omega_1(k) \tag{10-71}$$

$$v(k)=\varepsilon(k)+\sum_{i=1}^{l}d_i\varepsilon(k-i) \tag{10-72}$$

$$\begin{aligned}\omega(k)=-\omega_1(k)=&\sum_{i=1}^{2}\left[\sum_{j=0}^{k}\Phi_i'(v(j))+a_{si}(-1)-a_{mi}\right]y_s(k-i)+\\&\left[\sum_{j=0}^{k}\psi_1'(v(j))+b_{s1}(-1)-b_{m1}\right]r(k-1)\end{aligned} \tag{10-73}$$

式(10－71)和式(10－72)为线性定常前向方块，式(10－73)为非线性时变反馈方块。

(2)使非线性反馈方块满足波波夫积分不等式，即

$$\eta(0,k_1)=\sum_{k=0}^{k_1}v(k)\omega(k)\geqslant -r_0^2 \quad k_1>0, r_0^2<\infty \tag{10-74}$$

将式(10-73)代入式(10-74)，可得

$$\eta(0,k_1)=\sum_{i=1}^{2}\sum_{k=0}^{k_1}v(k)\Big[\sum_{j=0}^{k}\Phi'_i(v(j))+a_{si}(-1)-a_{mi}\Big]y_s(k-i)+$$
$$\sum_{k=0}^{k_1}v(k)\Big[\sum_{j=0}^{k}\psi'_1(v(j))+b_{s1}(-1)-b_{m1}\Big]r(k-1)\geqslant -r_0^2 \tag{10-75}$$

如果式(10-75)左边三项的每一项都满足同样类型的不等式，即

$$\eta_{\Phi_1}(0,k_1)=\sum_{k=0}^{k_1}v(k)\Big[\sum_{j=0}^{k}\Phi'_1(v(j))+a_{s1}(-1)-a_{m1}\Big]y_s(k-1)\geqslant -r_{\Phi_1}^2 \tag{10-76}$$

$$\eta_{\Phi_2}(0,k_1)=\sum_{k=0}^{k_1}v(k)\Big[\sum_{j=0}^{k}\Phi'_2(v(j))+a_{s2}(-1)-a_{m2}\Big]y_s(k-2)\geqslant -r_{\Phi_2}^2 \tag{10-77}$$

$$\eta_{\psi_1}(0,k_1)=\sum_{k=0}^{k_1}v(k)\Big[\sum_{j=0}^{k}\psi'_1(v(j))+b_{s1}(-1)-b_{s1}\Big]r(k-1)\geqslant -r_{\psi_1}^2 \tag{10-78}$$

并且设

$$\eta(0,k_1)=\eta_{\Phi_1}(0,k_1)+\eta_{\Phi_2}(0,k_1)+\eta_{\psi_1}(0,k_1) \tag{10-79}$$

则式(10-75)一定成立。

为了求满足上述三个不等式的解 Φ'_1，Φ'_2 和 ψ'_1，可利用关系式

$$\sum_{k=0}^{k_1}x(k)\left[\sum_{j=0}^{k}x(j)+c\right]=\frac{1}{2}\left[\sum_{k=0}^{k_1}x(k)+c\right]^2+\frac{1}{2}\left[\sum_{k=0}^{k_1}x(k)\right]^2-\frac{c^2}{2}\geqslant -\frac{c^2}{2} \tag{10-80}$$

求其特殊解。

利用式(10-80)，可得 $\Phi'_i(i=1,2)$ 和 ψ'_1 的特殊解，即

$$\Phi'_i(v(k))=\alpha_i v(k)y_s(k-i),\quad \alpha>0, i=1,2 \tag{10-81}$$

$$\psi'_1(v(k))=\beta_1 v(k)r(k-1),\quad \beta_1>0 \tag{10-82}$$

(3)根据等价前向方块的正实性要求，确定式(10-72)中的参数 d_i。

根据离散系统的超稳定性定理可知，为了使由式(10-71)～式(10-73)所确定的等价反馈系统是渐进稳定的，在等价反馈方块满足波波夫不等式的情况下，还要求式(10-71)和式(10-72)所确定的等价前向方块的传递函数

$$h(z)=\frac{1+\sum_{i=0}^{l}d_i z^{-i}}{1-a_{m1}z^{-1}-a_{m2}z^{-2}} \tag{10-83}$$

必须是严格正实的，这里 $d_0=0$。

为了使式(10-83)所给出的传递函数严格正实，$h(z)$的极点应当位于$|z|<1$ 的区域内。现在来考虑参数平面 (a_{m1},a_{m2})，如果 a_{m1} 和 a_{m2} 处于图 10-13 所示三角形之内，则可满足这一要求。这个稳定性区域由不等式组确定：

$$\left.\begin{array}{c}1+a_{m1}-a_{m2}>0\\1-a_{m1}-a_{m2}>0\\1+a_{m2}>0\end{array}\right\}\tag{10-84}$$

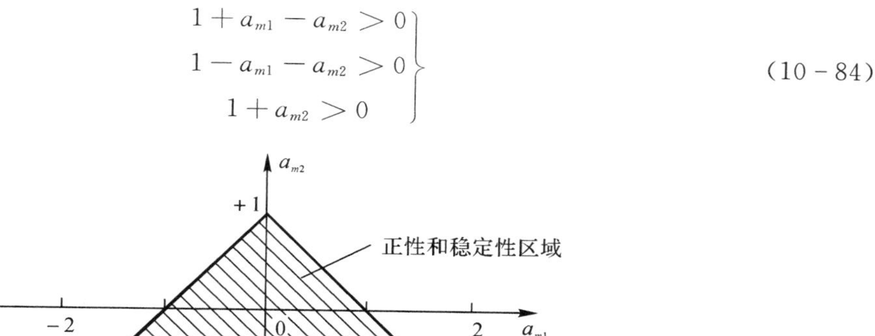

图 10-13　离散传递函数在参数平面上的稳定性和正性区域

对于参数 d_i，既可以利用双线性变换 $z=\left(1+\frac{T}{2}s\right)\Big/\left(1-\frac{T}{2}s\right)$ 把离散时间域问题转化成连续时间域问题来确定，也可以将 $h(z)$转换为状态空间表达式之后进行求取。对于本节中的二阶系统，采用第一种方法。

这里采用 $z=\left(1+\frac{T}{2}s\right)\Big/\left(1-\frac{T}{2}s\right)=(1+s_1)(1-s_1)$ 进行双线性变换。

首先，对 $l=0$，即 $d_0=0$ 时的式(10-83)使用双线性变换，可得

$$h'(s_1)=\frac{s_1^2+2s_1+1}{(1+a_{m1}-a_{m2})s_1^2+2(1+a_{m2})s_1+1-a_{m1}-a_{m2}}\tag{10-85}$$

当 $s_1=\mathrm{j}\omega$ 时，得到 $h'(s_1)$ 的实部为

$$\mathrm{Re}[h'(\mathrm{j}\omega)]=\frac{(1+a_{m1}-a_{m2})\omega^4+2(1+3a_{m2})\omega^2+(1-a_{m1}-a_{m2})}{[1-a_{m1}-a_{m2}-(1+a_{m1}-a_{m2})\omega^2]^2+4(1+a_{m2})^2\omega^2}\tag{10-86}$$

如果除了式(10-84)所给出的条件之外，a_{m1} 和 a_{m2} 还满足下面两个条件之一，即

$$\left.\begin{array}{c}1+3a_{m2}\geqslant 0\\(1+3a_{m2})^2-(1+a_{m1}-a_{m2})(1-a_{m1}-a_{m2})<0\end{array}\right\}\tag{10-87}$$

则 $h'(\mathrm{j}\omega)$ 的实部对于任何实数值 ω 都是严格正实的，因而 $h'(s)$ 是严格正实的。

当 $l=0$ 时，在 (a_{m1},a_{m2}) 平面上确保严格正实的区域如图 10-13 中用斜线的部分表示，这个区域比稳定区域要小。

对于 $l=1$，应用与 $l=0$ 相同的步骤，并考虑到分子应当渐进稳定，即 $-1<d<1$，则可找出 d_1，a_{m1} 和 a_{m2} 必须满足的条件为

$$1-d_1a_{m1}+3a_{m2}\geqslant 0\tag{10-88}$$

或

$$(1-d_1a_{m1}+3a_{m2})^2-(1-d_1^2)(1+a_{m1}-a_{m2})(1-a_{m1}-a_{m2})<0\tag{10-89}$$

只要适当选取 d_1，式(10-89)总是可以满足的。特别是对于在稳定域内的任何 a_{m1} 和 a_{m2} 值，如果选取

$$d_1 = -0.5a_{m1} \tag{10-90}$$

则式(10-89)就得到满足。

对于 $l=2$，应用变换 $z=(1+s_1)/(1-s_1)$，可得

$$h'(s_1)=\frac{1+d_1+d_2}{1-a_{m1}-a_{m2}}\frac{\dfrac{1-d_1+d_2}{1+d_1+d_2}s_1^2+\dfrac{2(1-d_2)}{1+d_1+d_2}s_1+1}{\dfrac{1+a_{m1}-a_{m2}}{1-a_{m1}-a_{m2}}s_1^2+\dfrac{2(1+a_{m2})}{1-a_{m1}-a_{m2}}s_1+1} \tag{10-91}$$

如果选取

$$d_2 = d_1 - 1 \tag{10-92}$$

则在 $h'(s_1)$ 的分子式中 s_1^2 的系数为零，为了使 $h'(s_1)$ 严格正实，应当满足不等式，即

$$\frac{2(1-d_2)}{1+d_1+d_2}=\frac{2-d_1}{d_1}\geqslant\frac{1+a_{m1}-a_{m2}}{2(1+a_{m2})} \tag{10-93}$$

整理后成为

$$d_1\leqslant\frac{4(1+a_{m2})}{3+a_{m1}+a_{m2}} \tag{10-94}$$

(4)确定自适应规律。

剩下的最后一个问题是如何由式(10-81)和式(10-82)给出的自适应规律来确定式(10-68)和式(10-69)形式的参数自适应规律。在式(10-81)和式(10-82)中用的是 $v(k)$ 而不是 $v^0(k)$，在具体工程应用中，用 $v(k)$ 来实现自适应规律是不现实的，因为这意味着用 k 时刻的参数值去计算 k 时刻的参数值。因此，在参数自适应规律中应该使用 $v^0(k)$ 而不是 $v(k)$，这就需要先找出 $v^0(k)$ 和 $v(k)$ 之间的关系，然后用 $v^0(k)$ 来代替式(10-81)和式(10-82)中的 $v(k)$。

利用式(10-70)，由式(10-72)可得 $v(k)$ 的表达式，即

$$\begin{aligned}v(k)&=\varepsilon(k)+d_1\varepsilon(k-1)+d_2\varepsilon(k-2)\\ v(k)&=a_{m1}\varepsilon(k-1)+a_{m2}\varepsilon(k-2)+[a_{m1}-a_{s1}(k)]y_s(k-1)+\\ &\quad[a_{m2}-a_{s2}(k)]y_s(k-2)+[b_{m1}-b_{s1}(k)]r(k-1)+\\ &\quad d_1\varepsilon(k-1)+d_2\varepsilon(k-2)\end{aligned} \tag{10-95}$$

将式(10-95)中的 $a_{s1}(k)$，$a_{s2}(k)$ 和 $b_{s1}(k)$ 分别用式(10-68)，式(10-69)，式(10-81)和式(10-82)来代替可得

$$\begin{aligned}v(k)=&a_{m1}\varepsilon(k-1)+a_{m2}\varepsilon(k-2)+[a_{m1}-a_{s1}(k-1)-\alpha_1v(k)y_s(k-1)]y_s(k-1)+\\ &[a_{m2}-a_{s2}(k-1)-\alpha_2v(k)y_s(k-2)]y_s(k-2)+\\ &[b_{m1}-b_{s1}(k-1)-\beta_1v(k)r(k-1)]r(k-1)+d_1\varepsilon(k-1)+d_2\varepsilon(k-2)\end{aligned} \tag{10-96}$$

由式(10-59)、式(10-60)、式(10-62)和式(10-64)，可得

$$\begin{aligned}v^0(k)=&a_{m1}\varepsilon(k-1)+a_{m2}\varepsilon(k-2)+[a_{m1}-a_{s1}(k-1)]y_s(k-1)+\\ &[a_{m2}-a_{s2}(k-1)]y_s(k-2)+\\ &[b_{m1}-b_{s1}(k-1)]r(k-1)+d_1\varepsilon(k-1)+d_2\varepsilon(k-2)\end{aligned} \tag{10-97}$$

将式(10-96)和式(10-97)相减，可得

$$v^0(k)-v(k)=\sum_{i=1}^{2}\alpha_iv(k)y_s^2(k-i)+\beta_1v(k)r^2(k-1) \tag{10-98}$$

由式(10－98),可得

$$v(k)=\frac{v^0(k)}{1+\sum_{i=1}^{2}\alpha_i y_s^2(k-i)+\beta_1 r^2(k-1)} \tag{10-99}$$

利用式(10－99),则式(10－68)、式(10－69)、式(10－81)和式(10－82)所给出的自适应规律变为

$$a_{si}(k)=a_{si}(k-1)+\frac{\alpha_i y_s(k-i)}{1+\sum_{i=1}^{2}\alpha_i y_s^2(k-i)+\beta_1 r^2(k-1)}v^0(k) \quad i=1,2 \tag{10-100}$$

$$b_{s1}(k)=b_{s1}(k-1)+\frac{\beta_1 r(k-1)}{1+\sum_{i=1}^{2}\alpha_i y_s^2(k-i)+\beta_1 r^2(k-1)}v^0(k) \tag{10-101}$$

将式(10－63)、式(10－59)代入式(10－97)可得 $v^0(k)$ 的计算公式,即

$$v^0(k)=y_m(k)-\sum_{i=1}^{2}a_{si}(k-1)y_s(k-i)-b_{s1}(k-1)r(k-1)+\sum_{i=1}^{2}d_i\varepsilon(k-i) \tag{10-102}$$

由于式(10－100)和式(10－101)所给出的自适应规律中所利用的是 $v^0(k)$而不是 $v(k)$,而 $v^0(k)$的计算公式所利用的又是$(k-1)$时刻的参数值 $a_{si}(k-1)$ 和 $b_{s1}(k-1)$,也就是说 k 时刻参数计算利用的是$(k-1)$时刻的参数值,所以工程上是可以用计算机实现的。

10.3.3 并联参考模型自适应系统的自适应算法

设参考模型为

$$\boldsymbol{y}_m(k)=\sum_{i=1}^{n}a_{mi}\boldsymbol{y}_m(k-i)+\sum_{i=0}^{m}b_{mi}\boldsymbol{r}(k-i)=\boldsymbol{\theta}_m^{\mathrm{T}}\boldsymbol{x}_m(k-1) \tag{10-103}$$

式中

$$\boldsymbol{\theta}_m^{\mathrm{T}}=[a_{m1}\ \cdots\ a_{mn}\ b_{m0}\ \cdots\ b_{mm}] \tag{10-104}$$

$$\boldsymbol{x}_m^{\mathrm{T}}(k-1)=[\boldsymbol{y}_m(k-1)\ \cdots\ \boldsymbol{y}_m(k-n)\ \boldsymbol{r}(k)\ \cdots\ \boldsymbol{r}(k-m)] \tag{10-105}$$

$\boldsymbol{\theta}_m$ 为参数向量;$\boldsymbol{y}_m(k)$是在 k 时刻的模型输出;$\boldsymbol{r}(k)$是在 k 时刻的模型输入。

并联可调系统为

$$\boldsymbol{y}_s(k)=\sum_{i=1}^{n}a_{si}\boldsymbol{y}_s(k-i)+\sum_{i=0}^{m}b_{si}\boldsymbol{r}(k-i)=\boldsymbol{\theta}_s^{\mathrm{T}}(k)\boldsymbol{x}_s(k-1) \tag{10-106}$$

$$\boldsymbol{y}_s(0)=\boldsymbol{\theta}_{sr}^{\mathrm{T}}(k-1)\boldsymbol{x}_s(k-1) \tag{10-107}$$

式中

$$\boldsymbol{\theta}_s^{\mathrm{T}}(k)=[a_{s1}(k)\ \cdots\ a_{sn}(k)\ b_{s0}(k)\ \cdots\ b_{sm}(k)] \tag{10-108}$$

$$\boldsymbol{x}_s^{\mathrm{T}}(k-1)=[y_s(k-1)\ \cdots\ y_s(k-n)\ r(k)\ \cdots\ r(k-m)] \tag{10-109}$$

$\boldsymbol{y}_s^0(k)$ 和 $\boldsymbol{y}_s(k)$ 分别是可调系统在 k 时刻的先验输出和后验输出。

广义输出误差为

$$\boldsymbol{\varepsilon}^0(k)=\boldsymbol{y}_m(k)-\boldsymbol{y}_s^0(k) \tag{10-110}$$

$$\boldsymbol{\varepsilon}(k)=\boldsymbol{y}_m(k)-\boldsymbol{y}_s(k) \tag{10-111}$$

自适应算法的形式为

$$\boldsymbol{v}^0(k)=\boldsymbol{\varepsilon}^0(k)+\sum_{i=1}^{n}d_i\boldsymbol{\varepsilon}(k-i) \tag{10-112}$$

$$\boldsymbol{v}(k)=\boldsymbol{\varepsilon}(k)+\sum_{i=1}^{n}d_i\boldsymbol{\varepsilon}(k-i) \tag{10-113}$$

$$\boldsymbol{\theta}_s(k)=\boldsymbol{\theta}_{sr}(k)+\boldsymbol{\theta}_{sp}(k) \tag{10-114}$$

$$\boldsymbol{\theta}_s(k)=\boldsymbol{\theta}_{sr}(k-1)+\boldsymbol{\Phi}_1(\boldsymbol{v}^0(k))=\sum_{j=0}^{k}\boldsymbol{\Phi}_1(\boldsymbol{v}^0(j))+\boldsymbol{\theta}_{sr}(-1) \tag{10-115}$$

$$\boldsymbol{\theta}_{sp}(k)=\boldsymbol{\Phi}_2(\boldsymbol{v}^0(k)) \tag{10-116}$$

式中，$\boldsymbol{\theta}_{sr}(k)$代表自适应算法的记忆部分，$\boldsymbol{\theta}_{sp}(k)$代表自适应算法的无记忆部分，$\boldsymbol{\theta}_{sp}(k)$是一个暂态项，当$\lim\limits_{k\to\infty}\boldsymbol{v}^0(k)=0$时，$\lim\limits_{k\to\infty}\boldsymbol{\theta}_{sp}(k)=0$，$\lim\limits_{k\to\infty}\boldsymbol{\theta}_s(k)=\boldsymbol{\theta}_{sr}(k)$。

与在10.2.2小节所讨论过的例子相似，在推导式(10-115)和式(10-116)的各种具体自适应算法时，将先用$\boldsymbol{v}(k)$来构造自适应算法，即

$$\boldsymbol{\theta}_{sr}(k)=\boldsymbol{\theta}_{sr}(k-1)+\boldsymbol{\Phi}_1'(\boldsymbol{v}(k)) \tag{10-117}$$

$$\boldsymbol{\theta}_{sp}(k)=\boldsymbol{\Phi}_2'(\boldsymbol{v}(k)) \tag{10-118}$$

然后建立$\boldsymbol{v}(k)$与$\boldsymbol{v}^0(k)$之间的关系。最后再将式(10-117)和式(10-118)所给形式的自适应算法转换到式(10-115)和式(10-116)所给的形式。

算法1 如果采用下列自适应算法：

$$\boldsymbol{\theta}_s(k)=\boldsymbol{\theta}_{sr}(k)+\boldsymbol{\theta}_{sp}(k) \tag{10-119}$$

$$\boldsymbol{\theta}_{sr}(k)=\boldsymbol{\theta}_{sr}(k-1)+\frac{\boldsymbol{G}x_s(k-1)}{1+\boldsymbol{x}_s^{\mathrm{T}}(k-1)[\boldsymbol{G}+\boldsymbol{G}'(k)]\boldsymbol{x}_s(k-1)}\boldsymbol{v}^0(k) \tag{10-120}$$

$$\boldsymbol{\theta}_{sp}(k)=\frac{\boldsymbol{G}'(k-1)\boldsymbol{x}_s(k-1)}{1+\boldsymbol{x}_s^{\mathrm{T}}(k-1)[\boldsymbol{G}+\boldsymbol{G}'(k-1)]\boldsymbol{x}_s(k-1)}\boldsymbol{v}^0(k) \tag{10-121}$$

$$\boldsymbol{v}^0(k)=\boldsymbol{y}_m(k)-\boldsymbol{\theta}_{sr}^{\mathrm{T}}(k-1)\boldsymbol{x}_s(k-1)+\sum_{i=1}^{n}d_i\boldsymbol{\varepsilon}(k-i) \tag{10-122}$$

式中，$\boldsymbol{G}$任意正定矩阵；$\boldsymbol{G}'(k)$为常数阵或时变矩阵；$d_i(i=1,\cdots,n)$的选取使离散函数

$$h(z)=\frac{1+\sum\limits_{i=1}^{n}d_iz^{-i}}{1-\sum\limits_{i=1}^{n}a_{mi}z^{-i}} \tag{10-123}$$

为严格正实的，则由式(10-103)～式(10-116)所给出的并联模型参考自适应系统是整体渐进稳定的。

算法2(积分自适应型) 如果采用下列自适应算法：

$$\boldsymbol{\theta}_s(k)=\boldsymbol{\theta}_{sr}(k) \tag{10-124}$$

$$\boldsymbol{\theta}_{sr}(k)=\boldsymbol{\theta}_{sr}(k-1)+\frac{\boldsymbol{G}(k-1)\boldsymbol{x}_s(k-1)}{1+\boldsymbol{x}_s^{\mathrm{T}}(k-1)\boldsymbol{G}(k-1)\boldsymbol{x}_s(k-1)}\boldsymbol{v}^0(k) \tag{10-125}$$

$$\boldsymbol{G}(k)=\boldsymbol{G}(k-1)-\frac{1}{\lambda}\frac{\boldsymbol{G}(k-1)\boldsymbol{x}_s(k-1)\boldsymbol{x}_s^{\mathrm{T}}(k-1)\boldsymbol{G}(k-1)}{1+\frac{1}{\lambda}\boldsymbol{x}_s^{\mathrm{T}}(k-1)\boldsymbol{G}(k-1)\boldsymbol{x}_s(k-1)},\quad \boldsymbol{G}(0)>0,\lambda>\frac{1}{2} \tag{10-126}$$

$$v^0(k) = y_m(k) - \theta_{sr}^T(k-1)x_s(k-1) + \sum_{i=1}^{n} d_i \varepsilon(k-i) \tag{10-127}$$

式中，$G(0)$ 是一个任意正定对称矩阵；$d_i(i=1,\cdots,n)$ 的选取使离散函数

$$h'(z) = \frac{1+\sum_{i=1}^{n} d_i z^{-i}}{1-\sum_{i=1}^{n} a_{mi} z^{-i}} - \frac{1}{2\lambda} \tag{10-128}$$

为严格正实的，则由式(10-103)～式(10-116)所给出的并联模型参考自适应系统是整体渐进稳定的。

算法 3（比例＋积分型自适应算法）　如果采用下列自适应算法：

$$\theta_s(k) = \theta_{sr}(k) + \theta_{sp}(k) \tag{10-129}$$

$$\theta_{sr}(k) = \theta_{sr}(k-1) + \frac{G(k-1)x_s(k-1)}{1+x_s^T(k-1)[G(k-1)+G'(k-1)]x_s(k-1)} v^0(k) \tag{10-130}$$

$$\theta_{sp}(k) = \frac{G'(k-1)x_s(k-1)}{1+x_s^T(k-1)[G(k-1)+G'(k-1)]x_s(k-1)} v^0(k) \tag{10-131}$$

$$G(k) = G(k-1) - \frac{1}{\lambda}\frac{G(k-1)x_s(k-1)x_s^T(k-1)G(k-1)}{1+\frac{1}{\lambda}x_s^T(k-1)G(k-1)x_s(k-1)},\quad G(0)>0, \lambda>\frac{1}{2} \tag{10-132}$$

$$G'(k) = G(k),\quad \alpha \geqslant -0.5$$

$$v^0(k) = y_m(k) - \theta_{sr}^T(k-1)x_s(k-1) + \sum_{i=1}^{n} d_i \varepsilon(k-i) \tag{10-133}$$

式中，$G(0)$ 是一个任意正定对称矩阵；$d_i(i=1,\cdots,n)$ 的选取使离散函数

$$h'(z) = \frac{1+\sum_{i=1}^{n} d_i z^{-i}}{1-\sum_{i=1}^{n} a_{mi} z^{-i}} - \frac{1}{2\lambda} \tag{10-134}$$

为严格正实的，则由式(10-103)～式(10-116)所给出的并联模型参考自适应系统是整体渐进稳定的。

证明略。

10.4　自适应控制系统的自学习方法

自适应系统的进一步发展将走向“自学习”“自组织”系统和“智能控制”系统。图 10-14 是自学习系统的示意图。这类系统除具有前述的一般自适应功能外，还应当拥有大型记忆、模式识别以及各式各样带智能性的决策功能。这类系统能够记住系统过去的经验教训，识别曾经发生过的情况，并且能够基于过去的经验逐步改进其自适应动作。系统特性的不同情况可

以归结为“模板”。这种“模板”在某一次应用时证明是“好”的，并且以一定的概率重复出现。把这些“模板”存在模板存储器里，并且再一次出现相同情况时把它取出来，这个过程构成了“自学习”过程。

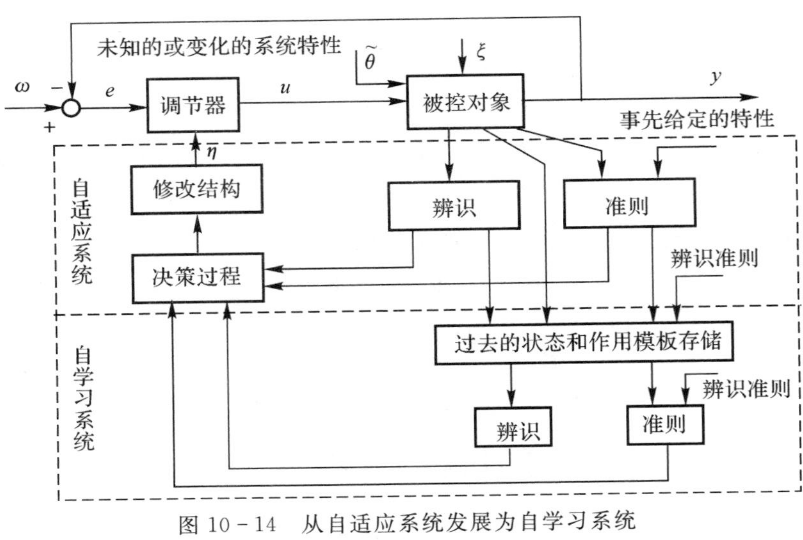

图 10-14　从自适应系统发展为自学习系统

10.4.1　学习控制系统概述

学习系统：如果一个系统能够学习某一过程或环境的未知特征固有信息，并用所得经验进行估计、分类、决策或控制，使系统的品质得到改善，则该系统称为学习系统。

学习控制：学习控制能够在系统进行过程中估计未知信息，并据之进行最优控制，以便逐步改善系统性能。

学习控制系统：如果一个学习系统利用所学到的信息来控制某个具有未知特征的过程，则称该系统为学习控制系统，它能通过与控制对象和环境的闭环交互作用，根据过去获得的经验信息，逐步改进系统自身的未来性能。

学习控制的定义还可以用数学方法描述如下：

在有限时间域$[0,T]$内，给出受控对象的期望响应$y_d(t)$，寻求某个给定输入$u_k(t)$，使得$u_k(t)$的响应为$y_d(t)$在某种意义上得到改善，其中k为搜索次数，$t\in[0,T]$。该搜索过程为学习控制过程。当$k\to\infty$时，$y_k(t)\to y_d(t)$，该学习过程是收敛的。

学习控制系统的一般特点：

(1)有一定的自主性。学习控制系统的性能是自我改进的。

(2)有一定的动态过程。学习控制系统的性能随时间而变，性能的改进在与外界反复作用的过程中进行。

(3)有记忆功能。学习控制系统需要累积经验，用以改进其性能。

(4)有性能反馈。学习控制系统需要明确它的当前性能与某个目标性能之间的差距，施加改进操作。

学习控制和自适应控制在处理不确定性问题时都是基于在线的参数调整方法，都要使用与环境、对象闭环交互作用得到的实验信息，以改善系统的性能，但二者又有区别。

自适应控制着眼于瞬时观点，强调时间特性，其目标是针对于出现扰动和对象具有时变特性时，保持某种期望的闭环性能。但是自适应控制器没有记忆功能，即便是以前经历过的特性，它也要重新适应。当系统功能参数变化非常快时，自适应系统将无法通过自适应作用保持所需功能，当由于非线性所引起的系统工作点随时间变化时，自适应控制也显得乏力。

学习控制强调空间特性，它把过去的经验与过去的控制局势相联系，并把这些信息存储起来，能针对一定控制局势来调用适当的经验，所以学习控制器具有记忆功能。

从智能控制的观点来看，适应过程与学习过程各具特点，功能互补。自适应过程使用于缓慢的时变特性以及新型的控制局势，而对于非线性严重的问题则往往失效；学习控制适合于建模不准确的非线性特性，但不宜于时变动态特性。

下面介绍几种典型的学习控制方法。

10.4.2　基于模式识别的学习控制

基于模式识别的学习控制方法的基本思想是，针对先验知识不完全的对象和环境，将控制局势进行分类，确定这种分类的决策，根据不同的决策切换控制作用的选择，通过对控制器性能估计来引导学习过程，从而使系统总的性能得到改善。

J. Sklansky 认为，学习控制系统是具有三个反馈环的层次结构。底层是简单反馈环，包括一个补偿器，它提供控制作用；中间层是自适应层，包括一个模式识别器，它对补偿器进行调整，以响应对象动态特性变化的估计；高层是学习环，包括一个“教师”(一种控制器)，它对模式识别器进行训练，以作出最优或近似最优的识别。这种学习控制系统的原理框图如图 10-15 所示。

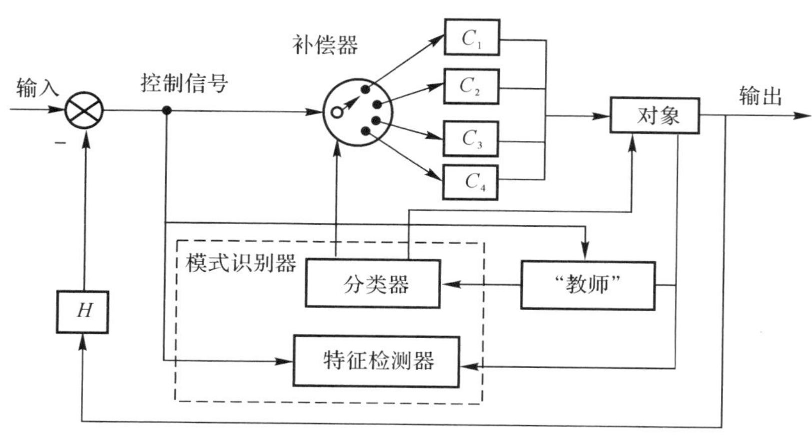

图 10-15　学习控制器的原理框图

在图 10-15 中，补偿器由多路开关和控制作用的并行单元组成，C_i 的选择由模式识别器的结果信号来确定。模式识别器中的特征检测器敏感对象的动态变化特性，将这些变化转换为一组特征(动态特性参数的估计、状态变量的估计等)。分类器把每一组特征与一个模式类别相联系，这种联系将为 C_i 的选择提供激发信号，也可用来按照某种预定的规则直接激发对受控对象的调节。“教师”监视系统的性能，并调整模式类别在特征空间中的界面，体现学习在控制中的作用。“教师”送往模式识别器的调整作用是一种再励信号，它根据计算所得的性能指标对分类器进行“奖励”或“惩罚”。

在这种学习控制系统中，如果对象的参数在稳定范围内变化，而且外部干扰统计上也是稳态的，那么仅有的简单的反馈环就足够了。如对象参数变化剧烈，出现不稳定的干扰，那么借助于模式识别器进行参数估计，启用自适应控制，就能使问题得到缓解。但是在大多数情况下，对象变化和环境干扰的统计特性是未知的，模式识别器不可能事先得到充分的设计。这样学习环就提供一种在线设计模式识别器的能力，整个系统中同时存在学习和控制的作用。

模式分类在学习控制问题中被用于区分不同的控制局势类别。假设控制局势的未知模式可表示为一组测量值或观测值 $x_1, x_2, \cdots, x_k$，这 k 个值称为特征。特征可表示为 k 维向量 $\boldsymbol{x} = (x_1, x_2, \cdots, x_k)^{\mathrm{T}}$，称为特征向量，相应的向量空间 Ω 称为特征向量空间。若控制局势可能有 m 个模式类别类 $\omega_1, \omega_2, \cdots, \omega_m$，那么模式分类就是对给定的特征向量 $\boldsymbol{x}$ 指定一种正确的类别隶属关系，即对特征向量 $\boldsymbol{x}$ 的分类进行决策。模式分类的操作就是将 k 维特征空间的 Ω_x 划分为 m 个互斥子区域的过程。特征空间的这种聚集同类特征向量的子区域称为决策空间，而分割各决策空间的界面称为决策面。模式分类确定了从 Ω_x 空间到决策空间的映射。决策面可以用解析的判别函数来表示，每一个模式类 ω_i 都有一个判别函数 $d_i(x)$ 与之相关联，即若特征向量属于模式类 ω_i，则有

$$d_i(\boldsymbol{x}) > d_j(\boldsymbol{x}), \quad \forall j \neq i \tag{10-136}$$

于是，模式类 ω_i 和 ω_j 之间的决策面可表示为

$$d_i(\boldsymbol{x}) - d_j(\boldsymbol{x}) = 0 \tag{10-137}$$

10.4.3 再励学习控制

心理学家认为，一个系统具有某种特定目标性能的任何有规律的变化都是“学习”。一般可用互斥而又完备的模式类 $\omega_1, \omega_2, \cdots, \omega_m$ 来描述系统性能的变化。令 P_i 为第 i 类响应模式类 ω_i 发生的概率，系统性能的变化可表示为概率集 $\{P_i\}$ 的再励，这种再励的数学表示为

$$P_i(k+1) = \alpha P_i(k) + (1-\alpha)\lambda_i(k), \quad k = 1, 2, \cdots, \quad i = 1, 2, \cdots, m \tag{10-138}$$

式中，$P_i(k)$ 表示在观察到输入 $\boldsymbol{x}$ 的 k 时刻出现 ω_i 的概率，$0 < \alpha < 1, 0 \leqslant \lambda_i \leqslant 1$，而且

$$\sum_{i=1}^{m} \lambda_i(k) = 1 \tag{10-139}$$

由于 $P_i(k+1)$ 与 $P_i(k)$ 之间的线性关系，以上两式常称为线性再励学习算法。

在学习控制系统中，学习控制器的输入 $\boldsymbol{x}$ 通常是被控对象的输出，而 ω_i 则直接表示第 i 个控制作用，这样 $\lambda_i(k)$ 可看作是与第 i 类控制作用相联系的归一化性能指标。在某些简单情况下，$\lambda_i(k)$ 可为 0 或 1，表示由于第 i 个控制作用而导致的系统性能是满意的或不满意的，或者可表示控制器在 k 时刻对输入 $\boldsymbol{x}$ 做出的决策正确或不正确。

在再励控制器的设计中，控制器的模式类 $\omega_1, \omega_2, \cdots, \omega_m$ 即为响应的允许控制作用，而控制器的性能，即对不同控制局势的控制作用的品质，则可根据对象的输入/输出进行评估。在对象和环境干扰的先验信息不完全的情况下，所设计的控制器将在每一时刻学习最优控制作用，学习过程可由当时估计的系统性能来引导，因而控制器就能进行“在线”学习。

10.4.4 Bayes 学习控制

在利用动态规划或统计决策理论设计随机最优控制器时，通常需要知道系统环境参数或

对象输出的概率分布。考虑如下状态方程表示的离散随机系统：

$$\boldsymbol{x}(k+1)=g(\boldsymbol{x}(k),\boldsymbol{u}(k)) \tag{10-140}$$

式中，$\boldsymbol{x}(k)$ 为 k 时刻的状态向量；$\boldsymbol{u}(k)$ 为 k 时刻的控制作用。问题的表述为：寻求最优控制 $u=u^*$，使性能指标

$$J=E\left\{\sum_{n=1}^{N}F[\boldsymbol{x}(n),\boldsymbol{u}(n-1)]\right\} \tag{10-141}$$

极小。为此可利用具有已知概率密度 $P(x)$的动态规划方法。类似于统计模式识别中的情况，如果概率分布或密度函数未知或不全已知，则控制器的设计可以首先学习未知的密度函数，然后根据估计信息实现控制律。如果这种估计逼近真实函数，那么控制律也逼近最优控制律。

所谓 Bayes 学习控制，就是利用一种基于 Bayes 定理的迭代方法来估计未知的密度函数信息。

10.4.5　迭代学习控制

针对一类特定的系统但又不依赖系统的精确数学模型，迭代学习控制通过反复训练的方式进行自学习，使系统逐步逼近期望的输出，其基本原理如下。

考虑线性定常系统

$$\left.\begin{aligned}\boldsymbol{R}\dot{\boldsymbol{x}}(t)+\boldsymbol{Q}\dot{\boldsymbol{x}}(t)+\boldsymbol{P}\boldsymbol{x}(t)=\boldsymbol{u}(t)\\ \boldsymbol{y}(t)=\dot{\boldsymbol{x}}(t)\end{aligned}\right\} \tag{10-142}$$

式中，$\boldsymbol{x}(t)$，$\boldsymbol{u}(t)$和 $\boldsymbol{y}(t)$分别为 n 维状态变量、控制变量和输出变量，且均为实变量；而 $\boldsymbol{R}$，$\boldsymbol{Q}$ 和 $\boldsymbol{P}$ 分别为 $n\times n$ 的对称正实矩阵，它们均为未知的系统矩阵。已知系统的初始条件为

$$\boldsymbol{x}(0)=\dot{\boldsymbol{x}}_0,\dot{\boldsymbol{x}}(0)=\dot{\boldsymbol{x}}_0=\boldsymbol{y}_d(0) \tag{10-143}$$

式中，$\boldsymbol{y}_d(0)$ 是定义在有限区间 $[0,T]$ 上的期望轨迹输出。可以看出，所讨论的系统是一种速度跟踪伺服系统。

迭代学习控制的基本思想是，基于多次重复训练，只要保证训练过程的系统不变性，控制作用的确定可在模型不确定的情况下获得有规律的原则，使系统的实际输出逼近期望输出。图 10-16 描述了这种方法的迭代运行机构和过程。

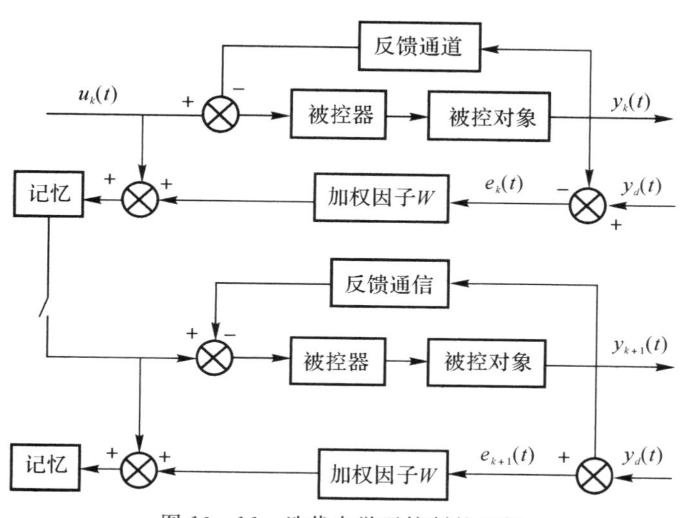

图 10-16　迭代自学习控制的运行

在图 10－16 中，若第 k 次训练时期望输出与实际输出的误差为

$$e_k(t)=y_d(t)-y_k(t),\quad t\in[0,T] \tag{10-144}$$

第 $k+1$ 次训练的输入控制 $u_{k+1}(t)$ 等于第 k 次训练的输入控制 $u_k(t)$ 与输出误差 $e_k(t)$ 的加权和，即

$$u_{k+1}(t)=u_k(t)+We_k(t) \tag{10-145}$$

迭代学习控制系统中，控制作用的学习是通过对以往控制经验（控制作用与误差的加权和）的记忆实现的。算法的收敛性依赖于加权因子 W 的确定。这种学习系统的核心是系统不变性的假设以及基于记忆单元间断的重复训练过程，它的学习规律极为简单，可实现训练间隙的离线计算，因而不但有较好的实时性，而且对于干扰和系统模型的变化具有一定的鲁棒性。

10.4.6 基于联结主义学习控制

控制系统的设计问题，实质上就是为被控对象选择一个控制律函数，使系统达到某个性能指标。为此，自然要牵涉从被控对象的实际输出和期望输出到控制作用之间的映射关系，以及其他有关的映射关系。因而，从根本上看，控制设计问题也就是确定适合的函数映射问题。而学习控制系统的功能在于它可用来在线地综合所涉及的各种函数映射，使系统表现出一定的智能。联结主义的机制是实现学习功能、形成学习控制系统总体结构的一种有效方法。联结主义学习控制的研究主要基于神经网络、模糊推理等技术，代表了学习控制问题中一类重要的理论观点。

在一个控制系统中，表现为“输入刺激”与“期望输出作用”之间连接关系的有如下几类函数映射：

(1)控制器映射，即从被控对象的实际输出 y_m 和期望输出 y_d 到一个合适的控制作用集 u 的映射

$$u=f(y_m,y_d,t) \tag{10-146}$$

(2)控制参数映射，即从被控对象的实际输出 y_m 到控制器某些参数 k 的映射

$$k=f(y_m,t) \tag{10-147}$$

(3)模型状态映射，即从被控对象的实际输出 y_m 和控制作用 u 到系统状态估计 $\hat{x}$ 的映射

$$\hat{x}=f(y_m,u,t) \tag{10-148}$$

(4)模型参数映射，即从包括被控对象的实际输出 y_m 和控制作用 u 的系统运行条件到精确的模型参数集 p 的映射

$$p=f(y_m,u,t) \tag{10-149}$$

上述映射关系一般应表示为动态函数，当这些映射关系由于先验不确定性的存在而不能预先完全确定时，就需要学习的作用。在典型的学习控制应用中，所期望的映射关系是静态的，即并不显式地依赖于时间，因而可以隐含地表示为一种目标函数，它既涉及被控对象的输出，又涉及学习系统的输出。这种目标函数为学习系统提供了性能反馈，学习系统通过性能反馈来指定映射关系中的可调整因素，系统中的各种映射关系是存放在存储单元中的，经过逐步修正和累积而形成系统性能的“经验”。

10.5 本章小结

本章首先介绍了组成自适应系统的基本结构和当前主要几类自适应控制方法，为了便于学习计算机的自适应控制，重点介绍了基于模型参考的自适应控制系统，并联模型、串联模型和串并联模型的自适应系统的控制结构设计，离散化后到计算机系统中讨论串并参考模型的自适应系统的设计。最后讨论了带有自学习的自适应控制，由于智能控制主要是基于自学习和深度学习的方法，是目前智能控制比较热门的研究内容，主要是在于计算机硬件的数据存储量、计算速度的快速发展，使得过去无法完成的大数字存储有了云平台、复杂运算有了高速计算机处理芯片、分布式的经验有了网络快速汇集，具有智能化的计算机控制将变成现实。在章末简要地介绍了 5 种学习方法，更深入的研究学习可参考相关资料。

习　题

10－1　阐述模型参考自适应控制系统的分类，并尝试用图表或关系树的方法建立各类型间的关系图。

10－2　设并联模型参考自适应系统中的参考模型状态方程为式(10－3)，可调系统具有可调前馈增益和反馈增益，可调系统状态方程为

$$\dot{\boldsymbol{x}}_s = \boldsymbol{A}_s\boldsymbol{x}_s + \boldsymbol{B}_s\boldsymbol{u}$$
$$\boldsymbol{u} = -\boldsymbol{K}_x(\boldsymbol{e},t)\boldsymbol{x}_s + \boldsymbol{K}_u(\boldsymbol{e},t)\boldsymbol{u}$$

式中，$\boldsymbol{A}_s$和 $\boldsymbol{B}_s$为未知的常值矩阵。试讨论 $\boldsymbol{A}_s$，$\boldsymbol{B}_s$，$\boldsymbol{A}_m$ 和 $\boldsymbol{B}_m$ 在什么样的结构条件下，使得对于 $\boldsymbol{K}_x(\boldsymbol{e},t)$ 和 $\boldsymbol{K}_u(\boldsymbol{e},t)$ 的某个确定值，参考模型与可调系统能够获得相同的性能。

10－3　试分别就下面两种情况使用微分算子方程表达的输入输出关系来描述具有串并联参考模型的单输入单输出模型参考自适应系统：

(1)参考模型的串联部分置于可调系统之前；

(2)参考模型的串联部分置于可调系统之后。

10－4　已知参考模型为

$$y_m(k) = \sum_{i=1}^{n} a_{si} y_m(k-i) + \sum_{i=0}^{m} b_i r(k-i)$$

参考模型滤波后的输出为

$$y_{mf}(k) = \sum_{i=1}^{n-1} c_i y_{mf}(k-i) + y_m(k)$$

并联可调系统为

$$y_s(k) = \sum_{i=1}^{n} a_{si} y_s(k-i) + \sum_{i=0}^{m} b_{si} r_f(k-i)$$

滤波后的广义输出误差为

$$\varepsilon_f(k) = y_{mf}(k) - y_s(k)$$

试设计并联参考模型自适应控制算法。

10－5　当并联可调系统的方程式(10－106)由方程

$$\boldsymbol{y}_s(k)=\boldsymbol{\theta}_s^{\mathrm{T}}(k)\boldsymbol{x}_s(k-1)+\boldsymbol{g}^{\mathrm{T}}\boldsymbol{e}(k-1)$$

代替时，算法 1 和算法 2 中的计算公式是什么？式中 $\boldsymbol{g}$ 是一个常向量。

$$\boldsymbol{g}^{\mathrm{T}}=[g_1 \quad g_2 \quad \cdots \quad g_n],\ \boldsymbol{e}^{\mathrm{T}}(k-1)=[\varepsilon(k-1) \quad \varepsilon(k-2) \quad \cdots \quad \varepsilon(k-n)]$$

10－6　已知二阶参考模型为

$$y_m(k)=a_{m1}y_m(k-1)+a_{m2}y_m(k-2)+b_{m1}r(k-1)+b_{m2}r(k-2)$$

并联可调系统为

$$\boldsymbol{x}_s(k+1)=\begin{bmatrix}a_{s1}(k+1) & 1\\ a_{s2}(k+2) & 0\end{bmatrix}\boldsymbol{x}_s(k)\begin{bmatrix}b_{s1}(k+1)\\ b_{s2}(k+2)\end{bmatrix}\boldsymbol{r}(k)+\begin{bmatrix}u_{a1}(k+1)\\ 0\end{bmatrix}+\begin{bmatrix}u_{b1}(k+1)\\ 0\end{bmatrix}$$

$$y_s(k)=\boldsymbol{c}^{\mathrm{T}}\boldsymbol{x}_s(k)=[1 \quad 0]\begin{bmatrix}x_{s1}(k)\\ x_{s2}(k)\end{bmatrix}=x_{s1}(k)$$

试设计只利用输入测量值和输出测量值的自适应算法(比例积分＋积分自适应算法)。

附录　拉普拉斯变换和 z 变换表

$F(s)$	$f(t)$	$F(z)$	$F(z,m)$
e^{-kTs}	$\delta(t-kT)$	z^{-k}	z^{m-1-k}
1	$\delta(t)$	1 或 z^{-0}	0
$\dfrac{1}{s}$	$1(t)$	$\dfrac{1}{1-z^{-1}}$	$\dfrac{z^{-1}}{1-z^{-1}}$
$\dfrac{1}{s^2}$	t	$\dfrac{Tz^{-1}}{(1-z^{-1})^2}$	$\dfrac{mTz^{-1}}{1-z^{-1}}-\dfrac{Tz^{-2}}{(1-z^{-1})^2}$
$\dfrac{1}{s^3}$	$\dfrac{1}{2!}t^2$	$\dfrac{T^2z^{-1}(1+z^{-1})}{2(1-z^{-1})^3}$	$\dfrac{T^2}{2}\left[\dfrac{m^2z^{-1}}{1-z^{-1}}+\dfrac{(2m+1)z^{-2}}{(1-z^{-1})^2}+\dfrac{2z^{-3}}{(1-z^{-1})^3}\right]$
$\dfrac{1}{s^4}$	$\dfrac{1}{3!}t^3$	$\dfrac{T^3z^{-1}(1+4z^{-1}+z^{-2})}{6(1-z^{-1})^4}$	$\dfrac{T^3}{6}\left[\dfrac{m^3z^{-1}}{1-z^{-1}}+\dfrac{(3m^2+2m+1)z^{-2}}{(1-z^{-1})^2}+\dfrac{6(m+1)z^{-3}}{(1-z^{-1})^3}+\dfrac{6z^{-4}}{(1-z^{-1})^4}\right]$
$\dfrac{1}{s^{k+1}}$	$\dfrac{1}{k!}t^k$	$\lim\limits_{a\to 0}\dfrac{(-1)^k}{k!}\dfrac{\partial^k}{\partial a^k}\left(\dfrac{1}{1-e^{-aT}z^{-1}}\right)$	$\lim\limits_{a\to 0}\dfrac{(-1)^k}{k!}\dfrac{\partial^k}{\partial a^k}\left(\dfrac{e^{-amT}z^{-1}}{1-e^{-aT}z^{-1}}\right)$
$\dfrac{1}{s-(1/T)\ln a}$	$a^{t/T}$	$\dfrac{1}{1-az^{-1}}$	$\dfrac{a^mz^{-1}}{1-az^{-1}}$
$\dfrac{1}{s+a}$	e^{-at}	$\dfrac{1}{1-e^{-aT}z^{-1}}$	$\dfrac{e^{-amT}z^{-1}}{1-a^{-aT}z^{-1}}$
$\dfrac{1}{(s+a)^2}$	te^{-at}	$\dfrac{Te^{-aT}z^{-1}}{(1-e^{-aT}z^{-1})^2}$	$\dfrac{Te^{-amT}[e^{-aT}z^{-1}+m(1-e^{-aT}z^{-1})]z^{-1}}{(1-e^{-aT}z^{-1})^2}$
$\dfrac{1}{(s+a)^3}$	$\dfrac{t^2}{2}e^{-at}$	$\dfrac{T^2e^{-aT}z^{-1}}{2(1-e^{-aT}z^{-1})^2}+\dfrac{T^2e^{-2aT}z^{-2}}{(1-e^{-aT}z^{-1})^3}$	$T^2e^{-amT}\left[\dfrac{m^2z^{-1}}{1-e^{-aT}z^{-1}}+\dfrac{(2m+1)e^{-aT}z^{-2}}{(1-e^{-aT}z^{-1})^2}+\dfrac{2e^{-aT}z^{-3}}{(1-e^{-aT}z^{-1})^3}\right]$
$\dfrac{1}{(s+a)^{k+1}}$	$\dfrac{t^2}{k!}e^{-at}$	$\dfrac{(-1)^k}{k!}\dfrac{\partial^k}{\partial a^k}\left(\dfrac{1}{1-e^{-aT}z^{-1}}\right)$	$\dfrac{(-1)^k}{k!}\dfrac{\partial^k}{\partial a^k}\left(\dfrac{e^{-amT}z^{-1}}{1-e^{-aT}z^{-1}}\right)$
$\dfrac{a}{s(s+a)}$	$1-e^{-at}$	$\dfrac{(1-e^{-aT})z^{-1}}{(1-z^{-1})(1-e^{-aT}z^{-1})}$	$\dfrac{z^{-1}}{1-z^{-1}}-\dfrac{e^{-amT}z^{-1}}{1-a^{-aT}z^{-1}}$
$\dfrac{a}{s^2(s+a)}$	$t-\dfrac{1-e^{-at}}{a}$	$\dfrac{Tz^{-1}}{(1-z^{-1})^2}-\dfrac{(1-e^{-aT})z^{-1}}{a(1-z^{-1})(1-e^{-aT}z^{-1})}$	$\dfrac{T}{(1-z^{-1})^2}+\dfrac{(mT-1/a)z^{-1}}{1-a^{-aT}z^{-1}}+\dfrac{e^{-amT}z^{-1}}{a(1-a^{-aT}z^{-1})}$

续表

$F(s)$	$f(t)$	$F(z)$	$F(z,m)$
$\frac{a^2}{s(s+a)^2}$	$1-(1-at)e^{-at}$	$\frac{1}{1-z^{-1}}-\frac{1}{(1-e^{-aT}z^{-1})}-\frac{aTe^{-aT}z^{-1}}{(1-e^{-aT}z^{-1})^2}$	$\frac{z^{-1}}{1-z^{-1}}-[\frac{(1+amT)z^{-1}}{1-a^{-aT}z^{-1}}+\frac{aTe^{-aT}z^{-2}}{(1-a^{-aT}z^{-1})^2}]e^{-amT}$
$\frac{a^3}{s^2(s+a)^2}$	$at-2+(at+2)e^{-at}$	$\frac{2}{(1-e^{-aT}z^{-1})}+\frac{aTe^{-aT}z^{-1}}{(1-e^{-aT}z^{-1})^2}+\frac{(aT+2)z^{-1}-2}{(1-z^{-1})^2}$	$\frac{aTz^{-2}}{(1-z^{-1})^2}+\frac{(amT-2)z^{-1}}{1-z^{-1}}-\left[\frac{(amT-2)z^{-1}}{1-a^{-aT}z^{-1}}-\frac{aTe^{-aT}z^{-2}}{(1-a^{-aT}z^{-1})^2}\right]e^{-amT}$
$\frac{\omega_0}{s^2+\omega_0^2}$	$\sin(\omega_0 t)$	$\frac{z^{-1}\sin(\omega_0 T)}{1-2z^{-1}\cos(\omega_0 T)+z^{-2}}$	$\frac{z^{-1}\sin(m\omega_0 T)+z^{-2}\sin[(1-m)\omega_0 T]}{1-2z^{-1}\cos(\omega_0 T)+z^{-2}}$
$\frac{s}{s^2+\omega_0^2}$	$\cos(\omega_0 t)$	$\frac{1-z^{-1}\cos(\omega_0 T)}{1-2z^{-1}\cos(\omega_0 T)+z^{-2}}$	$\frac{z^{-1}\cos(m\omega_0 T)+z^{-2}\cos[(1-m)\omega_0 T]}{1-2z^{-1}\cos(\omega_0 T)+z^{-2}}$
$\frac{\omega_0}{s^2-\omega_0^2}$	$\sinh(\omega_0 t)$	$\frac{z^{-1}\sinh(\omega_0 T)}{1-2z^{-1}\cosh(\omega_0 T)+z^{-2}}$	$\frac{z^{-1}\sinh(m\omega_0 T)+z^{-2}\sinh[(1-m)\omega_0 T]}{1-2z^{-1}\cosh(\omega_0 T)+z^{-2}}$
$\frac{s}{s^2-\omega_0^2}$	$\cosh(\omega_0 t)$	$\frac{1-z^{-1}\cosh(\omega_0 T)}{1-2z^{-1}\cosh(\omega_0 T)+z^{-2}}$	$\frac{z^{-1}\cosh(m\omega_0 T)-z^{-2}\cosh[(1-m)\omega_0 T]}{1-2z^{-1}\cosh(\omega_0 T)+z^{-2}}$
$\frac{\omega_0^2}{s(s^2-\omega_0^2)}$	$\cosh(\omega_0 t)-1$	$\frac{1-z^{-1}\cosh(\omega_0 T)}{1-2z^{-1}\cosh(\omega_0 T)+z^{-2}}-\frac{1}{1-z^{-1}}$	$\frac{z^{-1}\cosh(m\omega_0 T)-z^{-2}\cosh[(1-m)\omega_0 T]}{1-2z^{-1}\cosh(\omega_0 T)+z^{-2}}-\frac{z^{-1}}{1-z^{-1}}$
$\frac{\omega_0^2}{s(s^2+\omega_0^2)}$	$1-\cos(\omega_0 t)$	$\frac{1}{1-z^{-1}}-\frac{1-z^{-1}\cos(\omega_0 T)}{1-2z^{-1}\cos(\omega_0 T)+z^{-2}}$	$\frac{z^{-1}}{1-z^{-1}}-\frac{z^{-1}\cos(m\omega_0 T)+z^{-2}\cos[(1-m)\omega_0 T]}{1-2z^{-1}\cos(\omega_0 T)+z^{-2}}$
$\frac{\omega_0}{(s+a)^2+\omega_0^2}$	$e^{-aT}\sin(\omega_0 t)$	$\frac{z^{-1}e^{-aT}\sin(\omega_0 T)}{1-2z^{-1}e^{-aT}\cos(\omega_0 T)+z^{-2}e^{-2aT}}$	$\frac{[z^{-1}\sin m(\omega_0 T)+z^{-2}e^{-aT}\sin((1-m)\omega_0 T)]e^{-amT}}{1-2z^{-1}e^{-aT}\cos(\omega_0 T)+z^{-2}e^{2aT}}$
$\frac{s+a}{(s+a)^2+\omega_0^2}$	$e^{-aT}\cos(\omega_0 t)$	$\frac{1-z^{-1}e^{-aT}\cos(\omega_0 T)}{1-2z^{-1}e^{-aT}\cos(\omega_0 T)+z^{-2}e^{-2aT}}$	$\frac{[z^{-1}\cos(m\omega_0 T)-z^{-2}e^{-aT}\cos((1-m)\omega_0 T)]e^{-amT}}{1-2z^{-1}e^{-aT}\cos(\omega_0 T)+z^{-2}e^{2aT}}$

参考文献

[1] Astrom Karl J. Wittenmark B. Computer-Controlled Systems Theory and Design[M]. 北京:清华大学出版社，2002.

[2] Sami Fadali M. Digital control engineering-Analysis and Design [M]. 2nd. New York: Oxford Paris Sandiego，2013.

[3] 周雪琴. 计算机控制系统[M]. 西安:西北工业大学出版社,1996.

[4] 高金源,等. 计算机控制系统——理论、设计与实现. 北京:北京航空航天大学出版社，2001.

[5] 李元春. 计算机控制系统[M]. 北京: 高等教育出版社，2005.

[6] 杨树兴,李擎,苏中,等. 计算机控制系统理论、技术与应用[M]. 北京:机械工业出版社，2006.

[7] 刘建昌,关守平,周玮,等. 计算机控制系统[M]. 北京:科学出版社，2015.

[8] 张云生,祝晓红,王静. 网络控制系统[M]. 重庆:重庆大学出版社，2003.

[9] 霍志红. 网络化控制系统故障诊断与容错控制[M]. 北京:中国水利水电出版社,2009.

[10] 韩曾晋. 自适应控制[M]. 北京:清华大学出版社,1995.

[11] 翁思义. 自适应控制系统[M]. 北京:水利电力出版社，1995.

[12] 李少远，王景成. 智能控制[M]. 北京:机械工业出版社，2005.

[13] 韩璞,等. 智能控制理论及应用[M]. 北京:中国电力出版社，2012.

[14] 于微波,刘克平,张德江,等. 计算机控制系统[M]. 2 版. 北京:机械工业出版社，2016.

[15] 何克忠，李伟. 计算机控制系统[M]. 北京:清华大学出版社，2015.